U0186661

大话软件工程
需求分析与软件设计

李鸿君◎著

清华大学出版社
北京

内 容 简 介

本书面向从事软件分析与设计相关工作的读者。本书的重点是在软件工程中增加了业务设计和应用设计两部分，提出了软件设计工程化的模式，支持进行定性、定量的软件项目管理，是一本实操型的软件工程工具书。全书共分为 6 篇 22 章，分别介绍了业务分析与设计的理论、需求工程的调研与分析方法、业务的分析与设计方法、应用设计方法、业务用例和应用用例的编写方法、需求和设计的配套模板、规格书标准等。

本书可作为软件工程师（包括需求、设计、开发、实施）、产品 / 项目经理、管理咨询师的实用工具书，也可作为培训机构的设计资格培训教材，还可作为普通高等院校管理信息专业、计算机专业学生学习软件设计方法的参考书。

图书在版编目(CIP)数据

大话软件工程：需求分析与软件设计 / 李鸿君著. —北京：清华大学出版社，2020.1（2023.3重印）
ISBN 978-7-302-54442-5

Ⅰ. ①大… Ⅱ. ①李… Ⅲ. ①软件需求分析②软件设计 Ⅳ. ①TP311.521②TP311.1

中国版本图书馆 CIP 数据核字（2019）第 265006 号

责任编辑：袁金敏 薛 阳
封面设计：刘新新
版式设计：方加青
责任校对：徐俊伟
责任印制：宋 林

出版发行：清华大学出版社
　　　　　网　　　址：http://www.tup.com.cn，http://www.wqbook.com
　　　　　地　　　址：北京清华大学学研大厦 A 座　　　　邮　　编：100084
　　　　　社 总 机：010-83470000　　　　　　　　　邮　　购：010 62786544
　　　　　投稿与读者服务：010-62776969，c-service@tup.tsinghua.edu.cn
　　　　　质 量 反 馈：010-62772015，zhiliang@tup.tsinghua.edu.cn
印 装 者：小森印刷(北京)有限公司
经　　销：全国新华书店
开　　本：188mm×260mm　　　印　　张：36.25　　　字　　数：907 千字
版　　次：2020 年 3 月第 1 版　　　印　　次：2023 年 3 月第 4 次印刷
定　　价：199.00 元

产品编号：086019-01

好软件是设计出来的

与李老师相识十年，十年磨一剑，总算等到亮剑的这一刻了。

众所周知软件行业的开发效率是很低的，不仅培养高水平的需求分析和设计人才的周期长、难度大，而且软件开发的质量水平和交付进度很大程度依赖于技术资源的多少和能力，这就严重地制约了软件行业的高质量、规模化发展。面向软件行业解决方案的应用开发和项目管理，涉及业务、应用、产品和技术等多领域的知识融合和团队协作，软件设计水平低和严重依赖开发人员的编程技术能力是导致项目失败的重要原因。软件行业能否像建设雷神山、火神山医院那样，高效地、规模化地开发软件呢？

十年前，机缘巧合与李老师相识，此时同望科技刚启动银弹谷工程，准备研发国际领先的基于无代码开发技术的新一代软件开发工具与平台，这与李老师多年研究的软件开发过程工程化的课题不谋而合。两人一见如故、相见恨晚，李老师欣然接受了我的邀请，作为同望科技总架构师，领导银弹谷工程研发团队开始了长达十年的"码农终结者"征程。

软件开发工程化涉及软件设计和编程两个方面，因此银弹谷工程的工作就从设计方法和编程技术两个方面入手：

（1）**设计方法方面**：李老师提出的工程化设计方法是参考了建筑业和制造业的设计模式，在传统软件工程中加入了业务设计和应用设计两个关键环节，并将分析与设计的过程标准化、结构化、流程化，大幅度降低了分析与设计工作的难度。这套方法不但提高了软件的分析和设计质量、减少了失误，而且可以用来快速地培养、提升需求分析与设计岗位人员的能力。由于按照这套方法的设计成果实现了应用架构与技术架构的完全解耦，具有非常明显的模块化特征，这也为后续无码开发提供了良好的设计输入。工程化的设计方法弥补了软件设计方面的短板。

（2）**编程技术层面**：在李老师领导下的银弹谷研发团队，紧跟国际领先的软件工程前沿技术和方法，研究突破性关键技术，率先成功实现无代码开发技术，发布了新一代软件快速开发工具与平台。银弹谷开发云基于无代码开发和模型驱动技术，极大地降低了面向行业应用开发的技术门槛和人员依赖，客户、项目实施和系统维护人员都能快速学会软件开发，可以不再依赖专业的软件程序员。无代码开发技术弥补了软件编程方面的短板。

Gartner在2018年的研究报告中，首次提出高生产力应用云平台概念——hpaPaaS（high-productivity application PaaS），并预计到2020年，75%的应用软件将在低代码平台中开发。hpaPaaS支持应用的快速开发、部署、运行等软件工程技术和过程一体化，低代码（Low-code）和无代码（No-code）开发是实现这一平台的关键共性技术。

10年后的今天，低代码开发平台已然成为软件工程的"银弹"，作为突破性关键技术的无代码开发工具与工程化设计体系相结合，形成了不同于传统的软件开发模式，为彻底打破长期阻碍软件产业高速发展的瓶颈摸索出了一条全新的道路，这将对软件工程的进化产生深刻和长久的影响。

"被终结的码农"路在何方？答案就在本书中，好软件靠设计不靠编，码农们要走向软件工程的更高层次！本书可以助力码农成长为软件行业的"工程师""设计师"。

本书是李老师毕生研究和项目经验的积累，理论知识体系完善，业务设计和应用设计的内容在银弹谷开发云项目中获得了成功的验证和升华。本书内容不仅适用于传统开发技术项目，也为低代码开发平台的软件工程翻开了新的篇章，作为一本理论知识和作业指南，对软件过程中的各个岗位都有很好的学习和借鉴价值，故强烈推荐。

同望科技股份有限公司董事长　刘洪舟

从"码农"到"软件设计师"

IT行业（包括互联网）是近年来大学生最向往的行业之一，大家看到的是它光鲜的一面，但是只有真正进入这个行业才会发现，"混"在里面有多艰难。非技术性的生存法则暂且不说，仅仅在技术上，之前的学术储备可能几乎用不上，或者仅仅够用几个月。如果几个月内你还是不能按照公司要求迅速将之前所学知识转化成生产力，你可能连试用期都过不了。

光靠985的院校背景，可能仅仅是起点稍高；光靠没有方向的努力，可能逐渐沦落为IT蓝领，几乎没有晋升机会；光靠漫无目的的充电学习，大概率会越来越灰心。以上是我在职场中关于"技术"的一点浅见。

收到李老师的邀约，我其实是非常惶恐的。第一，李老师在软件开发行业从业几十年，我何德何能可以为李老师的书作序？第二，我本身从事的行业偏硬件开发，而李老师这本著作是纯粹的软件范畴。

经过编辑的从中协调，我先拜读了李老师的大作，发现我们的很多思想是相通的，本质上都是在重新铸造IT从业者的基本功——我于2019年出过一本《大话计算机》，这是本偏硬件基础的书，但其中绕不开软件工程，因为我的职业所限，《大话计算机》中的软件相关内容浅尝辄止，在阅读过这本《大话软件工程》时，很多东西豁然开朗，在《大话计算机》未来的改版中，我可能会加强这部分内容。

在李老师的职业生涯中，直到退休，依然在做开发，这在国内是难以想象的。众所周知，国内的IT从业者吃的是青春饭，在一次直播中，甚至有读者调侃我头发太多，不像资深从业者。而在日本，软件设计是一个可以干一辈子的职业，而且是越老越香，这是什么原因？在IT业界产业升级的大背景下，其实从业者也要同步升级，在与李老师的沟通中，我了解到，我们称为"软件开发"的职位，在日本是低端职位，"软件开发者"需要尽快上升到"软件设计师"才能保证自己的职业生涯更健康更长久。在国内，我们为什么称程序员为"码农"？自己细品。

国内的IT开发大环境，在过去的20年，确实需要大量的"体力劳动者"，但是在当前，无论是IT企业还是从业者自身，对这种低端开发的需求越来越小，软件工程其实本质上就是软件"设计"，大方向等同于国内常说的"软件架构师"，大企业的这个岗位可是动辄年薪百万。但是对于从业者来说，第一，日常的繁忙工作可能让自己丧失了初衷和理想，没有时间琢磨；第二，在院校教育中，基本功不扎实，没有意识主动去提升产品的档次和自身的档次。

　　我们确实需要重新铸造我们的基本功。或许当年我们在学校没有学到真正贴近企业的技术和思路，希望这本书可以给所有IT软件从业者带来新的思路，也希望这本书可以作为计算机专业学生的必读书，让同学们少走弯路。

　　最后，再次向李老师致敬，感谢您的无私分享！

《大话计算机——计算机系统底层架构原理极限剖析》作者　冬瓜哥

0.1 关于本书

做企业管理类的信息系统分析和设计是否很难？多数从事这方面工作的读者会认为是很难的，特别是面对大型复杂的系统、或是首次遇到的新业务领域时就会感觉到更难。难在哪里呢？难就难在说不清楚难在哪里！

0.1.1 本书的背景

笔者从事企业管理信息化的咨询、分析、设计及培训工作已有二十多年了，在这个过程中接触了大量从事相关工作的同行，在交流过程中发现大家都存在着相似的问题，这些问题可以从用户与开发者两个视角来看。

1. 从系统用户视角看

在经过了多年的信息化建设后，很多企业都构建了庞大的管理信息系统，但是从使用的效果来看，还存在着很多不尽理想的现象，提出三个最为常见的问题（不限于此）：应用价值、应变能力和信息孤岛。

1）系统的应用价值低

系统仅解决了执行层的"手工替代"问题，经营管理层存在着无数据和信息可用的现象，未能做到用管理信息系统"支持企业计划、组织、领导、监控、分析，提供实时、准确、完整的数据，为企业的经营管理者提供决策管理依据"的预期目标。

2）随需应变能力差

系统上线后，通常用户使用的频率越高，发生需求变化的频率也越高，但是系统的开发者难以快速地响应需求的变化。

3）信息孤岛问题严重

不同时期构筑的系统之间数据不能共享，而且非常难以解决，企业守着积累的大量数据，却难以进行二次、三次的应用，作为企业数据资产的价值发掘不出来。

2. 从系统开发者视角看

软件开发企业同样有很多的苦恼，提出三个常见问题：产品价值、产品质量和产品复用。

1）产品价值的问题

软件企业的产品为客户带来的价值低，也造成了自身的收益少，收益少又影响了对新产品研发的投入，这种非良性循环带来了行业内的同质竞争、低价竞争的问题。

2）产品质量的问题（不考虑bug部分的影响）

开发产品的质量低，从需求调研到产品上线，缺乏一套可以支持软件全过程的设计方法体系，特别是在前期花费大量人力和时间获得的分析设计成果，其表达方式多以文字说明为主、附以一些简单的图形。这样的表达既无法与客户进行有效的确认，也无法向后续的开发人员精确地表达设计意图，不但沟通效率低，而且经常发生严重的需求失真、遗漏、设计偏差等问题，是造成系统质量问题的主要原因之一。

3）产品复用的问题

产品的复用率低，或者说几乎没有复用能力，这使得每开发一个新系统都要重复地做着初级劳动，造成高成本、低效率，其结果还带来了对客户需求变化响应速度慢的问题。复用问题不解决，即影响客户的满意度，也阻碍开发企业降低成本的能力。

3. 产生问题的背景分析

基于笔者常年的观察与实践经验来看，造成上述诸问题的重要原因可以从软件工程的构成上看到。在传统软件工程中有需求工程和设计工程，但是在设计工程中没有如图0-1中②所示的环节，在①的工作完成后，就进入③的工作（或是直接就进入了系统的开发工作）。

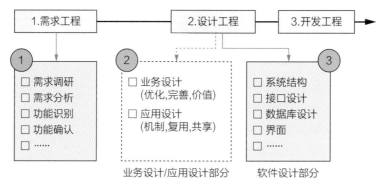

图0-1 既存软件工程（局部）

图0-1的①和③框中显示的是一般常见软件工程的主要工作内容，这些内容基本上都是围绕着功能实现进行的，它们各自的重点如下。

①需求工程的重点是获取功能需求，以收集、分析及确定客户对系统的功能需求为主。

②设计工程——业务设计/应用设计部分的工作内容，先设计出理想的客户业务形态，然后以实现这个理想的业务形态为目标再来判断和设计需要的功能，将这些功能置于"为支持实现理想的业务状态而存在"的位置。②的设计是以需求实现后要为客户带来最大价值（效率、效益）为目标的。

③设计工程——软件设计部分，重点是如何实现功能，以系统结构、数据接口、数据库、界面等内容的设计为主。这些工作都是偏软件实现方面的内容。

打个比方，②的作用就相当于建筑行业的"建筑设计"、汽车行业的"汽车设计"环节，这些环节的核心目标不是"如何实现产品"，而是"如何实现客户价值"。没有②对应的角色，就如同在建筑设计院中有结构设计师、设备设计师，但没有"建筑设计师"，在汽车制造厂有发动机设计师、电器设计师，但没有"汽车设计师"。这个"业务设计/应用设计"环节就相当于"建筑设计"和"汽车设计"的环节。

0.1.2 本书的观点与目的

1. 本书的观点

作者认为造成客户和软件开发者存在问题的主要原因有三个（不限于此）。

（1）软件工程：缺乏从"业务"视角的分析和设计方法体系。

传统的设计工程重点是针对"功能需求"的获取和设计。而完美的系统设计应该是先建立优化的业务体系，然后将"功能"看作为优化后的业务运行提供支持服务的信息化手段。

（2）软件企业：缺乏以"设计"为驱动的理念。

软件企业通常用"架构"的概念代替"设计"，但是"架构≠设计"，"架构"只是"设计"这个大概念的一部分，架构是"粗粒度的设计"，而完美的设计需要包括大到一个系统的整体架构，小到一个控件的精细描绘。

（3）软件工程师：缺乏以"客户价值"为导向的设计思想。

重"功能"轻"业务"的现象比较多，这样做会忽视客户信息化价值。完美的设计应以"客户价值"为引导，理解客户购买的是"价值"，功能是为实现价值而存在的。

2. 本书的对策

因为传统的"软件设计"中缺乏"业务设计/应用设计"的内容，所以软件设计的成果是不完整的，因此，笔者将图0-1的"③软件设计"中有关"界面设计"的部分移到了图0-1的"②业务设计/应用设计"中，将原软件设计的其他部分称为"技术设计"，将"设计工程"的内容扩展成为三个阶段：业务设计、应用设计和技术设计，见图0-2，完整的软件设计应该包括"业务设计、应用设计和技术设计"三个阶段的内容。

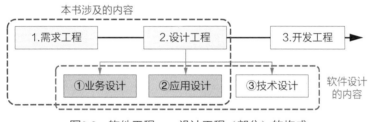

图0-2　软件工程——设计工程（部分）的构成

由于客户价值获取的重点在需求工程阶段，为了保持分析与设计的完整性，本书的内容包括需求工程和设计工程，其中设计工程包括前两个阶段：业务设计、应用设计。

本书虽然不包含技术设计阶段的内容（此阶段的内容比较成熟，参考书籍丰富），但是给出了三个阶段设计成果的传递与继承内容、标准、协同关系。

3. 本书的目的

本书的目的是探索并提供一套方法体系来支持上述的设计工程。为了达到这个目的，笔者为本书的编写制定了四个目标。

目标一：明确"设计"在软件工程中的定位。

传统的软件工程——设计工程中虽然在分类上使用了"设计"一词，但在实际的软件开发过程中采用更多的是"架构"一词。在"设计"这个大概念中，"业务设计/应用设计"是非常重要的部分，这个部分决定了系统的客户价值大小。明确"设计"（特别是业务设计/应用设计部分）在软件工程中的定位，可以提升整个行业对"设计"重要性的认知，同时也可明确从事"非技术类工程师"在软件过程中的作用、价值和地位。

目标二：构建"业务设计/应用设计"的方法体系。

构建"业务设计/应用设计"的方法体系，它是需求工程与技术设计之间的桥梁，这套方法体系以客户的价值设计为核心，同时它可以作为与管理信息系统干系人之间进行沟通、决策的"共同语言"。

📖 **注：关于干系人**

干系人包括：客户方、软件企业的业务方、技术方及其他相关人（如监理等）。

（3）目标三：确定"业务设计/应用设计"方法体系的应用模式。

参照传统行业的分析和设计方法，让"业务设计/应用设计"的体系符合"工程化设计"的原则、标准、流程，使得从需求调研到设计完成之间的所有成果都是标准的、规范的，并且都是可传递、可继承的，让这些成果与后续的技术设计形成精确的无缝衔接。

（4）目标四：提升软件企业和软件工程师的设计能力。

设计，不论在任何一个行业都是龙头，提升了企业和员工的设计能力，不但可以提升产品价值、产品质量和产品复用的能力，而且还可以助力"业务人员"成为"业务设计师"，让开发"程序员"成为开发"工程师"。

0.1.3 本书的特点

为了实现本书的目的，在构建"业务设计/应用设计"体系时，为这个体系设定了"三化一线"的要求，其中，三化为图形化、标准化、工程化；一线为逻辑线。

1. 图形化

软件行业缺乏用"图"来表达分析与设计的现象由来已久（UML可表达的场景有限，同时也不能为所有干系人理解和使用），因此本书为软件工程划分了不同的阶段和层次（参见后续的软件工程框架），在所有的设计阶段和层次中都提供了对应的参考标准图形。采用图形表达为主的方式可以大幅度地减少需求与设计的失真，图形化的表达方式可以明显地提升工作效率和产品质量。图形化表达是工程化设计的基础。

📖 **注：关于自然图形**

本书采用的图形是"自然图形"表达方式，读者不需要经过特别的培训就可以理解。

2. 标准化

软件行业不能用"标准"的方式进行设计、传递、检验也是一个普遍问题。为了解决这个问题，本书制定了从图形表达到文字描述的标准化方式。用这样的表达方式可以实现"需求调研→需求分析→业务设计/应用设计→技术设计"之间的无缝传递、继承。

3. 工程化

有了前述的图形化、标准化作为基础，将软件实现的各个环节按照工程化的模式串联起来，使软件行业的设计过程和设计资料如同建筑业、制造业可以按照流程进行操作。

本书采用了不同于传统软件工程的知识体系表达方式，如图0-3所示。

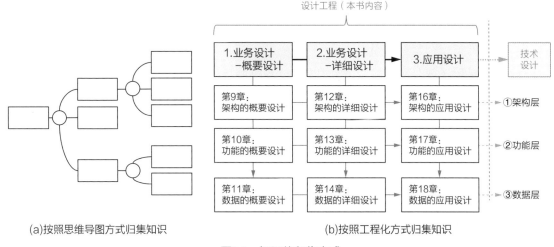

图0-3　知识的归集方式

1）思维导图方式

如图0-3（a）所示，传统的软件工程知识体系多采用的是"思维导图"式的归集方式，它将知识进行了归集和分类，但从知识体系的整体上不严格地强调各环节之间的输入与输出、成果的传递与继承标准、流程等关系。

2）工程化方式

如图0-3（b）所示，将知识体系按照实操的过程进行归集、分类，设计工程中的每个阶段、环节的成果都是相互衔接的，明确了前后环节之间的输入、输出关系，这种方式有助于软件企业建立可以定性、定量的开发流程管理、计划管理、资源管理、配置管理，建立可以规范化地检验各环节作业完成情况以及建立相应的检查标准。

4. 逻辑线

本书从需求调研开始直至应用设计为止，全书始终以"逻辑"为分析和设计的指导主线，让读者按照逻辑思路去理解知识、同时按照合乎逻辑的结构形式去表达设计结果。在软件工程的使用过程中，始终以逻辑为流转、传递、承接的依据，"逻辑"的通顺，可以确保分析与设计结果经得起推敲。同时符合逻辑的设计结果确保了"业务人员"和"技术人员"对接、交流的正确无误。逻辑是分析与设计过程的灵魂。

0.2　本书的使用

0.2.1　适用的课题

本书中提出的理论、方法、工具和标准，以及相应的软件管理流程、规则等，均以企业管理信息系统的构建过程为主要目标对象，书中重点在分析和设计的方法。企业管理信息类系统的范围覆盖了构成企业的主要要素（人、物资、能源、资金、信息等），常见的名称有：MIS、ERP、PM、CRM、HR、OA等。

选用企业管理信息系统作为研究分析和设计方法的对象，主要是考虑这个对象相对于其他类型的对象（图书管理系统、售票管理系统等）来说更加复杂、特别是关于项目管理

（PM）部分的内容更是所有管理类系统中比较复杂的，如果通过阅读本书的案例读者可以基本上理解所讲述的理论、方法等内容，那么在进行其他类型系统的分析和设计时就会感到比较容易了。

本书虽然采用了企业管理信息系统的案例，但书中提供的理论和方法是具有普遍意义的。

本书以构建虚拟的"蓝岛工程建设集团"企业管理信息系统为案例的主线。

0.2.2 适用的对象

本书推荐的读者对象可以是下述各领域的从业者（因企业不同定义不同，仅作为参考）。

1. 软件开发

（1）业务人员：需求调研/需求分析师、业务架构师、实施工程师。

掌握从需求调研、分析、业务设计（架构、功能、数据）、应用设计（界面、复用等）的方法、标准，可以与客户、技术两个方面进行全方位的沟通、表达。

（2）技术人员：技术架构师、开发工程师（程序员）、测试工程师。

掌握业务人员是如何将客户需求转换为支持开发的设计资料，快速、准确地理解业务设计资料。同时帮助提升由编码程序员向开发工程师、架构设计师转换的能力。

（3）管理人员：项目经理、产品经理、配置管理员等。

本书的内容可以支持软件项目进行定性、定量的过程管理，包括：开发流程的设计、分析与设计方法、工作量的计算、投入资源的判断、确定交付物以及交付标准等。

2. 教育培训

（1）大学和培训机构中，从事相关教育和培训的老师。

一般软件开发企业和企业信息中心大都缺乏有经验、知识和能力的业务分析与设计人才（特别是高端人才），由于缺乏体系化的方法，这些人才的养成通常是靠自己的经验积累，难以速成，采用了本书提供的知识体系就可以大幅度地缩短教育培训周期。

（2）大学信息管理专业的学生：学习分析与设计方法，在进入社会前就掌握一门实战技能。

（3）大学软件工程专业的学生：理解软件工程的实用性，特别是设计在软件工程中的作用。

（4）大学计算机专业的学生：理解、掌握设计的理念、基本方法，拓展思路，开阔眼界。

3. 专业咨询

对于从事企业管理类的专业咨询师来说，利用本书提供的方法可以将企业管理咨询的成果用逻辑图形来表达，减少由于大量使用文字和表格表达带来的不确定性，使得咨询师向客户提出的主张更加具有说服力。同时也使得专业咨询的成果可以成为构建企业管理信息系统的依据，提升专业咨询成果在信息化建设过程中的价值。

📄 注：关于专业咨询

专业咨询包括从事各类企业管理咨询、各类业务领域咨询（如财务、物流等）。

0.2.3　使用的效果

笔者通过常年的培训和验证确定了本书的实用效果，本书的知识为软件企业和读者带来的收获可以用三个词来归纳：设计、图形、工程。这三个词所代表的知识和能力就是解开在背景中所谈到软件开发者的"3低"问题（产品价值低、产品质量低和产品复用率低）的钥匙，如果这三个问题获得解决，那么用户存在的问题也就会随之得到解决。

1. 树立和强化"设计"意识，明确设计带来客户价值

本书不但可以让读者掌握设计的理论和方法，而且可以确认是设计决定了产品的价值，同时，理解提升产品的复用率也必须要依赖于设计（特别是"应用设计"）。

软件行业的从业人员普遍对"设计"的意识不强，软件实现过程的重心都在编码上，甚至没有意识到产品的价值是设计出来的（他们认为是开发出来的）。不但刚毕业入职的大学毕业生没有设计意识，就是从事了多年软件行业的工程师中也不乏不知设计为何物者。

分享　软件开发，如同拍电影

培训会上学员提出了软件行业的常见问题：软件不做出来不知道什么样、不知道怎么使用、更不知道效果如何。当软件一旦开发出来，大家看到了软件的样子后，马上就进入了软件的修改阶段，有时修改所花的时间甚至比开发用的时间还要长。针对这个问题大家进行了讨论，但是讨论的结论是：这是常态，没有办法，因为不做出来就无法确认、验证。

老师也向学员们提出反问：为什么比软件构成更复杂的建筑却能在设计完成时就知道了它的样子、用法和效果，且完成后没有大规模的修改呢？同理，再设想一下，电影导演能够说电影不拍出来就不知道效果，拍完后效果不理想再做修改吗？大家的回答是：不行。那么，为什么单单软件开发做不到？问题出在哪里呢？

大家给出的原因五花八门，但有一点是共同的，那就是：缺乏设计。

通过学习，学员们亲身感受到了经过体系化的、标准化的设计之后，不需要等到开发完成就可以知道开发完成后的效果和价值了，而且还能用设计成果验证完成的产品是否符合设计的要求。

缺乏设计造成了在软件生产过程中没有"共同语言和指导原则"，特别是缺乏了"业务设计/应用设计"的内容带来的影响更大，因为这个部分是所有干系人都必须要理解的（技术设计的内容不需要所有干系人都理解），这个设计完成后，不但知道了软件完成后的样子、使用方法、效果和价值，而且它还是软件生产过程中的核心指导原则（因为它是所有相关人都必须知道和遵守的）。

笔者认为，要做到提升设计意识，需要从大学和软件企业两个方面同时着手。

1）对大学和大学生

在软件企业内，软件是由"业务人员"和"技术人员"两方面的共同工作完成的，但是大学和培训机构只培养"从事技术开发的人才"，而缺乏专门培养"从事分析与设计人才"的课程，这是其他行业所没有的现象。

大学应该增加"分析与设计"相关的学科，在大学生毕业前就要给学生树立基本的设计意

识，特别是计算机专业的学生，他们不但要学习编程技术，还要加强业务设计/应用设计的学习，因为前者主要解决的是"实现"的方法，后者主要解决的是"创新"的能力。如果在大学阶段就给学生植入了设计意识，学生进入企业后从"程序员"成长为"工程师"的时间和路途就会大大地缩短。

2）对软件企业和软件工程师

对于软件企业来说，解决的产品的3低（低质量、低价值、低复用）问题，除了提升设计水平和能力外别无他途。因此，应该以制造业、建筑业等为参考，明确设计的作用和设计师的定位与价值，要能够肯定地表明：在软件生产过程中，从事业务设计/应用设计的工程师是核心，并且理解：

● 业务设计/应用设计决定产品的最高价值

最高价值指的是系统为客户的业务提升了效率和效益，这是客户投资信息系统的目的。

● 技术设计/开发保证了产品的最低价值

最低价值指的是系统可用（没有bug、性能优秀），但这不是客户投资信息系统的目的。

2. 利用"图形"表达设计，是提升质量、效率和工程化的基础

生产"产品"，不论是哪个行业都是用图的方法表达设计结果，"用图说话"是设计的常识。利用图形进行表达和交流，不但可以提升质量和效率，它还是设计工程化的基础。

由于企业管理类软件实现的对象是抽象的（建筑、机械因为内容是具象的，所以比较容易理解），这就需要从逻辑上理解对象和传递意图。软件行业从业人员（特别是业务人员）有一个共同的弱点就是缺乏逻辑概念和表达方法。而在用图形进行设计时，由于"逻辑"的表达是标准的、可见的，因此掌握了图形化的设计方法就能大大地提升相关人员的逻辑表达能力，从而直接地提升了设计的质量和意图传递效率。

分享　　　　　**用图形做设计，是质量、效率，也是效益**

参加培训的学员中，需求/设计团队与开发团队不在同一个地方工作的现象非常多，而且现在利用交易平台进行外包设计/外包开发的应用场景也越来越多，这就带来了沟通的效率和质量问题，原来在同一个地方可以面对面沟通时这个问题还不是那么突出，但是不见面进行沟通就变得很困难，软件开发不像建筑和制造，后者的图纸是标准的，只要有图纸不论何地的承包商都可以按图制造。但是软件行业不行，由于缺乏标准的设计方法（特别是业务设计/应用设计部分），以文字和表格为主的传递效率很低，质量很差，很难做到一看资料就明白十之八九，这里的一个主要问题就是由于表达的没有图形化造成的（虽然也可使用UML，但只能在懂得UML的人之间进行传递）。

在培训的前后，老师都要出题让学员用图做设计，然后让大家互相解读对方设计图的意图，通过这样的训练可以明显地感受到学员们表达和认知能力的提升，由于大家掌握了同一标准的设计方法，所以在分开进行设计和开发的情况下，不但可以提升工作效率，同时也能大大地减少原来由于缺乏逻辑表达方式而带来的高沟通成本（时间、人力、经费等）。

案例中的问题说明：因为用图形表达逻辑的方式是标准的，所以双方在读取逻辑时都非常准确，没有歧义，因此，可以看出图形化的表达方式不但可以大幅度地提升工作效率和效益，

最终还可以促进产品质量的有效提升。

3. 建立"工程"化的设计体系，让软件工程从一门知识转化为一套可操作的"技术"

设计工程化，是提升软件开发的效率、质量、复用率以及强化过程管理的重要手段。

在软件行业中（特别是针对业务设计/应用设计部分），很难确定它们的工作内容、工作量、所需资源的能力、交付物、交付质量、交付时间等内容，软件的生产过程虽然是一个"工程"，但由于很多的内容不能定性、定量，所以很难用工程化的方式进行管理。

分享

程序员与工程师，程序与工程

在一次以技术开发者为主的培训会上，老师向学员们提了这样的问题：

- 问大家：认为工程师的能力比程序员高一级的请举手，大家都举了手。
- 问大家："认为自己是程序员的举左手，认为自己是工程师的举右手"，结果大多数人举了左手，只有3个人举了右手。
- 问这3人：如果你们认为自己是工程师的话，请说明什么是工程、什么是工程师。

结果这3个人马上就改举左手了（全场大笑）。

"工程"是一个过程，这个过程你不去实践一遍是没有感性认知的，大学毕业进了企业后直接做了开发工作（程序员），由于不知道分析与设计的过程，因此对自己所开发的功能是"知其然而不知其所以然"，所以程序员长期都是做"小工"的。

因此老师给新学员提了一个建议：大学毕业进入软件公司后做的第一件事不是做程序员，而是去做"学徒"，体验一次从需求调研到设计的全过程，这个过程可以帮助你理解什么是"工程"。这个过程可能要花费2~3个月或更多一些的时间，但这将会大大缩短你从"程序员→工程师"的距离和时间。如果开始没有花费这个时间，很有可能过了5年甚至是10年之后，你会发现自己还站在"程序员"的原处，没有走向"工程师"的位置。

从事建筑设计、制造设计的大学毕业生是一样的，他们进入公司后的第一步是先下到工地/车间去实习，实习一段时间后再进入到设计岗位工作，这使得他们懂得了什么是工程，这个过程的体验成果使他们受益终身。

学习过软件工程的人很多，但是深知软件工程具体有什么作用的人不多，软件工程的知识不能落地，不但造成设计水平低、产品价值低，而且对软件过程进行的项目管理也不容易。

本书参照传统工程的设计分类与标准制定的方法，让软件工程从一门"知识"成为一门可以按部就班学习，并且可以实操的"技术"，同时工程化的做法也可以有效地改变现实中存在的"业务设计/应用设计"部分的资料"只可字会、不能图传"的现象。

0.3 结尾与致谢

本书讲述的"业务设计与应用设计"内容是对传统软件工程中关于分析和设计部分的探索、补充和完善，采用的理论、方法、工具和标准等是根据作者从事不同的行业经历、跨界知识，以及结合业内常见、常用的模型进行整理、设计而成的。书中很多的理念、观点、方法是根据本人在实践过程中的经验抽提以及对未来的预想而做出的，书中的内容在软件企业的实际工作中进行了多年的应用验证。

本书每一篇内容都有相应的微课视频讲解，扫描篇首页上方的二维码即可观看，816940768（QQ群）为本书技术交流社群，欢迎读者进群交流，相互促进，共同提高。

由于作者本身所具有知识和经历的局限性，所以在书中难免会出现一些理论、方法方面的谬误之处，欢迎读者朋友提出批评指正。

在此特别感谢同望科技股份有限公司刘洪舟董事长，您推行的银弹谷工程和两阶段软件开发模式为书中理论和方法的确认提供了非常宝贵的实践平台。

李鸿君

2020年2月于北京

第2篇 需求工程

第3篇 设计工程——概要设计

第4篇 设计工程——详细设计

第5篇 设计工程——应用设计

第6篇　综合设计

附　录

基础知识概述

第1篇　基础概念

□内容：思考方法、基本概念、表达模型，是工程师能力发生质变的基础知识
□对象：软件工程的所有角色（咨询、需求、设计、开发、测试、实施、管理）

第1章
知识体系概述

本章将全书各章涉及的核心内容归集成为一个软件工程的知识结构框架，掌握了这个框架后，以它为导引可以帮助读者快速地了解本书知识体系的结构、内容、用途以及使用方法，导引中提到内容的详细说明请参照相关的各个章节，如图1-1所示。

	构成	名称		说明
1	3个体系	1.业务知识体系		客户从事业务所需的知识，如：企业管理、市场销售、成本控制、生产流程等
		2.设计知识体系		信息化设计所需的知识，如：需求分析、概要设计、功能设计、数据设计等
		3.开发知识体系		软件开发所需知识，如：技术框架、编码开发、系统测试、硬件、环境设置等
2	3个原理	1.分离原理		研究拆分对象的理论和方法，如：业务、管理、组织、物品等
		2.组合原理		研究架构模型的理论&方法，如：组合三元素（要素、逻辑、模型）
		3.基干原理		研究实现功能复用、数据复用的理论和方法（组件+机制）
3	软件工程 －需求工程	1.需求调研		研究需求调研方法和记录方法：现状构成图、访谈记录、既存表单
		2.需求分析		研究需求分析的方法：目标需求、业务需求、功能需求
4	软件工程 －设计工程	工程分解 （3阶段）	1.概要设计	研究业务的概要设计，如：架构规划、功能规划、数据规划
			2.详细设计	研究详细设计的方法，如：流程分歧、业务原型、数据算式等
			3.应用设计	研究将业务设计成果转换为系统设计内容
		工作分解 （3层次）	1.架构层设计	对架构进行三个阶段的设计，包括：架构规划、流程分歧、流程机制等
			2.功能层设计	对功能进行三个阶段的设计，包括：功能规划、业务功能、应用功能等
			3.数据层设计	对数据进行三个阶段的设计，包括：数据规划、数据算式、数据复用等

图1-1　本书主要内容

1.1　基础部分

1.1.1　三个知识体系

构建企业管理信息系统过程中，需要涉及三个大的知识体系，即业务知识体系、设计知识体系、开发知识体系，这三个知识体系提供了管理信息系统实现过程中需要的理论、方法、工具和标准等内容。三种知识的内容和关系如图1-2所示。

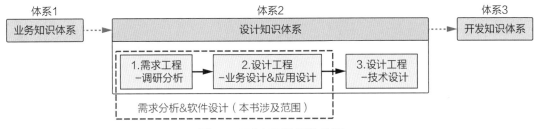

图1-2 三个知识体系的关系

1. 业务知识体系

1）内容

业务知识体系，是指需要导入管理信息系统的客户所从事行业的业务知识。软件实现的过程是从理解客户业务和相关知识开始的，理解和掌握客户业务知识是理解客户需求和优化客户业务的基础。客户业务知识可以粗略地分为两个方面：个性化业务知识和共性化业务知识。两种业务知识的不同和关系如图1-3所示。

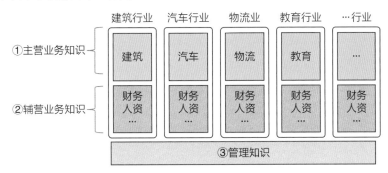

图1-3 主营、辅营及管理知识

（1）个性化业务知识。

个性化业务知识是指客户所从事行业特有的业务知识，如建筑行业、汽车制造行业、纺织行业、物流行业、教育行业等，它们是不同的行业，每个行业所用的业务知识是不同的，这些内容大都是该客户的经营主体。一般来说，建筑企业的主营业务是建筑，汽车企业的主营业务是汽车（当然，现在的企业可能同时具有多个主营业务），这些知识在企业中都是直接产生价值的部门所使用的，这些部门的业务工作也被称为"主营业务"。

（2）共性化业务知识。

不论主营业务从事的是什么行业，对于企业的运营来说都必须要用到以下业务知识，如财务管理知识、人资管理知识、后勤管理知识等，使用这些知识的部门在企业中主要是对主营业务进行辅助支持和管理的，这些部门的业务工作也被称为"辅营业务"。

（3）关于管理知识。

对企业资源进行组织、协调等所使用的是"管理知识"，它与业务知识不同，它是协助完成业务的知识，如项目管理、阿米巴管理等。一般站在软件企业的视角泛指客户的业务知识时，管理知识可以包含在业务知识中，但是在进入到具体的业务分析与设计工作时，需要将业务与管理的知识进行区分，它们各自使用的理论、方法和标准都是不同的，因此业务与管理的实现方法也是不同的，有关内容详见第2章。

2）作用

构建企业管理信息系统，必须要掌握客户所从事的业务知识和相关的管理知识等，这些知识是分析需求、优化业务，以及设计信息化管理方式的基础，掌握这些知识就可以让从事分析与设计的工程师成为"内行"，如果不掌握这些知识就是外行，无法用信息化手段为客户进行业务优化。掌握业务知识的工程师对客户的业务是"知其然，也知其所以然"，因此做出来分析与设计成果的质量就高。不掌握这些知识的工程师就是"知其然，不知其所以然"，他们做出来的分析与设计成果的质量一定差。因此，对客户从事行业的相关知识掌握得越全面、越深入，就越有可能给出优秀的信息化设计方案。

区分这三种知识（参见图1-3中的①、②和③）的作用在于帮助读者理解所谓的"业务"内涵，同时在学习业务知识时可以做到既有重点又兼顾全面，例如：

● 某个行业的主营知识（如建筑），它只是一个行业的个性化知识；
● 辅营业务知识在各个行业基本上都是共通的（尽管不同行业和企业之间有些差别）；
● 管理知识的共性化就更加显著一些，例如，项目管理的理论和方法，不论在任何的行业它的理论和方法基本上都是一样的。

3）来源

业务知识（企业的主营知识、辅营知识）和管理知识，主要来源于学校的教育、书籍、实践、培训、咨询、调研等途径。业务知识对于从事分析与设计的读者来说是基础知识，需要自行学习掌握至少一个行业或是一个领域的业务知识，以及一定的管理知识。

2. 设计知识体系

1）内容

设计知识体系，是将客户需求转变为软件陈述过程所需要的知识，软件的设计知识体系可以分为两大部分：一是业务设计/应用设计部分、二是技术设计部分。

（1）业务设计/应用设计部分知识。

这部分的知识是用来指导软件设计过程的前半部分工作，内容包括两阶段：第一阶段是业务设计（业务优化等）；第二阶段是应用设计（系统的应用），这个部分的成果是将客户需求用标准化的业务和应用形式呈现出来，该形式符合技术设计部分的输入标准要求。

（2）技术设计部分知识。

技术设计部分知识，是将前面业务设计/应用设计成果转换为技术设计形式所需要的知识。技术设计成果可以直接作为后续编码开发的依据，同时技术设计部分还需要确定系统的开发语言、基础框架、部署环境、硬件以及测试等方面的设计要求。

2）作用

不论是哪个行业，好产品一定要有好设计，当然有好设计未必能出好产品（制造工艺的影响），但是没有好设计是一定不会有好产品的，所以设计水平决定了产品的价值。

（1）业务设计/应用设计部分知识。

这部分知识的作用，主要是提供了分析客户现状、获取需求、优化业务设计以及信息系统使用时的应用方法，这个部分知识掌握的优劣，决定了客户管理信息系统的最高价值。

这个部分的知识是本书的核心内容。

（2）技术设计部分知识。

这部分知识的作用，主要是落实业务设计/应用设计部分的成果，将它们转换成符合开发工程师要求的形式，并加入技术部分的需求，使全部的设计结果符合软件开发的要求。这个部分知识掌握的优劣，决定了客户管理信息系统的最低价值。

本书虽然不涉及技术设计的内容，但是将技术设计中的基本理念、方法和标准等用"业务用语"的形式融入到了业务设计和应用设计中，为业务和应用设计的成果顺利地传递给技术设计奠定了基础。

3）来源

鉴于行业的发展特点，这两个部分知识的形成与来源还处于不平衡的时期。

（1）业务设计/应用设计部分知识。

目前这个部分的知识来源比较少，其中围绕着需求的获取和分析比较多，对应业务优化设计方面的比较少，缺乏从业务视角探讨设计的理论、方法和标准。目前，很多从事分析和设计工作的工程师大都是借用技术设计的理论和方法，这些理论和方法难以适应今天的业务分析与设计，特别是对企业管理类型的业务。本书的目的就是抛砖引玉，尝试着建立业务设计/应用设计的知识体系，这个体系可以在客户需求与技术设计之间建立良好的转换关系。

（2）技术设计部分知识。

目前，这个部分的知识体系已经比较完善和体系化了（如UML），这个部分的知识获取的来源也非常广泛，主要来源于学校的教育、社会培训、参考书籍、开发实践等途径。

3. 开发知识体系

开发知识体系是用来指导软件实现（编程）工作的，其主要内容包括关于编码、测试等（可以理解为软件的"制造过程"）工作需要的知识。本书不涉及这个部分的内容。

4. 三个知识体系的关系

三个知识体系共同构成了完成企业管理信息系统建设所需要的知识。三个知识体系之间的相互作用关系如图1-4所示，其中，②设计知识体系作为桥梁衔接了①行业知识体系和③开发知识体系，三个知识体系相互有输入和输出，共同促进，三者的相互作用如下。

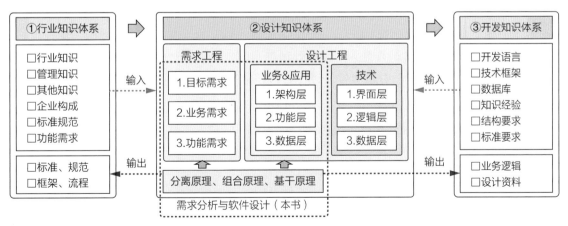

图1-4 三个知识体系之间的相互作用关系

1）②与①的关系

● ②从①输入了行业知识、管理知识等（通用的知识），项目客户的企业构成、需求等

（本次项目的信息）。

- ②向①输出了企业推进信息化管理需要建立的理论、方法、标准、规范等，帮助企业构建未来的信息化工作环境。

2）②与③的关系

- ②从③输入了在设计阶段必须要遵守的、符合软件开发标准和规范等的要求，符合这些要求的设计成果才能够为后续的开发所继承。
- ②向③输入了满足客户需求同时又符合软件开发标准的设计成果。

总结：这三个知识体系是相互关联和促进的，②起到了承前继后的作用，②中包含的三个阶段（需求、业务&应用和技术）之间也有前后传递、继承的关系，有了这样相互作用、继承的知识体系才能够保证信息系统可以高质量、顺利地完成实现过程。

1.1.2 三个基础原理

构建企业管理信息系统，其业务的复杂程度要比图书管理、订单管理、仪表控制、ATM机等类型的系统大得多，企业管理的业务构成不直观，且业务需求要涉及企业的决策层、管理层以及执行层，不同层的理念、思想、目标、价值以及期望也都会影响到系统的规划和设计。作为一名软件设计师，在理解客户的需求时首先要站在与客户同一视角观察和了解，而不能够仅从软件功能实现的视角机械地去拆分它们、理解它们，这样做常常会使得设计师忽略了客户业务自身的逻辑和价值，而这恰恰是造成现实中很难开发出优秀的、可以令客户满意的企业管理信息系统的主要原因。

本书提出了三个基本的原理（分离原理、组合原理与基干原理），它们不但是理解、分析和设计企业管理信息系统的方法，而且也是本书中构建业务分析与设计方法体系的理论基础。这三个原理贯穿了本书的核心思想，它们提供了从需求分析到系统复用的设计方法，让工程师可以从一个更高的层次去理解研究对象，并获得高水平的分析和设计成果。

1. 分离原理

对任何研究对象的分析工作都是从"拆分对象"开始的，即把一个大的复杂的研究对象拆分为若干个相对小的且易于研究的要素。那么以什么为依据进行拆分、拆分的结果是否有利于理解对象、同时分析成果又是否能为后续设计所继承呢？分离原理提出了企业管理类研究对象的分离方法。分离原理被用于分析与设计过程中，详见第2章。

2. 组合原理

业务设计要面对无数的业务场景、多样的管理方式，要想实现规范化、标准化的设计就需要有一套方法可以覆盖这些场景，或者是，无论遇到什么样的业务场景总能抽提出它们的共同形式。有了这套方法，就可以实现标准化、工程化的设计，组合原理提出了企业管理类对象的业务架构方法。组合原理主要用于对业务的架构设计，详见第3章。

3. 基干原理

前面两个原理主要应用于对业务的分析与设计。基干原理主要给出了在应用设计阶段如何实现产品复用的设计依据，按照这个方法设计的系统同时也具有快速应变的能力，基干原理提出了软件如何可以像制造业一样模块化生产产品的设计方法。基干原理针对的是系统架构，主要用于应用设计，详见第5篇。

1.2 软件工程

对软件工程的描述主要以软件工程框架为载体展开，这个框架对前述分析和设计的知识进行梳理、呈现，有利于理解、学习和交流有关分析和设计的内容。

1.2.1 定义与框架

1. 软件工程的定义
对软件工程的定义有很多种版本，这里选取两种定义作为参考。

1）IEEE对软件工程的定义

（1）将系统化的、严格约束的、可量化的方法应用于软件的开发、运行和维护，即将工程化应用于软件。

（2）（1）中所述方法的研究。

2）《计算机科学技术百科全书》对软件工程的定义

软件工程是应用计算机科学、数学、逻辑学及管理科学等原理，开发软件的工程。软件工程借鉴传统工程的原则、方法，以提高质量、降低成本和改进算法。

2. 软件工程的框架
由于关注的视角不同，所以构成软件工程的框架内容也有多个版本，除去可行性调研、配置管理、质量管理、工程管理等内容外，不论哪一种版本都有如图1-5所示的5个领域，这5个领域的工作内容与软件的实现与改进具有直接关系，是构成软件工程的核心内容。

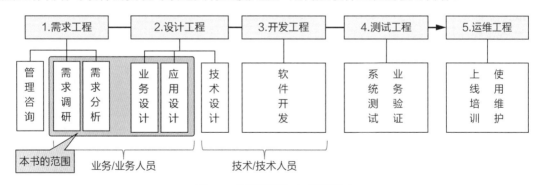

图1-5 软件工程与本书的范围

由于本书重点是面向从事需求和设计的读者，因此主要涉及软件工程的两个部分，即：需求工程（除管理咨询），设计工程（除技术设计部分）。本书是以设计工程中的"业务设计和应用设计"部分为核心，以需求工程中的"需求调研和需求分析"为辅构成的。以下如无特殊说明，"设计工程"仅指"业务设计和应用设计"两个部分。

1）需求工程（需求调研、需求分析）

选取需求工程中"需求调研"和"需求分析"这两个部分，它们是需求工程中产生需求的主要实操部分，这两个部分的交付成果与后续设计工程是继承关系，它们是后续设计工程的输入，设计工程是依据它们进行的，它们的交付物必须是定性和定量的，必须是采用可以传递、继承的标准模板进行。

📖 **注1：关于管理咨询（见图1-5）**

需求工程中"管理咨询"的内容不同于需求调研和分析的内容，"管理咨询"往往指的是高级咨询师与客户企业中的高层（经营者、信息化推进主管以及对信息化导入具有重要影响的部门主管等）的交流，管理咨询的结果决定了导入信息系统的目标、方向、价值和主要内容等，属于需求分类中的"目标需求"。但由于管理咨询的方法无法工程化，所以在此省略。关于"目标需求"的分析与用途参见第7章。

📖 **注2：关于需求管理**

由于需求工程中的需求管理部分（包括：确认、跟踪、维护、变更、版本等）是对分析与设计成果的管理和维护，与分析设计没有直接关系，所以不作为本书的内容。

2）设计工程（业务设计、应用设计）

因书中以软件工程为框架，所以在以后的描述中用"设计工程"代替"软件设计"。设计工程以业务设计与应用设计为核心，这两个部分的设计重点讲述了以下的内容。

（1）业务设计。

明确地给出业务设计的定义、在软件工程中的位置和作用，它既不等于"需求设计"，也不是"技术设计"，它是站在客户视角对客户业务的优化和完善，由概要设计和详细设计两部分构成。业务设计的最终目标是提升客户的业务价值。

（2）应用设计。

明确地给出应用设计的定义、在软件工程中的位置和作用，它既不等于"UI设计"，也不是简单的"客户体验设计"，它是对信息化环境下企业管理方式的提案和设计，应用设计的最终目标是提升客户的应用价值。

应用设计与业务设计是技术设计的输入。

本书涉及的需求工程与设计工程部分的内容展开如图1-6的结构所示。

这个图起了什么作用呢？想象一下，当一个新人走进了一个巨大的建筑工程施工现场，有成百上千的人同时在工作，这个新人可能不知道自己面对的是什么、自己处在什么位置、现场的每个人都在做什么等，此时，如果有一个如图1-7所示的建筑结构图，那么这个新人就知道了正在建造的是什么建筑，自己处在什么位置，现场的每个人都在做什么工作等，这个可以帮助读者理解"建筑的结构图"，就相当于"软件工程的结构图"。有了这个结构图之后，相关人在讨论时就可以很容易地掌握软件工程的整体、自己的位置、每个设计阶段的角色和具体的工作内容等信息。本书就是按照这个结构进行展开说明的。

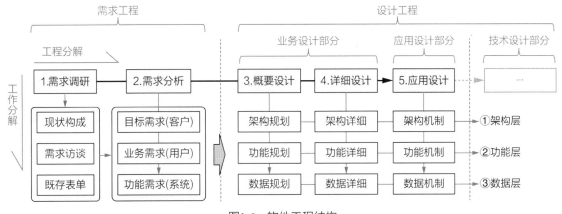

图1-6 软件工程结构

图1-6的软件工程结构图有两个方向的分解：工程分解和工作分解，这两个分解构成了软件工程的结构，下面就这两个方向的分解内容分别进行说明。

1.2.2 工程分解（横轴）

对软件工程在横向（横轴）的划分称为工程分解。本书只涉及工程分解的两个部分：需求工程、设计工程，见图1-6。

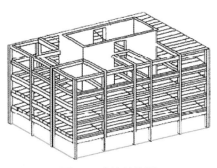

图1-7 建筑结构图

1. 需求工程

需求工程内部由两个阶段构成：需求调研阶段和需求分析阶段。

1）需求调研

收集客户对构建信息系统的具体需求（高端需求已在管理咨询中获取），需求主要来自于企业的决策层、管理层、执行层，最终形成需求调研资料汇总。

2）需求分析

对管理咨询和需求调研收集到的需求进行梳理、分析，确定未来必须要实现的功能需求，最终形成需求规格说明书，它是后续设计、开发、测试以及客户验收等的依据。

2. 设计工程

设计工程由两大部分构成：业务设计和应用设计。其中，业务设计又可以再分为概要设计和详细设计，也可以说设计工程是由三个阶段构成的：概要设计、详细设计和应用设计。

1）业务设计——概要设计

基于需求分析的成果，对未来业务的整体进行规划，并制定设计的理念、主线、原则、标准等，概要设计的成果形成概要设计规格书。

2）业务设计——详细设计

基于概要设计的成果，对概要设计规格书中的内容进行逐一的细节层面的定义、设计，到此，与业务相关的设计内容全部确定，详细设计的成果形成详细设计规格书。

3）应用设计

将前面的业务设计成果转换为用系统形式表达，并确定开发完成后的使用效果，至此，完成了全部的应用设计内容，应用设计的成果形成应用设计规格书。

1.2.3　工作分解（纵轴）

对软件工程在纵向（纵轴）的划分称为工作分解。其中，需求工程没有工作分解（有交付物分解），设计工程的工作分解为3层：架构、功能和数据，参见图1-6。

1. 需求工程

需求工程由于调研和分析难以进行工程化的分解，所以没有对调研和分析的过程进行分解，而是对调研和分析的结果进行了划分。需求调研和需求分析的主要成果分类如下。

- 需求调研结果：现状构成（图）、访谈记录（文）、既存表单（表）。
- 需求分析结果：目标需求、业务需求、功能需求。

2. 设计工程

从需求工程进入到设计工程后，每个设计阶段（概要、详细、应用）的内容都包含三个层，即：架构层、功能层和数据层，所有设计工作都是围绕着这三层进行的。

1）架构层

架构层，是对研究对象进行粗粒度的设计，架构层的工作包括对业务整体的顶层规划，确定范围、边界、静态和动态的构成，以及向系统架构的转换，参见图1-6中的①架构层。

2）功能层

功能层，是对用户操作界面的设计，基于架构的设计成果，规划界面、定义数据、确定操作方式、制定规则，以及功能在系统中的操作机制，参见图1-6中的②功能层。

3）数据层

数据层，对企业的数据进行整体的规划、架构和详细设计，确定业务编号规则、主数据构成、数据逻辑，以及在系统中数据的复用、共享机制等，参见图1-6中的③数据层。

从图1-6的分层可以看出来，每一层都被设计了3次（概要、详细、应用）。

1.2.4　工程与工作的分解区别

在设计工程部分，三个阶段（概要、详细和应用）与三个层（架构、功能和数据）形成了3×3的矩阵，横向是工程分解，纵向是工作分解，两者的区别如下。

1. 工程分解（横轴）

工程分解的三个阶段负责将客户的原始需求转换为最终的软件开发依据，每个阶段对需求都进行了不同目的的"加工"，例如，业务设计阶段通过粗加工（概要设计）和细加工（详细设计）完成了对业务层面的设计；最后再将业务设计成果转为系统的形式（应用设计），至此，就完成了从客户的原始需求到系统应用形式的设计全过程。

2. 工作分解（纵轴）

在工程分解的每个阶段内都要对设计对象进行同样的三个层面的"加工"，工作分解从架构层、功能层到数据层，这也是从粗到细的设计过程。

1.3　知识框架的构成

1.3.1　篇章的构成

本书由6篇共22章构成，其中，第1篇为基础篇，包含对后续各章的指导理论和思想，第2~5篇是分析与设计方法的主要论述篇，第6篇为综合篇，是在前5篇基础上的提升与总结。另外的两个附录提供了提升个人能力的训练方法以及运用本书知识的参考方法，各篇章的内容参见图1-8。

第1篇 基础概念				第2篇 需求工程			第3篇 设计工程——概要设计				第4篇 设计工程——详细设计			第5篇 设计工程——应用设计				第6篇 综合设计				附录	
1	2	3	4	5	6	7	8	9	10	11	12	13	14	15	16	17	18	19	20	21	22	A	B
知识体系概述	分离原理	组合原理	分析模型与架构模型	需求工程概述	需求调研	需求分析	设计工程概述	架构的概要设计	功能的概要设计	数据的概要设计	架构的详细设计	功能的详细设计	数据的详细设计	应用设计概述	架构的应用设计	功能的应用设计	数据的应用设计	管理设计	价值设计	用例设计	规格书与模板	能力提升训练	索引

图1-8　本书的篇章构成

第1篇　基础概念
- 构成：共4章，分别讲述知识体系概述、三种原理、分析与架构的模型。
- 内容：书中的思考方法、基本概念、表达模型，是工程师能力发生质变的基础知识。
- 对象：软件工程上的所有角色（咨询、需求、设计、开发、测试、实施）。

第2篇　需求工程
- 构成：共3章，分别讲述需求工程概述、需求调研、需求分析。
- 内容：需求的获取与记录方法、需求的分析方法。
- 对象：需求工程师、设计工程师、实施工程师、业务专家、管理咨询师。

第3篇　设计工程——概要设计
- 构成：共4章，介绍设计工程概述、对三个层（架构、功能、数据）的概要设计方法。
- 内容：分别对三个层进行规划、架构，并制定相应的原则、规范、模板等。
- 对象：业务设计师（或架构师）、产品经理。

第4篇　设计工程——详细设计
- 构成：共3章，分别介绍三个层（架构、功能、数据）的详细设计方法。
- 内容：针对概要设计三个层的规划成果进行进一步的细节设计。
- 对象：业务设计师、实施工程师、业务专家。

第5篇　设计工程——应用设计
- 构成：共4章，介绍应用设计概述、对三个层（架构、功能、数据）的应用设计方法。
- 内容：将业务设计（概要、详细）的成果转换为系统的表达方式。

- 对象：业务设计师、实施工程师、技术设计师、产品经理。

第6篇　综合设计

- 构成：共4章，介绍管理设计、价值设计、用例设计以及规格书汇总的方法。
- 内容：在前述成果之上，从管理、价值、验证等角度进行综合能力的提升。
- 对象：需求工程师、业务设计师、高级主管、业务专家等。

附录

- 构成：共两个，即能力提升的培训方法与索引（关键词、图、模板等）。
- 内容：知识体系与软件过程的结合方法、对个人观察与思考能力提升的训练方法等。
- 对象：前述的各岗位，以及产品经理、项目经理、配置管理员、人资培训管理者等。

📖　注：业务人员与技术人员的区别

上述"对象"中的岗位由于软件企业的不同称呼也不同，另外还有一种笼统称呼就是业务人员和技术人员，一般来说在软件企业中，

- 业务人员：包括调研工程师、需求分析师、业务设计师、实施工程师等。
- 技术人员：包括技术设计师、编程工程师、测试工程师等。

其中，技术设计师（架构师）的工作是给出可以直接指导编程与测试人员的设计资料，这个资料主要由两个部分组成：

- 一是针对业务人员的分析与设计成果进行转化，使其符合编程和测试工作的要求。
- 二是针对需求规格说明书中非业务设计部分的内容，如非功能性需求、环境等。

1.3.2　软件工程知识体系框架

对本书中涉及的知识内容，采用两种形式进行了归集：结构化表格形式、分解图形式。

1. 结构化表格形式

结构化的知识体系一定可以用表格来呈现，知识体系采用的是一个二维表，见图1-9。

- 列的名称（一）：软件工程的工程分解（需求工程、设计工程）。
- 行的名称（二）：软件工程的工作分解（架构、功能、数据），以及综合设计内容。
- 中间内容（三）：本书中的主要知识提要。

2. 分解图形式

结构化的知识体系同样也可以用分解图形式来（横向结构图）呈现，分解图可以用线将各个阶段之间、分层之间的作业内容，交付物之间的关联关系表达出来，相对于结构化表格形式的静态而言，分解图更容易找出它们之间内容的传递关系，见图1-10。

本书的知识体系具有明确的前后、上下关联关系，通过对图1-9和图1-10的结构、内容的研究，可以帮助读者理解软件工程的内容和关系。

三、知识内容

一、工程分解

		需求工程		设计工程(非技术部分)		
				业务设计部分		应用设计部分
		I.需求调研	II.需求分析	III.概要设计	IV.详细设计	V.应用设计
1.架构		■现状记录(图) □记录客户业务构成状况 □框架图,分解图,流程图	■架构梳理 □补完业务的框架、结构 □去除虚实体、通顺流程(流程) □框架图,分解图,流程图	■架构-规划 □架构概要规格书整体 (拓扑,分层,框架,分解,流程) □设计思路确定 □确定系统的设计理念、主线	■架构-细节 □流程详细规格书(流程5件套) □业务流程:线性,泳道,混合 □审批流程	■架构-转换 □架构应用规格书 □架构图→应用架构 ■架构机制 □流程推送事找人) □导航菜单(人找事)
2.功能		■访谈记录(文) □目标需求(客户) □业务需求(用户) □功能需求(系统)	■记录分析 □转换:目标→业务→功能 □功能需求规格书(需求4件套) □功能需求一览(需求版)	■功能-规划 □功能概要规格书 分类(活动,字典,看板,表单) □功能视图 □业务功能一览(规划版)	■功能-细节 □功能详细规格书 □业务功能规格书(业务4件套) □业务功能一览(最终版)	■功能-机制 □功能应用规格书 □业务组件规格书(组件4件版) □业务组件一览(组件版) ■系统功能(时限、权限)
3.数据		■表单收集(表) □既存表单 □表单间关系图	■既存表单分析 □既存表单分析结果 □功能需求规格书(需求4件套)	■数据-规划 □数据概要规格书 □数据分类、规划(系统,领域) □主数据规划 □数据标准、业务编号	■数据-细节 □数据详细规格书 □数据表关系图 □数据算式图 (关联、勾稽、数据线)	■数据-机制 □数据应用规格书 (数据的共享(复用,增值)
4.管理		■管理要求		■概要设计 □理念、主线、规划、架构图	■管控模型 □业务标准、管理规则、决策判断	■管理-机制
5.价值				■业务价值的设计 □架构层 □功能层 □数据层		■应用价值的设计 □架构层 □功能层 □数据层
6.模板 &用例		■需求调研资料汇总 □现状记录资料	■需求规格说明书 □需求4件套	■概要设计规格书 □业务架构图 □业务规划图 □数据规划图等	■详细设计规格书 □流程5件套 □业务4件套 □数据算式图 □业务用例等	■应用设计规格书 □流程机制 □组件4件套 □数据复用共享 □应用用例等
基础概念		①分离原理	②组合原理			③基干原理

二、工作分解 / 综合设计

图1-9 软件工程结构与主要内容

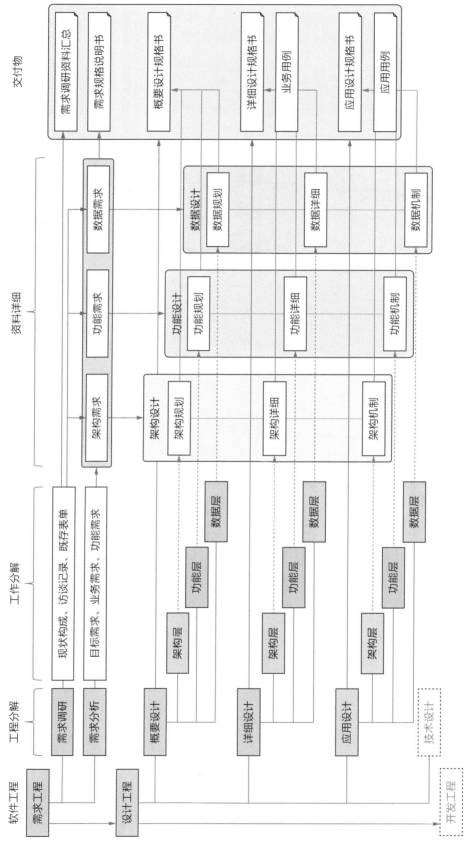

图1-10 软件工程与交付物（分解图形式）

1.4　本书的思路与方法

本书借鉴了各种软件工程方法学的理念、思想，同时又结合了企业管理类业务的特性进行了拓展、抽提，形成了适合于企业管理类信息化的分析与设计方法。

由于企业管理的复杂性造成了很多的差异，例如，不同行业之间的差异、相同行业内不同企业的差异、同一企业内不同业务部门之间的差异，以及业务与管理的差异等，各种差异和个性与共性的混合存在，使得在业务的分析与设计阶段，不能够单一地采用面向过程或是面向对象的方法，而是两种方法都有不同的用途，将二者的长处结合起来会带来比较好的效果。

已有的软件工程方法学比较偏重于软件的实现（不论是面向过程还是面向对象），但在实际的企业管理信息系统的实现过程中，在对业务进行分析和设计时常常遇到的问题是：客户并不清楚如何提出信息化的需求，没有做过管理信息化的企业在业务上都是很混乱的、很多衔接之处也是不交圈的，同时还要解决客户提出的期望、难点和痛点等隐性需求，因此软件工程师首先要解决这些问题，所以很难一开始就建立数据流模型或是理想的面向对象模型，这就是企业管理信息系统与其他类型系统之间的最大差异。

下面对比常用的几种分析与设计的方法，帮助读者理解本书的构成理念、目的和方法。

1.4.1　本书采用的方法

本书采用的方法是将面向过程与面向对象相结合，利用它们各自的优势去解决软件工程不同阶段的问题，通过面向过程的分析与设计方法搞清楚原始需求与业务优化；通过面向对象的分析与设计给出按需应变的模块化系统。

图1-11的示意图说明了通过将多样的业务对象①（不同的行业、不同的企业、不同的业务领域），通过业务分析与设计②的工作逐渐地收敛为固定的形态，然后交与后续的技术设计③和开发工程④。也就是说，在进入技术设计与编码工作的阶段后，业务信息的表达越少、变化规律越清晰，就越容易建立可以复用、快速应变的信息系统，开发完成的系统就越稳定。

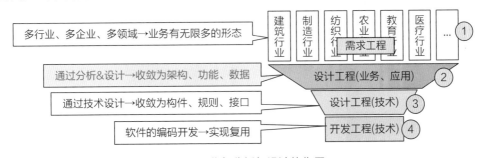

图1-11　业务分析与设计的作用

因为技术的表达是通过编码方式实现的，由于编码有严格标准和规范，不论是什么样的业务形态最终都要将它转换为符合开发编码技术要求的形式才能实现，因此，各类的业务形态最终都要转换成为符合技术开发的形式。

1. 需求工程

客户的需求来源于不同的行业、不同的企业、不同的领域以及不同的工作岗位，所以可以认为行业的范围是无限多的。

2. 设计工程（业务、应用）

通过分析、设计，将业务形态进行抽提、归集，在完成了分析与设计工作后，无论有多少业务形式，其结果都被归集为架构、功能和数据的三层内容，此部分是从行业的原始需求到软件开发过程中收敛贡献幅度最大的部分，不但要解决业务优化的问题，它同时也是决定功能是否能够复用的重要设计一环。

3. 设计工程（技术）

将设计工程（业务、应用）的设计成果进一步地进行抽提、收敛后，全部转换为技术的表达形式，如控件、接口、数据库等，可以看出，此部分相对于设计工程（业务、应用）又进行了进一步的收敛，但是收敛幅度已经减少，此部分的收敛幅度越小，说明设计工程（业务、应用）的作用越大，将来在实现功能的复用、提升系统的应变能力方面的效果就越好。此部分的工作使得设计成果完全符合开发编码的标准要求。

4. 开发工程（技术）

由于前述分析设计的收敛效果，开发工程就相对地比较容易了，因为不论什么样的业务都被归纳为有限的形态。特别是在使用开发平台技术进行开发时，图1-11中设计工程（业务、应用）和设计工程（技术）起的作用越大，变化就越少，用有限的开发功能就可以完成开发工作，开发效率提高、成本降低。

关于图1-11中①～④之间比例关系变化对开发效率的影响，可参考图1-12，当需求工程面对的业务范围为M、开发工程（技术）的工作量为N时，开发工作量N的大小会随着图中设计工程（业务、应用）和设计工程（技术）收敛贡献的不同而变化。

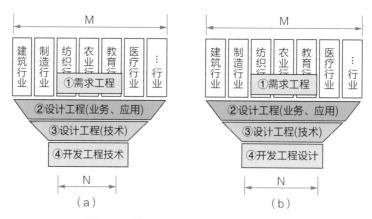

图1-12 软件工程各阶段的作用与效果

（1）图1-12（a）：当图中②和③部分起的作用越大（②和③对①的收敛幅度贡献大），即N/M的值很小，则④需要的工作量就越小。

（2）图1-12（b）：当②和③部分起的作用越小（②和③对①的收敛幅度贡献小），即N/M的值很大，则④需要的工作量就越大。这个比例关系说明④的工作量容易随着业务需求的变化而变化。

（3）结论：②和③对①的收敛贡献大于④为好。

（4）虽然②和③都对①的收敛有贡献，但是希望②对①的收敛贡献更大。换句话说，就是"脏活累活都在②的阶段完成，整齐干净的工作尽可能地在③和④的阶段完成"。这样可以保持③的变化少，从而使得③和④的复用程度增大。

📄 注：设计工程②的收敛作用

所谓的"收敛"，用②的作用来说明：①存在的不确定问题尽可能都在②中解决，而不要将①的问题放到②下面的③或是④中解决。在②中解决的问题越多，则②的倒梯形坡度越大，也就是对①的收敛的贡献越大。它的实际意义就在于如果把①中的部分业务问题放到③的技术设计中解决，就会造成系统耦合度高、开发成本增加，且不易于系统的复用和应变性。

1.4.2 面向过程与面向对象

作为与本书的方法对比参考，这里简单地介绍一下面向过程的方法和面向对象的方法。本书中虽然没有特别说明这两个方法的作用，但如果将这两个方法与本书的方法相比较，可以看出：在业务设计部分中（概要、详细）使用的方法接近于面向过程的方法，在应用设计部分中使用的方法接近于面向对象的方法，本书的方法是将面向过程和面向对象两个方法使用在了不同的设计阶段中。作者认为，作为从事需求分析和业务设计的工程师，需要同时掌握这两个方法，它们的结合使用才能完美地完成企业管理类信息系统的需求分析与业务/应用设计，两者之间不存在谁取代谁或是哪一个更加优秀的问题，特别是面对大型的、复杂的企业管理类信息系统更是如此。

参考1：面向过程的方法

面对企业管理类的课题，通常对于一个业务设计师来说是很难开始就从功能或是数据层面进行分析的，对他而言，初期与客户讨论时，讨论对象的粒度是经营、销售、采购、合同、投标、销售等，这样的一个词本身可能就代表一个系统，对这个词需要进行拆分若干层后才会出现数据，因此不能开始就从最细的数据粒度开始做数据流图，因为第一搞不清楚数据，第二容易从开始就陷入到细节中去，而是要以经营、销售等粗粒度的对象为节点，绘制业务逻辑图（业务架构图），这样的从粗到细易于与客户的高层进行交流、确认。

面对企业管理类型的信息系统，采用以业务逻辑关系表达为主的方法首先理清楚现状、业务逻辑、变化规律、范围、边界之后，再采用面向对象的方法进行细节的建模、分析、设计，不但可以降低初期研究的难度，而且可以有效地避免发生研究偏离目标的问题。

参考2：面向对象的方法

由于通过对业务过程的分析充分地理解了业务构成、业务逻辑以及变化规律，这样就可以设计出稳定的面向对象的模型。

在本书的描述中，没有具体地提到面向过程/对象的分析和设计方法，这是因为现实中大多数从事业务分析和设计的担当者是从某个业务领域转行而来的，他们并不掌握多少软件设计方法论的知识（面向对象的方法比较难理解和掌握），而且他们即使绘制了UML图形，也很难用这类图形与客户及其他相关人进行交流并作为确认的依据。

本书间接地将面向过程/对象的思想和理念融入到了设计说明中，如组合原理（黑/白盒、高内聚/低耦合等）、功能的业务设计和应用设计（模块化、组件化、构件等）。本书采用了业务分析和设计人员容易理解的非技术表达形式进行设计，采用自然表达方式绘制各类图形，它们不但容易为客户所理解，同时还容易为技术设计师所接受和继承（不论他是否采用面向对象的设计方法）。

小结与习题

小结

工程化的软件设计方式，它的内容构成必然具有很强的结构性、规律性，因此首先了解知识的结构和规律性是快速掌握知识的最佳方式。本书的核心内容归集如下。

- 三个知识体系：业务、设计、开发（设计是重点）。
- 三个基础原理：分离原理、组合原理、基干原理。
- 两个软件工程：需求工程、设计工程。
- 设计工程——工程分解（3阶段）：概要设计、详细设计、应用设计。
- 设计工程——工作分解（3分层）：架构层、功能层、数据层。

分享

软件工程知识体系，帮助建立岗位资格培训基准

在与参加培训的企业人资管理人员的座谈中，学员们谈到了如何科学地、定性定量地判定一名员工掌握的知识和具有的能力，特别是针对需求工程、设计工程的岗位比较难以判断，例如，如何定义他是一名××工程师：

（1）他的岗位属于软件工程中的哪个阶段的岗位？责任是什么？

（2）他必须掌握哪些专业知识？掌握到什么程度？可以完成什么程度的工作？

（3）可以采用什么方法、标准来考核他是否是合格的工程师？

经过培训后，企业的人资管理部门基于软件工程知识体系和结构建立了一套对软件工程在"业务设计/应用设计"部分岗位的考试课题、评分标准。同时，企业的运营部门建立了基于软件工程知识体系的"软件管理流程"。

以同一软件工程知识体系为基础，统一了"培训、考试以及操作流程"的标准，因此企业内部打破了不同部门的壁垒，沟通交流大为顺畅，提高了工作效率，降低了管理成本。

习题

1. 简述三个知识体系的作用。

2. 简述软件工程核心作业由几个部分构成。

3. 软件工程的工程分解和工作分解各代表什么含义？

4. 对业务的分析与设计在软件工程过程中发挥什么作用？带来什么价值？

5. 本书提倡的方法与面向过程与面向对象的设计方法有什么异同？

第2章
分离原理

做企业管理信息系统的分析与设计，首先就要了解和定义研究对象的"企业"是什么？"管理"是什么？它们是由什么要素构成的？构成的要素在现实的企业运行中起什么作用？同时，这些要素在未来构建的信息系统中又将以什么形态出现等。

分离原理与组合原理是进行分析与设计的理论指导，见图2-1。本章先讲述分离原理的定义与用法，分离原理是建立企业管理信息系统分析方法体系的基础。

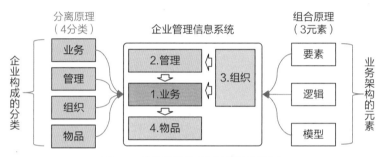

图2-1　分离原理与组合原理的关系

2.1　基本概念

2.1.1　定义与作用

1. 定义

分离原理，将研究对象中符合相同设计方法的同类项进行分离、归集。这种分离方式为在软件工程中建立具有普遍意义的分析与设计模型奠定了基础。

📖　注：关于设计模式

从业务知识上看，"营销"与"采购"是不同的两个业务领域，但是它们在设计方法（架构设计、功能设计）上是一样的，因此它们被划分在同一个分类中。

2. 作用

每个企业都从事着不同类型的业务，不同的业务各自又都遵循不同的技术、规则、标准。对于来自于外部的软件工程师来说，要想在短时间内用信息化方法重构企业的业务运行体系，首先要解决的问题就是如何理解企业的构成。方法就是要先将企业的运行体系进行拆分，在露出运行体系内部的要素、关系后才容易理解和分析它们。分离原理的主要作用有以下两点。

（1）作用1：提出了对企业构成内容按照设计方法进行分离和归集。

（2）作用2：分离原理为建立具有普遍意义的分析与设计模型奠定了基础。

不论研究对象的粒度是一个企业、一个部门或是一个业务活动（销售、采购等），这个对象的内部都是由复数的、具有不同目的和功能的要素构成的，例如，采购活动就要包括如下要素：采购流程（业务）、约束采购过程的规则（管理）、采购涉及的部门（组织）、采购物的相关标准（物品）等。因此，要想研究好采购活动，不能一开始就对采购做整体研究，而是应该先将采购的过程拆开，对构成采购活动中的每个要素的任务、目的、标准、规则等进行逐一的研究，这样做分析不但可以大幅度地降低研究对象的复杂度，而且可以提升研究的精准度及工作效率。

分离原理不但适用于对业务的分析工作，同时也是架构设计所用组合原理的基础，只有先对研究对象进行了合理、合适的分离，后续的架构设计才会顺利进行。例如，在对采购系统进行设计时就对业务和管理进行分离，先做业务流程的设计，然后再根据流程上每个节点的业务目的，进行管理的设计。

分离原理虽然分离出了诸如"业务"和"管理"的要素，但分离原理研究的是业务与管理的"信息化处理方式"，而不是"业务"或"管理"本身，例如分离原理不回答"为什么业务流程是这样？""为什么管理采用A模式而不是B模式？"这样的问题。

分离原理要解决的是：如何拆分研究对象中包含的各类要素（如业务、管理），拆分的逻辑是否合理、粒度是否合适。分离原理大幅度降低了需求分析与软件设计的复杂程度。

2.1.2　分离原理模型

在研究一个企业时，通常会采用以企业组织结构为切入点的观察方法，通过介绍不同的部门、各部门的工作内容和产出物来理解企业的构成。图2-2为企业的构成图，在企业组织结构下标出了各个部门、各部门的管理对象、各部门的业务工作以及各部门的产出物，这4个分类覆盖了整个企业方方面面的内容。

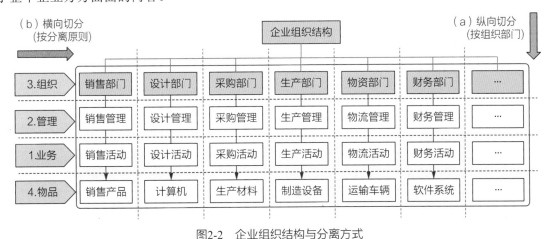

图2-2　企业组织结构与分离方式

下面对这些内容进行分离，并用分离后的要素建立分离模型。分离从两个维度进行，即纵向分离和横向分离。

1. 分离方法

1）纵向分离（按照部门进行纵向切分）

因为存在着不同的行业，不同行业中还存在着不同的企业，即使是在同类行业内的企业各自的部门设置和名称也不尽相同，所以如果按照纵向进行分离，以部门为边界进行的分离会得到数量繁多的分类，如销售、设计、采购、生产等，难以用一个标准的模型涵盖所有的要素，如图2-2（a）所示的切分方向。

造成这种结果的原因是：按照组织结构的分离触及各个部门内部的业务和管理，不同的企业由于经营理念的不同，即使是相同的业务也会因企业不同而被划分到不同的部门中，如此一来，由于按照组织结构进行分离而获得的要素不收敛（即接触的企业越多，部门分类就越多），如此就难以获得由有限要素构成的且能够获得普遍认同的模型。

2）横向分离（按照分离原理）

按照横向进行分离，如图2-2（b）所示的切分方向，切分出来的要素分类数量是有限的，只有4种：业务、管理、组织、物品。不论是什么行业、企业，且不论企业内部有什么部门、从事什么业务，其构成都可以用这4类要素来表达，因此横向切分得到的4类要素对了解企业构成的共性、建立具有普遍意义的模型具有重要意义。此时的企业构成要素与企业从事的业务和管理方法无关，这样就为下一步建立具有普遍意义的各类模型奠定了基础。

3）不同切分方向的意义

两种不同方向的切分结果，带来了完全不同的含义。

（1）纵向分离：按照组织部门的划分方向进行切分，得到的是无限多的要素分类（由于有不同的行业、企业、业务，以及作业形式等，造成了组织划分与称呼的不同）。

（2）横向分离：按照横向切分，因为只有4层，所以获得了4种分类：组织、管理、业务和物品，这4类要素合起来可以覆盖所有的企业，它们与企业的特性脱离了关联。

纵向分离方式是常见的，横向分离是作者根据常年做企业信息化分析与设计得到的一种有效的分离方法，在抽提对象的共性时，由于横向切分的分类数量少，所以建模的覆盖范围广。

这种分离方式给后续的需求分析、业务设计、技术设计以及系统的开发带来了很多的益处。本书的分析与设计的核心思想就是在这种分离的结果之上展开的。这种分类方式是在表达了业务对象的业务特征的同时也符合了软件系统的分析、设计和开发的特点。

2. 分离4要素之间的关系

企业构成4要素之间的关系如图2-3所示。

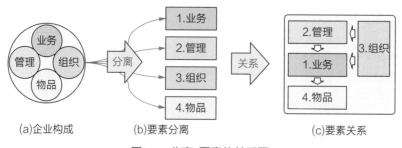

(a)企业构成　　(b)要素分离　　(c)要素关系

图2-3　分离4要素的关系图

- 企业构成［图2-3（a）］：企业的原始状态，4类要素尚未分离，还处在业务与管理等的混合状态中。
- 要素分离［图2-3（b）］：对企业构成进行分离，获得4类要素（业务、管理、组织和物品）。
- 要素关系［图2-3（c）］：建立4类要素之间的关系，可以看出业务要素是4类要素的核心，其他3类要素都是围绕着业务要素的，例如，管理要素是对业务要素的运行状态进行监控，组织要素是对执行管理和业务的人力资源进行保障，物品要素是业务要素的产出物或是生产工具。图2-3的示意可以帮助分析者理解4类要素各自的作用、协同顺序、相互关系。

3. 分离原理模型

企业构成的内容按照这4类进行划分后得到的模型，基本上可以覆盖一般企业的全部业务（不论该企业从事何种业务），因此用这4类要素就可以建立具有普遍意义的企业构成模型。图2-3（c）的4要素构成了分离原理模型，这个分离原理模型不但表现了企业构成的要素，而且还将要素之间的协同关系表达出来了。将图2-3（c）分离原理模型中的各类要素展开，可以看到每类要素内部的细节内容，各要素细节如图2-4所示。

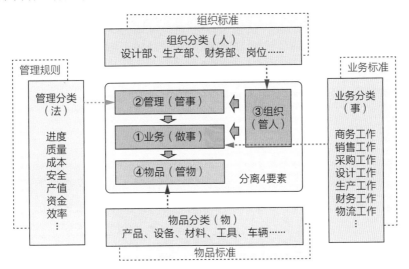

图2-4 分离原理模型与各要素的详细构成

分离原理模型中各个要素的构成如下。

①业务：是进行生产的内容，包括需要导入信息化处理的全部业务对象。

②管理：与业务相关的管理内容、控制规则、评估指标等。

③组织：支持业务、管理的人力资源的安排，包括组织结构、岗位等。

④物品：所有的生产资料，包括业务运行产生的产品，以及生产产品所需的设备等。

这4种分类在业务架构时都可以直接区分出来，特别是识别出哪些是在"做事（业务）"的内容对后续的分析与设计工作很重要。业务确定之后，其次要确定的是针对这个业务处理的"管事（管理）方法"，当"做事"和"管事"的内容都确定之后，第三步要确定的是做事和管事所需的人力资源，也就是"管人"。最后要决定的是"管物"，因为它是被动的、静止的对象，因此对这个部分的分析和研究不论是放在第几位，实际上它都不影响其他三个要素，也不对其他三个要素的设计产生影响。在管理信息系统中，物品分类的作用通常是在建立企业基础数据时使用。分离模型中各个分类的说明归集到图2-5中。

工作分解		内容说明	举例
分离原理		□分离企业的构成内容，为分析和设计奠定了理论基础 □提升分析与设计的工作效率，建立具有普遍意义的模型	定义&概念
要素4分类	1.业务类要素	□定义在信息系统中，业务要素的定位、作用、设计方法 □业务与管理等其他要素之不同，业务是核心、载体	财务、销售、采购、物流……
	2.管理类要素	□定义在信息系统中，管理要素的定位、作用、设计方法 □对业务工作所做的监督、控制方式	规则、标准、模型、判断……
	3.组织类要素	□定义在信息系统中，组织要素的定位、作用、设计方法 □与业务、管理等的关系，组织主要是对人力资源的管理	部门、岗位、职称、绩效……
	4.物品类要素	□定义在信息系统中，物品要素的定位、作用 □这类要素主要是构成字典（库），形成企业基础数据	产品、材料、设备、厂房……

图2-5　分离原理的内容

从这个企业构成的分类方式上也可以看出，"管理咨询"与"管理信息化咨询"的重点是不一样的，前者的重点在于对"管理"本身进行的专业咨询（对象为人资、财务、资产、生产、销售、库存等内容），后者的重点在于对管理采用的"信息化"的方式进行咨询（对象为业务、管理、组织和物品），所以，这两者的专业不同，知识构成不同，作用也不同。

分离原理的使用带来了对需求分析与软件设计工作的简化，并为建立具有普遍意义的模型提供了思路，分离原理带来的益处读者可以在后续的需求分析和软件设计过程中感受到。

2.1.3　思路与理解

为什么要提出分离原理呢？企业管理信息系统上线使用后，通常会随着企业的需求变化而不断地对系统进行维护（修改），造成系统上线后需求变化的原因很大一部分来自于企业管理者和管理规则的制定者，管理需求的变化是由于"领导的管理方式不同、企业为了适应市场变化进行的规则改变等"多种原因带来的，如果在软件的设计阶段进行了4要素的分类，特别是业务与管理的分离设计，则当管理方式发生变化时仅需要改动相关的管理规则就可以了。但如果没有进行业务与管理的分离设计，则会由于业务与管理在系统中处于紧耦合状态的原因，造成改变管理规则的同时相关联的业务部分也不得不随之变动。

很多软件工程师在做业务需求分析和设计时，通常都会将客户的企业行为笼统地看成是"业务"，而没有特别地在意企业内部做事与管事的不同，例如，在企业的运行中，业务与管理各自的作用与采用的技术是完全不同的，但从软件工程师的视角看，客户做的事情都是属于"业务"范畴，因此在功能设计时就不去区分哪些是业务功能、哪些是管理功能，其结果就形成了业务和管理两种功能的高度耦合，由于业务功能的数量要远远地多于管理功能的数量，这就使得系统上线后当管理需求发生变化时，在修改少数管理部分的同时也不得不对多数的业务部分进行修改，而且频繁的修改使得系统变得不好改、不能改，甚至是出现牵一发而动全身的现象。

图2-6是业务&管理分离设计的示意图，在业务流程上有一连串的业务活动，业务活动在遵守业务的相关标准（工艺工法）的同时，还要接受相应的企业管理规则的约束，这就是分

离原理要寻找的理想状态，按照这个方式进行设计，则业务或管理在发生变化时就不会相互影响了。

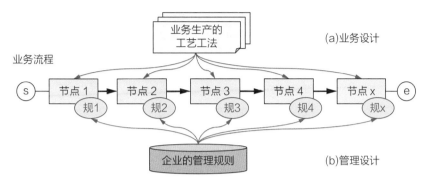

图2-6　软件设计中业务与管理的关系

分离原理的概念，适用于任何需要信息化的研究对象，当读者从事的领域不是企业信息管理系统时，需要利用分离原理的思想和方法，寻找并建立适合于该领域的分离模型。

本书中给出的分离模型，适用于表达企业管理类研究对象的构成要素。

分享

只有理解业务和管理的区别，才能做好功能的分析与设计

对于区分业务和管理的必要性，老师和学员们进行了一次对话。

老师问：你们在需求调研和分析过程中是否区分过业务和管理？

学员答：基本上不做这个区分，只要获得了功能需求就可以了。

老师问：你们在公司有意识到领导和员工的区别吗？如果有，区别在哪里？

学员答：当然有呀，领导是管人的，员工是干活的，没有区别那不就乱套了吗（笑）？

老师问：那么为什么到了客户那里就不区分领导和员工了呢？

学员答：？

老师接着讲，领导采用的是"管理的知识和技术"在做管理，员工用的是"生产的知识和技术"在做生产，因为他们的工作不同，他们各自需要的功能也就不同，所以在调研、设计时就必须要注意到"业务"和"管理"的不同。

2.2　业务与管理的概念

由于本书的研究重点是针对企业管理信息系统，业务和管理是构成系统的两大核心要素，加深对这两类要素之间关系的理解，对分析和设计信息系统起着非常重要的作用。下面对业务和管理的内容进行更进一步的阐述，为后续讲述分析和设计的方法做好准备工作。

2.2.1　业务的概念

定义：业务，指企业为达成某个目标而进行的一系列活动（业务指的是"做事"）。

"业务"一词原本指的是"做销售"工作，后来又泛指"非管理"类的工作。"业务"这

个词在不同的行业、不同的企业、不同的部门甚至不同的岗位所指的"事"是不同的。

1. 非软件行业的业务概念

1）一般企业

● 销售部门的"业务"是将产品销售出去。

● 生产部门的"业务"是将产品制造出来。

2）在医院

● 门诊部门的"业务"是为患者做诊断。

● 药剂部门的"业务"是从库房中取药交给患者。

3）在学校

● 教师的"业务"是向学生们传授知识。

● 学生的"业务"是从教师那里学习知识。

另外，"业务"还具有更加广泛的意思，例如：

● 生产流水线：用设备进行的生产过程是业务（用仪器监控是管理）。

● 汽车上高速：汽车在高速道路上的运行是业务（用仪器监控是管理）。

2. 软件行业的业务概念

在软件行业内，"业务"的概念与一般企业不同，有两重的含义：一是对软件企业内部，二是对软件客户。

● 对软件企业内部：除去直接做与编码相关的工作岗位（包括技术设计、编程、测试）以外，其他岗位（包括需求调研/分析、业务架构/设计）的工作，都属于"业务"范畴。

● 对软件客户：将软件客户需要进行信息化对应的工作全部称为"业务"。

本书中对有关"业务"的说明沿用了上述业界已经形成的习惯。

▤　**注：软件客户的相对性**

当软件公司作为其他软件商的客户时，这个软件企业的构成分类与一般的企业是一样的。

2.2.2　管理的概念

管理，是为实现业务目标而进行的决策、计划、组织、指导、实施、控制的过程。

（管理是"管事"，"事"指的是业务。）

在论述管理的专业书籍中，对管理还有很多的定义，例如：

● 管理是在特定的环境下，对组织所拥有的资源进行有效的计划、组织、领导和控制，以便达成既定的组织目标的过程。

● 管理有6个环节：管理规则确定、管理资源的配置、目标的设立与分解、组织与实施过程控制、效果评价、总结与处理。

由于本书研究的是分析与设计方法，关注点不在管理的本身（理论、方法），而是在信息化环境中，管理行为是用什么方式表达和实现的，从业务的分析与设计的观点出发，根据"管理方"和"被管理方"的不同，将管理方式分为4种组合。

1. 人管人（"人-人"方式）

由"人"对"人"进行直接的管理，如上级对下级、领导对员工，这类方式属于传统的管理方式（人类数千年来采用的管理方式）。特点是管理方式具有灵活性，弱点是不严谨，因人而异。这个管理方式简称为"人-人"管理方式。

2. 人管物（"人-物"方式）

由"人"对"物"进行管理，"物"包括产品、设备、物资等。这个管理方式也属于传统的管理方式，与"人-人"的特点相同，简称为"人-物"管理方式。

3. 机管人（"人-机-人"方式）

这里的"机"指的是计算机，用计算机建立信息系统，将流程、业务标准、管理规则等输入给计算机，然后计算机按照预置规则对人进行管理，相当于借助机器间接地管理人。此类方式具有严谨、快速的特点，弱点是不通融。这个管理方式简称为"人-机-人"管理方式。

4. 机管物（"机-物"方式）

用包括计算机在内的各类设备监控自动生产流水线属于此类，与"人-机-人"的特点相同，简称为"机-物"管理方式。

本书只涉及"人-人"和"人-机-人"的管理方式，重点是讲如何将"人-人"方式转换为"人-机-人"方式的方法，其他两种管理方式不涉及。

另外，本书的核心部分虽然不包括技术设计的相关内容，但是由于采用了信息化方式的设计理论、方法，所以本书中关于"人-机-人"的概念对后续的技术设计、软件实现同样具有非常重要的指导意义。

2.2.3 业务与管理的区别

我们经常会听到这样的说法："管理是手段，不是目的"，那么这个"目的"是什么呢？

业务与管理的分离作用，除了从它们各自的知识体系不同方面理解以外，还可以从"事理"的层面去理解，下面试举几个例子作参考，以加深读者对这两者区别的理解。

【案例1】道路规划。

某个新建区域需要进行通行道路的规划，根据规划的思路可以有以下两种设计方式。

方式1：先规划道路，再规划信号灯。

先根据该区域未来可能的人口数量、生活习惯、服务形态、出行方式等各方面的数据，设计出道路的参数，例如，走向、行车道数、车道宽度等，然后再根据道路交叉点周边的环境预想可能发生拥挤和事故的地方，确定需要的信号装置及位置。

方式2：先规划信号灯，再规划道路。

先定下信号灯的种类和位置，然后再根据信号灯等的相关条件去规划道路的走向、宽度、行车道数等参数。

哪个选择合理呢？毫无疑问，方式1是常规的、合理的。理由很简单，不会因为需要设立信号灯而去修路，只会在新建道路需要控制的位置设置信号灯。

业务与管理之间的关系就如同道路（=业务）和信号灯（管理）的关系一样，见图2-7，不会为管理而去设置业务，只会为业务的顺利进行而设置相应的管理。所以在研究前，先将业务与管理分离，在理解业务的基础之上再考虑需要什么样的管理方式，这是最佳的分析与设计方式。

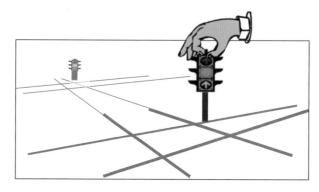

图2-7　业务与管理=道路与信号灯

盖房子的施工工程、组装汽车的流水线、组织大型的演出活动等都是业务行为，为了保证这些业务行为的质量、速度、数量、时间、安全等，就需要有一套规则、流程、组织、监控器、报警装置及相应的惩罚制度等来做保证措施，这些保证措施就构成了管理。

【案例2】观察一条啤酒的装瓶流水线。

业务：自动的瓶装生产线进行的是"业务（做事）"活动，这条生产线本身是用来产生价值的。

管理：是装在瓶装生产线上的监控仪器，这些监控仪器是不直接产生价值，也不改变产品形态的，只是用来保证生产质量、安全的，是"管理（管事）"的，见图2-8。

图2-8　业务与管理=生产线与监控设备

从上述的例子可以明确地看出，"业务要素"与"管理要素"的作用和目的确实是不同的，"装啤酒"与"检测"各自有各自的工作内容和相应的技术、标准，因此这二者应该分别进行研究，然后再通过某种形式组合在一起共同按质、按量地完成装啤酒的工作。

管理的行为不会改变业务自身的形态、属性、功能和价值，"检测"只能找出有问题的啤酒瓶，检测出的次品价值损失不是因为进行了检测管理而带来的。因此，管理的作用只是保证业务可以达成预期的目标（质量、安全、成本等方面）。

另外，如同广义的业务一样，本书中谈到的"管理"也是一个广义的概念，例如：

● 企业管理：通过组织、流程、规则、绩效等方式，对企业的生产过程进行管理。

● 道路管理：高速路出行，交规、入出口、信号、监控器、缴费站、处罚都是管理手段。

● 设备管理：利用监控设备（视频、传感器等）对生产流水线进行监控就是管理。

企业管理信息化研究中的"管理"的目的是什么呢？

管理的目的是通过用标准、规则、流程、检查、惩罚等手段，使得"业务"可以按照计划正确地、准时地、按质按量地完成。

2.2.4 业务与管理的相对性

在企业管理中，从工作和岗位的视角来观察，业务与管理二者的划分是相对的。

1. 从工作分工上看相对性

在企业的内部，各个部门的工作是具有相互协同、相互管控的作用机制的，例如：

（1）财务作为管理要素，如图2-9（a）所示。

当研究的对象是"生产流程（业务）"时，则生产流程上的节点都是业务活动，此时企业的财务、安全等外部的部门都是处在管理的位置上，这些部门制定规则对业务（生产）而言都是管理。

（2）财务作为业务要素 如图2-9（b）所示。

当研究对象是"财务流程（业务）"时，则财务流程上的节点都是业务活动，此时国家制定的法律法规、公司制定的财务规章制度等就是对财务的管理规则。

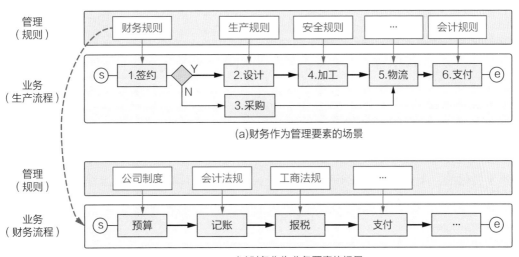

图2-9 业务与管理的相对性示意图

2. 从岗位上看相对性

在进行信息化建设时，客户与软件商之间的不同，也会带来对业务称呼的不同。

（1）软件商：要实现信息化的客户工作，都称为"业务"。

（2）企业内：相对于领导的工作是"管理"，被领导的工作是"业务"。

（3）部门间：财务、人资、企管、质量、安全等部门，在讨论其他部门的工作时，这些部门都是处于"管理"的位置；但是进入到这些部门的内部，它们的工作又成为"业务"，因为在它们工作之上还有其他形式的"管理"存在。

所以，在阅读资料、分析及设计中，当遇到了"业务"一词时，需要根据上下文来判断，此时此刻的"业务"属于什么。

> 注：关于"业务"与"财务"的区别

在一些客户企业、软件公司的业务专家眼中，"财务"是一个特殊的对象，常常将"业务"和"财务"分开来对待，因为在专业知识的领域内，业务更多的是表达生产、销售等内容，财务是属于管理的范畴，业务和财务不是一个层面的。但是在信息系统的分析与设计过程中，对于软件的设计师来说，不论是生产、销售还是财务的工作，分析和设计它们的方法都是相似的，只要在业务分析中注意到它们的相对性就可以了，不需要从专业知识的视角出发将财务单独地分为一类，这也是业务专家与软件设计师看问题的不同之处。

2.2.5　业务与管理的特性

分离业务与管理的理由已经知道，在日常的工作中，常常会遇到这些用语：成本管理、质量管理、项目管理、××管理等，实际上这些词汇在设计工作中都是可以分为两个部分的，即：成本与管理，质量与管理，项目与管理等。前半部分的名词"成本、质量、项目"指的是"业务"内容，是被管理的对象；后者的动名词"管理"指的就是本章所说的"管理"。

面对复杂的研究对象时，正确地分离业务与管理要素，可以大幅度地提升分析的效率、正确性。除去上述业务与管理具有的不同知识、技术以外，业务与管理之间还存在着很多非常不同的特性，深入理解这些特性，对完美地进行分析与设计会起到非常好的帮助（特点不限于此）。

1. 个性与共性

1）业务：具有个性

业务因为有无数种形态，即使是在同一个行业内，也会由于环境的不同而不同，因此业务是非常个性化的。不同行业的业务所使用的理论、方法、工具、标准、流程等都是不一样的，例如，建筑行业、汽车行业、航空行业、农业行业等都是不同的业务。

2）管理：具有共性

管理是具有共性的，因为构成管理的要素是有限的（相对于业务来说），管理的模式也不是无限多的，同时无论管理的理论、方法有多复杂，实际上在信息系统中管理的效果就是通过流程、标准、规则、判断等有限要素的组合实现的。同一种管理的理论/模型可以使用在不同的行业、不同的企业、不同的部门、不同的业务领域的管理过程中，例如，项目管理、绩效考核等管理方法，它们可以应用于建筑行业、汽车行业、航空行业、农业行业等不同的业务上（当然企业不同，在管控模型的细节上会有所不同）。

2. 稳定性与易变性

1）业务：具有稳定性

业务虽然可能有无数的形态，每种业务的处理过程都有特定的技术、标准，这些标准一旦确定业务形态就不易变动，因此业务过程的架构是相对稳定的（除非技术、标准有了变化）。

例如，财务核算、合同销售、生产流程等都有其自身的规章、工艺的要求。

2）管理：具有易变性

管理形式的数量虽然少于业务，但是管理的方式易于变化，这是因为管理容易受人、外界因素的影响，而管理者也是通过快速地调整管理方式来应对质量、安全，以及外部市场的需求变化。例如，为了达成高效益的目的，企业会经常进行领导人事变动、强化生产效率、降低生产成本等调整，这些变化就会经常地带来管理要素的变动。

3. 载体与控制

1）业务：是管理的载体

业务处理是一个过程，这个业务的运行过程就形成了管理落地的"载体"，没有这个业务载体也就不存在管理（同时也不需要管理了），如果业务处理的形态变化了，会使得这个载体上各部分都随之发生改变，因为管理与业务是匹配的，当然管理也会受到相应的影响。

2）管理：是对业务的控制

管理施加于业务载体之上，管理是通过对业务载体的节点设置规则实现管理的，管理可以随着需求的变化而变化，但是管理变了，业务不一定随着一起变化（业务变化通常是由于业务标准的变化或是技术更新的影响所导致的）。

4. 价值的实现与保证

1）业务：是实现价值

价值，是通过采购材料、加工产品、销售产品等一系列的业务活动带来的。

2）管理：是保证价值

管理不直接产生价值，也不改变产品的价值，管理是通过流程、规则等措施来确保业务活动能够产生预期的价值。

5. 相互作用，相互影响

1）业务的影响

一般来说，业务形态的变化是由于生产技术、材料、工艺以及标准等发生了变化而带来的。随着业务形态的改变，企业会选择不同的管理方法以适应新的业务形态，新形态业务的出现会催生新的管理理论、管理模式的出现。

2）管理的影响

业务处理的方式不同需要不同的管理方式；同样，管理方式的进步又可以反过来影响对业务的优化方式。业务和管理之间需要反复地磨合才能最终确定下来与业务最为匹配的管理方式。

6. 业务和管理不一定成对出现

生产一把椅子的过程，由选取木材、切割、刨光、开榫、组合、上漆等多个步骤组成，在这个过程中存在着"人-物"的管理，但是，是否存在着"人-人"的管理呢？

1）无人管理的场景

如果制作椅子的过程全由1个人完成，那么就不存在人对人的管理，即：只有制作椅子的生产过程（业务），而没有对人的管理。

2）有人管理的场景

如果建立椅子的生产流水线，由多人一起协作完成椅子的制作，虽然制作椅子的步骤还是一样的，为了保证各个环节之间协同工作可以满足质量、数量、时间等的要求，在人对物的管理之上，还要再增加人对人的管理措施。

7. 业务与管理的比例

管理与业务的比例是否越大越好呢？从管理的目的来看，管理是为了保证业务目的的达成，用"道路与信号灯"的例子做比较：

- 当道路非常混乱、通行效率非常低下的时候，设置信号灯可以提升效率。
- 当交通量不大的时候，设置过多的信号灯反而会降低通行效率。

可以看出来，并非是管理设置的越多越好。

那么，有没有既能避免交通混乱，又可以提升效率的解决方法呢？还是用道路与信号灯的例子说明，"设置立交桥"就是一个最佳的解决方法，这就是将"管理的职能通过优化后，融入到日常的业务处理中"的方法，立交桥起到了看不见的信号灯的作用。关于这个部分的论述详见后续的第13章和第19章。

2.3　分离1——业务与管理

掌握了业务与管理定义、各自的特点以及分离的意义后，下面要具体考虑如何进行业务与管理的分离，分离的对象包括：要素、架构以及流程等内容。

2.3.1　要素的分离

从前面的介绍中已经知道，"业务"和"管理"各有各的门道，分离研究对象首先是要会识别"业务"和"管理"这两种要素，因为一般来说客户是不会分别讲述业务和管理的。

在了解一个企业的业务时，第一手获得的需求中"业务"和"管理"的要素通常都是混在一起的，需要将它们拆分开来，识别出哪些属于业务、哪些属于管理，分离开的业务和管理在设计时再将它们架构在一起，如图2-10所示。

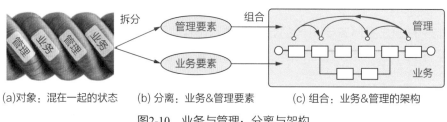

(a)对象：混在一起的状态　　(b) 分离：业务&管理要素　　(c) 组合：业务&管理的架构

图2-10　业务与管理：分离与架构

拆分的目的就是要搞清楚：

- 哪些要素是在"做事"，做事的要素构成了业务架构，做事的目的是为"生产"价值。
- 哪些要素是在"管事"，管事的要素构成了管理架构，管事的目的是为"保证"业务可以生产出预期价值。

另外，由于习惯所致，通常在提到"业务"时都不特别区分是"业务"还是"管理"，为了和一般习惯保持一致，在本书中做如下的约定，如图2-11中①、②、③所示。

图2-11　业务与管理的区分

①在泛指"业务对象、研究对象"时，对象中包含"业务和管理"的两类要素；

②在强调"业务相关的内容"时，对象中仅包含"业务要素"，简称为"业务"；

③在强调"管理相关的内容"时，对象中仅包含"管理要素"，简称为"管理"。

2.3.2　架构的分离

由于业务要素和管理要素的内容、理论、技术、标准等都不同，所以由要素构成的业务架构和管理架构的形态也不同，区别主要表现在：架构、模型及数据方面。

1. 架构的分离

1）业务架构

一般来说，某类业务的处理步骤都是按照某类业务的事理、技术要求、规章制度、标准等而定的，例如，某条生产流程（业务流程）如图2-12（a）所示，只有走完规定的全部步骤从签约到交付后，该业务才算处理完成。业务架构是由业务要素、业务逻辑、架构模型组合而成的，详见设计工程各章的内容。

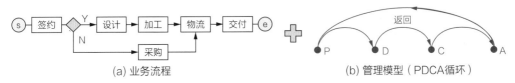

(a) 业务流程　　　　　　　　　　　(b) 管理模型（PDCA循环）

图2-12　业务架构与管理模型

2）管理架构

一般来说，采用何种管理方法来管控业务没有一定之规，管理的方式取决于业务形态，管理方法会因某个外部因素的变化而变化。确定管理之前必须要先给出稳定的业务形态（架构）。

管理模型是基于各种管理理论、技术、标准等建立的，例如，闭环管理（PDCA，如图2-12（b）所示）、全面质量管理（TQC）等。在信息系统中的管理架构主要是由业务架构、管理模型/管理规则等构成的，它需要与具体的业务管理规章制度相结合。详见第19章。

2. 形式的区别

以PDCA循环管理模型为例，观察业务架构图形和管理架构图形的不同之处。

1）业务架构图（业务流程）

从图2-12（a）业务流程图上可以看出，流程的节点是"业务活动"，业务流程图符合架构模型中"流程模型"的标准，有流程的开始与结束、有流程分歧的判断等内容。

2）管理架构图（PDCA循环模型+业务架构）

从图2-13管理架构中可以看出，按照管理架构的规定，将管理模型上的管理规则设置到业务流程的相应节点上，这些管理规则在业务流程启动后，就会形成一个看不见的循环"架构"，对每个流程节点进行管控，这就是一个管理架构。

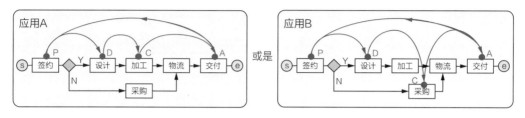

图2-13　管理架构

根据管理的需要，将每个管理规则（P、D、C、A）放在业务流程的不同节点上，当管理需求发生变化时管理架构图也会随着出现变化，应用A和应用B就是管理的两种不同变化结果，可以看出虽然管理的设置发生了变化，但是业务流程没有因为管理的设置变化而变化，这是因为能够影响到业务发生变化的业务标准和技术没有出现变化，这也是业务与管理分离带来的利点。

3. 数据的区别

业务架构和管理架构中流动的"数据"是不同的。

（1）业务架构：是用来处理业务的，因此，业务架构上各个节点（活动）之间流动着的数据是"业务数据"。

（2）管理架构：是用来管理业务的，因此，管理架构中传递着的数据还包含"企业管理规则"（此处，将管理规则也视为一种数据）。

2.3.3　业务流程与审批流程的分离

除前面讲的分离外，还有一对重要的分离应用，即业务流程和审批流程的分离。

通常在软件工程师看来，业务流程和审批流程都是流程，都可以用一个称为"工作流"的技术进行处理，在业务&管理分离的观点来看，使用同一个技术来实现两种流程是可以的，但是将业务流程和管理流程简单地看成是同一类的"流程"则是不合适的。

从图2-14可以看出，"业务流程"和"审批流程"的目的、内容、形式及技术是不同的，业务流程和审批流程分别起着不同的作用。

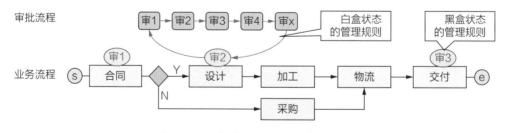

图2-14　业务流程与审批流程的关系

（1）业务流程：业务处理的过程，流程上各节点的操作依据是来自于生产相关的技术、标准。

（2）审批流程：管理控制的过程，由多人判断业务流程上某个节点处理的结果是否合格，判断是否合格的依据是企业制定的相关管理规则。

业务流程上的每个节点都可以设置一条与该节点内部业务处理相关的审批流程，每条审批流程的构成与审批角色都可能不一样（审批流程遵守着不同的企业规则），因此可以看出，业务流程和审批流程不是一回事。针对同一条业务流程，可以设置若干条不同的审批流程，业务流程：审批流程=1∶n（n最多可以与业务流程上的节点数相同）。

可以将审批流程看成是一个处于"黑盒状态"的管理要素（如审1～审3），审批流程是管理的一个特殊形式。如果想要深入地研究审批流程的细节，则可以展开该审批流程（如审2），让审批流程处于白盒状态，此时，审批规则、审批人、审批条件、流转条件等内容就可以表达出来了。

📑 **注：**

关于黑盒/白盒的概念详见第3章。

2.4 分离2——组织

"组织"这个要素不但与业务紧密相关，也与业务管理紧密相关，它是组织、协调业务和管理实施资源的重要手段。它在架构中是一个特殊的存在，既不属于"业务架构"，也不属于"管理架构"，特别是在信息系统中，它是由组织结构、角色、权限等要素构成的。

2.4.1 组织的概念

"组织"一词有两种词义：名词和动词。

（1）名词：将资源按照某个目标构建出一个有层次的集合体，即组织结构。

（2）动词：为了实现某个目的而做的资源整合行为，是管理的一种职能。

因为本书讲解的是分析与设计方法，关注的重点不是如何进行"组织行为"，而是将组织的两种词义如何落实在管理信息系统的设计中，一般来说，在管理信息系统中采用以下两种方式来实现两种不同的组织词义。

1. 动词——组织行为

组织的"行为"在信息系统的设计过程中，被业务和管理两部分的功能替代。

（1）业务功能：重复的、可以规范化的组织行为，采用标准流程、操作方式固化到业务中。

（2）管理功能：要由人来处理的组织行为，在业务流程中用提示、中断的方式，等待人来判断。

2. 名词——组织结构

建立静态的组织结构，它属于基础数据库的一种，有3种基本分类。

（1）部门：企业、公司、部门、科室等。

（2）岗位：在"人-人"环境中，设置董事长、经理、工程师、销售员等岗位。

（3）角色：在"人-机-人"环境中，通过信息系统特有的"权限"功能，赋予每个岗位在系统中的"角色"，角色限制了用户在系统中从事的工作（角色=系统中的岗位）。

在信息系统中，名词的组织要素作为一种分类、属性，经常用来进行各类数据的查询、抽提、统计、分析、分配等。

2.4.2　组织、业务与管理的关系

组织的功能在于它是连接和推动"业务"与"管理"协同运转的协调机构，这个部分协调和控制的是人、部门、岗位等要素，这个功能必须与业务、管理非常完美地匹配，才能够发挥出预期的效果。

下面通过两个例子来说明组织在企业中的位置和作用。

【案例1】向外部进行企业介绍时。

一般情况下，在需求调研阶段听取企业的介绍时，客户往往会从企业的组织结构开始介绍，这是因为从组织结构开始介绍可以使来访者能够从企业组织的视角、由上到下、结构化地理解企业的全貌，在掌握企业组织的大体结构之后，再去介绍具体的业务和管理内容。

【案例2】企业规划新的业务时。

企业在开拓新的业务时需要建立新的业务体系，通常是先确定了业务流程（根据该业务的技术、标准等），再确定与业务流程配套的管理方法，然后通过建立组织的方式来匹配业务和管理的人力资源。作为管理信息系统的设计师，在对掌握的需求进行分析和设计时，应该像企业管理者一样，按照"业务→管理→组织"的顺序进行设计，如图2-15（a）所示，优化业务（业务）→匹配相应的管理模式（管理）→建立相应的团队（组织）。

一个好的企业架构，不应该先从组织架构做起，而应该是先从"业务、业务事理"出发，做出最佳的业务架构，然后配之以最佳的管理模式，最后为保证业务和管理的执行，搭建与之配套的组织结构。业务、管理、组织这三者的示意关系如图2-15（b）中①、②、③、④所示。

(a)设计师的思考顺序　　　　　(b)4要素的相互作用顺序

图2-15　组织、业务与管理的关系

①业务是核心，业务是做事的，遵循的是业务技术要求，它是价值产出的主体。

②管理是保证，管理是管事的，遵循的是管理技术要求，是业务价值的保证措施。

③组织是服务，组织是管人的，遵循的是组织技术要求，是为业务和管理提供服务的。

④物品是结果，物品是管物的，遵循的是物品技术要求，是前三者协同作业的成果。

上述的思考顺序还可以帮助设计师避免被误导，因为在企业做需求调研时客户提供的"人-

人"环境的组织结构现状中，原有的组织结构可能不适合"人-机-人"的工作环境，其中可能存在着"因人设事"的现象。进行管理信息系统设计时，如果在旧的组织结构内进行研究分析，这个组织结构就会像一个模子一样约束和误导设计师，这样设计师就可能找不到最佳的业务形态和管理方式。组织应该是为业务和管理提供服务的，如果先确定组织结构再去设计业务，就会造成本末倒置的现象。

企业的生产目的是获取价值，产生价值的主体是业务，因此业务确定之后再去匹配管理是合乎事理的。当然，也并非是说一切都是由业务来决定，而是说通常要以业务运行的最佳方式为基础，在此基础之上，去研究合理的管理和组织，业务、管理和组织三者可以相互影响，通过不断的摸索、迭代找到三者的最佳契合点。先进的组织形式也会给业务和管理带来一些影响和改变。

2.4.3　组织与业务流程的关系

当在做某个需求的调研时，多数情况都是由客户的各个部门、不同岗位的人员向调研者描述自己部门和岗位的工作，这样在收集到的原始需求资料中，包括业务在内的所有线索都是在组织的框架下，由领导、部门、岗位之间的关系作为主线进行传递。这些都是从组织视角提供的业务要素，业务主线被组织结构隔断了，因此，不论调研的目的是优化业务流程，还是改进管理方式，都需要对业务进行关联之后才能精准把握。业务流程优化的过程分为以下步骤，见图2-16。

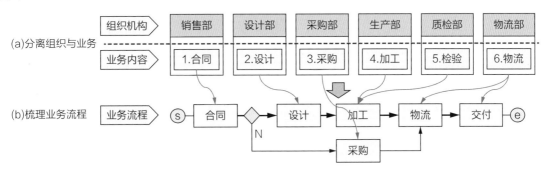

图2-16　切割业务与组织，梳理业务流程

（1）第一步：分离组织与业务，如图2-16（a）所示。

将收集到的信息，在"组织"和"业务"之间做一个"分离"，分开组织结构与业务活动之间的关联关系，再分开业务架构与管理之间的关联关系。

（2）第二步：梳理业务流程，如图2-16（b）所示。

在没有组织结构的影响下，按照新技术、新方法等要求进行业务流程的梳理、优化，梳理后的业务流程与原有的组织、管理都不相关。

（3）第三步：参照分离模型，整合业务、管理与组织三类要素，如图2-17所示。

整合业务流程和管理模型/规则、组织结构的关系，找到最佳的协同工作方式。

● 管理：对业务流程上的多个节点匹配最佳管理模型及相关管理规则。

● 组织：建立与业务和管理配合最佳的组织机构。

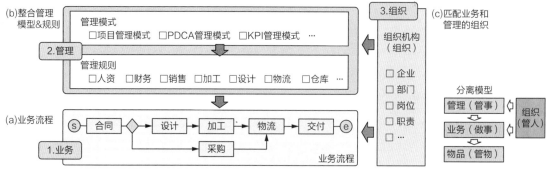

图2-17　业务、管理与组织的匹配

📑　**注：关于物品要素的作用**

本图没有标示出物品要素，是因为物品要素对上述三类要素的架构关系没有影响。

在设计过程中，不要将这三者固定在一起，因为组织与管理在易变这一点上有共同性，组织也会由于外因经常发生变化，特别是受业务和管理变化的影响，对这三者进行分离后，按照信息化的设计手法再将这三者进行整合在一起，这样的设计既可以达到满足系统架构的要求，又可以保持各个架构具有最大限度的灵活性。

2.5　分离3——物品

2.5.1　物品的概念

物品，泛指所有与企业运营相关的生产资料。

所有物质类的对象都属于"物品"的构成部分，物品要素的分类举例如下。

- 房产类：厂房、办公楼、各类设施等。
- 物资类：钢材、木材、水泥、塑料等。
- 设备类：车床、焊机、检测仪器等。
- 运输类：卡车、工程车、轿车等。
- 产品类：企业制造的产品。
- 办公类：计算机、网络设备、桌椅、书柜等。

2.5.2　物品要素的作用

从对象中分离出物品要素，使之成为单独的一个体系。

由于物品类要素在信息系统中的作用是编制基础数据、设计字典功能以及建立数据库，不直接影响其他三要素的分析与设计结果，因此不作为本书的解说重点。

小结与习题

小结

　　为什么开篇的第一讲就是分离呢？因为不论读者从事的是软件工程上的哪个岗位或是身兼数职，都必须具有一定的分析能力，而分析能力的第一步就是要掌握对研究对象进行"分离（拆分）"的能力。可以这么说，不具有分离的能力就不具有分析能力，因为不能分离对象就看不清对象的内部和细节，因此也就无法针对研究对象给出详细和正确的分析结果。

　　对企业构成进行分类的目的是为了容易分析、理解，分类行为并不改变被分类对象的性质，例如，可以把苹果、香蕉、橘子等不同类型的水果都放在一个网兜中，但为了方便也可以将它们放到不同的网兜里，不论将水果放进哪个网兜里，苹果还是苹果、香蕉还是香蕉，水果原来的属性并不改变，只是按照分类放置到不同的网兜后更加容易点检、拿取。

　　分离原理的本质是将企业的构成按照非业务属性进行分类，以利于用信息化的方法进行分析、设计和开发，企业的构成按照分离原理划分后，变得简单、收敛，而且要素之间的逻辑关系非常清晰，这样的分类方式也使得后续的业务设计理论、方法和标准的归集变得简单了。分离原理为建立具有普遍意义的通用设计模型奠定了基础。

　　当读者的研究对象不是企业管理的内容时，需要建立新的分类方法，只要分类的结果有利于软件的分析、设计、建模与开发就可以。

分享

理解分离原理，掌握拆分方法，事半功倍

　　对于分离原理的作用，通过学员A和学员B的一段对话可以帮助加深理解。

　　学员A：我们部门现在转移到做物联网的项目上了，为水厂做智能化管水系统。

　　学员B：是吗？怎么样？和做管理系统有什么不一样？

　　学员A：虽然是第一次做，但是感觉比第一次做管理系统时容易进入状态，上手也快。

　　学员B：为什么？有软件又有硬件，而且是不熟悉的项目，怎么会上手快呢？

　　学员A：是呀，虽然内容比较多也不熟悉，但是研究对象的构成比较清楚，没有那么多的不确定、模糊的内容，所以感觉理解起来比较容易一些，很快就出思路了。

　　学员B：？

　　学员A的直感就说明了问题的所在，企业的管理信息系统与水厂的智能化管水系统在技术实现方面是非常不同的，但是"智能化管水系统"这个研究对象本身在物理上是拆分好的（水管、阀门、传感器、显示屏等），不需要再去做分离的研究工作，所以容易理解，进入状态也快。对比企业业务这个对象，它不是一台物理构成的机器，因此存在着如何分离、分离得是否合理、分离的结果是否有利于软件的设计和开发、按照分离的方法完成后的系统是否与实际运行相吻合等问题。分离的正确与否影响着系统设计与开发的成败。

　　对于企业管理信息系统这样的复杂研究对象来说，"掌握分离原理，正确拆分对象"是奠定软件开发成功的第一重要工作。

习题

1. 简述分离原理的定义、目的及作用。

2. 简述分离原理的分离规律。

3. 依据分离原理对企业构成的分类有几种？它们能否覆盖企业的全部构成？

4. 业务与管理不分离，会给分析与设计带来什么影响？举例说明。

5. 在分析与设计过程中，业务与管理哪一个需要先搞定？理由是什么？

6. 业务形态不变的前提下，管理有无变化的可能？举例说明。

7. 管理为什么容易发生变化？管理变了业务是否也会受影响？

8. 组织的作用是什么？组织、业务和管理三者之间是如何相互影响的？

9. 物品的作用是什么？它的变化是否会影响到业务和管理？

10. 研究非企业管理类型的需求时，分离原理是否具有指导意义？

第3章
组合原理

分离原理，提供了如何分离研究对象的原理。本章的组合原理要解决的是如何用模型表达研究成果的原理。用图形表达分析与设计的成果，可以多维度、精准、完整地传递信息。

本章介绍逻辑图形的构成原理、规律，详细说明了图形中各元素的属性等，组合原理是建立用图形表达分析与设计成果的基础，见图3-1。

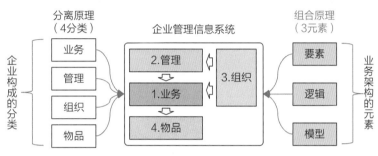

图3-1　分离原理与组合原理关系

3.1　基本概念

3.1.1　定义与作用

1. 定义

组合原理，给出了用要素、逻辑和模型三元素形成图形的原理和设计方法，利用组合三元素可以表达出任意的逻辑图。

在分析与设计过程中，不论使用什么样的逻辑图形（分析用、架构用、管理用等），图形的构成都包括这三个元素，三元素既可以用来绘图，也可以用来检查图形是否正确。

2. 作用

在企业管理咨询行业和软件行业中，针对企业管理对象的描述，不同的业务领域、不同的描述人、不同的关注点等使得表达方式有无数种，这就带来了传递意图、解读意图都很困难的现象。这些图形是否存在着相似的规律呢？是否可以找到一套与业务领域、描述人和关注点无关的、具有普遍性的图形表达方法呢？

通常寻找具有普遍性的表达方法时，最常用的做法就是"穷尽"所有应用场景，然后通过抽提共性整合成为一套方法。由于"应用场景"与具体业务相关联，所以这种方式的最大短处就是随着遇到的场景越多，相应的约束规则、附加条件也会增多。例如，基于100次不同应用场景抽提出的方法，在用到第101次时如果存在着新的不同点，就要将新场景中的不同之处再加入到既有约束规则中，这种积累方式难以收敛为一个具有共性的模型。

理想的方式是，不论什么业务应用场景仅通过有限的"元素"组合就可以表达，"组合原理"的提出就是为了满足这一要求。

3.1.2　组合原理模型

1. 图形的基本构成

由于研究对象的形态有万千种，所以表达分析、设计意图的图形也就有非常多的形式，如果要想找到一套通用的方法来替代，需要先研究一下各种图形的构成内容是什么、规律性有哪些等，从而找到一个通用的建模方法。

下面通过对比几个完全没有任何业务背景，也无任何关联的图形，研究一下它们之间有哪些共同之处。如图3-2（a）所示，其中有4个图形a1～a4，它们从外形上看似乎没有什么共同点，如果对a1～a4的图形进行拆分，将拆分后获得的图形元素进行分类，可以获得三组不同的元素，分别详见图3-2（b）～图3-2（d），这三组不同元素的含义如下。

（1）图3-2（b）：表达的是图的"要素"。

将a1～a4各图中都具有的共同内容3个方块A、B、C提出来，这3个方块是用来表达构成图形主体内容的"构件"，它们被称为图形的"要素"。

（2）图3-2（c）：表达的是要素间的"逻辑"。

在去掉a1～a4各个图形中的构件要素后，剩下了"线条、位置、背景框"等内容，它们是用来表达各个构件要素之间的关系，它们被称为"逻辑"。

（3）图3-2（d）：表达的是图的"模型"。

在去除了a1～a4各个图形中表达要素和逻辑的内容之后，只剩下了要素方块和逻辑的"投影"，这些投影表达的是要素与逻辑构成的不同"形状"，它们被称为"模型"。

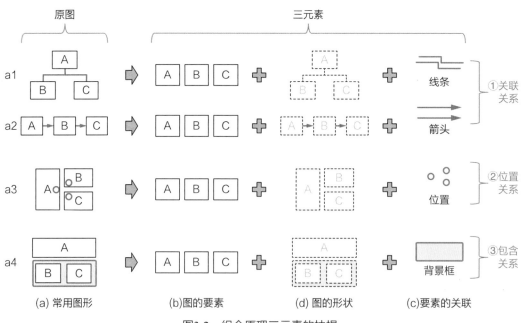

图3-2　组合原理三元素的抽提

2. 组合原理的三元素

从前面利用4种与业务无关的图形中抽提出来的三种共同元素，可以得出这样的结论：只要是逻辑类图形都是由这三种元素构成的，这个结论就是图形的构成原理，称为"组合原理"，而这三个元素就称为"组合原理三元素"，它们是组合原理的核心。组合原理三元素与逻辑图的关系如图3-3所示。组合原理三元素的定义与说明详见图3-4。

图3-3　组合原理模型

工作分解		内容说明	三元素的举例
组合原理		任何具有结构形式的逻辑图都是由三元素构成的： □要素、□逻辑、□模型	
组合三元素	1.要素	是图形中表达主体内容的"构件"	□系统要素：系统、模块、功能、控件…… □业务要素：财务、销售、采购、物流……
	2.逻辑	是图形中表达要素关联的"关系"	□业务逻辑：线条、位置、背景框（架构用） □数据逻辑：键、表、图
	3.模型	是由要素和逻辑构成的、具有规律性结构的"形态"	□架构模型：框架图、分解图、流程图 □数据模型：算式关联图、数据勾稽图、业务数据线

图3-4　组合原理三元素的内容与说明

表达企业管理信息化研究成果的图形基本上都是可以通过用组合三元素来描绘的，反过来，利用组合原理的三元素也可以检查绘制完成的逻辑图是否正确、合乎逻辑（读者可以尝试使用其他领域的图形去验证组合三元素的适用性）。

3.1.3　思路与理解

通过少量元素的组合，就可以表达出多种形式业务构成和业务逻辑是理想的建模方法，如何才能够找到这样的方法呢？基于某些业务场景建立起来的模型一般来说都有一定的局限性，因为选择的业务场景不具有普遍性。在对组合原理进行详细说明之前，首先借用具象事物来说明一下组合原理形成的思路，观察一下提线木偶道具的构成和运行机理，如图3-5所示。

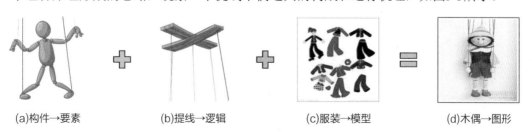

(a)构件→要素　　　　(b)提线→逻辑　　　　(c)服装→模型　　　　(d)木偶→图形

图3-5　木偶原理示意图

提线木偶道具由以下三个部分构成。

（1）构件：是构成木偶骨骼的部分，不论是什么形态的木偶，它的形体都是由有限的构件组成的，每个构件都代表唯一的功能，如头、身躯、腿骨、手等。

（2）提线：提线关联了所有的构件，通过提拉操作，可以调动各个部分的构件发生位置移动，这些移动就会产生木偶的表情、运动等行为。

（3）服装：服装、面具、鞋帽等装饰物让木偶具有了不同的造型，这些不同的造型表现了不同的角色，可以让人辨识出木偶表达的是人、动物、物件等。

将这三者安装在一起，就可以形成木偶，通过操作提线，就可以表达出表演者的意图（表情、动作、故事情节等），但是去掉了服饰之后，木偶内部的构成、运动原理都是一样的。

构件、提线和服装分别对应组合原理中的要素、逻辑和模型。下面分别对组合原理的三元素进行详细说明。

3.2　组合三元素1——要素

本节重点介绍组合三元素之一"要素"的来源、属性、表达方式等，"要素"是构成图形内容的主要部分。本节中对要素的属性描述对后续的分析和设计起着非常重要的作用，理解这些属性可以在分析和设计中很容易进行沟通、表达，有了这些属性作为支撑，可以大大地提升工作效率，以及分析与设计成果的质量。

这些描述方法不仅是说明要素的属性，更重要的是它还是一种思考方式，特别是在用语言交流时，如果使用了要素属性进行描述，会明显地提升沟通效率和质量。

3.2.1　对象的概念

对象，是指分析与设计的目标事物。

对象是要素的来源，要素是从对象分解而来的。对象会以多种形态呈现，例如：

- 需要优化的事物：企业管理体系、生产流程、操作程序等。
- 需要分析的问题：产品质量问题、销售业绩下滑问题、成本超标原因等。
- 需要研究的课题：软件的需求规格书、事故调研报告等。

所有需要进行分析并通过设计可以进行优化的目标事物，都可以称为对象。为了保持讲述内容前后的关联性，本书所举案例主要以企业运行中的各种"业务"为主，所以也称之为"业务对象"或"研究对象"。

1. 对象的分类

根据研究课题的目的、研究对象包含的内容，以及其所处的环境背景，可以将需要研究的对象分为两种类型：优化类对象，非优化类对象。两者的内容和关系如图3-6所示。

1）优化类对象

优化类对象：已存在并正在运行着的业务体系。

优化类对象的共同特点是：要研究的对象是一个客观上已经存在的真实业务体系，且该体

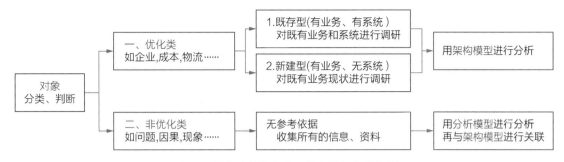

图3-6　研究对象的分类：优化类与非优化类

系已经运行了一段时间，已经形成了一定的形式、规律、标准和规则等。所谓的优化就是采用新技术、标准对它们进行升级、改造、完善的工作，这类对象可以是如下的内容。

● 企业级的业务体系、管理体系，例如，某个企业的运营管理体系。

● 企业内某个领域的业务体系，例如，成本管理、物流管理、销售管理等。

● 某个正在运行的流程，例如，生产加工流程、财务申报流程等。

为企业进行的管理咨询、系统设计等的研究对象都属于优化类对象，因为研究的对象业已存在（不论其是否实现了信息化管理）。所谓的"优化"就是采用信息化方法改进、完善既存的业务，实现效率、效益的提升。

2）非优化类对象

非优化类对象：尚未实现的业务（对尚未实现的事物是不存在优化的）。

非优化类研究对象可以是：一个问题、一个现象、一对因果关系、一个尚没有实践过的课题、一个全新领域的业务等。简而言之，就是"没有做过的事，没有参照的对象"。这类对象不同于对优化类事物的研究，由于没有客观存在的对象，既无法绘制业务现状构成图，也无法直接绘制新的业务架构图。

📖　注：只有对优化类对象才能进行优化

针对非优化类对象的研究成果不能说"优化"，因为"优化"行为必须是针对某个已存在的且已经过时的对象。

非优化类对象的研究需要从理解对象开始，首先要去寻找构成对象的要素、逻辑，然后才能进入与优化类对象相同的阶段，下面试举几例来说明非优化类对象的特点。

【案例1】针对某个问题：如何提升生产效率？

提升生产效率的问题，可能都不是某个单一原因所造成的，不能通过简单地优化某个流程获得解决，而是需要通过大量的、多视角的分析研究，找出造成问题的原因后，再根据原因给出解决方案。

【案例2】针对某种现象：为何年末的客流突然涌向了××地区？

首先要收集客观的现象、建立各种现象之间的关联关系模型，分析造成该现象的原因，然后归集出答案。

【案例3】针对因果关系：共享单车使用效率低是因为投入量太大吗？

题目给出了因果关系的猜测，这就需要收集要素，建立模型，分析使用效率与投入量是否存在着因果关系，最后证明因果关系是否成立等。

可以看出，非优化类对象都是没有可以参考的实际对象的，对这样的对象进行研究就需要从零开始做功课。

2. 对象分类概念的作用

首先对比一下优化类对象与非优化类对象的异同，在进行以企业业务为目标的分析与设计研究中，这两类对象都是常见的，两者的差异如图3-6所示。

（1）相同之处：都需要经过分析，给出最佳的设计方案。

（2）不同之处：前者可以直接参考既存对象（业务、系统）；后者无可直接参考的对象。

了解了对象分类的异同后，那么，在进行需求调研前首先就要判断该项目是属于哪一类对象，确定了对象的分类后，容易找到最佳的分析和设计理论、方法和路线，假定研究对象的规模是相同的，则，

（1）优化类对象：因为已有实际的参照物（实际业务流程、既存系统、资料等），在调研、分析与设计的各个阶段中都可以与实际的现状进行对比验证，这是一个"创新+完善"的过程，因此，优化类对象信息系统的实现相对比较容易。

（2）非优化类对象：由于没有参照物的存在，所以全部的工作需要从零开始，非优化类对象的信息化实现过程是一个"全面创新"的过程。因此，找对目标、方向，以及要素、逻辑、分析模型等非常重要。进行非优化类对象的研究始终要关注"整体"与"细节"之间的关系，避免出现方向性的错误。

3.2.2　要素的概念

要素，是构成事物必不可少的因素，要素的集合体构成了对象。

1. 要素的内容

要素，在表达不同对象的逻辑图中以不同的形式出现，例如：

- 业务架构图：要素表现为系统、子系统、模块、功能。
- 数据架构图：要素表现为数据表、数据。
- 管理架构图：要素表现为标准、规则、判断。

2. 要素的描述

要素是构成研究对象的核心内容，要素覆盖的内容包罗万象，在对要素进行表达时需要一套规范的描述方法，用以说明要素的数量、大小以及所处的状态等。本书中给出的描述要素的属性分为4组：①粒度与分层；②黑盒与白盒；③系统与模块；④解耦与内聚。

对上述①~④的详细介绍，参见本章的3.2节的说明。

3. 要素的相对性

要素与对象是相对的概念，如图3-7所示。例如，在研究"企业业务"这个对象时，其内部构成中的"财务"要素仅仅是作为对象"企业业务"中诸多要素之一而存在的，企业的业务构成如图3-7（b）所示；但是在聚焦于"财务"的研究时，"财务"就从原来的一个要素，转变

为一个对象，财务的构成如图3-7（c）所示；再对财务中的"成本"进行进一步的研究时，则"成本"又成为对象，成本打开后的构成如图3-7（d）所示，以此类推。

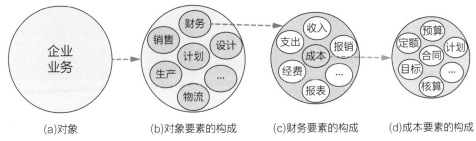

图3-7 对象、要素的相对概念

对象不同，拆分出来的要素也就不同，例如：

- 图3-7（a）企业业务：其构成为图3-7（b）——财务、计划、生产、设计、销售、物流等。
- 图3-7（b）财务要素：其构成为图3-7（c）——财务、收入、成本、经费、支出、收入、报销等。
- 图3-7（c）成本要素：其构成为图3-7（d）——预算、合同、定额、计划、目标、核算等。

为了说明这些现象，就需要一套描述这些要素特征的方法。

3.2.3 要素属性1——粒度与分层

粒度与分层，是对要素大小的属性描述。

1. 粒度的概念

将研究对象"企业业务"拆分后出现了要素，如果以其中的"财务要素"为对象再度进行拆分后，就会出现更下一层的要素，如此反复可以进行若干次，如何表达这个"对象-要素-对象"循环出现的现象呢？这就需要引入表达要素粗细的概念，将表达要素粗细的尺度称为"粒度"。

粒度，是表达对象中不同要素的"粗细"程度的尺度。

粒度原指球状体的直径大小，比较细小的要素就包含在同类较粗的要素之内，如图3-8（a）所示。也可以将不同粒度的要素，按照从粗到细、从上到下地放置在不同的"层"上，如图3-8（b）所示。

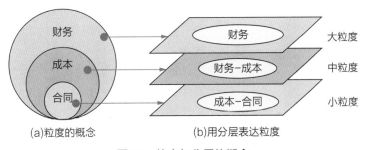

图3-8 粒度与分层的概念

图中标出了对象"财务"中的3个要素的粒度关系，即：财务、财务中的成本、成本中的合同，显然它们由粗到细的包含关系是：财务＞成本＞合同，这就是所谓的"粒度"不同。

再举一个广义的例子来扩展一下思维，采用分层的方法，对下述12个要素进行梳理：军事领域、经济领域、装甲车、大使馆、广交会、外交领域、陆军、教育领域、商务部、学校、考试、一等秘书。

可以看出这些要素具有不同的类型、粒度，对它们的梳理可以分为以下三步。

步骤1：首先从分类的角度将这些要素进行归类，归集出4个大分类，这4个分类同时也是各类中粒度最大的要素，即：军事领域、外交领域、教育领域、经济领域。

步骤2：根据与各领域的关系，将其余要素归集到各个分类的下面。

A.1军事领域：陆军、装甲车。

B.1外交领域：大使馆、一等秘书。

C.1教育领域：学校、考试。

D.1经济领域：商务部、交易会。

步骤3：对同一分类的要素按照粒度放置在不同的层上。

例如，在同一分类"军事"中，按照粒度可以分出三层，它们之间的大小顺序为军事领域＞陆军＞装甲车，用层的方式来表达时就形成了：第1层＝A.1军事，第2层＝A.2陆军，第3层＝A.3装甲车，如图3-9所示。

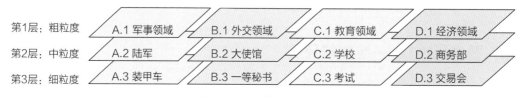

图3-9　要素粒度的应用

从图3-9可以看出，分层的表达方式不但能显示大小（粒度）还能显示顺序（上、下）。

2. 粒度的作用

知道了粒度的概念，那么粒度概念在分析和设计时的作用是什么呢？

粒度的概念在进行理解新事物、研究分析时起着非常重要的"划分大小"的作用，特别是在研究不熟悉的事物时尤为重要，它可以指导我们先从顶层、大方向、总目标、核心价值等描述基本构成中的大粒度要素入手。

作为分析师、设计师，在观察繁杂的事物时，是先看整体、大的构成（粗粒度），还是先关注细节（细粒度），往往是关乎分析与设计成败的要因。

在进行比较复杂的业务分析或设计时，一定要注意相关要素之间的粒度对比，也就是通常说的"不要胡子眉毛一把抓"，将不同粒度的要素放在一起进行研究，这样得出的结论可能是混乱的，因为不同粒度的要素之间的逻辑关系、表达方式可能是不一样的。不分粒度、不分层次画出的图形，无论表现得多么漂亮都可能是无价值的。

粒度的概念，是软件分析、设计的常用概念。下面再用业务流程设计说明粒度的概念。

【案例】业务流程图，如图3-10所示。

使用粗粒度的要素形成的最上层的流程图，称为"一级流程"，以此类推，可以有二级流程、三级流程等，由最小粒度（活动）构成的流程图就是可以执行的流程了。

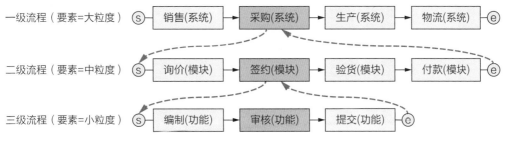

图3-10 要素粒度与业务流程的分级关系

一级流程：由大粒度的要素（如系统）构成。

二级流程：一级流程中的要素"采购（系统）"，是由若干中粒度要素（如模块）构成的，中粒度要素构成了二级流程。

三级流程：二级流程中的要素"签约（模块）"，是由若干小粒度要素（功能）构成的，小粒度要素构成了三级流程。

可以看出，在讨论销售问题时，如果同时掺杂着讨论"验货（模块）"或是"提交（功能）"，那么就有可能发生混乱，最终给不出结论（不收敛）。粒度和分层的概念，是拆分的重要手法，也是分析方法中第一位重要的技术。

3.2.4 要素属性2——黑盒与白盒

黑盒与白盒，是对要素所处状态的描述。

1. 黑/白盒的概念

黑盒、白盒是对要素两个相反状态的描述。

前面讲过，要素是可以再拆分的，当讨论的对象由复数的要素构成时，注意讨论要素的粒度要相同，将小粒度的要素暂时隐蔽起来，避免发生因要素的粒度不同而造成讨论结果难以收敛的情况。为了便于解释这个情况，就引入了黑盒/白盒的概念，见图3-11。

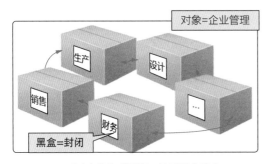

(a)企业构成要素：处于黑盒状态

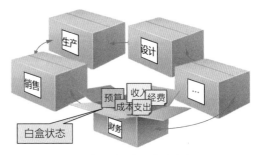

(b)财务要素：处于白盒状态

图3-11 黑盒/白盒的状态示意图

1）黑盒的概念

黑盒指将盒子盖起来，从外面看不到盒子里面的内容（要素）时的状态参见图3-11（a）。原指一个只知道输入输出关系而不知道内部结构的系统或设备的状态。

在这里的意思是，当研究几个同粒度要素之间的作用关系时，不需要同时关注其中某个要素的内部细节，此时就可以将这些"看不到下一层细节"的要素称为处在"黑盒状态"（因为盒子是盖着的，所以看不见盒子里面的内容）。

例如，从企业管理这个对象中拆分出来了财务、销售、计划等同粒度的要素，在讨论企业级的问题时不必去关注财务中的"收入"和"支出"这样的小粒度业务细节，所以这个时候可以将"财务"看成一个整体（黑盒），专注于财务与销售、设计、生产等具有相同粒度要素之间的关系。

2）白盒的概念

白盒指打开盒子，让盒子里面的内容（要素）暴露出来时的状态，参见图3-11（b）。

白盒与黑盒的定义相反，例如，打开财务这个"黑盒"后，里面小粒度的要素就显示出来了，这时财务就不是处于"黑盒"的状态，而是处于"白盒"的状态了，同时财务也就从要素变为了对象，而白盒中的"收入""支出""预算"等内容又成为构成财务对象的要素，此时，财务中的诸要素（预算、支出、收入等）之间又可以彼此看成是黑盒状态了。

图3-11中只有财务盒子被打开处于白盒状态，其余的销售、生产等要素仍处于黑盒状态。

2. 黑/白盒概念的作用

黑盒与白盒概念的应用，在分析对象、要素时起着什么作用呢？

试想一下，为什么当遇到复杂的问题时新手会感到束手无策，而经验丰富的老手则可以从容地找到解决问题的路径呢？下面尝试用黑/白盒的概念来解释一下。

1）没有经验的新手

在观察问题时缺乏经验，他们看到问题（对象、要素）的状态，既有呈黑盒状态的，又有呈白盒状态的，结果就是感到问题非常多，盘根错节，一团混乱，问题的原因就是因为新手的眼睛不会"一层一层地去看观察"，而是同时看到了所有不同粒度的问题。

2）有丰富经验的老手

先将拆分出来的要素归集到不同的分类中（黑盒），首先对大分类（粗粒度）的要素进行观察和讨论，摸清情况后，再根据需要将其中一个黑盒打开成为白盒状态，对白盒内的细节问题进行深入的研究，这就避免了同时出现不同分类且大小粒度不同的信息，极大地降低了研究的难度（当然，有经验但缺方法的老手也会犯与新手一样的初级错误）。

要素的粒度越粗理解时需要的业务知识就越少，反之，要素的粒度越细需要的业务知识就越多。不同分类的黑盒同时打开，不但造成了大量的细节同时出现，且如果不同黑盒中的要素之间还存在着复杂关联，这就使得判断的工作量和难度达到了难以控制的程度。

3. 黑白盒概念的应用案例

下面举例来说明如何利用黑盒/白盒的方法减少研究难度，同时提升研究的效率。

【**案例1**】需求调研时的应用。

假定需要调研的客户部门共有10个，调研可以采用两种方式，分别说明如下。

方式一：全部门同时展开调研

以企业为对象，以各个岗位的工作为要素，由10个部门的负责人和其下属各个岗位的担当人轮番讲解各自的工作，这就相当于各个部门没有处于黑盒状态的，全是白盒状态，需求分析师一开始就要面对数十个甚至上百个混在一起的不同层次不同粒度的问题，问题有来自于部门的管理层，也有来自于执行层，例如，交通费报销、质检流程、在库资产的摊销、生产流程的优化、安全管理、收支平衡等。

结论：如果采用方式一进行调研，不单是新手会晕头转向，就是经验丰富的老手也会被搞晕，问题出在没有设置中间的黑盒，一开始就将对象全部都置于"白盒"状态，没有粒度、没有层次。在以新手为主的调研过程中是常见的现象。

方式二：分部门逐层进行调研

第一步：以企业为对象，以部门为要素（部门=中间的黑盒层）讲解企业部门级的工作，即：经营管理部、销售部、采购部、生产部等10个部门，讲解的是这10个部门的主要功能、部门之间的协同关系等内容。

第二步：以部门为对象（部门=处于白盒状态），以部门内部的工作为要素，逐个讲解各个部门内具有的各项工作的作用、工作之间的协同关系等。

第三步：以某个具体工作/功能为对象，讲解该工作/功能的作用、定义、规则等。

按照上述步骤逐层推进，直至完成全部的定义工作。

结论：如果采用方式二调研，就相当于交替式地将要素在"黑盒"与"白盒"间进行转换，这就可以循序渐进地观察对象，比较有层次地了解和收集企业的信息了。所以，什么时候让要素呈现白盒状态，是要根据研究的进展而定的，提前去观察白盒状态的内容，反而会找不到观察的层次、重点和主线，也容易被引入歧途。

【案例2】生产流程分析时的应用。

假定一条生产流程上有6个节点，每个节点为一个要素，即：销售、设计、采购、生产、物流、结算，这6个要素是同一粒度的，见图3-12。案例重点研究节点"4.生产"分别处于黑盒/白盒状态时的不同。

图3-12 生产流程

研究一：将"4.生产"看成是黑盒的场景

研究节点"4.生产"与其他节点的关系，将流程上全部生产节点都看成是处于"黑盒"状态，同粒度各要素之间的"关系"就是"4.生产"节点的"输入"和"输出"与其他上下游节点的相互影响，此时不需要关注"4.生产"节点内部的细节，见图3-13。

（1）"4.生产"节点的输入：上游三个节点提供了①订单、②图纸、③计划。

（2）"4.生产"节点的输出：向下游两个节点输出了④合格单、⑤结算单。

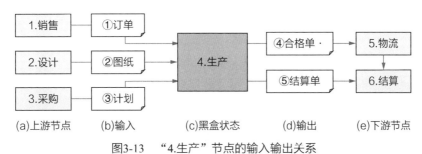

图3-13 "4.生产"节点的输入输出关系

📄 **注：流程图中要素可以分为如下的内容**

（1）1～6的各个节点都是"活动"。

（2）输入的"订单、图纸、计划"和输出的"合格单、结算单"都是"实体"（表单）。

研究二：将"4.生产"看成是白盒的场景

如果要研究生产流程的上游节点（1、2、3）对"4.生产"节点内部的影响，就要将"4.生产"节点看成是"白盒"，将它的内部细节显示出来，同时要表现从上游的输入（订单、图纸、计划）对节点4的影响，打开了"4.生产"就会发生如下的讨论。

①订单：可能会影响到生产环节的流程、设备、资源等。

②图纸：可能会影响到生产环节的工艺、工法、质量等。

③计划：可能会影响到生产环节的交付时间、产品价格等。

一旦涉及"4.生产"的内部，就会出现很多的要素，不同的要素遵循着不同的技术、不同的标准等，就会使得研究变得非常复杂，因此，分析工作的第一步一定要从大处入手，看清目标、层次、关系等，避免在分析一开始就去关注细节。在讨论问题时，要注意：

● 讨论的所有要素是否是同一粒度，是否都处在黑盒状态上；

● 黑盒之间要研究的内容，与某个黑盒内部要研究的内容是不相同的。

掌握黑/白盒的概念在分析和设计过程中是很重要的，它不但可以帮助工程师清晰地剖析对象，而且还加快了研究和分析的进度。

3.2.5 要素属性3——系统与模块

系统与模块，是要素归集的单位。

1. 系统的概念

系统是由一群有相互作用关系的功能要素组成的集合体，如图3-14所示。

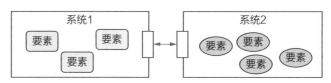

图3-14 系统的概念

前面讲的要素粒度、黑/白盒的概念，本质上讲的都是对要素大小的属性描述，而系统不仅表述要素的大小，而且还可以表述它们之间的关联。

系统的概念有以下三层含义。

（1）系统是由若干要素组成的，这些要素必须是功能，如处理业务的功能：合同签订、材料采购等，而不能是"物"（如设备、材料等）。

（2）系统内部的要素要有相互作用关系，并能够形成一定结构体。

（3）同一个系统中的要素合在一起可以具有处理某类业务的能力。

在仅考虑粒度和包含关系时，可以将研究的内容称为对象、要素，在考虑要素之间的相互作用时，要素的集合体一般就要改称为"××系统"了。

系统，作为功能要素集合体的代名称，在不考虑业务属性时，可将要素的集合体称为系统，如果加上了业务属性做前缀就形成了不同的业务系统，例如，财务系统、生产系统、人资系统、物流系统等。

系统也有粒度的概念，小型的集合体称为子系统，大型的集合体称为父系统，或简称为系统。父、子系统是个相对的概念，不同的系统之间不好直接进行大小的比较。

2. 模块与模块化设计

1）模块的概念

模块，是由一群可处理某个业务场景的功能要素组成的集合体。

由于系统、模块和功能这三个词在不同的场合、面对不同的描述对象时定义都不同，这样就容易给读者带来困惑，因此在本书中做如下约定。

（1）系统：是具有独立处理某个业务领域工作的完整功能集合体，系统是由模块组成的。

（2）模块：是分担系统中的局部处理工作的，模块是由功能组成的。

（3）功能：是系统中可以完成某个业务处理操作的最小独立单位。

这三者都是由功能构成的，在粒度上的关系为：系统＞子系统＞模块＞功能。

2）模块化设计的概念

模块化设计，就是将具有不同作用的功能进行多种组合，以实现用有限的功能支持多样的业务处理场景。

功能要素按照要求被归集到不同的系统中，每个系统可以独立地处理某个业务领域的工作，且每个系统都具有标准的对外接口。按照需要，可将更多的具有不同功能的系统组合在一起，以完成更加复杂的任务。通常我们做的系统规划都具有这样的特点，下面以企业管理的功能框架图为例来说明模块和模块化的关系。

【案例1】将企业业务划分为三个业务领域，分别命名为：主营区、辅营区和支持区，如图3-15所示。

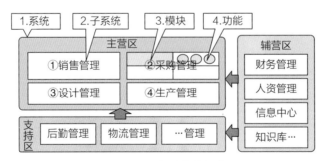

图3-15　业务功能的组合

（1）主营区：区内的子系统构成了企业业务的主体，它们分别代表了4个主营业务板块，包括：①销售管理、②采购管理、③设计管理、④生产管理，因为它们是企业产生价值和收入的主要来源，所以称为主营业务。

（2）辅营区：区内的子系统是用来对主营区的业务进行辅助管理的，包括：财务管理、人资管理、信息中心等，它们不是直接生产价值的，而是为了保证价值顺利产生的功能。

（3）支持区：区内的子系统是为主营区/辅营区业务提供服务的，包括：后勤管理、物流管理等。

从图中可以看出，如果哪个部分的内容需要调整时，可以遵循规则在该部分内增加或是减少，增减的单位可以是系统、模块或是功能，这就是模块化设计的作用。

【案例2】业务和管理也可以按照不同的模块进行组合。分离原理和组合原理给出了企业管理信息系统的设计方法，业务模块与管理模块各自遵循各自的技术、标准完成各自的架构设计，然后再按照模块化的要求组合到一起，见图3-16。

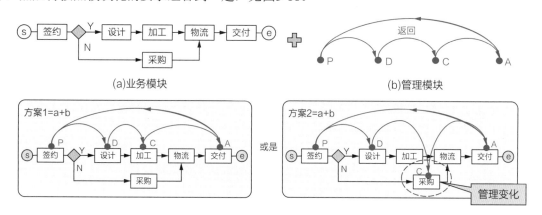

图3-16　业务功能与管理功能的模块化组合

系统中处理业务用的模块为a，对业务模块进行管理的功能为b。

方案1：将业务模块a和管理模块b进行组合，形成了方案1。

方案2：将业务模块a和管理模块b进行组合，形成另外的方案2。

从图3-16中可以看出，变化的管理模块与不变的业务模块可以给出不同的组合（方案）。当外部市场发生变化时，企业需要调整管理模式，由于业务模块（流程图）与管理模块（PDCA模型）是各自独立的，因此可以不断地更换管理的模型（因为管理易变），而不必改变业务架构（如果业务不需要改变的话）。这就是模块化的设计思想。

3.2.6　要素属性4——解耦与内聚

解耦与内聚，是描述要素归集原则的重要概念。

分层与粒度的概念，说明了要素的粗细；系统与模块的概念，说明了要素的归集单位。将不该放到一起的要素放到了同一个黑盒内，就会造成在讨论黑盒之间的关系时，由于不同黑盒内部的细节相互牵扯，可能无法将盖子盖上形成黑盒状态。那么什么样的要素可以放在一起，什么样的要素不能放在一起呢？解决这个问题需要引入解耦和内聚的概念。

1. 解耦的概念

耦合，是指两个或两个以上的系统（要素的集合体）的输入与输出之间存在紧密配合与相互影响，某一方的变动会影响到另一方的变化。

解耦，指的就是解开耦合的状态，去掉两者之间造成耦合的连接关系。

耦合有两种状态：紧耦合，松耦合。下面举例说明两者的概念和关系。

假定某个对象的内部是由4个子系统构成的，分别为系统1、系统2、系统3、系统4，如图3-17所示。

1）紧耦合

从系统1、系统2、系统3这三者之间的关系可以看出，不同系统内部的要素之间发生了密切关联，三个系统之间两两成对地形成了非常复杂的依赖关系，三个系统因"盖不上盖子"都不能形成黑盒，这种状态就是"紧耦合"状态。

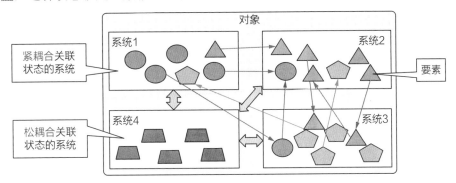

图3-17 紧耦合与松耦合的示意

2）松耦合

系统4与其他系统之间的关系是非常清晰、简单的，分别只有一个接口，可以看出系统4 内部的要素并不直接与其他系统中的要素关联，而是由统一的接口进行关联，也就是说，系统4和其他系统之间虽然有关联，但不是复杂的依赖关系，这种由唯一或是标准关联形成的关系就是松耦合。

解耦，简单地说，就是将上述的"紧耦合"状态解开，形成"松耦合"的状态。

解耦的概念说明，当分析对象内部的系统之间都是紧耦合关系时，那么各个系统就不能在"黑盒状态"下进行讨论了，因为各个系统都存在着系统内要素之间的依赖关系，也不可能在不考虑这些依赖关系的前提下，将各个系统看成是黑盒了。

解耦概念对后续分析与设计有着非常实际的指导意义，例如，某个产品的生产过程在企业内部大都是由多部门协同完成的，业务流程大多要跨部门才能完成，最佳的流程设计是部门之间的交互最少，最大限度地减少不同部门内部工种之间发生的直接依赖。避免由于某个部门内部某个工种的作业内容发生了变化而引起其他部门的连锁反应。

2. 内聚的概念

内聚，是说明同一个系统中各个要素之间的关联性。

理想的内聚状态如图3-18所示，对象中的每个系统都可以独立地完成一个业务领域的工作，且各个系统内部要素之间的关系紧密。也就是说，每个系统内所有的要素都是为了完成同一个目标而存在的，例如，对于财务系统来说，既不要把财务系统的功能划分到其他系统中，也不将其他系统中的非财务功能拉入到财务系统中来。

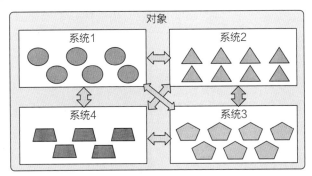

图3-18 内聚概念的示意

内聚的概念说明，各个系统内部的要素要按照"内聚"的标准放在一起，各个系统之间通过一定的接口进行相互调用，而各系统内的要素之间没有直接关联。这样在进行讨论时一个系统就可以用一个黑盒来表示。

内聚的实际意义在于，在设计时让每个系统具有的功能都相对独立、单一，这样就容易进行拆分，并通过不同的组合灵活地满足各种需求。

3. 高内聚与松耦合

系统内要素间的内聚程度高就称之为"高内聚"，系统间的关联程度低就称之为"松耦合（或低耦合）"，参见图3-19的对比可以看出来内聚和耦合之间的关系。

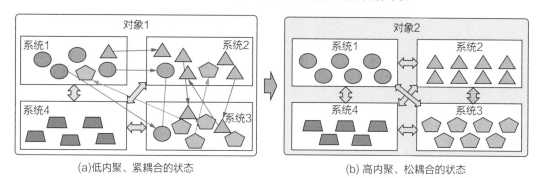

(a)低内聚、紧耦合的状态　　　　(b) 高内聚、松耦合的状态

图3-19　高内聚与松耦合的示意

1）高内聚

高内聚的系统内的功能要素要做到高度的相似聚合，共同为一个目标服务。图3-19对象1中3个系统没有做到高内聚，而是紧耦合，系统内部之间的交互非常繁杂。而对象2的情况就完全不同了，各个系统的内部都做到了高内聚。

2）松耦合

在同一对象内的各个系统之间要尽量做到松耦合，系统之间具有最小的相关度，图3-19的对象1系统之间没有做到，对象2系统之间实现了松耦合，因此对象2的系统构造看上去就非常舒服。

判断信息系统架构优劣的一个重要的原则就是：系统之间是否进行了松耦合的设计。它关系到系统运行后的维护成本，而且还极大地影响到系统的扩展性、对需求变化的响应能力，甚至是系统的生命周期。

为什么要对从事需求分析、业务设计的读者谈模块化设计、松耦合设计呢？

"功能做到模块化、快速响应客户的需求变化"是软件行业一直追求的目标，但是很多从事软件开发的人并不清楚达成这个目标与业务人员的相关性，不清楚业务人员对系统的模块化设计和结果起着非常重要的作用。因为这些目标的达成都需要一个非常重要的前提，那就是对"业务的拆分"，首先要将研究对象拆分成为若干个小的可以独立的要素，才可能实现"将一个大的系统分解成多个小的、独立的功能/组件，然后通过它们的不同组合来处理复杂的、大型的、多变的问题"。也就是说，业务人员能否将研究对象进行有效的拆分并给出变化的规律是关键，如果业务人员做不到，那么在后续的技术设计和开发时就很难做系统的模块化，更别谈让系统具有强应变能力了。

对于要素属性的描述使用了很多的概念（粒度/分层、黑/白盒、系统/模块、解耦/内聚），这些概念不但可以在架构中得到应用，而且在分析过程中也有着广泛的应用价值，这些概念运用可以让工程师的眼、脑、耳、嘴、手等器官在理解、分析和设计时有了层次感。

3.3　组合三元素2——逻辑

本节重点介绍组合三元素之二的"逻辑"，包括在业务架构图、功能原型以及数据架构图中的逻辑表达形式。"逻辑"是业务事理用图形的表达形式，是图形中的灵魂。

3.3.1　逻辑的概念

逻辑，指的是思维的规律和规则，是对思维过程的抽象。

在对业务分析与设计中逻辑表达方式的说明之前，先借鉴参考一下不同领域对逻辑的解释，它们可以帮助理解逻辑的概念，例如逻辑定义有：

- 逻辑是思维的规律和规则，是对思维过程的抽象；
- 在广义上逻辑泛指规律，包括思维规律和客观规律；
- 在狭义上逻辑即指思维的规律；
- 逻辑就是事情的因果规律；
- 逻辑表明了规律，事物完成的序列；
- 逻辑表现了事物流动的顺序规则；
- 逻辑是事物传递信息并得到解释的过程。

1. 不同行业的逻辑表达

图3-20分别给出了语言文字、数字电路以及软件数据关系三种不同的逻辑表达形式，图3-20（a）是用文字表达的逻辑，它需要通过"阅读"的方式获取逻辑（直接看不出来），图3-20（b）使用图形"符号"表达逻辑，图3-20（c）使用"线条"表达逻辑。

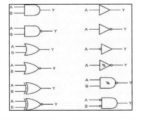
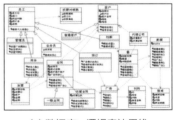

（a）逻辑学：逻辑表达用文字　　　（b）数字电路：逻辑表达用图标　　　（c）数据库：逻辑表达用线

图3-20　不同领域的逻辑表达方式

2. 业务设计中的逻辑存在

在软件设计时采用的各类图形中是否存在着逻辑的表达呢？如果有，那么逻辑的表达形式是什么呢？见图3-21。

1）首先将表达对象的图3-21（a）通过拆分得到三个要素A、B、C，如图3-21（b）所示。

2）将A、B、C三个要素，分别画成分层图、分解图、流程图的三种形式。

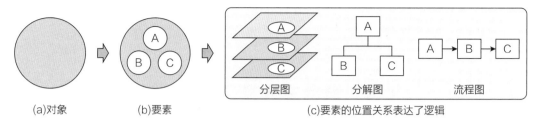

图3-21　业务设计用图的逻辑表达示意

通过分层、顺序、连线的方法进行关联，虽然三种图形的构成要素是一样的，但是可以看出三个图给出了三种不同含义，说明如下。

（1）分层图：说明A、B、C在不同的层面上，理由可能是粒度不同，也可能是层次不同。

（2）分解图：说明B和C的集成是A，也可以说A的分解是B和C，三者为从属关系。

（3）流程图：说明A、B、C的处理过程，A必须通过B才能够到达C，说明了顺序关系。

如果能解读出上面的含义，那就说明"逻辑"不但是存在的，而且还能"画"出来。

结合逻辑的一般定义以及信息系统的设计方法，对逻辑的概念进行抽提、定义为三个核心内涵，即：规律、顺序、规则。

（1）规律：要素之间内在的、稳定和反复出现的关系。

（2）顺序：要素的位置关系，包括前后、上下、左右。

（3）规则：保证按照规律、顺序运行的约束。

3.3.2　逻辑的作用

有了逻辑的概念，那么逻辑在实际的业务架构中是如何起作用的呢？

从事过管理咨询、业务梳理工作的人都知道业务架构是一门既非常重要又很难掌握的技能，长期以来究竟什么是业务架构、业务架构包含哪些内容和步骤，没有一个规范化的说法（在软件行业中还常常将业务架构与软件的技术架构混同在一起，甚至用技术架构方法来做业务的架构），久而久之，"业务架构"就成为一个似乎大家都知道但又说不太清楚的技术了。究竟是什么原因造成业务架构难以掌握与运用呢？这就是逻辑的影响，特别是业务逻辑的影响，下面试举三例来说明逻辑在图形中所起的作用。

【案例1】逻辑在业务表达中的作用。

题目：做一个有关成本过程控制的方案，已知构成成本的业务模块有5个，成本过程是由"合同管理"模块发起的，见图3-22。

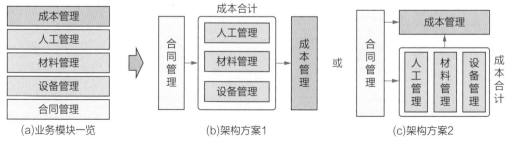

图3-22　成本过程的控制方案

图3-22（a）给出的是业务模块一览，调整这些模块的相对位置进行成本控制过程的架构设计工作，通过调整模块可以得出两个架构方案：

图3-22（b）是架构方案1，图3-22（c）是架构方案2。

由于调整了业务模块的位置关系，相同的业务模块形成了两个不同形式的架构图，而这两种不同的业务架构方案表达了不同的业务含义。下面对这两个架构图进行分析。

1. 两个架构方案的相同条件

1）要素

两个方案中各有5个要素：合同管理，人工管理，材料管理，设备管理，成本管理。

2）逻辑

（1）合同管理：主管签订合同，确定合同金额。合同管理是过程的起点。

（2）成本管理：主管核算成本金额，确认最终是否超标。成本管理是过程的终点。

（3）成本合计：是人工管理、材料管理和设备管理三个要素产生数值的合计。

3）模型

两个方案的架构形式，采用的是架构模型中"分解图"的变体图形。

2. 两个架构方案的不同结论

从方案1、方案2可以清晰地看出，在方案1中，"合同管理"不与"成本管理"直接接触，但在方案2中两者发生了接触，由此带来了成本的发生路径、要素间的从属关系、收敛方向等的变化；这些变化的本质是什么呢？变化的本质就是逻辑的变化。可以看出，即使要素的内容完全一样，由于存在着不同的逻辑，所以造成了最后架构意图的不同（只谈差异点）。

1）架构方案1的意图

（1）签订合同一事，不需要事前通知成本管理部门或在成本管理部门进行登记。

（2）成本管理对象（人工管理、材料管理和设备管理）的数据汇总到成本管理部门。

2）架构方案2的意图

（1）签订合同一事，必须要在事前知会成本管理部门或在成本管理部门进行登记。

（2）在进行成本管理的计算时，要对合同金额与实际成本（人工、材料和设备）进行比对。

业务架构形态的不同，就是业务逻辑变化造成的，调整要素之间的相对关系，就是改变了业务架构，也就是进行了业务逻辑的再设计。

【案例2】逻辑在学习业务中的作用。

1. 场景1——利用逻辑梳理既存业务

企业在进行信息系统开发时，需要聘请软件工程师来做业务梳理，一般来说，软件工程师是不懂业务的（至少不是很懂），但是他们却能在短时间内准确地将现实的业务搬到计算机系统中，并让系统正确地运行，他们是怎么做到的呢？一个重要的理由就是"逻辑"起的作用。

（1）软件工程师虽非业务专家，但他们有"逻辑"的概念，他们是从业务"逻辑"的视角来理解业务的。

（2）掌握了业务逻辑，也就掌握了业务对象的事理、关系、规律等内容，有了这些核心内容就可以建立支持管理信息化的软件设计模型。

可以说，软件工程师虽然掌握的不是体系化的专业业务知识，但由于他们抓住了逻辑这个

"主线"，所以可以在短时间内完成分析与架构的工作。

2. 场景2——利用逻辑理解新业务

在两名经历不同的架构师面对同一个谁也不熟悉的全新研究对象时，通常旁观的人会预判说：经历丰富的架构师一定会因为他的"经验多"而做得更好，另一名年轻的架构师则会因为"经验不足"而做得差一些。

但是在实践过程中，有5个项目经验的架构师与有20个项目经验的架构师相比，在面对双方都不熟悉的新研究对象时，如果前者掌握了利用逻辑分析问题的能力，其做出来的结果不一定就会比后者差。如果要求的时间短、精度高时，前者的成功概率可能高于后者。因此，从逻辑入手了解业务知识的人上手快，更可能在短时间内掌握业务的关键脉络。

3. 场景3——用逻辑实现业务处理信息化

再仔细地观察和思考一下，利用软件是如何实现业务处理的呢？

软件系统就是将业务处理的功能封装成一个个模块，然后利用业务逻辑将这些模块串联起来进行运行，就实现了业务的信息化处理。由于软件工程师抓住了业务功能模块之间的主线、步骤、顺序、流转规则等关键要素，所以才能做到短期内完成任务，这些关键就是业务逻辑。

【案例3】逻辑对结果的强化作用。

可以采用不同的形式来表达同一个结论，例如用语言、表格或是图形，这三者中图形的逻辑表达最为显著，例如，表达"工程质量下降"分析原因的方法，见图3-23。

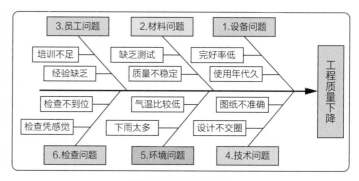

(a)用表格的形式表达　　(b)用图形的形式表达

图3-23　表格与图形在表达逻辑时的差异

图3-23（a）是用"表格"的方式，图3-23（b）是用"图形（鱼骨图）"的方式，两者的内容完全一样，但是哪种方式在表达工程质量下降的因-果效应上更强烈、更具说服力呢？

结论当然是图形的表达最为强烈。图形表达方式之所以比较清晰、强烈，是因为图形直接将"逻辑"显示出来了，读者不需要去通过思考"读"取文字和表格中的逻辑，而只要顺着逻辑线的示意，就可以"看"出图形表达的含义了。

3.3.3　逻辑的分类

在3.3.1节中，对逻辑的含义用三个内涵来定义，即：规律、顺序、规则。由于架构可以分为不同层（架构层、功能层、数据层、管理层等），且不同层的模型表达方式不同，所以它们的逻辑表达方式有相同也有不同。作者根据对大量图形的分析和研究，总结了业务分析和设计用图中常用的逻辑表达方式，见图3-24，对它们的逻辑表达方法详见后续的说明。

逻辑分类		表达方式		逻辑说明
业务逻辑	业务架构图的逻辑表达	1	关联	用线、箭头等方法将要素连接在一起，明确、清晰地指明逻辑关系
		2	位置	用要素之间的位置关系表明逻辑，包括：上下、左右、前后等
		3	包含	用背景框将同类要素归集到一起，形成系统、模块，显示逻辑关系
	功能界面图的逻辑表达	1	位置	功能载体（界面、表）上布置字段、控件的位置
		2	包含	用背景框将具有相关关系的字段、按钮等放置在同一区域内
数据逻辑	数据架构图的逻辑表达	1	文字	在规格书（4件套）中用文字说明实体内部的数据关系
		2	键	赋予实体编号，用线关联数据间、数据表之间的关系
		3	表	数据的表结构表达了数据的分类、从属关系
		4	图	用图表达数据之间具有计算关系
管理逻辑	管理架构图的逻辑表达	1	规则	用规则约定的控制标准、方法
		2	模型	管控模型包括：标准、规则、判断、决策之间的互动机制

图3-24 逻辑的分类与表达方式

下面重点讲述设计工程中不同设计阶段用到的逻辑表达方式，关于设计分层"架构、功能、数据、管理"的内容参考设计工程中的相关章节。

3.3.4 逻辑的表达1——架构

在架构模型中，逻辑表达的是要素之间的业务关联关系，也称为"业务逻辑"。业务逻辑的主要表达形式有三种：关联、位置和包含。常用的业务架构模型如图3-25所示。

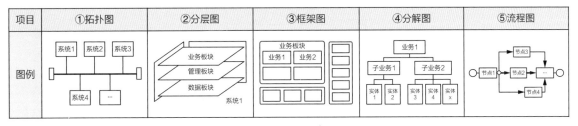

图3-25 业务架构模型

1. 逻辑形式之一——关联

在几种逻辑的表达方法中，毫无疑问，用线、箭头表达逻辑是最为普遍和直观的方式了。从例图中可以看出，典型的代表就是流程图。在关联这些要素时，不论是用线还是用箭头，心中一定非常地清楚连接两端之间的关系，例如，节点1→节点2、节点1→节点4等，见图3-26。如果采用箭头进行关联，表明两者不仅有关联关系而且有特定的指向，这是最强的逻辑表达方式。

2. 逻辑形式之二——位置

在图形表达时，为什么要用"位置"一词来替代逻辑原定义中的"顺序"呢？因为在用语言表达时，"顺序"一词通常含有"线形"的含义，这在一维图形中表达逻辑关系是没有问题的，但在二维、三维的架构图中，实际上要素之间会同时存在着"上下、左右、前后"的空间位置关系，因此，从广义的视角看，"顺序"也是"位置"的一种表达方式，而"位置"的表达具有更为广泛的意义，因此，将逻辑原定义的第二个指标"顺序"改为"位置"，以适合于一维~三维架构图的表达。

分层图就是一个典型的用位置表达逻辑的图形，图中要素之间具有明显的上下、前后关系等，见图3-27。另外，框架图也具有很强的用位置表达逻辑的能力。用位置关系来表达业务逻辑的方法，在任何一种图形表达方法中都存在，因为每一个要素在图形中占据什么位置都是有其背后的逻辑依据的。

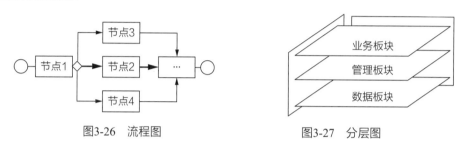

图3-26 流程图　　　　　　图3-27 分层图

3. 逻辑形式之三——包含

包含，也是图形逻辑的一个重要的表达方式，包含在一起的要素具有一定的共性。包含逻辑同时也具有从属的意思，表达包含的方式可以用线、背景框等。框架图是一个典型的用背景框表达包含逻辑的方式，见图3-28。背景框内的要素具有共性，不同的背景框中的要素目的不同，从而形成了不同的系统或是模块。

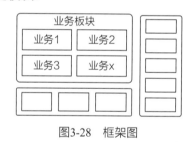

图3-28 框架图

同样，分解图也可以用来表达具有包含关系的图形。

📖　**注：架构图与逻辑图**

逻辑图采用逻辑要素可以准确地描绘出对象的"事理"。架构图因为是设计用图，所以必须采用逻辑图表达，而不能使用示意类图形表达（示意图说明参见7.4.2节的注）。

在本书中，分析模型与架构模型都属于逻辑图，但后者是强逻辑表达。

3.3.5　逻辑的表达2——功能

这里功能层面的逻辑表达，指的是进行界面/表单的设计时所考虑的逻辑依据，界面上的逻辑主要表现在"位置、包含"上，见图3-29。界面上不同的区域（虚线框）表达了不同的逻辑，合乎逻辑的界面布局可以让读者顺畅地理解界面上的内容。功能的逻辑表达方法详见后续各个功能的设计章节。

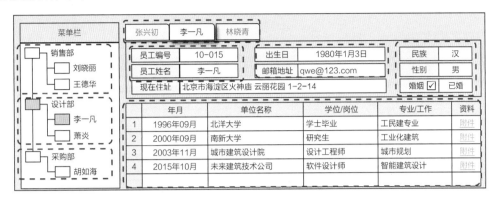

图3-29 功能界面要素逻辑的表达（以位置、包含关系为主）

3.3.6 逻辑的表达3——数据

在数据模型中的要素是数据表、数据，因此逻辑表达的是数据表和数据之间的关联关系，也称为"数据逻辑"。由于图形的要素不同，因此数据逻辑表达方式与业务逻辑的表达方式是不同的，见图3-30。数据逻辑的详细说明详见后续各个数据的设计章节。

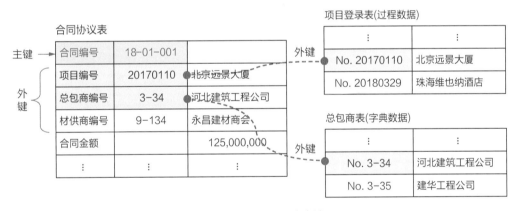

图3-30 数据逻辑的表达

3.3.7 逻辑的表达4——管理

在管控模型中，此时要素是模型、规则、判断等，逻辑表达的主要是规则之间的作用关系，也称为"管理逻辑"，见图3-31。管理逻辑的表达详见第19章。

管控模型中虽然使用了"线"，但由于管理是看不见的对象，这些线与业务架构图中的"关联线"的含义不同，在这里，线不代表关联，只是说明规则的相互作用关系。例如，"控1"与"①利润控制"之间的线，只说明在合同节点上的控制是利润控制，利润控制是一条"规则（或是算式）"。

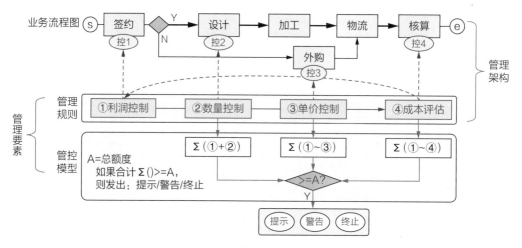

图3-31　管理逻辑的表达

3.4　组合三元素3——模型

本节重点介绍组合三元素之三的"模型"，模型主要分为两大类型，即：分析模型、架构模型。"模型"是管理信息系统相关人之间传递信息的标准"语言"。

3.4.1　分析模型

分析模型，是建立分析要素与推测结果之间的关联关系，多用于表达"非优化类对象"的分析结果。

本书推荐的分析模型有两类，第一类是在业内具有较高的认知度和使用频率，第二类是基于作者的实践经验设计而成，本书推荐5种分析模型，见图3-32。

1. 对模型的描述

对分析模型的描述采用了4个指标：图例、目的、适用、特征，各自的含义如下。

（1）图例：是该模型的标准表现形式。

（2）目的：该模型被选择的目的。

（3）适用：该模型适用的场景。

（4）特征：该模型具有的普遍特征，特别关注的3个特征如下。

● 是否有起点-终点；

● 模型是否具有结构化特征；

● 结果是否呈现收敛性。

2. 模型选择的思路

本书推荐这5种分析模型是基于以下几点考量。

1）关联图①

分析对象所包含的要素未必都具有可以结构化的特征，现实中有很多业务场景是非常复

	图名	①关联图	②鱼骨图*1	③思维导图*2	④排比图(1D)*3	⑤排比图(2D)*3
图形粒度		粗	中	中	细	细
1	图例	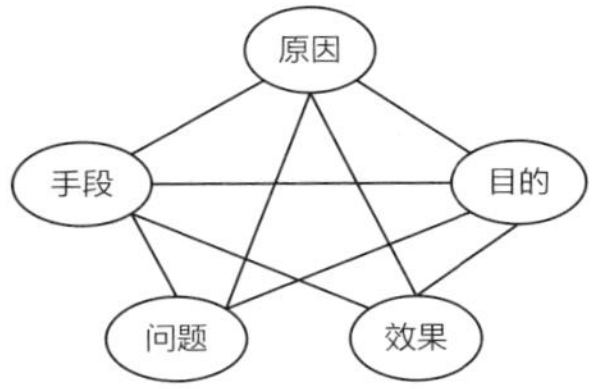	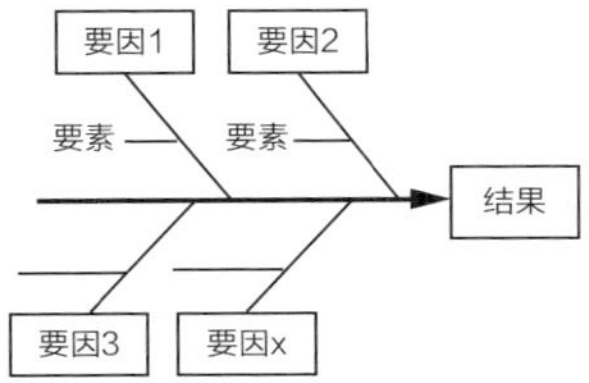	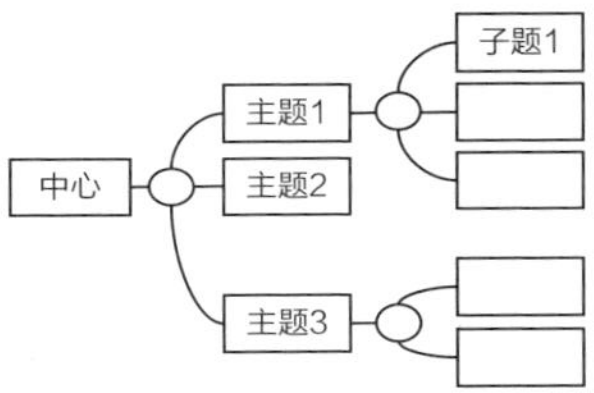	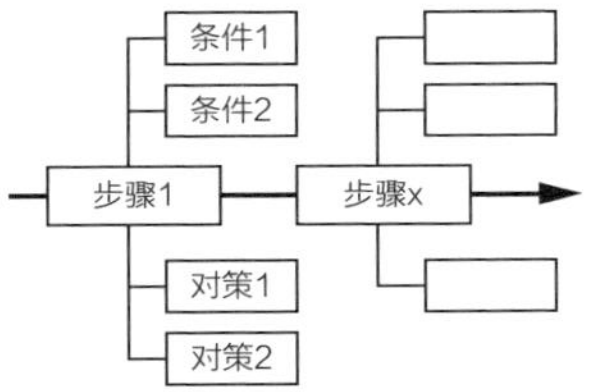	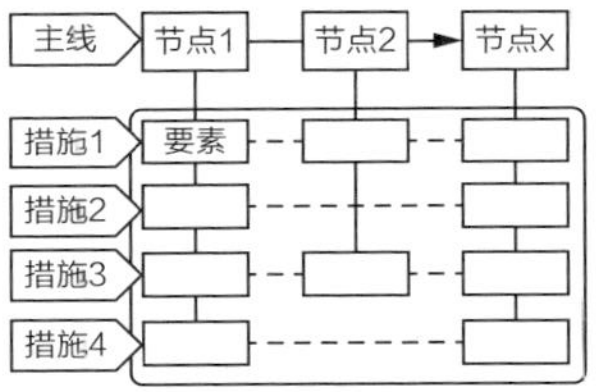
2	目的	利用要素之间的关联，找出因果的对应关系	利用"鱼骨"型图，收集&梳理要因，以证明因果关系是成立的	利用发散式的方法，收集要素	一维的表达方式。以流程为主线，挂接相关的措施（功能需求）	一维的表达方式。以流程为主线，挂接相关的措施（功能需求）
3	适用	多要素之间交叉关联，耦合度高，无法按照线性的方式进行收集与梳理的场景	存在大量且散乱的要素，通过梳理&归类要因，可以让结果都指向某个结果的场景	不需考虑约束条件，按照某个主题进行发散式联想的场景	通过分析获得的对策，功能需求等都多的场景	通过分析获得的对策，功能需求多，要求多场景
4	特征	□由1~n个点出发 □多中心的关联 □无起点，无终点 □不收敛，有多个结论	□从n个点出发 □有方向，松散的关系 □没起点，有终点 □结果收敛	□从某点出发收集要素 □没有严格的结构关系 □有起点，无终点 □不要求结果	□针对过程收集 □结构化，流程化 □流程有起点，有终点 □结果收敛于多个结果	□针对多维度收集 □结构化，流程化 □流程有起点，终点 □多个结果

图3-32 分析模型

*1.鱼骨图：由日本的石川馨先生所发明，故又名石川图，也可称之为因果图。

*2.思维导图：由英国的东尼博赞先生（Tony Buzan）所提倡。

*3.排比图：④和⑤由作者整理、设计。

杂、耦合度高、难以拆分的，因此，模型①的引入主要是为了解决这类问题。关联图看似简单，实际是为理解和表现最复杂对象场景而引入的。

2）鱼骨图②与思维导图③

它们不但具有较强的方向性，而且还可以自由、发散地收集相关的要素，并在使用中可以边拓展边收集，在收集要素的过程中就完成了对要素的梳理。

3）排比图④⑤

具有一定的结构化形式的模型，这样的模型易于给出分析成果的规律性、收敛方向等，在调研、分析的现场就有很好的实用性，可以比较容易地建立起分析结果与业务架构（流程图）之间的对应关系，加快分析与设计的速度。它是"分析模型"与"架构模型"之间的桥梁。分析类模型的使用方法说明参见第4章。

3.4.2 架构模型

架构模型，是表达符合业务逻辑关系的要素结构图，多用于表达"优化类对象"的设计结果。

1. 对模型的描述

根据作者的实践经验以及使用频率，本书推荐下述5种架构模型，见图3-33。对模型的描述采用了5个指标：图例、目的、适用、维度、状态。

（1）图例：是该模型的标准表现方式。

（2）目的：该模型被选择的目的。

（3）适用：该模型适用于什么场景。

（4）维度：模型表达的维度数，有三种：一维、二维、三维。

（5）状态：模型表达的是业务的什么状态，有两种：静态、动态。其中，

● 静态：流程图以外的都是静态表达方式（图中①～④）。

● 动态：流程图（图中⑤）。

2. 模型选择的思路

本书推荐的架构模型主要来源于在业内具有较高认知度和使用频率的模型，基于作者的实践经验设计而成的模型（分层图）为辅。本书向读者共推荐5种业务架构模型，见图3-33。推荐这5种架构模型是基于这样的考量。

● 这套模型必须能支持业务架构的全过程，可以满足从粗的规划到细的流程设计。

● 这套模型间具有某种程度的关联性，可以让设计完成的架构图可以相互衔接。

● 这套模型具有较高的辨识度，让没受过培训的读者也能理解（但不一定会画）。

1）拓扑图

为了开拓读者的思路，这里引入一款具有可以响应扩展、灵活部署的架构模型，主要用来做最粗的规划设计，它不但可以用于一般的业务架构，也可以为未来参与软件设计做一些实用知识的铺垫。

2）分层图和框架图

用于复杂对象的第1级、第2级划分，起到了从粗粒度的规划到细粒度的设计的过渡作用，

图形粒度		粗（整体）	中（概要）		细（详细）	
No	图名	①拓扑图	②分层图	③框架图	④分解图	⑤流程图
1	图例	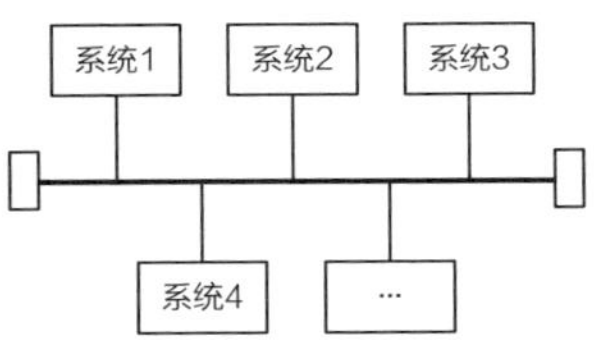	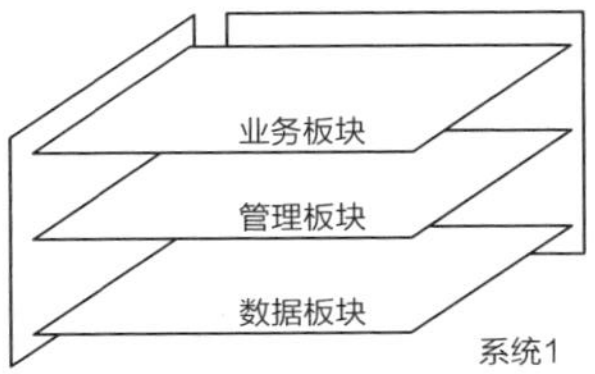	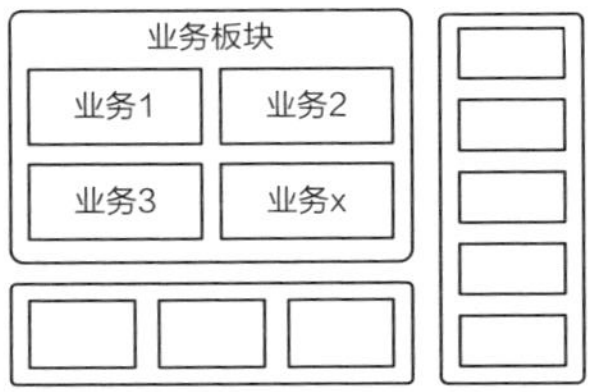	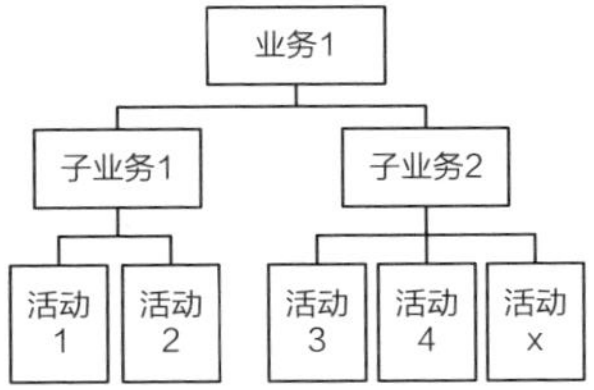	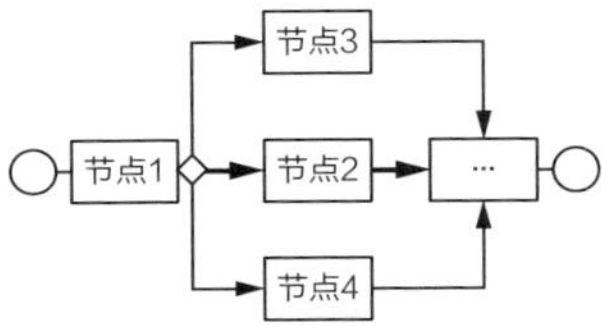
2	目的	利用网络的形式，将不同目的的要素进行分离或是集成	利用分层的方式，将不同目的的要素进行分离	利用背景框，给出对象的范围、对象中各领域的边界、关系	利用父-子的关系，建立要素间的从属关系（分解/汇总）	建立处理要素之间的方向、顺序、位置
3	适用	表达项目包含有多个不同目的的业务板块，板块分别部署的场景	表达对分离结果粗略归集的场景	表达设计对象的整体规划，顶层设计的场景	表达对要素进行细分（分层、分组）的场景	表达具有明确操作顺序的业务处理过程场景
4	维度	□网络图 □一～三维表现（1～3D）	□立体图 □二～三维表现（2～3D）	□平面图 □二维表现（2D）	□剖面图 □二维表现（2D）	□线型图 □一维表现（1D）
5	状态	静态	静态	静态	静态	动态

图3-33　架构模型

属于架构图中做概要层次描述的表达方法。

3）分解图和流程图

这两个模型是采用结构化架构方法的核心，它们的作用是承接中粒度架构结果并向下做进一步的细分，属于架构图中做详细层次描述的表达方法。

架构类模型的使用方法说明参见第4章。

3.4.3　两种模型的区别

为什么要导入分析类和架构类两种模型，它们的区别是什么呢？

首先，分析模型多用于非优化类对象在分析阶段的研究，构成这类对象的要素不一定有明确的、精准的逻辑关系，由于这个阶段要素之间的因果关系不清晰，此时如果使用精准的逻辑图形反而不易表达，也不易找出问题所在。

分析类模型可以解决梳理、归集要素并给出分析结果的工作，但是分析模型不能直接用来做分析结果的解决方案，因为无法精准地表达逻辑关系，所以必须将分析得到的要素（业务、管理）融入到"业务架构（如业务流程）"中，才能够发挥出作用。

分析模型与架构模型的目的不同，它们之间的区别，从图3-34中的两幅图的对比可以看出，将实际的业务内容（要素）加入到模型中，观察图形的变化，

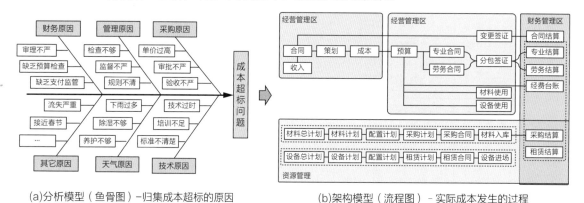

(a)分析模型（鱼骨图）-归集成本超标的原因　　(b)架构模型（流程图）- 实际成本发生的过程

图3-34　分析模型与架构模型的区别

1. 鱼骨图——成本超标问题（分析模型）

图3-34（a）给出的分析课题是研究成本超标问题，可以看出鱼骨图上呈现的分析要素都是意见、想法、现象、建议等内容，它们是在调研中客户使用的语言，而不是通常设计中使用的业务设计用语，所以，"鱼骨图"+"非业务设计用语（客户用语）"是不能用来表达解决方案中的业务处理、管理控制等内容的。

2. 流程图——业务流程图（架构模型）

再看图3-34（b）的内容，采用的都是业务设计用语，图形是严谨的、结构化的，清晰地给出了目标、方向、流程、步骤等信息，也就是说，图3-34（b）模仿的是真实的业务形态，所以也必须使用真实的业务设计用语（要素），流程上所有的节点之间必须用合理的逻辑相关联，这样的架构图才能够用来作业务的解决方案。

> 注：业务架构图的节点只表达功能

此时，分析模型中归集的问题已经被转换为解决对策融入到实际的业务架构中去了，因此在业务架构图中已经不能直接看到原来的问题要素了。

分析模型可以表现分析成果、需要的功能等，但不一定能够表现出严谨的逻辑关系、可以执行的解决方案，所以分析与架构各自关注的是不同阶段的工作和结果，因此分析模型是不能够代替架构模型作架构图的。

虽然分析工作与架构工作的目的都是用要素来构成一张图，但作图的方法也是有区别的。

- 分析：是用"归集要素"的方法作图，归集后要素的承载结构是分析模型。
- 架构：是用"组合要素"的方法作图，组合后要素的承载结构是架构模型。

小结与习题

小结

分离原理与组合原理，共同构成了业务分析和设计的理论支撑，两者的作用不同。

分离原理是对研究对象进行分离、梳理和分析的基础，解决的是如何对原始对象进行合理的拆分以获得要素、逻辑。

组合原理是对研究对象利用三元素，按照信息化环境下的要求进行重新的组合，解决的是如何合理地利用逻辑、模型来整合要素。

组合原理给出了观察、思考和表达的方法。

1. 在分析和设计时的观察和思考方式

通过对要素属性（粒度/分层、黑/白盒、系统/模块以及解耦/内聚）的理解和掌握，在用眼（观察）和脑（思考）进行分析和梳理时，就有了如何切入研究对象的方法，运用好这些观察和思考的方法，可以大幅度地提升工作效率，减少不必要的思考和沟通成本，对于分析师和设计师来说，要素属性带来的价值绝对不低于绘制（手）架构图带来的价值。只有眼、脑、手三者有机地协同才能够做出好的分析与设计成果。

2. 对分析和设计结果的图形表达方法

组合三元素给出了详细、严谨的表达和检验业务分析和设计成果的方法，利用组合原理中三元素的概念，可以高效地进行沟通、分析、架构和设计，并使得每个阶段的成果可以舒畅地进行传递、继承。

从事需求分析、业务设计的工程师掌握了组合原理，并在分析和设计中融入组合原理的概念后，可以为系统最终实现模块化、具有快速响应客户需求变化的能力等方面做出重要的贡献，它也为后续进行信息系统模块化设计、产品和功能的设计等奠定了基础。

组合原理提出的观察、思考和表达的方法，对不论从事软件工程上的哪个部分工作的工程师来说都是必须要掌握的基础知识。

3. 理解逻辑对表达含义的作用

图形对表达和传递意图的作用是不言而喻的，图形之所以具有强大的表达能力，是因为图形将"逻辑"信息显示出来了，不需要读者努力去寻找就可以"看到逻辑"，对比表格、文字的形式，加深理解图形在逻辑表达上的作用。

（1）图形：用"关系、位置、包含"将逻辑全面地、直接地标识出来，并且可以用多达三维的形式表达，所以，图形是最强的逻辑表达形式。

（2）表格：表格用"位置"确定了要素的位置结构关系，这个关系是隐性的包含关系，同时可以用二维的形式表达，因此，表格是仅次于图形的逻辑表达形式。

（3）文字：当采用条目式的表达形式时，即在段落前使用"①、②"或"•"做开头，这些"①、•"就是一维的逻辑提示符号，其中，"①、②"是表示强逻辑（必须按顺序理解），"•"是表示弱逻辑（不强调顺序），条目式文字表达是较弱的逻辑表达形式。

顺便提示一下，采用文章体（段落前没有提示符号）的表达形式时，需要读者自己从文章中去寻找逻辑的存在，文章中是否存在逻辑？逻辑是否被准确地表达出来了？最终取决于作者的编写能力和读者的阅读能力，缺一不可。

分享

使用专业用语，提升交流的专业水平和效率

第3章为读者提供了很多描述对象的概念和专业用语，例如：

（1）要素：对要素的描述属性（粒度、黑白盒、解耦内聚等）。

（2）逻辑：对逻辑的表达形式（关联、位置、包含）。

（3）模型：分析模型（鱼骨图、排比图等）、架构模型（框架图、流程图等）。

老师要求学员们平常进行交流时一定要用教材中的用语进行，学员问为什么呢？

老师解释说，平常在听大家讨论时有个感觉，当讨论的对象是业务时，大家都会使用客户的业务用语，例如财务、成本、资金、物流等，听上去很专业。但是当讨论到分析与设计的问题时就感觉大家说话很"外行"，因为在表达中没有多少专业的设计用语，这样的沟通不但不精准、效率低，而且给人以不专业的感觉，这也是业务人员经常受到技术人员诟病的地方。

通过这样的强化训练，让大家记住这些概念、形成习惯，三个月后再与这些学员们交流时，发现他们已经可以自然地使用这些概念进行交流，在表达的精确度、沟通的效率上取得了明显的进步。与某个企业的员工交流，可以通过他们表达的标准和规范上判断这个企业的工作水准。

习题

1. 简述组合原理的定义、目的及作用。

2. 简述组合原理给出的组合规律是什么？

3. 简述组合原理与分离原理各自的作用、协同关系。

4. 依据组合原理对逻辑图的表达，能否覆盖所有的逻辑图形？

5. 简述要素有哪些属性、属性用来表达什么意思。

6. 讨论问题时，如果不注意讨论对象的属性会出现什么问题？

7. 简述逻辑的概念，以及逻辑的表达形式有哪些。

8. 逻辑在分析与设计中起什么作用？试举例说明。

9. 模型与图形的区别是什么？模型有哪些分类？各适用于什么场景？

10. 分析模型与架构模型之间是如何转换的？

11. 在研究非企业管理类型的图形表达时，组合原理是否具有指导意义？

第4章
分析模型与架构模型

本章将详细说明组合原理的三元素之一：模型。书中共推荐了10种模型（5种用于分析，5种用于架构），见图4-1和图4-2。介绍的内容由以下三个部分构成。

（1）制图标准：工程化制图的基本要求，包括图标、符号、名称等。

（2）分析模型：用于分析工作的常用模型定义、绘制方法和使用场景。

（3）架构模型：用于架构设计的常用模型定义、绘制方法和使用场景。

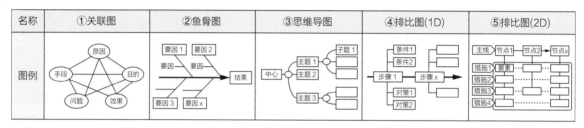

图4-1　分析模型

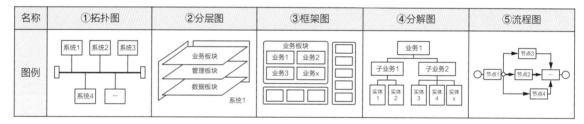

图4-2　架构模型

4.1　基本用语约定

在讲述模型的使用方法时经常会用到一些"中性"的词语，它们都与一些专用词有着某些相似性，为了避免定义的模糊，在此先进行一些说明。

1. 结构图

所有具有一定的形状并符合组合原理三元素的图形都属于"结构图"。在使用"结构图"一词替代具体的模型名称时，表明此时的关注点不在于是分析类还是架构类的模型。

2. 图形

用线、要素块等图形符号构成的表达某类含义的形状都称为"图形"。"图形"比"结构图"更为广义和宽泛，该图形是否符合组合三元素不重要，它可以是逻辑图（符合三元素），也可以是示意图、物理图形（软件的界面）。

3. 模型

表达具有某种"规律"并具有"示范性"的图形称为模型。模型与图形的区别在于：虽然都是图形，但模型是对某类具有规律性内容的抽提和归纳，而一般用到"图形"一词时并不关注它是否是某种规律的总结，只强调用的是"图形"而不是用"表格""文字"或其他什么形式进行的表达。

4. 节点

图形中具有两条以上线的交叉位置点都称为节点，例如在流程图上，节点可以表达的是一个"步骤"、一个"业务活动"或是一个"业务组件"等。使用节点一词时同样是此时不关注该节点对应的是具体的什么业务内容（如步骤、活动、组件等）。

在阅读本书时一定要注意区别用语表达的含义，描述中使用的是专业名词，还是上述的中性词，根据用词可以辨别出说明的重心在哪里。

4.2　图形符号说明

工程化的图形设计必须要统一制图标准，制图标准的统一可以快速、精确地表达和传递图中的含义，提升沟通与设计的效率及质量。图形符号是构成图形的基本要素，主要用于表达架构模型。

4.2.1　图形符号的构成

由于本书设计图形表达方式的原则是：让没有接受过制图训练的读者也可以快速理解图义，所以绘图方式采用的是"自然表达"方式，而不是"设计语言（如UML）"，为此确定了如下两个选择图形符号的原则。

（1）采用具有广泛代表性的模型，尽可能地让读者不要从图形符号的定义上去理解图的含义。

（2）采用最少数量和具有广泛认知度的符号以利于记忆和表达。

基于上述考量，本书推荐的图形符号分为三大类：要素块、关联线、背景框。

1. 要素块

要素块，表示了图形中的要素，它是构成图形的核心内容，要素块可以再细分为两类：业务要素、系统要素，见图4-3。

1）业务要素

在业务设计的范围内，用来表达具有业务含义的要素，如财务系统、材料采购模块、合同签订功能、角色、交付物等。这类图标都与业务有关联。

2）系统要素

在业务设计的过程中，有一些与业务设计紧密相关的系统要素，如数据库、数据处理器等。这类图标与技术设计有关，在业务设计中仅标出与这些系统要素有相关性。

	符号分类		符号说明	样本
1	业务要素		表示一个独立的事物或是功能，如：活动、功能、组件等	合同编制
2			表示一个独立实体，如：报表、单据、数据表、交付物、数值等	总结报告
3			表示在图形中的企业、岗位、角色等的名称	董事长
4			表示流程中的分歧判断（通常使用Yes、No进行标示）	Yes No
5			表示在功能上设置审批流程、管控点以及管控内容	审 活动
6	系统要素		表示内部的处理，如：数据计算、逻辑判断、规则检查等	成本核算
7			表示存储数据，如：数据库、文件库等	企业知识库

图4-3　要素块

2. 关联线

用来表现节点之间的关联关系，如连接、方向、顺序、从属等。分为两大类：实线类、虚线类。关联线是表达三元素中"逻辑（关联）"的主要手法之一，见图4-4。

	符号分类		符号说明	样本
1	实线		强调方向性、前后两个节点的关系是"紧"关联	
2			有强关联关系，但不强调方向	
3	虚线		强调方向、但前后两个节点的关系是"松"关联	
4			有弱关联关系，但不强调方向	
5	起止点		流程的起点（s）、终点（e）；或写成"开始"和"结束"	s e

图4-4　关联线

3. 背景框

背景框主要有两个用途，一是整合图形中的要素群，在同一背景框内的要素具有相同的目的，具有内聚性，通常是来表达"系统、模块"的含义的。二是用来为图形增加辅助信息（如组织）。背景框是表达三元素中"逻辑"的主要手法之一，见图4-5。

	符号分类		符号说明	样本
1	整合		作为整合、归集各类图形的区域框。背景框让要素全体区分清晰、并表现出内聚、外分的状态。 为了与要素块区别，背景框的4个角为圆形	
2	泳道		以组织结构、时间坐标、系统层级等作为"泳道"背景，将流程图、分解图等与泳道图相叠加，构成复合图形	

图4-5　背景框

4.2.2　图形符号的用法

分析与架构所采用的图形虽然形态不同，但都是使用了简单的点、线、面，以及通过它们之间的关联形成的，相同的图形符号可以构成不同的图形以表达不同的意思。下面以图4-6为例，对前述的各种图形符号的使用做一个综合示范，流程图与图形符号的使用说明如下。

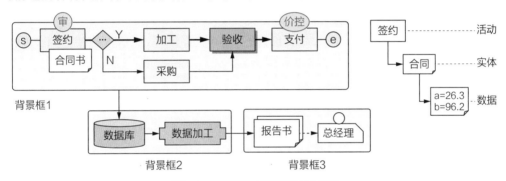

图4-6　流程图与图形符号的使用

1. 要素块

- 流程节点：表达了从节点"签约"到"支付"构成的业务流程，以及活动的数量。
- 合同书/报告书：表达了活动的产出物（实体）。
- 总经理：表达了角色（岗位）。
- 数据库：表明了流程中各步骤积累的数据存储到了"数据库"。
- 数据加工：表明对"数据库"中的数据进行了加工处理，经过加工的数据变成了信息，并形成了报告书。

2. 关联线

- s与e：表示了流程的起点和终点。
- 签约到支付：表明了流程中有多少个节点（业务活动）。
- ◇：分歧判断，表明从"签约"出发，根据条件可以流转到"加工"或是"采购"。
- 实线箭头：表明了流程的走向，从s到e是流程的本体。
- 虚线箭头：表示将报告交给总经理，但这不是系统支持的部分，只是示意标注。

3. 整合框

背景框1：框内的要素块构成了业务处理的过程。

背景框2：框内的要素构成了数据处理的过程。

背景框3：框内的要素构成了系统外处理的过程。

关于这张流程图的画法还有几点需要注意，如图4-7所示。

图4-7 流程图的绘制原则

- 要素块一定要用文字进行标注，说明这个"要素块"是用来表示什么内容的，如图4-7（a）所示。
- 箭头的"头"一定要与要素块的"边框"的连接点紧密相连，如图4-7（b）所示。
- 要素块和分歧块之间用无箭头的线相连，表明分歧的内容与要素块的内容是一体的，如图4-7（c）所示。
- 流程中特别要强调的节点，可以用3D的形式表现（带阴影、带色彩），如图4-7（d）所示。

用"关联线"建立了"要素块"之间的关系，"关联线"的背后必须要有清晰明确的逻辑作依据。关联线不可随意关联，要表现出准确的逻辑含义，同样，"背景框"也不可以是随意的"框"，因为"背景框"也表达了逻辑关系。

4.2.3 背景框的用法

要素块、关联线的用途容易理解和使用，但是整合框的作用就不是很清晰了。

背景框并非只是简单的"白色背景"，它不仅可以用简单白色框来对要素进行整合，表达要素之间简单的逻辑关联关系，而且还有提供多维度信息（如组织结构、时间维度等）的作用。结构图与具有维度信息的背景框相结合后，能够使得结构图表达更多的信息。下面举例说明结构图与背景框的协同关系。

【案例1】绘制物资采购流程图。

单独绘制的业务流程图、审批流程图上没有组织结构、岗位等信息，如果将有组织和岗位的"表格"作为背景图，与流程相叠加，就可以看出流程上每个节点代表的工作是由哪个部门、哪个岗位来完成的，如图4-8所示，这个背景框是"纵向泳道"的形式。

图4-8 物资采购流程图（一维背景框）

【案例2】绘制工程进度图。

将表达工程进度的"进度棒（条）"与表达"时间/工序框（二维）"的背景框相叠加，形成了工程进度图，如图4-9所示。这个背景框是"双向泳道"（此图也称为"甘特图"）。

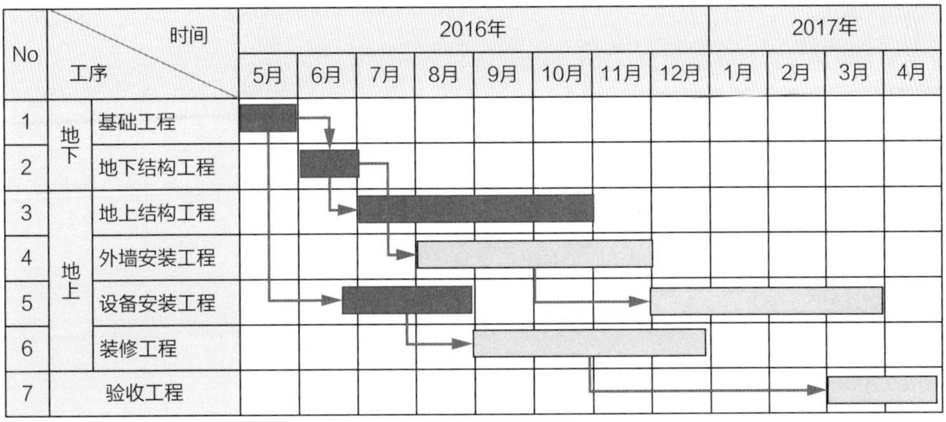

No		时间\工序	2016年								2017年			
			5月	6月	7月	8月	9月	10月	11月	12月	1月	2月	3月	4月
1	地下	基础工程												
2		地下结构工程												
3		地上结构工程												
4	地上	外墙安装工程												
5		设备安装工程												
6		装修工程												
7		验收工程												

图4-9 工程进度图（二维背景框）

4.3 分析模型1——关联图

关联图：把原因、结果要素按照相互作用关系关联起来的图形。通过关联线可以找到产生结果的原因。

发明者：不明，本书作者按标准化方式进行了定义。

4.3.1 概念与解读

1. 模型概念

在现实中很多的研究对象包含复杂的要素，这些要素互为因果，用复杂的形态耦合在一起，很难用结构化形式清晰地进行分离、表现出来。如图4-10所示，从对象上拆分出来的要素包含：原因、结果、手段、意见、目的、方法等不同的类型，这些要素之间不是一对一的关系，这样的对象显然无法使用结构化的模型表达。但是采用"关联图"就比较容易表达，用关联图可以将要素关联起来，在复杂的关联关系中找寻规律、因果关系。

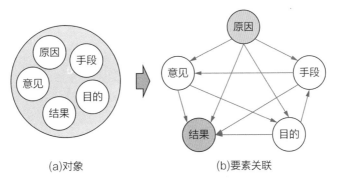

(a)对象　　　　　(b)要素关联

图4-10 复杂要素的关联

由于这个关联图的形式不受限制，可以自由地关联任何类型的要素，分析效率比较高，容易快速地从复杂对象中找出因果关系和解决对策。

关联图的主要目的与作用是关联分析要素之间的关系。

2. 模型解读

根据关联图的特点，可以从以下几个方面解读模型。

（1）方向：因多数节点互为因果，所以缺乏明确的方向，可以由1～n个节点发起。

（2）关系：节点之间只有某种关联，但是不一定有严格的逻辑关系。

（3）节点：可以看出各节点的特点，以及在节点上设置的箭头方向不同，见图4-11。

● 节点1：箭头只出不进，说明它是主动的，是造成问题的主要原因。

● 节点2、3、5：有进有出，说明它们是中间原因。

● 节点4：只进不出，说明它是被动的，是集中出现问题的地方。

（4）结构：没有确定的结构化关系。

（5）范围：没有明确的起点和终点，无法确定范围。

（6）收敛：所收集要素的内容并不向某一点收敛。

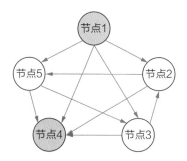

图4-11　关联箭头方向的含义

对比鱼骨图和思维导图，关联图有如下特点。

（1）前两种模型是结构化的，关联图没有明确的结构形式。

（2）这3种模型都是可以自由发挥的。

（3）鱼骨图收集的内容都与目标（鱼头）有关，向主体汇总。

（4）思维导图收集的内容与中心主题相关，从主体向外发散。

（5）关联图表达的不是向主题汇总或是从主体出发进行发散，所以无法用主题方式表达。

4.3.2　画法与场景

1. 模型画法

关联图的绘制方法非常简单，只需要圆圈（或方框）和箭头，见图4-12，画法如下。

（1）确定主题，收集所有与主题相关的要素；

（2）将要素列成一圈，顺序不重要；

（3）在圆圈中标注要素的名称；

（4）按照从"原因"到"结果"、从"手段"到"目的"的原则，标注箭头；

（5）用颜色标出主要原因的要素1（箭头全部向外）；

（6）用颜色标出主要问题的要素4（箭头全部向内）。

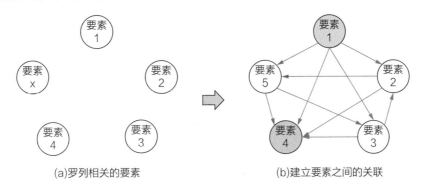

(a)罗列相关的要素　　　　　　　　(b)建立要素之间的关联

图4-12　关联图的画法

虽然关联图比较提倡自由思考，但是在绘制时最好不要过于随意，过于随意地排列要素会不易识别，找到因果关系花费时间也会很长。如果在排列要素时稍微地进行一下粗略的分类，然后将分类后的要素按照一定的规律安排，这样做将有利于快速找到分析对象的规律。

如图4-13（a）所示，比较随意，非常不容易找到最后的结论。

如图4-13（b）所示，在安排要素的位置时，就将不同目的的要素简单地归集到四边，这样看得比较清楚。如果发现位置不对，也很容易调整，可以一边进行着"→"关联，一边通过检查就可以看出问题所在了。将一个没有结构化的图形表示方式，在关联的过程中尽可能地让它们呈现出有一定的规律性，这就大幅度地提升了分析的效率。

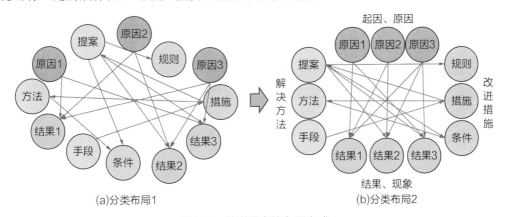

(a)分类布局1　　　　　　　　　　　(b)分类布局2

图4-13　关联要素的布局方式

2. 适用场景

主要用于要素之间没有明确的逻辑关系，也不确定是否具有严格意义上的关联关系等情况。通过进行要素之间的关联，逐渐地找到要素之间的因果关联、规律、逻辑等，为后续可以用架构图进行架构表达做好准备。

4.4 分析模型2——鱼骨图

鱼骨图：给出一个结果（主题），通过归集要因向主题收敛的因果关系表达方法。

发明者：石川馨（日本）。

4.4.1 概念与解读

1. 模型概念

其图形看上去有些像鱼骨，所以称之为鱼骨图。在"鱼头"处标出问题的归集结果，通过头脑风暴法找出造成问题的要因，并在鱼骨的鱼刺上，按出现机会多寡列出这些要因，形成相互关联、层次分明、条理清晰的图形。它可以直观地将因果关系呈现出来，帮助分析师理清思路，确认因果关系。

2. 模型解读

从鱼骨图中可以解读出如下基本信息，见图4-14。

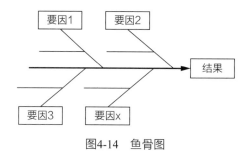

图4-14 鱼骨图

目标：鱼骨头的排列方向指向结果，结果名称用鱼骨图的名称来表示。例如，结果=质量下降的问题，结果=安全多发的原因等。

主线：一根大骨指向结果，从左到右。

要因：将收集到的要素进行梳理、分类，"要因x"是要素归集的名称，要因可以分为数个组，如果有了新的要因可以随时插入。

收敛：收集的全部要素是向结果收敛的。

4.4.2 画法与场景

1. 模型画法

如图4-15所示，鱼骨图的主要画法如下。

（1）画出鱼头、大骨，完成主体；在鱼头处标注结果。

（2）画出中骨，且中骨与大骨成45°，标出要因名称。

（3）画出小骨，并与大骨平行，标出具体要素。

（4）要因分类的排列顺序，影响大的要因靠近鱼头，影响小的要因靠近鱼尾。

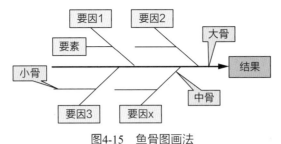

图4-15 鱼骨图画法

【案例】以需求调研中提出的"工程质量下降"问题为例，用鱼骨图整理出因果关系。

通过分析，将调研中找到的问题要素分成6大类（要因），按照越靠近"鱼头"位置的问题影响越大，离得越远位置的问题影响越小的方法，将各个分类与问题要素排列为如图4-16所示。

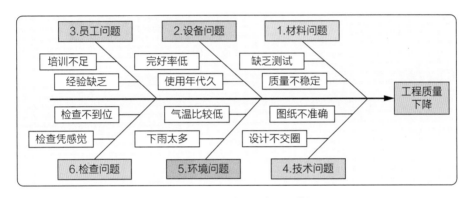

图4-16 工程质量下降因果分析

从图中可以看出，"1.材料问题"和"4.技术问题"是造成"工程质量下降"结果的主要影响因素。

2. 适用场景

将收集到的问题与可能造成发生这些问题的要因，不但用鱼骨图表达出它们之间的因果关联，并通过线条和位置表达出了问题的轻重关系。

希望深入学习的读者，可参考鱼骨图用法的相关书籍。

4.5 分析模型3——思维导图

思维导图：是不设约束条件、边界，从主题出发进行发散式地收集要素的方法。

发明者：东尼·博赞（英国）。

4.5.1 概念与解读

1. 模型概念

思维导图又称树状图、思维地图，它用一个主题（关键词）以辐射线形连接所有的相关代表字词、想法、任务或其他关联项目，形象地、自然地表达出主题与要素间的关系。

思维导图具有如下特点：不设约束条件、边界，发散式地收集要素，按照某种结构，由中间到外围地进行扩散。

2. 模型解读

从思维导图中可以解读出如下信息，如图4-17所示。

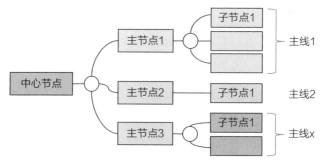

图4-17　思维导图

（1）目标：围绕着中心节点（主题），结构化地收集与其相关的要素。

（2）方向：没有一个明确的方向，可以由中心节点出发，向多个方向进行发散。

（3）主线：主线不唯一，中心节点 → 主节点 → 子节点 → …，可以形成n条主线。

（4）节点：中心节点、主节点、子节点等构成了父子节点的关系，由中间到外围是包含关系。

（5）结构：分为以下两个方向。

● 横向：每一条主线从中心节点到尾部，都是结构化的（有包含关系）。

● 纵向：各主线之间如果有逻辑关系，就从上到下排列；否则可以任意排列顺序。

（6）范围：由中心节点决定了起点，但图形本身没有确定的终点。

（7）收敛：从中心节点出发后，所收集要素的内容并不向某一点收敛。

4.5.2　画法与场景

1. 模型画法

下面以用软件方式绘制思维导图的方法进行说明，见图4-18。

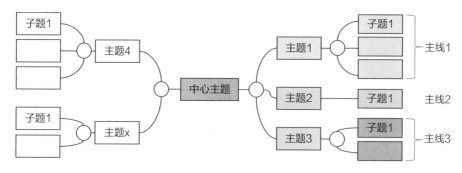

图4-18　思维导图的画法

（1）确定中心节点的主题，导图可以向若干个方向发展，如向右、向左。

（2）确定其他各级节点的主题，各条主线上的各级主题必须具有父子关系，中心主题以下的各个主线之间如有关联，就按从上向下的顺序排列，如果没有可以任意排列。

（3）各个层级的主题之间用线进行关联，线条的前后表明了从属关系，同时线上每个节点中的名称也必须要能体现出前后之间的隶属关系。

2. 适用场景

在需求调研时，可以既快捷又有条理地记录需求，同时根据某个题目可以发散式地收集与该题目相关的需求或是信息，这些信息中包含着未来可能成为功能的需求。

📋 **注：思维导图与鱼骨图的区别**

两者都可作为头脑风暴的分析和记录工具，但两者又有差异之处，注意不要搞错用法。

（1）思维导图：先给出一个主题，然后以这个主题为出发点，向外发散式地收集与主题相关的信息，只要相关就可以挂接，因为目的不是聚焦，所以没有收敛点。

（2）鱼骨图：先给出一个结果，然后以这个结果为目标，去收集与这个结果相关的信息，这些信息一定要支持得出这个结果。也就是说，鱼骨图是要聚焦的，因此是收敛的。

思维导图中所有的要素都是从主题出发向外扩散的；鱼骨图中所有的要素都是从外部向主题汇集的。

希望深入学习的读者，请参考思维导图相关的书籍。

4.6 分析模型4——排比图（一维）

排比图：以业务线为主线，将找出的问题及对策与业务线的节点建立对应关系。

发明者：由本书作者整理、设计。

4.6.1 概念与解读

1. 模型概念

一维的排比图（以下将一维排比图简称为排比图）是利用线形关联的方式收集和分析研究对象，可以将收集、分析、梳理的工作有序地一次完成。与其他分析模型做个比较就容易理解了。

（1）思维导图：无限制地发散式收集要素，思维的目的不是给出答案。

（2）鱼骨图：无限制地发散式收集要素，不强调过程、对策，只要找出造成结果的原因。

（3）排比图：有限地收集针对某个目标的要素，并同时给出有序的过程、问题与对策。

2. 模型解读

从排比图中可以读出以下信息，如图4-19所示。

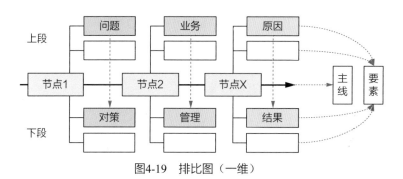

图4-19　排比图（一维）

（1）主题：有一个明确的主题，这个主题多用排比图的名称来表示，例如，主题=成本超支、主题=质量问题等。

（2）范围：范围由始点和终点确定，这个范围内的内容都是针对某个主题进行的，例如，成本超支、质量问题等。

（3）方向：按照箭头所示的方向。

（4）主线：某类业务处理的过程，可以是实际流程，也可以是虚拟的事物线、数据线。

（5）节点：因为分析阶段是以收集要素为主，节点可以是活动、事物或数据等，对节点也没有严格的顺序要求，只要是对主题有影响的要素都可以随时按照大概的顺序插入（这个顺序会在架构的概要设计阶段按照业务逻辑、数据逻辑进行严格的再设计）。

（6）条件：针对每个节点标记，上下为对应关系，收集到的要素一分为二，分别置于相关节点的上下两侧，形成一对的关系，例如，问题→对策、业务→管理、原因→结果等。

（7）结构：在对要素的收集过程中，就已进行了初步要素归集，形成了结构化的因果关系。

（8）收敛：收集的要素是向箭头方向收敛的，并且在收集、归集要素的过程中就给出结论，证明预设的目标是成立的。

📋　**注：排比图（分析用）与流程图（架构用）的区别**

排比图与流程图的区别见图4-20。

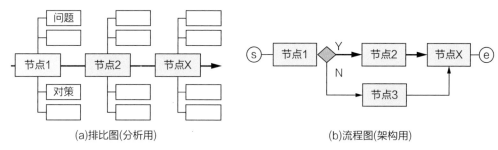

(a)排比图(分析用)　　　　　(b)流程图(架构用)

图4-20　排比图与流程图的区别

排比图是分析用的模型，不是架构模型中的流程模型，不需要确定节点之间严格的前后顺序，节点也不一定是"活动"的，因此节点之间不需要用"→"相连，只需要用一条带有箭头的连接线作为基础，将要素块浮置在线上就可以了。对比架构模型中的"流程图"，可以看出两者的表达是不一样的。

（1）排比图：节点可以是动词、名动词或是名词，同时节点之间没有箭头相连，节点之间可以任意插入、删除，现有的主线和节点在未来的业务架构设计中，不一定恰好对应一条完整的业务流程，这些节点有可能在未来的架构设计中被分到若干条流程上。

（2）流程图：节点是活动（工作），节点之间有箭头，节点之间不可以任意插入或是删除，前一个节点一定是后一个节点的前提条件，节点之间有着严格的业务逻辑和数据逻辑的关系。

关于流程的节点定义详见后续的相关设计。

4.6.2　画法与场景

1. 模型画法

在对具体的分析对象进行要素收集中，根据内容，可以按照以下原则绘制。

（1）主线的选择：多以具有顺序特征的"业务""时间"为主线。

（2）节点的选择：节点多选择完成某个目标中的关键业务活动或是业务数据。

【案例1】给出"成本居高不下"的原因与对策分析。

在空白"节点"中填入要素名称，形成如图4-21（a）所示的结果。

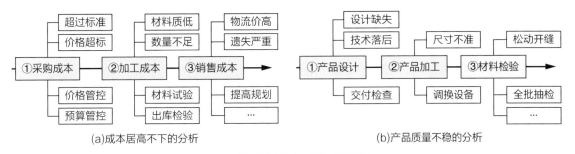

(a)成本居高不下的分析　　　　　　　(b)产品质量不稳的分析

图4-21　用排比图（一维）进行分析

（1）主线节点：节点1=采购成本、节点2=加工成本、节点3=销售成本。

（2）上段要素：列举出造成成本居高不下的问题，如价格超标、招标标准等。

（3）下端要素：给出对应上段问题的对策，如价格控制、预算管控。

从图4-21（a）中可以看出，三个节点不是活动的，而是"某类数据"（销售成本、采购超标和加工成本），因此这不是一条业务流程，而是一条虚拟的"数据线"。

【案例2】"产品质量不稳"的原因与对策。

在空白"节点"中填入以下的内容，如图4-21（b）所示。

（1）主线节点：节点1=产品设计、节点2=产品加工、节点3=材料检验。

（2）上段条件：原因1、原因2……，由于××原因造成的质量问题。

（3）下端条件：对策1、对策2……，为了解决上述原因造成的问题找到的对策。

从这幅图中也可以看出与前一幅图具有不同的特点，"产品设计""产品加工"以及"材料检验"三者的词尾都是动词，说明它们是活动的，但它们不是来自于同一条业务流程上的活动，而且改变"产品设计"的工作也未必在进行"材料检验"之前（材料可以是先购入的），因此说明它们是一条"虚拟的流程"，在这个分析原因-对策的环节，此时并不强调顺序，重要的是它们都是造成质量不稳的因素，找出问题和对策是重点，实际解决问题时要把找到的问题和对策分别移到实际的流程和对应的活动上。

2. 适用场景

这个模型在需求调研的现场，当调研人员与客户处于对问题都不清晰的场合，或是大家讨论了很长时间得不到结论时，以及应对突发问题时都可以利用排比图快速地沟通、理解，并得出结论，这是一个非常行之有效的方法。手绘排比图的步骤如图4-22所示。

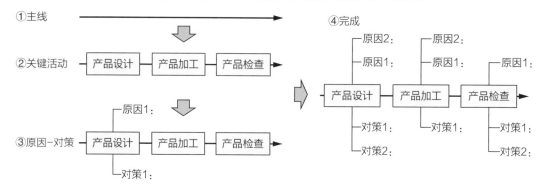

图4-22　现场手绘排比图（一维）

①主线先绘制一条主线。

②关键活动加入与该主题相关的主要节点（是否是同一条流程上的活动不重要、顺序也不重要）。

③原因-对策在每个节点的上端写入原因、问题等；下端写入对策、方法等。

4.7　分析模型5——排比图（二维）

排比图：以业务线为主线，将分析结果、对策与主线进行二维方式的关联。
发明者：由本书作者整理、设计。

4.7.1　概念与解读

1. 模型概念

通过一维的排比图可以将由分析获得的要素与实际的业务线（流程、数据线）进行关联，给出哪些业务的环节需要进行改进或是增加功能。但是实现中的问题会比较复杂，不是都可以用一维的线形图解决，这里介绍利用二维的排比图表达更加复杂的问题和对策（以下将二维排比图简称为排比图）。

2. 模型解读

如图4-23（a）所示，将鱼骨图的分析结果，用排比图（二维）建立起与业务主线的关联关系，如图4-23（b）所示。从二维的排比图中可以读出以下信息。

（1）主线：给出一条与分析对策相关的业务线，它可以是实际的业务流程，或是分散的业务活动的集合体，或是虚拟的数据线，如成本线、采购线、合同线等。

（2）节点：主线上标出了从始点到终点有多少个节点，主线上的节点是实际的业务活动，要将分析对策与这些活动相关联。

（3）分类：解决鱼骨图中问题的对象，如企业的不同部门、不同措施、岗位等。

（4）对策：将鱼骨图中各分类下的问题转换为"对策"，对策要由"节点"和"分类"两个维度对应才能解决（这就是二维排比图的来源）。

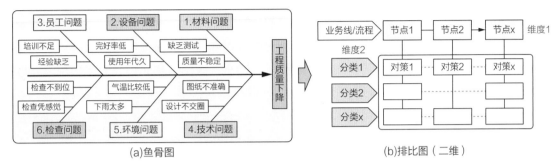

图4-23　用排比图梳理鱼骨图表达的问题

4.7.2　画法与场景

1. 模型画法

根据问题的分析结果，解决工程质量下降问题需要有几个部门共同进行改进，这里以图4-23（a）中"1.材料问题"的解决为例说明二维排比图的画法，见图4-24。

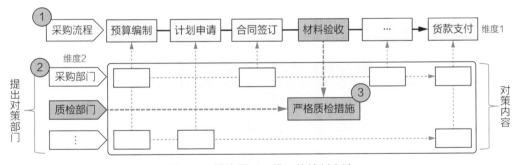

图4-24　排比图（二维）的绘制方法

图中要素说明如下。

①维度1：绘制与采购相关的流程，流程上的活动要与相应的质量下降问题相关。

②维度2：列出需整改的部门，它们是提供对策并解决问题的执行者。例如，鱼骨图中"1.材料问题"应由"材料部门"和"质检部门"共同解决。

③对策：在"流程"和"部门"的交叉处，标出对策。例如，"严格质检措施"。

这个问题来源于鱼骨图"1.材料问题"分类中的"缺乏测试"与"6.检查不到位、检查凭感觉"，把这3个问题合在一起，对应的措施就是加强质检部门的工作力度。

可以看出，排比图将问题、对策、部门和活动4个要素关联起来了。解决鱼骨图上的问题可能需要数个这样的排比图来表达。

📖 注：二维与一维的排比图的区别

二维比一维的排比图表达的信息更多。当同时要解决的问题和对策有很多时，使用二维排比图可以将诸多的要素（如问题、对策、部门、流程、活动等）清晰地、结构化地整合在一起，更加有利于相关人讨论、调整、找出对应的功能需求。

2. 适用场景
用于将鱼骨图、思维导图、访谈记录等分析出的问题和解决对策与实际的业务活动进行关联，这个关联是将"解决对策"转换为"功能需求"的来源说明。排比图起着一个将"分析结果"向"架构成果"转换、过渡的桥梁作用，转换过程见图4-25。

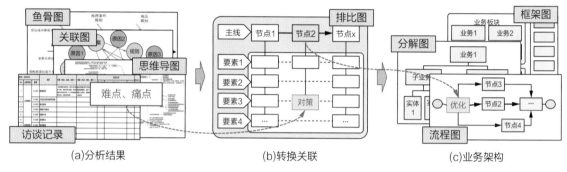

图4-25　排比图（二维）的应用

（1）分析结果：如图4-25（a）所示，用分析模型对研究对象进行分析，得出问题、需求、难点等要素。

（2）关联转换：如图4-25（b）所示，用排比图将分析结果与业务主线进行关联，找出对策。

（3）业务架构：如图4-25（c）所示，将对策融入到实际的业务设计图中（架构图）。

利用排比图，给出了不清晰的需求是如何通过梳理、转换，最终与清晰的功能需求关联起来的，这个过程也是一个逻辑梳理、逻辑表达的过程。

4.8　架构模型1——拓扑图

拓扑图：将多个软件系统用网络图连接起来的表达方式。
发明者：不明。

4.8.1　概念与解读

1. 模型概念
谈到架构，可能给人的感觉就是很多的要素紧密地汇集在一起，实则不然，未来的发展，业务和管理越来越趋于"碎片化"。

随着企业推进信息化建设，信息系统的数量会越来越多，未来的发展趋势不会再去用一个系统包括全部的功能，而是会采用将不同功能分为数个独立系统的方式，这样更易于维护、扩展。选择拓扑图的目的不是为了做硬件的系统架构，而是借鉴它的概念、思路，让读者有一个更为开拓性的思考和架构能力。

2. 模型解读

拓扑图有多种形式，常见的有总线型、星状、环状等，如图4-26所示。

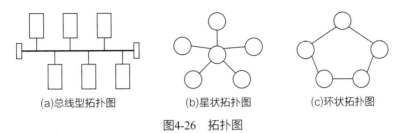

(a)总线型拓扑图　　　(b)星状拓扑图　　　(c)环状拓扑图

图4-26　拓扑图

1）总线型结构

比较普遍采用的方式，它将所有的系统接到一条总线上。

2）星状结构

各个系统通过点到点的方式连接到一个中央系统上。

3）环状结构

将各个系统连接成一个闭合的环。

> 注：关于拓扑图形的借用
>
> 拓扑图的原义是用于将实物的连接方式用网络图的形式表现出来，在信息系统的设计中，拓扑图多用作硬件之间的关联，这里借用它表达软件之间的关联。

4.8.2　画法与场景

1. 模型画法

用星状拓扑结构绘制企业集团的信息系统规划。

以企业的互联平台为中心，建立让所有关联业务板块的数据可以进行交互并形成一个星状的系统结构，如图4-27所示。

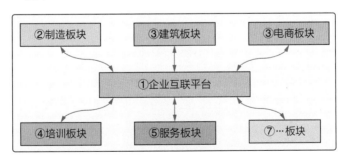

图4-27　拓扑图的应用

（1）以企业的互联平台为中心（系统①）。

（2）将其他业务板块（系统②～⑦）围绕在互联平台的周围，全部与之相接，形成星状拓扑结构。

2. 适用场景

（1）企业内部有数个独立运行的系统，或是数个企业的系统进行互联（集团企业系统常见）。

（2）用来对系统进行初步的规划（粗粒度）。

4.9 架构模型2——分层图

分层图：将研究对象按照不同内容分成不同逻辑层的方法。

发明者：由本书作者整理、设计。

4.9.1 概念与解读

1. 模型概念

分层工作看似非常简单，但它却是分析与设计诸多手法中最为重要的基础技术，掌握分层的方法对于分析和设计师来说既是基础技术，也是最难的能力之一。

在分析复杂对象时，通过前述的分析模型，收集了包含大量的不同目的（业务、管理、…）、不同成分（成本、客商、…）、不同类型（数字、文字、…）的要素，这些要素可能不在同一时间、同一环境、同一条件下发生，因此要在进行架构前，采用拆分的方法，首先减少对象的复杂关系（降低各种要素的耦合程度）。

研究的对象越复杂，构成对象的要素数量就越多，要素的分类也越多，拆分后的要素如何归集才容易理解呢？下面举例说明分层的作用。

【案例1】图书的分类，见图4-28。

(a)摆地摊　　　　　　　　　　　　　　(b)书架子整理

图4-28　图书的整理方法

有大量的图书、足够大的场地以及书架，试问以下哪种方式查找效率最高？

（1）摆地摊：把书全部平摊在地上（二维空间）进行归类、查找。

（2）放书架：将书先放到书架上（三维空间）再进行归类、查找。

可以直观地看出，当书的数量不多（如一百册）时，没有大的区别，但是当书的数量很多（如一万册）时，用书架整理比平地更易归类、关联，查找效率高得多。

显而易见，书的数量越多，书的种类越多，用书架进行整理、查找的效率就越高，这与分析简单对象的问题和复杂对象的问题时的思考方式是一样的，面对复杂的分析对象时，首先借助"分层（三维）"的方法化繁为简，之后的整理、归集工作就容易多了。

【案例2】讨论问题。

在某个方案会上，在讨论一个大家都熟知的题目时出现了不同的见解，且讨论双方争论激烈各持己见，长时间达不成一致的结论。相信这样的场面每个人都经历过，为什么对一个双方都很清楚的题目还会出现激烈争执、难以收敛结果呢？很多情况下，都是因为双方各自站在不同的层面（或者看到的是不同的粒度）上对同一题目发表着自己的见解，由于双方之间没有交集，所以讨论不可能收敛，当然也就得不出一致的结论。

可以联想一下相声大师侯宝林先生的相声"关公战秦琼"，相声中评论两个处在不同时代的武将（汉朝的关羽和唐朝的秦琼）谁的武艺更高强，显然这样的争论无论多么有理有据，最终也是得不出有价值的结论来的，因为不在同一年代（相差338年）没有可比性，见图4-29。

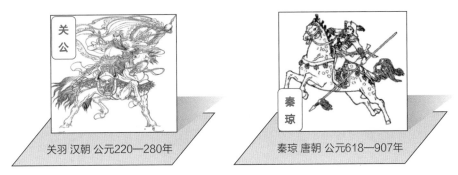

图4-29 关公战秦琼

分层的概念，就是要确保我们讨论的问题是在同一个层面上，这是分析工作的最低保证，如果没有分层的概念，可能讨论的结果甚至是讨论的行为都是无意义的。

2.模型解读

分层图可以表达如下的信息，见图4-30。

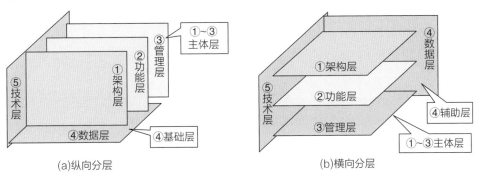

(a)纵向分层　　　　　　　　(b)横向分层

图4-30 分层图

（1）范围：从全部层的划分可以看出构成对象的内容（对象分为①～⑤共5层）。

（2）层面：每个层里都是"同类"的内容（即内聚，①=业务，②=管理等）。

（3）主次：①～③层为主体，其中①最重要；以④为①～③支持，以⑤为①～④支持。

（4）方向：分层可以有纵向，也可以有横向，怎么表示效果最好主要看设计师想向读者传达什么信息、理念、场景。

分层图中虽然没有看得见的"关联线"以形成"结构"的形式，但是前面已经讲过，有关联的区块之间就一定存在着逻辑，逻辑的表现不一定都是用可见的"线"来表达，区块之间的相对"位置"也是逻辑的表达方式。

4.9.2 画法与场景

1. 模型画法

分层图在进行业务架构设计的开始部分，先将分析的成果进行整体的规划、分类归集。

同一"层"内的内容属于同一类，在每一个"层"里的内容具有内聚性，用分层的手法建立一个"功能上相互独立、作用上相互协同"的三维空间。

"分层"的概念，不论是做规划还是设计工作都是第一重要的。用分层进行规划是最大的解耦（分层解耦的力度大于在同层内的分区解耦效果，详见框架图说明）。

选择哪一种形式最为合适需要考虑要传递的重点，下面是几种不同布局的三维分层图表现方式，各个布局都有侧重，见图4-31。

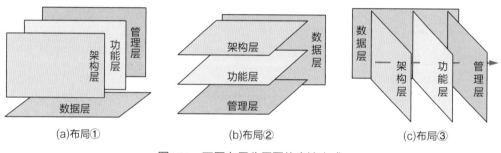

图4-31　不同布局分层图的表达方式

- 布局①：可以看出数据层对上部核心层的支持关系。
- 布局②：注重从上到下的支配关系，架构层＞功能层＞管理层。
- 布局③：强调不同层的顺序、方向等。

用三维的分层图表现架构，不但易于理解，而且可以训练读者的空间思维能力。关于绘制三维图形的技巧详见附录A。

2. 适用场景

对数据进行概要规划、分层后，通过分层可以针对不同层面的数据进行逐一的研究和设计，彼此不会发生相互影响，如图4-32所示，详细说明参见第11章。

在第3章中，对要素的属性说明时，谈到了粒度、黑/白盒、系统/模块等概念，实际上，这些概念都是"分层概念"的不同表达，如图4-33所示。

通常在夸赞一个人口才好时，一般都会说他"说话有层次"，意思是他可以用语言表达出层次感来。那么对设计师来说，就要用图的方式表达出分析和设计成果的层次感。用图形能够表达出层次感之后，说话时自然而然地也就可以表达出层次感了。

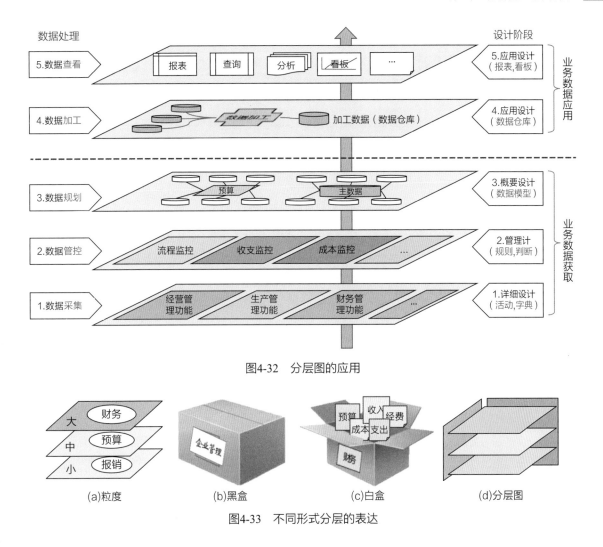

图4-32 分层图的应用

图4-33 不同形式分层的表达

4.10 架构模型3——框架图

框架图:用以对研究结果进行规划,确定范围、分区以及分区间的边界。
发明者:不明,本书作者按标准化方式进行了定义。

4.10.1 概念与解读

1. 模型概念
框架图主要是用来对研究对象进行全面、局部的规划,它可以给出对象的范围、对象内部的分区、分区的边界以及分区之间的关系。框架图的表达不拘泥于细节,是粗粒度的表达方式。框架图通常被用来作架构图中的顶层规划、架构总图。

2. 模型解读
以企业的业务功能规划为例说明框架图的表达方式,见图4-34。

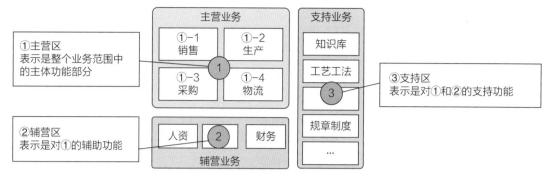

图4-34　业务功能规划的框架图

（1）范围：框架图由3个区域构成，给出了全部的业务范围（由区域①、②、③组成）。

（2）区域：每个区域有主要的任务目标（①=主营业务，②=辅营业务，③=支持业务）。

（3）模块：每个区域内有若干个模块，每个模块的任务不同，以"主营业务"区域为例，其内部又划分为四个领域：①-1=销售，①-2=生产，①-3=采购，①-4=物流。

（4）边界：每个区域、模块的背景框给出了领域的边界。

（5）位置：由上下、中间与边缘的位置关系，可以看出主营、辅营与支持区域之间的关系。

● 主营区：是三个区域的中心位置（左上角为上）。

● 辅营区：是主营区的基础（②在①的下面）。

● 支持区：是对①、②的支持工作（③在①和②的侧面）。

（6）粒度：主营业务、辅营业务和支持业务，这三个区的粒度是相同的。

如同分层图一样，框架图也不用"关联线"，而是用相对的"位置""背景框"来表达它们之间的逻辑关系。在这里，"区域"就相当于"系统""子系统""模块"等。

4.10.2　画法与场景

1. 模型画法

首先要确认分析成果用"框架图"表现是最适用的。

1）图的核心位置的概念

绘制一幅架构图与设计软件的界面是一样的，除去图的正中心以外，通常以图4-35的左上角为"上"，因此在构图时，除去特意要放图的中心位置外，一般会将最为重要的内容放到左上角的位置。框架图是二维的，所以平面的布局非常重要。

图4-35　图的核心位置示意

图4-36是几种不同形式的二维框架图的表现方式（★作为布局的中心位置）。

框架图，是将分析的要素进行规划、进一步分类的主要手段，由于是平面布局，所以框架图具有最为容易观察、推敲、调整的特点。

图4-36 不同形态图形的核心位置

"分区"是框架图设计中最为重要的步骤,用绘画的术语表达就是"布局",要确定:

(1)不同功能的区域、边界;

(2)不同功能区的位置、相互作用关系;

(3)每个区域具有的独立功能。

2)分区的原则

(1)区的划分要遵循"一个区,一个目标"的原则。

(2)同一区域内的功能要"高内聚",区内各个功能都为完成同一目标而存在。同时该区域内包括的成分紧密相连、缺一不可。

(3)不同区域间要做得"低耦合",当框架图的各个部分在外部的需求发生变化时,可以容易地进行调整、删除或是增加。

(4)同一区域内各个要素的粒度要一致,如都是子系统或都是模块。

2. 适用场景

适用于对研究对象进行全面、局部的规划。虽然软件系统不是按照框架图的形式进行开发的,但是设计图中没有框架图作为总体规划,感觉就像在看一本没有目录的书一样,找不到路线。所以,设计图中除去用拓扑图、分层图进行粗粒度的规划外,进行正式设计的第一幅图一定要使用框架图(可能不止一幅图),如图4-37所示,这是一个企业的信息系统规划图。可以看出图中使用了若干个背景框,每个背景框都是一个分区设计。

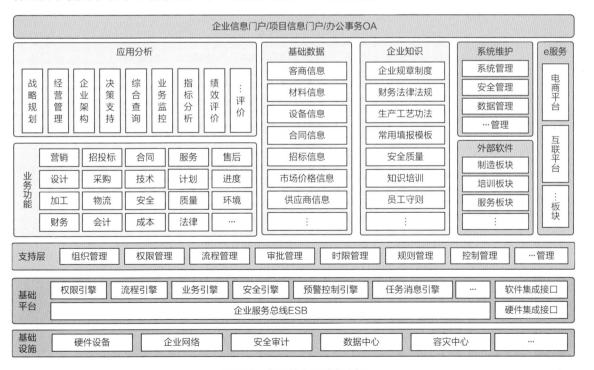

图4-37 企业信息系统规划图

4.11 架构模型4——分解图

分解图：是对研究对象的有序分离或是对细粒度要素有序归集的表达。

发明者：不明，本书作者按标准化方式进行定义。

4.11.1 概念与解读

1. 模型概念

分解图的目的有两个：一是自上而下的"分解"，二是自下而上的"汇集"。不论是分解还是汇总，都是从上向下绘制的，因此将此类图统称为"分解图"。最为常见的分解图使用场景就是企业的组织结构图，如图4-38所示。

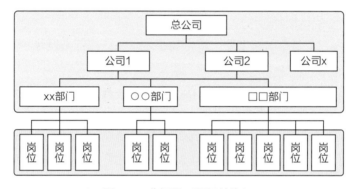

图4-38 分解图（组织结构）

1）分解的目的

主要用来表现将一个对象由上而下、由粗到细地进行"分解"，如此可以找出这个对象是分为几层、由哪些要素构成的，分解图的要素通常分为两类：数字型和文字型。

（1）数字型：将一个大的合计数值进行逐级的分解，直至找到最下层的原始数据。

（2）文字型：对目标、工作、任务、组织、问题等进行分解。

2）汇集的目的

主要用来表现由很多的细小要素经过多层汇总，最终集成为一个大的数值/目标，是一个归属的概念。

（1）数字型：将原始数据（表单）依次汇总、集成为一个大的结果（如报表集成）。

（2）文字型：对成果、报告、信息等进行逐层的汇总。

📑 注1：文字型的要素

在分解图中虽然很难判断是在汇集还是在分解，但这并不重要，重点是要表明要素之间的关系。

📖 注2：结构图与分解图

在有的书籍中将分解图称为"结构图"，因为"结构"二字具有普遍意义，将某一类模型称为"结构图"就不易区分图的形态和作用了，所以在本书中统一将具有上述形态的模型称为"分解图"，而结构图泛指所有由方块、连接线等要素构成的图形。

2. 模型解读

按照"分解"的含义解读如图4-39所示分解图，用背景框标示出了"层"和"区"。

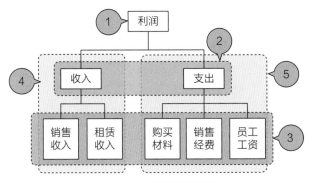

图4-39 分解图的解读

（1）分解：从上而下地将粗粒度的要素按照一定的关系按①→②→③逐级向下分解。

（2）分层：可以看出在同一张分解图上，表现出了三个层级，即①层、②层、③层。

（3）从属：可以看出主项和子项的关系，每个下层相对于上层都是子项，③是②的子项，②是①的子项。

（4）分区：从分解图中除去"分层"的表现外，还可以看出"分区"的表现，④、⑤都是分区。

（5）关系：关联线指出了上下级之间的关系，这里没有使用带箭头的关联线，如果要强调分解的方向，可以使用带有箭头的关联线。

（6）粒度：这里每一层（①层、②层、③层）内的要素粒度必须要一致。

4.11.2 画法与场景

1. 模型画法（以"分解"为例）

首先要确认分析结果用"分解图"表现是适用的。绘制的顺序是：分层、分区、功能，见图3-40，绘制的顺序如下。

（1）分层：首先要确定分层（横向），第一层是"对象"，第二层是对第一层拆分（2.1和2.2）；第三层是对二层的拆分（3.1.1/3.1.2；3.2.1～3.2.3）。

（2）分区：再去确定分区（横向），分区④的构成：2.1，3.1.1和3.1.2；分区⑤的构成：2.2，3.2.1，3.2.2和3.2.3。

如果还有更下面的层，也是重复前面的步骤。分解图的用途非常广泛，形式多样，既有纵向布局，也有横向布局。

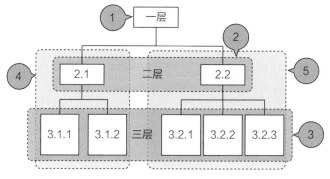

图3-40　分解图的画法

2. 适用场景

任何可以向下一级进行拆分的对象，都可以绘制它的分解图。例如：

- 功能：系统 → 子系统 → 模块 → 功能。
- 组织：行业 → 企业 → 部门 → 岗位 → 角色。
- 工作：企业经营 → 财务 → 预算 → 报销 → 支付。
- 物品：材料分类 → 设备分类 → 固定资产等。

4.12　架构模型5——流程图

流程图：一组为完成特定目标而进行有序活动的过程表达。
发明者：不明，本书作者按信息化实现方式标准化。

4.12.1　概念与解读

1. 模型概念

流程图，可以用来描述任何有顺序、规则的活动过程。在企业管理信息化系统的分析和设计中，主要涉及的流程是业务流程与审批流程。它是为达到特定的目标而由不同的人分别协同完成的一系列活动。活动之间不仅有严格的先后顺序限定，而且活动的内容、方式、责任等也都必须有明确的安排和界定，以使不同活动在不同岗位角色之间进行流转交接成为可能。流程图就是用来描述和记录这个活动过程的方法。

2. 模型解读

流程图可以用来表达工作过程的信息，见图4-41。

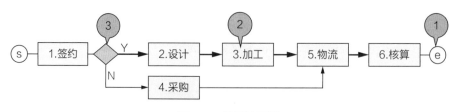

图4-41　线形流程图

（1）目标：流程，必须要有一个明确的任务目标，这个目标多用流程的名称来表示，如报销申请流程、物资采购流程、合同支付流程等。

（2）方向：用标准的图形符号表示出流程将要完成目标的方向，即起点（s）、方向（→）、终点（e）。

（3）节点：完成目标需要多少个节点，节点数=6个。

（4）顺序：完成流程的顺序、前后关系（节点1 → 节点2 → …）。

（5）分歧：在哪个地方会发生流程的分歧，即流程从节点"1.签约"出发，根据分歧条件的约定，流程可以走向节点"2.设计"或是走向节点"4.采购"。

（6）主次：可以看出有主流程和次流程两条线，主流程=签约～核算，次流程=采购。

4.12.2 画法与场景

1. 模型画法

1）线形流程图

首先要确认分析成果用"流程图"表现是最适用的，画法如下，见图4-41。

（1）确定流程完成的目标。

（2）确定流程的起点、终点。

（3）确定完成流程所需要的活动（节点数）、顺序。

（4）确定流程中间的分歧位置、条件、规则。

2）泳道式流程图

将线形流程图与组织背景框进行叠加，形成泳道式流程图，如图4-42所示。

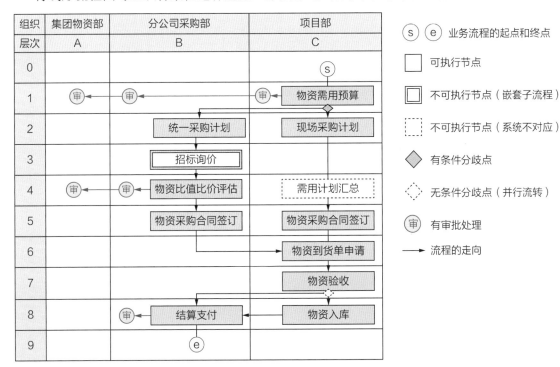

图4-42　泳道式流程图

线形流程图的绘制方法不变，只是将流程上的每个活动的位置置于该活动所属的组织表格内，同时，将带有"审"字的图标也放置在对应的网格内，这样就可以一目了然地看到业务活动是谁做的、对业务活动的审批是谁做的等信息。

组织表格可以是一维的，也可以是二维的（横轴也有组织划分，如班、组）。本题横轴采用的是表示处理顺序的数字编号（系统设计用）。

3）节点的称呼

软件工程上的不同阶段，对流程上相同的节点赋予了不同的名称，如图4-43所示。

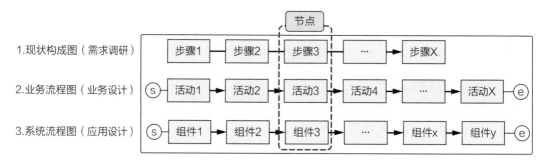

图4-43　软件工程不同阶段对流程节点的称呼

（1）需求调研阶段：节点称为"步骤"，因为此时收集到的是用客户用语表达的工作，可能不是规范的流程表达方式，节点名称可以是名词、动名词、动词。

（2）业务设计阶段：节点称为"活动"，它对应的是客户的实际工作，是业务流程的标准表达，业务流程的节点名称必须用动词、动名词，不能用名词。

（3）应用设计阶段：节点称为"组件"，节点名称与活动名称一样。

2. 适用场景

企业有规律的生产活动都是采用业务流程的方式表达的，因此对企业进行的标准化工作之一就是业务流程的标准化。使用流程图可以描述所有具有有序作业的过程。流程图可以用来描述两类场景：业务处理过程，审批处理过程。

（1）业务处理过程（业务流程）：材料采购流程、预算编制流程、项目管理流程等。

（2）管理控制构成（审批流程）：报销审批流程、投标审批流程、合同审批流程等。

4.13　其他模型——交互图

交互图：以干系人的交互工作为主线的有序活动过程表达。

发明者：由本书作者整理、设计。

📑　注：关于交互图

这个模型比较特殊，它是一种有角色表达的模型，既可以用来进行分析，也可以用来进行架构设计，由于在企业级的业务架构模型中较少出现，因此仅作为参考模型推荐给读者。

4.13.1　概念与解读

1. 模型概念

如图4-44所示，交互图最大的特点就是增加了"干系人"，干系人指的是与分析对象有关联的岗位（角色），这些干系人在事物的运行过程中都具有固定的角色和作用，不能随意互换。

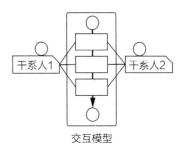

图4-44　交互图

模型中为什么要出现干系人呢？干系人对模型的表达又会产生什么影响呢？首先了解一下什么样的研究对象需要有干系人参与。

1）适合于引入干系人的场景

在具有"窗口"特点的业务场景描述时，显示干系人会起到很好的理解作用。例如，银行窗口内/外的银行员与顾客、超市收银台前/后的顾客与收银员、图书馆借阅柜台两端的读者与图书管理员、医院取药窗口内外的药剂师与患者、讲台前/后的学生与老师、快递员与下订单的顾客等。因为"窗口"内外的干系人的角色是固定的，定义是清楚的，而且是不能互换的，所以在分析这些场景时引入干系人的概念可以帮助理解事物的关系，而且有利于发掘出更多的需求和确认需求，如图4-45所示。

图4-45　具有"窗口"的业务场景

不表现干系人，就无法说清楚活动的场景；或者加入了干系人可以让事物的逻辑表达得更加清晰的场景等，就需要采用这个交互模型来表达，让干系人充分地展现出他们之间的逻辑关系，这个关系包括"事"与"物"的内容。

2）不适合引入干系人的场景

在分析没有"窗口"做界线的业务场景时，例如，企业的采购流程、成本分析、销售战略、合同管理、财务管理等，引入干系人可能反而会影响分析结果的正确性。下面举两个例子。

【案例1】企业因人设事的场景。

当企业第一次引入信息化管理方式，在分析时如果加入以前的干系人就有可能会影响到设计的合理性，因为以前在"人-人"环境中需要的岗位在导入信息系统后可能不需要了；还有可能原来就是因人设事，导入信息系统后自然就简化掉了；数据的中间处理环节存在着大量的手工作业，在实现信息化管理后也会自动就消失了；等等。因此，在对现状分析时如果加入了这些角色（干系人）得出的结果就会发生偏差。

【案例2】开发通用性系统的场景。

有很多业务是具有共同性的，这些业务在不同的企业是由不同的岗位（角色）来完成的，如果在分析和设计时加入了特定的干系人，那么这个分析结果就不具有普遍性了。同时具有普遍性的研究对象应该不受干系人的影响，如"预算编制"工作，干系人对分析和设计的结果是没有影响的，因为不管由谁来编制，预算编制要遵循的业务方法、管理规则都不会因岗位而异，反而是加入了干系人的因素后使得分析工作变得不易理解了。

当然，在分析和设计完成后，采用加入具体的组织、干系人要素对结果进行验证是可以的，在设计完成后设计师与客户进行推演验证时，需要做业务设计的回归，此时利用泳道式流程图的方法加入部门、角色等要素可以帮助客户理解流程的设计，但要注意，此时的干系人是出现在"人-机-人"环境中的角色，他们可能与"人-人"环境中的干系人不一样，他们是按照实现了信息化管理后的情况重新设定的干系人。

2. 模型解读

交互图的绘制通常是以业务的推进步骤为参考进行的，见图4-46。

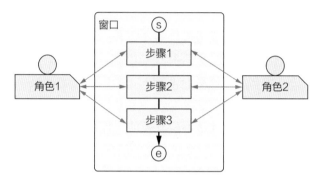

图4-46　交互图的解读

（1）目标：有一个明确的目标（e），这个目标多用图形的名称来表示，目标e可以是e=借书/还书、e=超市收款/找钱。

（2）范围：范围由始点和终点确定，这个范围内的内容都是为了完成交互过程的步骤。

（3）方向：始点（s）→ 终点（e）的方向。

（4）主线：以始点（s）→ 终点（e）为主线。

（5）步骤：中间为不同角色之间的交互行为。

（6）收敛：收集的要素是向目标（e）收敛的。

4.13.2　画法与场景

1. 图的画法

交互图的画法主要有以下几个步骤，见图4-47，说明如下。

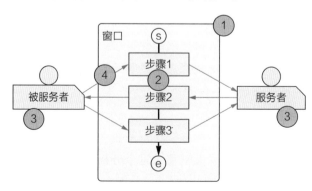

图4-47　交互图的引用

①画出一个背景框作为提供服务的"窗口"。

②在背景框中建立一条交互活动过程线，方向为（s）→（e），标注出相应的活动步骤。

③标注服务者与被服务者，以及双方的名称。

④用箭头标注被服务者、步骤、服务者三者之间的互动方向、顺序。

2. 适用场景

1）适用的场景

交互图不但适用于分析，而且也适用于架构设计，例如：

● 适合于用来建立低层级的业务活动关系。

● 适合于用来进行细粒度的复杂关系分析，例如窗口类型的对象。

● 适合于做细粒度的业务架构设计，如窗口类型的对象。

【案例】见图4-48，这是一个进出口交易的案例，其中有4个角色，①②是买/卖的双方；③④是买/卖双方使用的进/出口银行，两两之间有4个"窗口"，如图4-48（a）所示。每个窗口的处理过程都可以使用交互模型，该模型需要被使用4次，如图4-48（b）所示。

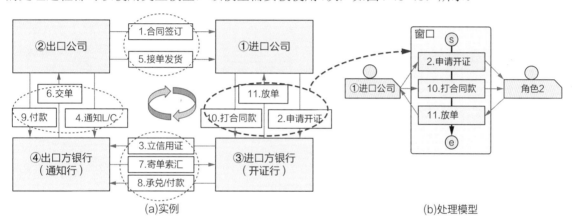

图4-48 交互图在进出口贸易案例上的应用

2）不适用的场景

不适合做顶层设计/规划、大粒度的架构设计。

小结与习题

小结

绘制逻辑图的方式有很多，可以说每个人可能都会有自己习惯的画法，但是，如果这个逻辑图是用于多方（客户、业务、技术等）沟通的资料，那么图形和绘制方法至少就要满足三个基本要求：共同认知、绘图标准和使用约束。

1. 共同认知

因为企业信息化这个课题所描述的对象都是抽象的事、行为，而不是具体的物，所以绘制的图形一定要具有普遍的代表性和辨识性，通过简单解释或是完全不用解释就可以让读者看明白图形的含义，因此本书推荐的分析和架构用模型都是比较成熟、有一定代表性的，如鱼骨图、分解图、流程图。

2. 绘图标准

不同的人绘制同一个业务处理过程的"流程图"，如果不采用同样的标准，就会产生歧义（哪怕是小的不一致），那么这个流程图就只能用作"示意图"来传递大概的意思，而不能够作为正式的"设计图"来使用了。例如，图标的方块、箭头、背景框，以及逻辑表达方式的约定等，符合标准要求的图形就能够快速、精确地传递信息。

3. 使用约束

不同的模型用于描述什么场景、表达什么含义、传递什么信息都要符合模型的使用条件，否则就会发生"图不达意"的现象，例如，鱼骨图与思维导图的使用方法、排比图（一维）与流程图的使用方法等。

用图表达想法、传递信息是最为直观、高效的方法，图中使用的符号数量、复杂程度也制约着传递的效率，在读者遇到了本章推荐的模型和图标不能表达的场景时，可以新增模型和图标，但是要记住不要过于复杂，过于复杂的模型和图标不利于用图与多方的干系人进行交流，反而会增加沟通成本。再者，我们通常会说高手是能够做到用简单方法解决复杂的问题，绘图其实也是一样的道理：先将复杂的问题拆分为简单的问题，然后再用简单的方法解决和表达简单的问题。

习题

1. 用图形表达对象，与用语言和表格表达有什么区别？
2. 什么是图形符号？为什么必须要统一图形符号？
3. 采用图形符号有什么好处？
4. 简述模型分为几类，各个类型的作用是什么。
5. 简述分析模型有几种，它们的作用是什么。
6. 简述鱼骨图、思维导图的区别及使用场景。
7. 简述排比图在分析模型和架构模型之间起着什么作用。
8. 简述架构模型有几种，它们表达粒度的顺序是什么。
9. 架构模型表达的内容之间有无关联关系？
10. 分析模型与架构模型的区别是什么？分别在软件工程的什么阶段使用？

需求工程概述

第2篇　需求工程

□内容：需求的获取与记录方法、需求的分析方法
□对象：需求工程师、设计工程师、实施工程师、业务专家、管理咨询师

第5章
需求工程概述

需求工程，是构建管理信息系统的第一步工作，是对客户的现状和需求进行调研，并按照工程化的方法和标准完整、准确地记录和分析客户的需求，它的成果是进行后续设计工程的基础。

本章内容在软件工程中的位置见图5-1。

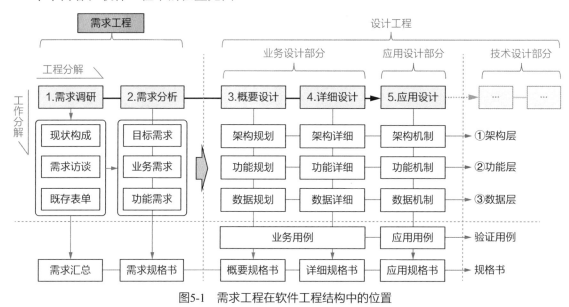

图5-1　需求工程在软件工程结构中的位置

5.1　基本概念

5.1.1　定义与作用

1.定义

需求工程，是指采用工程化的方法和标准，收集、记录和分析客户对信息化的需求，并最终确定系统需要实现的功能以及功能的相关特征和约束。

需求工程包含三个主要的部分：需求调研、需求分析、需求管理，本书的重点在需求调研和需求分析两个部分。

📖　注：关于需求管理

需求管理是需求工程中非常重要的内容，包含对需求的跟踪、控制、变更、版本管理等内容，它是保证系统的内容、质量、进度的重要手段，但由于本书的重点是分析与设计的方法，需求管理的内容更加偏重于软件的过程管理，因此本书不涉及这个部分的内容。

2. 作用

需求工程的作用归集为一句话就是：收集客户想要做什么，最终确定实际做什么。

对于一个应用软件的开发来说，需求工程成果的质量极大地影响着这个软件的设计结果，是决定成败的主要环节，从客户那里完整地获取、记录、分析与确认需求，并正确地传递给后续的工程是一个需求分析师的必备能力。需求工程的分析成果形成的需求规格说明书不但是后续设计与开发的依据，同时也是客户对完成系统评估、验收的依据。

另外一方面，需求工程的内容也极大地影响着软件开发的成本、技术、周期、资源、质量以及最终客户的满意度等诸多方面。需求工程的成果不但会影响客户最后获得的效果，也会影响到软件开发者的最终利益。

5.1.2 内容与能力

1. 作业内容

需求工程的核心工作是需求调研和需求分析，最终的主要交付物有两个，见图5-2。

工程分解	内容说明	主要交付物
第5章 需求工程概述	对需求工程的定义、作用、价值等的概述	
第6章 需求调研	调研是获取功能需求的第一步工作，需求的调研和记录主要有三种形式，即：图形、文字、表格，这三种形式的目的和使用场景都不相同	需求调研资料汇总
第7章 需求分析	□分析&转换业务需求→目标需求（信息化的目标） □分析&转换用户需求→业务需求（信息化的对象）	需求规格说明书

图5-2 需求工程的内容

1）需求调研成果（需求调研资料汇总）

从客户现场通过面对面的调研收集到的第一手需求资料，包括用图形、文字和表格等方式记录的原始资料，形成需求调研资料汇总。

2）需求分析成果（需求规格说明书）

基于前述的调研资料进行分析，识别出最终需要进行开发的全部内容，并且通过客户确认，最终形成需求规格说明书，这是后续设计、开发过程的依据。

2. 角色要求

在需求工程两个阶段中采用了统一的称呼（角色的称谓与软件企业内的岗位无关）：需求分析师，他们要做两个工作，即需求调研、需求分析。

需求工程中的角色是个什么样的存在呢？把他们的作用与其他行业对比一下，因为任何行业都存在着需求调研与分析的工作，如制造业和建筑业，不同的是其他行业对需求的调研和分析基本上都是由设计师自己完成的，鉴于设计师的知识和经验比较丰富，所以很少发生需求错误。但是在软件行业，需求工作是由专门的需求岗位完成的（小型公司或是小型项目则直接由开发工程师完成），所以软件行业要想将需求工程的水平提升到与其他行业相同，有以下两个方法。

（1）学习其他行业，让设计师直接参与调研和分析（不太现实，没有那么多的设计师）。

（2）提升需求人员的水平，让他们学习和掌握一定的业务设计能力。

从事需求工作的地位、作用和价值

在培训中从事需求工作的学员是提出疑问最多的群体，他们吐槽说，虽然需求工程干的是软件工程中最"艰苦"的工作，但本人却是软件项目过程中最没有"地位"的角色，他们举的例子有：

（1）与客户接触、交流很累，特别是见新客户、大客户，调研就是一个痛苦的过程。

（2）收集到的需求被开发工程师以各种理由删改，但是客户又不认可，两头受气。

（3）客户和开发都将需求调研者看成是"传声筒""录音机"，难以有自己的主见。

（4）客户与技术两方面对需求分析师的信任度都不够，得不到他们的尊重。

（5）缺乏方法、模板，不但工作效率低，而且杂乱的表达方式也为人所诟病。

（6）定位不清楚、地位低，自己的价值以及未来的发展方向不明等。

老师与学员们一起进行了现状改进和未来发展的分析，首先对信任和尊重方面取得了共识，即信任和尊重不是要来的，是靠能力和成果换来的。大家讨论总结的内容如下。

（1）如果想要在软件行业做出一番事业来，不论是什么岗位，首先都要做过（至少一次）需求调研工作，没有做过需求调研、没有接触过客户的人难以成为真正的软件工程师。

（2）需求分析师处于客户、设计以及开发等干系人的中间位置，是学习与人交流沟通的绝佳岗位（因为语言交流是软件工程师的第一能力，不论从事什么岗位）。

（3）一般来说，系统的客户价值高低与需求分析师的能力成正比，以获取客户价值为目标展开调研分析工作是获得客户信任的重要途径。

（4）需求分析师的下一步发展方向有两条（仅作参考）：业务设计师、高级咨询师。

通过培训和大量的实践之后，学员们亲身感受到了知识带来的作用和价值，利用书中提供的理论和方法，提出有理有据的建议和提案，不但获得了客户与开发人员的认可，最为重要的是：通过严谨的、专业的表达方式，获得了对方的尊重，这个尊重又增强了参加培训学员的自信，形成了良性循环。

5.1.3 思路与理解

1. 需求的收集与确认

需求工程的重要性是毋庸置疑的，但是这个工作在软件行业中还没有形成体系化的培训机制，成长基本上靠前辈帮带、自学实践、经验积累。需求工程的工作很难用一套方法就可以解决多领域业务、多个性用户的问题。由于需求分析师难以培养，所以软件商大都缺乏优秀的高级需求分析师。需求工程的难度和作用可以参见图5-3，从客户不清晰的原始需求到可以进行编码开发的过程中，对收敛贡献最大的部分是②需求工程，而比较容易进行规范化、标准化作业的是③～⑤的部分。

②将①的复杂内容梳理并形成了清晰的需求说明规格书。

③将②的成果再进一步抽提、转换成为架构、功能和数据的设计成果。

④将③的成果再进一步抽提、转换为组件、机制的构成方式。

⑤将④的成果用编码的形式开发成为最终的软件。

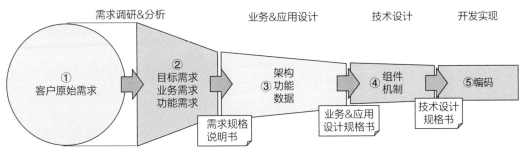

图5-3　软件工程各阶段对收敛的贡献

从图形的推进变化上可以看出，需求工程②担负着将原始需求①的内容理出头绪并形成一份清晰明了、可以确认的需求规格说明书的任务；而③～⑤的一系列工作，越靠后的部分就越单纯，复杂度降的越低，要做的事就越收敛。

②需求工程是开拓者，它担负了最为杂、乱、累的工作，从客户原始需求到编码的5个步骤中对收敛起的作用最大。②部分图形的收敛越大（梯形的坡度大），③以后的设计开发的图形就越接近于正矩形，工作就越顺利，否则②～⑤都是大坡度的梯形时就说明需求工程做的不到位，在后续的设计和开发中会不断地发现前期的需求有问题而造成返工。

📖　注：关于"收敛"的含义

收敛，指的是将复杂的原始需求，归集成为可以进行标准化作业的过程。标准化的作业内容是不受需求影响的，不论需求是否复杂其内容都是固定的，详见各阶段的设计内容。

作为一个开发团队，仅有高水平的设计和开发工程师而没有与之匹配的高水平的需求分析师，其开发的成果就有可能最终出现木桶理论中的短板现象了，培养出优秀的需求分析师是非常重要的，周期也是比较长的，因此除了学习和掌握需求分析的方法和工具以外，软件商还应该构建相应的需求体系、知识库（案例、场景、原型、模板）。

2. 需求，并非都是来自于客户调研

构建信息系统的需求是否都是从客户那里获得的呢？这个问题反映出了完成的系统中有多少内容是经过软件工程师（包括咨询、需求、设计、开发、实施等）提案的，这些提案往往包含更多的高级需求、更多的附加价值，需求的来源有多个，举例如图5-4所示。

1）基本需求

基本需求来自于对客户进行的"调研"，这类需求以功能需求为主，基本上按客户意愿进行设计和开发，内容大部分在需求调研、需求分析阶段内确定。

2）中级需求

中级需求不是客户直接提出来的功能需求，而是在需求分析阶段、业务设计阶段通过对客户提出来的业务需求进行转换、优化、补缺、提升的过程中产生的需求，也就是为完善业务而产生的需求。

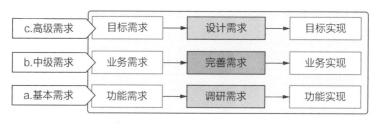

图5-4　需求的来源

3）高级需求

高级需求主要来自于软件工程师根据本次客户的目标需求、新的设计理念、新技术等而提出，也就是说，高级需求是软件工程师设计出来的需求，例如，"事找人流程设计（架构）""按照任务设计组件（功能）""数据的复用（数据）"等。"设计需求"需要软件工程师有足够的知识和能力。详见第15章。

上述三个需求来源的获取难度顺序为高级需求＞中级需求＞基本需求。

软件工程师要认识到，需求工程（调研与分析）完成了，并非是需求获取的工作全部完成了，只是由客户直接提出来的需求完成了，而通过设计工程的需求发掘尚未开始。

📖　**注：高级需求会影响开发成本**

这里只考虑如何发掘有价值需求的方法，不考虑新需求带来的开发成本问题。

5.2　需求分类

需求通常分为两大类，即功能性需求和非功能性需求。一般来说，这两类需求都是通过需求工程的需求调研工作完成的，但是售前咨询工作也带来了非常重要的需求信息。

5.2.1　功能性需求

功能性需求是系统必须要提供的业务处理功能，也是软件需求的主体。通常所说的需求前面没有形容词时指的都是功能性需求。获取的需求可以分为三类，它们之间存在着转换关系，按照转换的顺序分为：目标需求、业务需求以及功能需求。

目标需求：客户提出的信息化的目标、理念、希望、价值。

业务需求：客户提出的系统要对应业务的内容、过程、规则等。

功能需求：确定系统必须提供的处理业务需求的功能及功能的具体描述。

5.2.2　非功能性需求

软件需求的内容中还包括不是直接用来处理业务而是对功能需求运行效果提出的需求。

非功能性需求是指建立一些指标性的条件来判断系统运行情况，而不是针对某个业务处理的具体功能需求，它们被用来判断运行的系统是否可以满足以下的条件：安全性、可靠性、互操作性、健壮性、易使用性、可维护性、可移植性、可重用性、可扩充性等。

非功能性需求及技术设计需求在应用设计中会谈到，但不是本书的重点内容。

5.2.3 关于售前咨询

售前咨询工作的理论和方法虽然不属于本书的内容，但是售前咨询的结果中包含着很多对需求分析、业务设计而言非常重要的输入，特别是很多的"目标需求"来源于此，目标需求对后续信息系统整体规划、顶层设计有着非常重要的影响，有鉴于此，这里简单地对售前咨询做一些讨论和说明。

1. 售前咨询的内容

在进入到设计工程之前的阶段，与客户的所有交流和沟通的目的都是在获取需求，特别是对大型项目来说，签订合同之前通常会有一个售前咨询阶段，在这个阶段一般软件商会派出经验比较丰富的咨询师（如专家型咨询师）来与客户进行交流，探讨根据客户的需求可以提供什么样的解决方案，这个阶段的咨询具有以下几个特点。

- 合同尚未签订，具体信息系统做什么内容尚未确定，能否签约取决于咨询的结果。
- 此时客户方面的参与者多为企业高层，如经营者、高级管理者以及信息化主管等。
- 客户的需求多为目标需求、业务需求甚至是难度痛点等内容，较少谈及功能需求。
- 需求会涉及企业的发展战略、现存的主要问题及公司对信息化的期待等内容。
- 交流中谈到的内容可能会比较抽象，需求也多为隐性需求，是否能够成为真实需求需要咨询师去引导、判别、确认等。

售前咨询通常谈到的都是相对高端的需求，它们是后续需求分析中"目标需求"的主要来源，是企业经营管理者对信息系统的价值期望（尽管可能是用隐性方式提出的），在后续所谓的"需求调研"阶段中，往往可能就没有机会再去直接听取企业高管的需求了，所以这个部分的内容要作为非常重要的需求记录下来，作为后续需求分析的重要参考素材。

2. 售前咨询与需求工程

售前咨询的方式非常依赖于咨询师个人的能力和魅力，它并没有特别规范和标准的交付物以及模板，因此没有将咨询工作明确地列入到需求工程中（软件商不同可能划分方法不一样），这两者的重点不同。

（1）售前咨询：重点是通过售前咨询活动，提出解决方案，协助销售部门签下合同。

（2）需求工程：重点是进入客户现场，对已经确定的合同内容进行详细的调研。

虽然咨询的主要目的是促成签订合同，但是咨询阶段收集到的信息是非常重要的需求工程分析对象，尤其是"目标需求"，详见第7章。

3. 咨询师的作用

（1）咨询师，代表的是软件企业的最高专业水准，他应该是软件商的名片。

（2）咨询师是全面阐释软件商的理念与主张的传道士。

（3）咨询师建立的起点高，则整个项目的起点高，总价值也会高（对软件商与客户双方）。

（4）咨询师要能够利用储备的知识和经验，为客户的决策者充当顾问、参谋。

（5）咨询师的工作重点是要与客户项目的决策人进行沟通，获取客户的目的、期望等目标需求。

4. 咨询师的能力要求

对于从事售前咨询的专家型咨询师来说，对他的要求就比较高了，主要体现在以下几个方面（不限于此）。

1）沟通能力

沟通的对象有客户的决策层，生产、财务等中间管理层，对能力的要求较高，例如，

- 理解：是否能够理解高层的谈话要旨、隐含的需求？
- 展示：能否充分地展示出软件企业的服务能力、产品能力？
- 说服：能否说服客户，例如，导入系统后要在组织或管理制度上做相应的改变？等等。

2）专业能力

对咨询师而言，对他的专业能力要求是综合的。

- 是否掌握行业咨询的基本知识？
- 是否熟悉客户的主营业务和辅营业务知识？
- 是否基本清楚软件行业的最新技术、匹配的案例、解决方案等。

📋 **注：咨询师与需求分析师的区别**

咨询师的主要任务是通过咨询工作，让客户与软件商相互理解并确定是否能够为客户提供服务（如签订合同）；而需求分析师是在确定提供服务之后，进入客户现场进行具体的需求调研和分析。两者的工作在不同的阶段，一般来说，咨询师在前，需求分析师在后。

5.3 工程分解

需求工程的工程分解分为两个阶段，即需求调研阶段和需求分析阶段，见图5-5。

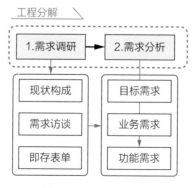

图5-5 需求工程分解

5.3.1 工程分解1——需求调研

需求调研阶段的主要工作有两个：需求调研，资料汇总。

（1）需求调研：利用问卷、现状构成图、访谈记录、既存表单的方式收集客户的需求。

（2）资料汇总：将调研过程中收集到的资料进行汇总，形成需求调研资料汇总，作为需求分析阶段的分析依据。

5.3.2 工程分解2——需求分析

需求分析阶段的主要工作有两个：需求分析，资料汇总。

（1）需求分析：基于需求调研资料分析客户的需求，最终确认系统需要实现的功能。

（2）资料汇总：将分析成果资料进行汇总，形成需求规格说明书，作为后续的各个设计阶段的输入。

5.3.3 需求调研与需求分析

1. 需求调研

目的主要是收集、记录客户对信息化的需求，重点是对内容的"记录"，而不是"分析"或是"设计"，避免因为分析与设计融入了需求分析师个人的见解，需求调研阶段的资料一定要保持其"原始性"（使用需求模板是为了使记录内容标准化、格式化）。

2. 需求分析

在对需求调研资料的理解基础之上，进行了抽提、归类、梳理，同时根据分析补全了调研时的断点，并且采用比较规范的方式进行了表述，重要的是：需求分析师通过对目标需求、业务需求等高端需求的分析加入了个人的理解，以及对企业信息化提升有价值的意见，所以需求分析的结果与原始记录之间会发生不同，需求分析师的理解代表了软件开发团队的理解，并以此为基础向客户进行确认，最终稿就形成了向下一个设计环节的输入资料。

所以说，需求分析师的能力会最终影响到信息系统的内容、技术、成本和周期等。

3. 二者的关系

两者都采用非技术设计用语描述，需求调研采用"客户用语"进行记录，需求分析采用"业务设计用语"表达分析的结果。在工作目的上两者有所不同，例如：

需求分析做的业务流程图必须具有业务的完整性，且符合业务流程的标准表达方式；而需求调研收集到的业务流程图可能是片段的、不连续的流水账。

需求分析对需求实体的内容进行了抽提、分类，建立了需求体系表；需求调研阶段不要求这个梳理，只进行原始的收集和记录即可（要保留原始状态）。

需求分析成果的作用有两个：向前端的客户确认，向后端输出设计依据；需求调研的成果仅仅是向需求分析提供资料。

两者最大的区别如下。

（1）需求调研：着眼于对原始需求的收集、记录。

（2）需求分析：着眼于从整体上理解、归集、确认，需求分析不是对需求调研的重复。

如果在实际的操作中调研和分析为同一人所做，那么也建议需求调研的资料里不加入个人意见，以保持资料的原始性，否则需求出现失真时，无法进行追溯以判断原因。

5.3.4　需求工程资料的应用

需求工程阶段完成的资料对后续的各个设计阶段的影响如图5-6所示。

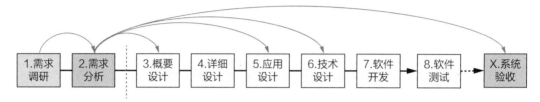

图5-6　需求工程资料的应用

（1）需求调研：收集、梳理客户的原始需求。

（2）需求分析：调研资料只提供给需求分析，不能被设计所直接引用（可以参考）。

（3）概要设计：要完整地对需求分析的结果全面覆盖，给出规划。

（4）详细设计：原则上是针对概要设计的成果进行细节设计。

（5）应用设计：对需求分析中关于应用方面的要求给出系统实现的方法。

（6）技术设计：对需求分析成果中的非功能性需求、技术需求做出响应。

（7）、（8）开发~测试：不能将需求分析的成果作为开发与测试的依据（可以参考）。

（X）系统验收：客户对系统的最终验收是依据需求规格说明书进行的。

5.4　工作分解

需求工程中各个阶段的工作分解分别划分为3个，见图5-7。

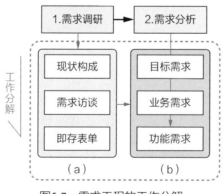

图5-7　需求工程的工作分解

5.4.1 需求调研的工作分解

需求调研并不是按照工作的顺序或是调研内容之间的关系去进行的，因此不存在严格意义上的工作分解，它是按照需求表达形态的不同进行划分的，需求表达的形态分为三个类型，见图5-7（a）。

（1）图形类：包括表达客户业务现状的图形、用界面表达的需求等。

（2）文字类：通过问卷、访谈记录形式收集的用文字表达的需求。

（3）表单类：客户提供的实际报表、单据形式的需求。

这三种类型的资料相互之间没有必然的关联关系或是顺序，可以同时进行收集。

5.4.2 需求分析的工作分解

需求调研的结果经过梳理，将非功能性需求分离后剩下的都是功能性需求，可以按照功能性需求的定义将它们分为：目标需求、业务需求和功能需求，这三者存在着目标需求→业务需求→功能需求的转换关系。严格地讲，它们不是三种类型的需求而是需求的三个层次，最终只有成为第三层的功能需求才能在系统中实现。分析阶段的工作分解就是按照这个顺序确定的，需求分析的三个分层见图5-7（b）。

（1）第一层工作：对目标需求的分析、向业务需求的转换。

（2）第二层工作：对业务需求的分析、向功能需求的转换。

（3）第三层工作：对功能需求的分析和确定。

5.5 需求体系的建立

5.5.1 需求体系的内容

前面已经提到了对需求分析师的培养是一个比较困难且周期长的工作，提升他们能力的方法除去培训工作外，还有一个就是建立相应的需求体系，没有这个需求体系，就是用个人的经验来解决客户的问题，有了这个体系，就可以做到用集体的经验和智慧来解决客户的问题。这里需求体系主要指的是建立"业务需求"。

只有长年的、不间断的积累业务才能成为专业的应用软件公司。对业务需求积累的成果并不随着时间与空间的变化而失去价值。而对于技术的积累随着时间和空间的变化，该技术是有可能被替换的，可以说，业务积累的多少与水平的高低，直接影响到软件公司的"价值"。

对需求的积累最好是采用体系化的方式，由所有与需求相关的工程师参与积累，并由参与者共同分享，建立需求体系需要有：模板的积累、专业知识的积累以及对需求体系的管理三个部分。如图5-8所示给出了构建需求体系库的内容及其结构关系（仅供参考）。

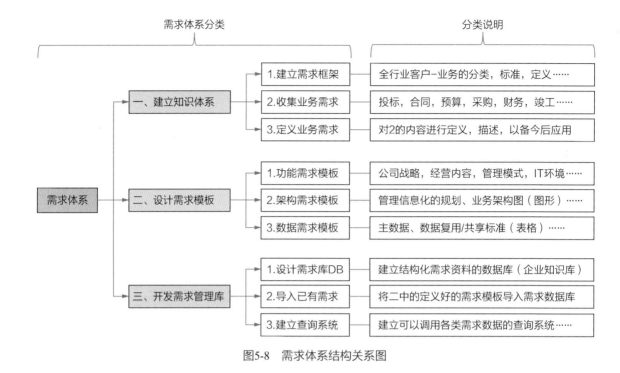

图5-8　需求体系结构关系图

5.5.2　需求体系的价值

建立了需求体系可以带来很多的价值，试举几例如下。

1. 体系化的知识积累

（1）研究与实践的成果可以有条理地进行积累，包括：理念、方法、标准、规范等。

（2）客户价值的积累，包括：不同业务领域、行业、板块、系统、模块、功能等。

2. 商业规模化的需要

（1）提升软件企业的价值，可以为客户提供体系化的解决方案。

（2）抽提、规划、建立新的商业模式，对客户的需求进行快速响应。

3. 降低成本提高效率

（1）积累的知识可以得到有效的复用、共享，降低成本。

（2）可以大幅度地缩短开发周期，同时可以帮助减少"需求失真"现象。

4. 规避风险的首要措施

（1）规避风险的最佳方式是让每个人事先知道该如何做，有了体系支持就可以做到。

（2）人的能力不足、调研分析时间短的问题，可以用知识库帮助解决。

5. 快速培养人才的捷径

作为需求分析师，被要求具有很多的能力，例如"业务能力""沟通能力""抽象能力""表现能力"等，但这太抽象，难以理解，而且非一日之功。建立一个可以提供大多数人直接参考和共享的知识库，可以让需要者"有序可循"，它像一个"业务平台"，可以让大家提供经验、分享知识，并由大家共同维护。

小结与习题

小结

需求工程可以说对每个从事软件行业的人员来说都是基础知识。因为它的核心内容是：

（1）如何与他人交流，如何快速地理解他人的想法，如何向他人传递想法等？

（2）对一个复杂的、不熟悉的研究对象如何快速找到切入点？

（3）如何将一个不清晰的对象，用简单的语言、图形或是表格的方式表达出来？

（4）如何将客户用语（知识、经验）表达的需求转换为业务设计用语的表达方式？等等。

需求工程中给出的方法都是可以按照工程化方式使用的方法，可以让从事软件开发的相关人员掌握一套快速的、行之有效的需求调研、归集、分析和表达的方法。让需求工程的工作也可以变得如同设计工程一样具有一定的工程化操作方法和流程。

管理信息系统的需求数量多少、需求的附加价值高低，取决于客户对信息化的目的和需求分析师的能力，需求分析师的位置通常是夹在前面的"咨询师"和后面的"业务设计师"之间，当软件企业具有这两个岗位或是该项目配置有这两个岗位时，需求分析师自身能力对项目的影响可以在某种程度上得到控制，如果软件企业没有其他两个岗位或是本项目没有配置这两个岗位，那么需求分析师就决定了这个项目的最高水平（企业管理型项目的最高水平通常是由业务设计师决定的），因此他就必须要掌握一定的咨询和业务设计知识。

分享

需求工程，以设计输入为要求标准

从事需求工作的学员们说，需求工作主要是靠经验，它不是一门"技术"，所以做出来的需求调研和分析的成果也不是那么严谨，它与后续的设计、开发之间的输入与输出关系也不是很严格，需求分析师做了很多工作没有被开发接受，同时需求分析师也做了很多无用的工作。

通过培训，大家感受到了需求工程不但是一门"知识"，同时也是一门可以定性定量执行的"技术"，它有模板、有流程、有标准，更重要的是它与后续的设计有着严格的传递与继承关系，由于有了设计的范围、内容、格式等作为需求工程的产出标准，所以需求工程要做的内容就非常具体、规范，作为一门"技术"的需求工程的可操作性大为提升。

建立以设计输入为需求工程标准的方法，可以提升设计质量、产品质量以及工作效率。

习题

1. 简述需求工程的作业内容、目的及作用。

2. 售前咨询与需求工程的区别是什么？各自的重点在哪里？

3. 需求调研与需求分析的分工是什么？

4. 需求工程的成果对软件最终质量的影响有哪些？

5. 需求工程的成果对软件最终成本的影响有哪些？

6. 简述建立企业需求库对软件商的实用意义。

第6章
需求调研

　　需求调研，是整个软件工程中的第一步工作，要做好分析与设计，首先要做的事就是对客户需求进行咨询和调研，完整、准确地收集和记录客户的需求、期望、痛点和难点是正确地进行分析与设计的前提。

　　本章内容在软件工程中的位置见图6-1。

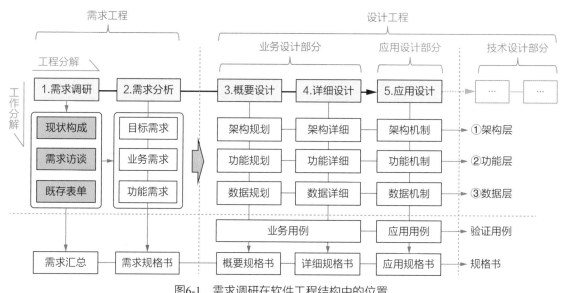

图6-1　需求调研在软件工程结构中的位置

6.1　基本概念

6.1.1　定义与作用

1. 定义

　　需求调研就是通过与客户/用户不断地沟通，采用包括问卷、访谈、绘图、收集原始资料等形式收集需求，并以图形、文字和表格的方式进行记录。

　　需求调研就是收集系统需要做什么的过程。

2. 作用

　　需求调研工作是决定软件开发能否成功的第一步，需求调研的质量对于应用软件的交付质量起着非常大的影响作用。

　　需求调研的结果就是后续设计和开发的依据，因此，如果调研有了偏差或是遗漏，其结果就有可能导致后续的设计和开发工作都出现问题。反之，如果需求工程给出了非常全面、严谨、逻辑清晰的结果，就会让设计师与开发工程师可以非常顺利地进行后续的工作。

在现实中，有很多软件企业在需求阶段与开发阶段的人员能力配置上是不平衡的，多数是需求阶段人员的能力相对较弱，开发人员的能力相对较强，这样完成的产品价值就会极大地受到需求质量的制约。

6.1.2　内容与能力

1. 作业内容

需求调研的方法有很多，影响需求调研效果的内外因素也很多，例如：

● 需求分析师个人掌握的知识、积累的经验不同而形成了不同的风格。

● 需求分析师对调研对象业务的熟知程度、对该对象的知识和经验的积累多寡等。

由于以上原因很难给出一个套路来完全对应不同的调研场景，但是不论采用何种方式进行调研，调研的结果都会以图形、文字和表格的形式记录下来，而且最终要向后续工作交付的资料必须是可以传递和继承的，也就是说，要符合工程化的记录要求，因此本书将需求工程阶段的重点放在对需求记录方法的说明上，需求调研记录内容详见图6-2。

主要内容		内容简介	主要交付物名称
输入	标书、问卷	□客户提供的需求资料 □客户企业的背景资料：经营领域、发展目标、企业文化、产品 □需求调研问卷	
本章主要工作内容	1. 现状构成 （图形形式）	□业务类-静态：企业现状的静态构成图（分解图） 　　　　　-动态：业务现状的动态构成图（流程图） □管控类：以业务构成图为基础、标注现在的管控点、未来的管控点	需求调研资料汇总 □现状构成 □访谈记录 □即存表单
	2. 需求访谈 （文字形式）	□决策层面的需求：理念、目的、商业方式、路线… □管理层面的需求：业务流程、管理方式等需求、要求 □功能层面的需求：具体的操作级的需求、建议	
	3. 既存表单 （表格形式）	□收集企业在用的各类纸质类、电子类的表单 □记录表达中各个数据的定义、算式、表关系 □表单的使用方法（流程）	

图6-2　需求调研的作业内容

不论需求分析师采用何种方式进行调研，其结果都必须要按照"图、文、表"三种标准形式进行记录，本书以结果为导向，把调研与记录的方法整合在一起，使用"图、文、表"三种记录形式对调研方法进行说明。

2. 能力要求

需求调研所需要的能力有很多，这里列举几个基本能力作为参考（不限于此）。

1）沟通能力（嘴）

沟通能力，就是"会说话的能力"。因为与客户沟通首先就要通过"说话"进行，因此对于需求调研来说没有什么能力比"会说话"更重要了，客户的构成非常复杂，他们来自于客户的不同层级，有高层领导、中层管理者以及大量的业务执行者，每个客户都有不同的诉求、不同的业务背景、不同的脾气秉性。能够与不同层级的人沟通是调研的基本能力。

2）速记能力（手）

俗话说"好脑筋不如烂笔头"，做笔记也是需求调研的重要基本功，交谈时会出现大量的信息，特别是对重要的"关键词"的记录。做了笔记在后期的整理过程中就可以找出其中的重要信息，不会做笔记，事后客户说的很多重点就会被遗忘。

3）归集能力（脑）

将收集到的信息进行梳理、归纳，这是一名合格的需求分析师必备的基本功。归集需要掌握本书的关于需求归集的方法。

4）客户业务知识

当然要想做好需求调研就要理解客户的业务知识，因为需求分析师不是业务专家，他们需要调研不同行业的客户，因此对需求分析师来说，掌握短时间内快速地理解客户业务知识的方法非常重要。

6.1.3 思路与理解

1. 用图形作为调研助手

对需求分析师来说，第一位的能力，不是知识、经验以及记录方法，而是与客户"沟通"的能力，例如遇到诸如调研之初如何打开"话匣子"？讨论僵持不下时如何解套？讨论中客户总出现跑题的现象如何应对？如何快速地打开局面或是控制局面？等等。一个非常行之有效的方法就是用"图形"来做引导，用图形做引导可以有如下的效果。

● 图形会引导大家的讨论方向一致、收敛，不易跑题。

● 图形会引起参与者的视觉共鸣，从而加速、加深理解的程度。

● 即使图形有错误，也可以调动起参与者的关心，成为吸引客户积极参与交流的"引子"。

● 图形的逻辑清晰，可以避免讨论结果似是而非的现象，为后续需求变动提供了证据。

另外，没有图作为调研助手，往往调研的结果只有"点需求、点功能"，而缺乏对客户业务的整体认知，特别是缺乏对"逻辑"的收集方法，造成后期的分析缺少逻辑支持，无法进行推演。

讨论前准备好各类参考图，讨论中经常在白板上用图进行分析，这种做法会大大地提升调研的效率和调研的质量。

2. 调研的合适粒度

关于需求调研的粒度要做到什么程度才算够呢？

这个问题很难从正面回答，但是可以从结果上回答，那就是如果调研结束后，不需要再向客户进行咨询就可以进行设计工作了，那么这个调研就做到位了。否则，进入设计阶段了，还要再向客户进行咨询，例如，某个表单的公式不清楚、某个功能为什么需要、某个管控要做到什么力度等。第一次在现场沟通得越详细，调研的成本就越低，离开现场后需要再进行二次、三次的沟通，则调研成本就会增大（时间、费用、效率）。

6.2 需求调研方法

6.2.1 需求调研的准备

"知己知彼，百战不殆"，要想做好需求调研，必须要事前做足功课。调研前的准备工作是否充分决定了调研初期的沟通成本（时间、资源）。

1. 背景资料的来源

事前了解客户的背景是十分重要的准备工作，了解客户背景就是调研工作的第一步，这些资料可以帮助事前做好准备，资料中的信息影响着与客户确定开发合同的内容、规模、金额、时间、技术复杂度等，了解客户背景可以有以下三个途径（不限于此）。

1）互联网

从各类网站和媒体上可以快速地获得一些公开的企业基本信息。

2）宣传资料

企业的各类宣传资料，会涉及企业的基本信息、产品、服务等。

3）人员沟通

相对于从网站、宣传册中获得"过去时"的基本信息，通过市场销售人员可以了解到"现在时"的企业信息，这个信息的现实意义可能更大，可以利用的价值更多，包括：客户引入信息系统的目的、客户既存信息系统的情况，以及参与竞争的软件同行产品等。

2. 背景资料的汇总

市场销售人员要对前述已经获得的信息进行梳理，做出一份背景分析报告，让需求分析师在调研开始前就掌握客户和项目的基本背景，这样做带来的好处是：

- 勾勒出客户的"形象"，了解了这个形象后可以让需求分析师做到心中有数。
- 让初次见面的客户感受到需求分析师的"专业性"，增强信任感，提升沟通效率。
- 资料是判断客户需求的重要参考，也为需求分析师增加了交流时的话题、切入点。

汇总的资料大体可以包括以下内容（不限于此）。

1）企业基本信息

- 企业发展愿景：了解企业的长远目标，帮助进行信息化的顶层设计。
- 主要领导发言：用以判明企业对管理信息化的看法、期待、支持力度等。
- 客户企业规章：理解企业的管理水平，能够接受的系统管理深度、难度等。
- 企业组织形式：组织结构、地域分布、部门的划分层级。
- 企业人员构成：员工人数、能力结构（高级、中级人才比例）。

2）企业业务情况

- 企业业务内容：包括企业的主营业务涉及的业务行业、领域、产品，辅营业务（财务、人资等）。这些内容可以帮助理解系统所需的功能。
- 企业业务数据：近三年的年产值、收益情况，用以判断管理信息化的效果，同时可以判断客户可以承受的开发费用。

- 有无业务问题：包括产值、成本、资金、收益、内控、质量、安全等诸方面的问题。

3）既存IT现状

IT现状与问题：既有系统覆盖的业务内容、存在的问题、其他硬件的环境等。

3. 表达形式的统一

有经验的读者都知道，调研初期最为头疼的事就是针对一个双方都知道的问题，需求分析师与客户往往谈了很久都说不到一起，而经过一段时间的沟通后就会变得比较流畅了，造成这个现象的原因就是双方来自于不同的行业，有着各自的习惯，因此对同一个问题缺乏统一的定义，而相互熟悉之后，尽管用语还不明确但也知道对方指的是什么，这种现象造成了调研初期的沟通效率不高，而且进行信息系统的详细需求讨论时，用语的定义必须是精确的、不含糊的。所以，调研开始前要对所用专业表述进行统一，统一的内容包括两个方面：用语表达的统一，逻辑表达的统一。

1）用语表达的统一

从两个方面进行用语的确定，一是客户的业务专业用语，二是软件商的软件专业用语。

（1）业务专业用语（客户）。

用文字的形式，将系统涉及的各类客户专业用语进行统一定义。方法是从预先收集到的资料中，将频繁出现的专业用语、固定表达方式等抽提出来列成表，做好定义后交与客户进行确认。业务用语根据不同的业务领域不同，例如企业管理经常会用到的产值、利润、成本、成本管理、收支平衡、业务财务一体化等。

（2）软件专业用语（软件商）。

由于客户要引入信息系统，所以客户也必须要引入和掌握系统相关的基础用语。方法也是同样，预先将本系统可能用到的专业用语列表，进行定义。例如，企业管理系统常用到的需求、功能、流程、界面、流程分歧条件、管控规则等，软件专业用语也就是设计用语。

2）逻辑表达的统一

仅用语言还不足以保证双方的沟通顺畅，因为企业有很多复杂的业务逻辑是用语言无法描述清楚的，所以必须采用图形的形式进行表达和沟通，需要教会客户方相关人能够看懂与他们业务直接相关的，并且需要他们确认的业务架构图、原型界面图。预先准备好用于不同业务的标准用图，如

- 分解图（静态）：将组织结构、产品结构、客商分类等关系表达出来。
- 流程图（动态）：将客户的业务运行顺序、管控点布置等关系表达出来。

相对于用语表达的统一，逻辑表达的统一是一个更高层次的统一，因为即使是用语统一了，但在具体业务内容的描述上可能还是不一致的，只有在逻辑表达层面也统一了，才可以说是真正地对某个事物的理解是一致了（理解一致≠做法一致）。

用图形表达业务逻辑的方式，是提升需求调研的效率、质量、价值等的最高效方法之一，当遇到的问题越复杂时，图形表达的沟通方式就越有效。

4. 问卷调研

通常在大型或是复杂的软件项目进入现场调研前，会对客户的相关部门进行问卷调研，将需求分析师想要知道的、容易回答的问题提前发给客户，在进入调研前回收、研究。

1）设计形式

问卷可以采用两种方式，一种是文字类，另一种是图形类。

（1）文字类：适用于任何问题的询问。将问题列表，客户的回答方式有两种：文字描述或是选择项。

（2）图形类：适用于对逻辑关系的理解。例如，某个业务的操作过程（流程图）、某个对象的分解结构（分解图）。

2）问题选择

问卷要根据不同的问题、不同的岗位，设计不同的问卷题目，例如：

- 决策层：想要什么样的系统、达到什么目的、期望什么回报。
- 管理层：通过信息系统，希望解决什么实际存在的业务问题。
- 执行层：现在手工作业（或是既有系统）的问题，希望如何改进。

3）设计原则

首先要注意，问卷不是解决调研问题的决定手段，它只是初步沟通、了解的工具，因此：

- 要广而浅，不能指望用问卷的方式解决主要问题。
- 不可将问卷形式设计得过于复杂，否则在理解上容易产生歧义。
- 问题说明不要太长，表达不要太抽象，理解不能过于费力（减低参与者的热情）。
- 问题要尽量做到量化，尽量采用选择题的方式，问题要贴近被问者的专业。

4）问卷的作用

- 给予对方思考的时间，让客户可以根据问卷内容提前梳理思路。
- 可以让客户事前了解"需求调研"的工作内容等，做好心理准备。
- 问卷法节省时间、经费和人力，这是为什么经常采用问卷法的原因。

5. 原型法调研

原型法是指在获取一组基本的需求定义后，利用高级软件工具可视化的开发环境，快速地建立一个目标系统的最初版本，并把它交给用户验证、补充和修改，再进行新的版本开发。反复进行这个过程，直到得出系统的"精确解"，即用户满意为止。

它在投入大量的人力、物力之前，在限定的时间内，用最经济的方法开发出一个可实际操作的系统模型，它可以减少与用户的沟通时间，可以让双方直观地、形象化地进行评价、提意见。制作这个原型需要本书提供的设计方法，因此，掌握了原型的设计方法后，就可以使用这个方法进行快速调研，原型的设计方法详见第13章和第17章的内容。

但是，这个方法是从"功能"的视角出发的，原型法只适用于调研和确认"点"的功能需求，所以用在相对比较简单的调研对象是高效率的，但是对于规模大、系统复杂的业务对象，仅用这个方法不能够解决对业务整体的理解和业务逻辑的获取，还需要采用本章推荐的"图、文、表"共举的方法。

6. 项目启动会

通常软件项目的合同确定之后，在需求调研之前都会召开一次有相关各方参加的项目启动会，可能有的读者会认为就是双方相关人员相互介绍认识一下，走个形式，其实不然。对于软件商方面而言，项目启动会的作用是非常重要的，用"机不可失"来强调它的重要性也一点儿不为过，它是需求调研开始前的最后一个重要工作，可以说是进入调研前的最重要工作，这个会的重要性就在于：双方的领导，特别是客户的高层领导会参加，下一步调研相关的组织、管理、计划等主要事项一定要在这个会议上"当面落实、决定"，也就是说，软件商一侧要在会议前，将所有需要双方领导当面确定的事项全部准备好（可以是提纲，也可以包含尚未敲定的事项），例如：

- 建立联合调研组，双方的负责人、各个领域、部分的负责人、参与人的确定。
- 问题的解决流程，客户方面的业务问题最终决策人。
- 项目的推进计划（这个尤为重要，因为客户往往因为工作忙，不能保证参与时间）。
- 设立调研中间成果的汇报、评估会议。

这些原则性的问题一定要当面确定，不然调研开始后出现纷争时再调停，就有可能因为良好的合作气氛已被破坏，而造成工作效率的降低。

7.调研路线图

将前述内容整理成调研的路线图，路线图包括：

- 流程：作为路线图的载体，给出开始、中间步骤、结束。
- 节点：路线图上的每个节点包含的内容、对应的活动和模板（问卷、图形）。

这些资料的格式、名称、内容结构等都要与后续的调研、分析、设计的内容保持一致，以获得最大的工作效率比。

8.调研物品

作为最后一项，调研中要准备好以下一些物品，这些物品的作用很重要。

- 投影仪：准备好的资料要用投影仪展示。
- 白板/多色白板笔：临时发生的问题在白板上画张图会带来意想不到的效果。

分享

调研神器：白板+白板笔

在培训时学员经常会提出一个令人苦恼的问题：在需求调研的现场，客户参与的人越多场面就越难控制，常见的现象：对同一问题的意见不同、内容跑题、讨论的内容不在同一个层面、店大欺客等，常常是讨论了半天结果不收敛（没有结论），遇到这种场面该如何应对呢？

老师与大家分享了经验：调研现场最为重要的道具之一就是白板和白板笔（两种颜色以上），当出现上述情况时，你要勇敢地走到白板前拿起白板笔，针对讨论当中最具有权威（或是声音最大者）的客户提问并绘制排比图（一维），诱导他说出正在讨论内容的业务步骤，将这个业务步骤画成一条主线，然后以这条主线为背景，对主线上的每个节点逐一地询问："发生的问题""期望的对策"，并将他们的回答标注在排比图上，此时在场的所有人就会渐渐地安静下来并被吸引到白板的排比图上，进而参加进来，发表自己的意见，这样不但可以快速地控制局面和进程、调整现场气氛，而且还可以同时获得带有逻辑的现状图。

在事后的培训满意度问卷中，这个做法给大家带来了期待的效果，不但提升了需求调研的效率，在增加了客户对调研者信任度的同时也逐渐地得到了客户的尊重，取得了一石二鸟的效果。"排比图"的画法参见第4章。

需求分析师要牢记：与客户沟通和与软件企业内部人员沟通的意义不同，在调研初期与客户沟通的失败会严重地影响客户对需求分析师的信赖和信心，会造成客户与需求分析师之间的

"不平等现象"（当然是客户在上），影响以后双方的合作。充分的事前准备不但可以提高调研工作的效率，更为重要的是可以提升需求分析师在客户心目中的地位和信赖程度。不打无准备之仗，准备周全的调研工作，可以展示出需求分析师的专业水平。

6.2.2 调研对象的区别

调研对象的不同获取的需要不同，想要获取什么需求就要知道找什么样的调研对象。

1. 从企业外部看调研对象

从外部看企业，可以将调研的对象分为两大类，即：客户与用户，这两者对项目起着不同的作用，他们的关注点不一样，所以提出的需求也不同。

1）客户

客户，指的是管理信息系统的投资人、购买者，如企业决策者、企业信息化主管领导、信息中心负责人等。客户是站在企业的高端，从战略的层面去看待企业管理的信息化，他们的关注点在于导入信息系统的目的、目标、价值（效率、效益），如何提升企业的竞争力等。

2）用户

用户，指的是系统的直接利用者（操作），这个用户包括所有的系统使用者，不论是查看分析报表的企业高管、普通的凭证数据输入者，还是企业信息中心的维护员，他们都对自己所利用系统的功能有相应的需求。

用户是站在功能使用的角度上看待企业管理的信息化，他们的关注点在于：信息化优化和改善了那些具体的业务流程、操作方法，信息系统包含哪些功能、功能的易用性如何、工作效率是否提升、还有哪些难点和痛点问题可以用信息化手段来解决等。

3）客户与用户的区别

两者的关注点不同，客户需求的层次要高、抽象，用户的需求比较具体、直观，客户的需求是要转换为用户需求才能落地实现的。

当然，客户与用户关注的内容并非是没有重合的、完全分开的，这里只是强调他们的差异，而这个差异点非常重要，往往经验不足的需求分析师会将客户提的有些抽象的需求过滤掉，而只关注用户提的比较直观的需求，这样做就是常说的"捡了芝麻丢了西瓜"，在现实中往往价值最高的需求来自于客户。

> 注：客户与用户两者在使用时的区别
>
> 在本书中，如果说明某个功能的使用者时，会使用"用户"，而泛指软件商服务的对象时一般用"客户"，此时"客户"中也包含"用户"的含义，使用"客户"还是"用户"对后续的说明都不会产生歧义。

2. 从企业内部看调研对象

一般企业组织可以划分为三个层次，即：决策层、管理层和执行层，各自的职责如下。

1）决策层

● 组织的实权机关，包括董事长、总经理、副总经理等。

● 他们提出的需求形式多为理念、目标、愿景、价值、期望等。

● 决策层的需求会影响到系统的顶层设计、范围规划、业务架构等内容。

2）管理层

● 决策层的下属机构，包括生产、计划、物资、销售等管理部门。其职责是落实决策层的战略目标，具体制定各个组织的目标、管理和协调等，他们只关注自己的分工内容。

● 管理层提出的需求形式多为业务表达，例如，优化采购流程、进行成本过程的精细化管理、建立业务与财务数据共享机制等。

● 管理层的需求会影响到对业务规划、业务架构、业务功能、管理深度等方面的判断。

3）执行层

● 直接受管理层的领导和协调，将所属组织部门的目标转换为具体行动和成果。

● 执行层的需求内容大多是对具体功能的描述，例如，合同管理模块、界面的字段、某个业务处理的计算规则等。

● 执行层的需求会影响到系统的业务架构、业务功能等详细设计内容。

这三个层次由上到下具有组织之间的关联，同时各自又有独立目标和职责。

6.2.3 需求调研的顺序

调研的方法有很多，这里介绍几个在企业管理类系统调研时最为常规的调研方法。

通常对客户进行调研时的路径为：首先是按照组织部门的划分调研，然后是按照工作岗位的划分调研，最后是按照业务自身结构调研，即：组织（部门）、岗位以及业务。三者的关系如图6-3所示。

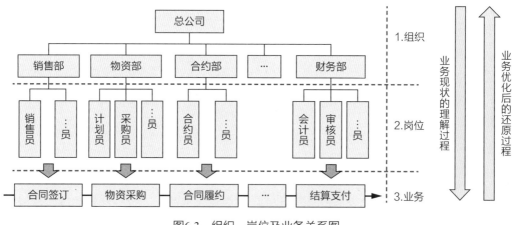

图6-3 组织、岗位及业务关系图

1. 按照组织部门

沿着企业的组织构成，以各个业务部门为单位逐一听取需求说明。

2. 按照业务岗位

按照不同的角色，制定一张调研表，从该角色的视角理解业务，这个方法多用于对业务和管理过程起着重要影响的角色。

（1）决策层：如董事长、总经理等主管企业的战略、经营方向。

（2）管理层：如各个业务部门的负责人（财务、生产、销售）、业务线主管（采购）等。

（3）执行层：如各个业务流程上的活动的担当者、执行人。

3. 按照业务划分

前两个维度都是从组织的视角进行调研的，第三个维度是从业务运行的视角进行的，此时部门、岗位信息仅作为参考属性，而将业务对象作为调研的主体，如成本管理主线、资金管理主线、材料采购主线等，以业务视角为主线的调研可能跨部门、跨岗位，它是搞清楚业务逻辑的主要手段。

三种调研方式缺一不可，三者的关系是：首先按照组织维度进行调研，这个方式对客户比较容易，他们可以各说各的，不用去考虑与其他部门的业务是否可以无缝衔接。最终需求分析师必须要用业务为主线的方法将前两种调研的成果进行串联，向客户确认，如果没有问题，则调研的结果是可信的。

6.2.4 需求真实性的识别

1. 摆正与客户的关系

做过调研的读者一定会遇到过这样的纠结，感觉客户提的需求不对，但因为他是客户难以判断是否要按照他的意见去做。这个问题的关键就在于：在谈到客户的业务时需求分析师就认为客户比自己更加熟知业务工作，因此软件商就应该按照客户的意见去做。

客户在他所从事业务的方面会比需求分析师更加专业，但是客户在管理如何实现信息化方面未必是专家，例如，成本管理与成本管理信息化的区别。

（1）成本管理：指的是在"人-人"环境下进行的成本管理方式（包括知识和手段），讨论这个方面的内容时可能客户更加清楚。

（2）成本管理信息化：指的是在"人-机-人"环境下用信息化手段进行的成本管理方式，讨论这个问题时需求分析师应该比客户更加有经验。

通常第一次进行信息系统构建的客户，是基于"人-人"环境的工作背景来提需求的，而需求分析师要用基于未来"人-机-人"环境下的工作方式来判断是否需要这个需求。当然在判断的时候还受到其他因素的影响，例如，需求分析师与客户哪个经验多、客户是否是部门的领导、需求分析师是否做过同类产品等。

从结论上说，即：不要轻易地相信客户提的所有需求都是对的，按照客户做的就没有问题。因为当出现错误时还是要归结于需求分析师没有搞清楚客户的需求，因为客户不是信息化专家，最终需求分析师还是要为错误的结果负责。

2. 判断真实的需求

如何解决上述问题，做到可以正确地判断是否是真实需求呢？

1）方法一：逻辑推演

当需求分析师不清楚客户的业务但又感到有问题时，可以用逻辑推演来判断，通过逻辑推演可以判断出客户的需求是否是合理的、正确的，例如：

- 为什么需要做这个功能？缺少这个功能会如何？
- 这个功能与其上游工作的关系。
- 这个功能与其下游工作的关系。

为什么通过业务的逻辑推演就可以搞清楚问题呢？因为很多的被调研者是客户某个业务流程上的某个业务功能的执行者，他可能有以下的局限性。

- 被调研者只知道某个业务点或某个局部的做法。
- 被调研者不知道为什么这样做（他的前任没有告诉他理由）。
- 被调研者说不清楚他所从事业务活动的输入与输出。
- 被调研者的上下级之间的看法不同，部门间的沟通不足；等。

2）方法二：多角度观察

需求分析师要记住"不要轻易相信你听到的"，因为需求分析师与客户在信息化知识方面是不对等的，客户并不知道他提的需求将来在系统中会带来什么后果，需求分析师也未必听懂了客户的真实需求，因此对客户提的"表面需求"要经过侧面的判断才能确定为"真实需求"。为了解决这个问题，可以参考使用如图6-4所示的5W1H分析法帮助做好判断工作，其含义如下。

（1）对象（What）：什么事情。

（2）场所（Where）：什么地点。

（3）时间（When）：什么时候、顺序。

（4）人员（Who）：责任人。

（5）为什么（Why）：原因。

（6）方式（How）：如何。

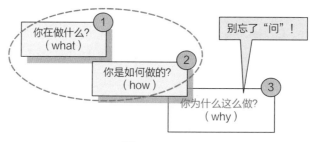

图6-4　5W1H

在需求调研过程中使用5W1H方法，首先要理解的是What、How，而作为判断的重要依据的是Why，其他Where、When、Who是附属的信息，没有经验的需求分析师只会从正面进行调研，即询问"做什么""怎么做"，但是最为重要的"为什么做（Why）"却往往不问，这样就失去了多角度观察需求的机会，也同时失去了识别需求的虚实的机会。

3. 价值判断方法

对于复杂的、规模较大的需求，用简单的、操作层面的能够做评估的依据难以确定是否是真实的需求，此时可以利用咨询中使用的"目的、价值和功能"三要素来判断需求。这三要素的关系如图6-5所示，三要素的定义如下。

①目标：首先，确认客户的需求目标是什么？

②价值：其次，确认该目标达成后，客户可以获得什么价值？

③功能：最后，确认软件商提供何种功能可支持该价值的实现？

这三者的关系是："目标"是做什么，"价值"是对目标达成的回报，"功能"是对价值的实现。如果针对某个需求的判断符合下述条件，那么它可能就不是真实的需求。

（1）确定不了这个需求的目标是什么。

（2）虽然知道目标，但看不出目标达成后会给客户带来什么价值（回报）。

（3）提出的功能需求实现后，并不能给客户带来预期的价值；等。

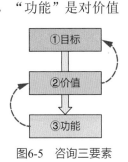

图6-5　咨询三要素关系图

6.2.5　需求背景的记录

访谈记录中，一定要记住：每个需求都要有对应的"背景"，这个背景就是导入该需求要解决什么现状的问题，如果没有对该需求背景的描述，在需求分析时就搞不清楚要做到什么程度，在设计阶段就会拿捏不准，出现了设计不足或是设计过渡都是不好的，有了背景说明，很容易找到对策，从而找到对应的功能。例如：

● 成本管理需求：要记录下现在的成本管理现状是什么，问题是什么，可以改善的内容，提升的空间是什么。

● 销售管理需求：要记录下现在销售的现状，要改进什么内容，提升哪些效率，希望通过信息化的销售管理方式带来什么回报。

在信息系统上线后进行客户满意度评估时，如果没有这些需求的背景信息，则无法评估，因为不知道原始状态的情况，就无法说明信息化带来了什么改变，产生了什么价值。对于软件商来说也无法向新客户说明自己的解决方案有哪些效果案例。

6.2.6　需求的记录形式

不论采用何种调研方法，最终记录的主要形式都是三种：图形、文字和表格。

1. 记录的三种形式

采用"图形、文字、表格"三种形式记录，不但可以将客户现在企业的状况、问题、希望、需求等搞清楚，而且调研的结果还包含非常清晰的逻辑性，要记住：调研结果不能只有"功能"，还必须有"逻辑"。这个清晰的逻辑表达方式正是未来可以高质量、高效率地进行需求分析、业务设计的保证，见图6-6。

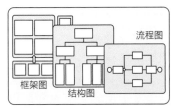

(a)现状构成（图形形式）

(b)访谈记录（文字形式）

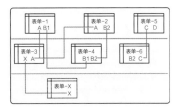

(c)既存表单（表格形式）

图6-6　需求记录的三种形式

（1）图形：记录了客户业务现状的构成形态，包括业务流程、结构分解、逻辑关系等。

（2）文字：记录了与客户进行沟通时的内容，包括需求、期望、痛点等。

（3）表格：收集了客户实际使用的各类表单，如凭证、各类统计资料、分析报表。

三种记录形式的详细说明参见后续各节。

📋 **注：访谈记录表格与既存表单的区别**

访谈记录的主要形式是"文字"，它可以用文章体记录，也可以记录在表格上，后者的目的主要是为了梳理、维护的方便性，"表格"并不是访谈记录内容的构成部分。而既存表单不同，表单的"表格"本身就是信息的一部分。

分享

记住：业务逻辑，是调研的重要成果之一！

培训会上，学员们经常说：我编写需求规格说明书花费了很多时间，内容也非常充实，但是最后开发的结果还是出现了大量的返工，受到了客户和开发的抱怨，问题出在了哪里？！

在投影仪上将部分学员的需求规格说明书展示出来，大家一起做了对比，发现了这些资料的共同点：说明书中不缺乏"功能一览"以及对功能需求的详细描述，但是缺少了一个关键的内容，就是对业务"逻辑"的记录，用组合原理来解释就是，大家重"要素"不重"逻辑"，缺少"逻辑"信息的最突出表现就是没有现状构成图或是业务架构图，缺少逻辑就无法支持后续的整体规划、业务架构以及精确地确定数据关系等，如此，即使是功能做得再好，由于系统是功能串联起来进行运行的，如果逻辑不清，则运行一定不顺。

学员们进行了反思，做了多年的需求调研和分析工作，重点都放在了"对功能的收集和确认"上，缺乏"对逻辑的收集和确认"的意识。出现这个现象与通常调研时基本上不用图形收集需求的做法是吻合的。

2. 三种记录方式的使用顺序

根据调研对象的内容、客户对信息化知识了解的多少以及需求分析师的能力等不同，记录方式的使用顺序会有的不同，可以参考以下的情况做判断。

1）对客户业务不熟悉的情况

由于不熟悉，当然第一步先要听取客户的说明，那么就以访谈记录的方式开始，在记录了客户的需求后，经过梳理绘制成图，再向客户确认理解是否有出入。

2）对客户业务比较熟悉的情况

当对客户的业务比较熟悉时（如已经做过同类的产品），则可以预先准备相似的业务构成图，通过图形的展示说明，可以快速地与客户达成对业务要素、业务逻辑的统一认知，通过调整图形的构成，逐渐地拉近双方认识的一致性，同时做好访谈内容的记录，这个方法的工作效率最高。这种方式需要需求分析师预先做好图形的准备工作。

从作者的经历来看，即使是不熟悉的业务对象，经过预先进行调查，先绘制出一套业务构成图，不论其内容正确与否，在现场调研时它都会起到很大的作用，例如：

客户看了图后，如果不对，他可以准确地指出哪里有错误，什么是正确的。

如果正确，则需求分析师可以快速地理解业务要素、业务逻辑的内容。

另外，调研初期，由于客户不熟悉软件调研的方法，往往不知道如何参与，如果借助业务构成图绘制的业务场景进行交流、调研，则客户会感到很亲切，非常容易参与进来，在参与的过程中客户也可以自然而然地掌握业务架构图的看图方法，一举两得。

3. 需求记录的原则

需求工程，不是设计工程，在需求调研的记录中要切记下述原则。

- 访谈记录，一定要保持原始记录的内容、表达方式。
- 不可以在访谈记录、现状构成图等资料中加入需求分析师自己的观点。

如果在调研记录中加入了需求分析师自己的态度、想法等，那么这个调研资料就不能表达客户的原始需求了，基于这个调研资料所做的分析如果出现了错误也无法进行追溯，特别是当需求分析师的知识、经验都不足时其带来的后果会更加严重。

📑　注：调研过程的语音和录像资料不能算作需求记录，它们只能用来还原现场情况。

6.3　记录方式1——现状构成（图）

6.3.1　定义与作用

1. 定义

现状构成图，是采用架构模型将研究对象的业务构成以及业务运行情况表达出来的记录方式。作为分析、优化业务的依据，现状构成图可以同时表达出业务要素和业务逻辑。

观察研究对象的业务背景时，可以将其分成两个部分，一是静态的"非运行部分"，二是动态的"运行部分"。通常静态的非运行部分业务采用分解图、框架图等表达，动态的运行部分业务采用流程图，见图6-7。

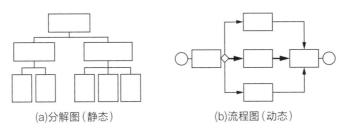

(a)分解图（静态）　　　　(b)流程图（动态）

图6-7　业务构成图的概念示意

1）静态的表达

即利用分解图、框架图等，绘制业务的结构状态，此图可掌握业务的"静态构成"，并从静态构成中获取"静态逻辑"。因为所有要素之间都存在着从属、关联的关系，用分解图等可以标识出它们之间的关系，如组织结构、工作分解、材料构成等。

2）动态的表达

即利用流程图，绘制业务的运行状态，此图可掌握业务的"动态构成"，并从动态构成获取"动态逻辑"。业务流程图给出了各个工作过程的开始、终止，以及中间活动的顺序，如报销流程、采购流程、支付流程等。

2. 作用

客户导入信息系统前的业务构成状态是需求调研的重要内容，这是对业务理解、业务优化的基础，理解业务现状的方法可以通过语言交流、资料参考的方式获得，但是这些方法大都是罗列式或是碎片化的表达，难以体系化地理解业务的逻辑关系。因此，采用架构图的方式表达业务现状，就可以很好地解决这个问题。

为什么称为"现状构成图"呢？这是因为客户提供的各类图形或是根据客户的描述绘制的结果大都不是很规范的，业务构成图的作用是"用图形记录业务的现状"，此时不要求一定按照架构模型的标准绘制图形。

现状构成图的方法与访谈记录采用的事前问卷方式有相似之处，这两种方式都是以"确认"为主的调研方式，而不是"询问"的方式，这样的方式效率高，可以较为快速地获得需求分析师想要的信息，而且还可以保证调研对象回答问题时不跑偏。

现状构成图不仅是客户现状的记录，而且也是后续进行业务架构、优化、改进的重要参考物。没有此图，后续在设计时就不知道以什么为参考对象进行业务的优化了。

6.3.2　构成图1——静态构成

静态构成，表达了"有什么"。

1. 要素的构成

这个方法适用的业务对象非常多，如业务、组织、物品等，见图6-8。

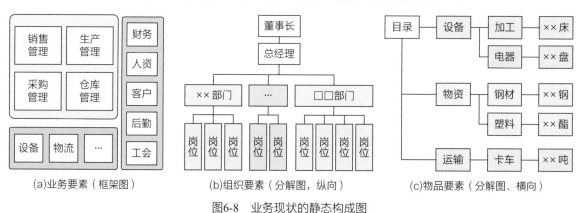

(a)业务要素（框架图）　　(b)组织要素（分解图，纵向）　　(c)物品要素（分解图、横向）

图6-8　业务现状的静态构成图

- 业务类：销售活动、设计活动、采购活动、加工活动、财务活动、人资活动等。
- 组织类：销售部门、财务部门、生产部门等；董事长、经理、工程师、员工等。
- 物品类：设备、生产线、材料、运输工具、产品、计算机等。

从这些静态的业务构成图中，可以清晰地了解企业有哪些业务，各类业务的结构、业务要素等信息，这就是静态的业务构成图带来的价值。

2. 逻辑的构成

绘制上述要素的构成图时，对每个要素都注入了如下的信息。

（1）要素的位置。

（2）要素与周围其他要素之间的关联。

（3）要素之间的包含关系形成了系统、从属关系。

这些信息就是"逻辑"，逻辑是难以用文字或是表格来记录的，最佳的方式就是用图形的方式记录，最为准确、快捷。常用来表达静态构成的架构模型有两种：框架图和分解图，详细的绘制说明参见第4章和第9章。

6.3.3 构成图2——动态构成

动态构成，表达了"怎么做"。

记录动态构成的方式有两种：第一种是采用记"流水账"的方式，第二种是采用"业务流程"的方式，两者在不同的场合各有各的用途。

1. 动态构成——流水账方式

按照客户的叙述顺序将工作过程记录下来就形成了一个"流水账"，此时客户不可能按照规范的流程来叙述，因此将过程中的节点称为"步骤"。步骤可以是名词、名动词、动词等。这个方式的优点是快速，不打断客户的叙述思路，但是记录的结果需要进行梳理。

如图6-9所示，②、④是与系统没有直接关系的步骤，在需求分析时，要确定这些步骤上是否需要用系统的功能对应，如果有就要找出它们对应的实体。

图6-9 流水账的记录方式

由于是记录流水账，所以只需要有一条线把各个步骤串联起来，并用箭头标明方向就可以了，不需要严格地按照流程图的标准绘制，因为它在后续的需求分析时还会发生变化。

注：实体

实体指的是该步骤对应的处理内容（数据），是后续设计界面时的依据，实体可以有以下几种形式。

（1）既存表单（表单上有格式、字段等信息）。

（2）与客户沟通的记录（需要输入的数据、界面形态）。

（3）上传资料（包括扫描文件、其他类型的数据、图形、声音等）。

2. 动态构成——业务流程方式

1）要素的构成

业务流程方式比较正规，按照正式的流程图标准绘制，流程图给出了构成流程的要素。流程架构图的特点是：所有的节点都是由"活动"要素构成的。

从图6-10中可以清晰地了解到业务的流程、节点（要素）等信息，这就是动态的业务构成图带来的价值。

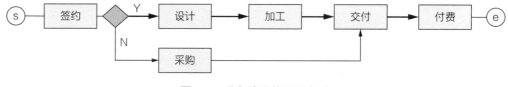

图6-10　业务流程的记录方式

📖　**注：活动的含义**

"活动"是指客户生产过程上的某个对应工作，是用动词来表达的。

2）逻辑的构成

绘制上述要素的动态构成图时，对每个要素都注入了如下的信息。

● 要素之间的位置（顺序）。

● 要素与周围其他要素之间的关联（箭头）。

● 要素的分歧、流转等。

这些"顺序、方向、流转……"就是逻辑，了解动态的业务逻辑必须要借助"流程图"来获取。从流程的顺序上理解了逻辑，通过逻辑的变化可以增加需求分析师对业务的理解，如果将流程上要素的顺序变动一下会发生什么变化呢？例如，参照图6-10设计两种流程顺序，试看它们的业务逻辑有何变化。

方式1：签约 → 设计 → 采购 → 加工 → 交付 → 付费。

方式2：设计 → 签约 → 采购 → 加工 → 付费 → 交付。

这两条流程的要素构成是一样的，但是逻辑却有所不同，方式2的"签约、设计、付费和支付"4个节点的位置都发生了变化，逻辑不同的理由如下。

方式1：由于价格可控，可以在"签约"之后立即开始设计，产品交付后再付款。

方式2：先做"设计"，搞清楚成本之后，再签合同，并且要先交费，再交付产品。

对比分析两种方式的逻辑区别（参考）如下。

方式1：客户优先，是客户主导的做法。

方式2：厂家主导，是对厂家比较保险的做法。

可以看出，要素位置的变动，表面看是架构顺序发生了变化，实质上是业务逻辑发生了变化，这个逻辑就是企业经营管理者的想法。所以在调研时，一定要精准地记录客户的原始做法，不要加入需求分析师的意见，以免误解了客户的意图。

3. 静态构成与动态构成的关系

在收集客户的业务现状时常常会发现，动态的业务流程图可能是跨部门运行的，如图6-11所示。在没有信息化支持的企业运行中，各部门的工作分工细节、工作名称等常常都是不规范的，它们之间的关联关系并不一定能用严格的逻辑来表达（这也是进行业务分析、架构以及优化的目的）。

业务分解图和业务流程图是各自独立地从客户调研中获取的，获取的方式有：

（1）由不同的绘制人，分别绘制静态构成图和动态构成图。

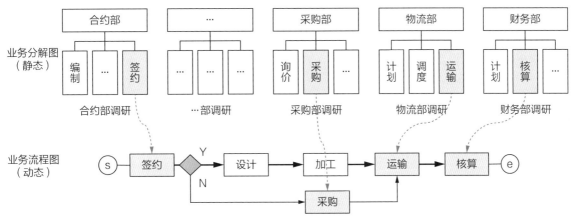

图6-11 静态图与动态图要素的一致性

（2）由同一个绘制人，分别从不同部门和岗位的人那里获取。

上述不同的情况都会造成流程图的要素名称与分解图要素名称的不一致，为了保证获取的要素之间的关联关系（逻辑）是正确的，在调研现场要尽量确定动态的流程图上的主要要素与静态分解图上的那个部分要素是相对应的，以利于后续进行分析、架构时得到正确的结果。

绘制业务构成图的目的，就是要初步掌握客户业务的现状，后期用业务架构图对客户业务进行优化时，就是基于这个业务构成图进行的，因此业务构成图表达的要素、逻辑等信息越精准，后续的架构工作就越容易进行，获得成果的价值就越大。

关于动态构成的描绘，也可以同时采用泳道式流程图，这样可以同时记录流程的背景情况。关于泳道式流程图的方法参见第12章。

6.3.4 构成图3——管控构成

有了前述的业务构成图之后，以业务构成图为载体可以绘制出客户的管理现状图（参考分离原理，这样分开记录有利于后续的分析与设计）。

1. 要素的构成

管理现状图中需要的管理要素有三类：业务载体、管控点、管理规则，如图6-12所示。

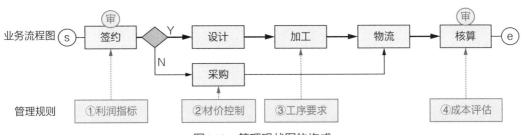

图6-12 管理现状图的构成

（1）业务载体：流程图、要素、分歧点等，如签约、设计。

（2）管控点：管理规则的加载位置，如在"签约"上有审批流程、利润控制两项。

（3）管理规则：管控点加载的管理规则，如在"采购"上有"材价不能超标"的规则。

2. 逻辑的构成

管理的逻辑是通过管理建模形成的，如图6-13所示，为了保证最终的成本不超过签约合同的总价值，业务流程要保证：

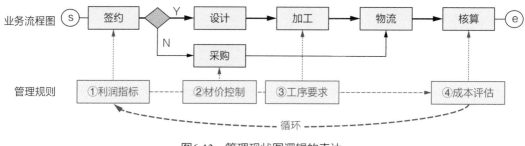

图6-13　管理现状图逻辑的表达

（1）每个管控点的合计数值从后向前：

$$\Sigma（核算值）\leq \Sigma（加工值）\leq \Sigma（采购值）\leq \Sigma（签约值）$$

（2）每一份签约都是这样的循环；管理现状图为后续的优化、改进提供了参考。

有关管理现状图的绘制方法，参见第19章。

6.4　记录方式2——访谈记录（文）

6.4.1　定义与作用

1. 定义

访谈记录，是利用问卷或是面对面的交流，并将交流的结果用文字的方式记录下来。通常在与没有信息化知识或经验的客户进行交流时，客户并不能直接给出来用设计用语表达的具体功能。一般是从与客户的决策层、管理层和执行层的交流中，获得他们用客户用语描述的需求。

1）事前问卷

为了提升访谈记录的效率，可以提前编制一个对客户起着诱导、启发作用的问卷，让受访者预先理解、准备。

2）当面访谈

这个部分的内容最多，工作量也是最大的，包括客户对信息化的明确需求、不明确的问题、对未来的期望等，所有用图、表格等不易表达的内容都可以用，例如：

- 决策层面的需求：理念、目的、商机等。
- 管理层面的需求：优化、效率、效益等。
- 执行层面的需求：功能、措施、规则等。
- 各层共有的问题，如企业运营中的难度、痛点等。

2. 作用

访谈记录获取的信息量是最多的，所有无法用图形、表格等形式表达的需求都可以用语言的方式表达，如目标、期望、痛点、难点等内容。大多数的业务功能都是从访谈中直接或是间地获得的。访谈记录表是后续编制需求调研资料汇总的基础。

6.4.2　访谈记录表

访谈记录的基本内容可以参考图6-14。

需求调研		原始需求		对策交流		担当
①部门/人	②需求 (目标业务功能)	③说明（背景、期望、痛点……）	④对策	⑤ 优先级	
1 采购部/ 李部长	对材料采购、使用过程的准确把握	□背景：材料状态不清，成本核算不准 □痛点：收支不成比例，成本高居不下 □期望：监控出与收益的比例 □其他：……	□做出实际物资消耗与成本相关的动态分析表（详见附表3） □每月第三个工作日上报上个月的消耗与库存	很急	
2 财务部/ 张会计	以收定支	□背景：回款状况不好，每月都超支 □痛点：有数据看不见 □期望：申请支付时，需要提示是否有可支付用款……	□看得见、算得清、控得住	中等	
3 信息中心/ 王主任	有主数据设计	让支出受制于收入、没有收入就不支出……	待定，需要技术工程师参与交流	不急	
⋮	⋮	⋮	⋮	⋮	⋮

图6-14　访谈记录表示例

（1）需求提出人（Who）：提出者的部门、岗位、职责等。

需求提出人是属于什么部门、岗位等。

（2）需求内容（Where/What）：在什么地方、做什么事。

描述在什么地方（部门、岗位、流程），做的什么事情（有什么需求）。

（3）背景说明（Why）：为什么要做这件事，背景、痛点、希望获得什么效果等。

这个背景对确定采用什么功能以及判断是否取得了相应的效果非常重要。

（4）对策（How）：采用什么方式（功能）应对需求。

考虑到的可能对策，此时可以给出功能名称，也可以仅给出对策方案，具体的概念细节在分析时再确定。

（5）优先级（When）：说明什么时间或是按什么顺序完成这个需求。

6.4.3　需求与要求

在调研过程中，要注意获取的信息中的用语表达方式，特别要搞清楚"需求"和"要求"的区别，理解两者的差异很重要，这会对后续的设计范围、设计深度产生重要的影响。

1. 需求

客户对某个功能是需要的，提出者只是想要，但对要的内容具体也说不清楚（定性、定量），需要需求分析师帮他搞清楚想要的是什么，在调研期间这类信息都属于"需求"，需求最终是否能够成为"功能"要到需求分析完成后才能确定。

2. 要求

客户对某个功能是清楚的，给出了条件清晰的意愿，客户甚至可能给出了定性、定量的条件，这就是客户的要求了。一般来说，客户的要求是一定要实现的，尽管通过设计后呈现给客户的功能形态有所变化也无妨。

3. 区别

对于"需求"，需求分析师要根据掌握的情况进行分析、有无必要、用什么功能来实现等，调研中获取的需求大多属于此类。而对于"要求"，则需求分析师的自主发挥的余地不大，通常发生在对信息化比较有经验的企业客户中。

6.5 记录方式3——既存表单（表）

客户已有的各类业务处理表单也是重要的需求来源，虽然这些客户日常使用的资料非常易于梳理，但它们往往是需求分析师做的最粗、最不到位的工作，致使后期开发过程中花费大量的无意义成本去分析和研究这些原始的表单。

6.5.1 定义与作用

1. 定义

既存表单，是客户在导入信息系统前正式使用的，并且需要转换为用系统处理的各类资料，包括各类凭证单据、统计报表、分析资料等。

它们的存在形式可以是电子表单、纸质表单。

2. 作用

这是后续设计业务功能的重要参考物。这些资料提供了如下的信息（不限于此）。

- 业务功能、系统界面的参考。
- 数据定义、数据逻辑、数据规则（计算公式）。
- 业务流程上节点对应的实体等。

很多的需求分析师没有在客户现场对收集到的既存表单进行充分的分析和记录，直接就将它们转交给后续的设计师了，这是有问题的。因为既存表单的内容通常不是很容易解读，这些表单之间的关系很多都是来自于客户公司规定、业务积累，甚至是某个岗位担当者个人的习惯，如资料的使用用途、数据的来源、表内的数据关系、计算公式、遵循的企业规则等，它们的关系、定义不是在后续的需求分析中能够分析出来的，而是在客户现场向用户确认出来的，甚至很多的问题不向该资料的原编制者直接询问就得不到结论。如果直接将这样的资料交给后续的设计师，设计师最终还是要通过需求分析师向客户询问才能得到解决，这样就造成了时间的浪费，而且最终需求分析师也没有省掉这些工作。

6.5.2　表单的梳理与记录

前面已经说明了，在客户现场对既存表单进行梳理的工作是非常重要的。表单梳理的参考方法包括：表单关系、表单分解和表单记录（需求4件套）三个步骤。

1. 表单关系

一个大型的软件项目，可能会收集到十几张、几十张甚至更多的既存表单，理解它们之间的业务逻辑关系、数据逻辑关系是非常重要的，如果不在现场直接询问原编制者可能很难搞清楚它们之间的关系，搞清楚关系会对后续的分析与设计提供非常大的帮助。

（1）业务逻辑关系——流程图，如图6-15所示。

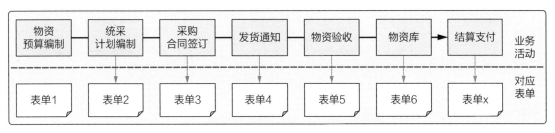

图6-15　表单与流程关联图

第一步就是将它们展开，利用业务构成图（流程），将各类表单与流程的节点（活动）进行关联，建立表单与流程之间的业务逻辑关系，这是个粗粒度的关系，让后续的设计师可以知道这些表单获取的前后顺序，此时还看不出具体的数据之间的关系。

（2）表单关系——勾稽图，如图6-16所示。

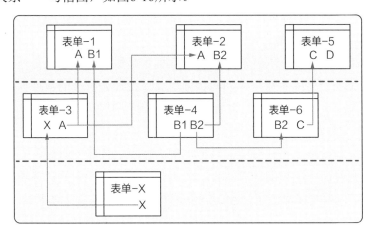

图6-16　表单勾稽关系图

建立表单之间勾稽关系，这个图表达的是细粒度关系，它给出了表单之间的关键数据的传递路径，掌握了表单数据分级之间的顺序，对后续分析和详细设计起着非常重要的指导作用，从图中可以看出数据表之间的相互引用关系。

📑　注：表单间的关联线

既存表单之间的关联需要数据表的"主键"的概念，详见第14章。

2. 表单分解

由于在导入系统之前通过手工做成的表单中包括原始输入的表单，还有中间汇总用的表单，前者是产生数据的，后者是为了最终需要的资料而对数据进行中间加工产生的表单，这类表单作用不同，处理的形式也不同，需要在现场进行识别，如图6-17所示。

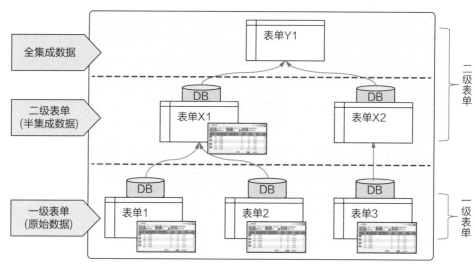

图6-17　表单分级图

（1）一级表单：输入功能+显示功能。

填写的是第一次录入的原始数据，如合同数据、报销数据、进货数据等，这类表单在未来的设计中，需要用两个功能来对应：输入功能（界面）、打印功能（报表）。

只要表中存在着需要手工输入的数据（需要界面），那么它就属于一级表单。

（2）二级表单：有显示功能。

包括二级和二级以上表单，这些表单记载的数据不是原始数据，而是对已经记录在案数据的二次加工、三次加工，如成本数据、利润数据、其他统计分析类的数据。这类表单由于不需要从界面上进行干预，所以在设计中只需要可以显示的表单功能即可。

（3）其他表单：无显示功能。

还有一些表单根本就不要设计对应的功能，因为在手工计算的时候，它们的作用仅仅是为了完成最终的统计报表而作的中间计算结果，改用信息系统后，中间计算结果在系统的后台直接完成，就不需要用表单功能显示了，收集这类表单只是为了参考计算逻辑。

3. 表单记录

1）基本信息

将表单的名称、内容、部门等基本信息汇总成既存表单一览，见图6-18。

2）详细定义

有了业务逻辑、数据表间的关系之后，还必须要对每个表单上的字段进行定义，这是最细粒度的记录。

表单记录，采用需求规格书（简称需求4件套）的形式进行记录，它要对表单上每个字段逐一地进行精准描述，包括字段的定义、管理规则、计算公式等，见图6-19。

具体的记录方式参见13.3节。

需求调研－既存表单一览					即存表单分级			表关系分析	所属部门	客户担当	记录人
业务领域		编号	名称	说明	1级	2级	3级				
1	物资管理	R-001	需用计划编制流程	物资采购			○	○	物资采购部		
2		R-002	物资采购流程	通过合同采购物资	○				物资采购部		
3	财务管理	R-003	资金管理流程	资金的收支过程监管		○		○	财务部		
4		R-004	销售收入一览	各部门销售详细统计					财务部		
5		R-005	经费支出一览	全部经费详细	○	○	○	○	财务部		
⋮	⋮	R-006	⋮	⋮					⋮		

图6-18　既存表单 一览

采购合同

第1页 共1页
打印日期：2011-02-14

供 应 商：中州钢材规范有限公司　日　期：2011-02-14　经 手 人：未指定
付款方式：现金　人民币(1.00)　付款帐户：现金帐户　操 作 员：系统管理员　审 核 人：系统管理员
上次结算：2011-02-14 13:33:56　结算单号：RP1102140002
备　注：
预付金额：0.00　预付余额：　支付金额：5200.00　付款金额：5200.00

行号	对帐单号	业务类型	单据金额	已付金额	本次应付	结算金额	预付冲销	本次付款	欠款金额	业务单号
1	GD00201102130001	采购退货	-1300.00	0.00	-1300.00	-1300.00	0.00	-1300.00	0.00	RO1102130001
2	DG00201102130001	购销入库	6500.00	0.00	6500.00	6500.00	0.00	6500.00	0.00	PI1102130001
合　计			5200.00	0.00	5200.00	5200.00	0.00	5200.00	0.00	
付款金额合计(大写)		伍仟贰佰元整								

经理：　会计：　出纳：　供应商：

(a)既存表单的原型

控件内容		类型	格式	长度	必填	数据源	定义与说明	变更	日期
单据区									
1	单据编号	文本框	0000-0000	14	Y	编码	编码规则="年月-4位流水号"，例如：1107-0001		
2	金额	文本框	##,###.##	9			=Σ（单据明细_金额）		
3	项目名称	文本框				登录信息	=[登录信息]_项目名称		
4	发料仓库	下拉框				仓库信息			
5	物资来源	下拉框		8			单选=市场采购/集团采购/甲供/其他		
6	业务日期	日历	yy-mm-dd	12			指单据日期，默认当天日期，可调整，不能本月末		
…区									
1	…								

(b)表单字段的定义

图6-19　需求规格书（需求4件套的内容）

6.5.3　梳理与记录的流程

对既存表单的梳理和记录顺序，根据需求分析师对客户业务的熟悉情况、经验积累、产品积累的情况不同而不同。下面给出梳理和记录的流程作为参考（不限于此），见图6-20。

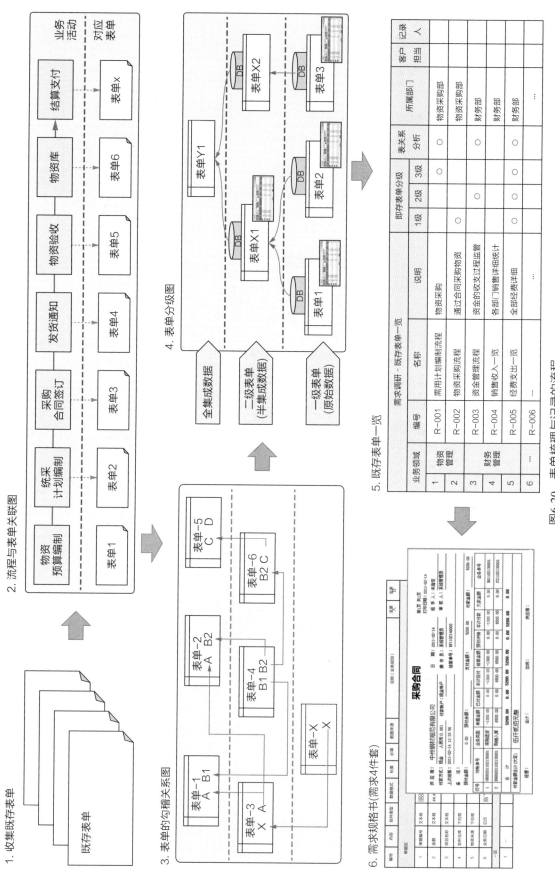

图6-20 表单梳理与记录的流程

6.6 需求调研汇总

6.6.1 需求记录的原则

1. 记录原则1——原始状态

需求记录一定要保持原有的状态，需求记录不是软件设计，因此不能在需求调研中加入设计内容。下面列举几个原则性的要求。

- 原始性：表达要采用客户语言进行记录，以避免由于需求分析师理解不清搞错了含义，更不要采用系统语言进行描述。
- 真实性：此时不要加入需求分析师自己的意见，要保证需求资料的真实性，否则需求调研的资料就不具有追溯性了。时间一长就记不清楚需求是谁提出来的。
- 意见：需求分析师个人的意见可以提，但是要单独标注，以示区别。

2. 记录原则2——顺序

- 提供者信息：部门、岗位、业务，都是分析判断的依据。
- 需求的顺序：给出优先等级，必须符合业务的发生顺序。

6.6.2 需求记录的形式

对需求调研的所有内容进行归集、汇总，形成需求调研资料汇总，主要包括三大类：现状构成（图）、访谈记录（文）和既存表单（表）。

1. 现状构成图

1）静态构成

- 组织结构：部署构成、岗位构成。
- 业务划分：销售、设计、加工、采购、物流。
- 物品构成：设备、固定资产等。

2）动态构成

- 工作流程：合同签订流程、采购流程、报销流程、物流流程。
- 审批流程：各类不同业务处理结果的审批步骤。

可以使用线形流程图或是泳道式流程图。

3）管理现状

管理的现状构成图（管理架构图）。

2. 访谈记录

1）访谈问卷

对调研的内容事先列出清单交与客户，收集初步客户的现状情况，以及客户的需求。

2）访谈记录

对客户访谈的内容梳理、归集，形成访谈记录表。

3. 既存表单

1）收集表单

- 收集各个部门、各个业务领域的单据、报表、账本等原始资料。
- 资料可以是电子版，也可以是扫描版。

2）表单分析

分析的成果包括（这类内容属于现场调研的工作，不是后期的分析工作）：

- 流程图与实体。
- 表单的勾稽关系图。
- 表单的分级图等。

小结与习题

小结

在需求调研的方法中，获取需求有很多的方法，因人而异，因条件而异，甚至是因环境而异，但是有两个部分的工作基本上是可以一致的，即：事前准备内容与事后记录形式，这两个工作做到位了，则调研工作的效果最佳。

1. 事前准备内容

无论什么样的软件项目，调研前的准备越充分调研的效果就会越好，调研前准备的目的就在于：全部的调研过程一定要按照预先制定的内容规划、节点计划推进，也就是说，整个调研过程要在需求分析师的"掌控"之下推进，而准备不足时在调研现场就容易出现"失控"的局面，有经验的读者应该对此有体会。

调研水平的高低判断可以用调研过程中是采用"确认"的方式多还是"问询"的方式多来判断，事前准备做得好，则在调研过程中使用"确认"的方法比例就高，反之，准备不足时就以"问询"为主，"确认/问询"的百分比越大，说明调研的效率高且质量好。"确认"多的调研就是主动掌握型的调研方式。要想做到在调研过程中掌握主动权，则需求分析师就必须在进入调研前投入大量的精力做准备工作。

2. 事后记录形式

调研的手法可以有万千种，但是记录的内容和形式一定要统一，统一需求记录格式的重要性非常大，主要体现在下面两点。

1）调研遗漏少

需求记录采用了多维度、结构化的模板，由于模板记录的格式对业务要素、要素之间的业务逻辑具有要求，且不同的模板之间具有相互印证的作用，这样就可以大大地减少需求调研的遗漏，而且获得的调研内容比较全面、记述严谨，调研的质量也高。

2）分析效率高

在获得了全面、严谨且结构化的高质量需求后，在后期对这些调研成果进行分析的效率也高，得出的需求分析成果的质量也高，特别是那些通常比较让需求分析师头疼的复杂、抽象的需求（目标需求、业务需求、负面需求等），不但不是一个难题，而是成为一个可以找到软件开发亮点的宝库。这种记录形式也有利于在发现问题时，容易对原始需求继续追溯检查。

3）建立需求知识库

这种结构化的调研、记录方式非常有利于软件企业构建需求体系的知识库，每个项目的需求都有三种记录形式，如果再与后续的需求分析建立起链接关系，则会对其他项目的初期调研、分析带来非常大的帮助。业务知识的积累是应用软件企业的财富，而需求就是这个财富中的主要构成部分。

分享

建立工程化的需求调研流程，是提升调研效率和质量的保证

软件行业中，从事需求工作的学员大多数都没有受过专业的培训，多数人来自于不同的行业，少数是由程序员转行而来的。在大软件公司工作会有比较规范的要求，包括模板、流程和标准等，在小软件公司工作则基本上就完全靠经验了。

不论公司的大小，学员们都有一个共同的现象：只要是新的项目或是不熟悉的项目，在调研开始时都会有无从下手的感觉，需要花费很长时间才能逐渐地找到状态。如何才能够在调研的开始就快速地进入有序的工作并获得有效调研成果呢？

在培训完成后，大家按照本章的内容建立了调研流程、调研模板、交付物之间的关系等，按照本章提供的方法和流程进行操作，需求调研的工作效率明显改观，即使是遇到新项目也不会束手无策，有效调研成果的比例大幅度增加，这就带来了调研质量的大幅度提升。

"有效调研成果"指的是调研的成果是真实的、可以作为明确的设计输入、并最终能够成为要实现的功能。例如，调研成果采用了图、文、表的表达形式，这些表达方式之间可以相互确认、补完，不但给出了明确的功能需求（要素），而且给出了清晰的业务逻辑，用这种表达方式表达的成果具有很高的可信度和质量保证。

习题

1. 简述需求调研的内容、作用。
2. 需求调研前的准备工作有哪些？这些准备工作的目的是什么？
3. 根据不同的调研对象应该采用何种方法切入进去？
4. 简述利用原型法进行调研的长处与短处。
5. 需求有哪些记录方式？记录方式如何影响调研方式？
6. 简述现状构成图的目的、价值、作用。
7. 如何利用图形的方法打开调研的僵局？
8. 简述访谈记录包括哪些内容。
9. 简述梳理、定义既存表单的信息的方法。
10. 如何对需求调研的成果进行梳理、记录？

第7章
需求分析

需求分析，就是要对需求调研收集到的资料、信息逐个地进行拆分、研究，从大量的不确定"需求"中确定出哪些需求最终要转换为确定的"功能需求"。

需求分析的作用非常重要，后续设计的依据主要来自于需求分析的成果，包括：项目的目的、范围、深度等，同时分析的成果构成了需求工程主要交付物需求规格说明书中的核心内容。

本章内容在软件工程中的位置见图7-1。

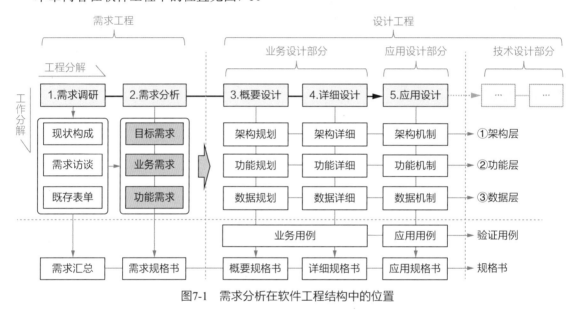

图7-1 需求分析在软件工程结构中的位置

7.1 基本概念

7.1.1 定义与作用

1. 定义

需求分析，是对收集到的需求进行细致的分析、研判，准确地理解客户的目标、业务等对信息化的需求，最终将这些需求转换为准确的功能需求定义。

需求分析就是确定系统必须要做什么的过程。

2. 作用

需求分析是软件计划阶段的重要活动，也是软件生命周期中的一个重要环节，具体而言，就是对需求调研的成果需求调研资料汇总进行梳理、做可行性分析，给出客户的需求与功能之间的关联。需求分析的结果要确定目标系统的完整、准确、清晰和具体的要求，包括：系统覆盖的业务范围、功能需求、设计原则等。

需求分析阶段是分析系统在功能上需要"实现什么"，而不考虑如何去"实现"。

需求分析完成后，给出需求规格说明书，这个资料的用途有两个：回答客户的需求、作为后续设计的输入。

（1）对客户：确定了系统需要开发/交付的全部内容，是双方签订/验收合同的依据。

（2）对设计：是规划系统范围、目标、原则等的依据，是具体设计的指导。

需求分析的结果，不但影响着需要实际开发的功能数量，而且也直接影响着软件项目的开发成本，甚至是对软件商技术的能力要求等。

7.1.2 内容与能力

1. 作业内容

需求分析的主要作业内容是将需求的内容经过归集、过滤、转换、确认等一系列的步骤，最终形成需求规格说明书，这个说明书的主要内容之一就是功能需求一览，因此，本章将如何获得这个功能需求一览作为核心讲解的内容。

以调研的成果为基础，通过进一步的分析，对需求从高到低进行分层，分析工作包括：

● 分层：将收集到的需求归集为目标需求、业务层需求和功能层需求。

● 转换：将分层后的需求，按照目标需求→业务需求→功能需求顺序进行转换。

● 功能：通过一系列的分析、转换，最终获得功能需求。

在分析转换的过程中，清晰客户的目的、目标、价值、期望等，从而确定未来系统的设计理念、设计主线、原则等。需求分析作业内容见图7-2。

主要内容		内容简介	主要交付物名称
输入	需求调研汇总资料	□用调研问卷带来的需求 □在现场直接调研带来的需求（现状构成图、访谈记录、既存表单）	
本章主要工作内容	1. 目标需求	□需求内容：项目的期望，如理念、目的、愿景、价值、商业方式、路线…… □描述方式：较为抽象、理念化，多为隐性需求（未直接表达需求的具体功能） □提出部门：主要为企业的高层、项目投资人、市场营销部门、产品策划部门…… □功能转换：需要转换为下一层的业务需求	需求规格说明书 □目标需求 □业务需求 □功能需求一览 □业务构成图一览 □管控构成图一览 □既存表单一览
	2. 业务需求	□需求内容：待解决问题：如企业管理流程化、成本精细管理、以收定支等 □描述方式：以实际业务运行场景为例，多为隐性需求（较业务需求易理解） □提出部门：主要为客户的决策层、管理层，以及执行层的相关人等 □功能转换：需要转换为下一层的功能需求	
	3. 功能需求	□需求内容：具体业务功能，如合同编制、财务预算、材料采购、成本分析等 □描述方式：用实际操作的功能为例，都是显性需求（需求工程寻求的目的） □提出部门：企业中所有与信息系统相关的人 □功能转换：功能需求不再需要进行转换，只需进行最后可行性确认	

图7-2 需求分析作业内容

2. 能力要求

除去要掌握与需求调研者相同的知识和方法外，需求分析者还需要具有以下的基本能力

（不限于此）。

1）建模与分析能力

由于要在分析阶段解决所有尚未清晰的客户需求，特别是客户提出的需求当中包括：目标需求、难点和痛点等类型的需求，它们比较抽象，必须要通过建模、分析的手段才能精准地搞清楚客户的需求是什么，然后在此基础上给出让客户满意的功能需求。

2）专业业务知识

需求分类中的第二个层次是业务需求，这个需求不是简单地用功能名称来说明的，而是用比较专业的提法来说明业务场景，例如，需要成本的精细管理、需要业务财务一体化的处理等，只有掌握了比较专业的业务基础知识才能给出解决方案。

3）设计与实现的知识

需求分析工作中，常常需要做出一些原型向客户进行说明，这就需要需求分析师具有一定的设计能力和技术实现的基础知识。

最终，需求分析工作是对需求工程成果的质量把关，它决定了系统的范围、设计主线、功能数量、管控理念，以及确定向客户最终交付产品的内容、标准。

7.1.3 思路与理解

在获得了大量的需求之后，下一步要考虑的是：如何梳理需求。面对大量的需求资料，作为需求分析师要理解如下一些基本要点。

1. 理解：客户是说不清需求的

永远不要抱怨，客户说不清楚他想要什么、说不清楚业务逻辑等，因为客户中如有某个人可以说得很清楚时，这个企业的规模往往比较小，而说不清的客户通常企业规模比较大、业务复杂、分工细，所以常常会碰到客户存在着"上下之间说不清""横向之间说不清"的现象，这是正常的。正是因为他们不能用符合信息化标准的方式说清楚，才需要懂得信息化标准的需求分析师来帮助梳理，所以，当需求分析师介入之后还梳理不清楚，这就不是客户的问题了。

2. 识别：真假需求

识别出获得需求背后的真实需求，是需求分析工作的重点之一，需求虽然是按照部门采集的，但是每个需求的提供者很大程度是站在自己的岗位上提出的，这些需求在"人-人"环境中是合理的，但是在"人-机-人"环境中是否还是合理的，就需要需求分析师要能够进行识别、判断，是否具有这个能力主要依据的还是需求分析师本人具有多少"行业知识"和"设计知识"，前者从业务视角判断，后者从信息化的视角判断，如果这两个方面的知识都比较弱，就难以判断出需求是否是真实的需求（这就是需求分析师被看作"传声筒"的原因）。

3. 需求分析工作的场所

因为对收集到的原始资料进行分析时会发现很多不清楚的内容，例如，流程构成图的缺失部分、访谈内容的真实意图、既存表单的计算逻辑等，需求分析师不清楚的内容可能用户一句话就可以解答，这样的内容不属于分析的对象，大量类似的问题如果在现场与用户直接确认，分析工作的效率将会提升很多。

这里再次强调：尽量将需求资料中只有询问用户才能搞清楚的内容在客户现场搞清楚。

7.2 需求的分析

7.2.1 需求的分层

在需求调研阶段，从客户的不同部门、不同岗位以及按照不同业务线收集到了大量的需求，有图形形式、文字形式以及表单形式，这些都是外在的记录形式，需求分析要从内在形式入手。本节讲述如何划分需求的内在形式、内在形式有什么特点以及对不同形式需求进行转换的方法。

1. 需求的分层

对获取的需求按照获取它们的顺序以及需求之间内在的关联关系分为三个层次，即：目标需求、业务需求以及功能需求。

1）第一层：目标需求

（1）提出者：通常是由项目投资人、产品购买者、实际用户的管理者、信息中心负责人等，他们是对系统提出目标性需求的人，也被称为"客户"。

（2）需求内容：说明企业为什么要开发系统，希望做成什么样的系统，信息化目标是什么，通常采用战略、理念、希望、价值等的形式表达。

（3）需求作用：用于指导系统的顶层设计，对业务需求转换的指导等。

2）第二层：业务需求

（1）提出者：包括目标需求的提出者、企业的高层管理者、各个部门的管理者以及普通员工，他们从业务层面提出需求，也被称为"用户"。

（2）需求内容：从客户实际的工作出发说明希望系统可以应对哪些业务、如何对应，通常采用业务术语（场景）来描述业务的内容、过程、规则等。

它的来源有2个：①从目标需求转换而来；②由提出者根据工作需要直接提出。

（3）需求作用：用于进行业务架构、功能规划、业务优化等。

3）第三层：功能需求

（1）提出者：所有的目标需求和业务需求的提出者、系统的直接用户。

（2）需求内容：给出系统必须提供的业务处理功能，以及对该功能的具体描述。

它的来源有2个：①由业务需求转换而来；②由用户根据工作需要直接提出。

（3）需求作用：它是后续设计工程输入依据，也是需求工程的主要成果之一。

2. 三层需求的转换

可以从上面的定义中看出这三类需求之间是有层次关系的，即：目标需求高于业务需求、业务需求高于功能需求。反过来看也容易理解：功能是为了支持业务，业务是为了落实目标。它们来自于不同层次的提供者，且各自侧重点不同。

（1）目标需求：提出了系统的构建方向、目标，比较抽象，需要转换为对应的业务需求。

（2）业务需求：提出了系统要支持的业务内容，是从业务上相互理解的基础。

（3）功能需求：提出了系统要实现的功能内容，是从功能上相互理解的基础。

目标需求和业务需求要想落实到系统中并影响系统的设计，必须采用以下两种方式。

方式一：作为设计的理念，指导系统的规划和架构形式。

方式二：转换为具体的功能需求，可以是业务功能或是管控功能的形式。

【案例】将客户的目标需求"管理智能化"转换为功能需求，如图7-3所示。

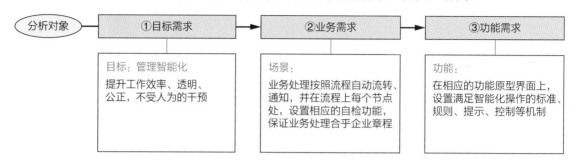

图7-3　三层需求的关系

①目标需求：提出了"管理智能化"的目标，但是不清楚具体的业务如何处理。

②业务需求：说明了符合目标需求的业务处理方式，是客户希望获得的效果。

③功能需求：对应业务需求给出功能需求，实现这个功能需求就可以满足业务需求。

3. 三层需求的区别

1）目标需求与业务需求

（1）目标需求：从高的层次给出了实现管理信息化的希望，方向性强，但需要解读、转换。

（2）业务需求：直接提出了采用信息化手段后可以处理哪些业务。

2）业务需求与功能需求

（1）需求提供者在说不清楚具体的功能时采用"业务需求"的方式说明。

（2）如果清楚地知道要什么功能，则直接采用"功能需求"的方式说明。

4. 三层需求的价值

需求工程的目的并非只是为了获得"功能需求"，因为目标需求和业务需求也同样是需求工程的分析成果，仅仅依靠功能需求是难以判断系统的范围和方向的，此时如果利用目标需求和业务需求就可以确定业务的范围、广度、深度。

（1）目标需求：为系统设计注入了未来的目标、高度、理念、主线等。

（2）业务需求：为系统完成后的应用、验证、效果评估等提供了指标。

📄　注：隐性与显性

相对于直接说明功能的功能需求，目标需求和业务需求是"隐性的功能需求"，从这两个需求中是否能够正确地解读出功能需求，是非常考验需求分析师的能力的。

7.2.2　需求的转换

1. 分层的处理

需求调研记录的三种形式（图、文、表）与需求的分层有如下的对应关系，按照它们之间的关系，可以将收集到的原始需求拆分为上述三层需求，如图7-4所示。

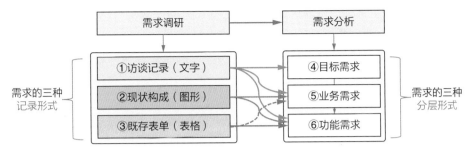

图7-4 记录形式与需求分层的对应关系

①访谈记录（文字）：内容最为复杂，它同时包含三个层次的需求。

②现状构成（图形）：可以表达业务需求、功能需求，但无法表达目标需求。

③既存表单（表格）：直接表达的是功能需求，可能有业务需求，但没有目标需求。

2. 转换的处理

将原始需求拆分为三层需求（目标、业务和功能）后，下面要对不同层的需求采用不同的方法进行分层之间的转换：目标需求 → 业务需求，业务需求 → 功能需求。

1）目标需求的转换

对目标需求的内容进行深入的理解、分析，并将目标需求的内容与企业的实际业务场景进行关联，从而找出可以支持目标需求落地的业务活动，解读目标需求带来了：

● 对目标需求的理解，这是指导后续的业务优化、系统规划的指针。

● 确定了目标需求转换的业务需求。

2）业务需求的转换

业务需求有两个来源：一是从访谈记录等直接获得，二是从目标需求转换而来。但不论哪一种来源，其向功能需求的转换方式是一样的。

● 清晰地描述业务需求，可以用图形、文字等。

● 从描述的业务需求中识别出功能需求。

3）功能需求的确认

功能需求有两个来源：一是从访谈、表单直接获得，二是从业务需求转换而来。不论是哪一种来源，都要对功能需求进行确认。

● 对比各类调研资料，并与客户反复沟通，最终确定所有的需求都是真实的功能需求。

● 将功能需求汇总，形成功能需求一览。

3. 转换的判断

在转换过程中，并非所有收到的需求都可以进行转换，以下的情节就不适合转换。

1）目标需求

有些客户提出的高层次需求根据客观的原因不能转为目标需求，只能作为一个后续设计的指导思想、理念，例如：

● 需求太过高大上，超前的需求造成技术难度大、成本过高、开发周期长；

● 客户的整体素质较低，导入高水平的管理系统后没有匹配的高水平管理团队；等等。

2）业务需求

有些需求是客户基于自己常年在"人-人"环境中积累的，但是这些需求不适合于"人-机-

人"的处理方式，需要企业决策管理层进行思想、意识方面的改变，例如：

- 很多工作流程、工作岗位是"因人而设"的，采用系统管理后就不需要了；
- 很多管理方式和规则在使用系统管理后，按照标准化流程运行就不需要了；等等。

3）功能需求

采用系统进行工作处理后，原本大量由人工处理的工作就不存在了，因此，客户现实的做法与未来系统的功能也不是一一对应的了，客户所提的功能可能由其他功能替代，或与其他功能功能合并等。

【案例】对图7-3的"管理智能化"的转换进行判断，如图7-5所示。

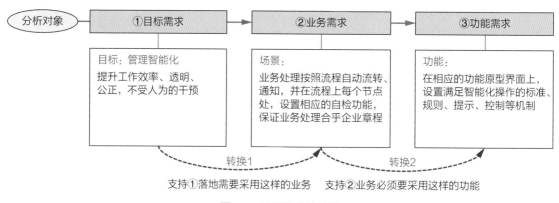

图7-5　三层需求的转换

转换1：从正面要说明为什么实现这个"目标需求"需要这个"业务需求"？

反过来可以证明，实现了这个"业务需求"就可以达成前面的"目标需求"。

转换2：说明为什么落实这个"业务需求"要采用这个"功能需求"？

反过来可以证明，采用了这个"功能需求"就一定能够实现这个"业务需求"。

决定转换1、转换2得到正确答案的前提是什么呢？"专业知识"和"专业经验"！

在与客户进行商讨时，专业知识与经验不同的需求分析师会给出不同的转换结果。

7.2.3　三种需求分析法

有很多的需求分析师以为会做"功能分析"就等于会做"需求分析"，从前面所谈到的需求分层、需求转换可以理解到这样的认知是不全面的，实际上对于企业管理用信息系统的需求是需要进行三种不同层次的需求分析，即：目标需求分析、业务需求分析以及功能需求分析。这三种需求要求需求分析师掌握三种不同类型的专业知识才能够做到。

1. 第一层：目标需求的分析方法

做目标需求的分析，需求分析师要能够做到与企业决策者、高级管理层具有相同的视角，要能够理解他们的思考方式、战略构想、未来的期望等，没有这样的高度、相应的背景知识，就很难从他们提出的需求中找到可以落地的内容，进而找到对应的功能需求。与功能需求相比较，目标需求很多都是用抽象的方式描述的，如理念、目的、策略等。

目标需求是信息系统规划中顶层设计的指导，因此理解目标需求，并能够将目标需求用图形正确地表达出来，让相关人员（客户、业务、技术等）对目标需求达成一致的认知，能够做这样的分析才是最高水平的需求分析师。

2. 第二层：业务需求的分析方法

做业务需求的分析，需求分析师要尽可能地掌握客户的业务知识（或借助业务专家的帮助），同时还要非常熟练地掌握业务的表达方式，因为需求分析师有责任清晰地告诉后续的业务设计师：这个业务需求对应的实际业务是什么、业务的构成、业务的逻辑。例如：成本的精细管理过程、业务财务一体化处理方式、以收定支的逻辑关系等。显然这样的需求没有一定的业务知识积累是难以做到的，业务需求与目标需求这两者所需要的背景知识、分析方法是完全不一样的。

业务需求的完美解析和表达，通常都会给信息系统增加亮点和价值，同时它也是需求分析中最能充分地显示需求分析师专业能力的地方。

3. 第三层：功能需求的分析方法

对于功能需求的分析，需求分析师要掌握一定的业务设计能力，这样才能够区分业务领域需要什么样的"功能需求"，每个"功能需求"的内容、功能、规则，这个功能需求对应的实际业务处理活动是什么，等等。例如，合同签订、材料出入库、采购计划编制、核算支付等，相对业务需求而言，功能需求的粒度要小很多，逻辑也比较简单。当然业务需求和功能需求的分析方法也是非常不同的（前者的关注点在要素间的逻辑，后者的关注点在要素的内容）。

7.3 需求分析1——现状构成图

7.3.1 资料梳理

现状构成图主要提供了业务需求和功能需求，见图7-6。由于现状构成图可能来源于客户或是需求分析师在调研现场的随手记录，图中的内容和表达可能不规范，因此要对现状构成图进行梳理，梳理主要是基于业务知识、业务经验，采用逻辑的、系统的手法进行。

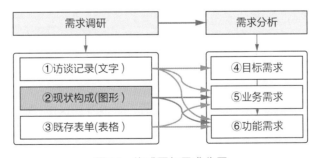

图7-6　构成图与需求分层

下面以图7-7的流程图为例，说明梳理的方法。图中①现状的流程图是现状构成的流程，②梳理后的流程图是对①梳理后的流程，对比两条流程的变化可以看出来如下区别。

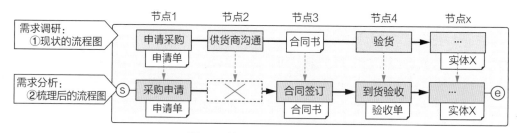

图7-7　梳理前后的流程区别

节点1：有活动描述、有对应实体（申请单），仅按照规定调整了名称（名词+动词）。

节点2：①上没有实体，未来的系统不对应，因此去除"供货商沟通"节点。

节点3：①上只有实体"合同书"，因此在②上增加了对应的活动"合同签订"。

节点4：①上没有实体，经过确认，增加了对应的实体"验收单"。

同时，参考①的现状图，②采用了标准的流程图画法重新进行绘制，②去掉了无效的步骤同时补全了作为流程的缺失内容。

📖　**注：关于现状的流程与系统的流程的区别**

（1）为什么要去掉没有实体的节点呢？

在系统外与"供货商沟通"的工作是存在的，但因为该活动没有附带着实体（没有需要处理的数据），就意味着在信息系统中没有这个节点对应的数据输入活动，因此，这个节点在信息系统中的流程上就是"虚"的，也就是无效的，因此要把它去除，以免给后续设计工作带来不必要的分析成本。

（2）为什么流程图上的节点不能是实体？

为什么现状构成的流程图的节点可以是"实体（如表单）"，而梳理后的业务流程图的节点只能是"活动"呢？

①现状的流程图：记录的是"过程"，相当于记工作的流水账，所以将客户叙述的内容原样记录下来，就会出现"实体（名词）"和"活动（动词）"混在一起的现象。

②系统的流程图：在企业中，流程是由一连串的工作构成的，在系统中将这些工作称为"活动"，因此流程的节点必须是活动。

梳理后的流程图是按照信息化实现方式对现状构成图优化的结果，因此，业务流程图的流转必须要符合流程标准，即有"实体"就必须有产生它的活动，"实体"是该活动处理的结果。以下两种情况都是无效的要去掉：有实体无活动，有活动无实体。最终流程上留下来的只能是：既有活动又有对应的实体。

这就是信息系统中的流程与现实中流程的区别，这个方式仅限于信息系统中的流程设计，它与一般咨询公司绘制的流程图不一样（咨询用流程图不考虑节点上实体与活动对应）。同理，还可以梳理出管理架构图，从管理架构图上可以获取管控功能。梳理后的流程图如图7-8所示。

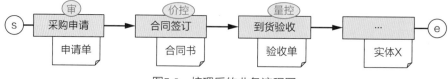

图7-8　梳理后的业务流程图

其他的描述流程或是结构的现状构成图，都按照这个思路进行梳理。

7.3.2 分析与转换

1. 分析与转换

由于图形表达的特殊性，例如，流程是由节点构成的，节点对应的是功能，因此对现状构成的流程图进行梳理后，可以同时获得业务逻辑（流程）和功能需求（节点）。功能需求包括以下两个方面。

（1）输入功能：带有数据输入界面的功能。

（2）打印功能：可以打印输出表单的功能。

通过对现状构成图的梳理，获得了业务架构的设计参考资料，以及要素之间的业务逻辑关系，这两者对后续的设计工程都具有非常重要的价值。

2. 转换结果记录

将梳理、转换的结果最终形成以下两个资料。

（1）现状构成图一览。

（2）功能需求规格书（也称为需求4件套），详细编写方法参见7.6.2节的内容。

这两个资料之间的关系是：记载在功能需求一览中的所有功能，都必须要编制对应的功能需求规格书。至此，就完成了对需求现状构成图的分析和处理。

7.4 需求分析2——访谈记录

7.4.1 资料梳理

需求主要来源于访谈记录（包括问卷），这类需求是以文字形式记录的，需求分析的主要工作量也是集中在访谈记录，访谈记录中一般同时包含三个需求分层，如图7-9所示。

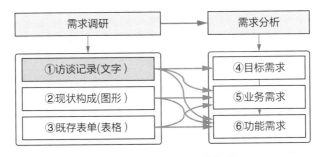

图7-9 访谈记录与需求分层

下面以"蓝岛工程建设集团"构建的"企业管理信息系统"项目为例，说明对需求访谈记录的分析过程。

将在需求调研阶段收集的需求分成5个类型，需求的内容如图7-10所示。

需求分类		需求要点	提出方式	问题来源
分层需求	①目标需求	□绿色经营：从"为我所有"到"为我所用" □产业互联平台：与合作伙伴形成共生体等	提出期望、目标、商机等 （隐性功能需求）	董事长 信息中心等
	②业务需求	□业务财务一体化 □成本的精细化管理等	提出业务方式的改善需求 （隐性功能需求）	财务总监 工程部等
	③功能需求	□合同签订、合同变更、合同监控 □入库记录、出库记录、仓库盘点等	提出需要的业务功能 （显性功能需求）	销售部 物资部等
待定需求	④类型1	□工程质量下降 □质量上不去等	希望可以帮助解决的难点、痛点 问题（但不确定是否可行）	销售部长 销售部等
	⑤类型2	□管理混乱、很多事做得不公平 □做得再好，领导也看不见等	交流中的抱怨、吐槽 （私下的聊天，并未请求帮助）	质量管理员 工程部等

图7-10　需求调研一览

1. 分层需求

包含的3个需求层内容在前面已经介绍过：目标需求、业务需求和功能需求，在下节中分别对这三层的需求进行详细说明。

2. 待定需求

后两类收集到的需求由于表面上没有前述分层需求的特征，无法直接归类到分层需求中去，所以暂时归集到"待定需求"分类中，又因为待定需求中内容不同，再将待定需求分为以下两个不同的类型。

（1）类型1：难点、痛点等类型的内容。

（2）类型2：不满、抱怨、吐槽等类型的内容。

对它们的说明参见7.4.5节。

7.4.2　分析与转换1——目标需求

1. 目标需求的理解

目标需求不能直接给出对应的功能需求，因为目标需求是用目标、理念、思想、价值等抽象化的形式表达的，因此针对目标需求必须首先找到其对应的业务场景，也就是要先将目标需求转换到业务需求上，如图7-11所示，然后再提供对业务需求的理解，最后去寻找对应的功能需求。

2. 目标需求的分析

1）目标需求的内容

目标需求大多来自于企业的高层，目标需求反映了企业的投资信息系统的目的、设想，本案例的企业高层提出的理念（目标需求）内容如下，见图7-10中的①。

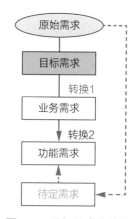

图7-11　目标需求的转换

- 绿色经营，从"为我所有"到"为我所用"。
- 产业互联平台，与合作伙伴形成共生体。

从目标需求的内容上不能直接看出它对应着什么业务需求，更看不出需要采用什么功能做支持，对比业务需求和功能需求，读者是否感受到目标需求的表达方式比较抽象呢？

2）目标需求的解读

通过与企业领导的沟通，并详细了解企业下一步的发展战略，渐渐地可以从目标需求中读出如下这样的信息。

● 构建一个互联网平台，将关联的伙伴企业按照"价值链"整合在一起，形成"共生体"。

● 各企业用自己的强项来弥补伙伴的短项，共同协力完成各个企业单独不能完成的任务。

● 企业缺少的能力从平台上获取，不必每个企业都是全能，这样做就是绿色、节能，符合互联网思维。

3）用示意图表达结果

在理解了上述目标需求后，需求分析师要将自己对目标需求的理解、分析成果表达出来，因为理解的正确与否是需要与客户进行沟通、确认的，其最好的方式就是用图形表达。

不同的企业为什么要合作呢？因为每个企业都有短处，借助了互联网平台就可以取长补短。不同企业间的合作基础必定是以价值共享为核心进行的，因此，以企业之间的价值链为中心将企业进行关联、绘制示意图，这样可以更加形象地表达出需求分析师的意图，确保与客户进行沟通、确认的效果，见图7-12。

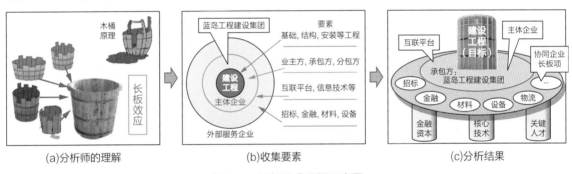

图7-12　目标需求理解示意图

📖　注：关于示意图

示意图是对不清晰、抽象的对象，采用简单、形象的图形表达出其大体的轮廓、意思，示意图不特别强调逻辑的准确性（逻辑图说明参见3.3.4节的注）。

（1）需求分析师的理解，见图7-12（a）。

举出木桶效应的例子，为了可以盛更多的水，传统的定义是各个企业要各自补齐自家木桶的短板。但是互联网的思维是提倡各自贡献自家的长板，共同形成一个全部由长板组成的大木桶，如此既快捷，又节省，企业能做原来做不到的事，故称之为"长板效应"。

（2）根据理解收集要素，见图7-12（b）。

以共同的工作（建设工程）为中心，汇集包括蓝岛工程建设集团在内的各协作企业、单位的"长板"，这些就是未来构成目标需求中"共生体"的要素。

📖 **注：中心的选择**

这里根据不同的行业、业务，可以选择不同的中心，围绕着不同的中心收集到的要素不同，表达的含义也就会不同，此时需求分析师的背景知识就起着非常重要的作用。

（3）分析结果的概念示意，见图7-12（c）。

有了指引的目标以及相关的要素，根据客户是工程建设企业，考虑用建筑造型给出示意图，在互联平台的中心放置圆柱形建筑，在建筑的四周分层布置相关的要素，这些要素是参与合作的不同企业提供长板项，例如，"蓝岛工程建设集团"作为承包商，它的短板有金融、物流、材料等，外部的服务企业则补齐了这些短板。

表明以平台为协同运行的基础，在平台的下面以这个主体企业的三个核心竞争力（金融资本、核心技术、关键人才）为支柱，表达企业对平台运行的支撑能力。

3. 目标需求 → 业务需求的转换

通过上述分析，理解了目标需求的含义，下面寻找支持这些含义的业务场景，这些场景可以用来表达业务需求，它们可以支持目标需求的落地。

根据需求分析师的理解，将上述要素用排比图（一维）排列出来，如图7-13所示，图要呈现出结构化、有规律的形式，这样易于说明、沟通，同时也易于发现问题、解决问题，绘制顺序如下：

图中①以建筑工程的实现流程为主线，标注出需要协同的关键点。

图中②建立工程协同企业之间的关系、工作顺序。

图中③提供互联平台，将各方整合在一起。

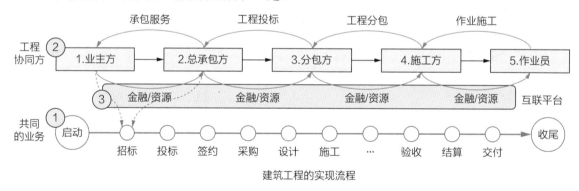

图7-13　业务需求转换的排比图

这个排比图给出了要素之间的关系、相互作用，用业务场景表达了目标需求的含义，到这里就完成了从目标需求向业务需求的第一次转换作业。

7.4.3　分析与转换2——业务需求

1. 业务需求的理解

在调研时会发现客户熟悉自己的业务，但是并不清楚自己的需求对应的是什么样的软件功能，所以他们通常采用描述业务处理过程的形式说明自己想要完成什么任务，然后再通过与需求分析师的沟通、分析，最后转换成为功能需求。

业务需求的表达，必须是用客户用语表达，业务需求不能是理念、概念层面的内容，业务需求的内容必须要能够用具体的业务场景来描述或是用图形来表达，见图7-14。

业务需求，是客户导入信息系统要解决的具体任务，业务需求是验证系统设计与开发成果的标准，客户验收的不是功能模块的多少，而是业务的需求是否被满足。

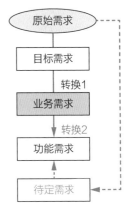

图7-14 业务需求的转换

业务需求的表达方式很多，根据需求分析师的知识背景不同，感受也就不同，下面举两个例子说明。

【案例1】客户提出的业务需求是进行"财务管理"和"物资管理"。

如果是经验丰富的需求分析师，则这些需求可以直接看成"功能需求"，但经验不多的人，由于不了解这些内容，可以将它们看成是"业务需求"。

【案例2】客户提出的业务需求是"业务财务一体化"和"成本的精细化管理"。

这样的问题，对于有经验但是不够丰富的需求分析师来说还需要花费一些时间来研究，诸如"一体化""精细化"的概念是什么？具体的业务场景是什么样的？需要先给出业务场景（例如用流程图），理解了业务之后，再确定需要哪些功能。

2. 业务需求的分析

业务需求有两个来源，一是直接由客户提出来的，二是从目标需求转换而来的。

不论是从哪个来源收集到的业务需求，在业务需求的分析阶段，都必须给出清晰的业务处理描述，说明这个业务：

● 业务需求是什么内容、要解决什么业务。

● 采用什么方式或是流程，流程上有哪些节点。

● 业务处理要遵循哪些管理规则。

3. 业务需求→功能需求的转换

经过分析，得到了文字、图形或是表格的分析资料后，下一步就是从中识别需要什么功能，将识别出的功能归集后，就获得了"功能需求"。

再以"蓝岛工程建设集团"构建的"企业管理信息系统"项目为例，在目标需求→业务需求的转换中获得了业务需求的图形。下面再对业务需求→功能需求进行第二次转换。方法如图7-15所示，其中①、②、③在图7-13中说明过，在此不重述；④梳理出实现流程上每个节点的协同工作需要的需求、业务、功能；⑤梳理出每个协作企业自身的需求、业务、功能。

下面就需要参照建筑实现过程的流程图，通过对业务内容、业务逻辑、处理方法的研究等，逐一地对图7-15中④和⑤的每一项进行功能需求的识别和抽提，确定在流程的每个节点上相关方所需要的功能，对各个相关方的需求、业务和功能进行梳理，梳理的结果见图7-16。

例如，在图7-15中①流程的节点"招标"上有"业主方"和"总承包方"各自的需求、处理的业务、需要的功能，将这些需求、业务和功能汇总成功能需求的分析表。可以看出，在一个节点上是有复数的功能需求的。

到这里就完成了从业务需求向功能需求的第二次转换作业。

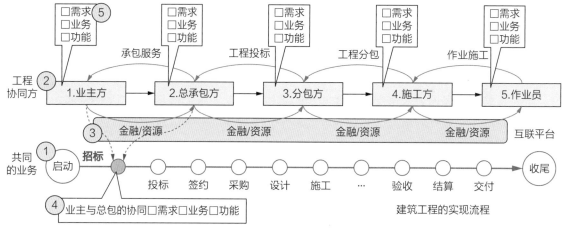

图7-15　功能需求转换的排比图

节点名称	归集分类	说明	业主方	总承包方	分包方	施工方	专业员
招标	需求	网上招标					
	业务	处理：信息、保存、发布、评估、通知…					
	功能	□标书录入、□标书发布、□结果评估	○	○			
投标							
签约							
采购							
…							
验收							
结算							
收尾							

图7-16　功能需求收集表

7.4.4　分析与转换3——功能需求

1. 功能需求的理解

由于客户不一定理解信息系统的设计与开发工作，因此要对由他们直接提出来的功能需求进行甄别：是否是真实的需求？该需求的可行性？提出的功能需求是否有重叠？在"人-人"环境中需要的功能在进入到"人-机-人"环境中是否还需要？等等。

进入了功能需求阶段，就没有转换作业了，需要的是对已经收集到的功能需求进行最终确认，判断其是否是真实的需求，如图7-17所示。

按照功能的作用，可以将功能需求再分为两大类型：业务功能和系统功能。

1）业务功能

顾名思义，就是直接用来处理客户业务的功能，如合同签订、计划

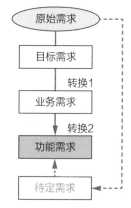

图7-17　功能需求的转换

编制、企业基础数据维护等，每个业务功能对应着现实中客户的某个具体的工作。通常不加任何特殊说明时提到的功能指的就是"业务功能"，包括活动、字典、看板和表单4种形式，具体的内容介绍详见第10章、第13章。

2）系统功能

业务功能通常是用界面形式表达的，还有一些功能它们不是直接用来处理某个具体的业务工作，而是只有使用信息系统才会出现的功能，是间接地为业务功能提供支持的，例如：

- 如登录、注册、权限、时限等都是系统功能，它们不是用来直接处理业务的，在"人-人"环境中也没有对应的工作，没有信息系统的存在也就没有这些需求了。
- 另外，客户需要业务流程可以实现自动推送信息，实现"事找人"的工作方式，这些属于系统功能。系统功能的说明详见第15章。

2. 功能需求的确认

最终要对收集到的功能需求进行最后的确认，功能需求有两个来源，一是从业务需求转换而来的，二是直接由客户提出来的。

1）来自业务需求转换的功能需求

由于已经过业务需求阶段的分析、转换，不需要再进行确认，直接将确定的功能需求记入到功能需求一览中。

2）来自客户直接提出的功能需求

这个部分由于是从需求调研中直接获得的，还没有经过确认，功能需求分析阶段的工作主要是指来自这个部分的内容。

确认是否是真实的功能需求的方法也有很多，这里介绍两种常用的方法。

【方法1】用业务逻辑确认。

用业务构成图等，从业务逻辑上推演，例如，在某条业务流程上，通过前后节点之间的业务关系，判断"采购"这个功能需求是否存在或是否需要，如图7-18所示。

图7-18　业务流程图

【方法2】用业务数据确认。

由于不是所有的功能都会出现在业务构成图上，还可以通过检查从某个功能上输入的数据是否被引用来判断该功能是否需求，如果找不到使用的地方，就可以判断该功能不需要。

读者还可以根据自己的项目特点，找出其他方法来判断功能需求的真伪。另外，还可以参考6.2.4节提出的用咨询三要素"目标、价值和功能"的方法。

3. 转换结果记录

转换完成的结果，需要记入两个重要的资料中：功能需求一览、功能需求规格书。

资料1：功能需求一览

将通过了确认的功能需求录入到这个功能需求一览中，它是与客户确认的全部功能需求的汇总表，也是后续设计、验收的依据。参见7.6.1节的说明。

资料2：功能需求规格书（需求4件套）

将每个功能需求的详细内容记录到功能需求规格书（需求4件套）中，参见7.6.3节的说明。

7.4.5 分析与转换4——待定需求

1. 待定需求的理解
1）待定需求的来源

如图7-19所示。在对收集到的需求资料进行分层时会发现，存在着很多难以判断是否是需求的说明，从描述上看它们与标准的需求说明（目标、业务、功能）有很大的差异，它们的表达方式可以分为两种类型。

（1）类型1——难点痛点：正常说明现实工作中存在的难点、痛点。

（2）类型2——吐槽抱怨：采用吐槽、抱怨的方式讲述工作中存在的问题。

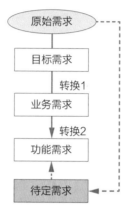

图7-19　待定需求的转换

因为客户在需求调研中并没有直接、明确地提出要用信息化手段来解决这些问题，客户也可能没有意识到可以通过信息化的手段来解决这些问题，作为调研的需求分析师是否意识到此类问题是"需求"而记录下来？还是仅当作客户的闲聊、牢骚话而一听了之呢？

参考图7-10中对④和⑤的说明可以看出：它们没有按照标准需求方式进行描述，这样往往就被当作背景介绍或是闲聊的内容而忽视，这些问题大都是跨部门、跨流程、跨岗位的，并由多重原因造成的，解决起来比较复杂。

2）待定需求的理解

待定需求不是一种单独的需求形式，它是否是需求需要经过分析才能确定。由于客户不是信息化方面的专家，他们不太清楚哪些难点、痛点、吐槽的问题是可以用信息化手段解决的，所以才没有采用明确的需求表达方式（目标、业务和功能）提出来，能否抓住这些待定需求并将它们变为客户价值就要依赖需求分析师的敏感性了。可以说待定需求是一个未发掘出来的"客户价值宝库"，发掘得当会给客户带来很大的附加价值。

当然对待定需求的深挖，既要考虑给客户带来的附加价值，也要照顾到软件商的设计开发成本、时间以及开发资源的约束等。

2. 待定需求的分析

下面以图7-10中④的"工程质量下降"为例，说明待定需求的分析和表达方法。

与客户讨论、分析找到了造成"工程质量下降"的原因，将这些原因分成6大类，采用分析模型中的鱼骨图表达出来，约定靠近"鱼头"位置的问题影响大，如图7-20所示。

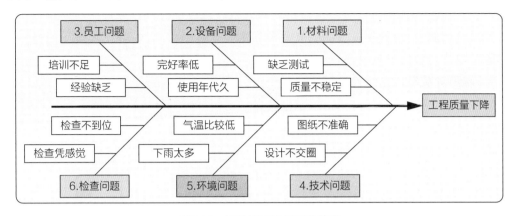

图7-20　用鱼骨图进行问题梳理

3. 待定需求向功能需求的转换

找到了具体的问题以及它们的所属类型，下一步就是寻找解决问题的对策。以鱼骨图中影响最大的要素"1.材料问题"为例，说明如何将待定需求转换为功能需求。通常可以从业务处理和管理处理两个方面考虑，如图7-21所示。

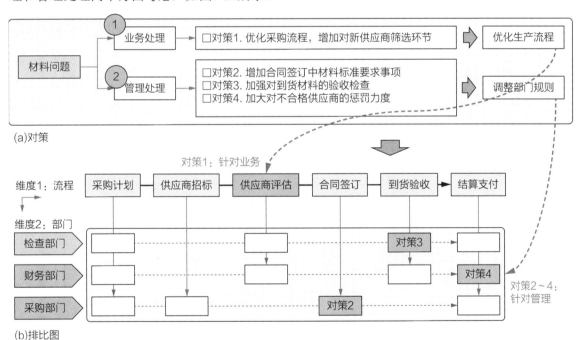

图7-21　待定需求转换的排比图

1）对策选择

图7-21（a）中的①业务处理，采取一个对策。

对策1：优化采购的流程，增加对供应商的筛选环节。

图7-21（a）中的②管理处理，采取三个对策。

对策2：增加合同签订中材料标准要求事项。

对策3：加强对到货材料的验收检查。

对策4：加大对不合格供应商的惩罚力度。

2）需求转换

采用分析模型中的排比图（二维）表达关联关系，关联方法如图7-21（b）所示。

维度1：先绘制业务流程图，将相关的活动全部串联出来。

维度2：列出与解决对策相关的全部门。

排比图绘制完成后，在业务流程和部门的交叉点上标出相应的对策，如

对策1：在业务流程上增加"供应商评估"的节点，屏蔽不合格的供应商。

对策2：在"合同签订"节点增加合同签订中材料标准要求事项（采购部门）。

对策3：在"到货验收"节点加强对到货材料的验收检查（检查部门）。

对策4：在"结算支付"节点加大对不合格供应商的惩罚力度（财务部门）。

同理，针对其他的问题，继续寻找对应的流程、部门和对策。有了对策后再给出实现每个对策的具体功能需求描述，最终完成全部的转换工作。这就是从难点、痛点的"待定需求"到"功能需求"的转换方式。

至此完成了对需求访谈记录内容的分析与处理。

7.5　需求分析3——既存表单

7.5.1　资料梳理

既存表单，基本上就只对应功能需求一种了，见图7-22。

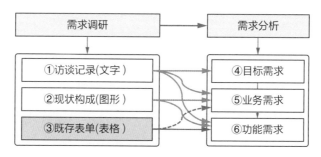

图7-22　既存表单与需求分层

对既存表单的梳理主要是对中间的过渡表单进行确认，这一类的表单是手工作业环境下必须要做的，但是在信息系统中就不需要了。这部分的分析工作必须在现场调研时解决，因为它不是后期可以分析出来的，只能向客户直接询问才能得到，因此，如果在客户现场进行了充分的调研，将收集到的既存表单搞清楚，那么在分析阶段就不需要再进行梳理了。

📖　注：功能需求与实体（表单）的关系

（1）1个业务功能必须对应1个实体。

（2）1个实体可能不止对应1个功能，例如既存表单在做功能设计时，可能需要有两个功能，即：活动功能→用于输入数据，表单功能→用于展示数据。

7.5.2 分析与转换

1. 分析与转换

梳理后的既存表单，通过在调研现场的梳理和确认，基本上就可以确定它是真实的需求。每个表单都要对应两类功能，即：输入类功能、表单类功能。

- 输入类功能：带有数据输入界面的功能。
- 表单类功能：可以打印输出表单的功能。

2. 转换结果记录

- 将识别出的功能需求名称和概述记入功能需求一览中。
- 编写每个功能需求的功能需求规格书（需求4件套），详细编写方法参见7.6.3节的内容。

至此完成了既存表单内容的分析与处理。

7.6 需求分析汇总

7.6.1 需求规格说明书

至此，全部的需求调研和分析作业就完成了，最后一项工作就是要将需求工程的成果汇总成集，根据使用的目的不同，可以形成两份大的文档：需求规格说明书、解决方案。

1. 需求规格说明书

也有称为"需求分析报告"的，但不论称呼为何，都是对需求工程所做的具体功能、事项、原则的总结。主要包括以下内容：

- 引言：包括项目目的、背景、用语等基础信息。
- 项目概述：对项目自身的说明、包括范围、主要处理对象、与其他系统的关系等。
- 功能需求：本项目具体的功能需求、需求的详细说明等。
- 非功能性需求：对未来系统的性能、安全等的需求等。
- 技术需求：接口、软件、硬件、网络、部署等。
- 各类措施：质量保证、验收标准等。

根据项目的内容、规模以及大小，还会有其他的内容，参见第22章。

2. 解决方案

对需求调研和分析的成果还有另外一种使用形式，即解决方案。解决方案的目的是对客户进行概要说明，相对于需求规格说明书来说，解决方案包含的范围更加广泛、深度浅一些。解决方案也有其重点强调的内容，例如：

- 项目的目的、导入信息化给企业带来的价值、企业的变化等内容。
- 项目周期、项目计划、项目金额。
- 项目组织、资源构成、管理方法。

● 质量保证、风险控制、保证措施等。

两种方式没有严格的区分，根据需要确定是否需要分为两个资料，一般来说，小型的项目只需要前者，大型项目两个都需要，向客户汇报、讨论的资料大都采用解决方案的形式，最终合同签字和验收的依据是需求规格说明书。

二者编制的顺序一般来说是解决方案在前（在咨询阶段），但为了向客户做需求分析的成果报告，也有从完成的需求规格说明书中节选出一部分内容形成解决方案的做法。

根据本书讲述的内容，重点介绍需求规格说明书——"功能需求"中两个重要的文档，即：功能需求一览和功能需求规格书。这两个文档的内容贯穿了本书所讲的软件工程部分，是后续设计、开发交付的重要指导，也是本书分析与设计方法的主要成果。

7.6.2　功能需求一览

将收集并经过了确认的功能需求进行归集，形成功能需求一览，图7-23是功能需求一览的模板（仅供参考）。

需求分析 - 功能需求一览				4.实体信息		5.显示终端		
1.业务领域	2.名称	3.说明	数量	名称	PC	手机	平板
1 合同管理	合同签订	输入正式的合同文本，归档	2	合同书主表、细表	○		
2	合同变更	记录合同变更的相关信息	1	合同变更	○		
3	进度监控	用甘特图展示进度、预警等	1	进度数据表	○		
4	客商管理	客户的基本信息、交易信息		客商主信息、交易信息	○	○	
5	合同一览	对签订的合同进行列表、打印	1	合同交易	○		
6 采购管理	采购计划编制	编制材料的采购需用计划	1	采购计划	○		
7	出入库记录	材料出库的验收入库、领料	2	出库台账、入库台账	○		○
8	在库盘点	对在库的库存资料核查	1	在库主表、细表	○		○
⋮	⋮	⋮		⋮			

图7-23　功能需求一览模板

图中各项名称的含义如下。

（1）业务领域：是客户业务的不同板块，也是未来的信息系统划分的基础。

（2）功能名称：这里仅仅是"功能需求"的名称，还不是正式的功能。

（3）功能说明：说明功能需求的目的、作用。

（4）实体信息："数量"指的是收集到的实体有几份；"名称"是表单或报表的名称。

（5）显示终端：在信息系统实现时对应哪几类的终端。

功能需求一览的内容会随着不同的需求和设计阶段发生变化。

（1）需求分析阶段：功能需求一览经过初步分析，确认为是"功能需求"。

（2）概要设计阶段：业务功能一览通过对业务的分析和设计，正式定为"业务功能"。

（3）应用设计阶段：业务组件一览通过对系统的分析和设计，正式定为"开发对象"。

从（1）到（3），由于不同的设计视角，会一定程度上改变需求分析的结果，或将一个功能拆分为两个（增加），或将两个合并为一个（减少），同时会伴随着名称、定义等的变化。

7.6.3　功能需求规格书（需求4件套）

功能需求规格书记录了功能需求的详细内容，是需求分析工作量最大的一部分。

功能的详细需求采用了结构化的记录形式，从4个视角对功能需求进行描述，包括：需求原型、控件定义、规则说明、逻辑图形。将这4个视角的描述方法归纳为4个模板，这4个模板合在一起可以完整地、无歧义地描述一个功能需求的全部属性，这也是"需求4件套"称谓的来源。以下说明中采用"需求4件套"的简称。

1. 需求4件套模板

4个模板的内容和关系如图7-24所示，每一个功能需求就对应一个需求4件套。

模板1 - 需求原型

模板2 - 控件定义

模板3 - 规则说明

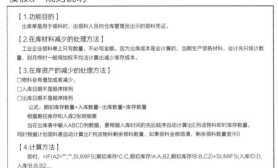

模板4 - 逻辑图形

图7-24　功能需求规格书（需求4件套）

1）模板1：需求原型

对功能需求进行详细描述的依据有两个来源：一是根据访谈记录等收集到的客户说明，二是根据收集到的既存表单。不论是哪一种，这里需要做的事情都是对"需求的记录"，而不是"功能设计"，因此重点都在对字段、字段背后的逻辑、数据算式等的描述。不需要表现按钮、菜单等系统界面的功能。

需求原型的形式可以采用以下几种形式绘制，见图7-25，将绘制完成后的原型截图贴附在4件套的模板1上，因为不是设计采用哪种方法都可以。

①收集的表单原型	②用表格软件绘制的原型	③专用软件绘制原型

图7-25　模板1——需求原型的绘制方法

①既存表单：直接使用既存表单的原件扫描或是截图。

②表格软件：用表格软件绘制简单原型，重点是标出字段的位置。

③专用软件：采用专用的界面设计软件绘制原型。

2）模板2：控件定义

采用表格的形式，对需求原型上的全部字段进行逐一的定义和描述，包括：字段类型、管理规则、计算公式等，见图7-26。在模板上，将记录字段的载体称为"控件"。

	控件名称	类型	格式	长度	必填	数据源	定义与说明	变更	日期
单据区									
1	单据编号	文本框	0000-0000	14	Y	编码	编码规则="年月-4位流水号"，例如：1107-0001		
2	金额	文本框	##,###.##	9			=Σ（单据明细_金额）		
3	项目名称	文本框				登录信息	=[登录信息]_项目名称		
4	发料仓库	下拉框				仓库信息			
5	物资来源	下拉框		8			单选=市场采购/集团采购/甲供/其他		
6	业务日期	日历	yy-mm-dd	12			指单据日期，默认当天日期，可调整，不能本月末		
7	领用时间	时间戳	yy-mm-dd	16			默认当前时间，可调整 调整不能大于当天晚24点		
8	是否扣款	单选框		2			初值=是		
9	物资类型	多选框		10			多选=周转材/消耗材/油料/办公用品		
××区									
1	...								

图7-26　模板2——控件定义（需求4件套）

3）模板3：规则说明

由于模板2"控件定义"是对每个字段进行的单独说明，对于两个字段之间的关系、本功能需求与其他功能需求的关系，以及其他复杂的需要用大段文字描述的说明，都放在模板3"规则说明"中表述。规则说明是进行文章体说明的地方，所以没有特别的格式要求。

4）模板4：逻辑图形

利用原型、表格，以及文章体的说明仍然难以描述的内容，例如，复杂的业务逻辑、多重的管理方式等，可以采用图形的方式表达，将绘制完成的图形粘贴在模板4上，如图7-27所示。

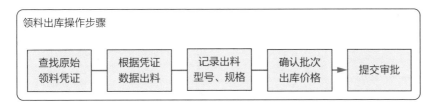

图7-27 模板4——逻辑图形

2. 需求4件套的传递与继承

描述功能需求的资料"需求4件套"是对"功能"进行的第一次描述，这个需求4件套在后续不同设计阶段中，要被传递和继承多次，如图7-28所示。

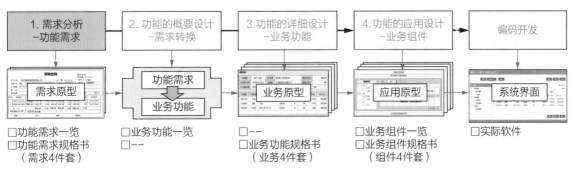

图7-28 功能的设计过程（功能需求的获取）

（1）需求工程-需求分析阶段：重点在对功能的需求进行记录→形成"需求4件套"。

（2）设计工程-详细设计阶段：重点在对功能的业务进行设计→形成"业务4件套"。

（3）设计工程-应用设计阶段：重点在对功能的应用进行设计→形成"组件4件套"。

它们都是从（1）开始的，最后向技术设计和编码开发提交的是（3）组件4件套。

由于"需求4件套"与"业务4件套"的描述方式相同，因此更加详细的记录方法，参见13.3节。

小结与习题

小结

需求分析的两个主要工作成果是功能需求一览和需求规格说明书，这两个资料基本上决定了这个软件项目的主要内容，依据这些需求可以确定如下的内容（不限于此）。

1. 软件设计的需求

从软件的实现过程看，需求分析的成果主要确定了以下的内容。

（1）客户价值：通过分析、客户确认等，确定了客户投资信息化的目的、目标、期望、痛点等内容，这是系统确定设计理念、系统的管控深度的关键判断依据。

（2）业务范围：准确无误地确定了未来信息系统需要覆盖的全部业务内容，包括客户组织维度（集团、公司、部门、岗位）、业务领域的维度（销售、生产、物流、财务等）等。

（3）功能与规模：确定了基本的业务处理形式（业务架构、业务逻辑）、功能需求的内容（所需要的业务功能模块、管控方式等）。

2. 软件管理的需求

从软件的过程管理上看，需求分析的成果成为下述工作的依据。

（1）开发工期：确定了业务处理的形态、难易度，以及功能需求的数量等，也就基本上确定了可控的开发工期，基于上述内容制定控制用里程碑计划和详细的推进计划。

（2）需用资源：根据内容和计划，可以确定开发所需的各类人才资源的数量，其中也包括各个设计部分需要的资源能力（所掌握的设计知识、经验等）。

（3）项目管理：按照项目管理要求，制定组织方案（计划、资源、风险、质量、验收等）。

从上面的内容可以看出，需求分析的作用不仅是后续的设计开发工作的输入，而且也是软件过程管理的输入。

分享　对需求分析师的作用、价值的理解

学员们对理解客户企业领导的意图都感到了困惑，并有畏难情绪，大家对理念、目标、期望等目标需求没有感觉，也觉得很难，很难想象客户要什么、用什么功能去对应，甚至认为这些内容就是个概念，是"虚的"，没有必要去关注它，所以这些需求往往都被"丢掉了"，以至于客户的领导开玩笑说："软件公司的人不把我的需求当需求，系统开发完了，我什么也看不到"。

经过培训后，老师给学员们出了几个目标需求的转换试题，要求大家：

（1）按照本章的方法按顺序进行转换：目标需求→业务需求→功能需求。

（2）要求采用鱼骨图/思维导图、排比图、示意图等的联合表达分析的过程。

（3）转换完成后要学员们相互解读、评价。

部分试题的题目如下。

题1：软件企业要实现"软件的绿色设计"。

题2：希望利用信息化的手段，让企业管理透明化。

题3：如何让管理系统能够做到：随需应变、随时应变？

题4：让软件设计的过程工程化。

学员们试探着用前述模型、分析方法给出了课题的解答方案，然后由学员们相互进行解读、打分。学员们在解读出他人方案时都感到很开心，大家第一次感受到，原来自己也可以解答出这么抽象的目标需求。能够理解目标需求并给出目标需求对应的功能需求，这让学员们体验到了理解目标需求时的满足感。

学员们说，在理解了目标需求的解答方法后，再看业务需求和功能需求就觉得很容易理解了。有一种"居高临下"的感觉。通过这样的练习，学员们知道了需求分析师要追求的高度、工作的价值和作用。

习题

1. 简述需求分析的内容及作用。

2. 需求分析师需要具有什么知识和能力？为什么？

3. 简述需求分层的划分方法，不同层需求的含义。

4. 三种不同需求的分析方法有什么不同？

5. 目标需求的内容、提出方式、提出人、对后续软件设计的意义？

6. 业务需求的内容、提出方式、提出人、对后续软件设计的意义？

7. 功能需求的内容、提出方式、提出人、对后续软件设计的意义？

8. 三种需求之间为何需要转换？转换的依据、转换的方法？

9. 简述需求分析成果有哪些交付物。

10. 需求分析的成果对客户、设计工程师有哪些作用？

设计工程概要

概要设计概述

第3篇　设计工程——概要设计

□内容：对架构、功能和数据层进行规划，制定相应的原则、规范、模板等
□对象：业务设计师（架构师）、产品经理、项目经理

第8章
设计工程概述

设计工程，是基于需求工程的成果进行信息系统设计的部分。业务设计是设计工程中以客户业务为中心的设计部分，业务设计的成果决定了客户信息化的业务价值，是后续所有设计与开发的基础和指南，也是业务设计师需要掌握的核心知识和能力。

本章涉及软件工程框架图中两个部分的概述：设计工程及业务设计部分。

（1）设计工程的整体：包括业务设计部分、应用设计部分、技术设计部分。

（2）业务设计的部分：包括概要设计、详细设计。

本章内容在软件工程中的位置见图8-1。

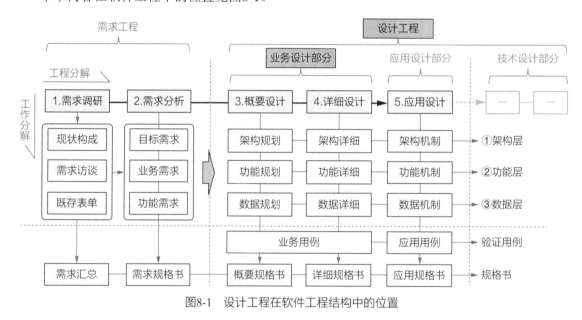

图8-1　设计工程在软件工程结构中的位置

8.1　基本概念

8.1.1　定义与作用

1. 定义

设计工程，是运用软件设计的理论、方法、工具，对需求工程获取的需求按照不同的理论和方法进行分阶段、分层地细化，给出满足客户需求和符合软件开发要求的设计资料。

设计工程划分为以下3个部分，见图8-2中①、②、③。

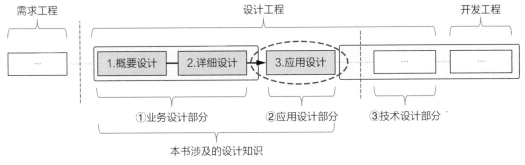

图8-2　软件工程与本书涉及的知识

①业务设计部分：含概要设计和详细设计两个阶段。业务设计的重点是对业务优化、业务功能以及业务价值的设计。成果包括设计规范、业务架构、业务功能等。

②应用设计部分：将业务设计的成果转向系统的架构、组件以及应用价值的设计。成果包括应用架构、系统机制、系统功能等，②是①和③的桥梁。

③技术设计部分：将业务和应用的设计成果转换为支持编码开发的设计资料。成果包括语言选择、基础框架、数据接口、系统部署、硬件选择、环境构建等。

由于业务设计的概念使用不广泛，定义也比较模糊，有的软件企业有"需求设计"的环节。这里对业务设计与需求设计的内容做个比较，以帮助理解业务设计的概念。

1）需求与业务的区别

（1）需求：指的是客户针对引入"信息系统"所提出来的需要和要求。

（2）业务：指的是客户企业所"从事的工作"（经营、管理、生产、销售等）。

2）需求设计与业务设计的区别

（1）需求设计：直接设计的是系统需要的"功能"，包括功能的构成及实现方法。需求设计的主要对象是"功能的需求"。

（2）业务设计：业务设计分为三个层面（架构、功能和数据）。首先是对客户的业务"流程"进行梳理、优化、完善（架构层），再对业务的"操作"（功能层）进行设计，最后对业务的操作"结果"（数据层）进行设计。业务设计的过程是"架构→功能→数据"。

两者的设计理念是不同的："需求设计"直接关注的就是"功能需求"；而"业务设计"首先是对"业务"进行梳理、优化。获得了功能需求，但不熟悉业务背景，就是"知其然，不知其所以然"。在充分地理解了业务、优化了业务并确定了未来信息化环境下业务的处理方式的基础上，再去确定功能需求，那么才是做到了"知其然，也知其所以然"。

业务设计，是将"需求"放在"业务"这个背景中去思考、设计的。明确功能是为业务提供信息化支持服务的。也就是说，功能需求的真伪、包含的内容、处理的形式等都是通过对客户业务处理过程的充分理解后才能确定的。

基于不同的设计理念产生的系统会给客户带来不同的功能、感受、价值以及满意度。

2. 作用

对比其他行业，如制造行业、建筑行业，以及各种科研领域等，设计工作在其行业中是处在龙头的地位，它是决定产品的应用性、产品价值的高低、产品质量的优劣，以及项目成功与否的绝对前提。

在软件的生产过程中也是一样，软件的设计工程是联系需求工程、开发工程的桥梁，如图8-3所示，在设计工程中，需求工程的成果被设计师进行了进一步的理解、阐释，并融入了设计师的理念、思想，开发完成的产品必须要符合设计师和设计资料的要求（这里设计师提出的设计资料已经不是需求，而是要求），它是所有相关人交流、工作、检查的共同语言和标准。

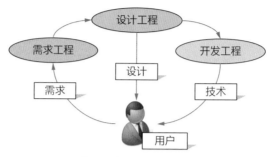

图8-3　软件工程与角色

在设计工程中，业务设计部分的主要工作是优化、梳理、完善业务，并在此基础上确定业务功能；应用设计的目的是将业务设计成果转换为系统的功能；技术设计部分的目的是实现业务设计和应用设计的成果。业务设计和应用设计的结果决定了产品的最高价值。

应用设计，是业务设计部分和技术设计部分的融合之处。

技术设计不是本书涉及的内容，这里提及技术设计只是为了给出软件工程的完整构成体系，同时也有助于理解业务设计和应用设计的作用、定位。

本书的主要内容包括业务设计和应用设计两个部分，在后续各章节的说明中涉及"设计工程"时，如无特别说明，都仅指这两个部分的内容。

8.1.2　内容与能力

设计工程篇的作业内容是按照两个维度进行的，即：工程分解维度（X轴），共分为三个阶段（概要、详细、应用）；工作分解维度（Y轴），共分为三个层（架构、功能、数据），这部分的内容构成了从事业务领域分析与设计工作读者需要理解和掌握的基础知识体系。

根据分离原理，构成企业的内容可以分为4个部分，即：业务、管理、组织和物品。其中，业务设计和管理设计分为两个层面分别进行设计，然后再进行叠加，两层关系如图8-4所示。因为业务设计成果是管理设计的"载体"，因此先做业务设计并将"工程分解/工作分解"作为第一层，将管理设计作为第二层，两者内容划分如下。

（1）概要设计篇到应用设计篇：内容都是业务层面的设计

（由于应用设计是将业务设计成果转换为系统的功能，因此将其归集到业务设计层中）。

（2）综合设计篇/管理设计：内容是管理层面的设计。

另外，因为"组织"与"物品"的设计方法与"业务"的设计方法相同，因此将这两个部分的内容放到业务设计层中进行说明。

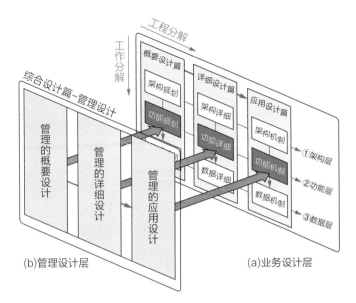

图8-4 业务与管理的分离设计

1. 作业内容

1）业务设计层，见图8-4（a）

（1）工程分解维度：对客户需求进行逐步的规划、细节设计，给出从业务到应用的全部转换步骤，包括：概要设计、详细设计、应用设计。

（2）工作分解维度：对工程分解每个阶段分为三层进行细化，即最粗的架构层→最细的数据层，包括：架构层、功能层、数据层。

2）管理设计层，见图8-4（b）

管理设计的内容安排在工作分层——功能层，因为一般来说，管控的机制都是加载在业务功能上，随着用户的操作来实现管控功能的效果。

3）综合设计

作为提升综合设计能力的知识，将管理设计、价值设计和用例设计三个设计的内容放到综合设计篇中，这三个设计是对前述业务设计/应用设计各个阶段/层级知识的综合利用，它们的关系如图8-5中①、②、③、④所示。

①业务设计：是所有设计的开始和载体。

②应用设计：将业务设计中的成果转换为系统的功能。

③管理设计：在业务设计和应用设计中加入管理的要素。

④价值设计：在业务设计中注入业务价值，在应用设计中注入应用价值（客户价值=业务价值+应用价值）。

⑤用例设计：对业务设计和应用设计的成果分别进行验证。

全部的设计内容详见图8-6。

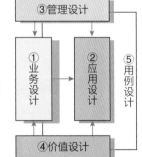

图8-5 诸设计的关系

注：关于价值设计的构成

通常情况下，应用类软件绝大部分的客户价值是由业务设计阶段-业务价值、应用设计-应用价值两部分形成，因为这些价值是客户购买软件产品的直接目的，所以本书关于价值设计部分的重点就放在这两个部分。

工作分解	工程分解	内容说明	主要交付物
架构	第9章 架构的概要设计	□设计理念、设计主线、标准 □拓扑图、分层图、框架图、分解图、流程图	业务架构图
架构	第12章 架构的详细设计	□对架构成果-流程图进一步细化	流程5件套
架构	第16章 架构的应用设计	□将业务架构转换为应用架构，给出架构实现的方法、机制	流程机制
功能	第10章 功能的概要设计	□对业务功能规划：系统&分类（活动、字典、看板、报表）	功能规划图
功能	第13章 功能的详细设计	□业务功能设计：原型、定义、规则、逻辑	业务4件套
功能	第17章 功能的应用设计	□将业务功能转换为业务组件，进行应用设计 □增加系统功能	组件4件套 组件机制
数据	第11章 数据的概要设计	□对数据进行规划（数据要素、主数据、标准）	数据规划图
数据	第14章 数据的详细设计	□对数据进行详细设计（数据逻辑、数据模型）	数据关系图
数据	第18章 数据的应用设计	□构建数据的加工、循环、复用、共享的机制	数据机制
综合	第19章 管理设计	□功能规划：理论、管理架构图 □功能设计：管理控制模型、规则 □管控机制：管控实现的机制	管理架构图
综合	第20章 价值设计	对在软件工程的各阶段、各层涉及的价值表达进行综合说明	
综合	第21章 用例设计	对业务设计和应用设计的成果进行验证	用例

图8-6　设计工程内容一览

另外，因为管理是保障业务价值和应用价值的实现而存在的，因此不存在管理设计价值。

2. 角色要求

关于非技术内容设计的角色，由于常见的软件工程在这个环节有缺失，所以一般在软件企业内类似的角色都被称为"架构师"，但是架构师的责任、架构范围和对象、架构方法和交付物，以及"架构工作"与前后工序需求和技术之间的关系都不是很明确，也没有业界的统一参考标准，为了避免与传统"架构师"的称呼相混淆，也同时为了强调"设计≠架构，架构仅是设计的一个部分"的理念，所以为书中各设计阶段的岗位做如下规定（参考）。

- 业务设计师：从事业务设计阶段的工作（含概要设计、详细设计）的岗位。
- 应用设计师：从事应用设计阶段的岗位。

在设计工程（概要、详细和应用）的3个阶段中为设计师进行了定义、定位，并给出了他们需要的知识、交付物和相应的权责。

📖　注：设计师的划分

在"设计师"前面不加"业务"或"应用"二字时，表示针对的是所有从事设计的人。

8.1.3　思路与理解

在进行设计工程的说明前，还需要再回顾一下分离原理和组合原理，因为这两个原理是建立设计工程体系以及相关设计模型的基础。

1. 分离原理的应用

在设计工程的每个阶段中都采用了先将业务与管理进行分别架构、规划、设计，然后再组合在一起协同工作的方式。采用这样的设计方式可以让设计师感受到：企业管理的设计首先要理清楚业务载体的情况以及业务处理的标准，然后再去匹配相应的管理方法，管理是为了业务达到标准而做的保障措施。

1）业务设计

业务设计关注的是按照业务处理所必须遵循的目标、工艺、标准等要求，并设计出满足这些要求的信息处理系统，在这个设计过程中，暂不关注如何管理业务的处理过程，只集中精力研究业务运行的事理。

2）管理设计

有了业务处理形式和对应的标准之后再来确定管理方法，以业务为载体确定管控的位置并加入管理规则，确保业务处理不出现违反业务标准的问题。

2. 组合原理的应用

设计工程在不同的阶段、分层中都有不同表达形式的逻辑图形，组合原理的三元素对应的内容会沿着软件工程的推进方向不断地发生变化。

1）要素的变化

沿着软件工程的三个阶段推进，要素在三个层面上的称呼变化如下（由粗到细）。

（1）需求工程各阶段：原始需求（客户语言）→业务分类（业务、管理、组织、物品）。

（2）设计工程-架构层：用框架图表达，有系统、子系统、模块、功能等。

（3）设计工程-功能层：用原型图表达，有业务领域、业务功能、业务组件、控件。

（4）设计工程-数据层：用数据架构图表达，有全系统、领域、数据表、数据。

2）逻辑的变化

如图8-7所示，在①需求工程阶段，收集到的客户需求大多都是采用文字以及表单的形式表达的专业知识、业务经验以及现实的做法，此时的说明和表达并不特别强调逻辑的概念。

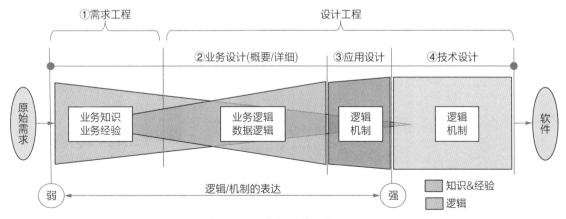

图8-7 逻辑向机制转换的示意图

在②设计阶段中，贯穿全过程的主线就是业务逻辑，业务设计部分的工作本质上是在做理解、解释、转换，也就是将需求中所包含的专业知识、业务经验、目标期望、痛点难点等内容，通过分析、设计的一系列转换工作，最终为以"逻辑图形"为主的表达方式所替代，这种逻辑表达方式最为符合软件设计和开发的习惯。在②的区间内，用知识和经验表达的内容越来越少，最终绝大部分都由逻辑的表达方式替代了业务知识和经验的表达方式。在进入到③应用设计区间后，逻辑表达再被转换为机制表达，机制是逻辑的实现方式，将逻辑转换为机制也是信息系统具有复用性、应变性的基础。可以看出，在②的区间内，代表知识和经验的内容渐渐地减少，而代表逻辑的内容渐渐增大，以至于在接近应用设计区域的时候几乎完全替代了知识和经验的内容。

这个示意图说明了：②业务设计的作用是将客户的业务知识、经验转换为用业务逻辑表达，进入到④技术设计阶段后，原则上技术设计师的工作不能依据源于①的业务知识、经验表达的原始需求，而必须依据通过②和③获得的设计资料（需求阶段的资料可以作为参考，不能作为依据）。在④技术设计区间内，技术设计师再将前阶段的逻辑和机制的表达方式转换为开发工程师易于理解的形式。

从上述的说明中可以得出如下两个重要的关注点。

注1：按照软件工程的要求，开发工程师不能直接应用需求调研成果

为什么说开发工程师直接按照需求工程的成果进行开发是有缺陷的？因为这样做缺失了设计工程中对业务逻辑的抽提、优化，以及向机制转换的过程，其结果很可能造成交付的系统逻辑不清，达不到为客户带来信息化的预期价值，同时没有进行规律性的抽提也难让系统做到复用和应变。理解这个知识→逻辑→机制的转变意义和过程非常重要。

当然，如果软件商的岗位责任划分中，开发工程师兼顾设计工程的工作则不在此列。

注2：业务逻辑与业务知识的作用区别

业务逻辑的主要表达方式存在于业务架构图中，业务逻辑对设计和开发的重要性是毋庸置疑的，那么掌握了业务逻辑的表达方法是否就具有了业务优化的能力了呢？回答是否定的！业务逻辑可以使得优化结果的表现得非常清晰、直观，但业务优化的依据是"业务知识、业务经验、管理理论"等内容，因此，没有相应的业务知识和经验的设计师是难以正确地进行业务优化的（尽管他可以清晰地表达优化的结果）。

分享 　　　　　　　　　　业务逻辑：打开架构意图的钥匙

在正式进行架构设计培训前，老师要求每个学员交一张他个人在实际工作中绘制的并认为是可以代表本人最高水平的架构图（或是表达设计意图的图），题目不限，收到图后在课堂上打开图，由其他人对图进行解读，如果解读不了，再由本人进行补充说明。

每次这个环节都是大家互动感最强的活动之一，结果大多数认为自己画得非常好的图在现场被其他人解释得一塌糊涂，而本人也被大家追问得面红耳赤、非常狼狈。老师与学员们一同对大家绘制的架构图做了分析，从中找到了以下的共同点。

（1）大家都知道用要素块表明有哪些"业务要素"（尽管对同一要素每个人都用了不

同图标）。

（2）所有人的图中都缺乏"逻辑的意识"和"逻辑主线"（不清楚画图要有逻辑表达）。

（3）图形给人的感觉就是一堆"业务要素块"的堆积，绘图的"随意性"很强。

（4）架构图的目的不清，绘图人不是在做"设计"，而是在用图说明业务知识、业务经验等。

针对归集的问题，老师问大家：对同一张图给出了如此多的解释，开发人员采用的是哪个解释呢？你们是怎么把系统做出来还让客户验收的呢？听完老师的问题后大家都沉默不语，也都觉得难以回答，但是有一点大家是有共识的：这就是为什么我们的产品质量差，经常交付时会被客户说："这不是我想要的系统！"的原因之一。

老师给学员们培训架构图时反复地强调：画图的过程中，要不断地问自己3句话（组合原理）：

（1）图中的要素是否正确？

（2）图中的逻辑是否合理？

（3）图中表达的意图是否与图的标题是一致的？

在培训的回顾会上，学员们将培训前后的作业进行了对比，感觉到最大的变化就是自己在绘制架构图时的"逻辑意识"增强了，图中的"逻辑表达"变得清晰了，大家对他人作业的理解度提高了。有了运用"逻辑"的能力后，每个人在分析、设计时的自信心也提升了。

在业务架构图中，"逻辑"是对所有的知识、经验、想法等内容的替代，业务架构图中的"逻辑"表达的不是思考的过程，而是思考的结果。

架构图中的"逻辑"会被一直引用（功能设计、数据设计、应用设计）直至到编码开发的阶段。将需求中的业务知识转换为用逻辑表达之后逻辑不再被更改，这就使得从设计到开发直到测试验证有了一条"逻辑主线"，所有的工序都与这个主线对标，极大地提升了设计和开发的质量，减少了失误和失真。

3）模型的变化

进入了设计阶段，分析模型基本上就不再使用了（因为分析模型的逻辑只适用于做分析），设计阶段基本上都是采用架构模型（架构层）、原型界面（功能层）和数据模型（数据层）等进行设计结果的表达。模型的使用分别参见相关的篇章。

8.2　工程分解

软件工程的"工程分解"分为三个阶段，即概要设计、详细设计、应用设计。其中，概要设计和详细设计又构成了"业务设计"部分，如图8-8所示。

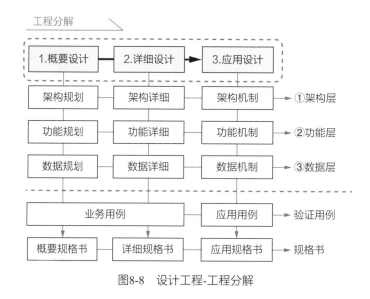

图8-8　设计工程-工程分解

8.2.1　工程分解1——概要设计

概要设计是设计工程的第一个阶段，设计的依据是需求工程的成果——现状构成图、功能需求一览、需求规格说明书等。概要设计主要负责对系统进行以下四大方面的规划。

（1）规范：从顶层设计的视点出发，确定目标、理念、主线、原则、定义、标准等。

（2）架构：基于目标对业务进行优化，确定业务架构、系统、子系统、模块等的划分。

（3）功能：基于架构对业务功能进行分类、规划，确定功能间的关系以及功能一览。

（4）数据：基于架构和功能对数据的范围、内容进行规划，确定主数据、数据标准等。

概要设计阶段，设计师关注的应该是大的系统间规划、顶层的设计，不过多地纠结于细节或系统内部小模块之间的关系，或是某个具体的功能。概要设计一般不是一次就能做到位，而是需要反复地进行调整的。在概要设计阶段，应最大限度地提取可以复用的模块，建立合理的结构体系，节省后续各设计阶段的工作量。

概要设计中的设计规范决定了整个系统的设计走向、最终完成的系统是否满足了客户的需求、是否给客户带来了预期的信息化价值。概要设计的内容是整个设计工程中难度最高、最为重要的部分，通常由项目组中能力最强的设计师负责。

概要设计完成后，形成概要设计规格书，包含架构、功能和数据三个层面的设计。

8.2.2　工程分解2——详细设计

详细设计是设计工程的第二个阶段，依据概要设计文档对架构、功能和数据层面的内容进行精细设计。由于有了概要设计文档做总控，所以在详细设计阶段就可以展开由多人协同并行设计。在详细设计阶段，每个设计师面对的都是一个独立的系统/模块，根据概要设计约定好的局部任务和对外接口，设计并表达出定义、关系、算法等内容。这里要注意，如果发现有结构调整的必要，必须返回到概要设计阶段，将调整反映到概要设计文档中，而不能只解决详细设计问题而不再维护概要设计的资料了。

详细设计完成后，形成详细设计规格书。

详细设计工作全部完成后，对系统中的业务部分的设计就完成了，后续设计中就不能对业务部分的内容再进行任意修改了，如果需要变更，务必要取得业务设计师的确认。

8.2.3 工程分解3——应用设计

应用设计是设计工程的第三个阶段，主要内容是将概要设计规格书和详细设计规格书的设计成果与系统实现的手法结合在一起，给出系统实现后的业务处理、管理控制的操作效果，以及非业务的功能设计部分。

应用设计可以看成是"业务设计部分"与"技术设计部分"的结合部，它给出了软件开发完成后的应用效果（包括：布局、操作、规则等），企业管理信息化的价值最终体现在这个部分的设计成果中。

一直以来对于这个部分的设计方法、成果的定义不太清晰，例如对于这个部分的工作有称为系统设计、UI设计、体验设计等，既可以作为业务设计的一部分，也可以归于技术设计的范围。

应用设计应该是包括业务、技术、UI、美工以及体验等诸方面知识和技术的集合体。这个部分的设计需要应用设计师具有跨界的知识和能力，包括一定的客户的专业知识、业务设计知识、技术开发知识、UI设计和美工设计知识以及系统上线的经验等。

8.2.4 工程分解4——三个阶段的关系

1. 三个阶段的差异

1）三个阶段的重点

相对于需求分析是站在客户业务的角度理解需求而言：

（1）概要设计的重点：从设计的角度出发对需求的定义和解释，经过一系列粗粒度的规划和设计，让后续的设计师大致了解系统的结构和操作模式。

（2）详细设计的重点：描述业务设计的实现细节、方法、函数等。

（3）应用设计的重点：将前面设计的内容转换为系统的表达方式。

2）三个阶段的协同

各个模块之间是有层次关系的，也有先后的逻辑关系。在概要设计中，还必须考虑模块的实现细节，概要设计、详细设计和应用设计三个设计之间需要反复迭代进行。

在概要设计阶段，设计师就要能够规划和确定出详细设计和应用设计的范围、深度，所以对概要设计担当人的能力要求是软件工程全过程中最高的。

3）三个阶段带来的不同价值

这三个阶段完成了系统的绝大部分价值，它们的设计让用户感受到了业务的变化、工作环境的变化，感受到了信息化带来的价值。

（1）概要设计/详细设计，确定系统中业务方面的最高价值。

（2）应用设计，确定系统中应用方面的最高价值（也可以称为体验价值）。

2. 三个阶段的用语

在需求工程阶段收集客户需求时，采用的是客户使用的"客户用语"，因为只有用客户最为熟悉的语言才容易交流、沟通、表达，这个时候的用语是描述客户行业知识、实践经验、客户现状的。

1）概要设计阶段/详细设计阶段

由于业务设计阶段的重点是针对业务的设计，所以使用的表达语言是"业务设计用语"，它们不是技术设计和开发时使用的技术用语，业务设计用语如业务架构、业务流程图、工作分解图、业务功能分类、管控模型、管理规则等。

这些用语在交流的初期客户可能不太懂，但是只要进行了说明很快就会理解，而且有意识地培训用户使用这类用语也可以提升它们的理解能力，并为后续的设计、上线、培训以及应用等带来非常大的好处，这个阶段尽量少用技术用语的理由如下。

- 此时的重点是对业务的优化、完善，是找出业务价值，而不是技术的实现方法，因此过度使用技术用语会影响到干系人对业务的理解、表达。
- 在业务设计阶段使用技术用语表达也会影响业务设计的正确性。

2）应用设计阶段

应用设计，是介于业务设计与技术设计之间的转换期，它使用的既不是完全的业务用语，也不是完全的技术用语，而是介于业务和技术之间的用语，有偏业务的用语，例如，事找人的流程机制、红字更正（删除）、提交检查、时限管理、权限管理等；也有偏技术的用语，例如，组件、窗体、界面、权限等。

进入技术设计阶段以后，就完全是技术的表达方式了（如UML、编码语言等）。

在技术设计阶段如果可以做到少用或基本不用客户的专业语言，那就说明前面的每个设计环节都做得非常到位，没有遗漏，反之，到了技术设计阶段还要大量地使用需求阶段客户的专业用语，那就说明前面各个阶段的转换做得不到位。

8.2.5　业务设计与技术设计的关系

在软件工程的框架上，业务设计（概要、详细）与技术设计中间隔着应用设计，两者没有发生直接交付与继承的关系。两者之间有如下的特征（仅供参考）。

- 业务设计是以业务知识和设计知识为基础进行设计、表达的方法。
- 技术设计是以计算机技术为基础，用技术设计特有的方法来转换应用设计的成果。
- 业务设计可以"不知"技术设计或技术开发的方法，它只关注业务自身的内容。
- 技术设计必须要满足业务设计的要求，也就是说，技术设计依赖于业务设计成果。
- 业务人员（咨询、需求、业务设计师）是否懂技术不是工作的前提条件（但多懂为佳）。
- 技术人员（技术设计、开发、测试）必须要能够理解业务设计资料，是否懂业务知识不是工作的前提条件（但多懂为佳）。

由于各个软件企业的组织构成、涉及来源不同，所以业务设计与技术设计的划分也不尽相同，这里"应用设计"的环节设置与否有着非常大的影响。

● 设置应用设计环节，则业务设计和技术设计就可以分离得比较大。

● 如果不设应用设计环节，则业务设计和技术设计就要发生直接交互，对业务人员和技术人员的能力要求都会提高。

8.2.6 工程分解与资料引用

由于按照工程化设计的方法进行设计，所以软件工程上的各个阶段产生的设计资料都是必须要继承的，各阶段的资料关系如图8-9所示。此图说明了软件工程上的每个节点设计资料的输入和输出（仅作为参考，按照具体的项目、资源构成情况具体分析）。

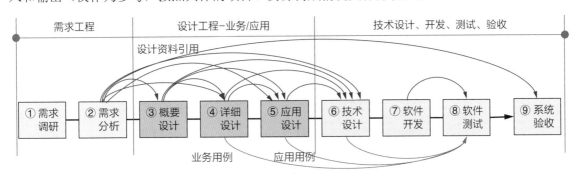

图8-9 软件工程各阶段资料的引用关系

简单介绍如下，其中①和②为需求工程的内容。

③概要设计：对②需求分析的内容进行规划，并制定指导后续进行设计的设计规范等。

④详细设计：在③概要设计确定的范围内，依据②、③的内容进行细化设计，全部的设计成果需要符合③概要设计制定的标准及各项约定。

⑤应用设计：是将④详细设计的成果转换为系统的表达方式，同时还要设计③概要设计中已规划好的、但④详细设计中没有涉及的内容，如系统功能（来源于②）。

⑥技术设计：由于③、④和⑤三个设计中都有不重叠的内容，因此，⑥技术设计要参考前面的需求分析资料和全部的设计资料。

⑦软件开发：严格依据技术设计成果进行开发。

⑧软件测试：需要用到业务设计和应用设计的用例。

⑨系统验收：与客户签订合同的依据是需求规格说明书（来源于②）。

📖 注：设计原则

（1）对于⑥技术设计来说，①和②的需求工程资料只是"参考资料"，而不是"设计依据"（除去需求资料中关于技术方面的需求）。

（2）当③～⑤发生了遗漏或错误时，技术设计师必须首先与担当的设计师确认，在获得一致意见后，首先由担当的设计师把遗漏部分追加到相应的业务/应用设计资料中，然后依据修改后的业务/应用设计资料再进行技术方面的修改。

8.3 工作分解

从软件工程结构图上可以看出，在设计工程的三个阶段中，纵向的"工作分解"是一样的，都是分为三个设计层，即架构层、功能层和数据层。工作分解的顺序是由粗到细、由上到下，设计工程的三个阶段都是围绕着架构、功能和数据三个层进行不断地细化和深化，如图8-10所示。

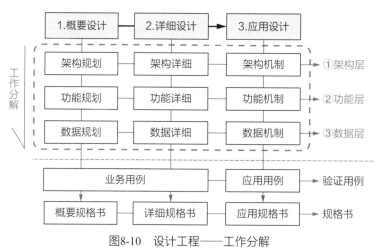

图8-10 设计工程——工作分解

8.3.1 工作分解1——架构层

架构层是工作分解的第一层，它的核心工作是进行业务架构，通过从概要、详细和应用三个阶段接力式的设计，完成了从业务架构的规划、详细的流程分歧，到最终转换为系统应用架构的机制。

8.3.2 工作分解2——功能层

功能层是工作分解的第二层，它的核心工作是用户操作界面的设计，通过从概要、详细和应用三个阶段接力式的设计，完成功能需求→业务功能→业务组件的转换过程，最终完成用户的操作界面设计。

8.3.3 工作分解3——数据层

数据层是工作分解的第三层，它的核心工作是对数据的设计，通过从概要、详细和应用三个阶段接力式的设计，完成了对数据整体规划、领域规划、主数据选择、数据标准制定、数据模型、数据的复用机制等一系列的设计。

8.3.4 工作分解4——三分层的关系

1. 价值方面的不同

简单地说，架构是功能产生和确定的基础，功能是数据产生和确定的基础。但三个设计层的目的不同，架构与数据本身是客户的价值所在，而功能是工具。如图8-11所示，三者的关系如图8-11（a）所示，三个价值的关系如图8-11（b）所示。

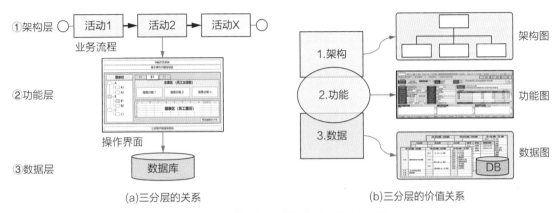

图8-11 架构层、功能层与数据层的关系

1）架构层

架构层的内容是对业务优化后的成果表达，业务优化的成果可以直接为客户带来成本下降、效率提升、效益收获等价值，因此架构层的成果是客户投资的直接目的之一。

2）功能层

功能，是组成架构的要素，通过功能可以产生数据。没有功能形成不了业务架构，也无法记录和查看数据，但是功能并不是客户投资的直接目的，最终的业务价值和信息化价值是体现在架构和数据上的，功能是产生上述价值的工具（没有这个工具无法产生价值）。

3）数据层

数据层的内容是企业的资产，数据的积累和有效利用（统计、分析、挖掘）会为客户提供解决旧问题的途径、找到新商机的启示，因此数据层的成果是客户投资的直接目的之一。

2. 生命周期的不同

企业的管理方式会随着时间和环境的变化而变化，这个变化会带来业务架构的变化；同样随着IT技术的进步，功能的显示和操作方式也会随之发生变化（PC端→移动端），但是无论架构和功能如何变化，都希望数据的结构和标准可以保持5年、10年甚至几十年都不改变，如果因为架构和功能发生了变化而不能再利用已有的历史数据，则这个数据资产就不存在了。这也是为什么业务设计师也必须要关注、掌握数据的规划和设计能力的原因。

只重视功能设计，而不重视架构和数据的设计，这为系统长期使用带来以下两个大隐患。

（1）架构设计不足，由于缺乏顶层规划和设计，会造成系统的应变性差。

（2）数据设计不足，复数系统间的数据难以打通，数据无法共享、复用，造成信息孤岛现象。

三分层内容的生命周期由长到短分别为：数据 > 架构 > 功能。

（1）功能的形态最容易发生变化（客户需求变化、硬件技术的进步等），生命周期最短。

（2）架构的形态随着业务标准变化而变化（业务不变，架构也不变），生命周期的长短居中。

（3）数据如果做好标准化设计，其生命周期则可以做到最长（也是客户最希望的），因为只有数据生命周期长且大量积累，才能发挥出数据的价值来。

根据信息系统的规模可以参考以下的要求。

（1）如果设计的是简单系统，重点放在可以满足数据的输入和查询的功能就可以了。

（2）如果设计的是大型且复杂的系统，则必须要关注架构和数据的长期性、稳定性。

3. 节点之间的继承性

每个节点的设计，都要继承来自于该节点上游的设计成果并向下游节点输入成果，见图8-12。例如，以节点"功能规划"为例，它的上、下、前、后需要承接来自于：

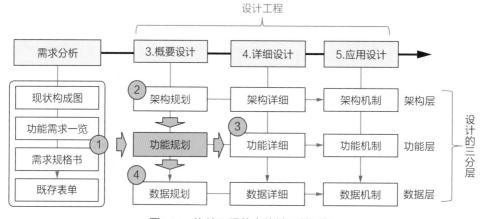

图8-12　软件工程节点的继承关系图

● 前面①：来自于需求工程-需求分析的交付物功能需求一览等在内的分析成果。
● 上面②：来自于"架构规划"的包括业务架构图等在内的架构成果。

同样，在"功能规划"的设计完成后，它的设计成果也会影响后面的两个节点。

● 后面③：向"功能详细"输出功能的分类和规划结果（功能的数量、作用等信息）。
● 下面④：向"数据规划"输出功能规划的分类和规划结果（数据关系等信息）。

在软件工程的结构中，各个设计节点的内容都与相关的前后、上下节点有关联关系。

8.3.5　工作分解5——业务与技术的分层关系

1. 技术设计的三层构成

理解上述分层的成果与技术设计三层结构的对应关系，可以帮助读者理解业务设计分层的作用和价值。技术设计的三层结构通常为：应用界面层、业务逻辑层和数据访问层，见图8-13。技术设计三层结构中各层含义如下。

（1）应用界面层：位于最外层（最上层），最接近用户。用于显示数据和接收用户输入的数据，为用户提供一种交互式操作的界面。

（2）业务逻辑层：位于三层之中，它的关注点主要集中在业务规则的制定、业务流程的实现等与业务需求有关的系统设计。

（3）数据访问层：位置居于三层之后，其功能主要是负责数据库的访问。

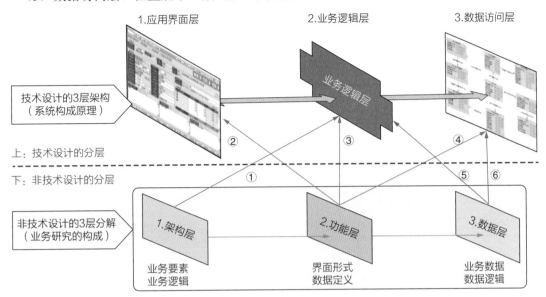

图8-13 三分层的对比示意图

2. 非技术设计与技术设计的三层对比

非技术设计（业务设计、应用设计）三分层的成果支持了技术三分层的设计工作，非技术设计的各层成果如下，见图8-13中的①～⑥。

1）架构层成果

①主要是获取"业务逻辑"，它向技术的"业务逻辑层"提供了业务逻辑、机制（逻辑的应用表达）。

2）功能层成果

主要成果是获取了"界面形式"和"数据"，分别向技术各层提供如下信息。

②向应用界面层：提供业务操作的原型等。

③向业务逻辑层：提供界面操作过程、数据处理规则、管理规则等。

④向数据访问层：提供数据和定义。

3）数据层成果

主要成果是获取了"数据逻辑"，分别向技术各层提供了：

⑤向业务逻辑层：提供了数据逻辑（算式等）。

⑥向数据访问层：提供了数据表关系。

可见，非技术设计中的每个阶段、每个阶段中的每一层的设计成果都是直接或间接地为后续的技术设计各层提供了输入和依据。

8.4 管理设计

在分离原理中已经讲过了，业务与管理分离，业务是管理的载体，管理是对业务标准执行的保证措施，因此，管理的思想、理念、原则等可以先行规划，但是具体的管理设计要在业务载体的相关设计完成之后才能进行。

由于管理功能是以业务功能为载体的，所以管理设计的内容分布在功能层的三个设计阶段中，各阶段负担的内容如下，见图8-14。

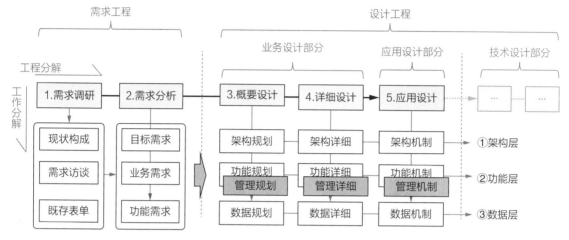

图8-14　软件工程与管理功能的关系

（1）管理的概要设计：进行管理的顶层设计、规划。

（2）管理的详细设计：在业务功能的详细设计（业务4件套）之上进行管理细化设计。

（3）管理的应用设计：将业务设计中的管理设计成果转换为机制，给出实现管理的方法。

📖　**注：关于管理设计**

为了使管理设计的说明具有连贯性，便于读者理解，本书将管理设计的相关内容统一归集到第19章中，但在实际的设计工作中，管理部分的设计要与业务部分的设计迭代进行。

8.5　组织设计

企业组织管理具有三个重要的职能：建立管理机构，配备岗位人员，制定规章制度。在信息系统中，上述三个职能工作被融合到以下的功能中。

1. 建立管理机构

通过建立组织基础数据库的形式，将组织结构的形式固定下来，其中包括公司、子公司、部门、岗位等。

另外，组织结构在信息系统中有一个非常重要的作用，大量的查询、抽提、统计和分析操作都是要以组织属性为关键词进行的，它也是各类统计、分析报表的"维度"属性。

组织，作为数据设计的部分内容，参见11.3节。

2. 配备岗位人员

在系统上线后，通过系统的"权限功能"，为所有在组织结构内有"岗位"的员工给予一个在系统中对应的"角色"，所有具有系统权限的角色都被称为"系统的用户"。

权限，作为组合设计的部分内容，参见19.4.4节。

3. 制定规章制度

企业的组织部门制定的企业管理规则，如果参与信息化管理，则一定要设置到相应的操作环节中，有效的规章制度一定要以规则的形式融入到系统操作的各个环节中去才能发挥出作用。

规章制度，作为组织设计的部分内容，参见19.4.3节。

组织部门相对于其他部门的工作是一种"管理行为"，但是组织部门内部的工作则与其他部门的工作是一样的，也是具有"业务"和"管理"两个层次，同样符合分离原理。

虽然领域的专业知识不同，但是针对组织对象的分析与业务设计方法是一样的。

8.6　物品设计

分属于物品类的要素由于都是"硬件"，所以通常不会直接影响到企业管理的业务架构、管理架构和组织架构，对物品的架构在企业的业务活动中一般是自成体系的。物品类要素在企业管理系统中主要是以"基础数据"的形式存在的，对物品类对象的设计工作主要有两个内容：数据编号和数据管理。

1. 数据编号

对物品类数据的编号是企业管理信息化的重要内容，物品类要素的数据属于企业的基础数据，它牵扯到企业的标准化、规范化工作，编制物品的数据编号需要很强的专业知识。但是如何标准化、如何标准化才能最大限度地发挥出信息化的价值并非是客户所擅长的工作，这是需要业务设计师给予他们指导的。

编号设计，参见11.4节。

2. 数据管理

对数据进行编号实际上也是一种管理，完成了数据编号后，为了保证这个编号体系在实际运用中得以被正确运用，就需要有相应的保障措施，这个保障措施就是"字典"功能，对物品编号是企业标准化管理的重要组成部分，通过字典功能上的各项管理规则，可以保证物品数据被正确地应用、统计。

字典设计，参见13.5节。

8.7　价值设计

价值设计并非是一种新的和独立的设计体系，它提倡的是在做系统设计的同时，重点思考一下：通过信息化手段改造了企业的管理模式后，给客户带来了哪些可以直接感受到的变化和价值，重点思考两个方面的价值，即业务价值和应用价值。

- 业务价值：客户业务的本身，通过软件商的优化设计，有了哪些变化和价值。
- 应用价值：客户业务与信息化环境结合后，为客户生产方式带来了哪些变化和价值。

"业务价值"和"应用价值"一定要能够用最终的客户"效率"和"效益"进行表达，这些价值是通过设计融入到系统中的，为了使读者能够有更加深刻的感受，所以将设计三阶段（概要、详细和应用）中与价值设计相关的内容抽提出来，形成一章，让读者能够从"客户价值"的视角再次感受一下已做过的价值设计。参见第20章。

8.8 验证用例与规格书

8.8.1 验证用例

对设计成果的验证分为两个阶段：业务验证用例、应用验证用例，见图8-15。

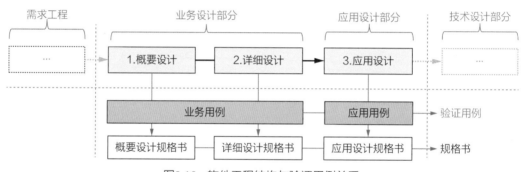

图8-15 软件工程结构与验证用例关系

1. 业务设计阶段

业务设计阶段的验证用例称为"业务验证用例"（简称业务用例），由于业务的概要设计和详细设计成果构成了一个完整的业务设计，因此业务设计两个阶段共用一个验证用例，它利用具有连续性的业务场景从业务视角出发，在用例中加入了包括流程、数据、管理规则等内容，通过模拟运行对业务设计的成果进行验证。

2. 应用设计阶段

应用设计阶段的验证用例称为"应用验证用例"（简称应用用例），将业务验证脚本与应用设计成果（组件、机制）相融合，编制出一个可以模拟系统完成后的应用效果，对业务设计和应用的成果进行综合验证。

这两个用例都是后续开发阶段编制测试用例的参考依据，同时也是系统完成后上线培训的培训资料。

📋 注：关于用例设计的说明

由于编写用例设计需要有很强的专业知识作为基础，同时也为了使说明具有连贯性，将这两个部分的用例说明统一归集到第21章中。

8.8.2 设计规格书

软件工程每个设计阶段完成时，需要有对这个阶段设计成果的汇总，以及对设计成果的验证，这就是各类规格书与验证用例。

1. 设计规格书

由三个阶段的设计成果构成，见图8-16。

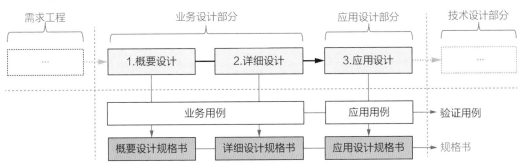

图8-16 软件工程与设计规格书的关系

1）业务设计阶段

（1）概要设计规格书。

概要设计是设计阶段的开始，因此，概要设计的成果汇总成概要设计规格书，它是指导后续所有设计、开发、测试的依据。

概要设计规格书包括架构、功能和数据三个分层的概要设计资料。

（2）详细设计规格书。

所有系统中与业务相关的架构、功能和数据细节都在此确定，在此之后的设计（应用、技术）都应该遵循业务设计结果，不得改变（除业务设计师许可外）。

详细设计规格书包括架构、功能和数据三个分层的详细设计资料。

概要设计规格书与详细设计规格书两者构成了完整的业务设计。

2）应用设计阶段

在业务设计的成果之上加入系统的要素，完成的设计成果汇总成应用设计规格书，它确定了系统中关于用户应用的方法，在此之后的技术设计与编程实现不得改变（除应用设计师许可外）。

应用设计规格书包括架构、功能和数据三个分层的应用设计资料。

📄 注：关于规格书的说明

为了使说明具有连贯性，并可以横向对比三个设计的异同，因此将这三个部分的规格书说明统一归集到第22章中。

2. 关于设计4件套

设计工程中的主要设计资料之一就是针对功能的设计"××4件套"，由于本书追求的是实现软件工程化设计的模式，所以从设计方法、文档的记录格式、资料的传递形式、工作流程等都必须要符合工程化设计的基本原则。如果要满足上述要求，软件工程各个阶段的设计文档（包括需求、设计等）记录都必须采用结构化的形式，而且相互之间具有继承性，这样就可以如同制造业的设计图纸一样，在不同的岗位之间、部门之间甚至是不同公司之间进行传递，对每个功能描述用的"××4件套"就是遵照这个原则设计的，这样做的结果不但在设计时省工省力、效率高，而且还不易出错、易于追溯。图8-17表现了各阶段采用的记录模板"××4件套"之间的继承关系。

（1）横向看：三种4件套（需求、业务、组件）从模板1到模板4都是一样的，由原型、字段、规则和逻辑4种模板构成。

（2）纵向看：每种类型的模板在三个不同阶段（需求、业务和应用）都是一样的，例如看模板1的三种原型：从①、②到③，它们都是对应的和继承的，内容是逐渐增加的。

①是需求阶段获取的原型，它可能是来自于既存表单，内容比较粗。

②是业务设计阶段的原型，它继承了①的原型，并在①的基础上进行了业务优化设计。

③是应用设计阶段的原型，它继承了②的原型，并在②的基础上增加了系统功能设计。

小结与习题

小结

设计工程的工作，是软件工程中决定系统的设计规范、架构、功能、数据以及客户价值的核心部分。最终客户的信息化价值体现、满意度主要取决于设计工程的工作，这其中业务设计部分和应用设计部分又是对客户的信息化价值起着最为核心的作用。

设计工程的内容很多，按照设计的内容形成了一个3×3的设计矩阵，如图8-18所示。

通过4条设计线①~④，可以看出设计工程的构成思路如下。

线①：设计工程分为三个阶段：概要设计阶段、详细设计阶段和应用设计阶段。

线②：每个阶段内再分为三层：架构层、功能层和数据层。

线③：每个层的设计分为三步：将需求转换为系统的形式，如功能层通过功能概要、功能详细和功能应用的三步设计，将功能需求最终转换为系统的组件。

线④：对研究对象，从最大粒度的设计（架构）到最小粒度的设计（数据）进行了全面的、体系化的分析和设计。

按照分离原理4分类的内容，设计安排如下。

（1）由于业务设计、组织设计和物品设计的方法相似，所以将这三者的内容融合到一起设计见图8-18中c1。

（2）"管理设计"由于要以业务设计的结果为载体，所以放到最后的综合设计篇中，见图8-18中c2。

（3）其他的"价值设计、用例设计、规格书与模板"由于是针对总体的设计，所以也一并放在综合设计中讲述，见图8-18中c3~c5。

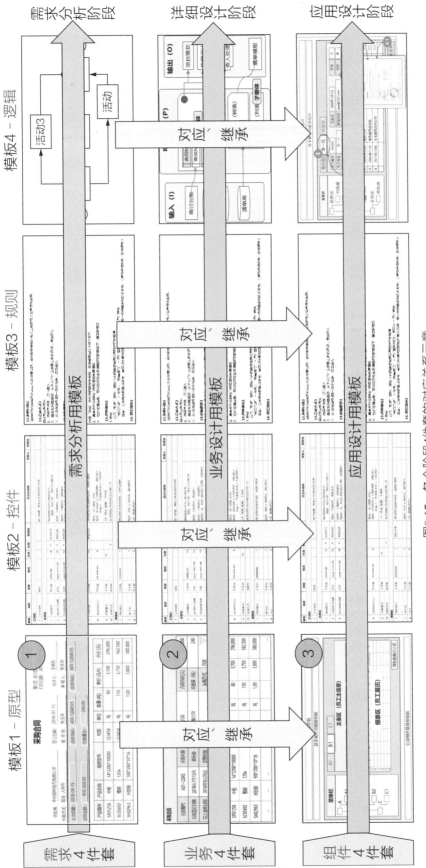

图8-17 各个阶段4件套的对应关系示意

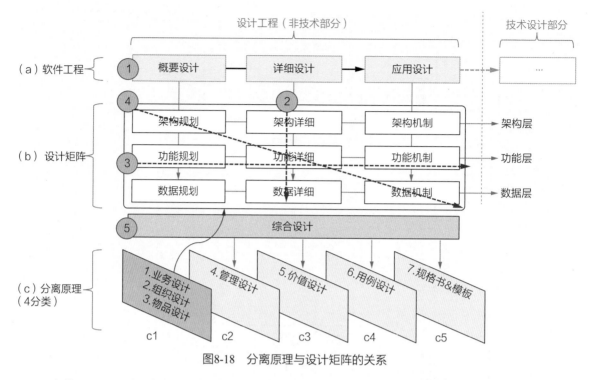

图8-18　分离原理与设计矩阵的关系

　　清楚了图8-18中4条线的设计脉络，就可以掌握整个设计工程的内容和目的，这个结构给出了从上到下、从粗到细、从业务到系统、从架构到数据、从逻辑到机制的分析、设计和转换的过程，按照这个设计矩阵进行作业，就可以达到设计工程化的目的。

分享　　**软件工程，不但可以支持分析与设计，而且可以支持软件的项目管理**

　　软件工程是否具有实用性？这是软件项目管理人员常问的问题和困惑。在主要由项目经理、产品经理和配置管理员参加的讨论会上，大家对于软件工程的实用性提出了疑问：大家在大学都上过软件工程的课，但是软件工程到底是一门关于软件实现的纯"知识体系"呢？还是一门可以用于实际应用和指导管理的"工程技术"呢？关于这个问题大家已经纠结了多年，其中尤以非技术部分的工作（业务设计/应用设计）最为不清晰，大家说在日常的软件项目过程管理中搞不清楚以下这些内容：

　　（1）有哪些阶段？每个阶段分为几个步骤？每个步骤包含哪些工作？

　　（2）每个步骤的交付物种类、交付标准、上下游交付物的继承关系和约束条件？

　　（3）如何计算工作量？如何根据工作量和内容确定人员的能力？

　　（4）这个部分的工作与需求工程和开发工程的分界线在哪里？各负责什么？如何判定？等等。

　　由于传统的软件工程大多不涉及这么细的问题，所以大家不好定位软件工程的实际作用。

　　老师向大家介绍了以图8-1结构图为核心形成的软件工程关系，由于这个结构图是按照工程化的方式建立的，不但给出了知识体系，同时也给出了实操的参考流程。它理清了各个工作的顺序、资料的交接与继承关系，并且说明与上下游之间的关系、数据的输入输出、交付物和交付标准、业务设计与技术设计之间的关系与分界线，以及各个阶段的岗位职责和名称（参考）。

参加了培训的各个部门就以本书中图8-1知识结构图为参考，建立了公司整体和各个部门的软件项目管理流程（因为产品内容不同，流程也有一定的区别），并将各个章节中的交付物和标准一并绘制到软件项目管理流程图上。

最终参加培训学员不但肯定了软件工程可以成为一门实用技术，而且因为它具有的工程化特性，还为定性、定量地进行软件项目管理提供了依据和支持。

习题

1. 简述设计工程的内容、目的及作用。
2. 通过设计工程的工作之后，为什么要用逻辑表达取代业务知识和经验的表达？
3. 工程分解中的业务设计部分包括什么内容？划分业务设计的目的是什么？
4. 简述业务设计与应用设计的区别。
5. 工作分解为什么要分为三层？这三层与技术划分的层之间的对应关系是什么？
6. 怎么理解设计工程中3×3设计环节，它们之间的关系（上下、左右）是什么？
7. 简述设计工程的内容与管理设计之间的关系。
8. 简述设计工程的内容与价值设计之间的关系。
9. 组织设计的主要内容有哪些？
10. 物品设计的主要内容有哪些？

第9章
架构的概要设计

架构的概要设计，是利用架构的手法对系统整体的顶层规划和设计。

架构的概要设计是在需求工程分析成果的基础之上对整个系统进行的顶层规划，重点是确定设计规范（理念、主线等），从大的范围和高度对业务进行规划和设计，架构概要设计的成果"业务架构图"是后续各阶段设计的依据、载体。同时，在业务架构的设计过程中明确了业务逻辑，业务逻辑是串联起所有要素的主线，是设计的灵魂。

本章内容在软件工程中的位置见图9-1，本章的内容提要见图9-2。

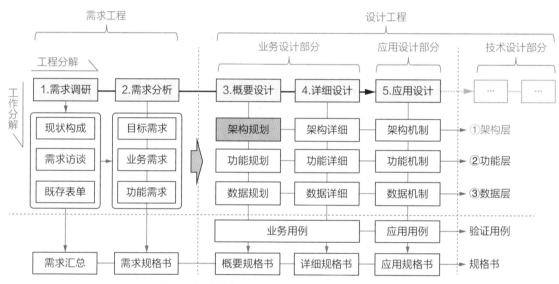

图9-1　架构的概要设计在软件工程结构中的位置

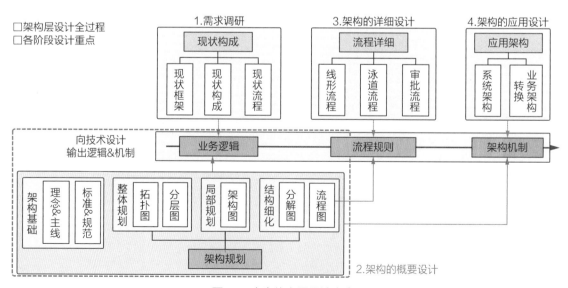

图9-2　本章的主要设计内容

9.1 基本概念

9.1.1 定义与作用

1. 定义

架构的概要设计，是以信息化价值为目标，确定设计规范，对客户需求进行梳理、优化，并用架构模型表达出清晰的业务逻辑，最终确定全部业务的范围、系统/模块的划分、业务的构成、业务的流程。

架构的概要设计是架构层的三个设计步骤（概要、详细和应用）中的第一步。也是设计工程整体的第一步，它承担通常所说的"业务优化设计"中"流程优化"等主要工作。

> 📖 注："架构"与"设计"的区别

"架构"有名词和动词两种含义，本书只取"架构"一词的名词含义，其动词含义用"设计"替代。"设计"是一个大的概念和过程，"架构"只是"设计"含义中的第一个层次，也就是粗粒度的设计。

"架构"顾名思义就是搭建产品的"框架"（如同建筑物的"结构"一词的含义），"架构"的行为不能包含全部的设计内容，完成一个产品的设计除去架构层部分外，还有：功能层的设计（如界面、布局、规则等）、数据层的设计（数据结构、表关系、算式等）、应用层的设计（UI、美工等），这也是本书没有采用"架构师"一词的原因。

2. 作用

架构的概要设计主要作用有两个：确定设计规范、完成业务架构的规划设计。

1）设计规范

设计规范，包含设计的目标、理念、原则、主线、标准等内容，是确定基于客户的目标需求与业务设计师对目标需求的理解，特别是设计理念的不同，使得形成的设计主线就不同，最终围绕着这条主线做出的业务架构也会不同，设计理念和设计主线是系统的灵魂。

2）业务架构

业务架构是承载理念和主线的主要载体，从软件工程的全过程看，这是对需求工程收集到的现状构成图按照架构设计标准进行的第一次设计，也是从需求工程进入到设计工程的转换点，它的作用就是将需求阶段的内容用设计的标准进行梳理、分类、规划，让相关人第一次"看到"有规律性的业务形象，为后面的详细设计奠定基础，见图9-3。

在需求阶段获得的需求是发散的且不成体系的，在业务架构设计时，是将需求阶段收集到的现状构成图、功能需求等用"业务架构"的方法进行"①业务梳理、②业务优化、③业务还原"，通过这个过程让业务设计师从整体上理解和掌握业务的构成、逻辑，它是后续所有的设计（包括业务和技术两个方面）、开发、测试以及上线培训等环节的指导依据。

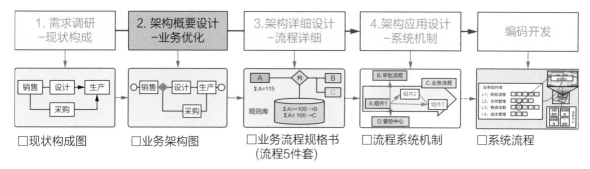

图9-3　业务架构的变化过程

在本书中，如果没有在"架构"一词的前面加上特定的前缀，如"应用""系统""技术"时，则此时"架构"一词指的就是"业务架构"，在说明业务架构以外的架构时，会在"架构"一词的前面加上特定的前缀，形成如"应用架构""系统架构"等。

9.1.2　内容与能力

架构的概要设计的主要内容如图9-4所示。

主要内容		内容简介	主要交付物名称
输入	基础概念、需求资料	□基础概念：组合原理、架构模型 □需求分析：现状构成图（框架、分解、流程等）	
本章主要工作内容	1.设计规范	□理念：设计师对系统的顶层设计的构想、方向 □主线：以价值为目标，串联起达成目标的功能	设计规范
		□手法：架构设计的基本方法：分层、分区、分线、分点 □标准：架构模型在架构设计中需要遵循的要求	
	2.业务架构	□总体规划：拓扑图 □局部规划：分层图、框架图 □结构规划：分解图（静态）、流程图（动态）	业务架构图

图9-4　架构的概要设计内容

1. 作业内容

1）设计规范的确定

设计规范中对系统构成影响比较大的就是理念和主线，它们的作用分别如下。

（1）设计理念。

针对未来要设计的系统，业务设计师要根据客户的目标需求（目的、价值、期望…）确定对系统的设计理念，这个理念可以指导和判断信息系统应该选用的业务处理的方式、管控的手法，以及系统最终可以为客户带来什么样的使用效果和价值等。

（2）设计主线。

有了设计理念作为追求的目的，寻找支持这个理念的核心价值点，将它们连接成线，并将实现这些价值点的功能沿着主线展开，形成了系统设计的主线。

2）模型与标准的确定

（1）架构模型。

理念和主线决定了系统内在的"魂"，架构模型就是系统外在的"形"。理念和主线确定后就是进行业务架构的设计，架构层的概要设计相当于架构的规划设计，这个设计是粗线条的，本书挑选了五个架构模型作为业务架构设计的主要表达方式，即：拓扑图、分层图、框架图、分解图、流程图。

（2）架构标准。

业务架构图，是业务设计中最为基础和重要的设计资料之一，它是后续所有设计的指导依据，因此架构设计采用的基本图标、表达方式等都必须是统一的标准，只有统一了设计标准的业务架构图才能作为工程化设计的基础资料。

2. 能力要求

架构的概要设计，可以说是软件工程中最为重要的部分，它主要是做信息系统规划的顶层设计（决定理念、主线、标准），以及确定业务的范围、系统的划分等，完成这些内容需要业务设计师具有相对最为全面的能力，他要掌握的知识至少要包括（不限于此）：

（1）具有从整体上理解、抽提、建模的知识和能力。

（2）具有站在客户领导视角观察和理解问题的能力。

（3）对客户所从事行业的专业知识具有一定的了解（包括业务和管理两个层面）。

（4）对软件的业务分析、架构设计具有较为丰富的知识和经验（本章内容）。

（5）对软件的技术实现具有一定的背景知识。

9.1.3　思路与理解

架构、功能和数据，并称为设计工程的三大对象，架构是三大对象之首，而架构的概要设计又是架构三个设计阶段——概要设计、详细设计、应用设计中的第一步，且由于架构在设计工程的每个阶段都处在第一层，所以，架构层还具有对其他两层（功能层、数据层）的设计指导作用。架构设计的指导理念就是基础概念中的"组合原理"。

同时架构的概要设计结果对后续的技术设计也起着指导和约束的作用。

1. 架构

1）架构的概念

"架构"一词有两种词性：名词、动词，在设计工程中各有不同的含义。

（1）名词：表达的是业务要素之间按照某个规律呈现出一种"结构化的形态"。

（2）动词：表达的是将业务要素"组织成某种结构的行为"。

"设计"是一个大的概念和过程，包括从粗粒度到细粒度的全部设计过程。"架构"一词作为动词时，它描述的是一个粒度比较粗的规划行为。动词的架构含义只是设计过程的一部分。软件行业内常用"架构"一词称呼所有设计行为（大到一个系统框架的规划，小到一个界面控件的细节描绘），这样的划分方法就使得软件行业无法像制造业那样进行细致的规范。因此，为了对设计的过程进行清晰的定义，不论描述对象的内容和粒度的大小，本书统一使用"设计"一词，对"架构"一词仅使用其"名词"的含义，作为三大设计对象之一的"架构"

定义如下。

（1）名词含义："架构"指的是工作分解三分层（架构、功能、数据）中第一层的内容。

（2）动词含义：用"架构设计"替代，指的是对"架构层"内容的设计工作。

2）业务架构

当用于架构的要素是客户的业务活动、实体、行为、物体，且要素之间的关联关系符合业务逻辑时，那么这个架构就是业务架构。

2. 架构图

架构图，就是用来描述工程分解三分层中第一层"架构"的图形表达方式。"架构图"描绘的是架构层的设计结果，软件的设计还包括功能层的设计、数据层的设计，它们使用的图形与架构层是不一样的。

在非软件行业中，如制造业、建筑业务等，对产品进行规划设计的资料都称为"设计图"，下面通过对比其他行业的设计图来看业务架构图的作用和定位。

1）其他行业的设计图

下面对建筑行业和机械行业各举一例说明设计图。

【**案例1**】建筑设计图纸（建筑三视图），见图9-5。

图9-5　建筑三视图

在建筑行业，设计师使用最多的就是三种基本图形，以图9-5（a）的建筑物（三维图）为例，三个基本图形分别为平面图、立面图、剖面图，这三个图形被称为"建筑三视图"。

（1）平面图：平面图表达的是将建筑物从某个层"横向切一刀"，露出横断面，然后从鸟瞰的视角从上向下看，表达的是建筑平面形状、内部布局、与周边的关系等，可以画多层的平面图，如每层画一张。

（2）立面图：这个图是站在建筑物的对面看，表达的是建筑的n个立面的外观形状。

（3）剖面图：剖面图表达的是将建筑物的某个位置上"纵向切一刀"，去掉一半后，观看剩下的另一半的内部情况。它表达的是建筑物内部各层之间的关系。

通常看到了这三种图形后，读者大体上就可以理解建筑设计对象和设计意图了。

【**案例2**】机械设计图（机械三视图），见图9-6。

在机械制造行业，设计师使用最多的是三种基本图形，以图9-6（a）的机械零件（三维图）为例，三个基本图形分别为前视图、侧视图、俯视图，这三个图被称为"机械三视图"。

（1）前视图：从前视的角度看零件。

（2）侧视图：从侧视的角度看零件。

（3）俯视图：从俯视的角度（俯）看零件。

通常看到了这三种图形后，读者大体上就可以理解机械设计对象和设计意图了。

(a)对象=零件　　(b)前视图　　(c)侧视图　　(d)俯视图

图9-6　机械三视图

2）软件行业的设计图——业务架构图

下面再回过来看软件的业务设计中使用的设计图——业务架构图，见图9-7。业务架构也有类似的"业务架构三视图"，即框架图、分解图和流程图，它们可以称为"业务架构三视图"，以图9-7（a）的企业管理为对象。

（1）框架图：表达了图9-7（b）的内容规划、范围、分区、区域之间的关系。

（2）分解图：表达了图9-7（c）中的某个区域内容的静态分解关系。

（3）流程图：表达了图9-7（d）中的某些活动之间的流程关系。

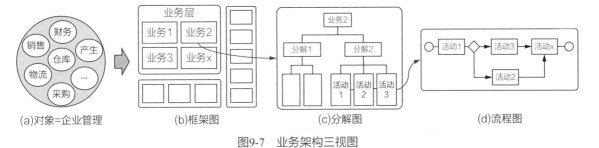

(a)对象=企业管理　　(b)框架图　　(c)分解图　　(d)流程图

图9-7　业务架构三视图

通常看到了这三种图形后，观者大体上就可以理解业务设计对象和设计意图了。在工程分解的不同层绘制的图形有不同的名称，例如：

（1）架构的概要/详细设计阶段图形：业务框架图、业务分解图、业务流程图。

（2）功能的概要/详细设计阶段图形：功能规划视图、实体I/O图。

（3）数据的概要/详细设计阶段图形：数据视图、数据勾稽图。

（4）管理设计阶段的图形：管理架构图、管控模型。

3）软件设计图与其他图的差异

（1）建筑图、机械图，因为描绘的都是具象的、物理的物体，比较容易理解和表达，而且它们有物理原理、空间尺寸等的约束，容易判断是否正确。

（2）业务架构，描绘的是一个抽象的对象，不易理解也不易表达，且判断图形正确与否的依据不是物理原理和尺寸大小，而是业务逻辑、规则。

从对比可以理解，由于企业管理的业务在表达上比较抽象，所以表达的图形也是抽象的，这里看出软件业务设计与建筑/机械设计的"相同"与"不同"。

（1）建筑/机械设计：用仿真的方式画出与未来完成后效果完全一样的对象。

（2）业务架构设计：用架构模型给企业的业务"画像"，让看不见的"成本管理""物资采购""销售管理"等业务对象可以变得能够"看得见"。

3. 设计思路的变化

关于业务架构图的表述方式，由于在软件行业中传统上都是以功能实现为主导进行设计的，所以常用的架构表达方式大都是技术视角的，造成这样的原因是可以理解的，因为在企业管理信息化的初期，大部分获取的客户需求都是实体级的，例如：

- 完成一个单体的数据记录，如设计一张收据单、开发一张分析报表等。
- 完成一个窗口型的交易系统，如图书馆出纳、财务报销、超市收款等。

在现在构建企业级信息系统时，通常为客户做的第一件事不是收集实体级的需求，而是要先梳理企业各个层级的工作构成、业务流程、存在的问题、难点痛点，以及客户经营管理者提出的目标、希望、价值等的需求，这就大大超出了原有技术视角的设计方法和工具所能应对的范围，此时就需要有一套能够站在客户视角，以业务优化和实现客户价值为核心的分析与设计方法，它先考虑的不是软件如何实现（技术问题），而是如何理解和分析客户的问题。打个比方说，医生为患者看病的顺序是号脉 → 诊断 → 开方子，然后才是如何抓药、做手术。前者就是业务设计要做的工作，后者是技术实现要做的工作。

4. 业务设计：软件相关人的共同语言

业务架构图虽然是一种绘图的方法，但是在软件工程的过程中它是所有相关人的"共同语言"，如图9-8所示。建立软件业务设计的标准图后，就可以获得如同建筑业和制造业一样的效果（图9-8（a）），即所有的软件相关人看到了业务设计图就可以进行沟通、交流（图9-8（b）），它是相关人认知的共同标准之一。

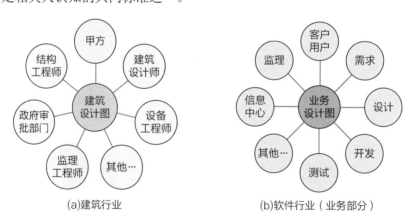

(a)建筑行业　　　　　　(b)软件行业（业务部分）

图9-8　将设计图作为沟通和交流的依据

作者在做培训的过程中经常会听到业务人员和技术人员之间相互抱怨，都说对方听不懂自己的意思，造成沟通不畅、传递的信息缺失或是失真，同样的问题也发生在软件工程师和客户之间。造成这个问题的原因有很多，但最为重要的还是大家没有一个"共同用语"，每一方都在用只有自己熟悉的方式说明问题，例如，客户用客户的行业用语、技术人员用技术特有的用语，因为客户用语和技术用语都不能作为"共同用语"，而业务人员本身又没有特定的表达方式，所以他无法作为桥梁去精准地实现客户与技术之间的信息传递。

业务设计方法（特别是业务架构图）就解决了这个问题，它的表达载体是符合"技术要求"的逻辑图，但表达的内容是客户的行业"业务"，因此，就实现了让软件的相关人都可以理解，并可以作为沟通、交流、设计和验收的依据。

架构图的绘制方法（画法、图标、标准）已在前面的第4章中进行了详细说明，本章中就不再赘述，本章重点是利用架构模型和"架构的思想"进行具体的业务架构设计。

分享

逻辑表达的最佳方式——画图

在培训绘制架构图前，老师向学员们提了一个问题：表达同一个复杂问题时，采用画图表达和用语言（或文字）表达，哪个方法比较难和花费的时间长？大家基本上都倾向于画图比较难，用的时间也要长。老师说：那好，培训后再向大家确认一次。

培训完，又经过了三个月实践后，老师再次向学员们提了同样的问题，此时学员当中大约有半数的人回答说画图比语言（文字）的表达方式要容易，花费的时间也要少，且越是复杂的问题这个效果就越明显，而且大多数人表示再不愿意用文字或是电话去说明复杂的问题了。出现这个现象的原因是什么呢？老师做了如下的说明。

实际上，用文字和语言表达复杂内容的技能要求更高，在表达同样的复杂问题时用语言表达是最难的，例如用语言与人沟通时，你对自己的语言表达能力即使再有信心，你也只能一句一句地说话，也就是"说"只能按照一维的方式逐条地进行说明。但是听者却可能无法将一句一句听来的话在大脑中组织成为立体的架构，并能够理解到多要素之间的交叉关联，且大多数的情况下听者都是听到了第三句的内容时可能已经忘了第一句的内容。因此，不论用多少语言或是文字，都不如一张图表达得清晰。图形不但可以让绘制者从容地将自己的思路有条理地表达出来，而且因为它不需要听者去记忆要素，也不需要听者去寻找逻辑，更不需要听者在头脑中建立模型，因为所有的内容一次表达出来了，特别是能够直接"看到"逻辑这一点起的作用尤为重要。

当然，当说者和听者双方都受过架构设计的训练，在经过一段时间熟悉后，对于比较简单的问题就可以达到"边听边在头脑中形成图形"的水平（前提是双方都受过训练）。

9.2 设计基础——设计规范

设计规范中的理念承载了"目的"，主线串联了"功能"，功能实现了"价值"。

虽然最终的软件设计是针对功能的，但是获取功能是要通过对目的、理念、价值的研究之后才能够最终设计出理想的功能，否则就可能走偏而达不到目的。

9.2.1 设计理念

在着手对系统进行设计之前，首先要参考客户提出的目标需求（目的和希望）及期望收获的价值来确定应该做出什么样的系统才可以满足客户的需求。

1. 设计理念的概念

企业管理信息系统，大系统和小系统相比单从功能和流程的数量看，大型的企业级系统必定功能繁多、流程复杂；小型系统则功能少、流程也简单。那么如果同是大型系统进行对比的话还会有区别吗？有，这个区别就在于设计理念。不同企业有不同的经营理念、战略、路线，因此也就会产生对信息系统的不同目标要求，例如客户希望未来的系统可以支持实现产业的互联、企业治理的透明化、绿色设计和绿色生产等。

设计理念就是业务设计师要根据客户的希望和目标，融入业务设计师自己的想法然后给出设计指导思路。例如客户的希望信息系统可以支持"绿色设计"，那么业务设计师给出的设计理念可以是：系统要做到全程支持"绿色设计"的各个环节，要将生产过程中可以节约（→浪费）、复用（→重复）等环节做到极致，形成一条全过程的自动监控机制。

2. 设计理念的作用

设计产品，不论是汽车、建筑，还是服装等，设计师都需要有一个设计的理念，产品设计、项目研发等，都需要一条贯穿全局的"设计理念"作为灵魂，这个设计理念指导和保证了设计不走偏。理念设计的精准、到位，则后续设计的脉络、功能、客户价值都会非常清晰，而且也容易设计。

如果有设计理念作指导，则很容易为客户设计出一套可以带来更多信息化的附加价值的系统；如果没有设计理念作为指导，则系统可能就像一个没有灵魂的处理功能集合体。

9.2.2 设计主线

确定设计理念后，以实现这个理念为目标，将用于实现目标的功能串联成线，在功能上标注出该功能可以带来的价值，这就是所谓的"主线"，如图9-9所示。主线包含 "功能和对应的价值"，这是作为高级业务设计师所必须具备的设计能力之一。

图9-9　设计主线的概念

已经知道了功能需求（来自于需求分析）、目标（来自于理念），为什么还要主线的概念呢？有了功能、目标还不够，因为业务设计师还要思考用什么样的"线"引导这些"功能"到达"目标"，这个引导就是价值。

价值可以用来确认功能的作用、该功能是否是达成目标所必需的，功能是否完善等。主线不同，功能模块的组合方式就不同，最后完成的系统就不同。只有将功能模块与价值有机地结合在一起，同心协力指向目标才能完美地完成任务。

一个系统内可以有若干条主线，例如，企业治理、成本管理、资金管理等。主线可以是一条完整的业务流程，也可以是若干功能形成的一条"虚拟线"（后者更为常用）。

确定理念和主线的概念后，再次理解客户的目标：产业的互联、企业治理的透明化、制造的绿色设计等，是否感觉就没有那么抽象、变得比较容易理解了呢？

主线的概念除了用来支持设计理念的落地外，还有一个重要的作用就是可以帮助业务设计师完善需求。需求调研的结果如果缺失内容、质量不高都会极大地影响到后续的设计，原因有很多，例如，需求调研工程师的能力不足、调研时间不充分、客户的配合程度不够等。如果到了要设计的信息系统属于非优化类型时，就算是没有出现前面的问题，也会由于双方都不清楚系统的构成而不能收集到全部的需求细节，此时，业务设计师就需要按照理念提供的目标设计出一条主线，这条主线不但可以将已收集到的功能需求串联起来，而且可以根据理念和主线的指引补全缺失的功能需求。

9.2.3　规范的其他内容

- 目标：关于目标已在需求分析中详细说明过了，在此不再赘述。
- 原则：针对各个阶段设计的原则，详细参见各章节。
- 标准：针对各个阶段设计内容的标准，均以模板的形式给出来，详细参见各章节。
- 定义：各种与设计相关的用语、图形、图标、方法等的定义，详细参见各章节。

9.3　设计基础——基础手法

架构的设计知识有两个基本的内容：架构模型和架构手法。其中，架构模型已在第4章中对模型的分类、构成、画法等进行了详细说明，本节的重点是如何通过对一个业务对象进行逐步的拆分、组合，选用合适的架构模型最终表达出业务设计师的想法。

9.3.1　架构设计的基础

1. 架构模型的使用——粗粒度的设计

对业务进行粗粒度的架构设计采用架构模型来表达，通过不同粒度的模型对业务对象进行拆分、组合，基本的架构模型如图9-10所示。

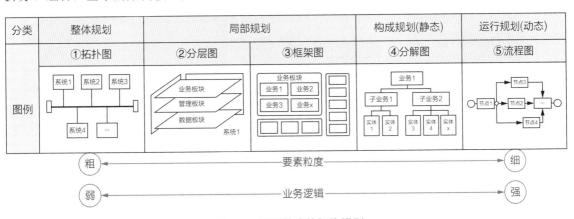

图9-10　不同粒度的架构模型

1）整体规划

拓扑图：对项目的全部内容进行整体规划。

先将不同业务领域的内容分化成为不同的板块，将没有直接关联的业务分开后，这样易于理解业务的内涵、边界、板块之间的数据交互关系等，这是最上层的规划。

2）局部规划

（1）分层图：对拓扑图中的某个业务板块进行规划、设计。

因为每个业务板块都是由业务层（还可再细分为业务、管理等）、数据层、技术层等构成，它们的设计内容、方法等都是不同的，因此第二步用分层图将它们区分开来。

（2）框架图：对分层图中的某个层进行区域划分的规划。

通过这个规划可以再进一步对同一层的内容进行划分，分出主营功能、辅营功能以及支持功能等，这个划分的结果决定了信息系统构成的子系统、模块等的基础。

3）构成规划（静态）

分解图：对框架图中某个区域的构成进行规划、设计。

通过这个规划可以对每个区域内的业务构成进行详细的规划，通过这个静态的构成给出了该区域内业务要素之间的层级关系，这个分解成果为后续的功能和数据层面的详细设计奠定了基础。

4）运行规划（动态）

流程图：表达对分解图中要素在运行时前后关系的规划、设计。

将分解图中识别出来的要素，按照完成不同目的过程串联在一起就形成了流程图，流程图给出了业务的动态架构关系，这是指导业务运行的最重要的架构。

拓扑图和分层图，在架构设计中更多的是起着"划分、归集"的作用，而框架图、分解图和流程图则不仅有划分和归集，而且还有"构建"的作用，它们的成果也是后续架构的详细设计、应用设计以及数据设计的依据，后3者的设计内容要在系统中有非常具体的落实。例如：

● 框架图：是系统、模块的划分依据，是系统菜单的设计依据。
● 分解图：是基础数据（字典库）的设计依据，如组织结构、材料结构等都用分解图。
● 流程图：从流程图获得的"业务逻辑"是系统运行设计的主要依据。

如同建筑三视图、机械三视图一样，不论信息系统的规模大小，这三种图都是业务设计中的必备图形（拓扑图和分层图在小型、简单的系统设计时可以省略）。

2. 架构手法的使用——细粒度的设计

每个架构模型都是用不同的要素（图标）、逻辑（线、框等）组合出的图形，用以表达不同的含义，这里介绍4种架构设计的手法，即：分层、分区、分线、分点，如图9-11所示。

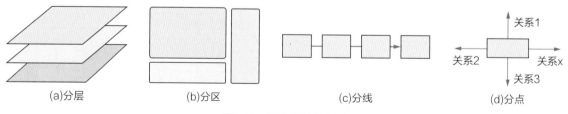

(a)分层　　　　　(b)分区　　　　　(c)分线　　　　　(d)分点

图9-11　架构设计的手法

1）分层

分层，就是将设计对象按照不同的粒度或是不同的分类进行拆分，获得的要素分别置于不同的层上，这是架构设计最为基本的方法，也是最为重要的方法，见图9-11（a）。

分层的表达手法在所有的架构模型中都有使用。

2）分区

分区，就是在一个平面上将不同分类的要素归集到不同的区域，同一区域内的要素具有高内聚的关系，不同区域的要素具有低耦合的关系。要注意在同一个平面内的要素，不论是否同在一区，都必须粒度相同，因为这个平面是3D分层其中的一个面，这个面上要素的粒度必须一致，否则就不能在同一个面上了，见图9-11（b）。

分区的表达手法可以使用于分层图、框架图、分解图等。

3）分线

以某个目标为终点，将实现这个目标所需要的要素按照发生的前后顺序串联起来，就形成了一条线，这条线上的要素粒度要一致，还要注意要素的分类、属性，例如，不要将动词要素和名词要素连接在一起，见图9-11（c）。

流程图是此类架构手法的代表，另外，业务数据线也属于此类型（参见第14章）。

4）分点

以某个点为核心（点可以是一个：功能、模块、系统），关联与其有关的其他要素，注意相关联要素的粒度要一致，这个点就是业务功能设计、复杂算式设计等的主要手法。

如果点是一个"系统"时，那么还可以按照分层、分区等方法重复上述过程。如果点是一个"功能"时，就不能再划分了（再划分就进入到了功能的内部，进入到功能内部就属于详细设计，不再是业务架构的范畴了），见图9-11（d）。

3. 架构模型与架构手法的区别

架构的"手法"与架构的"模型"是两个不同的概念。

（1）架构模型：利用架构手法形成的具有普遍意义的业务架构图形（是架构的结果）。

（2）架构手法：分层、分区就是具体的架构设计的方法（是架构的过程）。

利用架构的手法，可以创造出更多的、本书中没有推荐的架构模型。

9.3.2　设计标准

1. 绘图标准

1）模型

本书推荐的架构模型已在第4章中进行了解说，包括定义、用途、画法以及标准，在这个范围内这些标准一定要遵守，否则由于标准不统一，每个设计师各自采用自己习惯的表达方式，那么每次的沟通都要从图形符号的识别开始，这就无法高效率地进行设计资料的传递了，也就难以实现工程化设计的效果了。

如果在读者设计的软件中，本书推荐的模型或是图标不够或不匹配，可以增加建立一个适用的体系，这个体系要包括定义、用途、画法以及相应的标准。

2）图标

画图的图标已在第4章介绍过了，此处不再赘述。同样，如果不够用或不匹配，则可以参照模型的方法进行设计。

3）粒度

图形中要素的粒度是否合适，是正确设计一张图的重要基础，关于粒度的说明参见9.3.1节各个设计手法中提到的"粒度"问题。

2. 绘图用语

1）节点

所有在线上的块或是线的交叉点等，都可以称之为节点。"节点"一词可以用来表达一个活动、一个步骤，当然也可以表达某个实际业务（如销售）等，见图9-12（a），用诸如节点、活动、步骤等用语而不用具体的业务名称描述时，表明此时关心的是这个"位置"，而不是该位置上的具体业务内容。

图9-12 节点的概念

例如，在描述主线时，可以说"主线上的所有节点都是为了实现目标而存在的"，此时可以不必纠结于这些节点"包含什么内容？具体的作用是什么？"这样的问题。

2）结构图

为了使基本模型具有普遍性，在不针对某个特定专业业务进行讨论时，需要使用不带模型分类名称来描述模型或是图形符号，例如，在泛指一个图形时，只要这个图形包含要素块、关联线，具有一定规律性、结构性，则不论它表达的是分析图、架构图，这个图形都可以称为"结构图"，如图9-12所示。

3）系统规划

有很多的"单位"用语，不同的场合有不同的定义，在进行系统的整体规划时就要统一，否则设计的"单位"不统一，很多定义也就会出现歧义了。例如，功能要素的集合体可以按照需求体系和设计体系分开进行不同粒度的划分，见图9-13。

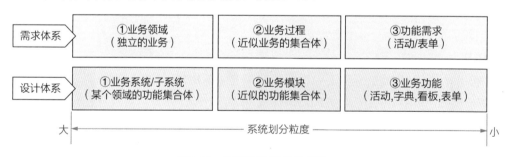

图9-13 系统划分的单位名称

（1）需求体系。

需求调研、分析阶段收集到的功能需求按照业务知识的划分方法进行分类。

业务领域 ＞ 业务过程 ＞ 功能需求

其中：

①业务领域为独立的业务，如财务管理、采购管理、物流管理等。

②业务过程为业务领域的下一级，如报销过程、核算过程、支付过程等。

③功能需求为业务过程的下一级，如经费记录、成本核算、支付确认等。

（2）设计体系。

设计体系是设计知识体系的划分方法，是未来的系统体系。其中：

①业务系统/子系统可以完成独立的业务，如财务系统、采购系统、物流系统。

②业务模块为系统的下一级，如报销模块、核算模块、支付模块等。

③业务功能为模块的下一级，如经费记录、成本核算、支付确认等。（业务功能还可以分为4个种类：活动、字典、看板和表单。）

原则是一样的，但是在实际划分时还需要根据客户的使用习惯、系统菜单的设置方法等共同决定。

3. 设计用图与宣传用图的区分

业务架构使用的5种架构模型是正式的设计用图，采用了工业化的制图方式，图中不需要任何的装饰物，包括每个点、线和背景框，都有明确的含义，这个"业务设计图"与一般的"宣传类用图"是不同的。

（1）设计用图：用的是逻辑图，要能够经受严格的推敲、分析，系统相关人在看图时必须要能够得出同一个结论，不能有歧义，并且必须要有数据上的关系。

（2）宣传用图：用的是概念图或示意图，用来说明主题的含义，并不要求表达精准的逻辑，不要使用没有严谨逻辑的概念类图等来替代逻辑图作为正式的设计用图。

以上完成了架构设计前的基础准备工作，有了架构模型、架构手法后，下面就分别对架构设计的5种模型的具体应用做逐一的介绍说明。

9.4　架构的整体规划——拓扑图

9.4.1　使用场景

拓扑图的作用是基于需求工程获得的成果，包括：业务现状构成图、功能需求一览等，对未来系统的业务进行最大粒度的整体规划，基本形式如图9-14所示。

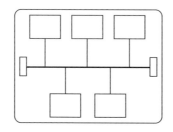

图9-14　拓扑模型

在进行大型的复杂系统设计时，通常一个项目可能包含若干不同目的的系统（或是需要将新建系统与既存系统进行整合）此时就要对这个项目进行拆分，按照不同目的、不同的业务内容，划分为几个独立的系统。这些系统相互独立，又在数据、协同上有合作。使用的场景有很多，例如：

- 使用部门不同：同一家企业内构建的系统，需要分为不同子公司的子系统。
- 业务领域不同：同一个系统内，由于业务差异大，需要分为不同的子系统（业务板块）。
- 部署地方不同：同一个系统，由于地域分布较广，需要拆分为不同的子系统等。

拓扑图适合于做最粗粒度的表达。首先用拓扑图进行第一次粗粒度的拆分，然后再使用其他的架构方法，按照不同的视角，进行较小粒度的二次拆分-架构、三次拆分-架构等。另外，拓扑图表达是"逻辑上的划分"，不管系统在物理上是否进行了同样的划分。

拓扑图的详细定义参见第4章。

9.4.2 使用案例

拓扑图用到了架构的基础手法：分区。

下面以"蓝岛工程建设集团"的企业管理信息系统为例，说明粗粒度的架构规划设计方法。

1. 第一步：结构规划

将企业的全部业务划分为不同的业务板块，每个板块的业务对应一个系统（逻辑上的或是物理上的），并以"企业互联平台"板块为核心，将其他的业务板块联合起来，形成以企业互联平台为中心的在业务层面和数据层面可以实现互联互通的系统。本案例采用了星状拓扑图，如图9-15所示。

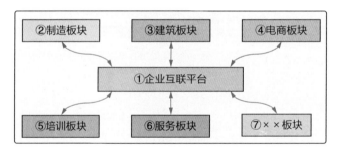

图9-15 企业信息系统规划的拓扑图

2. 第二步：要素收集

有了规划的方法，对收到的业务要素进行拆分、梳理，把不同的业务要素归集到不同的业务板块中，如制造、建筑、电商、培训、服务等，按照拓扑图的绘制方式连接在一起形成一个企业信息系统的拓扑图。

3. 第三步：结果检查

拓扑设计的结果要满足以下基本要求。

（1）不同的业务板块内的业务是否是内聚的。

（2）每个业务板块的内容是否具有独立的价值。

（3）各个业务板块的内容（数据、业务、管控等）要保证可与企业互联平台进行交互等。

9.5　架构的分层规划——分层图

9.5.1　使用场景

分层图的作用是对某个子系统内部的要素，按照不同的分类和目的进行拆分，以利于集中精力研究其中某个分类的内容，基本形式如图9-16所示。

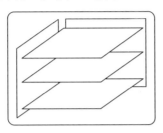

图9-16　分层模型

拓扑图已经将处理不同业务的板块划分开来，下面就开始对其中的"建筑板块"进行分层规划。第一步就先要将同一系统内不同作用的内容进行划分，也就是分层，这个"层"是逻辑层面上的层，通过这个分层可以更好地理解和处理不同层内的内容。

通过层的划分可以将不同的设计要素分开，使得业务设计师可以集中精力有序地设计每一层内的处理、层与层之间的交互，避免了将要素混杂在一起造成不同要素之间的耦合。

用分层图对企业进行粗粒度的划分时，不论该企业从事的业务内容是什么，从构成上看企业管理信息系统都是相似的，都可以分为如下若干层（同层要素的目的相同）。

- 业务层：将客户的业务处理内容置于此。
- 管理层：将客户的管理控制内容置于此。
- 数据层：将系统产生的全部数据置于此。
- 技术层：将系统的技术相关内容置于此。
- 维护层：将系统的运行维护功能置于此。

进行逻辑分层的意义在于，在研究业务层面的内容时可以暂不考虑数据层面的内容或是维护层面的内容，但是业务设计师也不会忘掉其他层的存在，对研究对象的分层带来了设计上的便利，举例如下（不限于此）。

- 从粗粒度、大的层面上对研究对象进行定义、理解。
- 设计时可以只关注整个结构中的其中某一层，进行深入研究。
- 可以降低层与层之间的依赖（理解解耦设计的重要方法）。
- 有利于设计和开发的标准化（不同层有不同的目的和方法）。
- 利于各层逻辑的复用（不同软件项目间的复用）。
- 结构更加明确（要素、维度减少，结构更加收敛）。

分层图的详细定义参见第4章。

9.5.2 使用案例

分层图用到的架构的基础手法：分层、分区。

前面已经利用拓扑图将项目的全部内容进行了板块划分，下面以拓扑图中的"建筑板块"的数据内容为例说明分层图的使用。按照不同数据处理目的进行的分层图，如图9-17所示。

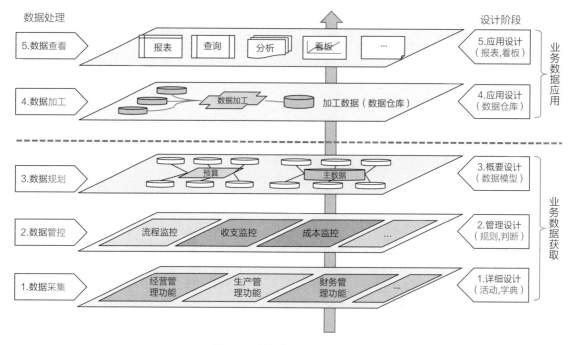

图9-17　数据规划设计分层图

1. 第一步：结构规划

分层图的主要内容是分层，分层是为了更好地理解和设计，所以第一步首先确定分层的根据是什么，例如，按照数据的发生和应用过程进行分区，从下到上，依次为数据采集、数据管控、…、数据查看。

2. 第二步：要素收集

收集每一层的要素，这里要根据分层表达的目的来确定要素的粒度，为了表达的方便，可以在每一层内用粗粒度划分出区，但是要注意这里的工作重点不是分区，而是利用区的名称来显示该层的内容。

3. 第三步：结果检查

分层设计的结果要满足以下基本要求。

（1）同层内的关系要内聚，不同类的内容不要放在同一层。

（2）同层内要素的粒度要一致，不可大小不一。

（3）上下层的顺序要满足以下原则：上层内容依赖于下层，下层内容不能依赖于上层。

即：下层的内容发生了变化 → 会影响到它直接上层的内容；

上层的内容发生了变化 → 不能影响到它直接下层的内容。

与图9-17相关的详细说明参见第14章。

上述案例采用了三维形式的分层图，分层图的核心在于"分层"，实际上不论是三维还是二维的图形中都存在着分层，在二维和三维图形中分层的表达区别如下，见图9-18。

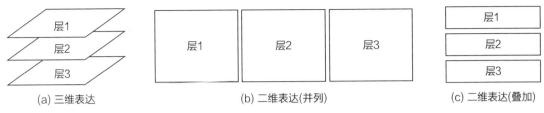

图9-18 分层图的多维表达方式

1）三维分层图的表达

可以从六个面来布置各个层之间的位置，更加形象、直观地表达出各层内容之间的关联关系，缺点是绘图比较复杂。如果表达的内容具有普遍意义，并且有复用价值，可以使用，如图9-17所示的内容就比较复杂，且具有普遍意义。

2）二维分层图的表达

也可以采用二维的表达方式，表达简洁、直观，同时绘图也比较容易。缺点是二维图形只能表达四个面的位置关系，对应内容复杂的对象表现力比较弱，直观效果比三维要差一些，如果是图9-17的内容就需要用多张图形来表达。

分享　　　　　　　　　　**分层图，粗粒度的分类手法**

在培训过程中，很多学员对分层图表示不解，分层图看似简单，又好像没有什么实际作用，其内容好像用拓扑图、框架图等也能够表达。

课堂上老师出了一道较为复杂的分析课题，需要用画图的方式进行表达，拿到题目后学员们都急于用分解图、流程图去画最终的结果。待大家将图画完之后，老师用投影仪把大家的作业展示出来并要求学员之间进行相互的解读点评，此时出现了很多有趣的现象。

A学员：B学员的图不该将完全不同分类的要素放在一起，内容看起来像一个"大杂烩"。

B学员：C学员的图内容太多，看不出图的意图和逻辑是什么，且图的内容和标题不符。

C学员：A学员在一张图内放入了不同阶段、不同层次的内容。

出现了什么问题呢？经过大家一起继续分析，发现问题都出在了对画图的要素没有进行梳理、分类，能画的内容恨不得都画在一张图上，表面上看是：内容杂乱无章，看得人透不过气来，但本质上是制图者心中没有清晰的对象构成、分类，以及对象之间的作用关系等。

理解了问题所在之后，大家重做了一遍，这次要先画分层图用以梳理对象和关系。果然，先用分层图进行梳理后，框架图、流程图等就没有了不同要素混在一起的现象，完成的图形给人清晰、耳目一新的感觉。

分层图，起到了一个粗粒度的梳理、划分、确定关系的作用，它将不同的内容分别置于不同的层上，但同时又给出了不同层之间的关系。

9.6 架构的区域规划——框架图

9.6.1 使用场景

框架图，是"业务三视图"之一，是所有系统设计时都必须要绘制的基本图形，当项目是一个小型的或是不复杂的系统时，可以省略拓扑图和分层图，但是不论项目的内容、规模和复杂度，框架图都是不能省略的，因为框架图的内容是对系统的整体描述，基本形式如图9-19所示。

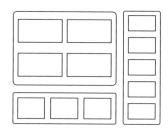

图9-19 框架模型

当对某个特定层的内容进行设计时重点就是对同层内的要素根据它们的目的进行划分，划分的方法是"分区"，从分区的结果上可以让读者获得如下信息。

● 这个层覆盖了哪些业务内容、层的边界在哪里。
● 层内有哪些业务领域、各领域的边界在哪里。
● 各个领域的内容，领域之间的相互作用关系等。

框架图的结果不但是对业务的分区，还是后续划分子系统、功能模块的依据，甚至是系统菜单的设计依据，参见图9-20对信息系统的内容规划。

（1）系统的划分：核心功能系统、辅助功能系统、应用功能系统。

（2）模块的划分：在"核心功能系统"中划分出不同的模块，如营销、招投标、合同等。

（3）功能的划分：这个企业信息系统的规模比较大，因此在这个框架图中无法直接显示出功能粒度的内容，例如，在图9-20（a）的一级框架图中"核心功能-合同"模块的下一层中会有图9-20（b）的二级框架图"合同签订、合同变更"等功能，此时就需要在另外的图中表示了，也就是说根据架构对象的规模，需要绘制的框架图可能不止一张。

当然，子系统、模块等都是相对的概念，具体称为子系统还是模块要看系统的规模、业务设计师的设计意图等因素。

框架图的详细定义参见第4章。

9.6.2 使用案例

框架图用到的架构基础手法：分区、分层。

前面已经利用分层图对建筑板块的内容划分了层，下面以分层图中的"业务层"的内容为例说明框架图的应用。

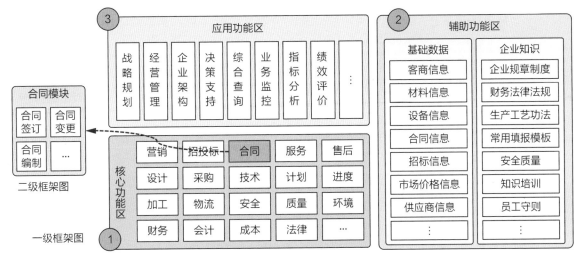

图9-20 业务板块功能的框架图

1. 第一步：结构规划

同层要素很多，首先要确定分区的依据，例如分为3个大的区块，如图9-20所示。

①核心功能区：主要用来处理业务（输入、输出、计算、监控等）。

②辅助功能区：为业务功能区的输入/输出、应用功能区的查询/展示提供支持。

③应用功能区：对业务功能收集和加工的信息进行查询、分析。

2. 第二步：要素归集

依据框架的规划，为各个区填入相关的功能需求，主要的来源有以下三个部分。

（1）通过需求调研和分析获得的功能需求，参考功能需求一览、现状构成图等。

（2）通过理念和主线设计而增补的功能需求。

（3）为支持业务处理的顺利进行而新增的辅助性功能需求。

3. 第三步：结果检查

（1）确认业务整体的边界、各个区块的边界是否合理，是否覆盖了需要的内容。

（2）各个分区的粒度是否相同（这一点非常重要，也很难）。

（3）排列的位置关系业务是否符合业务逻辑的表达方式（位置、包含等）。

（4）业务框架图特别要注意不要出现"技术用语、技术图形符号"，例如，在图中加入"××数据库""××技术框架"等内容，这些都不是业务的内容，也不是业务设计用语，这些内容只有在应用设计和技术设计时才会出现，在业务设计阶段使用这些用语会使得业务与技术设计的界限不清楚，造成理解的偏差。

框架图的画法看似最简单，但却是架构图中相对难度最大的图形。框架图多用来进行架构的顶层设计、初始规划，因为越是靠近顶层的设计，图形中的要素就越少，图形的构成就越是要求精简，因此要求业务设计师的抽提能力也就越强，所以判断一张框架图设计的水平高低，并不是图中的要素越"满"越好，而是要层次清晰、粒度合适、逻辑舒畅。

分享　越简单的内容越难表达

关于框架图在架构中的设计和作用，老师问学员一个问题：业务的三视图（框架、分解、流程）中哪一种最难画？从事业务分析和设计的学员普遍都说：框架图最难画，看似内容最少，又没有箭头，但是一画起来就觉得无从下手。另一面，有的程序员就说流程图有用，但是框架图没有什么作用，拿到手里也基本上都不看。为什么会出现这样的现象呢？老师分别请从事业务工作和技术工作的学员来回答框架图的难度和用途。

（1）从事业务工作的A学员回答：为什么框架图难画。

因为框架图表达的是系统的整体规划，如果设计者的能力不够，只会看单个的功能点，没有能力理解全局、把握不了整体的范围、整体和局部的关系、局部和局部的关系等内容，那就很难做出合理、舒服的系统规划图（框架图）。

（2）从事技术工作的B学员回答：框架图是否有用。

通常开发功能的数量从几个到十几个时，有没有框架图的影响并不大，但是当要开发的功能数量达到上百个甚至几百个时，只有功能一览而没有框架图那就晕了，感觉到开发没完没了，既不知道开发到了什么地方，也不清楚开发的内容之间到底有什么关系、用途等。

老师最后又做了补充说明：框架图多用于顶层的规划，越是顶层的内容，越是粗粒度的内容，越不易画，理由是顶层的架构需要思考的内容多，要给出大的布局，要有意识地忽略细节，所以落在图面上的内容少，但是可以从大的布局中感受到细节的存在。

框架图与流程图相比，就相当于"小区的规划图"与"某栋楼的建筑图"的关系，没有"小区的规划图"就找不到"某栋楼"在小区中的位置。

9.7　架构的结构规划——分解图

9.7.1　使用场景

分解图，是"业务三视图"之一。

分解图用于标示要素的业务结构关系，可以用分解图将要素的关系逐一进行分解展示，反之，也可以用来将具有关联关系的要素进行汇总，展示出它们之间的结构关系。分解图是架构图中使用最为广泛的模型之一，同框架图一样也是所有设计中不可省略的图形。常用于表达物体、工作等之间的结构关系，基本形式见图9-21。

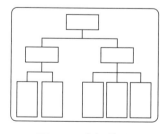

图9-21　分解模型

1. 分解的业务要素

用分解图可以表达所有具有上下级、从属等关系的业务要素，例如：

- 对关系的表达：组织构成、成本的构成、客商的构成、产品的构成等（用名词表达）。
- 对工作的表达：工作分解、活动分解等（用动词或动名词表达）。
- 对物体的表达：材料构成、产品构成、设备构成等（用名词表达）。

2. 分解的系统要素

用分解图可以表达构成系统的要素（节点）的关系，主要是功能和数据，例如：

- 功能：以业务功能为要素，表达子系统构成→模块构成→功能构成。
- 数据：以数据为要素，其粒度可以是：数据表、数据分类。

分解图的详细定义参见第4章。

9.7.2 使用案例

分解图用到的架构基础手法：分层、分区。

下面以图9-20框架图中"核心功能区——成本"模块的内容为例说明分解图的应用。

1. 第一步：结构规划

从成本模块内抽提出要素一致的内容，根据需要，规划出要素的分解层级，在每个层级中再划分几个区域。本案例的分解图由4个分层构成，其中，分层4中是由5个分区（分组）构成的，如图9-22所示。

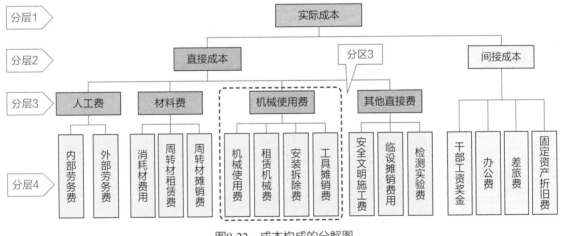

图9-22 成本构成的分解图

2. 第二步：要素归集

按照每个层级中的项目，收集其属下的要素。

分层2中的"直接成本"由于内容较多，所以比同级的"间接成本"多分了一层，在分层3中又进行了数个分区（分组）的分解。

收集时要注意要素的一致性，本分解图的顶层要素的单位是"成本"，所以以下的内容不但要使用名词，而且还必须是可以用"钱"来计量的单位（"成本"和"费"都是可以用钱来衡量的），只有如此这些要素之间才能存在着分解/汇总的关系。

3. 第三步：结果检查

（1）内容的统一，如果是对"物"或"事"分解，则名称应该是名词；如果是对"工作"或"活动"分解，则名称应该是动词或是动名词。

（2）同层要素的粒度要一致，同区的要素要同类。

（3）要素如果是数字，则上下级之间要可以进行分解和归集的计算；如果要素是文字，则上下级之间要有逻辑关系。

📋 注：关于工作的分解图

图9-22是对"事/物"的分解图，分解图还可以用在对"工作（做事）"的分解，在用于对"工作"进行分解时要注意节点必须都是"活动"。"工作"是指客户的业务行为，它的范围可大可小，大到可以是一个"财务管理"工作，小到可以是一个"报销填表"工作，而"活动"是工作中的最小单位，在系统中这个"报销填表"就是一个活动（只有活动级的业务才有对应的业务界面）。

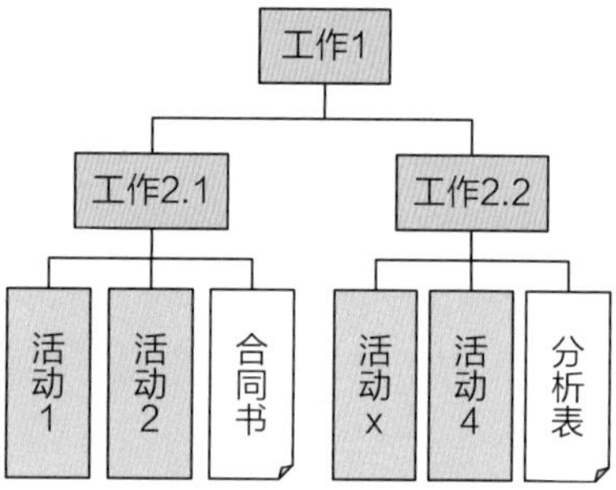

图9-23 工作分解图

在工作的分解图中不能出现某个节点是一个名词的要素。如图9-23中的"合同书"和"分析表"，这两个表单是工作的结果，它们不是工作本身，所以在绘制分解图时应该去掉。

分享 分解图，是最为典型的结构表达方式之一

培训中，学员们说，"业务三视图"中框架图和流程图使用得比较广泛，但是分解图除去用在组织结构、材料分类上好像用得不是太广泛，实际情况又如何呢？

在实际中，分解图可能是使用最为广泛的，甚至比流程图还要广泛，老师启发大家找找看在实际工作中有哪些地方使用到了分解图概念的场景，例如：

（1）组织结构、材料分类；

（2）图书的目录、方案的提纲；

（3）软件系统的功能菜单、树形界面；

（4）二维表格等。

9.8 架构的流程规划——流程图

9.8.1 使用场景

流程图，是"业务三视图"的最后一张图，只要研究对象中有连贯性的活动，就会存在流程图。流程图的设计主要分为两个类型：业务流程和审批流程。由于流程图是架构图中最小粒

度的设计，且涉及具体的数据和规则（流程分歧），基本形式见图9-24。

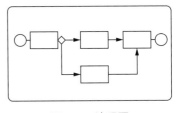

图9-24 流程图

业务流程图，是架构图中与用户实际工作关系最为密切的图形，用这个图形可以模拟、优化用户在信息化环境下的工作过程，其他类型的模型是系统设计、开发的重要依据，但是用户在实际工作中不一定能够直观地感受到它们的存在。利用业务流程的设计主要有以下目的（不限于此）。

1. 目的一：建立业务流程的标准

每一条业务流程都是为完成某一个特定目标而建立的，设计一条业务流程就是为企业建立实现这个业务目标的标准。确定了流程的目标，然后根据这个目标将相关的业务活动按照一定的业务逻辑进行关联，流程上全部的业务活动都要围绕着这个目标进行设计。

一条标准、完整的业务流程架构模型要包含以下5个基本环节（小型的业务流程不限于此），如图9-25所示。

图9-25 完整业务流程的标准环节

①目标：确定这条业务流程运行完毕要达成的目标。

②计划：对目标值进行分解，分解后得到的分目标值是流程管理的监控对象。

③执行：依据目标，寻找构成业务流程所需要的业务活动（节点）。

④监督：在业务流程需要管理的节点上设置管理规则。

⑤结尾：对每个分解目标的执行结果进行清算，其总值的合计不得超过目标。

2. 目的二：既存业务流程的优化

根据新的管理理念和方法、新的工艺工法等对既存的业务流程进行完善和升级的过程称为"流程优化"，优化后的流程会提升工作的质量、效率、效益。

业务流程的优化设计有两个参考对象：一是需求调研阶段获得的企业流程现状构成图；二是企业所属行业内的最佳样板流程。优化的流程与两个参考对象的关系如图9-26所示。

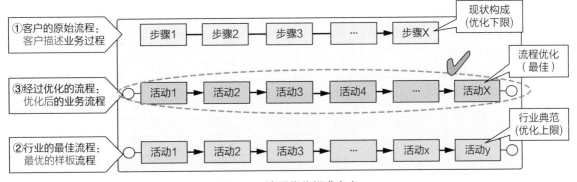

图9-26 流程优化标准参考

①客户的原始流程：给出了流程优化的下限（即优化后的水平不能低于此下限）。

②行业的最佳流程：给出了流程优化的目标，它可能是行业标杆，是最佳实践结果。

③经过优化的流程：因为加入了新的理论、方法、工具，优化的结果一定要高于流程现状的水平。但是最终优化的流程也不一定选择业内的最佳流程，这是因为优化的结果要与导入信息系统企业的环境、资源、能力、成本、时间等条件相匹配，否则可能发生事与愿违的结果，消耗了大量的资源最终也未能达到最高的管理水平。

3. 目的三：业务功能的完善

在需求阶段获得的功能需求一览其内容是处于松散状态的，表中的功能之间的关系尚不明确，这些功能需求是否是真实的需求呢？如何来精确地回答这个问题呢？答案是用业务流程来判断，因为业务流程可以表达出清晰的功能之间的业务逻辑、数据逻辑关系，通过这些逻辑关系的推演就可以解决前述的不确定功能，通过业务流程可以帮助确定功能的概要设计的业务功能一览。

这也是为什么要在业务功能设计前要先完成业务架构设计的原因之一，没有业务架构，特别是业务流程，难以从业务逻辑的维度来正确地判断功能需求的真伪。

> 📖 **注：目的与目标的区别**

"目的"是指行程的最终点，可以将行程分为几个阶段，每个阶段就是一个"目标"，用几个目标的接力就可以完成最终的目的。例如，从北京到广州，广州是最终目的，在全过程中设置了郑州、武汉、长沙三个目标，三个目标依次达成后，就可以达到最终目的了。

流程图的详细定义参见第4章。

9.8.2 使用案例

流程图用到的架构基础手法：分线。

下面以图9-20框架图中核心功能区的"采购"模块内容为例说明流程图的应用。

1. 第一步：结构规划

按照前述的架构标准框架的5个环节搭建流程的基本结构，包括：

（1）确定流程目标：对成本的过程进行管理，最终完成成本的合计不得超过预算值。

（2）确定起止点：从物资预算编制开始，到核算支付结束。

（3）确定关键节点：例如分歧的设置位置、条件等。

2. 第二步：要素收集

采购流程图的绘制参考了两个资料，如图9-27所示。

（1）资料1：采购流程的现状图，它是来源于需求调研阶段的成果。

（2）资料2：新增的功能需求，它是来源于对业务流程的优化成果。

(a)资料1：材料流程现状图

(b)资料2：新增功能需求

图9-27　需求分析的成果

经过对采购流程现状图的分析（资料1），以及对采购流程的优化要求（资料2），业务设计师给出了最终的采购流程优化结果，如图9-28所示。分析与设计的主要步骤如下。

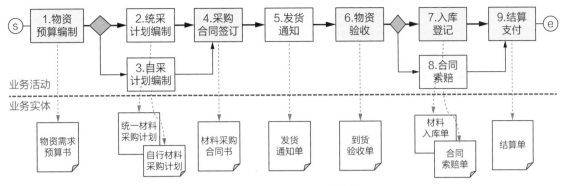

图9-28　业务流程图与对应的实体

（1）按照客户提出的目标需求之一"成本的过程管理"，将"物资预算编制"模块作为采购流程的起点，后续所有的活动都要以这个预算值为目标，合计值不得超过目标值。

（2）根据设计理念以及其他的需求，通过业务流程的优化补足原业务流程中不足的功能，例如，计划编制、物资索赔，并在关键节点上增加管理用的审批点（审批流程），见图9-29。

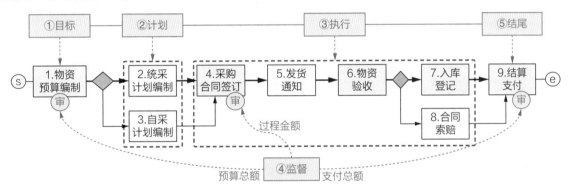

图9-29　业务流程与流程标准的对应关系

（3）确定和补全所有节点上的业务实体（每个活动至少要对应有1个实体）。

3. 第三步：结果检查

流程设计得是否合理，可以用标准流程架构模型为检查依据，见图9-29中①～⑤，说明如下。

①目标：建立流程的目标

通过对物资需求的规划，建立其流程最终不能超过的目标（总额，数量等）。

②计划：对目标进行分解

通过分解目标达到可执行的程度（如月度需求计划），因为大型的采购可能不是一次完成，而是根据实际生产的进度分批购入的。

③执行：执行流程的中间活动

按照采购计划签订采购合同、购入材料、验收、入库等，执行流程的中间活动。

④监督：监督流程的运行过程

监督行为是在每个活动中发生的，例如，目标是否过低、计划是否合理、执行中有无超标、收尾依据是否有错误，监督一直伴随着流程以保证可以达成目标。需要设置多少个管控点合适是根据客户需求和系统的设计理念确定的。

⑤结尾：流程的结束

对照着目标，对每一个分解目标的执行结果进行核算，其总值的合计不得超过目标值。

📖 **注：关于审批流程的说明**

由于审批流程是一个管理的概念，在本章中审批流程只是作为节点上的审批控制点，这个部分的详细设计放在12.4节中说明。

这里做个简单的小结，对比一下对采购流程优化的前后（图9-27（a）与图9-29），可以看出如下变化。

- 业务层面：对完成采购的业务进行了充实、完善，采购的过程实现了标准化、规范化。
- 管理层面：加入了管理规则，确保业务流程可以达成最终的目标。

经过业务流程的优化设计，读者可以理解了需求并不完全是来自于对客户的原始调研。

9.8.3 流程划分

在掌握了流程的使用场景和使用方法后，对于流程的规划和设计还需要补充两点，即：流程的分解和长度的确定。这两点主要是由于在系统中流程是非常容易发生变化的架构部分，因此在流程设计时就要特别注意流程在系统中的应变能力。

1. 流程的分级

流程的设计会根据节点的粒度不同，而出现多级流程的表达。例如，在顶层的设计中，可以用"系统"级粒度的要素作为流程的节点，这样绘制的流程可以帮助业务设计师从高层次上理解业务的运行，但是按照流程的定义，流程的节点只有是"活动"级粒度的要素才能执行，不是活动级的节点是不能执行的，因此就需要对流程进行分级设计，如图9-30所示。

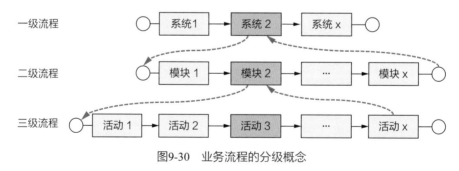

图9-30　业务流程的分级概念

（1）一级流程：节点是系统，是从整体上理解系统之间的作用关系，其中含有二级流程的节点执行完成后，一级流程才能向前推进。

（2）二级流程：节点的粒度小于一级流程的节点，是对一个系统内模块之间关系的表达，其中含有三级流程的节点执行完成后，二级流程才能向前推进。

（3）三级流程：节点是活动，是流程构成的最小粒度，也是流程可执行的最大粒度，"活动"级的节点是由业务功能构成的，因为业务功能中含有数据和规则，所以以活动为节点的业务流程才能够被执行。

2. 流程的长度

对在信息系统中运行的业务流程设计，不同于一般管理咨询师所绘制的企业流程。一般管理咨询师在绘制业务流程时，经常会将企业的某个领域内的活动全部画在一条流程上（当然也不区分节点是否是动词），这样的流程非常长、节点非常多，同时流程分歧节点也多，有时会多达5级甚至更多，流程非常复杂。管理咨询师这样绘制业务流程是可以的，因为他只是将企业现状总结梳理出来或是表达未来的企业活动过程，他绘制的流程图不是信息系统的设计图（或只是作为参考图）。但是作为信息系统的业务设计师就应该避免做这样长且复杂的流程，这种流程的设计方式带来的弊端很大，因为这样的流程在系统中运行后，如果在某个节点上发生了需求的变化就很难维护，常常会因为改动一点而影响其他多处，造成"牵一发而动全身"的现象。

设计适合于在信息系统中运行的业务流程时，一定要将业务对象拆分得比较小，每个处理模块或是每条流程都比较简单、短小，然后由小的模块和流程通过"组合"的方式来处理较大的复杂业务对象。在设计流程时，除去前述讲的要分级以外，还要注意流程的长度，碰到需要比较多的活动联合处理才能完成的业务对象时，可以利用一些中间的处理环节将流程变短。如图9-31所示，图9-31（a）中的两条流程比较长，可以利用中间功能（如数据库）将流程拆分成若干段，形成如图9-31（b）中的形状。

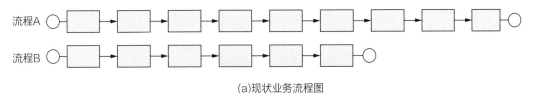

(a)现状业务流程图

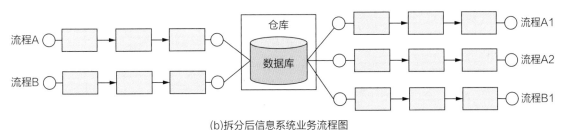

(b)拆分后信息系统业务流程图

图9-31　流程的拆分

（1）流程A分为：流程A、流程A1和流程A2。

（2）流程B分为：流程B、流程B1。

如此拆分后，当流程A和流程B发生需求变化时，由于每一段的流程长度都变短了，因此而带来的影响范围也就会相应地变小了。

9.9 综合应用案例

9.9.1 各类图形的变化

至此，已经讲解了图形符号和基本模型（第4章）、绘图手法和模型在规划中的应用（本章），前面都是按照个体去说明模型及其应用的，下面通过基本模型的变化案例，加深读者理解这些模型的含义以及如何灵活地应用基础模型。

1. 分析模型与架构模型的转换

同样的内容，分别用鱼骨图和分解图来表达时有什么不同呢？如图9-32所示。

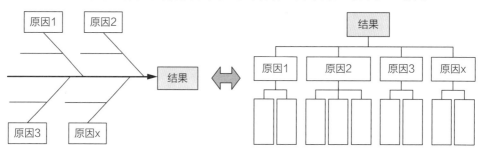

图9-32 鱼骨图（归集）→分解图（定性定量）

（1）鱼骨图：作为分析模型，它表达的是一种"原因-结果"之间的归集关系，说明可能是这些"原因"造成了这个"结果"，它们之间的关系只是定性，但不定量。

（2）分解图：作为架构模型，它表达的是"结果-原因"之间的结构关系，说明这个"结果"就是由从属的这些"原因"造成的，它们之间的关系不但定性，而且定量。

2. 5种架构模型之间关系

5种架构的基本模型之间，从表达的业务粒度上、逻辑关系上有以下的关联关系，可以利用这些关系对业务进行分层架构设计，如图9-33所示，从左到右，由粗到细。

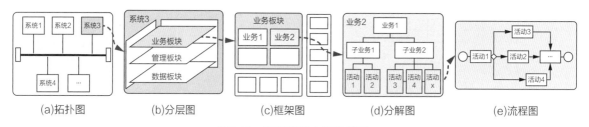

图9-33 架构模型之间的关系

拓扑图：相对独立的业务板块的集合体。

分层图：将拓扑图中的"A"板块展开，形成一个A板块的分层图。

框架图：将分层图中的"业务层"展开，形成一个框架图。

分解图：将框架图中的"业务2"展开，形成一个分解图。

流程图：将分解图中的"活动1～活动x"组成一条流程图。

📝 **注：流程图的形成**

只有当分解图表达的内容是工作分解，且分解图的最下端节点是"活动"时，才能建立分解图与流程图的关系，否则分解图与流程图是无关的。另外，如果框架图中要素的粒度是活动级时，也可以从框架图过渡到流程图。

上述架构模型之间的关系并非是绝对的，会根据不同业务内容有所差异。

3. 分层图与框架图的转换

1）将分层图转换为框架图

分层图9-34（a）中的"1.业务层"的内容分为4个区：业务A1~业务D1。

图9-34（b）：将业务层的内容用二维的框架图展示，可以看到有4个业务分区（A1~D1）。

图9-34（c）：将业务层的内容用三维的框架图展示，不但可以看到4个业务大分区，还可以看到各大分区下面的小分区（粒度A1＞A2＞A3），当要表达的业务是由多层要素构成时，可以使用三维图表达。

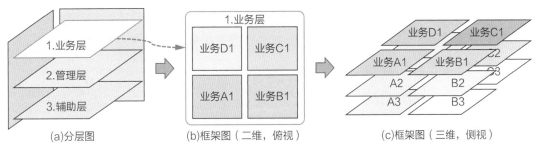

图9-34 分层与分区的关系

2）将分层图转换为不同布局的框架图（降维转换）

从图9-35（a）的分层图可以清楚地看出来各个层之间的相互作用关系。但是把它改用二维和一维的平面图形来表达时，就会发现很难表达出三维图中4个层之间的相互关系。

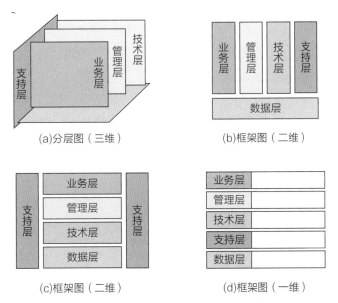

图9-35 图形维度数不同，效果不同

图9-35（b）：支持层的位置不对，它应同时与其他4个层相接，现在它只与技术和数据层相接。

图9-35（c）：将支持层分置于左右是可以的，但是数据层没有做到同时与其他4个层相接面。

图9-35（d）：用一维表示时，就失去了原分层图的含义了，看不出相互的作用关系。

4. 分层与分区的应用

在架构的设计手法中谈到了分层和分区的方法，从图9-36中可以看出，不同的模型中这两个手法基本上都存在，因此，不论是利用分析模型，还是利用架构模型进行绘图时，都要非常注重对图中不同的内容采用分层和分区的方法表达关系。

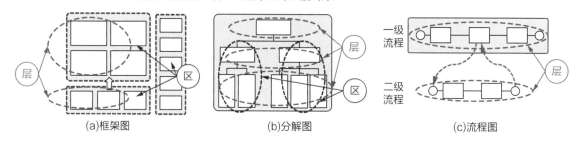

(a)框架图　　　(b)分解图　　　(c)流程图

图9-36　分层与分区的相互融合

5. 用不同模型表达相同内容

如图9-37所示，对相同的内容（①～④共4个要素）采用不同的模型表达，有什么不同呢？

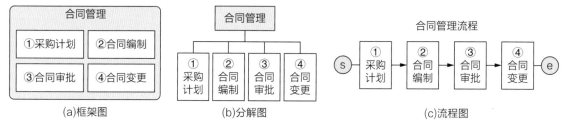

(a)框架图　　　(b)分解图　　　(c)流程图

图9-37　相同内容不同表达——逻辑的变化

框架图：4个要素之间没有紧密的关系，是4个各自独立的模块，是弱逻辑关系。

分解图：4个要素之间没有直接关系，都是从属于合同管理的内容，较强的逻辑关系。

流程图：4个要素之间有紧密关联（逻辑、数据），是强逻辑关系。

从上述几个案例中可以看出，尽管推荐给读者的图形符号、基本模型以及设计手法不是很多，也没有很难记忆的规则，但是在绘制图形时还是要非常严谨，注意每一个符号、模型及手法的不同所带来的不同含义。

9.9.2　模型的组合使用

本书虽然只是推荐了5种架构模型，但实际上通过这5种模型的组合（混搭）可以获得丰富的表达形式。下面通过3个案例来说明方法，这3个例子是典型的组织机构（分解图）和业务流程（流程图）的关联，可以用来表达不同的含义。

【案例1】不同组织层级的目标分解表达，见图9-38。

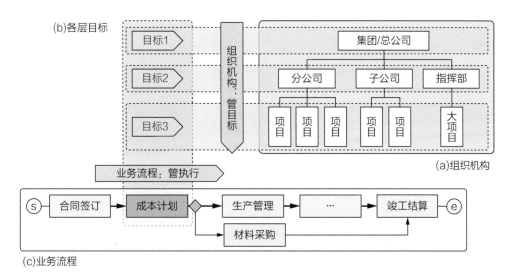

图9-38 不同组织层级的目标分解表达

针对"成本计划"这个业务流程图上的节点，企业内不同组织层级设定了不同的目标值。

图9-38（a）中企业共分为三个层级：集团、分公司和项目部。

图9-38（b）中，由集团对外签订的合同下分到各个组织层级时，各层根据公司规定设定本层要遵守和完成的目标值。

图9-38（c）表示在同一个成本计划节点中要完成上述三个层级的目标。

【案例2】企业运营组织与项目组织的矩阵关系。

企业的组织管理模式有很多，对于生产过程采用项目管理组织形式的企业，通常最低一级的"项目部"组织要接受双重的领导，即：来自于上级运营型部门的领导，以及项目部自身组织部门的领导。此时，业务流程的每个环节都有可能同时受到来自于上级和本级的指令，业务流程与双层组织关系如图9-39所示。

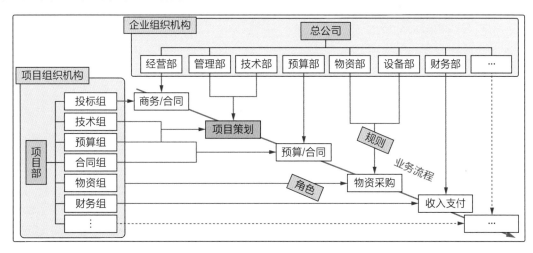

图9-39 项目管理与组织矩阵

例如业务流程上节点"项目策划"同时受到了以下领导，

（1）公司级部门的领导：管理部、技术部。

（2）项目级部门的领导：技术组、预算组。

以这个基础图形为基础，还可以根据需要再增加其他的信息，例如，角色、规则等。

【案例3】不同部门的业务与流程之间的关系，如图9-40所示。

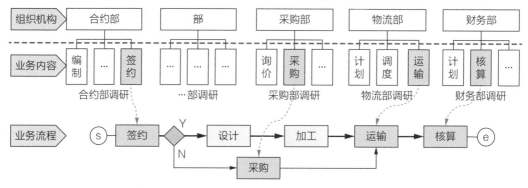

图9-40 不同部门的业务与流程间的关系

通过将组织部门、各个部门的业务与跨越多个组织部门之间的业务流程建立对应关系，这样就可以展示出组织的静态结构和生产过程的动态流程之间的关系，对于分析业务、优化业务等带来帮助。

从上述案例可以看出，不论要表达什么样的内容，图形如何变化，只要符合绘图的标准（包括图形符号、基本模型）和逻辑表达方式，图形不但容易绘制而且易懂，做到让读者可以"无师自通"。读者可以尝试其他的不同组合。

小结与习题

小结

1. 架构对业务梳理的价值

通过对原始需求的一系列梳理，最终将"无形"的企业业务整理成"形"。对企业业务的梳理，用图形还是用表格会带来不同的效果，如图9-41所示。

（1）需求调研（图9-41（a））：收集客户原始需求，其目的、作用、逻辑关系等不清晰、不准确。

（2）需求分析（图9-41（b））：按照业务领域归集成表，但是要素间的逻辑关系没有形象化的表达。

（3）业务架构（图9-41（c））：按照业务逻辑，将需求要素进行架构设计，使得原来不清晰、不准确的关系用架构图全部清晰、准确地表达出来，相当于给企业的业务进行扫描、成像，让企业的业务可以直观地"看到"，从这3个表达方式可以看出架构图给出的信息是无法用语言和表格来表达的，图形表达最重要的特点就是让逻辑"外露"。

2. 架构对设计与开发的价值

业务架构图对技术设计和开发有着直接的作用和价值，例如业务流程为设计和开发提供了两大价值（不限于此）。

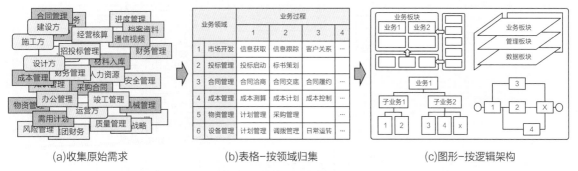

(a)收集原始需求 (b)表格-按领域归集 (c)图形-按逻辑架构

图9-41 架构对业务梳理的价值

1）价值1：业务流程提供了业务逻辑

业务功能的详细设计（4件套的内容）是基于业务逻辑才获得了业务功能的上下游的数据来源、数据关系的，可以说没有业务流程就没有业务逻辑，没有业务逻辑就无法进行数据关系、流向的设计。业务流程是通过业务功能的设计（业务4件套）间接地提供了价值。

2）价值2：业务流程提供了进行"事找人"机制设计的基础

让系统中的业务流程可以实现自动地进行"事找人"，这个设计依据就是业务流程，但是"价值2"并没有被广泛使用，这对业务架构设计成果来说是一个重大的损失。

关于"事找人"的理念和内容参见第16章。

3. 模型内容与使用顺序

架构的概要设计，给出了业务架构的5种基本模型的使用方法，以及它们在实际应用中的使用顺序，见图9-42。

（1）拓扑图：对研究对象的内容进行系统的划分、关联。

（2）分层图：对拓扑图中某个系统的内容进行分层规划，如业务层、数据层。

（3）框架图：对分层图中的某个层进行详细的分区规划，如功能区、应用区。

（4）分解图：对分层图中的某个区进行详细分解，如成本分解、采购工作分解。

（5）流程图：对框架图/分解图的活动部分进行流程关联，如采购流程。

4. 模型与逻辑的强弱关系

本章的成果实现了原始需求中的业务知识表达向逻辑表达转换的第一步，通过这一系列的架构设计工作，将原来的"零散业务"，通过架构模型的逻辑表达方式，形成了一套完整的、清晰的、符合开发要求的"逻辑表达方式"。业务不再是用表格、语言、零散的功能需求来表达的，模型从拓扑图到流程图，用不同强弱的逻辑表达形式将研究对象一步一步地从粗粒度的弱逻辑关联走到了细粒度的强关联，见图9-10。

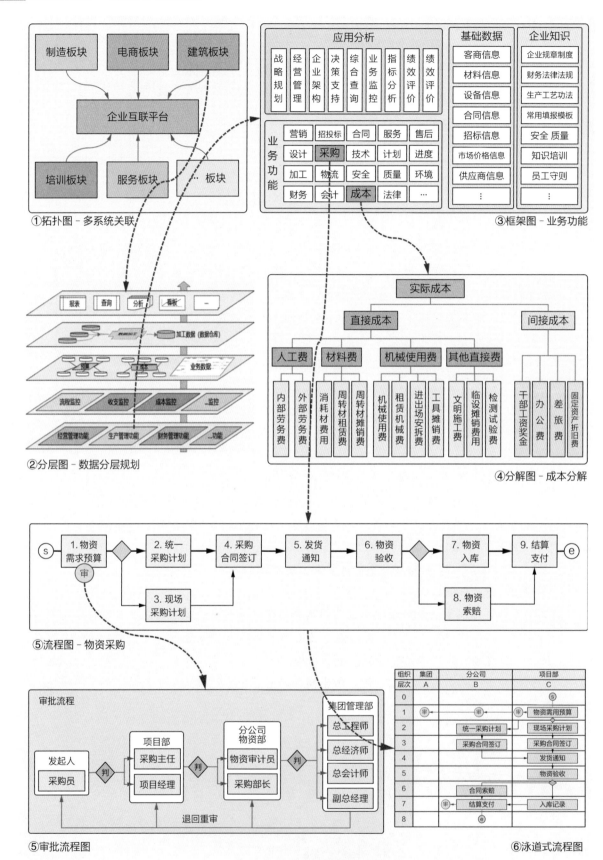

图9-42　架构设计的过程示意

习题

1. 什么是架构设计？架构与设计的概念有什么区别？

2. 理念、主线的概念对一个信息系统的规划、设计有何重要的指导意义？

3. 简述架构设计有几种基本的设计手法？各自表达的意图是什么？

4. 架构模型与分析模型的使用目的、使用场景，以及表达的含义有什么区别？

5. 在业务分析过程中，架构模型起了什么作用？没有架构模型哪些分析结果无法表达？

6. 简述拓扑图的使用场景、使用条件。

7. 简述分层图的使用场景、分层的条件。

8. 简述框架图的使用场景、作用。为什么说框架图是架构设计中必须使用的模型？

9. 简述分解图的使用场景，分解图的节点使用名词或动词是分别代表什么含义？

10. 简述流程图的使用场景、条件，业务流程与审批流程的区别，两者的关系。

第10章
功能的概要设计

功能的概要设计，是功能设计三步骤的第一步，它是对功能层的整体规划和设计。

功能的概要设计是依据业务架构，对需求工程中收集到的功能需求一览进行确定、分类、规划等的工作，最终将功能需求一览转换为业务功能一览，它是后续各个设计阶段的判断设计内容、工作量等的依据。

本章内容在软件工程中的位置见图10-1，本章的内容提要见图10-2。

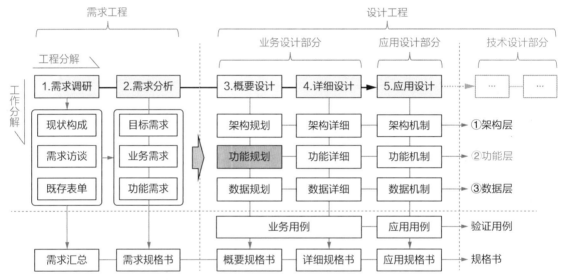

图10-1 功能的概要设计在软件工程结构中的位置

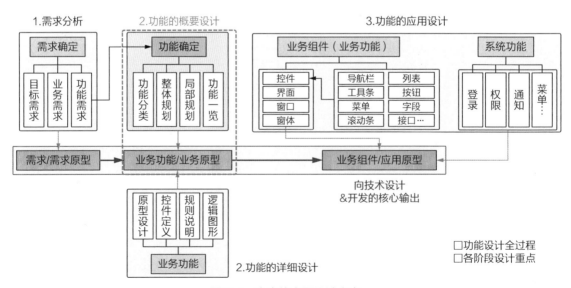

图10-2 本章的主要设计内容

10.1　基本概念

10.1.1　定义与作用

1. 定义

功能的概要设计，是对需求工程收集到的功能需求一览进行进一步的梳理，确定真实的功能，并对"业务功能"进行分类（活动、字典、看板和表单），最终形成业务功能一览，它奠定了后续功能设计与开发的基础。

"功能"与"业务功能"已经多次出现了，那什么是功能和业务功能呢？

（1）功能：完成同一目标的操作方法、数据结构、管理规则形成的模块就是功能。

（2）业务功能：完成某个具体的业务目标的功能就是业务功能，如合同签订、计划编制。

另外，关于非业务性的功能，详细说明参见第17章。

2. 作用

从软件工程上功能的全过程看，这是对需求工程收集到的需求按照功能设计标准进行的第一次设计，也是从需求工程进入到设计工程的转换点，它的作用是将需求阶段的成果用设计的标准进行梳理、分类、规划、汇总，为后面的详细设计奠定基础。功能的概要设计是粗线条的，重点是将尚未完全确定的"功能需求"确定为正式的"业务功能"。

业务功能最终要通过以下几个过程完成从需求到功能的设计，如图10-3所示。

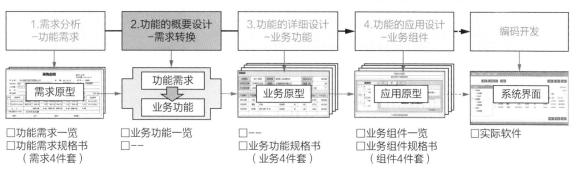

图10-3　业务功能的变化过程

（1）需求分析：对需求资料进行分析，确定了必须提供的功能需求一览/需求4件套。

（2）概要设计：对功能需求进行规划、分类等，最终确定系统要实现的业务功能一览。

（3）详细设计：对已确定功能进行定义，给出满足业务处理的业务原型（业务4件套）。

（4）应用设计：加入系统功能描述，给出满足客户体验的应用原型（组件4件套）。

10.1.2　内容与能力

1. 作业内容

功能的概要设计的内容主要有两大类，其一是业务功能分类，将功能需求一览转换为业务功能一览；其二是对分完类的业务功能进行规划，内容如图10-4所示。

	主要内容		内容简介	交付物
输入	上游资料		□需求工程-需求分析：需求功能一览 □设计工程-架构概要设计：业务架构图	
本章主要工作内容	功能分类	业务数据分类	对数据形成过程分区、对各区的数据分类	
		业务功能分类	按照对数据的处理方式不同，对业务功能进行分类 输入类（活动、字典）、查询类（看板、报表）	
	功能规划	业务功能规划	通过功能的确认，将"功能需求"确定为"业务功能"	功能关联图
		功能关系建立	按区块、线、点等进行功能规划、绘制功能关联图	
	功能汇总		经过处理，将功能需求一览转换为业务功能一览	业务功能一览

图10-4　功能的概要设计一览

1）业务功能的分类

需要将收集到的功能需求进行分类，找出它们的共性、特点，这为后续建立通用的业务功能设计模型奠定了基础。

2）业务功能的规划

通过规划用的关联图，可以交互印证功能需求是否是必要的、有无重复的、有无可以合并的同类功能，最终确定功能需求一览中的哪些功能需求留下、哪些不要，留下的就成为正式的业务功能，注意这两者的区分。

（1）功能需求：是功能的"需求"，尚未最终确定这个"需求"是否是必须要实现的功能。

（2）业务功能：是已经确定为必须要实现的功能，且已分类（活动、字典、看板和表单）。

另外，通过规划关联图还可以检查是否还存在着缺失的功能等。

3）业务功能一览

最终，将完成了分类和规划的功能汇总成业务功能一览。

2. 能力要求

功能的概要设计，需要根据需求分析的成果功能需求一览、架构的概要设计成果业务架构图等资料进行功能的规划，因此需要具备以下基本能力（不限于此）。

（1）充分地理解需求分析资料的能力。

（2）充分地理解业务架构资料的能力。

（3）充分理解、熟练地掌握功能规划的设计方法（本章内容）。

（4）掌握基本的数据分析和设计方法，包括基础数据、数据库的知识。

10.1.3　思路与理解

通过需求分析和业务架构的工作获得了功能需求一览和业务架构图，获得了需求功能的名称，也有了这些需求功能在业务架构图上的位置、功能之间的业务逻辑关系等信息，现在是不是就可以进行功能的详细设计了呢？小型的、简单的系统根据已有的资料是可以的，但是对于大型的、复杂的系统只有这些资料还不足以支持进行完整的功能详细设计。

功能规划的重要目的之一就是要确定功能需求，利用业务架构虽然确定了一些功能需求，但是当系统的功能数量非常多且逻辑关系很复杂的时候，由于很多的功能并不在业务流程上，它们之间可能只有简单数据的交互关系并没有业务逻辑关系，所以仅用业务架构图无法确定这类功能之间的关系，因此也就难以判断这部分功能需求的真伪。此时就需要利用功能关联图从数据关系判断功能需求，用"数据关系"可以判断出如下信息。

- 在已知的功能需求一览中是否存在重复的功能需求。
- 通过功能关联图，可以判断出还缺少哪些功能需求（如维护基础数据的字典功能）。
- 确定功能间的数据关系，可以防止需求变更时出现数据的缺失现象等。

仅具有数据关系的功能数量会远大于具有业务逻辑关系的功能数量，前者之间可能没有严谨的业务逻辑关系，而仅有简单的数据之间的引用或是参照关系。功能关联图给业务设计师提供了另外一个可以整体观察、理解功能需求之间关系的视图。有了业务架构图、功能间的数据关系视图，基本上就可以确定功能需求一览中的全部功能需求是否要转换为业务功能，以及增加、补全在需求分析中缺少的功能。

10.2 业务功能1——分类

10.2.1 业务功能的分类

在需求分析阶段，按照业务领域进行了分类，所谓的分类就是将具有共性的功能归集到一起，这个共性就是"业务领域"，见图10-5，这个分类可以让业务设计师了解到：收集到的功能需求覆盖了哪些业务领域、每个领域中包含哪些功能需求，通常来说，业务越复杂、涉及的业务范围越广，则构成的业务领域数量也就越多。

	业务领域	业务过程						
		1	2	3	4	5	6	7
1	市场开发	信息获取	信息跟踪	客户关系				
2	投标管理	投标启动	标书策划	标书编制	标书评审	标后分析	保函	
3	合同管理	合同洽商	合同交底	合同履约	合同变更	合同索赔	合同结算	合同纠纷
4	成本管理	成本测算	成本计划	成本控制	成本核算	成本分析	成本考核	成本计量
5	物资管理	计划管理	采购管理	库存管理	使用管理	周转材管理	物资结算	
6	设备管理	计划管理	调拨管理	日常运转	备件管理	小修保养	设备核算	
7	进度管理	进度计划	进度统计	检查与考核		进度控制		
8	质量管理	质量计划	质量控制	检验与实验	质量评定	成品保护		
9	风险管理	风险识别	风险计划	风险跟踪	风险预警	风险分析		
10	资金管理	工程款管理	现金流管理	劳务支付	账户管理	债权债务清理		
11	人力资源	人资规划	薪酬管理	劳动合同	培训管理	招聘管理		
12	绩效管理	绩效目标	绩效考核	审计与监察	绩效分析	项目评价		
⋮	⋮	⋮	⋮	⋮	⋮	⋮	⋮	⋮

图10-5 功能的业务领域分类

在设计阶段，就需要从设计的视角研究这些功能并再次抽取它们的共性，那么在设计阶段这些功能的共性是什么呢？这个共性就是对数据的"处理分工"不同，也就是说可以将全部的业务功能按照它们在处理数据时的分工进行分类。既然是按照数据处理的分工来区别功能，那么在说明功能的分类前，首先要说明数据的分类方法。下面就按照：数据用途分类 → 功能分类 → 功能间的异同的顺序进行说明。

1. 数据用途分类

在构建管理信息系统时，可以按数据的用途划分为三个区，即数据的生成区、数据的加工区和数据的应用区，如图10-6所示（更多的数据用途分类参见11.2一节）。

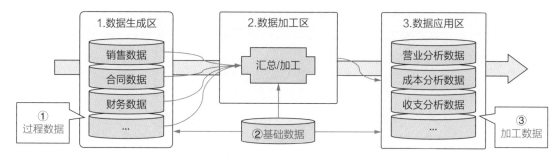

图10-6　数据用途的分区

1）数据生成区与过程数据、基础数据

数据生成区，顾名思义，就是将原始数据输入到系统中的区域，在这个区域产生的数据根据其用途可以分为两类，一类是"过程数据"，另一类为"基础数据"。

（1）过程数据。

在企业的生产活动过程中第一次产生的、没有经过任何加工的数据就称为过程数据。"过程"指的是业务生产的过程。软件的设计工作大部分都集中在这个区，例如，架构设计、功能设计、数据设计、管控设计等，通常所说的"业务数据"的绝大部分都属于此类数据，例如，销售数据、生产数据、财务数据、物流数据、人资数据等。

📖　注：过程数据与历史数据的差异

过程数据是数据分类的一种，而历史数据是个时间概念，与正在处理的数据相比，已经处理完成的数据就属于历史数据了（不论它是过程数据还是基础数据）。

（2）基础数据。

企业中需要规范化并作为企业标准的数据，称为企业的基础数据，例如，客户资料、材料编号、产品价格、组织结构、员工履历等。基础数据是由相关部门按照企业规则预先编制好的。基础数据约束了过程数据的输入范围、标准，以及为过程数据提供了属性定义。编制基础数据，是客户方面推进信息化建设必须做的重要工作，基础数据也是未来构建系统主数据的核心内容。

📖　注：基础数据与过程数据的转换

在用系统界面进行过程数据的输入时，如果基础数据作为界面上某个字段的选择对象，那么这个基础数据一旦被输入后，就成为过程数据的一部分了，参见第13章中的字典功能设计说明。

2）数据加工区与加工数据

对收集到的过程数据，按照不同目的加工（抽取、转换、清洗……），是对过程数据进行加工的区域，这个区域主要由技术工程师进行整体的分析、设计和开发，由业务设计师提供辅助的工作（数据表关系、计算公式、业务逻辑等内容）。经过加工完成的数据称为"加工数据"，它们被按照用户的关心维度、分析报表的种类预先分类存储。

3）数据应用区

利用加工数据，可以方便用户利用单据、报表以及各类静态、动态的方式进行查询、展示、分析。例如常见的加工数据有：销售分析、产值分析、成本分析、绩效分析、财务月报表等。

4）过程数据与基础数据的差异

（1）过程数据：数据中包含大量的原始凭证类数据，如收据、发票、合同、支付、验收等，显然这样的数据一旦输入并确定后是绝对不允许进行维护的（不能更改数据，更改此类数据可能触犯公司规则甚至是国家法律）。

（2）基础数据：它是企业的标准，作为基础数据它是需要与时俱进的，需要不断地进行维护以保持数据符合要求，如市场价格、新材料规格、企业知识库等。当然已经转换为过程数据的基础数据也是不能变更的，因为此时它已经属于过程数据了。

5）过程数据与加工数据的差异

（1）过程数据：收集的是生产过程中第一次输入的数据，同时也是利用收集数据的过程对业务进行"过程管理"的载体，所有需要进行事前、事中管理的对象，都要在数据收集的过程中加载相应的管理规则。

（2）加工数据：是对过程数据进行了加工处理后得到的数据，并按照应用的目的进行了归集，对加工数据的利用是BI（商务智能）的基础，它的重点是通过已有的数据，分析已发生的问题，发掘未来的价值。

2. 业务功能的分类

有了三种数据的用途分类后，按照对不同数据处理的分工可以将业务功能划分为4大种类，即：活动功能、字典功能、看板功能和表单功能。

下面分别对这4种功能进行说明，见图10-7。

1）活动功能（以下简称活动）

活动，是指专门利用"窗体"形式来记录、展示在生产过程中产生过程数据的功能，之所以将这类功能称为"活动"，就是因为它们是企业中实际操作工作在系统中的映射（除去字典类工作），同时企业的管理规则也是主要加载在活动功能上的，活动是4类功能中数量最多、使用最广的一种。

所有业务流程上的节点必须是活动，因为只有活动

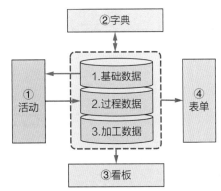

图10-7 功能需求的分类

才能驱动流程的运转。活动对应的是数据分类中的"过程数据",所有过程数据都是通过活动功能输入的。

2)字典功能(以下简称字典)

字典,是专门利用"窗体"的形式来维护需要标准化的企业基础数据。作为对基础数据进行维护的功能,它包含对数据的记录、展示、更新、发布的功能,由于字典是用来规范企业标准的工具,因此字典只能由特定的管理人员使用。

字典对应的是数据分类中的"基础数据",在活动功能中所有属于基础数据的字段原则上都是通过字典功能输入和维护的,字典功能是通过从功能规划找出来的重要对象之一。

3)看板功能(以下简称看板)

看板,是专门利用"窗体"的形式来展示经过加工处理后的数据的,它是用来"看数据"的,它不能进行"数据输入",它可以利用窗体所具有的各种灵活多变的查询和展示形式(图形曲线、数据穿透等)。看板通常用门户、监控台、仪表盘、导航等形式来展示信息。

看板可以用来展示上述三类数据。

4)表单功能(以下简称表单)

表单,是专门采用"打印"的形式来展示数据的,适用于各类需要打印、盖章,并以纸质的形式保存的场景。其中,"表"指的是各类统计和分析的"报表";"单"指的是各类凭证形式的单据,这二类形式的区别如下。

(1)报表:产值分析、成本分析、绩效分析、财务报表等数据。

(2)单据:发票、收据、领料单、合同书、各类财务凭证等数据。

表单可以用来显示上述三个类型的数据。

3. 业务功能之间的关系

1)业务功能分类与数据分类的关系

数据用途分类与业务功能分类的关系如图10-8所示。从数据分区图和数据分类的关系可以看出业务功能的设计顺序,记录类功能(活动、字典)一定要先做,特别是活动,因为它不但关系到业务处理方式,而且决定了管理的方式;展示类业务功能(看板、报表)可以放在后面,因为只要有了满足管理规则的数据,如何查看和展示都可以做到,不足的数据也可以随时增加。

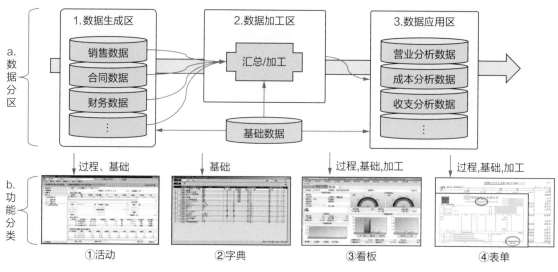

图10-8　数据用途分区与功能分类的关系

2）各业务功能的重点

4类业务功能各有自己的重点，图10-9的内容展示了它们在未来完成的系统中具有的功能，主要的异同点如下。

业务功能分类		I.对应的数据分类			II.对应的管控方法		III.对应的主要操作功能				
		过程数据	基础数据	加工数据	规则	权限	新增	查询	修改	保存	提交
输入	1.活动	○	–	–	○	○	○	○	○	○	○
	2.字典	–	○	–	○	○	○	○	○	○	○
查看	3.看板	–	–	○	–	○	–	–	–	–	–
	4.表单	○	○	○	–	○	–	–	–	–	–

图10-9 业务功能的重点

注：II和III的内容是系统的功能，参见第17章。

3）架构规划的关注顺序

有了业务功能分类的概念之后，业务设计师在进行需求获取、需求分析，以及架构设计时就知道了对功能关注的顺序，由于活动、字典等是产生数据的功能，在架构、规划时重点要先关注这些功能，例如，活动是构成业务架构的要素，需要重点关注并先行确定，否则架构图设计时就没有节点了；同时活动和字典要先规划，因为它们产生的过程数据和基础数据是进行数据规划的依据。与这两个功能相比，看板功能和表单功能就可以稍微滞后，因为这两者不直接产生过程数据和基础数据，它们以"看数据"为主，它们需要的只是对过程数据和基础数据的加工而成的加工数据，而且看板功能和表单功能会随着客户对信息系统的理解加深，会产生新的需求变化，所以放到后面再设计反而会稳妥一些。

4. 功能分类对规划设计的作用

功能的分类可以对规划设计起着一种检验的作用，可以从以下两个方面考虑。

1）系统的划分

在一个独立、完整的系统规划中，应该考虑包括4种功能，分别完成对系统包含业务的输入（活动），建立基础数据（字典），监控业务处理过程（看板）以及分析处理结果（表单）。这是从业务应用视角进行的规划，可以保证在实操时不出现遗漏。

2）开发阶段的划分

当开发的内容比较多时，常常会采用分期开发的方法，此时在划分每一期的功能时也要注意功能类型的平衡，每一期开发功能的数量不论多少，都必须要保证完成的功能可以支持某类业务的处理，避免某一期都开发活动，某一期都在开发看板这样的做法，这种做法会导致每一期完成的功能都不能独立地进行业务处理。

从这些对比可以看出来，按照业务功能分类进行设计，不但不会影响业务领域分类的内容，而且还会加深对功能需求的理解，并为功能规划结果增加了一个检验的手段。

10.2.2 业务功能的分类视图

有了对业务功能的分类定义后，下面就业务功能的分类方法进行说明，分类的方法可以有两种：利用业务领域分类表，利用功能需求一览。

1. 业务功能的分类视图

1）业务领域分类表

利用业务领域分类表，按照不同的业务功能分类用不同的颜色标示，见图10-10。

业务领域		功能需求						
		1	2	3	4	5	6	7
1	市场开发	信息获取	信息跟踪	客商信息				
2	投标管理	投标启动	标书策划	标书编制	标书评审	标后分析	保函	
3	合同管理	合同洽商	合同交底	合同履约	合同变更	合同协议书	合同清单项	合同纠纷
4	成本管理	成本测算	成本计划	成本控制	成本核算	成本分析	成本考核	成本清单
5	物资管理	计划管理	采购管理	库存管理	材料编码	周转材管理	物资结算	
6	设备管理	计划管理	调拨管理	日常运转	设备编码	小修保养	设备核算	
7	进度管理	进度计划	进度统计	检查与考核	进度甘特图	进度控制		
8	质量管理	质量计划	质量控制	检验与实验	质量评定	成品保护		
9	技术管理	施组设计	图纸审核	技术交底	技术资料	计量器具	设计变更书	
10	资金管理	工程款管理	现金流管理	劳务支付	账户管理	债权债务清理		
11	人力资源	人资规划	薪酬管理	劳动合同	培训管理	招聘一览		
12	办公管理	公文处理	工作计划	后勤管理	会议接待	车辆管理	办公资产	
⋮	⋮							

图例　活动功能　　字典功能　　看板功能　　表单功能

图10-10　业务功能分类视图

2）功能需求一览

利用已有的功能需求一览（见图7-23），在表的右侧增加"业务功能分类"栏，在栏中分别标示出业务功能的分类名称，形成"功能需求一览"，如图10-11所示。

从功能需求一览的表格中可以看出，"合同签订""出入库记录"以及"在库盘点"这三个功能不但有"活动"的形式，同时还有"表单"的形式。

两种表的表达内容不同，业务领域分类表容易从整体上观察功能的发布情况；功能需求一览容易进行精准的分类，以及确定功能的准确数量。

2. 业务功能分类的作用

对业务功能进行分类对理解设计方法有很大的帮助，主要作用如下（不限于此）。

（1）建模方法：分类给出了不同类型的设计规律，大幅度地减少了模型的数量。

（2）确定工作量：由于4种功能的特点不同，可以定性、定量地确定开发工作量、时间。

（3）设计顺序：对业务架构、基础数据有影响的内容可以先设计，其他可以放到后面，例如，活动、字典必须要先设计，看板和表单可以滞后（不影响业务架构和规划）。

（4）设计能力匹配：由于4类功能的难易度不同，分配设计资源时有依据，例如，字典/基础数据部分比较难，可以让能力较强的设计师承担，等等。

功能的概要设计 - 功能需求一览					实体信息		终端			业务功能分类			
业务领域	编号	名称	功能说明		数量	名称	P C	手机	平板	活动	字典	看板	表单
1		F-001	合同签订	输入正式的合同文本，归档	2	合同主表、细表			○	○			○
2	合同管理	F-002	合同变更	记录合同变更的相关信息	1	合同变更	○						
3		F-003	进度监控	用甘特图展示进度、预警等	1	进度数据表	○					○	
4		F-004	客商管理	客户的基本信息、交易信息		客商信息					○		
5		F-005	合同一览	对签订合同进行列表、打印	1	合同交易	○						○
6	物资管理	F-006	采购计划编制	编制材料的采购需用计划	1	采购计划	○			○			
7		F-007	出入库记录	材料出库的验收入库、领料	2	出库/入库台账	○		○	○			○
8		F-008	在库盘点	对在库的库存资料核查	1	在库主表、细表	○		○				○
⋮	⋮	F-009	⋮	⋮		⋮							

图10-11　功能需求一览

以上对业务数据（3种）和业务功能（4种）进行的分类，可以帮助读者体系化、工程化地认识设计对象的用途、形态、技术、标准等，读者可以认识到，这些分类并不影响数据和功能原有的属性、特点，它们只是一种理解对象的手法，每一次的归集与提炼都是对研究对象的认知的一种提升。当然，随着新需求不断出现和技术的进步，上述的划分也会发生变化，或者根据实际情况，灵活地使用上述功能也是完全可以的。

另外，数据分类不只这三类，详细说明参见第11章的内容。

10.3　业务功能2——规划

有了功能和数据的分类定义后，就可以进入到概要设计的核心工作：规划。规划是将需求分析的成果确定下来的重要步骤，概要设计的最重要成果之一就是将需求分析成果——功能需求一览转换为业务功能一览。

10.3.1　功能关联图

1. 功能规划的概念

将功能需求一览中的功能需求确定为正式的业务功能的过程，如图10-12所示。从原始的①研究对象出发，分别获得了需求分析的成果②功能需求一览、架构概要设计的成果③业务架构图，但是，由于不能将②与③完全整合在一起，同时也由于很多的业务功能并不在业务架构图上，所以不能确定功能需求一览中的哪些需求是独立的，哪些是不需要的，哪些是重复的，哪些可以复用，哪些可以共用等，这样也就难以确定最终的业务功能一览。因此，需要从另外一个视角来研究所有功能之间的关系，即使功能之间可能没有业务逻辑关系，只要存在简单的数据引用/参照关系，就可以确定全部功能之间的关系，这种表达方式就是"功能关联图"。为了理解功能关联图的作用，下面先来看一下业务架构图与功能关联图的区别，见

图10-12中③和④。

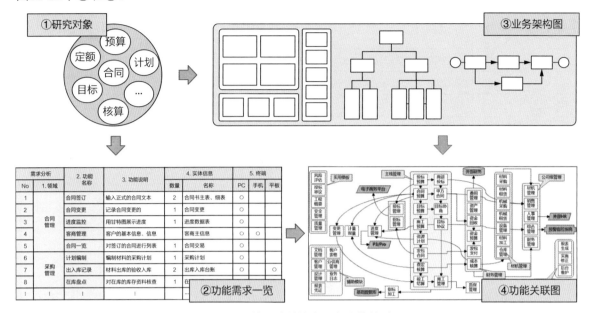

图10-12　功能需求转换为业务功能的过程

业务架构图：要素之间的关系是以业务逻辑为导向的（同时也有数据关系），在架构图中如果要素之间没有业务逻辑关系，仅仅是有数据的引用关系是不能形成架构关系的。

功能关联图：要素之间的关系是以数据引用/参照为导向的，只要有引用/参照关系就可以关联，不论要素之间是否存在着业务逻辑关系。

功能关联图提供了另外一个不同于业务架构的方法将全部有数据关系的业务功能关联在一起，这个关联图可以帮助业务设计师理解完成的功能、功能之间的关系，避免功能的重复，为功能的共用、复用打下了基础。

功能关联图可以有不同粒度的表达，首先用大粒度的要素来表达系统之间的关联（如图10-13（a）所示），然后用中粒度的模块，最后用小粒度的业务功能（如图10-13（b）所示），逐次细化，最终清晰地表达出各种粒度功能之间的关系。

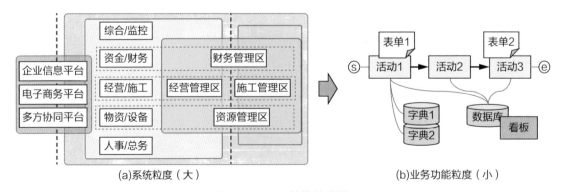

图10-13　不同粒的关联图

经过功能关联图的检验，确定了每一个业务功能的唯一性、有效性，就完成了从功能需求一览向业务功能一览转换的准备工作。

2. 规划的范围与对象

1）规划范围

范围的确定依据是规划的目的，规划并不要求一定在同一张图上把全部的业务功能表达出来，而是根据规划的目的将相关的功能纳入进来，通常是以某个业务领域为范围或是以某条业务流程/数据线等为主线，将相关的功能关联起来。

2）选择对象

范围确定之后，下一步就是确定这个范围内的功能。一般来说，规划的对象以输入类功能为主，包括活动、字典，其他如看板和表单的作用是对（加工后）加工数据的展示、查询，基本上相互之间没有关系，可以不在关联图中出现。

规划，是从一个更大的范围，概要、粗略地理解各个功能模块之间的关系，这个规划有意识地忽略细节，观察整体功能之间的相互作用。

10.3.2 功能关联图的设计

功能关联图有多种表示形式，但规划的原则是：从上到下、从粗到细、从区到线、从线到点，关联的方式有：功能区关联、功能线关联、功能点关联等。

1. 功能的区关联

功能区块规划主要是采用"区块"的方式，对功能进行粗粒度的划分，观察不同功能区域之间的叠合关系。用"区块"做规划时，用方框画出不同的区块，每个区块具有不同的功能，但要注意，此时区块的功能粒度根据规划的范围不同而不同，一个区块代表的功能粒度可以大到是一个系统，也可以小到仅仅是一个业务功能。

【案例1】图10-14（a）是一个企业信息系统的功能规划图，内容包括企业的内部-外部、公司级-部门级、部门级-项目级等不同层级的组织结构之间的功能覆盖关系。

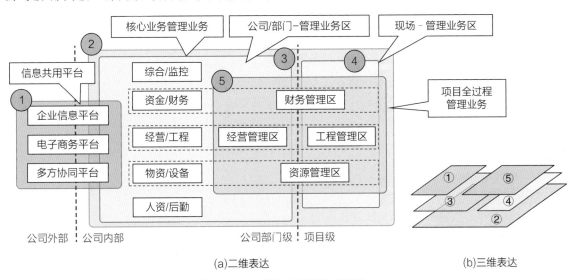

(a)二维表达　　　　　　　　　　　　　(b)三维表达

图10-14 功能的区关联图（案例1）

对图10-14（a）中关联图的规划内容解读如下。

①的功能区块跨越了公司的外部和内部，这个跨越说明了①中的信息共用平台包括的3个系

统对外部客户/企业提供了可以使用的功能。

②的功能区块范围内包含企业信息系统的全部功能。

③的功能区块范围是公司级的信息系统功能，涵盖了公司/部门的二级业务。

④的功能区块范围是工程现场的信息系统功能。

⑤的功能区块分为跨越了③公司/部门和④现场的两个区，说明③和④共用了⑤的功能。

另外，规划还表达出部门级与项目级的关联关系，例如：

● 部门级的"资金/财务"与项目级的"财务管理区"是有关联的。

● 部门级的"经营/工程"与项目级的"经营管理区、工程管理区"是有关联的。

● 部门级的"物资/设备"与项目级的"资源管理区"是有关联的。

这个二维的关联图是在不同层面上进行叠加得到的，如果使用三维的表达形式可以看出各个分层之间的关系，如图10-14（b）所示。

【案例2】以工程项目管理的三个重要指标（成本、资金、资源）为主/辅线，建立功能的关联图，见图10-15，三个指标形成了三条线。

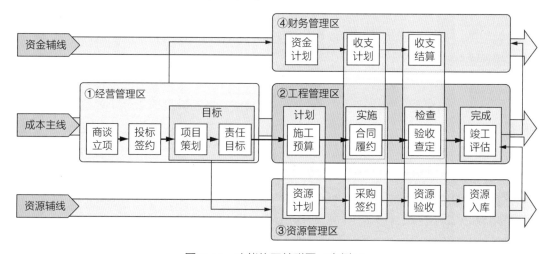

图10-15　功能的区关联图（案例2）

（1）成本主线：功能包括两个区块①经营管理区、②工程管理区。

（2）资源辅线：资源是作为支持成本管理主线的辅助功能线，包括③资源管理区。

（3）资金辅线：资金也是作为支持成本管理主线的辅助功能线，包括④财务管理区。

三条线各自有各自的目标、业务领域以及相应的功能，同时图中还表示了不同线上业务功能区块之间都有共用的关系，例如，"实施"和"检查"两个区块内的功能被②、③和④同时使用。

【案例3】业务功能被放置到按照业务领域划分的区域内，但是业务功能之间彼此有着业务逻辑上和数据上的关联，因此，可以将有关系的业务功能用虚线框关联起来，从而方便从一个大的视野来观察功能的分布和关联关系，同时还可以用功能的组合来构建灵活的系统，这个方法在产品规划时非常有效，见图10-16。

2. 功能的线关联

当功能之间的关系更加复杂，功能的个体之间还存在着关联时就很难用简单的方框进行关联了，此时可以采用线关联的方法进行逐一的关联，如图10-17所示。

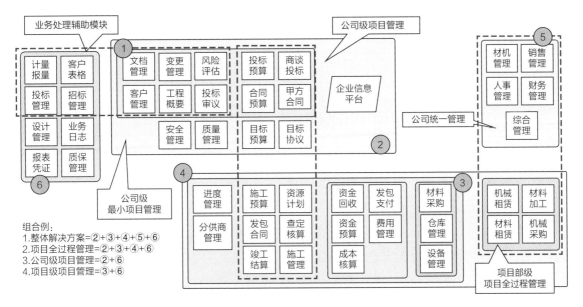

图10-16 功能的区关联图（案例3）

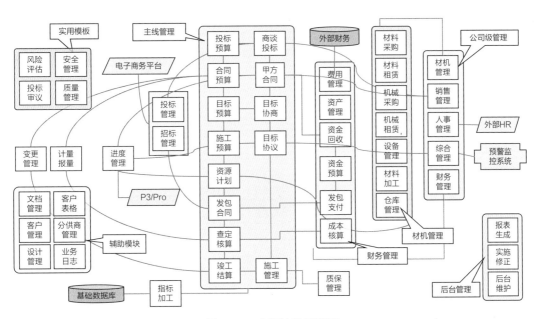

图10-17 功能的线关联图

3. 功能的点关联

在某个业务功能上，标注出使用的字典名称，这样就可以知道每一类基础数据第一次在哪个功能点上被使用，避免基础数据在同一个系统中被输入两次（原则上，基础数据只能被输入一次，下游的活动只能引用第一次输入的基础数据）。

从图10-18可以看出，功能"合同签订"使用了6个字典的基础数据，那么在后续的其他活动中需要相同的基础数据时，就要从存储"合同签订"对应的数据库中提取，而不能够再次输入相同的基础数据。

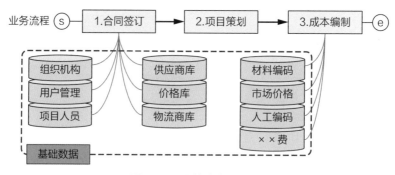

图10-18   功能的点关联图

4. 不同业务流程间的关联

在进行某个业务处理时，常常会发现这个处理需要由若干的不在同一条业务流程上的功能协同完成，此时为了避免混乱或是功能重复，可以将相关的业务流程排列在一起（此时不必用标准的流程图表达，而只是将流程上的活动标示出来就可以），然后按照要处理的目标将相关的功能关联起来，图10-19表示了由若干条流程构成的系统，针对这个系统可以设计不同的综合业务处理课题，例如，"处理1：×××管理的全程监控"，这个处理是由不同流程中的功能协同实现的，使用到的功能如下。

业务流程1：A2、A3。

业务流程2：B4。

业务流程4：D5。

业务流程5：E7。

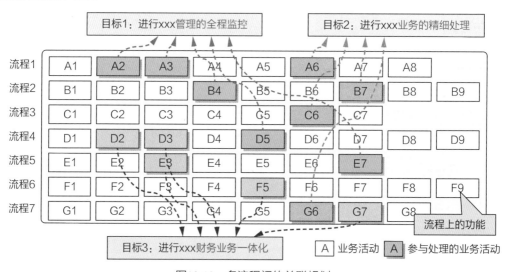

图10-19   多流程间的关联规划

10.3.3   架构与规划的区别

通过前面的说明已经知道了业务架构和功能规划的作用和区别，为了加深理解，再将这两种不同目的的图形进行一下对比，见图10-20，两者的区别如下。

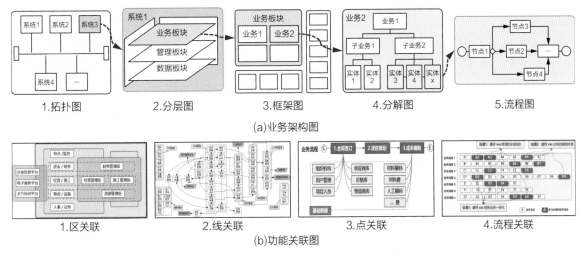

图10-20 架构模型与功能关联图的区别

1. 架构与架构图

架构，是将要素（功能）按照标准的架构模型用业务逻辑进行关联的设计，架构的行为就是对业务进行优化的行为。架构设计的成果是架构图，架构图是逻辑图。

不同架构图之间有逻辑关系，例如，分解图是框架图中某个业务领域的展开。每个图形中的要素之间都必须有明确的业务逻辑关系，架构图形的描绘必须正确，严格地表达出要素之间的顺序、位置、包含关系，同时，要素之间不但有业务逻辑关系，同时也有数据关系。

业务架构图是客户业务的视角，它是客户业务过程在系统中的映射。

2. 规划与关联图

规划，是将要素（功能）按照数据关系关联起来的设计。与架构的体系化作业相比较，规划更多是围绕着某个课题进行的，例如，业务财务一体化的功能规划等。

功能关联图的表达可以比较自由，例如，区块可以重叠表达，因为重叠是表达功能复用关系的一个重要方法，它不重视要素之间的主次。功能关联图的重点是指出要素之间的数据关系（如果用业务架构图作为背景辅助效果最好，没有也可以），只要表达出要素之间的数据关系就可以。功能关联图各自是独立的，不同的图之间没有必然的关系。

功能关联图是系统设计的视角，它解决的是功能的布局、复用、共用等。

功能的规划，对于设计通用产品特别是具有模块组合功能的产品尤为重要。因为相对于设计"一次性的项目"，通用产品更加注重功能的复用、共用，以及应变性能，所以经过功能规划后的产品具有更高的灵活性，而没有经过功能规划的产品，遇到需求变化时可能就难以应对。从功能关联图表达的内容来看，业务架构图是不能替代功能关联图的作用的。

10.4 业务功能3——汇总

10.4.1 业务功能的最终确定

功能的概要设计最后一项就是整理业务架构、功能的分类、规划的成果，通过业务架构和功能规划，汇总出业务功能一览，获得了如下的成果。

1. 业务架构

通过参考业务架构、业务设计的内容，对业务功能的确定还有如下的影响（不限于此）。

（1）在架构过程中，通过业务优化，可以补全很多原始业务构成中的缺失点。这里的业务优化指的是站在用户的视角，通过业务合理性、业务逻辑的通顺来加减业务的内容。

（2）设计特定的业务处理方式时，如成本精细管理，为了构建"精细管理"的体系，又会增加很多在需求调研时没有的功能。

2. 功能规划

功能规划是从数据关系视角进行的功能梳理，这个梳理工作同样也会带来功能数量的调整。

（1）通过分类、规划，确定了业务功能是否可以共用、是否有重复等。

（2）大量增加字典类的功能（因在需求调研、分析时字典功能与基础数据还不是重点）。

（3）根据业务处理的内容，确定需要输出的表单等。

总的来说，经过了架构和规划之后，功能的数量都会有一定程度的增加。

有了上述的成果，就可以将功能需求一览中的"功能需求（按照业务领域分类）"确定为"业务功能（按照业务功能分类）"，并整理完成业务功能一览。

10.4.2 业务功能一览

在功能需求一览（图10-21）上增加内容，形成了业务功能一览，增加的内容见图10-22的①和②两个部分。

需求分析 - 功能需求一览				4. 实体信息		5. 显示终端		
业务领域		名称	说明	数量	名称	PC	手机	平板
1	合同管理	合同签订	输入正式的合同文本，归档	2	合同书主表、细表	○		
2		合同变更	记录合同变更的相关信息	1	合同变更	○		
4		客商管理	客户的基本信息、交易信息		客商主信息、交易信息	○	○	
6	采购管理	采购计划编制	编制材料的采购需用计划	1	采购计划	○		
8		在库盘点	对在库的库存资料核查	1	在库主表、细表	○		○
⋮	⋮	⋮	⋮		⋮			

图10-21 功能需求一览

①增加业务功能的编号栏：由于已经是正式的业务功能了，所以从设计的管理上需要给每个功能赋予一个管理编号，这个管理编号从概要设计到软件开发要保持一致。

②增加业务功能分类栏：这个部分的内容详见业务功能分类的说明，这里就不再赘述了。

功能的概要设计 - 业务功能一览				实体信息		终端			业务功能分类			
业务领域	编号①	名称	功能说明	数量	名称	PC	手机	平板	活动	字典	看板	表单
1	F-001	合同签订	输入正式的合同文本，归档	2	合同主表、细表			○				○
2		F-002	合同变更	记录合同变更的相关信息	1	合同变更	○			○		
3	合同管理	F-003	进度监控	用甘特图展示进度、预警等	1	进度数据表	○			②		○	
4		F-004	客商管理	客户的基本信息、交易信息		客商信息					○		
5		F-005	合同一览	对签订合同进行列表、打印	1	合同交易	○			○			○
6	物资管理	F-006	采购计划编制	编制材料的采购需用计划	1	采购计划	○			○			○
7		F-007	出入库记录	材料出库的验收入库、领料	2	出库/入库台账	○		○	○			○
8		F-008	在库盘点	对在库的库存资料核查	1	在库主表、细表	○			○			○
⋮	⋮	F-009	⋮		⋮							

图10-22　业务功能一览

业务功能一览给出了业务功能的内容、分类及数量，这个表不但用来指导详细设计，而且还是重要的软件开发项目管理的依据，根据需要还可以在表中增加诸如设计难度、优先级、需要的资源、设计时间等内容。

到此，就完成了对功能的概要设计。

小结与习题

小结

功能的概要设计，通过对来自于需求分析的功能需求一览进行分类、规划等一系列的处理，最终将信息系统必须要实现的业务功能名称全部确定下来，并形成了业务功能一览。

在架构的概要设计中，利用业务逻辑对功能进行了梳理和确定，在功能的概要设计中又利用了功能的数据关联对业务功能进行了不同视角的梳理和确定，通过这两个视角（业务逻辑与数据关联），业务设计师基本上就对未来信息系统中的业务功能有了全面的理解和掌握。

本章做的两个主要工作"功能分类"与"功能规划"的结果都对后续的功能复用、共用设计起着非常重要的作用。

（1）功能分类：大幅度地减少了功能的类型，使得设计的复用提升，例如，归集到"活动"类型的功能都具有相同的特点，这就为统一功能设计的标准、规范打下了基础。

（2）功能规划：功能规划过程中可以发现哪些功能被重复地利用，功能规划不但是对功能需求的确定，也是为后续实现功能的复用设计奠定了基础。

本章对功能层面的分类和规划，实际上也是一种解耦的设计，从讲述的内容和案例中可以看到对功能层面的规划设计是与架构层面的规划设计不一样的。

（1）架构层面：由于架构受到业务逻辑的影响，而业务逻辑反映的是企业的业务事理，只要企业的业务处理方式发生变化，那么业务架构就一定会发生变化，业务架构发生变化是不可避免的，因为只有如此，企业才能适应外部变化，不断前进。

（2）功能层面：通过功能的规划设计，增强功能之间可以支持灵活应变、复用的能力，尽量减少功能层的变化，也就是说，功能层的变化是有的，但是设计得当会减少由于需求变化带来的影响，具体做法参见第13章和第17章。

功能规划，是软件功能复用的开始

参加培训的学员们反映说，在软件工程框架上的所有内容中本章的"功能规划"部分内容是最为不好理解的，主要是在日常工作中没有遇到过类似工作或者是需求，找不到工作中的对应场景，通常是在需求分析中做出功能一览后，就直接进入功能的详细设计了。

老师说，你们的反映是正常的，这是因为大家没有经历过以下几种场景所以没有用到"功能规划"的方法，例如：

- 从零开始，对一个大型的企业级的管理信息系统进行规划。
- 将一个为客户定制的管理信息系统，改造成为可以复用于行业的通用标准产品。
- 设计平台类的开发系统，从既有系统中抽提可以通用、复用的功能，建立"功能库"。
- 当系统拥有庞大数量的功能时，需要进行功能重复检查。

功能的概要设计，帮助设计师聚焦于功能，从多个视角研究需要做的功能，寻找它们之间的特点、共性、个性的存在，例如，在多处被用到→有共用的可能性，在不同的系统中被用到→有复用的可能性等。

解决上述这些问题，利用功能一览很难完成，因为从功能一览上不能直接看出功能之间的关联关系（包括数据关系），利用功能关联图就可以在不受业务逻辑的约束下对系统中的全部功能进行整体规划，俯视功能的全貌，进行任意的组合和协同。

业务架构图，给了设计师一个从"业务逻辑"视角看功能关系的方法；功能视图，给了设计师一个从"数据引用/参照"视角看功能关系的方法。从这两个视角观察就可以全面地掌握功能之间的关系。

习题

1. 功能规划的内容、作用是什么？
2. 简述功能规划与业务架构的区别、架构图与功能视图的区别。它们各自的关注重点在哪里？

3. 业务功能的分类意义是什么？各自的作用是什么？

4. 数据存在过程的三个区域分别代表什么意义？它们与业务功能的对应关系是什么？

5. 功能的规划方法有几种？各自的使用场景是什么？

6. 功能规划的交付物有哪些？它们对后续的设计有什么作用？

第11章
数据的概要设计

数据的概要设计,是概要设计阶段的第三层,它是对数据层的内容进行整体规划、定义,为后续功能、数据的相关设计规定范围、分类、标准。

本章内容在软件工程中的位置见图11-1,本章的内容提要见图11-2。

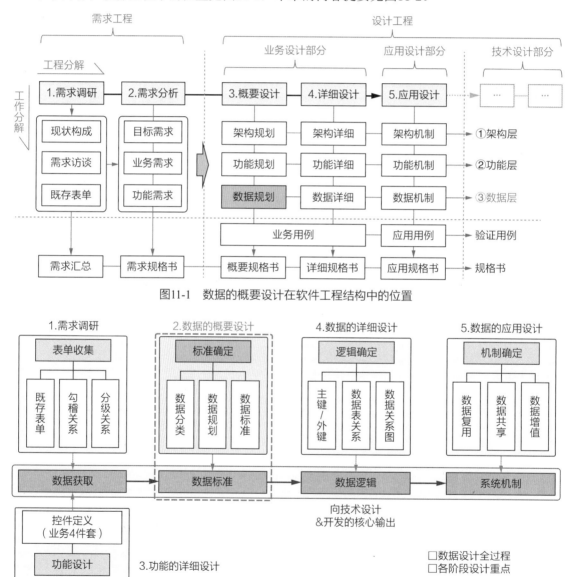

图11-1　数据的概要设计在软件工程结构中的位置

图11-2　本章的主要设计内容

11.1 基本概念

11.1.1 定义与作用

1. 定义

数据的概要设计，是基于需求分析成果——既存表单、架构的概要设计成果——架构概要规格书、功能的概要设计成果——功能概要规格书等资料，对未来系统进行数据层面的整体规划和领域规划，同时制定相应的数据标准，最终形成数据概要规格书。

架构层采用了业务架构图，因为架构图表达的是客户的业务逻辑关系，所以其内容是直观且容易理解的；功能层采用了原型表述，由于原型是可视和可操作的，所以也是易于理解的。与前两者相比较，数据层的表达就相对抽象、不直观，由于它既不能和业务场景直接相关既也无法用具象的原型来表达，所以数据只能从"数据"上去理解。数据是从架构拆分出功能，然后再从功能原型的"控件定义"的过程中产生出来的，数据的应用还需要利用架构和功能才能体现出来。

2. 作用

如图11-3所示，从软件工程上数据的全过程看，数据的概要设计是基于需求工程的既存表单、概要设计的架构规划、功能规划结果进行的第一次数据设计，这个环节的作用就是根据设计理念、输入/输出的需求，以及未来企业发展对数据利用的要求，做出系统整体的数据规划，按照业务领域的数据规划，以及数据的标准和规范，为后面的详细设计奠定基础。

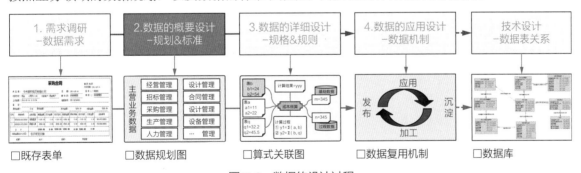

图11-3 数据的设计过程

数据的整体规划就如同功能的规划一样，这两者的异同如下。

（1）功能规划：规划需要哪些产生数据的功能、数据产生的方式等。

（2）数据规划：规划需要哪些数据、数据的用途、数据的形式、标准等。

功能规划的目的是为数据服务的，因此两者的关系为：数据是目的，功能是工具。

对功能不论如何进行周全的规划它的生命周期都是有限的，因为功能会随着外界需求的变化而变化（来自于用户功能需求的变化或是因为硬件技术的进步等），但是对数据则不同，企业希望数据的生命周期尽可能长，希望规划的结果可以让数据尽可能地不受外界因素（如功能、技术）的影响，或将影响控制到最小。数据是企业最重要的信息资产，数据的概要设计核心作用就是要为企业数据资产做出长久的规划和建立标准。

11.1.2　内容与能力

数据的概要设计主要内容分为两个部分：数据规划与数据标准，如图11-4所示。

主要内容			内容说明	交付物
输入	上游资料		□架构的概要设计：设计理念、主线；分解图、流程图 □功能的概要设计：业务功能一览、业务功能视图（活动、字典、看板、报表）	
本章主要工作内容	1.数据分类		数据的基本概念、分类，数据与业务功能、软件工程的关系	
	2.数据规划	整体规划	对系统短期、中期以及长期需要积累的数据进行总体规划，包括：数据的来源（系统）、用途	数据规划图（框架图）
		领域规划	根据不同的业务领域，确定该领域的数据（字典）、数据表的关系 例如：材料数据、销售数据、组织数据等	数据规划图（领域关系图）
	3.数据标准	数据标准	□业务编码：确定业务编码的规格标准、位数、定义 □业务数据：基础数据、过程数据	编码定义表
		主数据	选定系统中需要的主数据、来源、用途	主数据表

图11-4　数据的概要设计内容

1. 作业内容

1）数据规划

（1）按照系统划分——数据的整体规划。

从系统的整体出发对系统所含的全部数据进行规划，包括：过程数据、基础数据、管理规则（数据）、外部数据、企业知识数据等。

（2）按照业务划分——数据的领域规划。

对系统数据进行整体划分后，再对整体划分中的每个业务领域的数据进行规划，例如：销售领域、生产领域、物流领域、财务领域等。

2）数据标准

建立系统的数据标准，包括主数据的标准、业务数据的标准（业务编号）。

（1）主数据标准：建立统一的主数据标准，让系统中的数据实现共享、共用。

（2）业务编号标准：建立规范化的业务编号体系，这也是建立统一主数据标准的一环。

2. 能力要求

数据层的分析和设计工作与架构和功能层相比不那么直观，做数据层面的规划和设计需要业务设计师对以下的知识有所掌握。

（1）掌握业务架构设计、功能规划设计等。

（2）企业的业务、业务数据、业务数据之间的关系。

（3）数据的规划和设计方法、数据标准的建立方法（本章的内容）。

（4）基础的数据库知识。

11.1.3 思路与理解

1. 数据设计的背景

数据的来源都是由原始凭证、业务处理的记录等按照生产过程逐步地收集的，而不是按照决策者、管理者以及各类数据分析的格式记录的。企业不希望获得的数据随着业务流程、功能界面的变化而变化，如果要保持数据不受外界的影响，就需要在系统的设计之初就对建立数据体系给出约束条件，这样就可以避免在以后的使用过程中出现由于数据不规范而造成的信息孤岛现象。

从图11-5可以看出，随着企业信息化的推进，图11-5（a）的数据采集系统在不断地改进、增加，而图11-5（b）的数据应用部分则希望不受图11-5（a）部分变动的影响，保持长期稳定地使用数据。

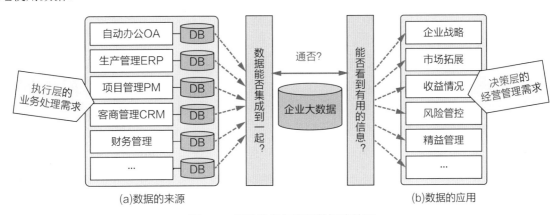

图11-5　原始数据与应用数据的关系

1）信息孤岛

由于系统在构建的初期对数据层缺乏长远的、缜密的规划，没有预先进行数据的标准化工作，造成很多的企业在不间断地推进信息化建设后，发生了复数正在运行中的系统之间无法共享数据，也就是常说的"信息孤岛"问题，出现了有数据也无法利用的现象。改造它不仅是成本和时间的问题，而且是非常复杂的问题，因为互不相容的数据之间不但有数据格式问题，还有业务逻辑、管理规则甚至技术的问题存在，信息孤岛的现象一旦形成就难以从根本上得到解决，因为数据是由系统产生的，而系统标准的统一则是非常复杂且费力的工作，往往不如新建系统来的更快捷一些。但现实中又不可能简单地通过推倒旧系统重建新系统的方式来解决信息孤岛的问题，所以，在新建系统前充分地进行数据的规划、数据标准的建立是非常重要的且必不可少的设计工作。

2）共享与复用

未来企业的数据不但有一次使用（凭证、统计），还会有更多的二次、三次使用，本部门内部用、跨部门用甚至跨企业使用，因此数据的共享场景、复用场景要预先思考、规划，以向后续各类设计提出要求。对数据的第一次应用往往都是企业的日常业务处理工作，如各类月统计数据、报表等。而数据的第二次、第三次的应用才是可以为企业带来更多附加价值的应用。例如，各个不同的部门、系统之间对数据的共享与复用等。

（1）数据的共享：数据只需要输入一次，就可以供给不同的部门、不同的系统使用，这样从整体上就提升了系统操作的效率，例如，财务系统可以使用生产系统输入的原始凭证数据，实现业务财务一体化作业，不但提升了作业效率，而且能够减少输入错误。

（2）数据的复用：对已经积累的历史数据进行抽提、深度的加工后，可以作为下一轮业务处理的参考数据，例如，历史的材料采购价格，可以作为下一次采购的参考价格等，这样做不但可以控制成本，还可以减少未知的风险。

2. 数据的规划与标准

数据是企业的数据资产，数据的有效积累会为客户解决旧问题并带来新的商机，在设计的三个层中，数据的生命周期是比架构和功能都要长的，因此在系统规划设计时，特别要对数据的规划给予重点的关注，数据的规划一定要在软件的设计和开发前进行。

1）数据的规划

作为企业的数据资产，首先要确定需要哪些数据、数据的分类、每个分类的用途、边界等，这个规划不但要考虑目前的用途，还需要考虑到未来可能的扩展。

2）数据的标准

建立统一的数据标准，如主数据、基础数据的编号规范等。如果完成系统内的数据标准不相同，在后期需要统一数据标准时就会发现，软件一点儿都不"软"，如同硬件一样难以修改，而且需要投入大量人力和时间，最终还不一定能够永久性地解决信息孤岛问题。

3. 由谁来规划数据和建立数据标准

在软件企业中，有不少人认为数据层面的设计是技术设计师或是开发工程师的工作，其实不然，包括数据层面的工作在内，所有的设计层面的工作都应该从业务设计做起，因为不论什么设计成果都是为客户服务的，而最为接近客户也容易为客户所理解的是业务设计。业务层面与技术层面对数据的设计方法是不同的，技术层面的数据设计不能代替业务层面的数据设计，相反，没有很好的业务层面的数据设计做支持，技术层面的数据设计成果是不完善的，数据难以做到共享、复用。

与技术层面的数据设计不同，业务层面重点做的不是数据"库"的设计，而是业务数据的逻辑设计，由于业务和技术的视角不同，数据关系图的表达内容和方式也不同。从图11-6中的两张图就可以看出它们之间的区别，区别的关键点还是在于业务逻辑的有无。

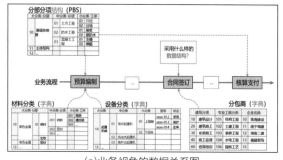

| (a)业务视角的数据关系图 | (b)技术视角的数据关系图 |

图11-6　数据关系图

（1）业务视角的数据关系图：有业务流程，带有清晰的业务逻辑关系。

（2）技术视角的数据关系图：用"键"的形式替代了业务逻辑的表达形式。

只有从业务设计的视角，充分地理解业务数据的内容、用途、业务数据之间的逻辑关系，以及未来可能的变动规律等，才能支持技术的数据设计，可以保证不论业务如何变化数据的结构都能保持稳定。

消除企业信息孤岛现象，首先是业务设计师要解决的问题，因为这个问题的本质不是数据库问题，也不是技术开发工程师单独能够解决的问题。

11.2 数据分类

11.2.1 数据的划分方法

对于计算系统来说，数据就是记录、计算、展示的结果。数据的表达形式有很多种，常用的有数字、文字、图像、附件等形式。由于本书的重点是企业管理信息化，其主要的数据形式是数字和文字，图形、音像等大都是以附件的形式存入的，以下如果对数据类型没有特殊说明，则数据仅指数字型和文字型的数据。

1. 数据类型分类

按照数据的类型，可以将全部业务数据分为两大部分：数字型数据、文字型数据。

1）数字型数据

数字型数据，指的是直接可以进行运算的数据。这类数据因为是用"数值"来表现的，所以它是管理信息系统中数量最大、处理方法最为成熟的，如成本、资金、物资等。

2）文字型数据

文字型数据，指的是不能直接用来进行运算的数据。这类数据的内容大多用文字"叙述"，所以不适合利用管理信息系统进行直接的处理，如安全、质量、风险、满意度等数据，它们大都是文字输入、上传文档或是以扫描资料的形式存在的。

计算机难以对不规范的文字型数据进行定性、定量的判断，如果计算机处理的对象不是数字型，就不能够真正地发挥出"计算"机的能力，特别是对企业管理信息系统来说。缺乏定性、定量的判断也就影响了处理结果的正确性、合理性和科学性。因此，如果要想有效地利用文字型部分的数据资源，就要对它们进行量化的处理，也就是将文字型的数据转换为数字型的数据。图11-7表达了数字型数据与文字型数据的关系，以及针对后者的判断和转换，图中：

①可数字化部分：通过设计、建模等方式建立转换关系，将文字型中的可数字化的部分转换为数字型数据，然后就可以采用运算的方法进行处理（判断：大小、多少、高低等）。

②不可数字化部分：不能转换为数字型的数据，只能采用文档保存、判断"有无"等简单的处理形式。

在企业管理中，决策者、高层管理者非常关心的数据有很多都是文字型的数据，例如，企业经营过程中的风险、企业内控管理、紧急事故的应急方法、产品质量、生产安全等。如果能够将文字型数据转换为数字型数据，就可以为企业带来非常大的信息化价值。关于文字型数据转换为数字型数据的方法可参见第18章。

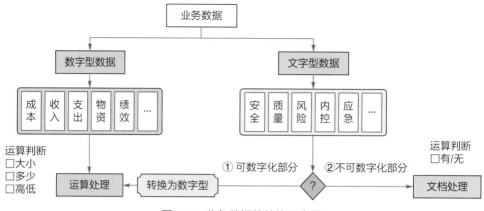

图11-7　业务数据的转换示意图

2. 数据、数字与信息

在数据层面进行设计时，要搞清楚几个与数据相关的概念，如数据与数字、数据与数值、数据与信息，以及数据与架构、功能之间的异同。

1）数据与数字

- 数字，是10、100、300等。
- 数据包含数字，数据的形式可以是数字、文字、图形等。

2）数据与信息

- 数据，是通过从功能界面录入而采集到的、客观存在的原始数值。
- 信息，是对采集到的原始数据进行加工后获取的具有特殊含义的数据。

例如，材料采购合同中的数据有单位、日期、材料名称、单价、数量、合计等，从数据的个体上看没有什么有价值的信息，但是将它们加工后，可以产生有价值的信息，例如：

- 哪个部门、在哪天采购了什么材料、支出了多少费用。
- 哪类材料在相同的时期内采购的数量最多。
- 在不同期间内材料价格的变化趋势等。

11.2.2　数据与业务功能的对应

在企业管理信息系统中产生的业务数据，按照业务领域可以划分为：销售数据、财务数据、生产数据、物流数据等。这些数据从业务属性上看它们代表的是完全不同的意义，但是从管理信息系统的设计方法上看，它们是有共性的，找到共性就易于从设计的视角理解数据了（如同企业构成的分类、业务功能的分类一样）。为了方便系统的架构和设计，需要将这些数据带有的业务属性去掉，按照设计用途进行分类如下。

1. 数据用途分类

（1）过程数据：系统在运行过程中采集到的第一手数据。

（2）基础数据：在系统中被反复使用到的数据，在企业中必须被标准化固化下来的数据。

（3）管理数据：对系统中运行的业务数据进行管理而设定的相关标准、规则。

（4）其他数据：来源于企业内部其他系统或外部系统产生的数据等。

（5）加工数据：对收集到的原始数据进行加工后（ETCL）而获得的数据，供查阅、分析用。

这些数据中对系统的规划、架构、设计、标准的建立等起着最为重要影响的是过程数据和基础数据。这两者的区别见图11-8。

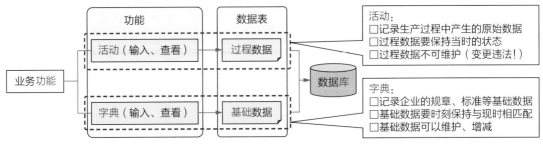

图11-8 过程数据与基础数据的区别

2. 分类的区别：过程数据与基础数据

基础数据和过程数据的性质不同、产生方式不同、管理方式不同、使用方式也不同。

1）数据来源

（1）过程数据：来源于业务功能的"活动"，"过程"指的是业务处理的过程。

（2）基础数据：来源于业务功能的"字典"，"基础"指的是企业运营的基础。

2）数据区别

（1）过程数据：记录的是生产过程中的行为数据，如销售、采购、支出/收入等。

（2）基础数据：记录的是企业管理要标准化的数据，如客商、材料、产品、组织等。

3）数据变化

（1）过程数据：输入确定无误后，必须保持数据输入时的原始状态，不许变更（变更违法）。

（2）基础数据：不同时间段输入的数据不同，数据必须定期维护、调整。

4）数据使用

（1）过程数据：除去第一次应用以外，还可对过程数据进行加工，进行二次、三次应用。

（2）基础数据：辅助数据的输入，作为查询、抽提的分类属性等，基础数据不作为加工对象。

5）数据转换

（1）过程数据：在输入时基础数据被选择并记录到活动的数据表上，就变成了过程数据。

（2）基础数据：过程数据中有参考价值的数据，被抽提出来经过加工后就成为基础数据。

📖 注：

数据表的定义和概念，参见14.4节。

11.2.3 数据与软件工程的对应

数据设计，就是按照设计的要求记录企业活动的行为，让数据经过不同的加工处理，从原始"数据"变为可以为客户提供有各类使用价值的"信息"。数据设计的过程包括三个阶段，即：数据的概要设计、数据的详细设计、数据的应用设计。它们各自的作用如下。

（1）数据的概要设计：对数据进行全面规划，包括：区域划分、主数据、数据标准等。

（2）数据的详细设计：对数据的关联方式、数据表关系、算式等逻辑进行细节的设计。

（3）数据的应用设计：对概要和详细设计的成果，给出在系统实现时的方法（机制）。

设计工程的每个阶段都被分成三个设计层（即工作分解：架构层、功能层和数据层），这三个设计层与数据的关系如下。

（1）架构层：架构图是由功能要素构成的，因为架构图上的功能是以黑盒状态呈现的，所以在架构设计阶段，由于粒度的原因既看不到数据层，也不关注数据层面的内容。架构层虽然与数据层没有直接关系，但是架构层为数据层的设计提供了业务逻辑。

（2）功能层：数据是由功能产生的（活动、字典），但在功能设计层面的重点是如何实现业务、管控等内容，此时关注的是功能内部的数据个体，而非某个领域的数据整体。

（3）数据层：在数据层，数据来源于什么样的架构和功能并不重要，此时是以数据为中心进行体系化的数据规划，设计重点是数据的形式、构成、标准等。

可以看出，每个设计层的关注重点不同，对数据的设计只能在数据层进行，而且也只能在对应的架构设计和功能设计完成后，才能进行数据的设计，这是因为架构产生了功能、功能产生了数据，数据设计只能排在第三位。但同时，数据也不是由功能自然地、随意地产生出来的，而是预先规划、设计出来的。数据的规划、标准反过来也会影响到功能的设计。

1. 数据的概要设计（本章核心内容）

数据的概要设计：在数据层面上对系统的数据进行全面规划，对各个领域的数据进行专业规划，建立系统的主数据，以及数据的标准。数据的概要设计决定了数据的生命周期。

（1）数据的整体规划：对所有的数据进行全面的梳理、规划、划分系统、领域等。

（2）数据的领域规划：对整体规划的成果进行细分，逐一对各业务领域的数据进行规划。

（3）主数据的规划：确定未来的主数据对象、标准等。

（4）业务编号的标准制定：确定各个数据表的识别编号的制定标准。

2. 需求变化对架构层、功能层和数据层的影响

在企业的经营模式、业务处理流程、管理方式等发生变化时：

（1）业务架构：随着企业上述变化而不停地进行调整、优化。

（2）业务功能：除去会随着业务和管理的变化而变化以外，还会随着IT技术、硬件的进步等发生变化、改进，例如，从PC处理方式到移动处理方式。

（3）业务数据：不论架构和功能如何变化，我们都不希望数据的结构和标准也随着变化，因为不论架构和功能如何变化，只要数据的结构和标准不变，业务数据就可以继承、使用。承载企业信息资产的是数据，而不是架构和功能。

还要理解一个重要的概念：数据能否共享、系统的生命周期长短等都与数据层面的设计水平紧密相关，数据层设计得不好，不但未来会带来严重的信息孤岛问题，而且还会造成系统的应变能力差，更难以实现行业流行的碎片化设计、物联网应用设计等，因此，数据设计的优劣，影响的不仅是数据，而是整个系统未来的应用、生命周期。

3. 各设计阶段的数据设计内容

1）数据的概要设计——数据的标准

确定数据的标准：主数据、业务编号等，它们是系统间数据共享、复用的必要前提。

2）数据的详细设计——数据的逻辑

确定数据表之间、数据之间以及复杂算式的逻辑关系，这些关系是进行数据分析、数据架构，以及对业务功能进行详细设计（业务4件套）的基础。

3）数据的应用设计——数据的机制

设计各种机制，以使得前面对数据设计的成果可以在系统中有效地得到落实，特别是对数据的共享、复用，以及将文字型数据向数字型设计转换机制的设计。

11.3 数据规划

11.3.1 数据规划的概念

积累企业数据，是客户构建管理信息系统的目的之一，从对数据的顶层规划开始需要经过几个步骤才能最终获得各个层次的数据，根据开发的项目规模，以及对信息系统未来使用的要求，对数据的规划大致可以分为3种粒度，从最粗粒度的数据整体规划到最细粒度的数据定义，在实际的设计中这三种粒度的规划是否全部要做，需要根据实际项目的规模、复杂度、后期变化的频繁情况等由业务设计师来决定。粒度之间的关系如图11-9所示。

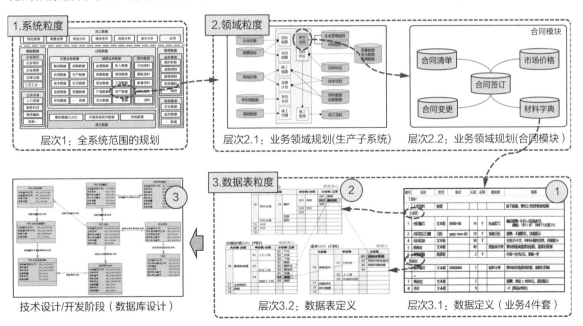

图11-9 数据规划的三种粒度

1. 系统粒度

系统粒度的规划目的是为了给出整个系统需要哪些数据，规划范围要覆盖整个系统的数据，要确定全部数据的边界，以及各个子系统的数据边界。子系统的数据包括：主营业务数据、辅营业务数据、系统维护数据等，可以看出这些子系统所包含的数据之间是不重叠的。

2. 领域粒度

以各个业务领域为对象进行规划，如销售领域、财务领域、成本领域等，按照业务领域进行规划时数据来源可能会发生跨系统的现象，例如基础数据中的"客商数据"，就会发生被多个业务领域所引用，在设计时就要特别注意，不要让相同的客商数据多次输入到系统中，避免因重复输入而带来的混乱。通过建立主数据的体系，可以保持数据来源的唯一性。

3. 数据表粒度

数据表是建立在数据规划的基础之上的，它属于数据的详细设计内容，但是为了理解数据的规划，这里提前做一下介绍，详细说明参见相关各章，见图11-9中的①、②和③。

①首先要对数据表进行定义，参见13.3.3节；②有了数据表，再定义数据表之间的关系，参见14.4.1节；③可以看出，最后一步数据表之间关系的定义完成后，这个数据表就可以作为技术设计师进行数据库设计的参考了，数据表是数据集合体的最小单位，再小就是单个的数据了。

到此就完成了数据层要素"粒度"的全部定义和说明。下面就要对数据进行具体的规划设计了。另外，对数据的逻辑、计算模型等概念的详细说明参见第14章。

11.3.2　规划1——按系统整体

完成了架构、功能的概要设计（规划）后，就需要在数据层面对数据也进行同样的规划，这个规划是从企业数据资产的视角进行的。这些数据是支持企业的经营、销售、生产、节约成本、增加利益等不可或缺的重要分析依据，规划包括企业需要哪些领域的数据、这些领域的数据构成是什么等。数据的规划可以从两个层面进行：整体规划、领域规划。

对企业信息系统的数据进行整体的规划，采用框架图的形式给出企业需要数据的范围、分类，可以从几个维度来规划数据，见图11-10。图内的数据划分的区域名称、数据名称等仅作参考，因不同的企业会有不同的划分方式和冠名方法。

框架图中包括：①过程数据，②基础数据，③管理数据，④其他数据及⑤加工数据共5个部分。这5个部分的数据通常需要分成不同的周期进行规划和建设，因此，如果本次信息系统是建设的第一期，那么规划的内容不但要包括本次的数据，还需要包括未来二期、三期将要产生的新数据，这一点非常重要，这是避免未来产生信息孤岛的重要设计环节，同时也是实现在不同期间构建的系统之间可以实现数据共享的主要措施。

这个数据规划框架图是一个业务视角的、逻辑层面的数据规划图，它不是技术设计视角的数据规划图，因为无论是哪个层的设计工作，原则上都必须要从业务视角开始规划和设计。

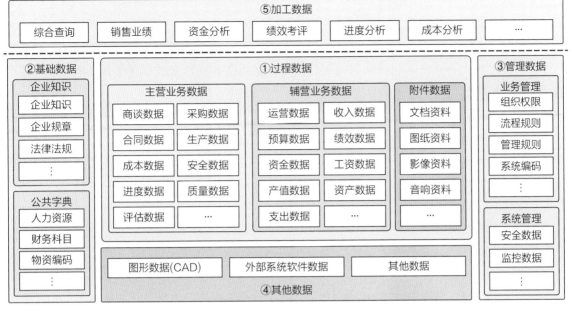

图11-10　整体的数据规划（企业信息系统数据规划）

📝　注：数据框架图与业务框架图的区别

从图11-10可以看出，数据规划用的框架图与功能规划用的框架图看似相近，但是仔细观察会发现它们的内容构成是不一样的。

（1）功能规划框架图中的要素是"功能"。

（2）数据规划框架图中的要素是"数据"。

数据的规划，首先从企业数据的整体规划开始，通过这个规划可以给出数据的全貌、领域的划分。对数据的总体规划可以参考图11-10的框架图形式，框架图中给出了区域划分的参考方式，各个区域的含义如下。

1. 过程数据（图中①部分）

过程数据，顾名思义，就是在系统运行过程中产生的原始数据，这些数据都是直接输入的数据，它们尚未经过数据的加工，例如大多来自于不同业务领域的凭证类数据，这些数据业务也可以再细分为：主营业务数据、辅营业务数据、附件数据等。

1）主营业务数据

主营业务，指的是企业直接产生价值的工作，如汽车制造企业的"制造"工作、建筑工程企业的"施工"工作、服装企业的"制衣"工作等。"制造""施工"或"制衣"等工作过程中产生的数据是主营业务数据。

主营业务大多来自于企业的与生产业务流程直接相关的部门，如销售部门、采购部门、制造加工部门、安全质量监管部门等。

2）辅营业务数据

辅营业务数据，指的是辅助核心业务运行的系统产生的数据，这部分数据所有的企业都存在并且类似，属于辅营业务的例如有财务管理、人力资源管理、后勤管理等。

辅营业务数据大都来自于企业不同的管理部门，它们不是直接的生产数据，但是都以各种形式参与了主营业务的过程管理。辅营业务数据的所属部门与主营业务数据的所属部门在业务运行、管理方式上不同，因此在数据规划时，最好将两者分离开来进行存储和管理，以避免在运行中由于管理形式的变动造成对主营业务数据产生影响。

3）附件数据

前者的数据主要是数字型、文字型的数据，也就是可以在系统中参与各类处理，这里的"附件数据"指的是那些作为附件上传保存的数据，例如：扫描文件、图形文件、音像资料等，这类数据不能直接参与系统的各类处理，只能作为参考资料，但是它们的容量大，有的资料需要特殊的窗口才能展示。

2. 基础数据（图中②部分）

基础数据从内容上可以划分为两大类，即：公共字典、企业知识库。

1）公共字典

这个公共字典区域中只放置在全系统中参与业务处理的基础数据（它们基本上都是系统的主数据），因为公共字典如果放到某个领域内，其他领域就无法知道它的存在，放在这个区域可以避免造成重复构建基础数据的问题。另外，各个业务领域中特有的、不需要跨领域引用的基础数据也不要放在这里，因为系统内聚的原则要求它不能开放给外部使用。

2）企业知识库

这个区域主要放置全企业都要使用到的共同资料和信息，例如：

- 企业内部的对经营、管理、生产流程等制定的规章制度。
- 国家的政策、法律、法规。
- 本企业所属行业相关的工艺工法等。

以上这些内容可以直接链接到各个系统相关的功能界面上，以实时地支持业务处理的操作而不必到处去寻找相关资料。详见设计方法参见第17章的案例说明。

3. 管理数据（图中③部分）

管理数据也可以分为两大类：业务的管理数据、系统的管理数据。

1）业务的管理数据

这里将管理"规则"称为"数据"，是因为系统在运行过程中管理规则需要经常调整以支持企业经营管理方面的需求变化，对于模块化设计的信息系统来说，是否具有对管理规则变化的快速响应机制就变得非常重要了，如果有了类似的机制，那么将管理"规则"做成可以进行调整的"数据"形式保存起来的做法就容易理解了。对于这个部分的管理数据及设计方法业务设计师是需要掌握的。

2）系统的管理数据

对软件系统的管理数据（不是对业务的管理数据），是为管理信息系统的运行而需要的数据，它们大都是由软件开发者专门给企业信息中心开发的维护功能产生的数据，或是为维护系统所需要的基础数据。这些功能和数据主要由企业信息中心的技术人员使用。这个部分的数据业务设计师只需要了解就可以了（主要是技术设计方面的工作）。

4. 其他数据（图中④部分）

其他内部、外部系统产生的数据。还有不是企业管理系统中产生的数据，它们可能来自于其他类型的软件、或是来自于外部的系统数据等，如图形数据、音像数据等。

5. 加工数据（图中⑤部分）

对过程数据进行的加工，形成了原始数据中不存在的数据，如赢亏、产值、利润等。

在此处可以为用户提供各类查阅功能、分析表单，也就是通常所说的BI部分。在进行整体的数据规划时，这部分的规划可以滞后一些，它们对前期的分类规划和架构的影响不大，而且在系统上线运行之后，客户还会对这部分的数据不断地提出新的需求。

11.3.3 规划2——按业务领域

前面对全部数据进行了5个层面的规划，这个规划虽然看到了数据的全貌，但是它们是基于"数据不能重复"的原则进行的。例如在数据的框架图中，基础数据和过程数据是属于不同的区域，因此从整体规划上看不出这两个区内的数据是如何关联的。下面就要以每个业务领域为对象进行数据的规划，这样就可以看出以业务领域为单元的数据关联关系。

1. 领域数据规划的概念

领域数据与整体数据划分不同，领域是以业务系统划分的，它是将与业务领域相关的所有数据放在一起，例如材料采购数据，则将采购合同、采购计划、材料/设备编码、供应商信息等汇总在一起，观察它们之间的逻辑关系。

一个数据领域大小的划分可以根据需要来决定，粒度可以是框架图中的一个模块，也可以将数个有关联关系的模块整合在一起，这样可以从更大的视角去理解数据之间的关系。在哪个层面、哪种粒度上进行数据的展开，取决于设计师想要为后续的设计提供什么信息、确定什么样的数据范围，以及树立什么样的数据标准等。

【案例1】一个业务领域的数据规划。

将业务整体框架图中的"合同管理"进行展开，如图11-11（a）所示，可以看出围绕着合同管理领域的"合同数据"与其他相关联的数据关系，数据的第一层展开的内容如下。

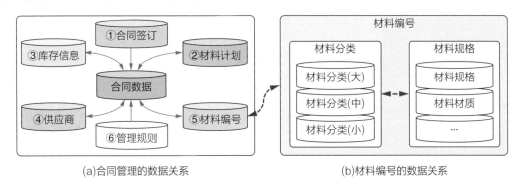

(a)合同管理的数据关系　　　　(b)材料编号的数据关系

图11-11 业务领域的数据规划

（1）过程数据包括：①合同签约，②材料计划，③库存信息。

（2）基础数据包括：④供应商，⑤材料编号。

（3）管理数据包括：⑥管理规则。

在图11-11（a）中"材料编号"是个黑盒，如果将其再向下展开一层后，就出现了材料编号的底层数据"材料分类"和"材料规格"，如图11-11（b）所示。此时"材料分类"下面的数据还是黑盒整体，只显示了最底层数据分类的名称，如材料分类（大）、材料分类（中）等，这就到了数据规划的最后一步了，不要再向下展开，因为再向下展开的话，例如展开"材料分类（大）"就要露出数据了。在数据的概要设计阶段的工作就到此为止，在这个阶段，业务设计师还不急于去关注这些数据表内有哪些具体的数据，他只是从业务的视角确定需要哪些种类的数据、数据表的名称、不同种类数据表之间是什么关系就可以了。另外，业务设计师也不关注数据表与实际的数据库之间的关系，针对数据库的设计工作交由后续的技术设计师来完成，因为它属于技术设计的范畴。

【案例2】数个业务领域间的数据规划。

数个功能的数据关系展开如图11-12所示。从这个图可以看出功能之间、功能与数据表之间、数据表之间的关系，通过关系图可以确认基础数据的规划是否有缺失、基础数据是否有重复输入的问题等。

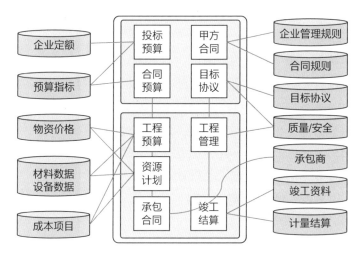

图11-12　多业务领域的数据规划

通过这样的数据关系图，可以对未来系统中将要用到的数据进行观察、规划，从而掌握数据构成的整体情况。

2. 领域数据规划的步骤

领域数据规划的依据来源于业务架构图的业务逻辑关系、功能规划的数据关系等，同时，数据规划要与功能规划有相互的匹配检查，以确定它们之间的数据表关系没有问题。

1）领域数据来源的确定

收集相关的数据来源，这里主要利用功能的概要设计成果——功能规划视图等，构成数据规划的核心数据来源可以分为两类，即：基础数据、过程数据。它们是通过业务功能中的"字典"和"活动"分别获取的，其中，字典是独立的，活动可以参考业务架构的关系。

2）数据体系的建立

利用业务架构图作载体，对收集到的数据源（数据表）进行关联，关联时要注意，此时并不关注用数据表中的哪个"键"进行关联，只要标识出哪些数据表之间有关联关系就可以了，如图11-11、图11-12所示。

11.4　数据标准

11.4.1　业务编号的标准

1. 业务编号的原则

业务编号，是为保证每个数据表在系统中都是唯一的而建立的识别编号。

因为这个编号的构成中带有业务含义，因此称之为业务编号。它是后续建立数据逻辑关系的基础。确立业务编号的编制原则是数据规划中的重要工作，有了这个业务编号就可以将系统中的全部数据关联起来，相互应用、管理。可以说，业务编号是数据设计的基础。下面以企业的基础数据为例说明带有业务含义的业务编号的基本设计原则（仅供参考）。

（1）编号的长度要一致（即字数要相同），不能有长有短。

（2）编号中使用的数字、字母的规律要一致（避免使用汉字）。

（3）编号的构成可以采用如下的方式。

● 年月日+流水编号，如0907001（09年7月第001号）。

● 编号的位数采用偶数以利于以后手动插入编号，如1102、1104、1106等。

业务编号的详细设计方法，参见第14章。

2. 编号工作的分担

对企业的基础数据进行收集、甄别、梳理以保证它们的功能符合信息系统的要求是客户要在系统上线前做的重要准备工作之一。而制定业务编号的标准又是梳理基础数据之前要做的事。通常企业都有自己的基础数据和业务编号，但是由于这些编号制定时可能还是手工作业的，因此业务编号的标准方法可能不符合信息系统的要求。因此，需要业务设计师与企业的相关部门一起，参考企业原有的编号，对预计要导入到信息系统的全部基础数据逐一地进行业务编号的设计，确保系统的正确运行，以及未来的主数据选取、数据共享与复用等。

（1）确定哪些数据需要导入到新的信息系统中（参考字典功能设计）。

（2）分析这些基础数据需要的业务编号长度、构成方式。

（3）制定对所有基础数据的业务编号标准。

11.4.2　业务数据的标准

按照业务数据的分类建立标准，业务数据包括：基础数据、过程数据、管理数据、加工数据等，这里重点对过程数据和基础数据的标准建立进行说明。

1. 过程数据

过程数据的内容非常多，原始输入的数据除去基础数据外，全部都属于过程数据。过程数据反映了生产过程中的情况。过程数据的标准是在功能的定义中确定的。详细的过程数据标准和定义方法参见13.3.3节。

2. 基础数据

建立基础数据标准的关键就在于对数据的分类，因为基础数据不仅是需要输入的数据，而且还是建立企业管理标准化最为重要的手段之一，所以，基础数据的分类、定义清晰，就相当于其对应的企业工作是定义清晰的。详细的基础数据的标准和定义参见13.5节。

11.4.3 主数据的选定与标准

1. 主数据的概念

主数据，是指可以在计算机系统之间共享、共用的数据，如客商编号、产品型号、组织机构等。

一个企业管理信息化体系由最初的一个系统逐渐地增加到复数的系统，例如，自动办公系统（OA）、人力资源系统（HR）、企业资源计划（ERP）、项目管理系统（PM）、生产信息化管理系统（MES）等，由于系统不是一次建成的，常常还可能是由复数的软件商开发的，如果预先不做主数据设计，就会发生各类数据名称的不一致、编码不统一的问题，当需要将系统的数据整合在一起应用时，就会发现系统间的数据不能共用、共享，也就是出现通常所说的信息孤岛现象。

主数据的工作不仅是技术设计师的工作，同时也是业务设计师的工作，因为哪些数据需要共享、共用，它们首先是属于业务问题，所以应该先由业务设计师考虑，否则按照软件工程推进的顺序，到了技术设计阶段再考虑就迟了，将会造成很多的内容要返回到概要设计去重新考虑。当然，主数据的设计还需要有专业的知识和技术，这里只谈业务人员可以做到的工作，而且这个工作做好了对后续技术设计师做构建主数据体系具有很好的辅助作用。

统一的主数据标准，不但可以让正在设计开发中系统内的所有数据实现共享、共用，而且还可以让未来开发的系统也能够顺利地融入到既有的系统中来，彻底避免系统上线后发生信息孤岛的现象，让企业的数据资产得以永久地使用。

2. 主数据的存在确认

观察领域数据规划就可以看到，很多领域之间存在着某些数据是可以共享的，如图11-13所示，三个不同的业务领域中都用到了"材料编号"这类数据，在定义了主数据和相应的标准后，这三个业务领域中的任意一处首先建立了"材料编号"的数据之后，那么后续的其余两个业务领域的数据只要符合相同的标准，就可以共享材料编号这个基础数据了。

3. 主数据的设计

主数据体系的建立通常有4个方面的工作，即：采集/集成、共享、数据质量、数据治理。作为业务设计师的工作重点就是将主数据识别出来，建立主数据的一览，然后交由技术设计师按照主数据的标准来完成后续的工作。大多数的主数据都是来自于基础数据。

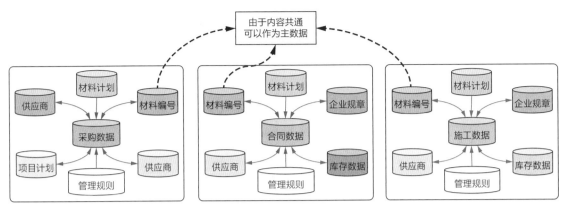

图11-13 主数据的确认与共享

主数据一览的构成可以参考图11-14, 内容如下。

（1）行：是不同系统、功能的名称。

（2）列：是主数据的名称。

（3）○：表明主数据被哪个功能所应用。

No	功能名称		主数据名称								
	系统名	功能名	客商编号	工程分类	组织机构编号	项目编号	客商名称	发票种类	银行账户	资产名称	…
1	公共字典	客商库	○								
2		工程库		○							
3		组织机构			○						
4	A系统	项目信息	○	○		○					
5		成本归集									
7		资产分类								○	
9		…									
11	B系统	合同拟定	○	○	○	○	○	○	○	○	
12		合同结算			○	○	○	○	○		
13		合同审批				○	○	○	○		
14		银行账户			○	○	○	○	○		
⋮		⋮								○	

图11-14 主数据一览

4. 主数据与数据标准的不同

主数据指的是某个数据在不同系统之间可以共用, 数据标准指的是数据的表达格式, 包括：单个的"数、值", 或是一个数据"表"。数据标准的覆盖范围包括系统中所有的数据（也包括主数据）。

小结与习题

小结

　　数据的设计非常重要，传统上从事非技术方面工作的工程师是比较少关注数据设计的，当企业信息化进行了一段时间后，系统的功能数量和数据的数量都会增加，就会带来各式各样的问题，其中，功能层面上的问题相对易于解决，而数据层面的问题就很难解决了，这也就是为什么一旦出现了信息孤岛问题解决的成本就非常高，以至于很多企业就放弃了。为了避免在信息系统生命周期内发生这样的问题，就必须在信息系统的设计初期考虑对策。

　　本章的核心价值在于让业务设计师可以掌握一定的数据规划设计知识，感受到数据层的存在、数据层架构层和功能层的关系，以及数据的设计对于信息系统生命周期的意义和价值。在数据的概要设计中涉及：

　　（1）数据的分类，是从非业务视角对数据的共性抽提，这个分类使得对数据的设计方法具有普遍性和通用性，同时这个数据分类也是业务功能分类的依据。

　　（2）数据的规划，是从数据的视角来理解信息系统（通常都是从架构、功能来理解的），完整、长久的信息系统设计，不仅要有架构和功能的设计，还必须有数据层的设计。

　　（3）数据的标准，它不仅是系统之间数据可否共享和复用的基础，而且数据标准也是决定信息系统生命周期长短的主要因素之一。

　　在架构的概要设计完成后，架构层的内容是一定要随着企业的变化而变化的，也就是说对架构层来说"变"是"不变的真理"；在功能的概要设计完成后，同样要通过各种设计方法尽量减少功能的变化，或是不得已发生变化时尽可能地不去影响其他不需要变化的功能；而到了数据的概要设计时，不但希望数据层不受其他变化的影响，而且希望数据尽可能做到一直都不变，如此数据的生命周期才会长久，三者的关系如图11-15所示。

图11-15　不同层对需求变化的应对

　　希望读者通过有关数据设计的三章（数据的概要、详细以及应用设计），确实理解到信息系统生命周期的长短取决于数据的生命周期，而数据生命周期的长短取决于业务设计中的数据规划设计，这其中的关键角色之一就是业务设计师。

分享　　　　　　　　　　**数据设计，是业务设计师的基础工作**

　　参加培训的学员，不论是从事非技术方面的（需求、分析）还是从事技术方面（设计、开发）的工作，大家都有一个共同的概念，那就是有关数据设计的工作是技术设计师或是开发工程师的工作，大家都没有意识到数据设计与业务人员有关。一说到数据设计，大家马上就联想到的是开发工程师做的"数据库设计"。因此，老师向从事开发工作的学员提出了以下几个问题。

（1）你在做数据库的设计时，是否使用了业务人员所做的数据表（4件套的控件定义）？

（2）你会考虑数据复用、数据共享的问题吗？

（3）你对活用客户的重要数据资产有哪些考虑或是提案吗？

（4）主数据的甄选是由开发工程师确定的还是业务人员确定的？

（5）如果客户的系统存在信息孤岛的问题时，你认为开发工程师可以独立解决吗？

针对上述问题，再提出进一步的提问，由全体学员进行回答。

（1）～（4）的内容是否属于数据设计吗？当然是。

（2）～（4）的内容，如果是由业务设计师做的，它们是否属于数据设计呢？当然是。

（5）的问题不是纯技术问题，必须要有业务设计师参与，它当然也是数据设计问题。

最终大家发现了一个认识的误区：业务设计师实际上参与了大量的数据设计，他们只是没有直接参与最后的数据"库"设计。严格地说，这个数据"库"的设计是以业务设计师的成果为基础由技术人员（设计、开发）做的。

软件的实现（包括数据库）当然是由开发工程师做的，但是这些问题的研究都需要从业务人员开始，解决方案也必须有业务人员参与，例如，信息孤岛的问题，它首先不是技术问题而是业务问题（如果是技术问题的话，开发工程师早就解决了，也就不存在信息孤岛现象了）。

大家强烈地意识到，在多系统、多业务板块由不同组同时设计开发时，如果类似于数据的复用、共享、主数据、数据标准等需求在业务设计阶段没有解决，等到了数据库设计阶段再考虑，就有可能带来前期设计的返工，造成一连串的问题。

同时，学员们回忆到，即使是开发工程师牵头做的数据复用、共享等工作，业务人员也是全程参与的，因为数据之间的关系涉及业务逻辑和数据逻辑，都是业务人员最为清楚的。所以，最后大家得出结论：关于数据设计的问题，业务人员是躲不掉的，因为设计对象包括三个层（架构、功能和数据），与其被动地被开发人员询问，还不如主动参与设计，这样不但可以全面提升对系统的理解，而且可以大幅度提升学员（包括业务与技术）的分析与设计能力。

习题

1. 简述数据规划的内容和作用，数据规划与企业信息系统生命周期的关系。
2. 数据规划与企业信息孤岛现象之间有什么关联？
3. 数据标准与数据共享是什么关系？
4. 业务设计中的数据规划与技术的数据库设计有什么区别？
5. 数据的规划为什么要排在架构和功能规划之后？
6. 数据的分类有几种？各自代表什么含义？
7. 数据规划的三种粒度对业务设计有什么作用？
8. 简述数据的分类与业务功能之间的对应关系。
9. 为什么业务设计师要参与数据的规划和设计？
10. 主数据的作用是什么？它与避免发生信息孤岛问题有什么关联？

详细设计概述

第4篇 设计工程——详细设计

□内容：针对概要设计三个层的规划成果进行进一步的细节设计
□对象：业务设计师、实施工程师、产品经理、业务专家

第12章
架构的详细设计

业务架构的成果中，拓扑图和分层图用于顶层的规划，框架图和分解图用于粗粒度的设计，由于以上图形中没有露出数据、逻辑、规则等细节的内容，露出细节的只有流程图（包括业务流程与审批流程），因此架构的详细设计工作主要是以流程图为中心进行的。

本章内容在软件工程中的位置见图12-1，本章的内容提要见图12-2。

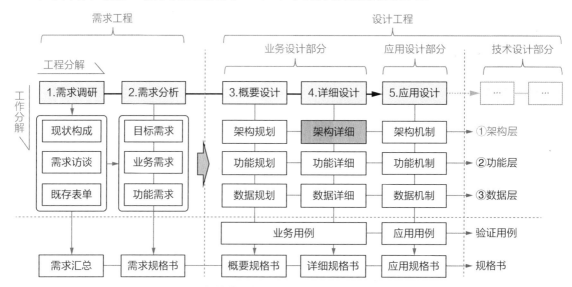

图12-1　架构的详细设计在软件工程结构中的位置

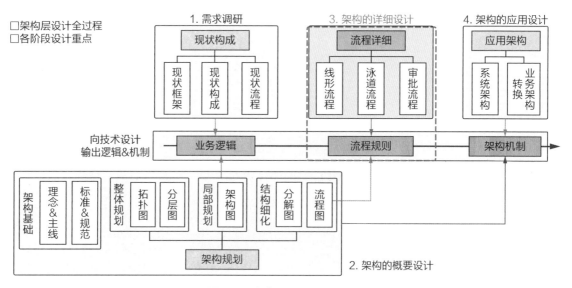

图12-2　本章的主要设计内容

12.1 基本概念

12.1.1 定义与作用

1. 定义

架构的详细设计，是对架构的概要设计成果进行进一步的细化，给出包括流程分歧、流转、规则在内的设计规格书。

2. 作用

如图12-3所示，从软件工程上架构的全过程看，架构的概要设计阶段完成了业务优化设计、业务逻辑的抽提，这些内容还是粗粒度的，没有涉及流程上的上下游节点间关系（数据、规则）。详细设计阶段要完成流程的节点间的传递关系、流程的分歧、对不同形式流程的使用场景等。最终用流程设计规格说明书的形式确定流程的设计细节。

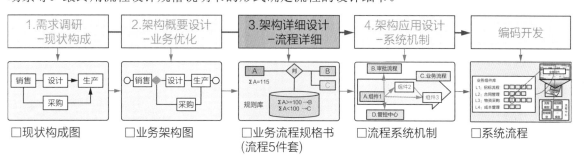

图12-3 业务架构的变化过程

12.1.2 内容与能力

1. 作业内容

前面已经说明，业务架构中只有流程图会显示出数据和规则，因此本章的内容主要以业务流程和审批流程的细节设计为主。架构的详细设计内容见图12-4。

	主要内容	内容简介	主要交付物名称
输入	上游设计资料	架构的概要设计：业务流程图、审批流程图	
本章主要工作内容	1.规格说明书	给出流程设计的记录模板（简称：流程5件套）	
	2.业务流程	线形流程、泳道形流程	流程5件套（业务）
	3.审批流程	审批流程的的作用、流转（作为业务流程的管控点）	流程5件套（审批）
	4.流程复合应用	流程图与其他架构图的联合应用方法介绍	架构图

图12-4 架构的详细设计内容

> 注：本章对流程图的细节设计进行说明

其他各架构图虽然在本章内没有细节的设计说明，但是它们在后续的其他设计中还会有应用，例如：

（1）拓扑图：在后续的设计中用于不同系统、硬件之间的关联规划。

（2）分层图：在后续的功能、数据的分层设计上使用。

（3）框架图：在后续应用架构设计中，用于系统功能的规划设计。

（4）分解图：在后续设计中用于数据层的规划、基础数据的设计等。

2. 能力要求

相对于架构的概要设计要做系统的整体规划、顶层设计、确定理念和主线等内容而言，因为详细设计是在架构概要设计的范围内对已经规划好的内容进行细节的推敲和设计，因此对架构的详细设计要求的能力可以相对降低一些。

（1）可以读懂需求规格说明书、概要设计的资料等，理解客户的业务需求。

（2）掌握架构的方法，特别是业务流程、审批流程的设计方法（本章内容）。

12.1.3 思路与理解

1. 流程的分歧点

在流程的架构设计中，只是对流程进行了粗粒度的定义，包括：流程的走向、节点名称、位置等，还没有对节点的上下游之间的关系、相互作用进行说明。在流程的详细设计中，就要对流程的节点、分歧点进行详细的设计，特别是对分歧点的设计非常重要，因为企业对流程管理的规则通常会加载在流程的分歧点上，随着管理规则的变化流程也会变化，所以客户希望流程具有一定程度的应变能力，对于业务设计师来说，摸清流程分歧点的变化规律，建立应对的模型是对后续应用设计和实现开发的前提条件。

2. 流程的回归检验

企业导入管理信息系统后，让用户感受变化最大的有两个点：一是操作界面，二是业务流程。操作界面带来的影响自不必说（它替代了纸张），流程带来的变化让用户感受到了企业管理规则的真实存在，不按照它处理就不能运行（不存在"人-人"环境下可能存在的"通融"现象），因此在流程设计过程中要非常认真地进行推敲、检验，确保流程在运行后不出现问题，这个推敲和检验可以利用泳道式流程图来完成。

12.2 流程设计（流程5件套）

记录流程详细设计的模板称为业务流程规格书，由于采用了5个不同的模板作记录所以简称为"流程5件套"。理解了流程5个模板的含义，就容易理解流程设计的方法。下面分别介绍5个模板的使用方法。

12.2.1 模板的构成

1. 设计思路

对业务流程的详细设计采用5个不同视角的模板进行描述，见图12-5。

（1）模板1-流程图形：将业务流程用线形的方式展开，不要任何背景（方便详细设计）。

（2）模板2-节点定义：对流程上的每个活动及前后关系进行定义和说明。

（3）模板3-分歧条件：对流程上的分歧条件、判断方式进行说明。

（4）模板4-规则说明：对流程的使用目的、用法等进行综合说明。

（5）模板5-流程回归：在线形流程上加入组织结构背景，进行业务回归确认。

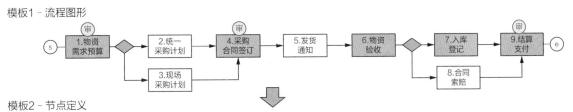

图12-5 详细设计5个模板的使用方法

采用了这5种模板对一条业务流程进行描述，基本上可以完整地、全方位地、唯一地表达该流程的内容，这种方式非常适合于多人协作，传递与继承设计成果，可以有效地避免表达歧义，符合软件工程化设计的理念和方法，同时也为软件自动化辅助设计提供了基础。

2. 记录方式

记录详细设计内容的模板要能够完整、准确、唯一地确定一条流程的规格，同时要能支持多人协同设计，模板要具有以下的特点。

1）结构化、标准化、易于继承

（1）不论什么业务流程，都采用5个维度的描述，且每个模板要描述的内容、格式统一。

（2）记录的内容全是必读信息，尽量不使用形容词。

（3）在由多人接力进行需求、设计、开发的项目中，可以保证设计资料的继承。

2）有规律、格式化、易于沟通

（1）由于记录方式的规律性，经过简单的培训，所有相关人员都可以掌握或了解内容。

（2）由于格式化的记录方式，通过邮件、电话等方式进行讨论、修改时比较高效。

3）可维护、可追溯、易于管理

（1）发生变更可以记录变更日、变更人、变更信息等。

（2）具有了前述优点，设计资料的文档管理就会比较容易。

3. 配置工具

在信息系统实现的设计过程中，很多读者会使用流程的配置工具，使用流程工具可以通过简单的配置就能完成流程的设计和实现，既然有流程的设计工具还需要进行详细设计吗？流程的详细设计就如同小学生学算术、中学生学数学一样，尽管有了计算机，还是需要理解计算的定理、规则等。通过对流程详细设计的学习，可以加深对业务运行的事理、业务逻辑的理解。理解和掌握了流程设计的基本概念后再使用配置工具进行流程设计时，除了高效，还会让业务设计师与技术设计师在讨论如何设计流程应变机制时变得更加有自信。

12.2.2 流程模板1——流程图形

第一步，将在架构的概要设计中获得的线形业务流程图贴到流程模板上，见图12-6。

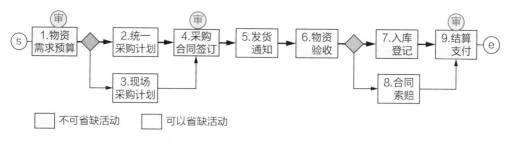

图12-6 模板1——流程图形（线形）

对流程进行详细设计时，第一个模板要研究的是业务流程自身的基本事理和逻辑，所以通常选用线形流程的表达方式而不选用泳道式流程的表达方式，这是因为线形流程只显示了业务运行的本体，可以清晰地看到业务事理和业务逻辑，易于集中精力对业务流程本身进行分析和优化。而泳道式流程图因为背景里包括组织结构等附加信息，这些组织信息来自于旧的流程运行环境，它们可能不适合未来优化后的运行环境，因此在流程的设计初期需要去掉组织信息的影响，以避免让旧的组织结构信息影响对流程的优化设计。在分离原理中也谈到过，组织设计要与业务设计分开，待搞清楚了业务的事理和逻辑之后，再用泳道式流程图对业务流程进行组织的回归分析、确认（参见模板5的说明）。

📖 **注："线形"与"线性"**

流程设计用的是"线形"流程不是"线性"流程，这里使用"线形"只是为了在形状上强调与"泳道式"的区别，与"线性流程"无关。

业务流程图上的节点，通过深入地分析还可以确定并标注出哪些节点对完成目标是不可或缺的节点，哪些是可以缺省的。例如，在某条流程的设计目标中确定，这个流程要能够支持进行成本的过程管理：

1. 不可缺省的活动
流程上用深色标注的节点1、4、6、7、9是不能够缺省的，如果缺省了则流程在运行过程中就无法完整地、正确地进行成本的过程管理了。

2. 可以缺省的活动
用白颜色标出的节点2、3、5、8是可以省去的，可以看出这些节点的内容不论有无都不会影响到成本的最终计算结果（但是会影响到管理的精细程度）。

12.2.3 流程模板2——节点定义

第二步，精准地确定流程上每个节点对应的信息，需要考虑以下几点。

架构的概要设计从业务逻辑上将流程的节点都已经确定完成，下面就要对流程和节点进行定义，包括：流程的目的、起点/终点、使用部门/岗位、节点是否可以省略等，见图12-7。这里要注意如下的约定。

	节点名称	节点描述	处理结果(实体)	处理部门*1	省略	备注*2	追加	日期
1	物资需求预算	全工程所需物资的需求计划	物资需求计划书	项目部	不可	要审批		
2	统一采购计划	集团指定的大宗物资，各项目部上报计划，由集团汇总，进行统一采购	统一采购计划书	集团物资部				
3	现场采购计划	非集团指定大宗物资，由工程现场自己计划，采购	现场采购计划书	项目部				
4	采购合同签订	采购合同，统一格式（不分项目用还是集团用）	采购合同书	集团物资部/项目部	不可	要审批		
5	发货通知	通知供货商发货	发货通知单	集团物资部/项目部				
6	物资验收	到货验收后，给出验收单（对供货商）	到货验收单	项目部	不可			
7	入库登记	验收合格后入库的记录单（对内部）	材料入库单	项目部	不可			
8	合同索赔	货物交付内容与采购合同以及发货通知的内容不相符时使用	合同索赔单	项目部				
9	结算支付	按照物资验收单的内容，给予货款支付	支付凭证	财务部	不可	要审批		

图12-7 模板2——节点定义

*1：业务流程的活动与对应的部门关系，参见12.3节。

*2：审批流程的设计及使用方法详见12.4节。

（1）流程上所有节点都是业务功能中的"活动"，活动名称的结尾必须是动词/名动词。

（2）此时对节点定义，只是对节点之间的关系、分歧条件等进行定义，并不涉及节点内的详细信息，节点内部的信息在"功能的详细设计"（业务4件套）中进行。

（3）模板中"顺序"栏中的1=流程的起点，9=流程的终点。

12.2.4 流程模板3——分歧条件

分歧记录模板采用了同时容纳复数分歧规则的格式，可以将所有的分歧规则（以后可以随时增加）预先全部填写于此。

由于客户持续不断地改善企业管理规则会造成流程分歧条件不断地改变，因此建立结构化的流程规则处理机制，为在应用设计中设计流程的机制带来了便利。

1. 分歧条件是客户的管理规则

要理解到分歧条件实质上是客户的"管理规则"，而不是"计算机系统的处理规则"，这个阶段的流程模板只涉及客户的管理规则。所以这个分歧条件是由需求分析师和业务设计师共同设计，并向客户确定的。

2. 分歧条件的描述方法

要努力将客户的管理规则用比较规范的、简练的、不易出现误解的方式转换为流程的分歧条件，见图12-8。例如，在"1.物资需求预算"编制完成后，在判断是跳转到"3.现场采购计划"还是"2.统一采购计划"时，此时采用的分歧判断规则为：采购对象如果是钢材（=大宗物资），且一次采购数量的限度为100吨：

（1）采购数量≥100吨时，选择"2.统一采购计划"[1]。

（2）采购数量<100吨时，选择"3.现场采购计划"[2]。

[1]：统一采购，由于一次的采购数量大，可以降低供货商的供货单价。

[2]：现场采购，由于一次的采购数量少，所以对供货商没有讨价还价的话语权。

顺序	本节点	下游节点	流转规则	通知部门	岗位	通知内容	追加	日期
①	1.物资需求预算	2.统一采购计划	如果材料=钢材 且数量≥100吨	集团物资部	采购部部长	项目部采购申请		
		3.现场采购计划	如果材料=钢材 且数量<100吨	项目部	预算员	需求计划核对		
②	2.统一采购计划	4.采购合同签订	如果…，且…	项目部	采购员	采购通知		
③	3.现场采购计划	4.采购合同签订	如果…，且…	项目部	采购员	采购通知		
	⋮	⋮	⋮	⋮				

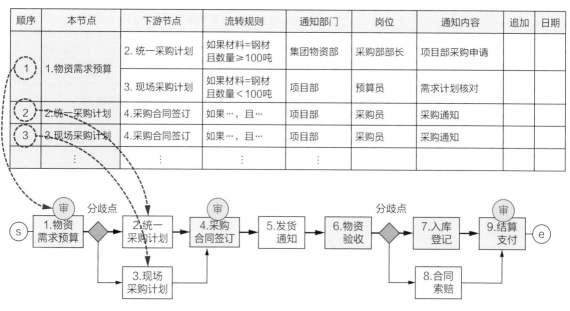

图12-8 模板3——分歧条件

分歧条件的填写过程如下。

（1）本节点"1.物资需求预算"完成了内部处理后，判断是去"2.统一采购计划"还是去"3.现场采购计划"。

（2）如果结论是去"2.统一采购计划"，则从节点2开始继续进行流程的运行（节点2→节点4）。

（3）如果结论是去"3.现场采购计划"，则从节点3开始继续进行流程的运行（节点3→节点4）。

采用这样的条件式描述方式，既简洁又清晰，后续的设计与开发人员又可以直接读取流程分歧的设计含义。

3. 分歧条件与流程判断

虽然在设计业务流程时将节点看成是一个"黑盒"，不涉及节点内的业务处理过程和处理方法，但是节点内的处理结果是分歧条件设置的依据，决定流程流转方向的原理就是"节点内部的处理结果"与"事前约定的分歧条件"之间的对比结果所决定的，参见图12-9。

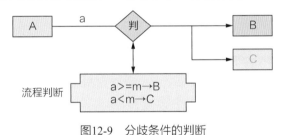

图12-9　分歧条件的判断

例如，节点A的处理结果为a，分歧条件为m：

则判断：分歧条件为a≥m → B节点；　a＜m → C节点。

12.2.5　流程模板4——规则说明

由于图12-7流程节点定义，主要用于对每个节点属性的定义和说明，对两个节点之间或是流程背景等复杂关系的说明不足，所以模板4规则说明就是用来对前述3个模板表中没有充分解释的部分追加信息，见图12-10。例如：

说明项目	内容说明
一、物资采购流程的总体说明	本流程是"物资管理"系统中的物资采购流程
1.大宗物资由集团统一采购的规则	根据客户提供的"关于大宗物资采购的管理规定"，要求凡符合下述条件的材料均要求上报，并由集团统一采购： （1）钢材(≥100吨)、水泥(≥1000吨)、木材(≥50m³) （2）根据需求量以及市场价格，集团有权随时调整统购对象以及相应的数量
2.采购合同可以直接使用的条件	采购数量少于1吨、且金额少于10000元的临时采购，可以不做预算直接编制采购合同
3.物资验收的补充说明	物资验收数量少于订单数量1%可以通过，必须附注说明
4.物资索赔与财务自动通知的要求	发生索赔后，自动向财务通知支付对冲处理
5.…	…

图12-10　模板4——规则说明

- 流程的流转条件是来源于客户的什么管理规则。
- 前一个活动为可以缺省项时，下一个活动该如何进行处理等。

从图中可以看出，它们都是重要的流程设计依据。

12.2.6　流程模板5——流程回归

利用泳道式流程图，检验设计完的业务流程使用环境是否匹配。方法是将要设计完成的业务流程图放置到有组织结构作为背景的泳道图中，在泳道图中标出未来使用该流程的部门、岗位等信息模拟使用环境，可以观察业务流程、业务活动（节点）与各个部门、岗位之间的互动、管控关系等。

12.3　流程回归——泳道式流程

泳道式流程图，即将业务流程图、审批流程的位置等信息与有企业组织结构的背景框叠合在一起形成的流程图。这种表达方式由于标示出了流程所属的部门、每个活动对应的部门和岗位，审批流程跨越了哪些组织部门等信息，所以可以模拟出在信息化环境下该业务流程和相关的审批流程的运行状况，方便对流程的设计结果进行检验。

12.3.1　使用背景

泳道式流程图有两个重要的使用用途：记录现状构成，模拟使用场景。

1. 记录现状构成

在需求调研阶段，为了掌握客户工作的现状，可以采用泳道式流程图。这种流程图可以同时将客户的工作流程、相关的部门、岗位，以及它们之间的对应关系记录下来，这是后续流程优化设计时的重要参考，因为流程的优化会影响组织的形态，同时组织的构成也会影响流程的设置，即流程的优化可以影响部门和岗位的设置。

2. 模拟使用场景

在业务流程图（线形）的设计完成后，通过加入组织结构的背景框，可以模拟优化后的业务流程在实际组织框架下的使用场景、与组织机构的匹配关系、不同岗位规则的设定等内容，通过这个模拟，还可以对比出与原始的现状泳道式流程图之间发生的变化。

3. 线形流程与泳道式流程的区别

采用线形流程作为流程的设计对象是因为这样可以集中注意力在流程本身，在设计时重点考虑的是业务事理、业务逻辑，根据这些内容进行优化，此时不需要考虑使用时的组织背景情况，这样做可以只根据业务事理首先获得较为理想的业务流程图，待业务流程图设计完成后再通过模拟来验证其实际的使用情况。模拟的方法就是将业务流程图与画有组织结构的背景框叠加在一起，反复推演业务流程与组织结构是否匹配，验证的结果可能是流程需要修改，也可能是企业的组织结构需要调整，而且后者发生变化的可能性很大，因为在信息化环境下的工作方式与传统的组织结构一定会发生不匹配的地方，找出这个不匹配的问题也是使用泳道式流程图的目的。下面举例说明它们的区别与使用用途，见图12-11。

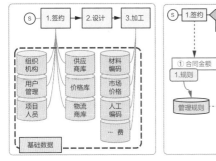
(a)线形流程–数据库关联

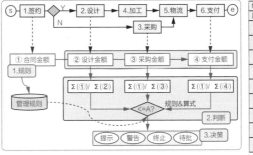
(b)线形流程图–管控模型关联

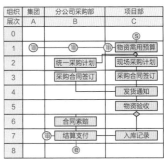
(c)泳道式流程图–流程与组织关联

图12-11　线形流程的应用

对比图12-11三个图的不同，来进一步理解两种图形的用途。

● 图12-11（a）可以将线形流程的节点与各个节点相关的字典库（基础数据）进行关联。

● 图12-11（b）可以将线形流程的节点与管控模型、管控点进行关联。

● 图12-11（c）泳道式流程图可以将业务流程、审批流程展开并与组织结构背景框进行关联。

从上述三个图形可以看出，线形流程图与泳道式流程图各有所长。线形流程的表达形式更方便进行流程的规划、详细设计以及管控设计；相对而言，泳道式流程图由于有背景框的约束，所以不方便进行上述设计。因此本书采用线形流程图作为设计的依据，泳道式流程图做验证。在没有特别说明时，"流程图、业务流程"等均表示的是"线形流程图"。

📖 **注：泳道式流程图与开发**

泳道式流程图，对业务设计师和客户在确定流程的应用场景有着很大的帮助，但是对于技术设计师以及开发工程师来说只有参考意义，没有实际的指导作用。

12.3.2　绘制方法

1. 组织结构背景框的绘制

背景框有多种形式，常见的有一维和二维的表现形式。一维即只有一个方向标示了泳道名称，二维即有两个方向标示了泳道名称，本书采用的是适合于软件开发方式的背景框，即只有纵向设置组织机构的名称，而横向设置编号，说明如下，见图12-12。

1）方向的规定

● 纵向=业务流程执行的先后顺序，正向=从上到下，流程的发起到终止。

● 横向=审批流程执行的执行顺序，正向=从右到左，下级向上级送信。

2）坐标的规定

● 横向：组织的层级，用字母表示，A、B、C……，A为最上级。

● 纵向：系统的执行方向，用数字表示，0、1、2、3……，0为流程的起点。

位置坐标的表示，每个节点的位置用"字母+数字"来表示，例如，节点"现场采购计划"的坐标=C2，节点"结算支付"的坐标=B7。

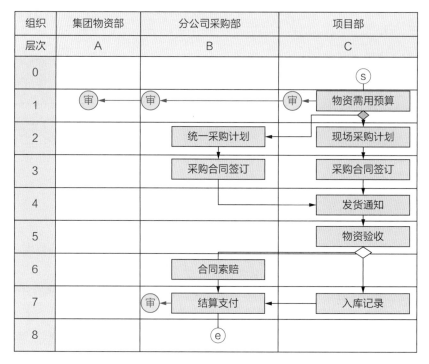

图12-12　泳道式流程图

2. 泳道式流程图的设计

1）流程的终止点

业务流程的起点、终点都要放置于发起流程的组织部门的泳道中，例如：

● 业务流程的起点坐标=C0点，终点坐标=B8。

● 起止点的符号s、e需要单独占一层。

2）同层节点的重复表现

不同的层级在处理相同的业务时，为了表达清楚，可以同时绘制两个相同的活动。

例如，B3和C3，绘制两个图标是说明分公司采购部和项目部这两个层级的组织都会进行"采购合同签订"的工作，此时不必关注软件开发时是否使用了同一个"采购合同签订"功能模块（界面）。这个画法也避免了只绘制一个图标时会发生放在哪个泳道的问题。

3）审批流程位置的标注

（1）审批流程用"审"符号表示，有审字的行与列，就说明某个活动在该层级上有审批，例如，B1点，说明分公司采购部要对"物资需用预算"进行审批。

（2）审批流程的走向规定：与活动框相连接的那端为该审批流程的起点。

（3）C1、B1、A1三个点的审批构成了一条审批流程。

（4）审批流程在泳道图中不展开，在12.4节再说明。

（5）同一个"审"内可以包含n个"同级的审批人"。

12.4 流程监控——审批流程

12.4.1 使用场景

审批流程，单独看它也是一条流程，但是从概要设计阶段的业务流程图上看，它的作用是对业务流程上某个节点内完成的成果进行评估、管控。也就是说，相对于业务流程来说，审批流程是业务流程上的一个"管控点"，这就是信息系统设计对审批流程的定位，这与一般管理咨询中的定位是不一样的，很多管理咨询中是不区分业务流程和审批流程的，但这两种流程在软件实现上是不同的，这也就是"管理咨询"与"管理信息化咨询"的区别。

审批流程是针对业务流程上的某个节点上的业务处理结果，安排一系列的相关人员对其进行判断，判断的结果决定了该条流程是否可以继续向下游活动推进。

📖 注：审批流程的设置点

不在业务流程上的独立活动也可以根据需要设置审批流程。

12.4.2 流程设计

在业务流程的节点"4.采购合同签订"上加载一条审批流程，通过对"4.采购合同签订"的审批说明审批流程的应用，见图12-13。

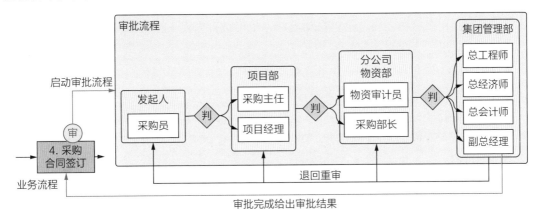

图12-13 采购合同签订的审批流程

（1）采购合同的内容处理完成后，由指定的发起人启动审批流程，送交上级审批。

（2）审批流程可以设置若干层级，每个层级设置若干个审批人，审批流程由下级到上级。

（3）审批者只给出自己的意见和判断，原则上不可以直接修改该节点的内容（数据、规则）。

（4）在审批完成后将审批意见与最终结论送回到发起审批流程的原节点。

（5）如果审批通过，则业务流程继续向下游流转，如果不通过，则根据系统设置的规则处理（退回或是终止）。

审批流程有各种复杂的流转形式，上例仅为审批流程中的一个基本形式。

由于审批流程是一个需要反复使用的模块，且不论审批的对象内容是什么，因此各个软件商通常采用"工作流"的方式开发一个独立的软件包来实现审批的工作，这里就不做过多的详述了，需要的读者请参考相关的资料。

12.4.3 审批流程与业务流程的区别

审批流程与业务流程的分离是分离原理的一个重要应用，对比审批流程与业务流程，可帮助理解审批流程的特点，见图12-14。

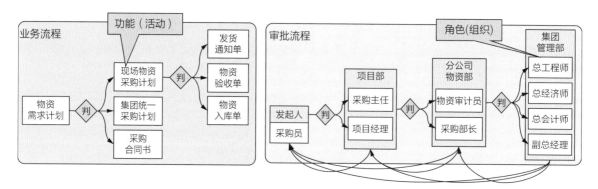

图12-14　业务流程与审批流程的对比

1. 流程的区别

1）流程的启动

（1）业务流程在启动后是不能进行人工干预的（按照事前设定的规则自动流转）。

（2）审批流程在启动之后，可以自动流转，也可进行人工干预（回退、终止）。

2）流程的复用

（1）业务流程具有共性，由于业务领域的相似性，即使是不同客户的信息系统在流程设计时也具有一定的参考作用，因为业务事理是相同的。

（2）审批流程没有共性，客户不同审批流程也不同，即使是相同领域的客户也可能无参照性，这主要是因为不同企业的管理理念、组织结构、岗位配置等不同造成的。

2. 构成的区别

1）节点的区别

（1）业务流程的节点是由完成同一个目标的一系列活动构成的，如图12-15（a）所示的业务流程，此时的审批流程处于一个"黑盒状态"（只有一个"审"字），如"物资需求预算"。

（2）审判流程的节点是由对业务流程上活动结果具有判断权限的复数角色构成的，如图12-15（b）所示的审批流程，此时的审批流程处于"白盒状态"（有审1~审x）。

2）节点的规则

业务流程遵循的是业务标准，审批流程遵循的是管理规则，见图12-16。

（1）业务流程：业务流程上的节点是依据业务处理的内容设计的，每个节点的内容依据不同的生产工艺工法等。

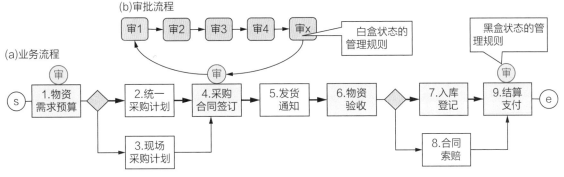

图12-15 业务流程与审批流程的关系

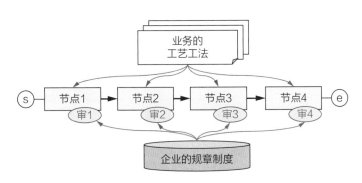

图12-16 业务标准与管理规则

（2）审批流程：确定某个节点是否可以前行，依据该节点的结果是否符合企业的相关管理规则。

3）节点的数量

业务流程是审批流程的载体，针对一条业务流程上的每个节点都可以设置一条与该节点内部业务相关的审批流程，每条审批流程都可能不一样，因此可以看出，业务流程和审批流程不是一回事。针对同一条业务流程，可以设置若干条不同的审批流程。

也可以将审批流程看成是一条处于"黑盒状态"的管理规则，审批流程是"管理规则"形式的一个变体。如果想要深入地研究审批流程的细节时，可以在另外一个层面上，让审批流程处于白盒状态，此时，审批规则、审批人、审批条件、流转条件等内容就可以表达出来出了。

小结与习题

小结

架构的详细设计，对架构的概要设计成果进行了细节的设计，定义出了业务流程分歧标准、规则以及业务流程设计的记录模板，到此，完成了业务阶段对业务流程的全部设计内容。

（1）用线形流程图做业务流程分歧的设计。

（2）用泳道式流程图做业务流程的回归检验。

（3）用审批流程做业务流程的节点管控。

流程的详细设计成果，是后续在架构的应用设计中构建流程机制的输入，在此处从业务设计的层面（业务标准、业务逻辑、企业管理规则等）上将流程分歧的各种关系搞清楚，在应用设计中建立流程的各种分歧机制就比较容易了。建立了处理流程分歧的机制后，在系统运行过程中发生了需求变化时，系统就可以快速响应变化。

分享　业务流程，既熟悉又陌生的架构图

培训完流程的详细设计后，老师问学员：对业务流程的详细设计最大的收获是什么？

学员们认为通过学习这一章的内容，理清了很多模糊的概念、似是而非的做法，真正从本质上理解了业务流程的功能和作用。从大家的回答中可以归纳出以下三条具有共性的内容。

（1）首先是线形流程图与泳道式流程图的用法区别。

业务流程图，是优化、完善业务处理过程的最佳工具。

以线形流程图为基础进行设计，是先按照业务处理的事理（工艺功法、效率、质量、标准等）找到最佳的处理过程，然后再与相关部门去协调组织结构。

如果以泳道图为参考进行流程的设计，那么始终就被用户和用户的所属部门所约束，如此一来，就成为"为符合各个部门的要求而设置流程节点"，而基于"人-人"环境下形成的组合结构可能是不适合"人-机-人"环境下的业务流程的。容易造成"让先进的管理系统去适应过时的组织结构"的不合理现象。

业务设计师利用掌握的信息化方法，应该为客户构建在未来"人-机-人"环境下的最佳工作方式，而不是用信息化方法去模拟客户的现状。

（2）清楚了泳道式流程图在软件设计中的作用。

它起的作用就是"模拟环境"，模拟线形业务流程在客户现场使用的环境，从而使得客户在系统上线之前就可以对既有的组织结构进行调整，以适应"人-机-人"环境下的最佳工作方式。

（3）彻底理解了"业务流程"和"审批流程"的作用、方法的不同。

清楚了分离原理对它们的分离意义，认清了业务流程是核心、主体、载体，而审批流程是管理方法的一种。两者各司其职，目的和方法完全不同。

习题

1. 业务流程图详细设计的主要内容有哪些？记录格式什么？
2. 为什么业务流程的详细设计主要采用线形流程图，而不采用泳道式流程图？
3. 业务流程图与审批流程图的使用目的、区别是什么？
4. 简述业务流程图与泳道式流程图的区别、协同关系。
5. 泳道式流程图用在什么场景？使用目的是什么？

第13章
功能的详细设计

功能的详细设计，是功能设计三步骤的第二步，它是对功能的业务细节设计。

功能的详细设计是参照需求工程中的功能需求规格书，并根据功能的概要设计成果——业务功能一览，对每一个已确定的业务功能进行细节的推敲和设计，给出该业务功能的具体原型界面、控件定义、规则说明，以及逻辑图形的表达。

本章内容在软件工程中的位置见图13-1，本章的内容提要见图13-2。

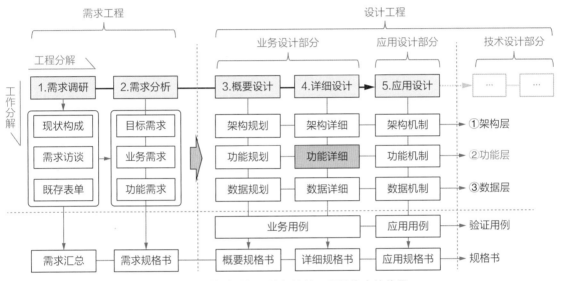

图13-1　功能的详细设计在软件工程结构中的位置

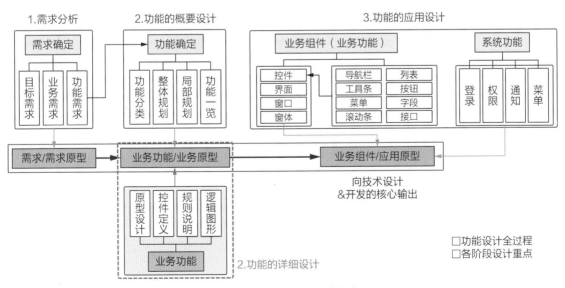

图13-2　本章的主要设计内容

13.1 基本概念

13.1.1 定义与作用

1. 定义

功能的详细设计，是将完成某个业务处理所需要的原型界面、数据结构、控件定义、操作方法以及相关规则整合在一起的设计过程。

功能的详细设计，是对需求分析阶段成果——功能需求规格书（简称：需求4件套）进行的业务优化和细节设计，最终结果是形成——业务功能规格书（简称：业务4件套）。

在系统中流动的所有业务数据的来源，都是在本章中编制业务功能规格书的"控件定义"时产生的，本章的内容也是整个系统设计中的重点，同时也是整个设计工程中工作量最大，与客户交互、确认最为频繁的地方。

2. 作用

从对功能的设计过程看，这是对功能进行的第二次设计，如图13-3所示，也就是从业务视角的功能设计。本设计是以功能的概要设计成果——业务功能一览中所确定的业务功能为依据，参考需求阶段的功能需求规格书（需求4件套），逐一地对每个业务功能进行的业务优化、业务处理的细节设计，最终为每个业务功能编制出业务功能规格书（业务4件套）。经过了本章对功能设计后，功能在业务层面的细节就全部确定了。

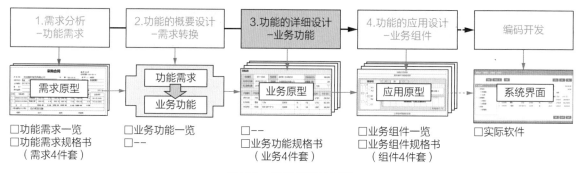

图13-3 功能的设计过程

功能的详细设计确定了功能的业务内容，在后续的设计开发中，原则上就不可以再更改业务的内容了，如果需要更改则必须要获得业务设计师的同意。

13.1.2 内容与能力

1. 作业内容

功能的详细设计作业内容主要有三个部分：设计准备、规格说明和功能汇总，详见图13-4。

1）设计准备

（1）实体概念：功能的设计是以实体为单位进行的，所以首先要进行对实体的定义和说明。

主要内容			内容简介	输出
输入		上游资料	□需求分析——功能需求一览、需求规格（功能需求规格书） □概要设计——业务架构图、功能规划	
本章主要工作内容		设计准备	□数据表的概念、数据的来源&选择 □功能记录的标准模板	□4件套模板
	输入类	1.活动设计	用于输入原始数据的主体	□业务功能规格书
		2.字典设计	用于建立标准，输入、维护企业的基础数据	□业务功能规格书
	查看类	3.看板设计	用于文字、曲线等形式静态/动态地展现、查看数据	□业务功能规格书
		4.报表设计	用于以纸为载体的数据提交、存档、盖章的行为	□业务功能规格书
		功能汇总	□用业务功能一览替代功能需求一览 □用业务功能规格书（业务4件套）替代功能需求规格书（需求4件套）	□业务功能一览 □业务功能规格书

图13-4　功能的详细设计内容

（2）标准模板：介绍记录用的标准功能规格说明模板，包括格式、内容、用途。

2）规格说明

按照业务功能的分类（活动、字典、看板和表单），对每个功能进行详细的设计解说。

3）功能汇总

将功能的详细设计结果进行汇总，形成两个重要的设计文档。

（1）业务功能一览：这个表替代了功能需求一览，给出了信息系统最终要实现的业务功能总数量。

（2）业务功能规格书：这个规格书替代了需求功能规格书（需求4件套），给出了每个业务功能的具体设计、开发的内容，是后续设计和开发的重要依据。

详细汇总方法参见第22章。

2. 能力要求

相对于架构与规划设计的工作重点在对整体的设计而言，功能的详细设计是对业务功能的细节进行推敲和设计，重点在完成每个业务功能点的设计，参考能力如下（不限于此）。

（1）可以看懂业务架构图，掌握功能之间的逻辑关系。

（2）可以看懂需求分析资料，特别是功能需求规格书，它是详细设计的基础参考资料。

（3）熟练掌握功能的详细设计方法（本章的知识）。

（4）具有一定的数据逻辑、数据库的知识（参考第11章）。

（5）具有一定的原型界面设计知识（参考第17章）。

13.1.3 思路与理解

对信息系统中"功能"的设计需要分为两个步骤，即：功能的业务设计和功能的应用设计。

（1）功能的业务设计：第一步设计的重点是从"业务"视角对"功能"进行设计，根据需求调研分析得到的资料，梳理清楚在"人-人"环境下用户的作业内容和作业方式，然后再利用信息化手段对原有的作业内容进行优化、完善，最终给出在未来的"人-机-人"环境下必须要完成的"业务作业"内容以及符合信息化处理方式的字段布局（此时不考虑完整界面的实现方法）。

（2）功能的应用设计：第二步设计的重点是从"应用"视角对"功能"进行设计，也就是将业务设计的功能内容转换成为用系统的构件进行表达，并给出在"人-机-人"环境下的业务处理方式，此时重点考虑的是在系统中如何处理业务，界面的构成和实现方法等，即应用的方法，详细说明见第17章。

功能的详细设计内容就是对功能进行"业务"视角的设计，因为用户对系统的认知主要来自于界面，而界面设计的核心是业务内容，因此，功能界面上内容设计的优劣就直接体现了业务设计师对用户工作的理解，业务设计师要把这个界面当作与用户进行对话的"窗口"来进行设计，设计时要不断地问自己，例如，如图13-5所示。

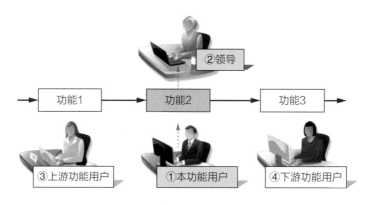

图13-5　功能设计与用户的关系

1. 站在用户①的视角

- 用户要在功能2上完成什么业务内容？
- 这个用户要对他的领导②提供什么信息？
- 本功能2与上游功能1、下游功能3之间的数据关系？
- 用户①与上游用户③和下游用户④之间的制约关系？

2. 站在领导②的视角

- 功能2完成到什么标准才能够保证业务达成预定的目标？
- 对用户①的处理需要什么管理规则来做保证措施？

以上就是从"业务"的视角提出的设计内容，此时考虑的重点就是如何做好业务。当然，到了应用设计阶段，还可以再增加系统层面的内容，例如，将功能2与企业知识库相连接，提供与功能2相关的专业知识支持和检查等。

13.2　数据表与数据

已经清楚了功能需求与业务功能的关系以及它们是如何判断和转换的，在进入到具体的功能详细设计之前，还需要搞清楚几个基本的概念，包括：实体与数据表的关系，判断数据是否需要的方法以及相应的规则。

13.2.1 数据表

从需求调研开始就接触到了"实体"和"界面"的概念，在需求调研中讲到：一个实体指的是从用户那里收集到的一张表单，这张表单可以是一张发票、一份合同书、一张销售分析图表、一组数据的集合体或是一份需要上传的资料，调研时要寻找实体的形式和字段以作为后续功能设计的参考。

在需求分析时，借助于这些实体（形式和字段）帮助完成了对功能需求的记录，形成了需求4件套（原型和字段的定义等），此时仅仅是将实体上内容的原义搞清楚并记录下来，而并非是对功能需求进行设计。

进入了功能的详细设计阶段就是要对功能做设计了。首先观察一下收到的"采购合同"的实体，如图13-6所示，这个实体上有两个不同的数据集合体，它们的数据结构形式是不一样的：一个称为"主数据表"（也称为主表，记录了合同的主要信息），另一个称为"子数据表"（也称为细表，记录了合同的清单部分）。

图13-6 采购合同的实体示意图

📖 **注：数据表、界面与原型**

数据表的详细定义和说明参见14.4节，界面与原型的定义与说明参见17.2节。

这里出现了实体、界面与数据表三个概念，这三者的关系如图13-7所示。实体的概念是系统外部的，界面和数据表的概念是系统内部的。

（1）实体：是企业实际使用的资料，可以是报表、单据，也可以是图形、影像资料。

（2）界面：是原型的主要部分，是数据表的载体，包括布局、字段等。

（3）数据表：是实体在界面上的映射，格式不同，数据的结构就不同，不同格式的数据需要采用不同结构的数据表。

可以看出，作为系统外部的实体，"采购合同"是一张完整的"纸"，但是作系统内部的功能它是由"一个界面框、两个数据表"三个部分构成的。

进入了功能的设计阶段后，由于实体形式就被业务原型所替代，实体上的数据与格式就被数据表所替代，所以功能设计完成后对业务设计师来说就不需要实体的概念了。

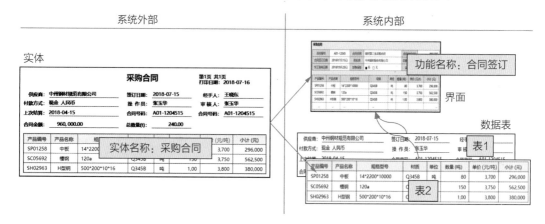

图13-7　实体、界面与数据表的关系示意图

13.2.2　数据

1. 数据的甄别

在前面的各个章节中已经判断了功能需求是否需要，需要的就转成了业务功能，这是完成了对"功能"粒度的判断。下面为了保证收集到的数据质量，还要对已经成为业务功能中的内容进行"数据"粒度的判断，这些数据在使用信息系统后是否还需要输入、输入后要遵守什么规则等，判断这些内容需要制定相应的标准，针对业务功能中的每一个数据都要进行甄别，见图13-8。

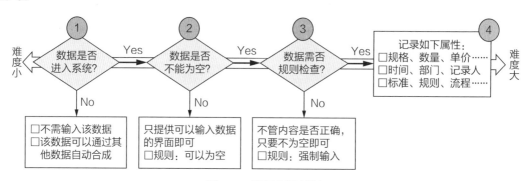

图13-8　数据来源判断

判断的步骤和标准如下。

①首先判断原有实体中的数据是否要放到未来的信息系统中，有些数据只是在"人-人"环境下的业务处理才需要，在"人-机-人"环境下就不需要了（去掉）。

②通过了①判断的数据在输入时是否可以为空，如果是关键数据（包括：计算、判断、引用等目的不可缺少数据），则不能为空（增加数据库不为空的检查）。

③通过了②判断的数据是否需要管理规则的管控（≠为空规则），如果需要，则在控件定义中加入管理规则。

④最后，为通过的数据增加保证其不出错的属性信息，包括：记录时间、部门、记录人等。

以上是对已经确定为业务功能的实体数据进行的判断。

2. 数据的质量

判断了数据是否需要后，还要对数据的质量提出要求，也就是要保证输入的数据是可用的，确保数据的可用性至少需要有以下三个方面的检查：完整性、及时性、正确性。表示数据质量的这三性需要融入到下面功能的详细设计中，通过定义和加入管理规则来保证。

1）完整性

数据的完整性，是信息系统数据的最低要求，也是最为容易实现的要求。判断完整性可以从使用的视角来推演，例如，监督生产过程的看板、最终分析结果的表单等，检查所需的数据是否可以完整地达到要求，没有遗漏、缺项。不完整的数据不能作为客户判断的依据。

2）及时性

数据的及时性，是信息系统保持数据"鲜度"的主要指标，通常及时性是与企业各个月度、季度或是年底的统计、申报等内容的时间相关的，例如，每个月的财务三表（经营盈亏），出勤统计表（工资计算）等。及时性可以利用时间限制（参考应用设计-时限）、管控等手段来保证数据在期限内完成数据的输入、维护和其他处理工作。如果不能及时统计到有时限要求的数据，形成的资料就失去了价值。

3）正确性

数据的正确性，是在数据输入的过程中，利用管控模型将输入数据、业务标准、管理规则整合在一起，通过模型的监控来确保输入的数据是正确的。例如，生产各类系统中发生的各类凭证数据，直接传递给财务系统使用，这是必须100%保证不出错误的。正确性是数据三性中最难做到的，要想做到正确性，系统必须是有管控手段的"管控类系统"，而不能是可以自由输入的"填报类系统"。数据的正确是关键，否则不正确的数据无论多么完整、多么及时都是无用的。关于数据三性的说明详见第19章。

13.3 模板（业务功能规格书）

前面各章为进入功能的详细设计做好了铺垫工作（实体、数据表、数据），下面就进入到功能的详细设计环节。记录功能详细设计的资料称为业务功能规格书，由于该资料采用了4个模板作为记录载体，所以又简称为"业务4件套"（对比需求分析的记录称之为"需求4件套"）。

业务功能4个分类（活动、字典、看板、表单）的描述方法都采用相同的模板。

13.3.1 模板的构成

1. 设计思路

业务设计师是客户与技术设计师之间的桥梁，功能的详细设计资料业务功能规格书是仅次于业务架构图的主要业务设计成果，这个设计成果需要三方的确认。为了方便客户对功能设计资料的确认，业务设计师是用"业务设计用语"编制的业务功能规格书，"业务设计用语"可以做到不用特别的培训，客户就可以理解功能界面、控件定义等的设计含义（否则客户无法对设计结果进行确认和签字）。功能的详细设计是从业务视角对功能的最后设计，这个设计完成后原则上业务内容就确定了。

如同需求分析阶段的需求功能规格书（需求4件套）一样，功能的详细设计也采用了4个不同的视角对功能进行描述，也称之为"业务4件套"。这个4件套包括：业务原型、控件定义、规则说明以及逻辑图形。不同之处在于将"需求原型"转换成为"业务原型"。4个模板的内容和记录的顺序如图13-9所示，各个模板的含义如下。

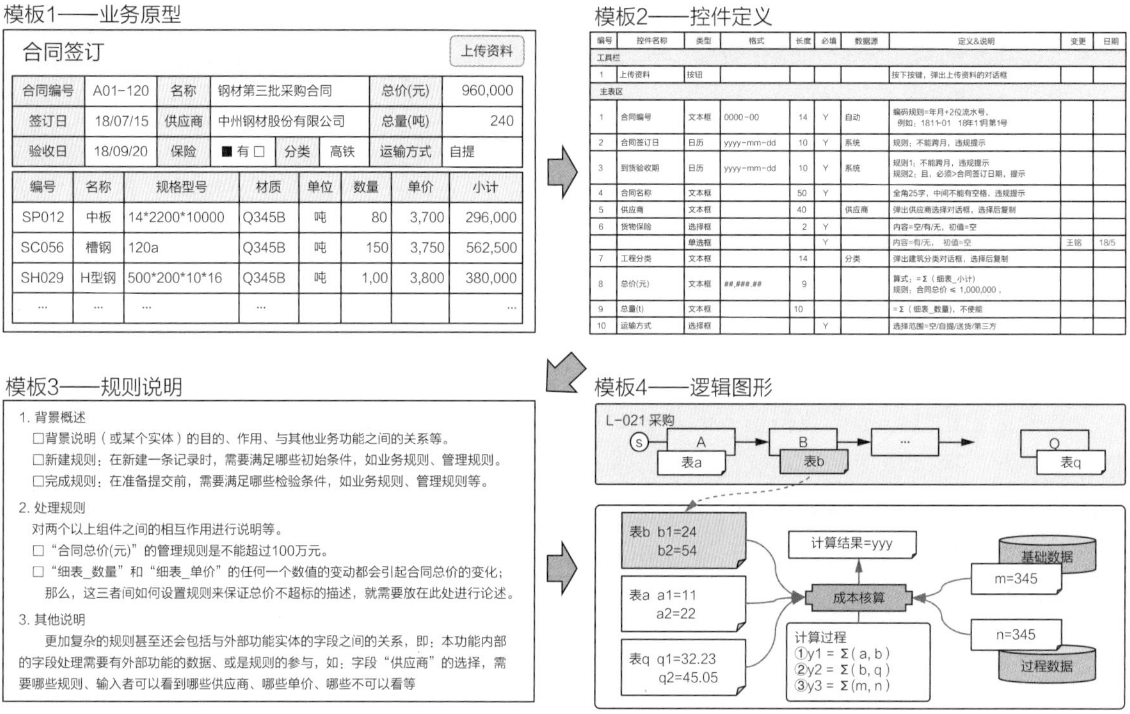

模板1——业务原型

合同签订

合同编号	A01-120	名称	钢材第三批采购合同	总价(元)	960,000
签订日	18/07/15	供应商	中州钢材股份有限公司	总量(吨)	240
验收日	18/09/20	保险	■有 □无　分类 高铁	运输方式	自提

编号	名称	规格型号	材质	单位	数量	单价	小计
SP012	中板	14*2200*10000	Q345B	吨	80	3,700	296,000
SC056	槽钢	120a	Q345B	吨	150	3,750	562,500
SH029	H型钢	500*200*10*16	Q345B	吨	1,00	3,800	380,000
...							

上传资料

模板2——控件定义

编号	控件名称	类型	格式	长度	必填	数据源	定义&说明	变更	日期
工具栏									
1	上传资料	按钮					按下按钮，弹出上传资料的对话框		
主表区									
1	合同编号	文本框	0000-00	14	Y	自动	编码规则=年月+2位流水号，例如：1811-01　1810年1月第1号		
2	合同签订日	日历	yyyy-mm-dd	10	Y	系统	规则1：不能跨月，选规提示		
3	到货验收期	日历	yyyy-mm-dd	10	Y	系统	规则2：不能跨月，选规提示；规则2，日，必须<合同签订日期，提示		
4	合同名称	文本框		50	Y		全角25字，中间不能有空格，选规提示		
5	供应商	文本框		40		供应商	弹出供应商选择对话框，选择后复制		
6	货物保险	单选框		2	Y		内容=空		
		单选框			Y		内容=有/无，初值=空	王铭	18/5
7	工程分类	文本框		14		分类	弹出建筑分类对话框，选择后复制		
8	总价(元)	文本框	###,###.##	9			算式：=Σ（细表_小计）规则2：合同总价≤1,000,000，		
9	总量(t)	文本框		10			=Σ（细表_数量），不使用		
10	运输方式	选择框			Y		选择范围=空/自提/送货/第三方		

模板3——规则说明

1. 背景概述
   □背景说明（或某个实体）的目的、作用、与其他业务功能之间的关系等。
   □新建规则：在新建一条业务记录时，需要满足哪些初始条件，如业务规则、管理规则。
   □完成规则：在准备提交时，需要满足哪些检验条件，如业务规则、管理规则等。

2. 处理规则
   对两个以上组件之间的相互作用进行说明等。
   □"合同总价(元)"的管理规则是不能超过100万元。
   □"细表_数量"和"细表_单价"的任何一个数值的变动都会引起合同总价的变化；那么，这三者间如何设置规则以保证总价不超标的描述，就需要放在此处进行论述。

3. 其他规则
   更加复杂的规则甚至还会包括与外部功能实体的字段之间的关系，即：本功能内部的字段处理需要有外部功能的数据、或是规则的参与，如：字段"供应商"的选择，需要哪些规则、输入者可以看到哪些供应商、哪些单价、哪些不可以看等

模板4——逻辑图形

L-021 采购

表b b1=24 b2=54
表a a1=11 a2=22
表q q1=32.23 q2=45.05

计算结果=yyy
成本核算
计算过程
① y1 = Σ（a, b）
② y2 = Σ（b, q）
③ y3 = Σ（m, n）

基础数据 m=345
过程数据 n=345

图13-9　业务功能规格书

模板1——业务原型：给出界面业务内容的布局、字段的位置。

模板2——控件定义：用表格方式记录所有字段的名称、字段内容、相关规则等。

模板3——规则说明：用文章体的方式对各类复杂规则进行详细的说明。

模板4——逻辑图形：用图形方式表达了用文字难以说明的复杂逻辑关系。

2. 记录方式

采用了这4种形式对一个功能进行描述，可以完整地、全方位地且唯一地表达这个功能的内容，这种方式非常适合于多人协作、传递、继承设计成果，可以有效地避免表达歧义，完全符合软件设计工程化的理念和方法，同时也为软件自动化辅助设计奠定了基础，4个模板具有以下特点。

1）结构化、标准化、易于记录

（1）不论什么业务功能，都采用这4个维度的描述，且每个模板要描述的内容、格式统一。

（2）记录的内容全是必读信息，为避免模糊、多义的描述，尽量不使用形容词、副词。

（3）在由多人接力进行需求、设计、开发的项目中，可以保证设计资料的可继承性。

2）有规律、格式化、易于沟通

（1）由于记录方式的规律性，经过简单的培训，所有相关人员都可以掌握或了解内容。

（2）由于格式化的记录方式，通过邮件、电话等方式进行讨论、修改非常方便。

3）可维护、可追溯、易于管理

（1）发生变更可以记录变更日、变更人、变更信息等。

（2）具有了前述优点，设计资料的文档管理就会比较容易。

在功能设计中所采用的设计方法和记录方式，是符合面向对象的设计思想的，这为后续的应用设计、技术设计、开发实现以及验证测试等阶段的工作打下了基础，同时也为今后采用智能化的软件设计方法打下了基础。

13.3.2　模板1——业务原型

业务原型：是以实体为原型的依据，对业务处理用界面做的整体布局和字段控件（数据）布置。业务原型是业务设计阶段的原型表达方式。

它是从需求原型到系统界面的中间过渡，这里只讨论实体中业务要素部分的设计，业务原型只需要将业务相关的内容说清楚，不涉及对系统的操作功能，如按钮、菜单等的描述，因此业务原型上不需要配置用于操作的按钮（如增加、删除、保存等），按钮的描述在应用设计中考虑。

业务功能的原型在不同阶段有不同的名称与形式，如图13-10所示，在详细设计阶段完成的是"②业务原型"。之所以称为业务原型，就是因为这里只讨论"业务"方面的内容。

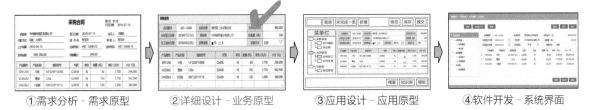

①需求分析 - 需求原型　　②详细设计 - 业务原型　　③应用设计 - 应用原型　　④软件开发 - 系统界面

图13-10　原型名称与界面形式的变化过程

1. 原型规划

业务功能规格书的第一个模板是业务原型。业务原型规划主要是在界面上对业务字段（数据）进行规划、布局，并在布局的范围内进行细节的设计，确定业务原型的具体工作环节有两个：数据格式的确定，字段的布置。

下面以图12-6采购流程中"合同签订"的业务原型截图为例进行说明，见图13-11。

1）原型的数据格式

决定原型界面形式的重要依据之一就是数据结构，数据结构不同，容纳数据表的格式就不同，格式不同又会带来界面形式的变化。数据表格式说明见14.4节。

合同签订界面的主表区采用卡式、细表区采用列表式，合同签订的界面形式采用了"主细表"的形式（卡式+列表式）。

图13-11　合同签订的界面形式

2）字段的布置

原型的大局已定（格式），下面就是在界面上布置字段，从用户操作的视角出发，将功能所需要的字段按照业务处理的逻辑、规范、习惯等排布到最佳的位置。

由于业务功能的设计不是最终的系统界面，所以此时的重点在于将业务字段全部布置出来，按照用户易于输入、观看的原则进行，在界面上划分几个区域，每个区域内安排一组内容相近的字段，保证使用者可以快速地读取信息。

如图13-12所示的主表区，为了方便对界面上字段的描述和查询，通常将界面分成若干个区域，按照由上到下、从左到右的顺序布置区域的位置，并在界面中标出不同的区域名称，例如：

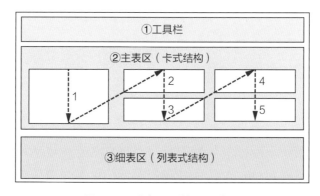

图13-12　业务原型的界面分区

（1）模板从上到下为：①工具栏 → ②主表区 → ③细表区。

（2）主表区的内部再进行划分，从左到右：位置1 → 位置5。

2. 原型工具

因为业务原型中表达的是"业务要素"的布置，不是系统的界面设计，在这个阶段尚不要求与未来的系统界面高度相似，只要能够准确地表达出业务字段的布局就可以，因此绘制业务原型可以采用任何形式的绘图工具，例如：

（1）表格工具：表计算软件，见图13-13（a）。

（2）专用工具：专业的原型设计软件，见图13-13（b）。

| (a)用Excel绘制的界面 | (b)用专业软件绘制的界面 |

图13-13　界面的表达

选择什么绘图工具，与业务设计师掌握工具的熟练程度以及业务内容是否已经确定有关。如果业务设计师可以熟练地操作专业原型软件时，用什么方式都可以。如果业务设计师不熟悉专用工具或业务内容尚不确定时，设计内容还需要与相关人员进行反复地确认与修改，则此时采用表计算软件比较合适，所有的人都可以参与修改，工作效率较高。

3. 界面形式的分类

1）界面形式

界面表现形式有很多种，图13-14表示了4种常见的形式，包括：卡式、列表式、主细表式、树表式。不同的数据结构需要采用不同的形式，采用哪种形式最佳由业务设计师参考业务内容，以及未来的应用方法（实际系统的界面）综合考虑决定。

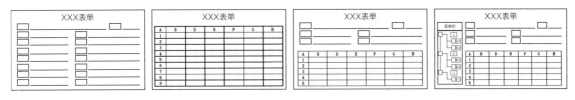

图13-14　界面形式分类

更多的关于界面形式的设计说明，参考第17章。

2）界面形式的选择

收集到原始实体与业务原型的界面可以不是一一对应的关系，例如，图13-11中"合同签订"的原型设计可有如图13-15所示的两种表达形式，选取哪种形式合适取决于用户与业务设计师的沟通。

设计方式一：一个实体，一个界面，将主表和细表合为一体，见图13-15（a）。

设计方式二：一个实体，两个界面，将主表与细表分开，见图13-15（b）。

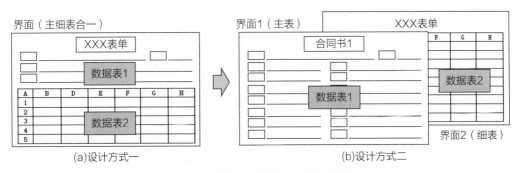

| (a)设计方式一 | (b)设计方式二 |

图13-15　实体、界面和数据表的关系

4. 控件描述

在界面上需要绘制出控件，控件是构成界面的要素，类型有很多种，在业务设计阶段主要描述的有两个：字段控件、按钮控件，它们与业务设计的内容紧密相关，见图13-16。

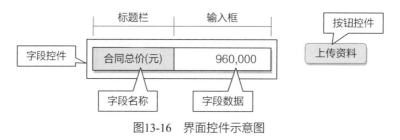

图13-16　界面控件示意图

1）字段控件

将每个单独的数据载体称为字段控件，字段控件由两个部分构成：标题栏和输入框。

（1）标题栏：表示该数据的名称，如合同金额、项目名称等，为了易于称呼和表达美观的原因，建议设计标题时采用较为简洁的称呼，标题字数控制在4~6个字左右最为好记。

（2）输入框：输入数据的部分，其形式有文本框、单选框等，输入的数据类型有数字、文字等。

以下在描述时，将字段控件简称为字段。

2）按钮控件

界面上用于操作的按钮称为按钮控件，常用的基础按钮控件（新增、修改、删除、查询、保存、提交等）说明在第17章中，但是有两种特殊情况需要在业务设计阶段就给出设计说明。

（1）特殊控件：例如，需要在界面上设置"上传资料"的功能时，由于它不是一个标配的基础功能，所以必须要在界面上配置"上传资料"按钮，同时给予该功能的设计说明。

（2）管理规则：例如需要在基础功能控件的"保存"按钮上链接"检查单价是否超标"的管理规则，"保存"按钮虽然是基础功能，但是链接在"保存"按钮上的管理规则却不是标配的，所以在业务设计时要画上"保存"按钮并对管理规则加以说明。

> 注：关于按钮控件
>
> 在此处只说明与业务处理相关的需求，例如：①要上传说明类型的资料及相关要求；②是否超标及超标的处理方法等。而不需要说明按钮控件的基本功能（如上传和保存的实现方法）。按钮控件的基本功能在第17章中讲述。

13.3.3　模板2——控件定义

对界面上的所有字段进行说明和记录的是模板2——控件定义。下面从模板构成和控件定义的方法两个方面进行说明，见图13-17。

1. 模板的构成

模板2是用来对业务原型上的控件进行定义、说明的，模板内的划分参考界面的排列顺序由上到下、从左到右。下面以"合同签订"原型为例，说明控件定义模板的构成。

	控件名称	类型	格式	长度	必填	数据源	定义&说明	变更人	变更日
工具栏									
1	上传资料	按钮					单击按钮，弹出上传资料的对话框		
主表区									
1	合同编号	文本框	0000-00	14	Y	自动发号	编码规则=年月+2位流水号，例如：1811-0118年11月第1号		
2	合同签订日期	日历	yyyy-mm-dd	10	Y	系统日历	规则：不能跨月，违规提示		
3	到货验收日期	日历	yyyy-mm-dd	10	Y	系统日历	规则1：不能跨月，违规提示；规则2：且，必须>合同签订日期，违规提示		
4	合同名称	文本框		50	Y		全角25个字，中间不能有空格，违规提示		
5	供应商	文本框		40		供应商字典	弹出供应商选择对话框，选择后复制		
6	货物保险	选择框		2	Y		内容=空/有/无，初值=空		
		单选框			Y		内容=有/无，初值=空	王铭	18/5
7	工程分类	文本框		14		建筑分类	弹出建筑分类选择对话框，选择后复制		
8	合同总价(元)	文本框	##,###.##	9			算式：=Σ（细表_小计）；规则：合同总价≤1,000,000，超标提示，msg="总金额必须≤1,00,000!"		
9	总数量(吨)	文本框		10			=Σ（细表_数量），不使能		
10	运输方式	选择框			Y		选择范围=空/自提货/第三方		
细表区									
1	材料编号	文本框	0000000	7		材料字典	弹出材料选择对话框，选择后复制		
2	单价(元)	文本框		7			规则：材料单价≤4000元，超过提示		
3	小计	文本框		9			=Σ（数量x单价）		

图13-17　模板2——控件定义（业务4件套）

1）纵向的分区构成

（1）工具栏：放置对界面整体内容进行操作的功能按钮。

（2）主表区：放置界面布局中处于主表区域字段的定义。

（3）细表区：放置界面布局中处于细表区域字段的定义。

如果界面上还有更多的分区，也是按照这个顺序设计控件定义用的表格。

2）横向的标题构成

（1）名称：字段的名称，记载在字段控件的标题栏中。

（2）类型：说明输入框的显示形式，有文本框、选择框、单选框、日历等。

（3）格式：说明输入框内数据的格式，有数值、金额、日期等。

（4）长度：说明输入数据的字数，用于确定输入框的长度。长度用半角的个数计算：1个汉字=2个长度，1个英文或数字=1个长度。

（5）必填：是否是必填项，如果是，则需要在界面的输入框旁边标识"*"符号。

（6）数据源：说明该字段显示的数据来自于何处，如果是直接输入的数据，则用空栏表示，如果是引用上游功能、数据库的数据，则指明上游数据来源的名称，如合同签订（活动）、客商库（字典）等。

（7）定义与说明：说明该字段需要遵守的规则，包括：业务规则（计算公式、处理方法）、管理规则（指标、限制等）。规则的描述尽量不要用文章体方法，同时不要使用形容词、副词这类可以有不同解释的表达方式，要让读者只能得出唯一的结论，不能产生歧义。

（8）变更人与变更日：在业务功能规格书通过了确认后某个字段发生了变化时，在该字段原记录的下方插入一行，用红字进行变化说明，并编写变更人和变更日期。如图13-17的第6行记录的下方，这样在一张记录表格上可以同时记录原始设计和变更记录。

2. 控件定义说明（业务相关）

控件的类型有很多，这里选取一些有代表性的控件，特别是字段的类型，详细说明它们的描述和记录方法，这个方法仅供参考，重要的是一定要统一格式、标准，因为它们是软件设计中工作量最大，也是业务设计师与技术业务设计师/开发工程师之间讨论次数最多的资料。下面说明控件定义模板中主表区中不同类型字段的记录方法。

1）编号类型

编号类型的字段通常具有定长（字段位数一样）的特点，如合同编号、供应商编号、材料编号等，在说明栏中重点要说明编号的构成方式。

（1）编号的内容。

采用记流水编号的方式，例如：1803-001=年月+流水号，说明这是"2018年3月"中记录的第001个编号。

（2）编号的发布。

编号可以是由人工输入的，也可以是由系统按照预先规定的规则自动编号，使用信息系统时通常都是采用后者，这样可以避免人工发号可能带来的错误。

2）日期类型

日期类字段也是定长的字段，如合同签订日期、到货验收日期等，多采用"日历型"的输入框。日期的常用表现形式有两种：2018/10/15，2018年10月15。用中文打印的正式文件中一般都采用后者的形式。

因为日期是系统中查询、判断、统计、分析等非常多数据应用的基础，这个日期发生了错误，将会带来非常大的影响，甚至重大错误，因此说明栏要重点说明该日期的使用区间、使用规则，以及违规的处理方式。

3）文本类型

文本类的字段是最为常见的，包括：合同名称、客商名称、备注、说明栏等，多采用"文本框型"的输入框。它们的字数多少不等，在设计时要特别注意字数的长度，长度会影响到界面的布局，以及设计表单的格式，如果字段长且界面设计位置不足就会影响内容的显示，特别是在表单设计时，如果是正式的合同、凭证类资料，关键字段显示不全可能会带来严重的问题。

4）选择类型

选择类型字段指的是该字段内的数据不是手动输入的，而是从某个数据库中"选择"出来的，如供应商库、材料库、员工簿等，多采用"选择框型"的输入框。这种类型的字段大都属于企业需要标准化的数据，也就是基础数据，凡是不允许自由输入的数据（如签约客商）、会造成计算错误的数据（如日期、价格）、限制范围的数据（如在籍员工一览）等，都会采用预先建立的数据库，然后在输入时只允许从数据库内选择的方式。

5）数值类型

数值型的数据也是控件定义中比较多的类型，如合同总价、总数量、单价等。数值类的字段是计算对象的重点，对数值类的定义和说明中大都伴随着对公式规则的说明。对计算公式的描述要严格地采用定义表中的字段名称、数据表名称来表达关系，语言描述只做补充，如"总数量（吨）"的计算公式表达方法为：总数量（吨）＝Σ（细表_数量）。其中：

（1）Σ：合计计算公式。

（2）细表_数量：指的是"细表"中的"数量"列的字段数值。

（3）下画线："_"的前后分别表示：数据源（细表）、字段名称。

3. 管控规则说明

在上述"控件定义（业务）"谈到的都是正确地输入和处理业务数据时的做法，但是如果发生了没有按照规则进行输入和处理时该如何应对呢？这就需要有管控规则了，因为一般对业务处理的管控都是通过字段控件和按钮控件来进行的，因此将管控规则连接在字段控件或是按钮控件上，当发生违规行为时就会激活管控规则，激活管控规则的条件写到各个控件的"定义与说明"栏中。管控规则通常分为两类：管理规则、系统规则。

1）管理规则

按照分离原理的说明，管理规则是针对业务标准而制定的，是为业务标准顺利地执行而存在的，如字段"细表_单价"，业务标准规定其不能超过材料单价4000元/吨，如果单价超标就要进行违规提示，提示的内容根据企业的管理规则可以有以下几种形式（仅做参考），见图13-18。

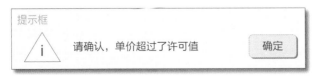

图13-18　提示框

（1）（i）提示：管理力度=提示，仅需要注意，即使不改正系统也允许进行下一个字段的操作。

提示框弹出并显示Msg="请确认…"+"确定"按钮，单击"确定"按钮后可以改正数值，也可以不改动数值而继续下一个字段的输入。

（2）（?）提问：管理力度=中等，提示n种不同的处理方式供选择（限制在选择范围内）。

提示框弹出并显示Msg="请选择…"+方式1+方式2，当选择"方式1"或"方式2"后系统会按照不同的方式进行处理。

（3）（!）警告：管理力度=最强，不按照规则改正就不能继续下一个字段的输入。

提示框弹出并显示Msg="不能……!"+"确定"按钮，单击"确定"按钮后，自动回到原字段，不修改字段中的违规内容就不能进行下一个字段的操作。

2）系统规则

除去管理规则外，还存在着另外一种规则，就是系统规则（如数据库）。这类规则属于对系统设计时设定的规则，例如，控件定义中的必填栏 = Y时，则单击"保存"按钮时该对应的输入框内不能为空。这类规则不属于管理规则，具体设计方法详见第17章。

13.3.4 模板3——规则说明

1. 模板构成

规则模板的内容大体上可以分为三个部分，即整体概述、处理规则及其他说明。模板3的作用是提供一个可以用文章体的形式用大量的文字进行描述的场所，它可以描述用前面的业务原型、定义表格所不能说清楚的问题，主要的描述对象如下。

（1）整体概述：对功能进行整体目的、作用、功能等的说明。

（2）处理规则：说明的内容要同时涉及多个字段之间的复杂处理关系。

（3）其他说明：其他一些预想，或是需要大篇幅说明的问题。

2. 规则描述

下面对规则的内容举例说明。

1）整体概述

（1）背景说明：说明该功能的目的、作用、与其他业务功能之间的关系等。

（2）新建规则：在记录一条新的数据时，该功能需要满足哪些初始条件，例如，引用的上游数据要满足什么条件、数据输入和处理时要遵守哪些管理规则等。

（3）完成规则：在准备提交前，该功能必须要满足什么检验条件，例如，业务标准、管理规则等（具体的检查实现方式在后面"功能的应用设计"中有详细的说明）。

2）处理规则

有些处理规则会同时涉及多个字段的内容，当描述的内容比较复杂时，这个处理说明放在哪个相关的字段内都不合适，此时就将这个处理规则的说明放到这里来。例如：

- 字段"合同总价（元）"受到的管理规则约束是"不能超过100万元"。
- 由于合同总价（元）=Σ（"细表_数量"×"细表_单价"），因此这两者中的任何一个数值发生了变化都会引起"合同总价"的变化。那么，这三者之间如何设置管理规则来保证"合同总价（元）"不超标的描述？显然是放在模板3规则里进行描述比较方便。

3）其他说明

更加复杂的规则甚至还会包括与外部功能实体的字段之间的关系，即：本功能内部的字段处理需要有外部功能的数据或是规则的参与，如字段"供应商"的选择、需要哪些规则、输入者可以看到哪些供应商、哪些单价、哪些不可以看等。这些复杂的说明不但需要大篇幅的文字描述，甚至还需要用逻辑图来辅助说明。

13.3.5　模板4——逻辑图形

1. 模板构成

逻辑图形可以表达前3个模板（用原型、文字）说不清楚的复杂问题，特别是对模板3规则说明的补充。如果功能的内容比较简单时，模板4是可以省略的。

2. 描述内容

用什么样的逻辑图表达没有一定之规，主要是根据要说明的内容，这里举几个图例说明。

（1）操作步骤图，见图13-19。

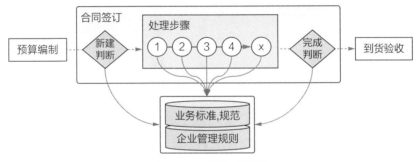

图13-19　操作步骤图

当功能内部的业务处理复杂、业务处理的开始、结束都有很多的规则，且不但有内部的字段关联而且还有与外部的其他功能、数据来源有关系时，就可以采用类似的图形形式，表达原型中的操作过程，或是功能内、外部之间的关联关系。

📖　注：步骤与流程的区别

步骤与流程不同，一个实体内部的操作过程称为步骤，它不是"业务流程"，所以它的定义、标准也不需要按照流程图的方式绘制。

（2）数据I/O图，见图13-20。

如果该功能内部的数据与外部数据源有比较复杂的关系，仅依靠控件定义中的"数据源"项的说明不够且不形象时，为了向后续的技术业务设计师或是编程工程师说明情况，可以采用"数据I/O图"来表示不同功能之间的数据关系。这个图形可以检验模板2控件定义内容是否正确，同时它也特别适用于对业务设计师进行数据方面的能力培养，具体的设计方法参见第14章。

（3）数据关联图，见图13-21。

如果某个字段的处理是由多个内部字段或是内外部功能中的字段共同完成的，要想说明它们的背景、复杂的算式关系仅使用该功能内部的字段是不够的，因此可以采用"数据关联图"来表示，具体的设计方法参见第14章。

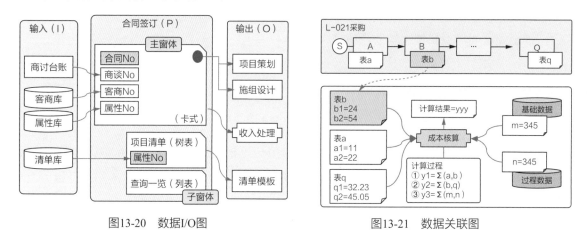

图13-20　数据I/O图　　　　图13-21　数据关联图

分享　　　　功能的详细设计，不但提供了数据，还提供了逻辑

在培训课堂上，经常会发生技术开发人员认为绘制业务架构图（框架图、分解图、流程图等）对开发工程师来说没有什么明显的作用，他们只需要拿到业务4件套（业务原型和控件定义）就可以了。这让绘制业务架构图的业务设计人员"很不爽"，觉得自己做的工作没有被重视，想知道以后是否可以不做业务架构图，而直接就做业务4件套就可以了？问题出在哪里了？是不是真的不用做业务架构图了呢？

老师启发学员们一起回顾从原始需求的分析到完成业务4件套设计的过程，看看架构图起了什么作用。大家发现，架构图在整个分析与设计过程中起到了两个关键的作用。

第一次：对客户业务现状的理解和梳理

客户提供的原始需求是繁杂的、不清晰的，第一次是利用了现状构成图（架构模型）才知道了客户业务的原始状态，理解了客户功能需求的背景。

第二次：优化业务、精确业务逻辑关系

第二次是利用了业务架构图将业务功能之间的逻辑关系进行了精确定位，明确了所有业务功能之间的关系，特别是流程上节点间的前后顺序，从而间接地奠定了数据表和数据间的关系。

通过分析学员们认识到：如果不做业务架构图，就不清楚业务逻辑，不清楚业务逻辑就不能确定流程上每个节点的上下游关系，以及每个节点的数据输入输出关系，没有这个数据的输入输出关系，就给不出字段的定义（控件定义表），最终，技术开发人员就没有依据做数据关系的设计图了。

开发人员之所以能够直接利用业务4件套（包括业务原型和控件定义）做开发，是因为业务人员两次利用业务架构图将原始的、杂乱的需求梳理出业务逻辑，业务逻辑又帮助确定了功能之间的关系，从而确定了数据间的关系，所以开发人员才能收到一份干净、整齐、清晰的字段定义。可以说，开发人员是间接地利用了业务架构图做的数据关系设计。有关内容参见第13章。

以上介绍了业务功能的设计记录模板（业务功能规格书）的内容、目的、使用方法，下面就按照业务功能的分类（活动、字典、看板和表单）逐一地进行设计说明。

13.4　功能设计1——活动

13.4.1　活动的概念

1. 定义

活动，对应着现实中一个独立的数据处理工作。活动设计是将现实的工作转换为系统处理的业务功能。活动的数量是4类业务功能中最多的。

"处理"的含义为：数据的输入、资料上传等操作。

1）活动的来源

信息系统中的哪些功能可以归入到活动功能的范围内呢？除去用于输入和维护基础数据的功能称为"字典"以外，其他凡用于输入过程数据的功能都归集到"活动"功能中。

2）活动的粒度

对一个活动包含多少数据处理内容的划分原则如下。

（1）可以完成一个独立的业务目标。

（2）其大小有利于用户的分工安排。

（3）符合系统的处理效率上的要求等。

一个活动的内容多少是由客户的工作习惯与系统处理效率之间的平衡关系决定的，最终的决定需要业务设计师与用户进行商量决定。

2. 功能

活动具有的处理功能主要由两个部分构成：业务处理功能和管理处理功能。

（1）业务处理：指对业务数据进行输入、计算、查看、展示等的功能。

（2）管理处理：指对业务处理过程中加载的管理规则，这些规则可以保证数据合乎标准。

3. 作用

（1）活动具有的基本处理功能包括：输入、查看等。

（2）一个活动对应现实中的一个具体工作，因此对活动的设计是两大业务优化设计之一（另一个是业务流程的优化），它可以带来工作效率的提升。活动也是管理的主要载体，用户与业务设计师的想法大多数都要落实在活动的界面上，特别是对管理处理而言。

13.4.2 活动的设计

虽然在需求调研、分析阶段已经有了需求原型，但是如前所述，那时的重点是"收集需求"而不是"业务设计"，所以在功能详细设计时还要对功能进行一次完整的分析和设计。对活动进行设计时，除去按照前述业务功能规格书的4个模板依次进行记录以外，还需要从下面4个视角进行思考和分析：设计理念、业务内容、业务标准、管理规则。下面以"合同签订"为例进行说明。

1. 设计理念

要将一个普通的活动功能设计成为一个具有较高客户价值的业务功能，首先要将活动看成一个具有明确目标的"任务"，而不仅是一个数据的处理功能，无论是处理一个复杂的"合同签订"业务，还是处理一个简单的"领料单"业务，业务设计师都要保证这个业务处理可以正确、完美地达成目标，否则，如果仅从功能视角出发去做设计，那么关注点放在字段上就够了。仅关注字段的设计做法有可能造成对业务功能的设计结果只有系统的操作者关心，而操作者的上级领导不关心，因为这个功能仅做到了用计算机替代手工操作，没有保证完成的工作符合业务标准、管理规则。因此，设计每一个活动时，除去字段的设计外，还要思考如下问题（不限于此）。

- 什么时候该活动可以开始运行？如何判断该活动被正确地处理完成？
- 在处理过程中，每一个步骤都需要遵守哪些业务标准或管理规则？
- 如果违反了标准或是规则时如何判断、应对？等等。

2. 业务内容

确定这个活动的业务目标、范围、字段、规则等，见图13-19。

（1）目标：确定这个活动要完成的工作，如签订一份采购合同。

（2）范围：涉及的业务范围，如合同编制、合同变更。

（3）字段：需要哪些字段来描述这个活动，有本活动产生的，还有上游活动参照的。

（4）规则：处理需要遵守哪些规则（业务规则、管理规则）。

3. 业务标准

要研究业务内容中每个字段的数值许可范围，这个范围就是"业务标准"，见图13-17。下面以"合同签订日期"和"单价"为例，说明什么是业务标准。

【案例1】将"主表_合同签订日期"的输入范围定为：不可跨月。

制定的理由：合同签订日期是抽提和统计数据的参数，跨月会引起数据计算的错误。

【案例2】将"细表_单价"的许可范围（业务标准）定为：3500元/吨＜单价≤4000元/吨。

制定的理由：过低单价的材料可能有质量问题，过高的单价会造成预算成本超标。

4. 管理规则

管理规则就是用来保障业务标准被正确地执行，因此，针对例1、例2的业务标准，制定相应的管理规则。

【案例1】针对业务标准不能跨月份，管理规则设计为：当输入的"合同签订日期"不在本月内时，给出提示并强制修改，不修改就不能保存。

【案例2】针对"细表_单价"的业务标准，管理规则的设计有两种方式：一是简单地设计为单价只能≤4000（元/吨），二是给出一个运行单价可以适当波动的范围，例如：

（1）在许可单价的±5%（即大于3377.5和小于4140）以内，由采购员自行定义单价。

（2）超过上述范围，必须报请上级主管经理审批。

从上述两个案例中可以再次确认：管理规则是针对业务标准建立的，管理是为业务可以按照标准运行提供的保障措施。

13.5 功能设计2——字典

13.5.1 字典的概念

1. 定义

字典，是对企业基础数据进行标准化管理的运维功能。

基础数据的来源是企业要保护的标准数据，如材料编码、客户信息、员工信息等。字典可以看成是一个特殊的"活动"，只用来维护特殊的数据，即基础数据。

2. 功能

字典具有两个基本的管理功能：数据输入、数据维护。其中：

（1）数据输入：用于对基础数据的输入和保存。

（2）数据维护：对基础数据的维护包括：追加、变更、发布等。

3. 作用

通过设计字典功能，可以建立一套支持数据标准、数据输入、数据维护等的工作体系。谈到"字典"，首先要理解它是一个用来规范企业基础数据的功能，字典在这里是"功能"的概念（不是数据库概念）。它的主要作用有三个：建立基础数据、维护基础数据、支持快速输入。

（1）建立数据标准：在整理基础数据时，建立基础数据的标准，包括结构、分类、编号。

（2）维护基础数据：用来维护和管理基础数据，包括追加、变更、发布等。

（3）支持快速输入：利用字典协助活动的数据输入工作，不但快捷，而且可以避免输入错误；这也起着一种变相的对基础数据的管理作用。

字典功能设计是从事业务设计的业务设计师非常重要的工作之一，而且要求业务设计师对企业需要进行标准化的基础数据有一定的理解和研究。

4. 字典功能的特殊性

由于字典与其余的三个业务功能有着密切的关联，同时又容易产生一些概念上的模糊，下面就将这4个功能之间做一些对比，以帮助读者进一步理解它们的异同。

1）字典与数据库的区别

（1）字典：是一个业务处理的"功能"，用来建立结构化的基础数据。

● 将数据资源进行标准化、结构化的梳理。

● 限制基础数据的使用范围。

● 帮助快速地输入过程数据，等等。

（2）数据库：是一个存储电子文件的场所。

利用字典功能梳理过的数据被保存到了该字典对应数据库，利用字典的功能可以对该数据库的数据进行查询、调用、维护以及发布等。

> 📖 **注：关于字典库的称呼**
>
> 字典库是字典功能和数据库功能的合体，通常习惯于将记录企业基础数据的数据库称为"字典库"，这个词的含义有以下两个。
>
> 含义1：它是一个特殊的数据库，专门用来记录企业基础数据。
>
> 含义2：它是由字典功能进行管理的数据库（可以增减、发布、查询等）。

2）字典与活动的区别

（1）活动功能的作用：是随着生产过程，按照数据的发生顺序记录过程数据。

（2）字典功能的作用：是对字典数据库中的相同数据进行长期的、反复的维护。

两者的最大区别就在于：活动产生的数据不许维护（违法），字典产生的数据必须维护。

3）字典与看板、表单的区别

字典提供的基础数据是设计各类表单、用看板抽提数据、分析统计的主要条件、属性，例如，组织、产品、材料、客商、知识等。

● 用组织字典：可以按照组织口径统计、分析不同部门、个人的产值、收入等情况。

● 用材料字典：可以按照材料类型统计、分析不同材料的数量。

4）字典的设计特殊性

字典的设计就相当于对一个业务模块或是系统的设计，它需要能够独立地进行维护。

（1）字典的实体多，字典本身可能需要若干个小的字典来支持。

（2）重要基础数据对应的字典需要复杂的编号设计，包括资源的分类、分类的层级等。

（3）字典的管理需要具有一套专门的企业管理规则，如标准的制定、监控措施等。

小结

字典功能，是企业数据管理标准化的重要手段之一。建立企业标准化对象有很多，其中最为重要的有两个，即"业务流程的标准化"与"基础数据的标准化"。图13-22说明了业务流程和字典功能的关系，图中的每个基础数据（组织、供应商等）都对应着一个字典功能。

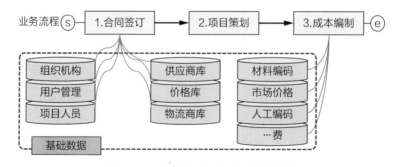

图13-22　业务流程与字典功能的关系

（1）业务流程的优化是通过业务架构实现的。

（2）基础数据的标准化是通过字典功能实现的。

13.5.2　字典的设计

设计好字典功能，可以从以下4个方面进行思考：设计理念、数据选择、数据标准、数据维护。下面以图13-11"合同签订"中的"主表_工程分类"的数据来源为例，说明如何设计字典，其中，"合同签订"=活动功能，"建筑分类标准"=字典功能。

1. 设计理念

基础数据包括企业中所有需要统一、保护的公用数据，基础数据也是未来系统中构成主数据的核心，基础数据是所有数据类型中生命周期最长的，因此字典设计不但要考虑维护的方便性和输入的快捷性，而且还要思考如何能让基础数据适合维护方便和输入快捷。

2. 数据选择

选择数据就要判断企业数据中哪些是属于基础数据的，判断的参考条件如下（不限于此）。

（1）需要保护的核心数据，如组织机构、客商信息、市场价格、材料编码等。

（2）企业知识库数据，全员要遵守，如工艺工法、法律法规、质量标准等。

（3）其他，如反复使用的数据、支持快速输入的数据，以及分析统计的属性数据等。

合同签订内的"工程分类"字段，对企业来说是重要的基础数据，这个数据可以用来分析客户的来源、行业的范围、产品的类型、最佳销售产品等，如果不统一标准就难以得到正确的分析对比结果，见图13-23。

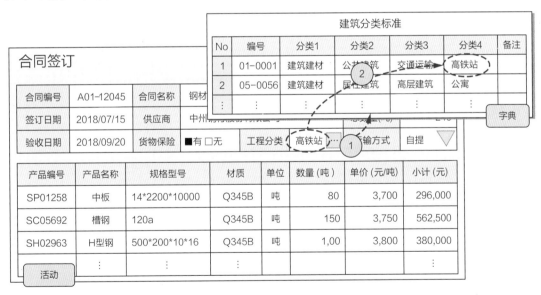

图13-23　合同签订建筑分类标准

单击"合同签订-工程分类"栏的链接按钮①弹出字典"建筑分类标准"的界面，在弹出的字典界面上选择"高铁站"后②这个数据就被显示在了"合同签订"上的"工程分类"栏中。

3. 数据标准

确定了字典的对象数据后，下一步要确定研究对象数据标准，标准包括数据的分类、数据的结构、数据的编号等，如图13-24所示。"建筑分类标准"表中的数据分别来自于4个数据分类表，从分类表2到分类表5又具有分解的结构关系。从①到④的连续选择，可以找到需要的基础数据"高铁站"，数据分类和结构的表达主要采用的是分解图的形式（分解图横置）。

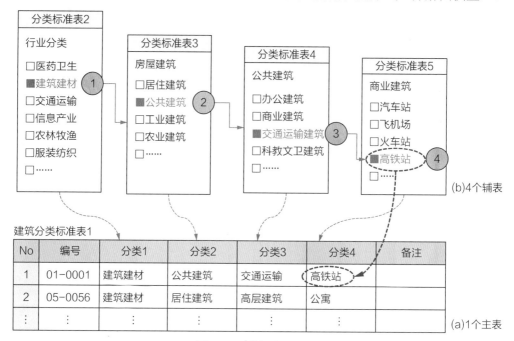

图13-24　数据表关系图

在经过了数据的分类并建立了数据分类之间的结构关系后，就要编制数据的编号，有了编号就可以利用编号的关系来表达这些数据之间的结构关系了（也可以称之为父子关系）。

关于基础数据的编号规则参见11.4.1节。

4. 数据维护

基础数据不同于过程数据，需要经常维护以做到与时俱进，基本功能如下（不限于此）。

1）数据的输入

确定记录数据采用的业务原型，从数据表的数量来看至少需要有5个原型，见图13-24，1个为主表（表1），4个为辅表（表2～表5）。

2）数据的调整（维护）

与活动功能在记录数据后就不能再改动的原则不同，在基础数据的生命周期内需要利用字典功能对其进行多次的调整，为了让引用不同时期基础数据的表单都可以如实地再现，字典不但要具有调整功能，而且必须保留完整的基础数据变更履历，再现时不能让调整后的基础数据影响历史表单的还原。

3）数据的发布

很多基础数据在不同时间段有不同的数值，所以字典功能还要具有数据发布的功能，例如，单价在1月1日～6月30日为1000元，7月1日～12月31日为1050元。时间一到7月1日，字典界面打开时看到的是最新的单价数据。

另外，既然是企业需要保护的基础数据，还必须有相应的管理规则、权限等，这些内容参见第17章的相关内容。

13.6　功能设计3——看板

13.6.1　看板的概念

1. 定义

看板，是以窗体为载体进行数据展示的功能。通过设计看板功能，可以静态或动态地展示统计分析数据、监控过程数据是否超标以及导引各类信息等。

2. 功能

看板的功能主要分为两大类：展示和查询。

（1）展示：采用不同的形式展示数据、信息，展示形式包括：列表、曲线、图形等。

（2）查询：采用不同的方法进行查询，如条件查询、模糊查询、数据发掘等。

3. 作用

利用看板功能可以对生产过程的数据进行展示、监控，以及过程的导引等。

（1）展示看板：根据不同的查询内容、企业中不同的角色建立不同的信息展示板。例如，生产部门、采购部门的进度展示板，董事长、材料管理员的专用展示板等。

（2）监控看板：将生产过程产生的各类数据与企业制定的相应指标进行对比，达到对生产的监控、提示，以及发出预警等，将问题消除在过程管理中。

（3）导引看板：作为智能化系统设计的手法，可以利用看板将所有的生产过程串联起来，在看板上显示实时的通知、待办事项、导航菜单等。

4. 看板功能的特殊性

通过对比看板与活动、看板与表单的异同，可以加深对看板功能的理解。

1）看板与活动的区别

（1）形式：都采用了窗体的形式。

（2）作用：活动主要是用于记录过程数据、承载管理规则等，看板不能记录过程数据，主要用于展示数据（包括过程数据、加工数据）。

2）看板与表单的区别

（1）形式：看板采用窗体形式，表单采用表格、单据的形式。

（2）作用：看板可以使用包括数据钻取在内的丰富查询和表达方式，但不能打印；表单只支持固化内容的表达形式、支持打印或将数据整体地导出到其他载体上。

13.6.2　看板的设计

设计好看板功能需要从以下4个方面进行思考：设计理念、展示对象、展示目的、展示内容。看板的作用是展示数据，判断是否使用看板功能的方法很简单，除去记录数据的工作（活动、字典），以及打印数据的工作以外，都是属于看板范畴的对象。下面以管理系统的"门户"为例，说明如何设计看板，这里主要设计的是看板的内容，看板的实现方法参考应用设计相关章节。

1. 设计理念

所谓的"门户"就是信息系统的入口,因为用途不同、布局不同,所以显示的内容和位置也会有所不同,但是设计原则应该是,让每一个用户在打开信息系统的门户时,做到:

(1)最快地让用户寻找到"主动想找的信息和功能"。

(2)最快地让用户接收到"由信息系统推送而来的信息"。

门户是信息系统的"脸面",它不但是一日工作的开始点,而且也是一日工作的结束点,所以业务设计师要能够做到让每个用户早上打开系统的门户时要知道:今天要做什么工作;晚上结束关闭门户前要知道:今天完成了什么工作、还有哪些工作未完成等。

2. 展示对象

这里"展示对象"指的是观看数据的用户,每个用户打开系统后的第一界面就是门户,因此门户是放置每个用户每日必看信息的地方,也是布置看板的最佳位置。因为不同用户的角色不同,他所关注的信息内容不同,许可查看的范围也不同,所以首先要确定数据展示的对象是谁。如图13-25所示,试举几个常用的功能(不限于此)。

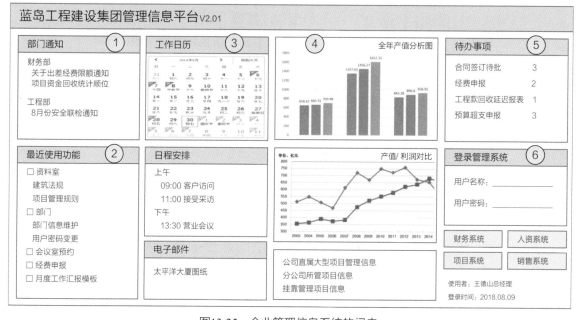

图13-25 企业管理信息系统的门户

无论对象是谁,门户上的这些区域的内容和功能对全员都是一样的:①部门通知,②常用功能,③部门通知,④生产信息,⑤待办事项,⑥登录管理。针对不同的角色也可以展示不同的内容,例如⑤生产数据区域,门户上的"产值/利润对比"的内容,公司级的领导可以看到全公司的数据,部门领导可以看到本部门的数据,个人只能看到本人的数据等。

3. 展示的目的

确定了观看数据的对象后,那么第二个要研究的就是通过展示的内容要达到什么目的,也就是要向观看者传递什么信息,因为系统中的数据非常多,不可能都在这个门户上一次都显示出来,因此需要针对这个角色设计他所需要展示的信息,内容有两个维度:自主关心、被动关心。

1)展示观看者主动关注的内容

如用户的角色是董事长,则他可能关心:产值、利润、资金等信息,参见④。

如用户的角色是生产经理，则他可能关心：进度、产量、质量等信息，参见④。

2）展示希望被观看者关注到的内容

根据不同的用户角色，主动地向他推送与他相关的信息，如会议通知、待办事项、电子邮件等，参见①、②、③、⑤。

4. 展示的内容

确定了对象、目的后，就可以围绕着对象和目的确定展示内容，内容包括：数据信息、展示形式等。

（1）数据信息：根据对象（在系统中的角色）和目的，抽取数据，进行加工形成展示信息。

（2）展示形式：采用何种形式展示，对展示的效果来说非常重要，最好是直观、简洁，可以利用数据表、曲线、图形、钻透功能等方式，充分利用窗体展示的优势。

13.6.3　看板的案例

【案例1】展示看板——信息仪表盘，见图13-26。

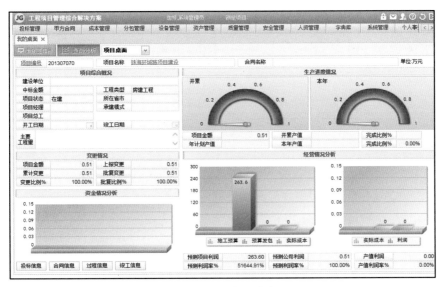

图13-26　信息仪表盘

根据不同的用户角色建立不同的信息仪表盘，将角色关心的全部内容归集到一处，采用表格、曲线、图形等各种方式展示数据和信息。

【案例2】监控看板，见图13-27。

对生产过程中的各项指标进行监控、提示、预警。将各类需要实时监控、及时解决的对象（产值、资金、安全、质量……），用诸如红绿灯、警示灯、图标等方式表达，实时、快速地向相关角色送达信息。

【案例3】导航菜单，见图13-28。

（1）导航菜单：将业务流程图上的活动全部连接到该活动原型上，单击活动名称的图标就可以直接打开界面，使得用户在工作过程中不但可以找到需要的功能，同时通过寻找的过程加深对业务架构、业务流程，以及系统构成的理解，比传统的树状菜单的效果直观。

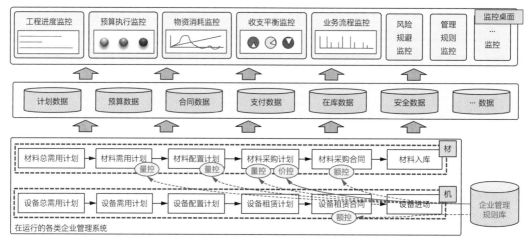

图13-27　监控看板

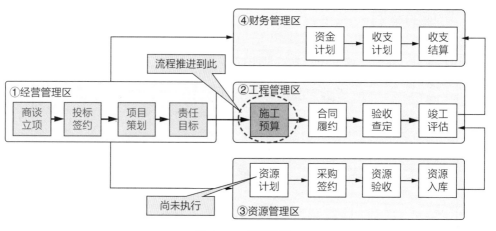

图13-28　导航菜单

（2）状态导图：在业务流程上，标注该流程现在推进到哪个步骤，还剩下几个步骤。

13.7　功能设计4——表单

13.7.1　表单的概念

1. 定义

表单，是以纸质形式为载体（包括电子版）的数据展示功能。表单的代表形式有报表和单据两种。通过设计表单功能，可以将常用的凭证类数据、分析类数据用固化的格式展示与打印。

2. 功能

表单主要是用来展示某类固化形式的数据，其功能包括：抽提数据、加工数据、形成表单，以及打印或是导出电子版的数据。

3. 作用

此类功能通常用于要用纸保存、提交、盖章的场合，主要有两类表达形式：报表、单据。

（1）报表形式：针对某个目标将某个时间段内符合条件的数据进行抽提、加工，形成分析报表，如成本分析、销售排名一览、财务月报等。

（2）单据形式：展示单条数据，表现形式大多为卡式、列表。常见的使用场景有：合同书、领料单、工资条、发票、收据等。

13.7.2　表单的设计

设计表单和设计看板的内容是一样的，但是由于是固化形式，同时它的格式要求也大都来自于用户，所以不需要考虑设计理念，相对来说比较简单（这个简单指的是设计表达层面，不是技术实现层面）。它需要从三个方面确定，即展示对象、展示目的、展示内容。下面用报表类和单据类各一例说明表单的设计方法。

1. 报表类

（1）原型界面，见图13-29。

2015年12月各分店销售额　　　　　　　　ZA0013-2

15/12/01～15/12/31

事业部	劳务费	建材费	设备费	经费费	其它费	合计
北京	1,575,000 74,176,830	0 48,170,094	8,535,760	118,251,000	264,968,250	1,575,000 514,101,934
石家庄	28,894,404 177,869,194	4,256,490 30,387,788	1,449,000 20,349,824	0 0	0 0	34,599,894 228,606,806
天津	0 0	1,295,226 0	0 0	0 0	0 0	1,295,226 0
太原	0 0	43,108 4,240,527	0 0	0 0	0 0	43,108 4,240,527
保定	18,024,300 182,972,778	9,873,045 33,602,146	710,850 39,619,950	4,725,000	64,575,000 64,575,000	93,183,195 325,494,874
唐山	9,825,690 49,561,890	1,081,500 14,948,190	5,001,150 13,640,445	0	150,150,000 150,150,000	166,058,340 228,300,525
长春	4,819,500 88,144,240	578,865 15,396,144	4,469,850	0	0 0	5,398,365 108,010,239
哈尔滨	0	0	0	0	0	0
华北地区小计：	204,751,974 1,247,770,052	35,648,672 315,787,654	11,882,245 234,288,256	34,650,000 396,128,500	214,977,000 747,065,250	501,909,891 2,943,039,712
上海	2,357,670 532,284,218	0 0	0	0	0	2,357,670 532,284,218
南京	-24,255,001 227,677,324	4,193,312 53,580,596	312,480 5,065,571	0	64,575,000 64,575,000	44,825,791 350,901,493
济南	0	844,830	0	0	0	844,830
杭州	5,515,750 124,005,375	1,139,513 40,994,365	1,850,100 23,182,962	796,950 11,944,275	126,000,000 252,315,000	135,302,313 452,441,977
合肥	8,288,700 76,789,735	3,185,343 9,296,599	16,118 5,760,872	34,144,425	18,900,000 126,000,000	30,390,161 251,961,631
南昌	15,120,000 63,033,600	9,031,276 51,237,692	1,197,000 12,748,050	0	147,000,000 147,000,000	172,348,276 274,019,342
苏州	8,699,250 121,522,800	290,220 24,590,160	1,039,500 8,365,350	0	13,051,500	10,028,970 167,529,810
广州	63,602,438 385,952,538	7,820,401 249,896,949	4,013,000 12,364,000	11,760,000 204,694,965	392,700,000 1,020,946,500	479,895,839 1,873,854,952

印刷日：16/01/18 11:38　　　　　　　　　蓝岛工程建设集团　　　　　　　　　　　　　P:2/6
印刷者：王一山

图13-29　报表原型

报表是用户查看数据的重要形式，所以报表的原型确定需要与用户进行细致的协商，最好要符合用户的日常习惯，通常业务设计师在报表功能设计时自由发挥的余地不太大。

（2）条件设定，见图13-30。

除去报表本体的设计内容以外，还需要报表用数据抽出条件的设定原型界面，例如，数据的抽出条件通常有时间、部门、产品、规格等。

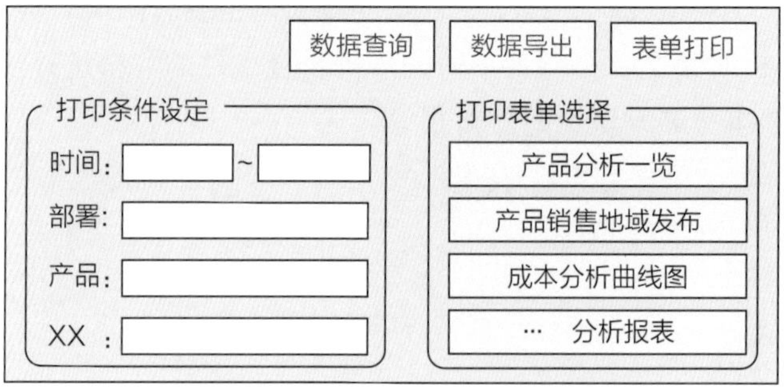

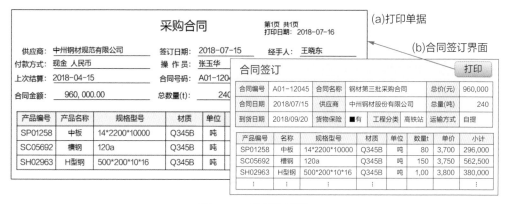

图13-30　抽出条件设定原型界面

2. 单据类

（1）原型界面，见图13-31（a）。

图13-31　单据的原型

单据类的原型比较简单，由于是单条数据的输出，所有常见的原型形式为卡式、列表式或是主细表式。同报表一样，单据的形式也是以用户的意见为主设计的。

（2）条件设定，见图13-31（b）。

一般来说，单据类表单的"打印"按钮设置在记录该单据数据的活动界面上，这样打印时就不需要再独立地设置条件设定界面了。

在"合同签订"的活动功能原型上设置了"打印"按钮，在一个界面上就同时可以完成输入数据、打印"采购合同"单据的工作。

从这个案例还可以看出，对于一张既存表单，需要用两个功能来对应。

功能1：输入数据用的活动功能"合同签订（界面）"，如图13-31（b）所示。

功能2：展示数据用的表单功能"采购合同（单据）"，图13-31（a）所示。

两个功能的名称可能不一样，因为活动的名称要用"动名词"，表单的名称要用"名词"。

📖　注："模板"与"模型"的区别

在本书中模板多为表格，模型多为图形，两者的目的和用途是完全相反的。

● 模板：用于"约束"，使用者要按模板要求（格式、标准）做，目的是为了统一交付物。

● 模型：用于"启发"，使用者可参考模型按具体条件做，目的是为了传递事物的规律。

小结与习题

小结

本章的内容是以功能的概要设计成果——业务功能一览为依据，并参考需求工程获得的功能需求规格书等资料，完整地给出了功能的业务设计细节。本章对功能的详细设计包括三个内容。

1. 业务功能的数据来源

（1）数据表：设计业务功能，就必须知道界面上的数据表的概念，因为数据表是界面布局的依据，同时也是数据的载体。

（2）数据：有了数据表，还需要知道如何甄别数据表上的数据，判断这些数据的内容，表示数据需要哪些属性、管理规则等，这些都是保证数据质量的必要措施。

2. 业务功能的记录模板

信息系统处理业务数据的主要工具是"界面"，而界面上的核心部分就是本章介绍的设计内容，对功能的详细设计分类和模板类型可以归集为两个"4"。

（1）第一个"4"：将全部的业务处理功能按照处理数据类型的不同，分为4大类，即：活动功能、字典功能、看板功能和表单功能。

（2）第二个"4"：每个业务功能的设计结果都需要4个不同形式的模板做记录，即：模板1=业务原型，模板2=控件定义，模板3=规则说明，模板4=逻辑图形。

3. 业务功能的设计步骤

有了数据和记录模板，完成每一类业务功能的设计还需要4个步骤，分别如下。

（1）活动设计的4个步骤：设计理念、业务内容、业务标准、管理规则。

（2）字典设计的4个步骤：设计理念、数据选择、数据标准、数据维护。

（3）看板设计的4个步骤：设计理念、展示对象、展示目的、展示内容。

（4）表单设计的4个步骤：设计理念*、展示对象、展示目的、展示内容。

*：关于"表单功能"的设计理念

因为在很多情况下表单功能的设计内容和格式是由用户而不是由业务设计师决定的，所以针对表单功能的设计理念不是必需的。

掌握了这个部分的知识后，业务设计师就可以设计信息系统界面的业务部分内容，这个设计为后续将业务功能转换为系统的"组件"奠定了基础，后续的应用设计是为这些业务功能"穿上系统的外衣"（没有系统的"外衣"，界面就无法操作）。

功能的详细设计内容，是作为一名业务设计师的最基础知识和能力。

分享

4件套的格式，是典型的工程化设计的样本

在培训初期，学员们对采用"4件套"描述功能的方式质疑比较多，主要就集中在：我们平时用文字描述功能的资料所用的时间就已经很紧了，还有必要花这么多的时间进行如此详细的记录吗？老师和学员们一起对所用时间做了分析。

（1）关于业务设计师花费时间的计算，除编写文档外还必须要包括下面两个部分：一是由于文档编写得不够详细造成的追加沟通时间；二是由于描述错误而造成的代码返工所花费的时间，相信每个学员都清楚自己是否发生过这两种情况，任何追加沟通和返工的时间都远远多于编写4件套的时间。

（2）业务设计师做得不够详细或是遗漏时，则必须由开发人员补做，而开发人员由于对业务整体不熟悉，补做所花费的时间通常会更多，且很多内容还必须要去询问业务设计师本人，这样多花费的时间是否合算？合理？（对于软件公司来说，节约"开发成本"第一重要！）

（3）业务设计师应该负责的业务功能设计，由于设计不周全而由开发工程师任意改动，那么这个改动的部分算是谁的设计？如果发生错误由谁来负责呢？

（4）采用结构化的表格形式记录，第一次编写时可能是花了多一点儿时间，但是它有一个最大的优点是：易于将设计成果积累、复用，这是提升设计效率的最佳方式。

（5）文章体的描述形式看似简单，但非常随意，其结果是需要更多的沟通时间，发生分歧时，不易维护，造成系统变更时花费的时间长。

（6）还有一个现象，一般软件公司通常为设计预留的时间实际上是不够的（不足以完成一份合格的设计），他们的理念是：尽量缩短设计时间，将大部分时间留给开发。而这样做的结果往往是：开发完成后由于分析和设计不到位，再花费数倍于设计的时间去修改。

通过对上述问题的分析和解释，学员们认识到了对时间的计算要从整体上看，从正确度上看，而不仅是交了资料就算完成，最终大家一致认为对于软件开发过程来说：不返工，就是对时间最好的节约方式！

在实践中，从技术开发人员的实际工作效果上得到了确认，采用"4件套"方式描述需求、设计是歧义最少、沟通效率最高、完成开发质量最好的方法。

习题

1. 阐述功能的详细设计的内容及作用。
2. 阐述为什么业务功能规格书用4件套模板表达可以唯一地描述功能。
3. 功能、数据表和数据是什么关系？
4. 业务功能规格书与需求功能规格书的区别是什么？如何继承使用？
5. 阐述活动的主要目的、作用、设计的重点。
6. 阐述字典与企业信息化管理有哪些特殊的关系、作用和价值。
7. 阐述字典在数据的设计上需要做什么准备工作。
8. 阐述看板在信息系统中起的作用，以及优秀的看板设计带来的客户价值。
9. 阐述表单作为系统中4个业务功能之一的特殊性。
10. 试举例说明4类业务功能之间的区别、相互协同关系。

第14章
数据的详细设计

从软件工程框架上看，数据的详细设计位置的前面有数据概要设计（完成了数据的规划）、上面有功能详细设计（完成了数据的定义），它的工作就是要将在功能设计中产生的数据按照数据规划的要求进行数据层面的设计，给出数据之间的逻辑关系。

本章内容在软件工程中的位参见图14-1，本章的内容提要见图14-2。

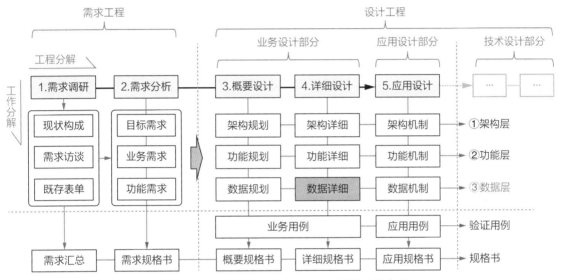

图14-1　数据的详细设计在软件工程结构中的位置

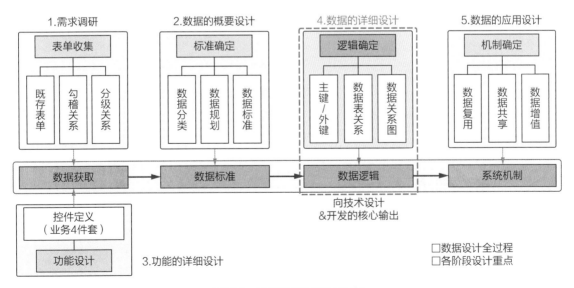

图14-2　本章的主要设计内容

14.1 基本概念

14.1.1 定义与作用

1. 定义

数据的详细设计，是基于数据的概要设计成果（数据规划和标准）、功能的详细设计成果（字段的定义）等资料对数据进行逻辑层面的设计，给出数据的逻辑关系，包括：数据表关系、算式规则等。

2. 作用

从软件工程上数据设计的全过程看，数据的详细设计是对概要设计的数据规划、功能详细设计的业务4件套等成果进行的数据层面的详细设计，见图14-3。这个环节的作用是从业务视角对数据做最后的设计，它的设计成果是后续数据应用设计的基础，也是技术设计中确定数据库关系的主要依据。从最粗的架构层规划设计开始，到对最细的数据层的细节设计为止，本章的内容是对业务设计的最后部分，此后从应用设计开始，设计工作的中心就开始向应用和系统方面转移了。

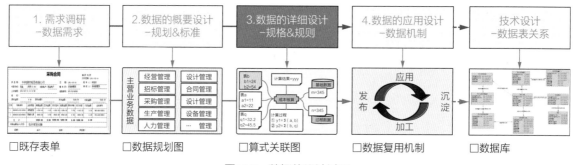

图14-3　数据的设计过程

虽然数据是在功能的详细设计（业务4件套）中定义的，但是在功能层的设计时数据是配角，是从"功能"的视角来看"数据"的。到了数据层之后，数据就成为主角，此时关注的焦点是数据，而不再关注数据来自于什么功能或是用什么方式产生的数据了。

14.1.2 内容与能力

1. 作业内容

在数据的概要设计中给出了数据的规划，功能的详细设计给出了所有数据的定义，完成了数据层的三元素之一"要素"，因此，在数据的详细设计环节中要给出三元素中的数据"逻辑"，以及表达逻辑关系的"模型"。

数据要素间逻辑关系的表达方式主要有三种：主/外键、数据表以及图形，这三者在逻辑图形上的关联分别为线（键）、结构（表）和规则（图），见图14-4。

	主要内容		内容简介	主要交付物名称
输入	业务功能规格说明书		各类业务功能的4件套（业务原型、控件定义、规则说明、逻辑图形）	
本章主要工作内容	键（线）	业务编号	为每个数据表赋予有业务含义的编号，以确保该表在系统中的唯一性	
		主键/外键	利用业务编号作为不同表之间的关联键（本表=主键、他表=外键）	
		数据I/O图	利用键关系，建立本表与他表间数据的输入(I)/输出(O)关联关系	数据I/O图
	表（结构）	数据结构	表内的数据间呈现的从属关系	数据表关系图
		数据分类	数据的分类：数字型、文字型	
		数据状态	数据受到的规则约束情况（要随着数据一同传递）	
	图（关系）	算式	数据之间的逻辑关系表达式（计算）	各类数据关系图
		算式关联图	表达复数计算数据来源、数据源间的关系、算式、匹配的结果	
		数据勾稽图	表达总量和分量间具有勾稽关系的数据比例图和计算方法	
		业务数据线	建立某类专项数据的生成过程（线），支持管理的管控、对比计算等	

图14-4 数据的详细设计内容

1）键（线）

键，是赋予每个数据表的具有业务含义的编号，作为该数据表的唯一标识，并以这个业务编号作为连接"键"建立起与其他数据表之间的关联关系，这是建立数据体系的基础条件。

2）表（结构）

在功能的详细设计的业务4件套中对所有的数据进行了定义和说明，功能上所有的数据构成了数据表，数据与数据之间的关系形成了"结构"关系。

3）图（关系）

除了用键、数据表来表达数据的逻辑关系外，还存在着数据之间由计算公式表达的逻辑关系，表达数据关系的模型有3个。

2. 能力要求

数据的详细设计与功能的详细设计的内容一样，都是业务设计师必须要掌握的基础技能，这两个能力是完整地完成业务功能设计（4件套）的必需条件，参考能力如下（不限于此）。

（1）可以看懂业务架构图、功能规划图，掌握功能之间的逻辑关系。

（2）熟练地掌握和理解业务功能规格书（业务4件套），它是数据详细设计的基础。

（3）熟练掌握数据的详细设计方法（本章的知识）。

（4）具有一定的数据逻辑、数据库的概念和知识（参考第11章）。

14.1.3 思路与理解

业务设计师的工作需要做到什么细度（最小粒度）呢？

很多从事业务设计的业务设计师所做的正式设计文档，通常只做到简单的界面布局和控件定义，至于对数据的规划、数据表关系的建立，以及数据规则的制定等内容就不一定作为正式的交付物了（也可能根本就没有做）。这样做的结果就是在业务设计师向技术设计师等交付资料后，技术设计师和开发工程师等还要花费大量的时间与业务设计师沟通，问清楚数据的规划、数据间的关系、数据的来源、算式的规则等，从设计工程化的角度来看，这个做法的效率低、沟通成本高，严格地说，没有完全发掘出业务设计师获得的全部信息，也没有发挥出业务设计师的全部能力，所以业务设计师应该给出数据层面所有业务数据的定义和逻辑关系。

业务数据、数据逻辑是对后续信息系统构建时的重要输出，如果业务设计做得到位就会有效地避免开发完成后出现的需求失真、逻辑错误等问题。

业务设计师对业务数据进行详细的定义、规划、复杂关系的关联，以及建立模型进行计算等工作都是属于业务设计的工作范畴，这些内容对后续技术开发阶段的数据设计起着非常重要的作用。同时这个部分知识和经验的欠缺，也是造成业务设计人员能力不足的原因之一。

在一个系统中，用哪些维度、方法去描述数据层面的逻辑，如何表现数据之间的逻辑关系，以及如何建模以帮助理解复杂的数据计算，都是业务人员必须要完成的工作，也是资深业务设计师必须要掌握的技能。

本书涉及的数据设计，可以看成是业务设计师必须要掌握的最小限度的数据设计内容，这部分内容如果不主动地向技术工程师提供，在实际的设计过程中业务设计师也不可能躲过这部分工作，进入到了技术设计阶段后，将会被动地要求向后续的技术设计师提供各种零散的信息和资料，因为这些内容只有通过业务设计师才能获得确定。

本章中讲述的数据设计方面的内容本质上都属于业务设计范畴的知识。

14.2　数据逻辑的概念

14.2.1　数据的逻辑

数据逻辑表达的是数据层数据之间的逻辑关系，这个层的要素是主要是数据表、数据。

为什么会出现业务逻辑和数据逻辑两种不同的表达方式呢？因为两种逻辑出现在不同的层面上，要素的目的不同、粒度不同、要素间的相互作用方式不同，因此要素之间的逻辑表达方法就不同，前面见过了架构层的逻辑图、功能层的界面表达方式，那么数据层的逻辑表达方式是什么样呢？数据的表现形式也很多，本书的目的是支持业务设计师的工作，因此从"业务的视角"给出数据设计的方法（而不是从技术实现的视角，如数据库的设计方法、要求等），虽然两者的视角、方法是不一样的，但是它们的逻辑是通的。下面对比一下两者表达的不同之处。

1. 架构层的逻辑表达方式

在组合原理中已经说明过了，业务架构图的逻辑的表达形式有三种，即关联、位置、包含。由于这种逻辑表达是客户的业务事理，这种逻辑的表达方式更加接近于用户的工作习惯，与用户业务的实际运行形式非常接近，所以，所有与系统开发相关的干系人（系统用户、需求、业务/应用/技术设计、编程、测试等）都容易理解。

2. 数据层的逻辑表达方式

数据层用逻辑关系图的要素是数据表、数据，用数据逻辑表达也同样采用了三种方式，三种数据逻辑表达方式为：键（线）、表（结构）、图（规则），见图14-5。其中：

(a)主键/外键　　　　　(b)数据表关系　　　　　(c)算式关联图

图14-5　三种数据的逻辑表达方式

（1）键：是用数据表的业务编号，作为连接数据表、数据之间的关系。

（2）表：指的是数据表，用表格结构表达出数据之间的上下、父子、从属等的关系。

（3）图：用各类逻辑图的形式，给出数据之间的关联关系，如算式图、数据线、勾稽图。

与架构图表达的最小粒度是两个功能之间的逻辑关系相比较，数据层表达的最小粒度是两个数据之间的逻辑关系。数据的逻辑表达是一种系统设计特有的表达形式，客户不一定能够理解（也不必理解），它对于技术设计师来说是基础知识，为了向技术设计师提供精确无误的设计资料，所以业务设计师必须要掌握数据的逻辑表达方式。

14.2.2　逻辑的目的

通过需求工程收集需求、概要设计完成从架构、功能到数据的规划，再经过功能的详细设计，收集到了全部的数据并在业务4件套中对每个字段进行了详细定义，全部的业务设计就剩下最后的一步，即设计数据间的逻辑以及表达逻辑的模型。首先说明一下数据的详细设计与上游各个设计环节之间的关系，如图14-6所示。

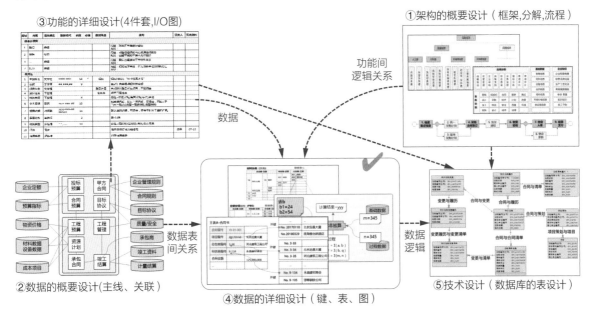

图14-6　数据的详细设计与上游各设计环节间的关系

①通过业务架构图，获取了功能之间的业务逻辑（主要是功能之间的业务关联关系）。

②给出数据表的规划，也包括数据表间粗粒度的关系（因此时尚无具体数据）。

③通过业务4件套，给出了数据的定义（但此时重点不在数据间的关系）。

④基于①②③的内容，建立数据之间的数据逻辑关系（主/外键、数据表、关系图）。

⑤承接④的结果，进行后续的数据库设计（属于技术范畴，非本书重点内容）。

下面就数据逻辑的3种表达形式进行详细的说明。

14.3 数据逻辑1——键

数据的载体是数据表，建立数据之间的逻辑关系首先要建立数据表之间的关系，而数据表之间的关系是用"键"进行关联的。

14.3.1 键的设计

1. 定义

（1）键：对两组或以上的数据之间进行关联的关键数据（ID）。

这个关键数据通常采用具有业务含义的业务编号或是无含义的自动编号。

（2）业务编号：是为保证每个数据表在系统中都是唯一的而建立的识别编号。因为这个编号的构成中带有业务含义，因此称之为业务编号，它是后续建立数据逻辑关系的基础。

有了编号，有利于在系统中进行识别、关联、查询等操作。

2. 编号的基本构成

业务编号的编制有两部分的工作，一是赋予编号名称，二是设计编号的业务内容构成。

1）编号名称

编号的基本规则，已经在第11章中进行了编制原则的说明，通常采用"业务功能的名称"+"编号"的形式构成，因此才称之为业务编号，例如：

（1）活动"合同签订"的编号→合同编号。

（2）表单"出库单"的编号→出库单编号等，以此类推。

2）编号构成

可以采用分段合成的方式，表达不同的业务含义，下面试举几例来说明。

【案例1】从业务功能"合同签订"上输出的表单为"合同书"，合同的业务编号为：180800125012078。其中各部分的含义为： 18=2018年，08=8月，001=流水编号，25=部门，012=产品分类，078=产品规格。

对它的解读是2018年8月的第1份合同，它是25部门的012产品中的078规格。

【案例2】电冰箱编号：15-005-12-10。

其中各部分的含义为：15=电器设备分类，005=家电分类，12=厨房分类，10=电器品名。

这个电器是属于"电器设备"→"家电分类"→"厨房分类"→"电冰箱"。

3）记录地点

业务编号记录在"功能的详细设计——业务4件套"中，通常将业务编号作为控件定义表的第一个字段，放在控件定义模板中的第一行。

4）业务编号与数据库的ID区别

这个数据表的"业务编号"与数据库的ID在本质上是一样的，都是作为数据表的唯一识别ID，但是一般来说，数据库的ID是没有业务含义的，它是由系统自动发布的。这里之所以采用有业务含义的业务编号主要是有以下两个目的。

（1）目的一：业务编号是快速检索的重要手段。

（2）目的二：可以让业务设计师理解数据、数据表之间的关系是如何建立的。

至于在系统设计中是否采用业务编号的形式作数据表的键，取决于系统的整体规划、架构，包括业务设计和技术设计两方面的考虑，由业务设计师和技术设计师共同协商决定。

3. 编号的组合方法

考虑到系统运行后会经常地发生变化，为了获得系统的应变能力，业务编号的构成应尽量采用组合方式，而不是将大量的信息融入到一个业务编码中，在一个编号中加入了太多的信息，一旦这个编号由于需求发生变化时，就会造成与这个编号相关联的信息的变动，这样编号的方式减弱了系统的应变能力，在后期系统发生需求变化时会带来系统改变的难度。因此，在设计带有复数信息的业务编码时，可以采用"主编号＋属性"的方式来分散长编号的风险。

（1）主编号：代表不易发生变化部分的编号。

（2）属性：容易发生变化的部分，采用复数的独立属性编号。

当部门、工作或是产品的分类容易发生变化时，可以将它们与主编号分离开来，进行组合，而不是做出一个编号，这样无论有多少变化的部分，都可以通过不断地附加属性编号解决，而不必改动主编号。

下面以前述的"合同签订-合同书"的"业务编号"180800125012078为例说明。

按照主编号+属性的方式首先将这个编号拆分到图14-7中，主编号是1808001，将代表其他信息的编号附在主编号之后，形成"主编号+部门+X分类+Y分类"的表达方式。

主编号	部门	X分类	Y分类
1808001	25	012	078

图14-7　业务编号的构成

编号合成后=1808001-25-012-078

虽然从结果的表面上看，前后两个编号内容和形式是一样的，但它们的区别在于：

（1）前者是一个完整的数值。

（2）后者是由4个数值组成的并且分别储存在4个字段中。

（3）前者在编号发生变化时，例如增加分类，都会影响编号的稳定性。

（4）后者由于储存在不同的字段中相互之间不受影响，变化时只需在表中加一列就可解决。

4. 编号的发布方式

编号的发布方式基本上有两种：自动发布、手动发布。

1）自动发布

设定一个基础编号的构成格式后，按照编号的构成格式自动增长。其优点是：编号由系统自动地按照增量规定增长，这样的编号利于检索、易排序，不会出现编号乱码或是重复的问题。其不足之处在于需要手动插入指定编号时很麻烦，例如，需要导入部分数据或是与其他系统进行集成时。

另外，虽然数据库也可以自动发号，但是编号没有业务含义和规律，不能用来快速查询。

2）手动发布

可以任意插入，但管理比较麻烦，且处理不好容易引起插入前后数据的混乱。

14.3.2　主键/外键

在系统中会有很多的数据表存在，这些数据表之间会发生互动，例如相互之间对数据进行参照、引用、复制等，为了实现这个互动，就必须让每个数据表都有一个唯一的标识，这个标识就称为数据表的"键"，用业务编号作为数据表的键就是其中一个代表性的做法。

每个键都有两个作用：对本表是主键，对外表是外键，即每个数据表可以有两类键。

> 注：关于"参照、引用和复制"的区别
>
> （1）参照：将上游功能的部分数据显示在本功能的界面上（但不保存在本功能上）。
> （2）引用：本功能的计算中采用了上游功能的数据。
> （3）复制：将上游功能中的部分数据复制到本功能的数据表上并保存。

1. 主键

主键，是本数据表的代表名称，一个数据表里只能有一个主键。

一个数据表只能有一个主键，指的是一列或多列的组合，其值是能唯一地标识表中的每一行，通过它可强制数据表的完整性。它用于与其他表的关联，以及本记录的修改与删除等。

如图14-8所示，主表A-合同书中的合同编号18-01-001就是该表的"主键"。

2. 外键

外键，当一个表中除了本表的主键外，还保存了其他数据表的主键时，那么在本表中其他数据表的主键就被称为"外键"。根据参照外部数据表的数量多少，一个数据表中可以有复数的外键。如图14-8中的表A，主键：外键=1：n=1：3。参考"合同书"的内容，其中：

主键：本表中的主键有1个=合同编号。

外键：本表中的外键有3个=项目编号、总包商编号、材供商编号。

从合同书表中可以看出，这几个外键可以在合同书的界面上显示出外键所对应的数据表上的信息，例如：

（1）项目编号：从"项目登录表"带来了关于项目的信息，如名称、地点、规模等。

（2）总包商编号：从"总包商表"带来了关于总包商的信息，如技术、资金、资质等。

（3）材供商编号：从"材供商表"带来了关于材供商的信息，如主营材料、价格、加工数据等。

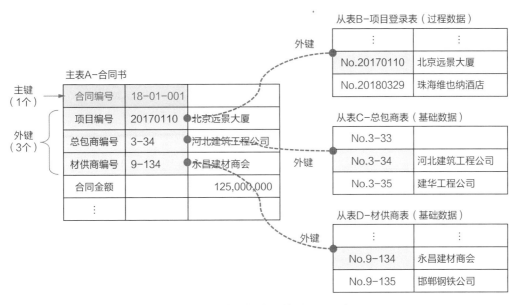

图14-8 数据表之间的主外键关系示意图

当然，主/外键是相对的，本表中的主键，在其他表看来也是外键。

14.3.3 键的应用

业务编号做成的"键"，不但可以用于关联数据、数据表之间的关系，还可以在用图形做业务设计中表达数据之间的逻辑关系，下面介绍两个案例说明键在业务设计中的应用。

1. 数据I/O图

在功能的详细设计——业务4件套中的"控件定义"中，在数据源一栏里说明了数据的来源，但是当数据非常多，业务设计师可能对全体也不是把握得很清楚时，往往会出现数据来源的指定错误，此时采用"数据I/O图"，可以帮助业务设计师梳理清楚数据的来龙去脉。

下面以"合同签订"功能为例，说明I/O图的绘制方法，见图14-9。

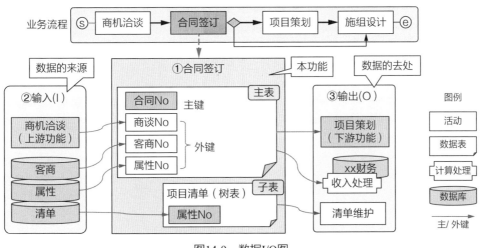

图14-9 数据I/O图

（1）合同签订作为本体，具有1个主表、1个子表，在主表上标注了：1个主键（合同

No）、3个外键（商谈No、客商No、属性No）。

（2）数据的来源表示来自于上游的数据来源，如商机洽谈、客商等。

（3）数据的去处表示向下游输出的数据去处，如项目策划、收入处理等。

通过数据的I/O图，可以帮助业务设计师建立一个数据来源与去处的模型，梳理数据来源多、关系复杂的功能内部数据关系，这个图完成后可以放到业务4件套的第4个模板——逻辑图形内，它可以帮助技术设计师或是编程工程师理解业务4件套——控件定义中"数据源"的数据关系。

2. 业务编号架构

每个数据表都有一个唯一的编号，通过对数据表的编号设计，可以用编号之间关系进行业务过程分析，下面用4个业务功能（项目商谈、合同签订、项目规划、材料采购）的业务编号建立起4个功能之间的关系，编号采用组合的形式：主编号+子编号的形式，即每个功能有一个主编号，每个主编号的下面设置子编号，见图14-10。

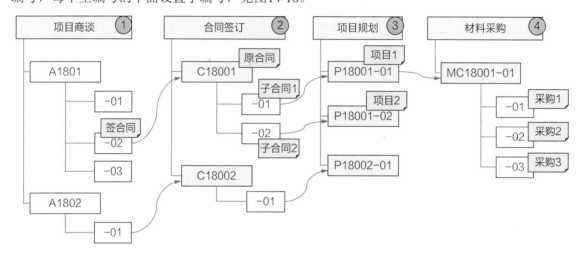

图14-10　用业务编号建立业务关系

例如，商谈的主编号为A1801，在获取了这个商谈编号后，每商谈一次就在其下的子编号上增加一位数，第一次为01，第二次为02……。从图14-10中可以看出如下信息：

①在商谈编号为A18010-02次时，获得合同的签约。

②因该合同内包含两个项目，因此将该合同拆分为两份：子合同1和2。

③项目1=P18001-01（对子合同C18001-01），项目2=P18001-02（对子合同C18001-02）。

④项目1又与材料供应商同时签订3份材料采购合同。

即采购1=MC18001-01-01，采购2=MC18001-01-02，采购3=MC18001-01-03。

3. 数据表关系

在前面的各个设计阶段中业务设计师完成了对数据不同的设计，为后续技术设计时的数据架构工作奠定了基础，技术设计师就可以参考业务设计师的数据设计结果，利用主/外键建立起全部数据之间的关系，如图14-11所示。

图14-11（a）：功能规划关联了活动、字典的各类数据表的关系。

图14-11（b）：完成的业务功能规格书（业务4件套）模板2的"控件定义"，可以看出，控件定义表实现上就是一张张的数据表。

图14-11（c）：技术设计师根据图14-11（b）的数据表和字段的定义等信息，建立开发用的"数据表关系图"。

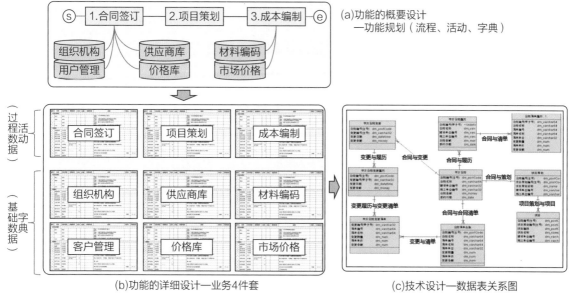

图14-11　不同设计阶段完成的数据设计

业务设计师完成的图14-11（a）和图14-11（b）的工作内容越详细、质量越高，则技术设计师的图14-11（c）的绘制工作就越容易，开发完成后的返工现象就会越少。

14.3.4　键的区别

业务设计中提到具有业务含义的"键"与技术设计数据库时定义的"键"是有区别的。

1. 业务编码作为主键（业务设计）

可以用于对系统中不同输入记录的查询，例如，各类原始凭证的输入，利用业务编码查询可以做到一步查到，如果使用过滤部门、担当、时间、产品等条件的方法会非常耗时。

用业务编号作主外键可以帮助业务设计师理解、分析、设计数据之间的逻辑关系。

2. 数据库自动发布的键（技术设计）

技术设计师在设计数据库的表关系时，会使用数据库自动发布的ID，这个ID没有任何的业务含义，由于对外不显示，所以也不能用来进行查询，这两套键没有对应关系。

14.4　数据逻辑2——表

建立了"键"的概念之后，就可以利用"键"来建立数据表之间的关系了。

14.4.1 表的概念

1. 数据表定义

数据表，是按照一定的结构形式排列的数据格式，任何数据的载体都是数据表。

用"格式"描述数据表的形式，格式包括数据结构、数字分类、数据状态三类内容。

（1）数据结构：列表结构、树状结构。

（2）数字分类：数值、货币、文本、日期、分数等。

（3）数据状态：表达在导入上游功能的数据时，该功能所处的状态，例如，编辑期限已过、功能被锁定、审批已完成、数据已被引用等（参见17.3.1节）。

数据表格式的三个内容关系如图14-12所示。

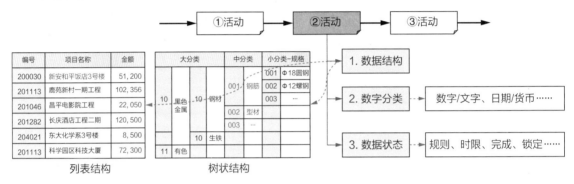

图14-12 数据表格式示意图

2. 数据表的作用

为什么需要有数据表的规格呢？在业务流程上处于上下游关系的活动之间，如果进行数据的复制时，不但要确认上下游活动的数据属性是否一致，还要确认上下游活动实体的数据结构是否一致，如果不一致就不能复制。同样，不在流程上的功能之间复制数据时也存在着同样的要求。因此，在研究具有数据复制关系的活动时，首先要了解各个活动的"数据结构"是否需要一致（是否需要一致是根据业务逻辑判断的，并非都需要一致）。

14.4.2 数据结构

数据结构，表达了一组数据间逻辑关系的结构形式。在业务设计中常用到两种数据的结构形式：列表结构和树状结构，见图14-13和图14-14。

项目编号	项目名称	金额/万元
200503002	新安和平饭店3号楼	51,200
201011023	鹿苑新村一期工程	102,356
201104056	昌平电影院工程	22,050
201208062	长庆大酒店工程二期	120,500
201404021	东兴大学化学系3号教学楼	8,500
201612013	创新科学园区科技大厦主楼	72,300

图14-13 列表形式

大分类				中分类-形状		小分类-规格	
				001	钢筋 –	001	Φ18圆钢
		10	子（钢材 –）			002	Φ12螺纹钢
10	父（黑色金属 –）					003	…
				002	型材 +		
				003	…		
		10	生铁 +				
11	有色金属 +						
12	水泥 +						
13	木材 +						

图14-14 树状表形式

（1）列表结构：图14-13的数据有多条，排列成线形，多条数据间无关联，简称为"列表"。

（2）树状结构：图14-14的数据呈树状结构，数据间存在"父子"关系，简称为"树状"。父子关系是相对的，例如，对于上级"黑色金属"来说"钢材"是"子"，但相对于下层来说"钢材"又处于"父"的位置。父子结构可以有多少层没有规定，视客户的需求而定，分层多，则管理细，但操作效率低；分层少，管理粗，但操作效率高。

可以看出，在设计功能的原型界面时，一个界面呈现什么样的形式、一个界面由几种类型的细表构成等，都是根据数据结构来决定的。例如，一个员工登录用的履历表界面上的数据由3个部分的数据表构成，见图14-15，各个数据表的情况如下。

图14-15 员工履历记录原型界面

①是组织部门的结构，它的数据是组织中各个部门的名称和员工的名字，这个表是"树状"的，表内的数据"部门名称"和"员工名字"具有"父子"关系。

②由于个人信息中的基本信息部分是唯一的，因此②采用了单条记录的形式（卡式），这个可以看作列表的一个特例。

③这里列出的是每个员工的履历，这个表是"列表"形式的，可以有多条数据，且每条数据之间并无关联。

归纳一下：员工履历记录的界面上有三个区域，由于这三个区域内的数据结构都不一样（①树状式，②卡式，③列表式），因此就形成了图14-15的界面形式。

14.4.3　数字分类

在业务设计中按照数据特征被划分为两种类型：数字型数据和文字型数据。其中，对数字型数据的内容还可以再进行如下的细化分类，见图14-16。

数字分类	类型	说明
数值	12345、−1234.5、12,000(会计格式)	一般数字的表示
日期	2018/10/01(英)、2018年10月1日(中)	表达日期值
时间	13:00、13时30分	表达时间值
货币	¥100、$200、£300	表达货币值

图14-16　数字分类一览

（1）数字型数据：虽然都使用了"数字"，但是表达了不同的含义，这类内容都可以参与计算。

（2）文字型数据：包含中文、外文等，类型为汉字、字母等，这种类型不能参与计算。

📖　注：

本表的分类方式引用了Excel中提供的数字分类形式。

14.4.4　数据状态

数据从上游活动传递给下游活动时，不仅带过来了数据结构、数字分类等，同时还带过来了一个非常重要的信息：传递过来的数据在上游功能中受到了什么规则的约束。这些规则表达的就是数据状态，描述数据状态的内容如下（不限于此）。

（1）规则：原数据遵守了哪些业务标准、管控规则，这些标准和规则是否要延续？例如，在上游活动处理时是否遵守了期限约束，如财务、工期、合同等。

（2）完成：上游活动中的业务处理是否全部完成（提交），没完成的数据不可使用（仅供参考）。

（3）锁定：上游活动的界面是否受到系统的锁定，如果锁定，则数据不可编辑等信息。

处于下游的活动受制于上游活动的信息，上游的数据及状态影响本活动中数据的处理内容和方式。关于状态的详细描述，参见第17章。

14.4.5　表的案例

为了更好地理解数据表格式的内容和作用，下面举例说明。

【**案例**】采购流程中三个关键节点（节点①预算编制、节点②合同签订、节点③核算支付）之间的数据流转设计如图14-17所示。

1. 采购流程的基本思路

1）采购的过程

（1）首先，进行节点①预算编制的工作，包括确定需要什么（材料、设备）、数量、规格、成本等。

（2）其次，根据预算编制进行节点②合同签订的工作，基于预算向承包商发包，定时间、价格等。

（3）最后，按照合同的内容进行节点③核算支付的工作。

2）采购的要求

本案例要求节点③核算支付要按照节点①预算编制的口径进行支付。所谓的"口径"指的就是支付的数据结构要与预算的数据结构是一样的，例如，在节点①预算编制中"人工、材料、设备"的费用是分列的，那么在节点③核算支付时也必须是按照"人工、材料、设备"分别支付。这里就引出了一个关键点，即如果要节点③和节点①的数据结构是一致的，就必须要保证节点②和节点③是一致的，因为节点③的数据是来源于节点②，如果节点②与节点①的数据结构不相同，则节点③也不能保证与节点①的数据结构是相同的。

2. 采购流程的详细说明

1）数据结构

节点①：采用了图14-17中④的数据结构形式。

节点③：因要满足采购要求，所以节点③也采用了与节点①一样的数据结构（否则口径不一致）。

节点②：因为节点③要与节点①的数据结构一致，又因为节点③是参考节点②的结果进行支付的，所以就等于要求节点②与节点①也必须是一致的，否则节点①的数据结构不能传递给节点③。

2）数字分类

节点①采用了图14-17中⑤材料分类和⑥设备分类的数据表中的数据，节点②增加了图14-17中⑧分包商的数据用于确定选择哪位承包商，节点③要继承节点①和节点②的数据结果，通过这样的设计后，就可以保证三个节点的数字分类是一致的。

3）数据状态

节点②：预算编制中审批过的部分数据才能够被节点②引用。

节点③：节点②中到货且完成验收的部分数据，才能够被节点③引用。

这里需要引起特别关注：从这个案例可以看出，复杂系统决定界面形式时，除考虑本原型内的数据构成外，还需要考虑数据输入上、下游节点的需求，有可能本原型的形式是由上游或下游原型的要求决定的。所以，在进行功能的界面设计时，界面形式的确定一定要参考数据结构的要求。

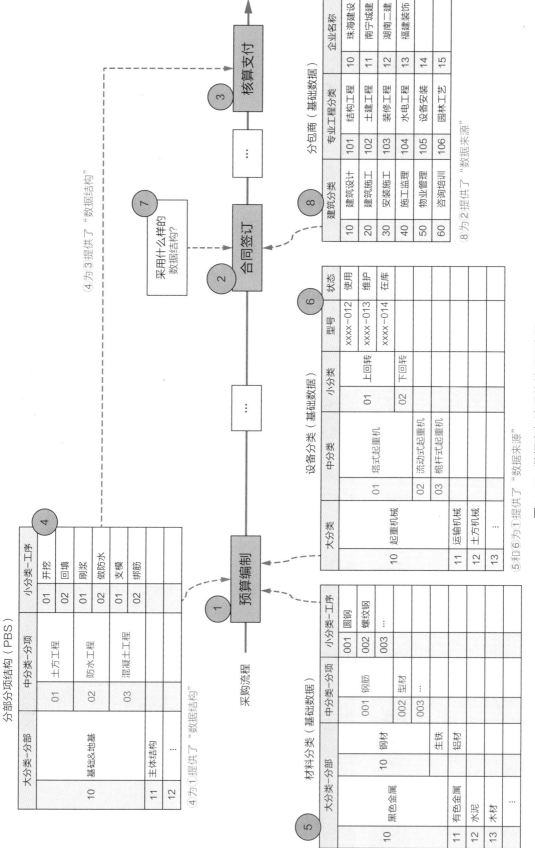

图14-17 数据表与流程的关系示意图

14.4.6　表的区别（业务与技术）

这里讨论的数据表、数据结构等概念是为了完成对业务的分析与设计而引入的，它们与技术的数据库表设计方法和表达方式不完全一样，但概念是相似的。因此，按照业务设计完成的数据表设计资料在技术设计阶段也是可以被继承的。

（1）业务设计的数据表是来源于业务功能的设计（业务4件套），业务功能上只表示出了业务数据（客户所需要的数据），没有系统功能相关的数据。

（2）在技术设计阶段所做的数据库用数据表上，除了业务数据之外，还存在着有很多技术实现所需要的辅助数据，例如，数据的属性、处理状态的属性等，这些数据与客户的业务无直接关系，完全是技术实现时需要的，所以数据库的数据表要大于业务的数据表。两者的关系如图14-18所示。

图14-18　两种数据表的关系示意

业务设计师可以忽略技术设计时增加的属性数据，只需关注有业务数据的数据表即可。

作为业务设计环节，业务的数据表符合业务逻辑，不关注技术的实现方式，技术设计的数据表为了易于实现可能与业务设计的数据表不一致，但只要实现的结果与业务设计的要求相同就可以了。

这也是软件设计不同于其他制造建筑行业设计的特点，例如房屋的设计，建筑外表和应用部分的设计与内部结构的形态要完全一致，否则无法建设。但是软件设计就不同了，往往业务设计的成果仅仅为技术实现提供了逻辑依据，但是实际的技术设计与业务设计的图形并不一致，而且越是可以灵活应用的系统设计，两者之间在图形表达上的差距就越大。参见后续的"应用设计"内容时就可以感受到了。

14.5　数据逻辑3——图

有了"键"和"表"的概念，下面就可以去解决复杂算式的表达了，因为复杂算式中的数据是通过"键"关联了来自于不同数据"表"的数据。复杂算式模型（图）表达的也是一种数据之间的逻辑关系，这类模型对理解和传递数据间的复杂逻辑关系具有很好的表达能力。

14.5.1　复杂算式的概念

在业务分析过程中会产生很多数据，有些数据可以直接使用，有些需要进行简单的计算就可以使用，但是还有不少需要通过多重的引用和计算后才能使用。后者由于数据来源复杂、影响要素多所以很难用语言、表格等方式表达，这就需要有一套方法可以有规律地、结构化地传递设计的想法，这里要讲的复杂算式指的不仅是计算公式"＋、－、×、÷"的多重使用，而是包括建模的路线、数据的来源、逻辑关系等内容的综合使用，例如：

- 根据设计目的，如何快速地找到合适的表达模型？
- 哪些数据参与了计算？计算数据从哪里来？
- 如何表达算式的逻辑关系？ 等等。

这里通过三个应用场景来介绍用图形的方法构建这类具有复杂背景的计算模型，读者在实际的设计工作中如果遇到与这三种场景不同的问题时，可以参考这里提供的建模方式自行建模，设计原则参见各个计算模型的说明。

三种模型各自的特点如下。

（1）算式关联图：对于"点"的复杂处理（包括两种场景：数据计算、数据匹配）。

（2）数据勾稽图：用于"面"的复杂处理（用图的尺寸表达比例关系）。

（3）业务数据线：用于"线"的复杂处理（用数据连成虚拟"线"）。

14.5.2　算式关联图1——计算用

1. 算式的基本构成

计算用的算式关联图的应用场景是：在某个"节点"上有多个数据来源的汇总、计算。这个计算可以是活动、看板或报表中的某个处理步骤，这个计算涉及复杂的数据来源、引用、关联及多重的计算。

算式关联图的模型中包括两大部分：数据的来源和数据的处理，见图14-19。

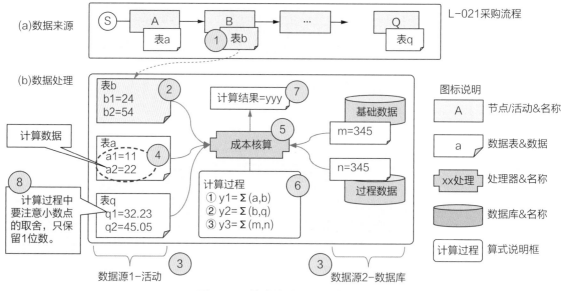

图14-19　算式关联图（计算用）

假定在某个业务流程上的B节点①中有一个计算处理（成本核算，见数据的处理中间图标），这个计算需要有多个外部的数据来源共同参与。

下面分别对算式关联图的各个部分进行详细说明。

2. 数据来源

数据来源，是用来说明包含计算功能的位置，以及其他参与计算的数据来源。

（1）绘制采购流程L-021，该流程上节点A和节点B中的数据参与了计算。另外，不在流程上的独立活动Q中的数据也参与了计算。

（2）标注出发生了"成本核算"处理的活动B在该流程上的位置（可以采用不同的颜色）。

（3）标注出每个活动上参与计算的数据表名称，例如，活动A/表a（在流程上的功能）、活动Q/表q（非流程上的功能）。

至此，标示出了计算公式的位置和3个数据的来源，完成了数据来源的说明。

3. 数据处理

数据处理，是建立数据表b的计算处理模型，以下各类要素（数据表、数据、数据库、计算处理等）必须要使用指定图标表示，参见图14-19右侧的图标说明。图14-19中各项说明如下。

②中表b：因为计算公式发生在功能B上，因此将功能B的数据表b放到处理图的左上角。

③中其他的数据来源分列在处理图的两侧（布局的要求仅作为参考），例如：

● 数据源1：将来源于活动类的数据，如表a、表q，置于处理图的左侧，表b的下方。

● 数据源2：将来源于数据库的数据，如基础数据、过程数据库，置于处理图的右侧。

④计算数据：在表内写入参与计算的变量名称、数值，并用箭头线将数据表指向处理器。

⑤计算名称：计算处理器的上面要标明算式的名称，如"成本核算"。

⑥计算过程：将各数据来源的具体数值带入到计算过程的公式中，格式必须要给出分步计算的过程，必须要让程序员可以读出来每一步的计算公式与对应的计算结果。

⑦计算结果：将最终的计算结果填入计算结果栏，到此完成全部的计算过程。

⑧如果某个步骤的内容比较复杂，可以在实体或是数据旁边，加入一些说明。

可以看出，算式关联图实际上就是一个为解决某个特定问题而建立的用例图。

4. 算式的设计原则

1）模型清晰

每个模型一定要有一个明确的计算目标，不可在一个模型中加入过多的目标，如果目标多，为了保证计算的路径清晰，可以将它们拆分为若干个小模型，分别计算出各个目标值。

要特别标注出算式的载体，其余的表等都是作为算式的数据资源。

2）模型的规律性

因为模型要表达的应该是一个可以反复运行的"机制"，所以要从模型中可以看出计算过程的规律性，这个规律性对后续的技术建模起着很大的启发作用（用于功能的复用）。

3）图标的统一

采用了标准的画法表达后，无论多么复杂的内容都会比较容易地且清晰地表达出来。

由于是工程化的设计图，所以整个设计过程都必须要采用标准的图标、规范的标识方法，否则就无法达到工程化的设计效果，由于这些图形中传递的是"逻辑"，而逻辑的表达如果出现了各种各样的表达方式，则资料的继承者就难以从图中直接读取业务设计师想要传递的"逻辑"，他需要先去理解各类图标的含义，这样采用工程化图形表达的价值就大打折扣了。因此，采用统一的标准图标表示是非常重要的原则，这也是设计工程化的最基本要求。

4）数值的标注

在数据的处理图中，数据表内必须要填写入实际的数据名称和数值，例如：

（1）表b内要写入：实体b1=24、b2=25，其中，b1、b2都是数据名称。

（2）计算过程内要写入计算的每一步公式、每一步计算的结果。

5）业务流程的表示

由于数据的来源图的重点是表示数据来源的背景，所以当业务流程的节点比较多、流程比较长的时候，可以只画出流程中参与计算的节点，不参与计算的节点可以省略。

6）活动、数据的表示区别

这两者在图中的标注是不一样的。

（1）活动在背景流程上出现，活动的下方要标注活动中参与计算的表名称。

（2）在数据处理区域中，只给出表的名称不要活动名称，如果活动上只有一个数据表，则活动名称与表名称一致，当不止一个表时，只需标出参与计算的表名称。

（3）数据库由于是公用的，并不属于某个业务功能独有，因此不需要标出数据库的来源。

5. 算式的使用场景

1）算式的载体

算式关联图可以使用在以下两个场景：有原型作载体、无原型作载体。

（1）有原型作载体。

用原型作为载体，通常是某个业务功能中的计算，上面案例的说明就是在实体内的计算。

（2）无原型作载体。

通常是发生在数据加工过程中的某个环节上，此时没有原型作载体（是在后台运行的）。

2）业务的场景

算式关联图一般用于计算跨业务功能之间的场景计算，关联图绘制完成后，为了查看方便，通常将关联图粘贴在"业务4件套——逻辑图形"的模板上。

6. 连续算式的表达方式

有一些复杂处理需要的计算不可能一步完成，通常需要经过若干次的计算才能完成，对这样的复杂计算对象需要进行拆分，然后用算式关联图模型进行数次串联计算，这样就化解了复杂对象。如图14-20所示，就是一个多重计算的模型。

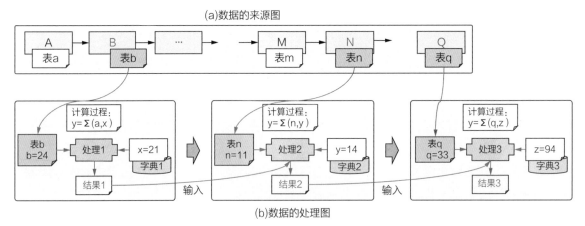

图14-20 利用算式关联图进行多重计算的模型

可以看出，无论是多么复杂的计算，如果拆分成为若干个简单、标准的算式关联模型后，就变成了一系列的简单计算。

下面是一个实际的复杂计算案例的规划（这里省略了计算过程），如图14-21所示，这个计算过程采用了多重计算的方法，其中每个步骤的详细设计与前述说明相同。因为计算过程非常复杂，为了保证计算逻辑正确，所以先用算式图规划一下多重计算的模型，建立多个数据关联图之间的关系，检查计算过程的数据、逻辑、路径等是否正确，所以这里没有填入实际的数据和算式，只需参考它的模型规划方案即可。

（1）先分别进行A、B、C的计算处理。

（2）将A、B、C的处理结果带入到D中进行处理。

（3）再将处理D的结果带入到E中处理，完成全部的处理过程。

从图14-21的处理复杂度看，如果类似的多重计算不用图形表达，很难说清楚逻辑关系、计算路径，但如果使用了算式关联图，则计算过程就变得非常简单，而且易于沟通、调整，特别是后期需求发生变化时。使用了图形表达方式，就没有传统意义上的复杂计算了（因为无论是多么复杂的计算，只要拆分的粒度足够细，拆分后的计算都是简单计算）。

14.5.3　算式关联图2——匹配用

1. 算式的用途

前述计算用算式关联图是用来做"数据计算"的模型，还可以利用此图表达"数据匹配"的模型，数据匹配的处理可以是文字或是数字，数据来源提供的是"文字"，则匹配的输出结果是文字，给出的是数字，则匹配处理的结果是数字。这种处理方式对技术设计师来说就是"查询"处理，通常就是给出几个数据作为查询条件，然后将这些数据与基础数据库、历史过程数据库内的数据进行对比，匹配出合适的结果。

通常业务设计师们可能都认为，做匹配（或称之为查询）的设计工作应该是技术设计师的工作，究竟匹配设计是业务设计师的工作还是技术设计师的工作，判断的主要依据之一是看这个设计的成果是由谁来使用。如果设计成果是从事业务处理的用户使用，则它首先是业务设计师的工作；如果设计成果是客户信息中心的用户进行系统维护用的，则有可能不需要业务设计师设计而直接由技术设计师来完成。这里仅讨论由业务处理的用户使用的匹配设计，内容说明有哪些可以匹配的对象，例如：

● 匹配例1：按照部门、销售员、产品线等区分，设计出销售成绩排名的匹配条件。

● 匹配例2：利用电商平台，设计查询某类产品有无的共同筛选条件。

● 匹配例3：针对销售数据，设计某类产品的销售额与地域分布的关联关系，等等。

为什么将这类内容的处理包括在业务设计中呢？可以看出，虽然匹配设计的内容都是在做查询工作，但是涉及的内容都属于业务设计的范畴，不懂客户需求、不懂业务设计方法是难以设计出来的，能够匹配出来结果是因为预先将查询条件设计好了，而这个查询条件就是业务设计师设计的，因此，在设计阶段的匹配设计本身不是一个技术问题。

2. 算式的基本构成

1）数据来源

（1）如果仅有一个发起查询的活动，可以不画数据的来源图。

（2）基础数据和过程数据的来源表达方式与计算用模型相同。

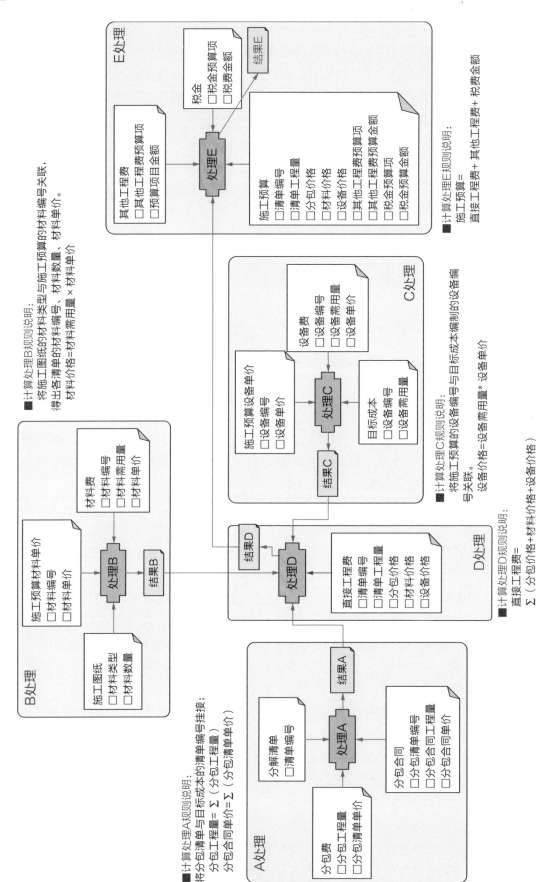

图14-21 利用算式关联图进行多重计算案例

匹配用模型的图标和计算用模型完全相同，见图14-22。

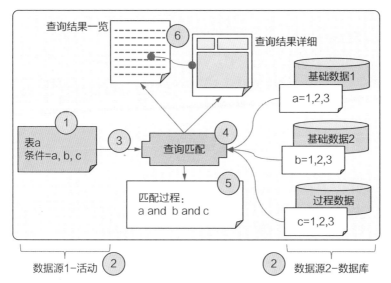

图14-22　算式关联图（匹配用）

2）数据处理

图14-22中各项说明如下。

①表a：匹配的载体a要放到处理模型的左上角，采用数据表图标。

②其他来源分列两侧（布局的要求仅作为参考）。

● 数据源1：来源于活动的数据表，如表a。

● 数据源2：来源于数据库类的数据，如基础数据库、过程数据库。

③匹配数据：参与匹配的数据用箭头线指向处理器，并表明每个数据的数值。

④匹配名称：匹配处理器的上面要标明处理的名称，如产品匹配、销售额查询。

⑤匹配过程：这里要将各数据来源的具体数值带入到公式中进行匹配。必须要让程序员可以读出来每一步的匹配公式与对应的匹配结果。

⑥匹配结果：将最终的匹配结果填入结果栏，到此完成全部的匹配过程。

3. 算式的设计原则

数据匹配用和数据计算用的算式表达基本要求是一样的。

4. 算式的使用场景

凡属于"条件→查询→匹配→结果"这样的行为，都属于匹配模型的适用范围，例如：

● 产品匹配：给出查询产品的条件，查询仓库（电商平台）是否有匹配的产品。

● 岗位匹配：给出工程需要的知识、技能等条件，查询是否存在有与条件相匹配的员工。

● 产值查询：在历史数据库中，查询某个时间段、某个部门、某个产品的销售额。

5. 连续匹配的算式表达方式

如同复杂的计算场景一样，复杂的查询作业也是存在的，查询的过程也是需要一层一层地进行，此时业务需要采用多重匹配的专业方式，做法参照计算的多重模型。

14.5.4　数据勾稽图

1. 勾稽图的基本构成

数据勾稽图，它的应用场景是对某个总数，从它的初始数据形态开始，经过多个阶段的不同处理后，这个总数由初始形态转变为其他形态的计算过程。这类数据勾稽图的绘制是基于"总量不变原则"。图14-23表现了总量不变原则的示意图，下面举例说明示意图的含义。

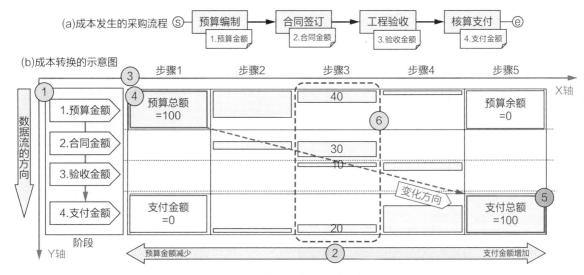

图14-23　总量不变原则的示意图

【案例】表达图14-23（a）"成本发生的采购流程"上各个活动的数据转换过程，即表达：将"1.预算总金额"全部转换为"4.支付金额"的过程。

这个转换过程中共有4个阶段（预算金额、合同金额、验收金额和支付金额），见图14-23（b）。每个阶段的全部数值转换为下一个阶段的数值需要走5个步骤（步骤1～步骤5），且每个阶段的金额合计（X轴）必须相等，每个步骤内金额合计（Y轴）必须相等，阶段与步骤的内容合计如图14-23（b）所示。

（1）Y轴：有若干个"阶段"，表达从预算金额到支付金额的数据经了4个"阶段"。

（2）X轴：有若干个"步骤"，表达了每两个阶段之间需要分为5个"步骤"。

（3）每个阶段的数据之和要等于上一个阶段的总值，即：

Σ（支付金额）=Σ（验收金额）=Σ（合同金额）=Σ（预算金额）

（4）每个步骤内各个阶段金额合计，要等于上一个步骤的合计。假定步骤1预算总额=100，对步骤3进行观察，Σ（步骤3）=40+30+10+20=100 = 步骤1的金额。

这就是"总量不变原则"的定义。它将数据的过程拆分成为不同的状态，这样就可以在不同的状态下，针对数据进行精确的计算、管控。带入数据后，再理解勾稽图中①～⑥的含义。

①是材料采购流程中的数据流，4个数值分别对应采购流程的相应节点。

②步骤1～步骤5表达了从预算金额向支付金额转换的方向：

"预算总额=100" → "预算余额=0"的方向；

"支付金额=0" → "支付总额=100"的方向。

③步骤2～步骤4说明"预算金额"被分为三次签订合同，因此流程也就循环了三次。

④～⑤流程循环了三次后，"预算总额"全部转换为"支付总额"。

⑥说明从步骤1到步骤5，无论处在哪个步骤上，数值的合计都应该为100。

每个步骤划分的份数可以不相等（从图中可以出，步骤2的划分是3份，步骤3的划分是4份），但是它们的合计值必须都是一样的。

2. 勾稽图的作用

1）数据的计算

勾稽图，主要用于解决总量和分量间有勾稽关系的计算。

从金额上看，一个小型项目的一份预算可能就需要签订数份合同来完成，而一个大型项目不但一份预算要签数份的合同，往往一份合同还需要再分为数次来验收、支付。从时间上看，完成一份预算或是一个大额合同可能需要数个月甚至数年，这就需要有一种方法，可以掌握在总量（预算总额、合同总额）已知的情况下，完成预算或合同过程中数据的中间状态，例如，一份预算为1亿元、12个月的工期，需要计算如下的结果。

● 在第3个月，合同金额是多少？预算余额是多少？

● 第6个月时收支是否平衡？

● 预算支出金额与实际支出金额的比例是否合理？等等。

有了数据勾稽图，当金额转换过程划分的阶段多、阶段之间的步骤多，而且计算关系非常复杂时，可以帮助业务设计师快速地、精确地建立起计算公式的模型，不但容易进行计算，而且有了图作依据也易于探讨、规划，计算结果出了错误也容易追溯查找。

2）数据的管控

在对生产过程进行管理时，经常会采用数据的"对比"方式来检查过程数据是否超过目标数据或是预算数据，如果超过就要采取措施。常见的对比场景还有：某个阶段的收支对比，预算额与合同额对比，成本与利润对比等。这就是用数据对比的方式进行管理时常说的：2算对比、3算对比、4算对比等。有了勾稽图建立这个对比计算模型就非常直观和容易了。

3. 勾稽图的设计方法

下面运用"总量不变原则"，以采购流程的数据"预算金额→支付金额"的变化过程为例，说明数据勾稽图的设计方法。

1）绘制勾稽图

勾稽图的绘制方法如下，见图14-24（a）和图14-24（b）。

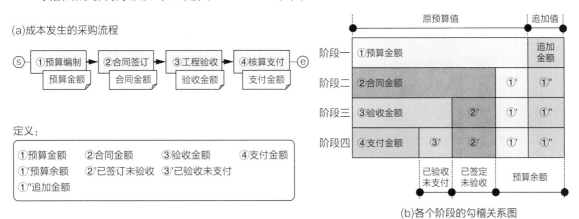

图14-24　预算金额→支付金额的变化勾稽图

（1）绘制数据的来源，本案例为一条采购成本发生的流程图，如图14-24（a）所示，共有4个阶段（预算编制/预算金额、合同签订/合同金额、工程验收/验收金额、核算支付/支付金额）。

（2）建立各个阶段金额之间的勾稽关系，定义各个区块的名称，如图14-24（b）所示，每个阶段之间的步骤数量都是不同的。

例如，阶段一有2个，阶段二有3个，阶段三有4个，阶段四有5个。

按照总量不变原则，勾稽图必须是"矩形"的，追加金额的部分加入时也必须给各个阶段都追加相同的数值，以保持总量不变（矩形）。

2）数据的计算

建立了勾稽图的模型后，可以计算任意阶段、任意步骤中处于不同状态的数据，这里状态指的是"已签订未验收""已验收未支付"等数据。下面试举几例说明计算方法。

阶段一：总预算金额 = ① + ①"，其中，①=预算金额，①"=追加金额。

阶段二：预算余额=（①-②）+ ①"，或=①'+②"。

阶段三：已签订未验收金额 = ②'= ②-③（签约金额中未验收部分的金额）。

阶段四：已验收未支付金额= ③'= ③-④（验收金额中未支付部分的金额）。

3）数据的管控

利用上述计算模型和结果，还可以进行不同目的的管控，下面试举几例。

● 签订第二份合同时，必须保证合同金额≤预算余额，即不能超预算，否则就报警等。

● 每次要保证支付金额≤验收金额，即不能提前支付，支付金额控制在验收额度以内。

● 实际支付的金额与预算金额对比=（支付金额/预算总额）×%，这是常用的对比检查。

为了说明勾稽图的设计方法，上述选取的案例比较简单，下面提供一个实际发生的复杂案例作为参考，如图14-25所示，其中：

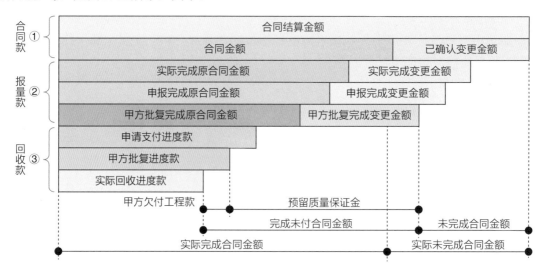

图14-25 回收合同款计算的勾稽关系图

①合同款：是承包方与发包方的业主签订的合同金额。

②报量款：是承包方向发包方提出的"已完成工作工作量（用金额表达）"。

③回收款：是发包方实际支付给承包方的金额。

从图的构成内容可以看出，当数据关系、结构非常复杂的时候，用语言甚至用表格都不容易理解，有了勾稽图就可以帮助业务设计师理解、设计以及向后续的技术工程师传递意图了。

14.5.5　业务数据线

1. 数据线的基本构成

数据线，是针对某类业务设计目标，将系统中所有与该目标相关的数据按照生成的顺序、数据之间的关系，串联成为一条虚拟的线，这条线就称为××业务的"数据线"，如成本数据线、物资数据线、资金数据线等。

1）数据线的概念

在业务设计中，对"××"业务的处理、管理的设计，实际上是对该××业务相关的数据进行处理和管理，如成本、进度、收入等业务，但是在业务流程的架构设计中，并不存在着流动着纯粹成本数据、进度数据、收支数据等业务流程的，相关数据都是存在于各类不同的业务流程中或是独立的活动中，如图14-26所示。

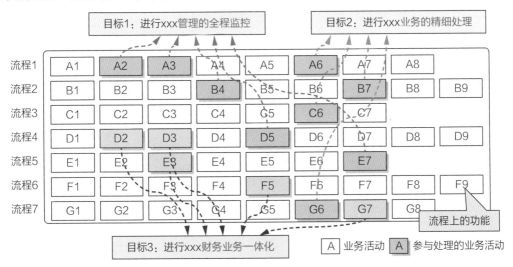

图14-26　业务数据线的示意图

如对"目标1：进行×××管理的全程监控"的课题进行设计，从图14-26上可以看出参与设计的数据来源于流程1、流程2、流程4和流程5的四条业务流程中的节点，将这些存有与目标1相关数据的节点抽提出来并串联成一条虚拟的业务流程，见图14-27中①，以及从流程节点上沉淀下来的与目标1相关数据形成的数据线，见图14-27中②，对目标1进行的分析和设计工作就可以集中对这条数据线②进行，而不用管这些数据是从哪里来的。

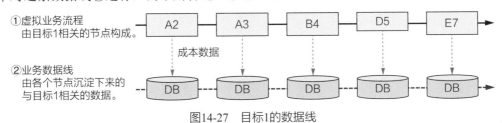

图14-27　目标1的数据线

2）数据线的模型

数据线的来源，并不仅限于业务流程上的节点，所有与计算目标相关的数据都可以作为数据线的数据来源，例如，单独活动的数据、业务流程上活动的数据，以及各类数据库中的数据。因此，数据线通用模型的构成如图14-28所示。

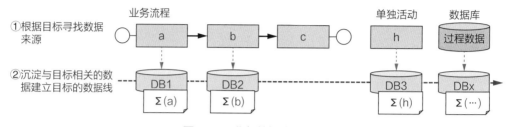

图14-28　业务数据线的模型

图中①根据计算目标寻找数据来源：业务流程上活动的数据、独立活动的数据、数据库的数据等。

图中②抽取出每个活动、数据库中的有关数据沉淀到对应的数据库中，并对数据进行合计，获得一条与目标相关的数据线。

3）关于数据线的设计原则

（1）所有数据的类型相同，包括业务类型（如成本数据）、数字类型（如数值）。

（2）所有数据的粒度必须是一致的，否则不能计算，对比。

（3）所有数据必须是可以进行计算的，如四则运算等。

建立数据线的过程是一个反复确认的过程，随着反复确认逐渐地清晰。

2. 数据线的作用

1）数据的计算

理解数据线的作用，可以从确立了计算目标后，建立模型的顺序看出来，一般有以下两种做法。

做法一：先检查有哪些数据可以支持做该目标的计算，根据已有的数据建立计算模型。

做法二：先建计算模型，后寻找相关的数据，如图14-29所示。

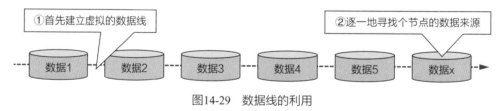

图14-29　数据线的利用

图中①先建立计算模型，按业务事理先构想出一条虚拟数据线，在线上标出相关的数据节点。

图中②待梳理清楚计算模型后，再去寻找每个节点对应的数据在哪里，例如从图14-28中的各条流程中去寻找和抽提相关的数据。

通常在做简单的计算时可以采用方法一，但是遇到复杂的计算目标时应该使用方法二。有了数据线的概念，就为进行各类的复杂计算打开了方便之门，让业务设计师可以在先不考虑数据来源时建立理想的计算模型，然后再去寻找对应的数据（如果不够，还可以增加新的字段）。

注1：数据线与"线形"

实际的计算模型不一定都是简单纯粹的"线形"，数据的来源也未必是同一条流程。

注2：关于节点的图标

数据线的节点使用数据库图标，是因为每个节点中不是一个数据，而是某类数据的集合。

利用数据线的概念，还适用于进行"度量计算"的建模。完成一个工程项目需要有很多的计算、评估，虽然计算的对象不同，计算公式也不同，但是这些计算的建模方式是相似的。举个例子，需要对某个工程项目中的成本完成、物资消耗、资金使用等数据进行收集，并与预先编制的计划目标值进行对比、分析，可以批量获得计算模型，对于后续在应用设计时，建立计算机制有很好的启发作用，设计方法如下，见图14-30。

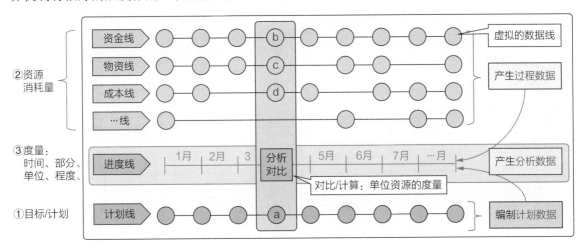

图14-30　利用数据线进行度量对比计算

图中①首先要设定目标（成本、物资、资金等），编制各个目标的月度计划。

图中②按照数据线模型，收集各类目标资源的消耗量（成本、物资、资金等），建立各自的数据线。

图中③进行各种度量的计算，如计算物资的月消耗量，将消耗在4月份的物资数量c 与4月份的计划数量a进行对比，得出物资消耗的月进度率=Σ（c）/Σ（a）×100%。

从这个计算模型可以看出，它表达出了所有类似对比计算的规律，有了这个规律任何一种资源消耗的计算就变得清晰简单了。

2）数据的管控

数据线的另一个重要作用就是管控的设计。举个例子，通常所说的"成本管理"都不是直接对"成本"的业务流程来设计的，因为不存在一条包含全部成本数据的业务流程。实际的做法是：在做成本的管理设计时，将"纯成本数据"按照发生顺序、统一的标准收集起来，并串联形成一条虚拟的"成本数据线"，然后对这条成本数据线进行管理的设计，确定目标值的节点、过程节点，以及在哪些节点上加载管理规则（提示、警告等）。

在企业管理中有一些基本的管理法则，如"目标确定后，关键就在过程管理"，这个管控的"过程"实际上指的就是这条数据线。

数据线的概念非常重要，它不是一个具体的计算公式，而是提供了一套建立理想的设计"环境"的方法，在这个环境中有目标、单纯的数据、数据的顺序关系等。数据线是业务设计中的"万能工具"。在信息系统中收集到的数据大多数是没有直接的业务逻辑关系的，通过建立数据线，就可以将它们任意组合在一起，完成各种计算和管控工作。

3. 数据线的使用方法

下面举例说明数据线的实际利用方法，对成本进行2算对比，观察成本与预算的吻合程度。

对比1：合同金额/预算金额

对比2：支付金额/预算金额

企业的制造成本构成至少要包括人工费、材料费、设备费这三项，而这三项费用的发生过程通常是由三条不同的业务流程来完成的，因此，要进行成本的对比计算，就要从这三条不同的业务流程中抽取出所需要的数据，然后进行对比计算，这就用到了数据线，如图14-31所示。

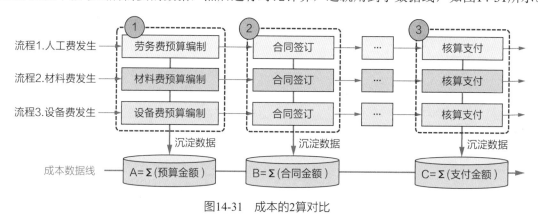

图14-31　成本的2算对比

①预算金额：从三条流程的预算节点（活动）中抽提预算金额，沉淀到预算金额的数据库中。

②合同金额：从三条流程的合同节点（活动）中抽提合同金额，沉淀到合同金额的数据库中。

③支付金额：从三条流程的核算节点（活动）中抽提支付金额，沉淀到支付金额的数据库中。

由①、②和③沉淀的数据形成了一条虚拟的"成本数据线"，下面的计算就可以针对这条虚拟线进行，而不必考虑这些数据的来源。

计算：对比1 = B/A = Σ（合同金额）/ Σ（预算金额）

对比2 = C/A = Σ（支付金额）/ Σ（预算金额）

📋　注：沉淀数据

这里"沉淀到数据库"是一个概念，因为数据不会一次就收集完成，数据的收集要随着业务流程的反复运行不断地积累（通过合计Σ）。在业务设计阶段不考虑如何沉淀的问题，只理解为在这里进行数据的收集即可。具体的"沉淀"方法是技术设计的内容。

4. 数据线与业务流程的区别

数据线与业务流程的概念容易发生混淆，下面通过对比来理解两者的区别，见图14-32。

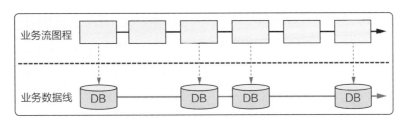

图14-32 数据线与业务流程的区别

1）业务流程

（1）业务流程是将"业务活动"按照活动之间的业务逻辑关系串联起来而形成的"线"。业务流程是与客户业务相关联的，是在架构层面上表达的。

（2）可以从业务活动的表面去理解业务、架构的逻辑关系，业务流程是面向用户的概念。

2）数据线

（1）数据线是将某类相同的"数据"按照数据发生的顺序，以及它们之间的逻辑关系，从不同的活动载体（活动、数据库）收集而来，并串联起来形成虚拟的数据"线"。

（2）数据线不是面向客户的设计概念。

3）节点的区别

（1）业务流程上的节点是活动，活动内除存在着目标相关的数据外，还有大量的无关数据。

（2）数据线上的节点是虚拟的"数据库"，库中只"沉淀"与目标相关的"纯数据"。

14.5.6 三种数据模型的关系

三种数据模型之间存在着关联关系，见图14-33。

1. 算式关联图

它是对某个点的计算，可以作为数据线上某个节点的计算模型。

2. 数据勾稽图

它可以利用数据线的节点之间的数据关系，建立勾稽模型。

3. 业务数据线

它可利用算式关联图计算数据输入值，也可利用数据勾稽图计算输出结果。

小结：

采用了图形模型作为辅助计算的工具，不论什么样的复杂逻辑关系都可以比较简洁地说明、传递、检验。当然，如果通过反复设计找到了模型的规律后，为了提升设计效率，采用表格的方式替代图形也是可以的。这里为了说明概念、原理、方法等，都采用图形的方式进行表达（图形可以让"逻辑关系"直接显示出来，容易理解）。

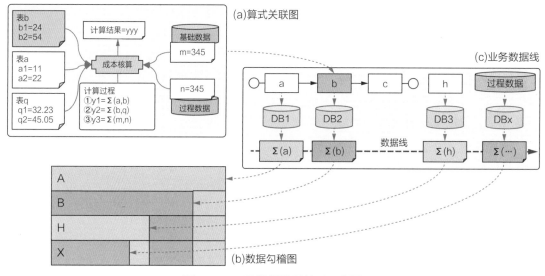

图14-33　三种数据模型关系示意图

　　本章的重点是掌握建立数据模型的设计方法，上述三种模型的说明主要是帮助读者理解如何建立复杂算式的模型、原则、规律等，读者在实际的项目中如果遇到了难以用文字和表格表达的复杂计算问题时，可以尝试着自行建立新的模型。

14.6　多角度理解数据逻辑

14.6.1　逻辑的不同表达：架构层与数据层

　　在业务设计中，因为架构层与数据层的要素、目的、设计方法不同，因此各自的逻辑表达方式也是不同的，两者的对比关系见图14-34。

三元素	架构模型中三元素的表达形式	数据模型中三元素的表达形式
要素	系统、模块、功能	数据表、数据
逻辑	关联、位置、包含	键（线）、表（结构）、式（规则）
模型	拓扑图、分层图、框架图、分解、流程图	算式关联图、数据勾稽图、业务数据线

图14-34　数据架构与业务架构的三元素对比

1. 架构的逻辑表达方式

架构的逻辑是采用业务架构图来表达的，架构图中的要素是业务功能，粒度从系统到功能，要素之间不显示数据粒度的内容，模型采用的是业务架构图。架构的逻辑依据来自于企业运行的业务事理，架构图中的逻辑主要是采用了"关联、位置、包含"的表达形式。

2. 数据的逻辑表达方式

数据的逻辑是采用数据关系图和表的方式来表达的，数据关系图和表中的要素是数据，粒度从表到数据，要素之间是用"键"关联的，模型采用的是数据关系图。数据的逻辑依据是基于架构逻辑的基础上，再加入数据特有的表达方式，包括键、表、式。

本书中所涉及的架构逻辑和数据逻辑都是业务逻辑在不同层的表达方式，架构逻辑比数据逻辑高一层，数据逻辑要遵守架构逻辑的原则。

14.6.2 业务与技术的逻辑表达

业务设计阶段中用来表达数据关系的键、表和图等都是为了获得数据的业务逻辑，不是直接用于技术设计（数据库）的，因为直接采用技术设计的表达方法难以获得和充分传递业务逻辑。

在第8章中已经说明过了，在技术设计阶段表达数据的关系时，已经去掉了业务逻辑的信息，而只剩下了最终数据间的关联结果，之所以可以去掉业务逻辑信息，是因为业务设计阶段提供了业务逻辑，并依靠着这些业务逻辑的指引获得了数据之间的最终关系，所以技术设计师在设计数据库时才不必重复这些信息，只需表达最终结果就可以了（因为最终的数据库中是不需要这些业务逻辑的）。从图14-35的对比就可以看出来差异。

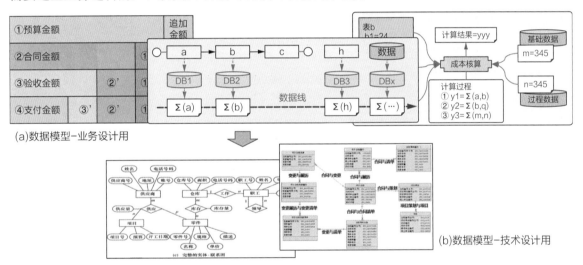

图14-35 业务与技术的数据逻辑表达

图14-35（a）所示的业务设计图中，都包含着业务逻辑，不但给出关联的结果还有关联的过程。

图14-35（b）所示的技术设计图中，都没有显示业务逻辑，只有数据之间的关联结果。

两者表达方式之间不存在选择哪个方法好的问题，它们仅仅是针对不同阶段、不同目的采用的合理手法而已，业务设计阶段的最终成果是为技术设计阶段的设计提供支持的。

小结与习题

小结

数据的详细设计，是在数据的概要设计获得的数据规划、功能的详细设计获得的数据定义之后，对数据进行的细节设计，重点是表达数据层的数据逻辑关系。通过建立数据逻辑关系的表达方法（键、表、式），使得业务设计师有了应对在业务设计阶段中出现的任何数据层面细节设计的方法。

数据的详细设计完成之后，从业务视角给出了架构、功能、数据三个层面的完整设计结果。对于很多业务设计师来说，对数据层面的分析和设计工作可能做的相对比较少，希望通过本章的内容，使得从事业务分析和设计的读者可以理解到，对数据层面的设计不但是必须要掌握的，而且是业务设计师可以发挥出巨大价值的地方，特别是对数据表间的关系、复杂算式的表达，这些内容的精细化设计和表达，都会为后续的设计提供坚实的依据，是保证系统开发质量、提升客户满意度的重要内容。

通过本章的内容，可以看出数据设计中所用的模型、数据之间的逻辑表达等都是与业务架构和业务逻辑的表达不同的，这些作业内容也确实不是技术设计师所做的数据库方面的设计工作，在进行这些数据的设计时是需要有业务知识做支持的。

下面再对业务架构和数据架构做个对比，以加深业务设计师对数据设计的理解，如图14-36所示。

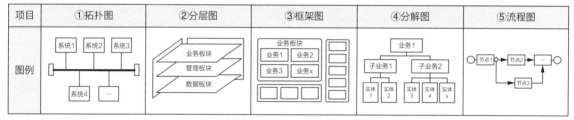

(a)业务间的逻辑关系（业务逻辑）

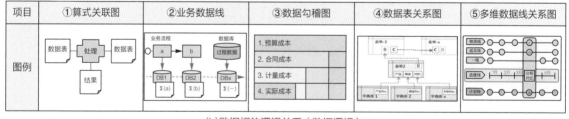

(b)数据间的逻辑关系（数据逻辑）

图14-36　业务架构模型与数据架构模型

图14-36（a）为业务架构中的架构模型与逻辑表达方式，图中节点为：系统、功能等。

图14-36（b）为数据设计中的模型及逻辑表达方式，图中节点为：数据表、数据。

用图形表达数据的计算

培训中，学员们对业务与技术之间在交流复杂计算表达时所花费的沟通成本深有感触，在沟通不顺的时候，经常会听到业务人员抱怨说：技术人员不懂业务，所以跟他们说不明白；但是反过来技术人员也会吐槽说：业务人员的资料缺乏逻辑表达，不知道他在说什么！？双方都认为是因为对方的原因造成的沟通不顺。

有个学员举了一个关于数据计算关系表达的实际案例，他说，这个案例中表达数据计算方法的设计资料主要是用文字写成的（写满3张A4纸），为了解释这个资料他给开发工程师前后共打了近四个小时的电话，来来回回修改了几次资料，最终花费了三天的时间才把这个事情搞定。其他学员也都有过类似的经历，这种情况是普遍存在的。因为不知道如何才能将问题清楚、简洁地告诉对方，所以每遇到这样的问题时都需要花费大量的时间进行沟通。

在数据的详细设计部分培训完成后，各类数据算式的表达方式给了学员们非常大的启发，老师让学员们将各自认为自己做过的最复杂案例再用数据算式的相关图形做一遍，然后发给不熟悉的开发人员看，看看对方需要花费多少时间来理解。结果普遍回答说很容易就看明白了，特别是前面那位花了三天时间才搞定的学员，他用了两个小时做算式关联图，发给开发人员后对方回答说只用了10分钟就看明白了。

从上面的体验过程中，学员们理解了为什么说要做到"设计工程化"呢？因为设计工程化带来了设计资料表达的"标准化、图形化"，原来认为很麻烦的事用图形化的方法轻松地就解决了。同时，用图形表达的设计资料，在出现歧义的沟通时，其效率也远高于用文字的设计资料。

习题

1. 简述数据逻辑与业务逻辑的模型区别、逻辑表达方式的区别。
2. 简述业务设计阶段与技术设计阶段关于数据逻辑表达方式的不同。
3. 业务阶段的数据设计质量是否会影响到技术设计阶段的数据设计质量？
4. 数据的详细设计与功能的详细设计之间有什么关联？
5. 简述在数据层面的过程中，业务设计师与技术设计师各自的关注点。
6. 简述键对数据逻辑表达的场景、作用。
7. 简述数据表的逻辑表达的场景、作用。
8. 简述数据关联图的目的和作用。
9. 简述勾稽图的目的和作用。
10. 简述数据线的目的和作用。

应用设计概述

第5篇　设计工程——应用设计

□内容：将业务设计（概要、详细）的成果转换为系统的表达方式
□对象：业务设计师、技术设计师、产品经理、实施工程师

第15章
应用设计概述

业务设计是在不考虑软件实现方式的前提下进行的，因此如何实现业务设计的价值和如何体现信息化带来的业务价值提升就是应用设计的核心，而应用设计的成果可以展示客户信息化体验的效果。

理解和掌握应用设计能力需要有业务知识和一定的技术基础知识，对于业务设计师来说可能有些难度，但这部分内容对后续实现设计师的理念、构想和价值是非常重要的。设计师如果不能理解这部分的内容，就很难在系统的设计阶段设想到未来系统完成后的效果。

本章内容在软件工程中的位置见图15-1，本章涉及架构的应用设计、功能的应用设计以及数据的应用设计三个部分。

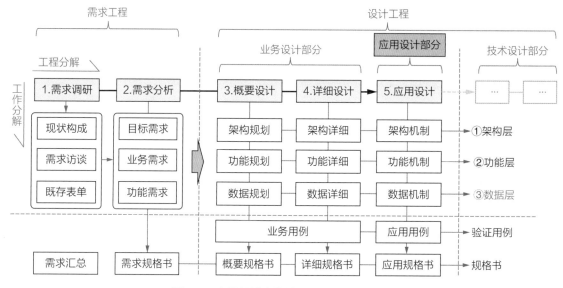

图15-1　应用设计在软件工程结构中的位置

15.1　基本概念

15.1.1　定义与作用

1. 定义

应用设计，是将业务设计成果结合技术实现的要求，给出系统开发完成后的应用样式和应用模式。

在业务设计阶段，是站在客户的业务视角来看待设计对象的，此时尚未考虑如何实现系统。进入了应用设计阶段后，就把业务设计的要素看成是系统"构件（或是零件）"，此时的关注点已不在业务方面，而是放在构建"人-机-人"的信息化工作环境方面，重点是实现企业管理的信息化、智能化的设计。

2. 作用

应用设计的作用非常重要，前面对业务设计得再完美、价值再大，如果要想让用户体验到业务设计的完美和价值，就必须通过"对系统的操作"来感受，因此应用设计的作用就是结合IT技术，用信息化的设计方法让用户感受到信息化环境所带来的工作变化和价值。

15.1.2　内容与能力

1. 作业内容

应用设计的主要工作是对业务设计工作分解的三层成果（架构、功能、数据）进行应用转换，以及增加相应的非业务处理用功能（系统功能）的应用设计，见图15-2。

工作分解	工程分解	内容说明	主要交付物
	第15章　应用设计概述	说明应用设计的概念、作用、思考方式	
架构	第16章　架构的应用设计	□将业务架构转换为应用架构，给出架构实现的方法、机制	流程机制
功能	第17章　功能的应用设计	□将业务功能转换为业务组件，进行应用设计 □增加系统功能 □管控机制	组件4件套
数据	第18章　数据的应用设计	□构建数据的共享、复用、加工等的机制	数据机制

图15-2　应用设计概述内容

1）工作分解——架构层面

（1）业务转换：设计业务流程在系统中的机制，如实现"事找人"的流程推送机制。

（2）系统功能：以业务功能的框架图为基础，增加系统功能、数据库等规划内容。

2）工作分解——功能层面

（1）业务转换：将业务功能转换为业务组件，将业务原型转换为应用原型（加入按钮控件）。

（2）系统功能：增加按钮控件（新增、保存等），权限、时限等。

3）工作分解——数据层面

（1）业务转换：将文字型数据转换为数字型数据等。

（2）系统功能：建立数据的复用、共享机制。

2. 能力要求

这个部分是处于业务设计和技术设计的转换之处，应用设计需要非常多的知识和技能（包含业务、技术、UI、美工等知识），这个角色对产品最终的应用价值起着非常大的作用。这个角色的人才比较缺乏，也比较难培养，因此为了强调其重要性以及与其他传统角色的不同，在本书中将这个角色称为"应用设计师"。

应用设计师，可以由技术设计师或是业务设计师兼任。

15.1.3 思路与理解

1. 从业务设计到应用设计的转换

应用设计是对业务设计成果的不同维度的深化设计。

（1）业务设计：对客户业务的梳理、优化，最终获得了业务逻辑、业务功能和业务数据。

（2）应用设计：构建由机制、组件等构成的信息化环境，让用户体验到信息化管理的价值。

为了更好地理解应用设计，下面举两个例子来说明应用设计的概念和作用。

【案例1】汽车设计。

汽车具有非常多的功能，这些功能必须通过由良好的用户操作界面、舒适的居座空间构成的驾驶环境才能感受得到，最终客户的体验价值是通过这个环境感受到的，见图15-3。这个环境就如同信息化环境，设计这个驾驶环境就相当于应用设计所做的信息化环境的设计工作。

图15-3 功能与操作界面

【案例2】功能碎片化。

人们通常所说的软件系统要灵活、要实现"功能的碎片化"，这个概念的实现就在应用设计阶段，因为业务设计的重点在业务逻辑的设计，业务逻辑强调的是关联关系，而实现功能碎片化的需求要采用系统思维，要将业务功能转换为"机器零件"，用机器零件组合的思想来找到解决方法，如图15-4所示，应用设计将具有紧密业务逻辑关系的业务内容［图15-4（a）］做成可以拆分、可以组合的系统机制［图15-4（b）］。

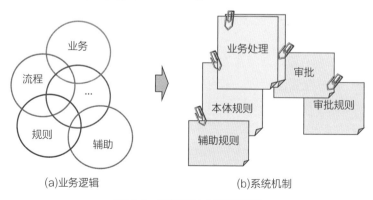

(a)业务逻辑　　　　　　　(b)系统机制

图15-4 功能碎片化的示意图

从这两个例子可以明显看出应用设计与业务设计的重点、方法是不一样的。

进入了应用设计后，设计师看待设计对象的视角就要从"业务思维"转向"系统思维"，要将业务设计中的"业务功能"转换为应用设计的"业务组件"，功能间的关联关系"业务逻辑"转换为应用设计中的"系统机制"，用"组件+机制"的概念替代"功能+逻辑"的概念。只有建立了这样的概念，才能理解业务设计与应用设计的区别，及应用设计的价值所在。

"组件+机制"的概念是软件工程化设计的一个重要步骤，这个设计的结果是对未来实现系统的灵活应变、支持功能碎片化的系统构建不可或缺的基础。

应用设计的方法以构建用户的"信息化工作环境"为目标，应用设计方法中也融合业务设计与技术设计的知识。应用设计的作用不仅是业务和技术之间的桥梁（见图15-5），用户感受到的信息化体验的价值主要就是由应用设计的结果体现出来的，可以用一句话概括应用设计的方法，即应用设计是以"技术知识为基础的业务设计手法"。

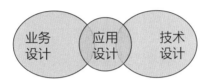

图15-5 应用设计的桥梁作用

2. 应用设计的目的和价值

应用设计横跨在业务设计和技术设计之间，涉及业务、技术、UI等多方面的知识，在软件行业中对这个部分的定位和需要的知识等都不是很清晰，与建筑行业的建筑设计师（相当于软件的业务设计师）做个对比就容易理解了，建筑设计师要掌握的知识是复合型的，他不但要熟知自己的专业，还必须了解和掌握一定的其他专业的知识，如美术知识、结构知识、材料知识、设备知识、现代智能建筑知识等。可以说一个仅掌握某个很窄专业知识的设计师是很难设计出好产品的。

由于应用设计整合了全部的设计要素，所以系统完成后用户感受到信息化价值的大小就主要取决于应用设计的效果。业务设计的成果在完成系统前用户就可以判断出设计的优劣，但是一般来说用户很难在系统完成前判断出系统的工作效率和使用价值，这也往往是造成系统完成后用户不认可、不满意的主要原因之一。

如何能做到预先评估呢？这是应用设计存在的最大价值点，通过应用设计基本上可以做到在系统开发完成前就能够体验到完成后的效果，这个效果是单纯的业务设计和单纯的技术设计都无法独立做到的。

3. 应用设计不是UI或美工设计

UI、美工是应用设计的一部分。

（1）美工设计：研究外形的设计，包括界面的构图、颜色、各类控件的形状等。

（2）UI设计：研究软件的人机交互、操作逻辑、界面美观的设计，范围大于美工设计。

应用设计的作用是将这些内容，与业务设计成果以及未来的系统功能集成在一起。

应用设计师尽管可以不做美工、UI的工作，但是作为一名合格的应用设计师至少需要具有对这些内容做出判断、建议的知识和能力。特别是针对企业管理类的信息系统来说，一个对业务和业务设计的内容没有十分理解的UI专职人员是很难做出对客户体验的贡献的，尽管企业管理类网站与电商类网站对UI的要求是有差异的。

从前述内容可以看出，"应用设计"不是技术设计，更不等于UI、美工设计，而是它们的集大成，是以用户的使用效果和使用价值为设计目的的。这就是为什么在本书中明确地提出"应用设计"概念的目的。应用设计的目的就是要从用户应用的视角出发，在软件开发完成前就可以预知完成后的价值和效果（效果不仅是界面的颜色、布局）。本书的应用设计部分内容作为从事业务设计读者的参考资料。

4. 谁来学习和掌握应用设计

从应用设计的作用来看，传统的需求工程师、架构师或者开发工程师是难以满足这个要求的。做应用设计的设计师除需要熟练地掌握业务设计和应用设计的方法，最好能够有一定的技术背景（如计算机专业、有开发经历、有系统实施经验等）。

应用设计的知识，不仅从事业务分析与设计的工程师应该掌握，作为技术设计和编码工程师也应该有所掌握。用建筑行业做个比喻，不论是建筑设计师（业务），还是结构工程师、设备工程师等（技术），他们都对未来要完成建筑的形体、使用是清楚的。同理，如果软件工程师们（业务、技术）能够对将要开发的软件在应用设计层面上有共同的理解，那么这个软件开发的成功率在设计阶段就会获得充分的保障。

总的来说，如果掌握了应用设计部分的知识，软件工程师们在开发完成前就可以判断出系统的形式、使用效果了。

分享　应用设计师，飞机的试飞员

应用设计的培训完成后，学员们理解了应用设计，感觉到应用设计确实非常重要，应用设计做的有多好，用户的感受就有多好。用户了解系统是从应用设计的成果（流程、界面）开始的，其次才是业务设计成果（数据），如果应用设计的效果不好，那么再好的业务设计成果也体现不出来。很多从事开发工作的学员还表示希望有机会做应用设计师，但大家有个问题，如何才能做好应用设计呢？

老师打了一个比喻：大家都知道有一句话说"好飞机是飞出来的"，是谁飞出来的呢？是试飞员！试飞员从未来的飞机驾驶员的视角出发，考虑到所有的使用场景，向飞机的设计师提出修改意见，经过无数次的反复试飞修改，最终得到了一架完美的飞机。

作为应用设计师最好能有机会到客户的产品使用培训现场（当然，UI设计师最好也能参加体验），观察用户是如何使用系统的，他们的使用方式与应用设计师的预想是否一致。例如，在应用设计中提到"事找人的流程设计方法""待办提醒的通知设计方法""按照任务进行功能设计的方法"*等，这些鲜活的应用需求都是来自于应用设计师在现场观察用户的使用、与用户交流得到启发后而提出来的。观察用户的实际应用，可以为应用设计师带来非常大的能力提升。应用设计师要相当于"飞机设计师+试飞员"两个角色的合体。

顺便说一句，网站类系统的UI设计师做的非常好，为什么呢？因为他们有亲身体验，这些UI设计师可能也是自己开发网站的用户。

*参见后续的第16章、第17章以及第20章的相关章节。

15.2 基干原理

在业务设计阶段完成了业务设计，业务设计阶段各要素之间的关系是基于业务逻辑建立的。在应用设计阶段，业务功能转换成为了业务组件（系统形式）。那么，业务逻辑在系统中的表达方式是什么呢？如何转换呢？基干原理给出了解答。组合原理给出了业务要素的架构方法；基干原理给出了系统要素之间的架构方法。

"组件"的概念参见第17章。

15.2.1 基干原理的概念

1. 基干原理的定义

1）构成要素

进入应用设计阶段，设计对象就从业务转向了系统。构成系统架构的要素与业务架构中的要素不同，系统架构中的流程与业务架构中的流程运行机理也不同，因此在业务设计阶段的"组合原理"就被应用设计阶段的"基干原理"所替代。基干原理是组合原理的不同表达方式，两者的对应关系如下，见图15-6。

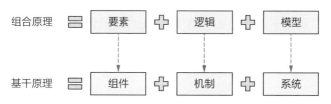

图15-6 组合原理与基干原理的对应关系

（1）组合原理：三元素=要素、逻辑、模型，表达的是业务的要素、逻辑和事理。

（2）基干原理：三元素=组件、机制、系统，表达的是系统的要素、逻辑和机理。

基干原理给出了系统设计时的组合理念、方法、标准。基干模型（见图15-7）的构成原理如下。

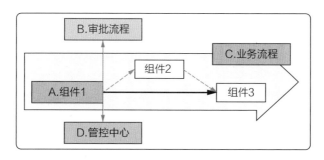

图15-7 基干原理模型

（1）要素A-组件（处理业务）：业务功能在系统中的对应体，是业务处理和管理规则的载体。

（2）机制B-审批流程（上级裁决）：对一个组件的内部结果进行审批，仅限于审批工作的流转，不涉及判断下个组件的流转。

（3）机制C-业务流程（任务流转）：当一个组件处理完成后，确定复数的业务组件之间的流转关系，业务流程描述的是"业务"（由组件1、2、3构成），审批流程描述的是"管控"，业务流程≠审批流程。

（4）机制D-管控中心（规则控制）：所有组件之间的数据引用、流程流转的判断等，都是通过管理控制中心进行中转的。

（5）模型-系统：将A、B、C、D四者合在一起就形成了系统。

2）原理作用

基干原理从软件实现的视角说明了，不论是什么业务内容，不论是什么样的业务处理方式，系统的构成和运行原理都是一样的，基于原理模型说明了运行模式：

（1）从组件1开始进行业务的处理。

（2）处理完组件1内部的数据后，对组件1的结果进行审批流程B的处理。

（3）审批处理完成后，对组件1判断业务流程的走向，是选择组件2还是选择组件3？

（4）所有组件之间的数据、规则的传递都是通过管控中心D（如此可实现组件间的低耦合）。

系统中无论有多少业务组件，实现上都是在重复着这个基干模型ABCD的循环。也就是说，只要能够做出这个基干模型所代表的机制来，任何形式的业务处理都是一样的。

结论：所有的业务处理过程都是由基干原理三元素，按照基干模型给出的规律进行反复的循环。这样就找到了在系统中业务的运行机理。业务架构的形态可以有无数种，但是在系统中对应的形态只有一种。

基干原理是在应用阶段对设计对象进行的又一次不同维度的抽提。

2. 组件+机制

前述内容说明了组件与机制的作用和关系，"组件"完成了业务数据的处理，"机制"是用来保证业务处理的。从下面的示意图看，为了完成一个业务的处理需要很多的机制来做支持和保障工作，机制分别对组件和流程提供了如下支持，见图15-8。

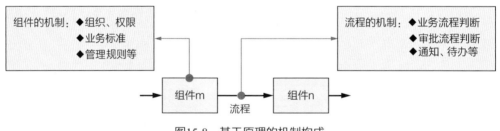

图15-8　基干原理的机制构成

（1）向组件m的业务处理：提供了组织、权限、标准、规则等机制。

（2）向流程的判断：提供了业务流程判断、审批流程判断、通知、待办等机制。

有了"组件"和"机制"的概念后，就知道了在系统中这些常见的要素各自起着什么作用、谁是主要要素、谁是辅助要素，在做设计时就有了主次之分。

组件和机制都是系统提供的功能，只是组件是用来直接处理业务数据的，机制是用来做关联、约束、流转用的，"组件+机制"的概念是建立软件工业化生产体系的基础。

这个原理称为"基干原理"，这是应用设计的主要指导思想，也是实现软件工业化生产目标的重要路径之一。

基干原理，也可以看成是组合原理在应用设计阶段的延伸，是应用设计版的"组合原理"，但是需要注意，这两者之间在理论、方法方面有着极大的不同，理解业务逻辑需要有一定的专业知识和相关经验；理解机制需要有一定的技术设计知识和相关经验。

> 注："基干"的含义
>
> "基干"取"基础"与"骨干"之意，是设计可随需应变系统的概念原理。

15.2.2 机制的概念

1. 机制的概念与作用

1）概念

"机制"用通俗的话说就是"相互作用关系"，如前所述，业务逻辑是从实际业务活动中抽提出来的事理和规律。进入了应用设计阶段，还要对其再进一步抽提。按照"知识 → 逻辑 → 机制"的过程，距离技术设计越近，业务知识的内容就越少。最终是"逻辑"替代了"知识"，而"机制"又替代了"逻辑"。可以把"机制"理解为"系统的逻辑表达方式"，但不同的是，业务逻辑是静态地表达要素之间的关联关系，机制不但要包含逻辑的关联关系，而且机制是系统反复运行的驱动力。

应用设计中的"机制"，可以有很多种形式，例如架构设计中实现流程自动化推送的"流程机制"，功能设计中对组件进行管控的"管控机制"，等等。所有要素之间的关联关系在系统中都可以称为"系统机制"。系统机制包含了架构、功能数据、管理各层的机制。

2）系统机制的作用

为什么要引入机制的概念呢？主要还是源于软件工业化生产的概念。

为了满足软件的工业化生产，第一步先完成软件设计的工程化，下一步还要研究如何实现系统的构件化，也就是用代码将软件的各个部分预先开发成如同建筑构件、机器零件一样，再用连接的物件将分散的小部件组合成一个大的系统，"机制"就起了这个连接的作用，而构件就是构成系统的模块、组件、控件等要素。

2. 从逻辑到机制

机制，是对业务逻辑的进一步抽提，机制实际上不等于逻辑，机制本质上是将业务逻辑中呈现出具有"规律性行为"的部分抽提出来，并用系统的实现方式固定下来的功能，"对应业务逻辑中规律性行为的系统固化功能"就是系统的机制。

从需求分析到业务设计阶段，通过业务架构的设计，完成了将需求调研中的专业知识和经验向业务逻辑的转换，下一步，从业务设计到应用设计阶段，需要将业务设计中的业务逻辑向系统机制进行转换，如图15-9所示。

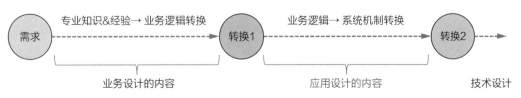

图15-9 业务逻辑与系统机制的转换

以下面的业务流程为例说明业务逻辑与系统机制的转换机理，见图15-10。

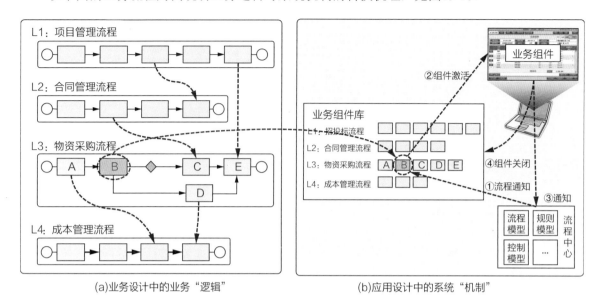

(a)业务设计中的业务"逻辑"　　　(b)应用设计中的系统"机制"

图15-10　业务逻辑与系统机制的转换机理示意图

图15-10（a）：业务架构的设计成果为4条业务流程，4组业务逻辑全部使用"箭线"表达。

图15-10（b）：将4组业务逻辑的规律抽提出来，然后用系统机制来替代逻辑表达。

4条业务流程有4种运行的过程，同时流程之间还有关联关系，这是在系统完成前的状态，实际上在系统运行后，还有可能发生流程的调整、关联关系的改变（即逻辑发生变化），如果用编码按照图15-10（a）的业务逻辑把系统固化地做出来，将来就不能灵活变动，也不存在复用了，因此在应用设计中就要找出流程的运行规律，做出一套可以适应按照规律变化的机制，以保证应变能力和复用。图15-10（b）是系统的流程机制示意图。

【案例】以L3：物资采购流程为例，说明机制的概念。

（1）将图15-10（a）中流程上的节点从业务功能的活动转换为业务组件，去掉表示逻辑的箭线并形成组件库，即不要将流程固化（用代码写死），此时库中的组件间呈无关联状态。

（2）库中L3流程上的A组件是流程的起点，所以是人为激活的②，A组件被处理完成后，向流程中心发出完成通知③，组件A关闭回到组件库。

（3）流程中心的判断结果是：流程的下一步是组件B，并向组件库中的组件B发出通知。

（4）组件B接到通知后被激活②，并被显示到在屏幕上进行业务处理。

（5）组件B处理完成后向流程中心报告处理完成③，并关闭回到组件库。

（6）流程中心根据组件B的处理结果，再判断下一个组件是C或是D。

在系统中流程不是用表达逻辑的箭线组合的，而是用"机制"组合的，将"逻辑"转换为"机制"是应用设计的重要目的之一。

每个流程都是这样周而复始地运行，因此就可以看出找到这样的流程规律并将其用图15-10（b）的流程机制替代后，则不论流程的逻辑如何变化，都可以用同样的流程机制来应对，因此，这个系统不但可以应变，而且可以复用。这就是用"逻辑"表达流程和用"机制"表达流程的不同之处，也可以看出"业务架构图"与"系统架构图"的不同。

15.2.3 系统的构成

前面多次提到了"系统"，在业务设计阶段提到的系统是由"功能+逻辑"组成的，在应用设计阶段讨论的系统是由"组件+机制"构成的。系统划分的粒度基本上是与业务设计阶段的划分粒度一致的。有了机制的概念后，不同目的的组件与机制在一起可以构成不同目的的系统，例如，处理业务用的"组件+机制"形成了处理业务的系统；处理管控用的"模型+机制"形成了管控的系统。

1. 业务组件与机制的组合

信息系统是由多个子系统构成的，每个子系统的组合都是同样的原理，按照业务设计的成果构建系统。其应用设计方式如图15-11所示。

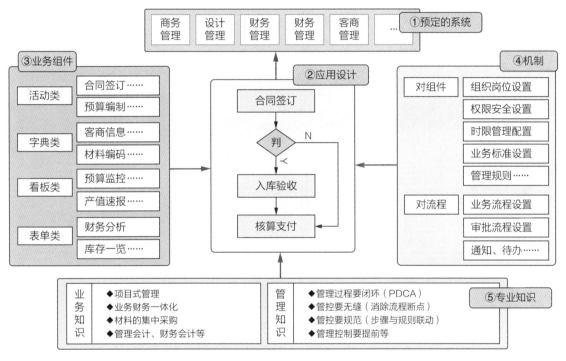

图15-11 按照基干原理的应用设计方式

①给出了预定要设计开发的各个子系统名称。

②设计系统的应用架构图。

③向应用架构图中加入组件（使用组件库已有的或是按业务功能资料新设计）。

④按照业务逻辑、规则等业务设计要求，在组件上、组件间配置相应的机制。

⑤参考相关的专业知识，保证组合后的系统符合业务和管理的要求。

对这个设计过程进行反复的循环，就可以完成①中所有子系统的设计。

2. 管控模型与机制的组合

管控模型，实际上可以被看成一个可以灵活配置的机制集合体，如图15-12所示。根据需要可以对模型的规则、参数、功能等进行调整（不依赖代码），不论处理什么样的业务，只要将需要的业务组件和这样的管控机制相关联，就可以实现基干原理提倡的工业化的软件生产方式。管控模型的详细说明参见第19章。

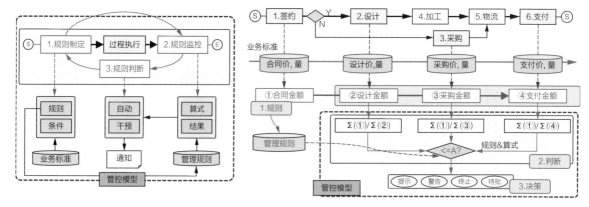

图15-12　按照基干原理设计的管控模型

3. 数据填报系统与过程控制系统的转换

根据系统中有无管控机制，可以将系统再分为数据填报系统、过程控制系统，详见第19章的说明。图15-13给出了机制在对这两类系统进行相互转换中的作用，图15-13（a）与图15-13（b）中的要素完全相同，但是图15-13（b）中加了流程机制。

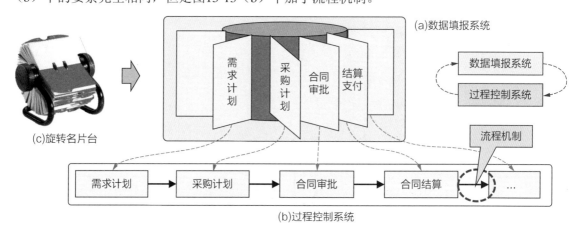

图15-13　数据填报系统与过程控制系统的转换关系

（1）数据填报系统。

图15-13（a）的系统运行非常自由，就如同一个"旋转名片台"如图15-13（c）所示，需要看哪一张，直接就可以翻到哪一张的位置，没有顺序约束。

（2）过程控制系统。

与图15-13（a）所示的系统不同，图15-13（b）是具有流程机制管理的过程控制系统，业务处理必须按照顺序一步一步运行。

（3）两者的转换。

在填报系统的两个组件之间加入流程机制，就可以形成过程控制系统；反之，抽去过程中的流程机制（箭线），就变为数据填报系统。

关于系统设计

在本书中，"系统"指的是未来要完成的软件，系统设计包括了目标、理念、价值、业务、应用、技术等内容，以及各项设计内容的不同层面（架构、功能、数据、管理等）。

15.3 工作分解

15.3.1 工作分解1——架构层

架构的应用设计，主要是针对业务框架图和业务流程图的转换设计，见图15-14。

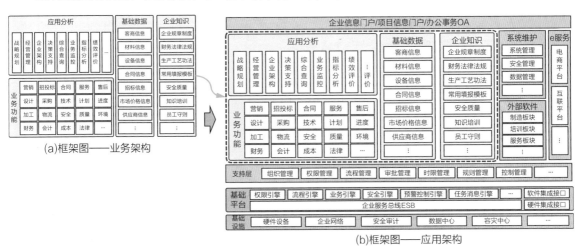

(a)框架图——业务架构

(b)框架图——应用架构

图15-14 业务框架图的转换

1. 业务框架图

业务设计中要完成的业务功能规划，包括业务的系统、子系统和模块，见图15-14（a）；在应用设计阶段，加入辅助的系统功能，完整地构成一个系统，见图15-14（b）。

2. 业务流程图

业务设计中已完成了未来业务流程上的节点、分歧判断等设计，应用设计的重点是分析和设计该业务流程的运行机制，这个机制可以让业务流程运行起来，见图15-15。图15-15（a）是业务流程的设计；图15-15（b）表达的是业务流程在系统中的运行机制。

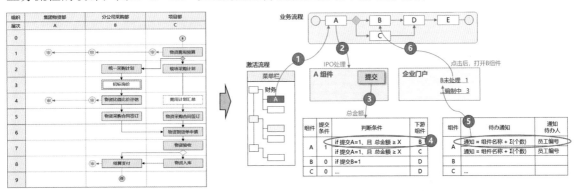

(a)业务流程

(b)业务流程的运行机制

图15-15 业务流程图的转换

从图15-14和图15-15两张图可以看出：业务设计与应用设计的表达形式是完全不同的。

15.3.2 工作分解2——功能层

功能的应用设计，是在业务设计中完成的业务功能详细设计基础上，将业务功能转换为业务组件，并加入按钮控件，最终将业务原型转换为一个应用原型，这个应用原型是后续技术设计和开发的依据，见图15-16。

(a)业务功能设计（界面）　　　　　　　　　(b)业务组件设计（界面）

图15-16　业务功能的转换

对功能设计的主要内容包括以下两大类。

（1）控件：字段控件（在业务设计中完成）、按钮控件、其他控件（接口、列表、滚动条、导航栏等）。

（2）系统功能：登录、注册、权限、时限、流程等。

15.3.3 工作分解3——数据层

数据的应用设计，是对企业积累的大量数据进行价值的再发掘，重点通过介绍以下三个方面的内容让读者理解数据应用设计的作用和价值。

（1）数据的共享：对已产生的数据提供给其他的部门或系统共同使用。

（2）数据的复用：历史数据经过了标准化加工后，作为下一次生产循环的参考信息。

（3）数据的增值：将文字类数据转换为数字类数据，为客户带来更大的信息化价值。

小结与习题

小结

应用设计，重点是构建出"人-机-人"的工作环境，这个设计的成果决定了客户对信息化的直接感受和满意度。

应用设计是软件工程中最能够体现出设计师创造能力的部分，因为这个部分的设计需要具有全面的知识和能力，包括：专业知识、设计知识和IT知识，以及将这些知识和客户项目结合起来的综合能力。仅仅是业务设计能力强或是有过技术开发的经验都不足以胜任应用设计的工作，它要求设计师首先能够理解什么是"人-机-人"的信息化环境，在这个环境中如何利用好计算机提供的手段，让用户体验到在"人-人"环境中完全无法体验的工作效率和便利。所谓的用信息化手段改变业务模式、管理模式甚至是商业模式，主要依靠的就是应用设计。

应用设计既不是业务设计，也不是技术设计，更不是UI或美工设计。业务设计完成的是业务价值方面的设计，技术设计完成的是如何实现软件设计，应用设计是将前述所有的设计成果（业务、技术、UI、美工等），用应用设计的方法整合在一起的设计，发挥出"1+1＞2"的效果，可以说，应用设计是获得管理信息系统最高价值的重要保证。

应用设计，决定体验价值

在课堂中，老师向学员们提了这样一个问题：如果某个客户邀请甲、乙两家软件商就相同的课题提出解决方案，假定甲、乙两家软件商的基本条件完全一样，那么你认为客户会依据什么条件来选择软件商呢？

老师给出了三个客户可能参考的判断条件，然后让大家分组进行讨论，给出结论。

（1）一是从方案中"业务功能"的多少方面判断。

（2）二是从方案中"技术实现"的能力方面判断。

（3）三是从方案中"应用体验"的价值方面判断。

大家的分析结果归集如下。

1.关于业务功能方面

大家都认为在业务功能方面两家软件商不会有大的差别，因为决定业务功能数量的多少、功能的形式等都必须符合用户的要求，这个方面难有差异。这就是软件商用功能的多少向客户做宣传时，常常让客户难以取舍的原因（因为大部分软件商的产品和功能是同质的）。

2.关于技术实现方面

不同的软件商在开发的语言、框架构成上基本是大同小异，只要没有非功能性的问题（性能、安全、…），一般来说用户并不特别关注技术能力的问题（除少数的大型客户外），所以技术实现的能力通常不能作为一个重要的选项。

3.关于应用体验方面

最终两个方案的优劣可能就体现在应用设计方面，也就是如何将相同的业务功能和技术，用不同的信息化手段体现出来，让用户在这个"人-机-人"的信息化环境中充分地体验到信息化带来的价值（效率、效益），这个不同之处极大地影响着用户对系统的满意度，因此也就最有可能成为客户选择的决定因素。

通常所说的"用信息化手段为企业赋能"，这个赋能指的就是"信息化的能力"，而这个赋能的工作主要就是在应用设计阶段完成的。

习题

1. 简述应用设计的内容、作用及价值。
2. 简述应用设计与业务设计的差异、侧重的关注点、客户价值的不同。
3. 简述应用设计与技术设计的差异。
4. 应用设计、业务设计和技术设计的关系是什么？
5. 基干原理的核心理念是什么？它是用来指导什么设计的？有何价值？

第16章
架构的应用设计

结束了业务架构的概要设计和详细设计，下面就要将业务架构设计的成果转换为用系统要素表达的应用架构，架构的应用设计重点给出业务架构的实现机制。

架构的应用设计构建了"人-机-人"的工作环境，它是决定客户对信息系统价值大小、满意度高低的主要章节之一。

本章内容在软件工程中的位置见图16-1，本章的内容提要见图16-2。

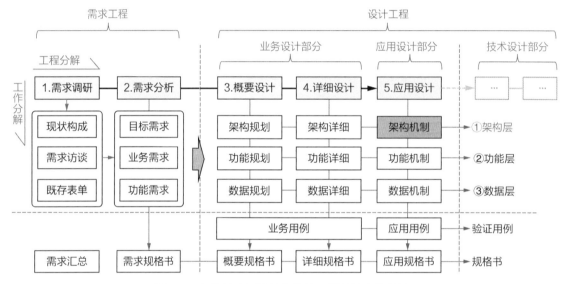

图16-1　架构的应用设计在软件工程结构中的位置

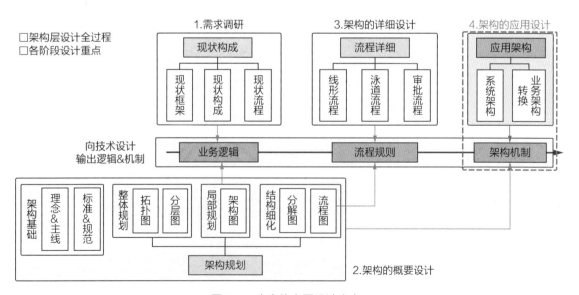

图16-2　本章的主要设计内容

16.1　基本概念

16.1.1　定义与作用

1. 定义

架构的应用设计，是用系统要素进行的架构设计。它是依据架构的概要设计成果——业务架构图、架构详细设计的业务流程规格书（流程5件套）等的业务设计内容，加入系统功能，以及设计出在系统中驱动这些架构的"运行机制"，最终形成应用架构规格书。业务架构与应用架构的区别如下。

（1）业务架构：要素是功能（包括：系统、模块、功能），关联关系是业务逻辑。

（2）应用架构：要素是控件（包括：系统、模块、组件），关联关系是系统机制。

📖　注：关于"系统、模块"

在业务设计和应用设计中都是一样的，表明的都是最小要素（功能、控件）的集合体。

2. 作用

架构的应用设计主要就是构建信息化的工作环境，也就是具体地设计出"人-机-人"的工作机制，让客户直接感受到优化设计完的业务在未来的信息化环境中是如何运行的。

如图16-3所示，架构的应用设计是进入技术设计阶段前的最后一站，重点是增加系统要素，以及将"业务逻辑"向"系统机制"转换，机制转换的过程分为以下两步。

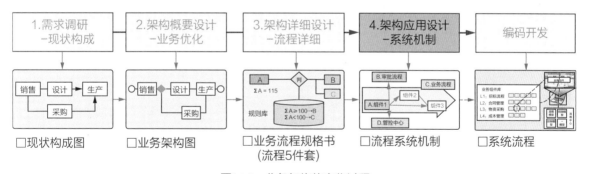

图16-3　业务架构的变化过程

第一步：从业务知识中抽提出业务规律，形成"业务逻辑"（概要设计、详细设计）。

第二步：从业务逻辑中进一步抽提出规律，转换成"系统机制"（应用设计）。

系统机制的表达方式更加符合技术设计与开发的习惯，系统机制也是实现"复用"的重要概念，完成了系统机制的设计就完成了全部架构层的设计工作。

16.1.2　内容与能力

由于应用设计是业务设计和技术设计的交界处，应用设计在对业务设计成果转换的同时还要加入与技术设计交互的内容，因此，在架构的应用设计作业中包括两大部分：一是应用架构的方法，二是将业务架构成果转换为应用架构的方法。内容见图16-4。

主要内容		内容简介	主要交付物名称
输入	上游设计资料	架构的概要设计：业务架构图（框架图、流程图） 架构的详细设计：流程分歧	
本章主要工作内容	1.基础概念-基干原理	给出设计系统架构、系统机制的指导理论	
	2.应用架构的概念	□建立以基干原理为基础系统架构的概念 □业务流程（线性）、等级、分歧、控制、规则、	系统架构
	3.应用架构的设计	按照系统应用架构的要求，将业务架构的成果转换为应用架构 □框架图：加入非功能性需求的内容 □流程图：设计流程在系统中的系统机制	□应用架构-框架图 □流程系统机制

图16-4　架构的应用设计内容

1. 作业内容

1）应用架构

在架构的应用设计中重点要解决的课题之一就是给出应用架构的方法。根据客户信息化的目的、功能需求、设计理念等确定应用架构的形式，业务设计阶段已经可以满足业务方面的需求，应用设计阶段还要满足诸如随需应变、功能复用等非业务性的需求。如何应对这类需求也会极大地影响到应用架构的形式。关于这方面的设计可以分为两个部分：系统机制的设计，基线系统的设计。

（1）系统机制的设计：根据客户目的，确定"需求应变和系统复用"的机制。

（2）基线系统的设计：可以满足"需求应变和系统复用"产品的架构。

2）业务架构的转换

业务设计中完成的架构图有5种：拓扑图、分层图、框架图、分解图和流程图，这5种图在应用设计阶段中有如下作用（不限于此）。

（1）拓扑图：常用于对硬件、网络等的规划设计，本书不涉及这方面的内容。

（2）分层图：分层图用于数据不同层的表达，详见第18章。

（3）框架图：以业务功能为核心，加入辅助的系统功能等（本章的知识）。

（4）分解图：用于数据结构分析等，参见相应各章。

（5）流程图：以业务流程为基础，设计业务流程可以自行运转的驱动机制等（本章的知识）。

2. 能力要求

架构的应用设计，重点是将业务设计成果与构成系统的其他要素相结合，因此需要应用设计师不但要熟知业务设计，而且还要具有技术方面的相关知识和能力，例如（不限于此）：

（1）掌握业务架构中的概要设计、详细设计部分知识和能力。

（2）能够识别出业务设计中的共性和个性，并从共性中抽提出具有规律性的内容。

（3）掌握建模方法，将共性部分用模型表达，为设计通用的机制打下基础（本章重点）。

（4）掌握技术设计知识、数据库知识、软件的开发过程，最好具有一定的开发经验。

16.1.3　思路与理解

应用设计阶段的架构，核心工作是将业务设计成果向应用架构方向进行转换，不论是开发"产品"还是开发"项目"，信息系统的"复用、应变"都是应用设计师追求的重要目标，达成这个目标不仅是技术设计师的责任，因为处在设计工程末端的技术设计师或是开发工程师是不具备完成这个目标的完整知识和能力的，而且到了技术设计或是开发阶段再考虑这个问题就已经迟了，要达到这个目标必须从业务设计中解耦，在应用设计中建模，在技术设计中完成。

这个目标的达成需要具有"系统的思考方法"，实现复用是需要有"业务设计知识、应用设计知识和技术设计知识"三个方面的知识，缺一不可。做法如下（参考）。

（1）首先在业务设计中对"业务需求"进行充分的解耦设计，解耦的设计成果反映在业务架构的规划设计、功能设计、业务功能的协同中。如果在业务设计中不进行解耦设计，则无论后续的技术设计、开发如何努力都不会达到产品灵活复用的目的。

（2）在应用设计中以"应用效果"为前提，充分地思考如何让业务设计的解耦成果落实下来，用什么样的"机制"可以实现"解耦"的效果。

（3）在技术设计中给出开发实现的方法，信息系统的复用设计是以业务设计成果为前提、以应用效果为指导目标、以技术实现方法为基础的应用设计成果。信息系统的复用设计首先是从业务设计的解耦、规划开始的，有了业务设计的贡献，才有可能实现复用的目标。

业务架构利用分离原理进行了拆分、解耦，同时采用了组合原理的三元素"业务逻辑、业务功能（要素）、业务架构模型"进行了建模。在应用架构中同样也符合组合三元素的定义，但是应用架构使用的三元素要转换成为"系统机制、业务组件（元素）、应用架构模型"，它们与业务架构的组合三元素有对应关系。由于它们要在系统中实现，因此，它们的建模方法和运行机理与业务架构还是有着很大的区别的。

16.2　应用架构设计的概念

下面就以基干原理为参考，说明符合"组件+机制"的应用架构设计方法。这个部分的主要内容是：应用架构设计是如何支持复用和需求应变的、它的机制是什么、实现它的设计方法是什么等。当然，实现方法不止一种，这里重点是帮助应用设计师了解和掌握一些从系统视角看设计的概念和知识，有了这样的知识后业务设计师和技术设计师也可以参加到应用架构设计中来。

16.2.1　应用架构的概念

业务设计阶段的架构工作主要是为了梳理和优化"业务"，产生的业务架构图表达了对业务进行优化后的成果；架构的应用设计阶段工作是为了构建实现业务设计成果的"应用系统"。

业务架构的要素是业务功能，那么应用架构的要素是什么呢？业务架构完成后形成了很多用于不同目的的业务功能群（子系统、模块），它们内部都是业务功能。按照基干原理的理念，不论业务内容是什么样，其系统的构成机制都是一样的，对比业务和应用设计两个阶段，理解应用架构的概念，见图16-5。此图说明，不论按照业务处理内容可以划分出多少种软件的类型（见图16-5（a）），把它们按照系统的要素进行拆分和归集后，就会发现归集出来的系统要素内容是有限的（见图16-5（b））。

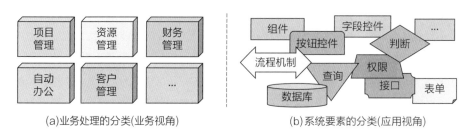

(a)业务处理的分类(业务视角)　　　(b)系统要素的分类(应用视角)

图16-5　业务设计与应用设计的视角差异

1. 业务设计视角

从业务处理内容的分类来看（业务视角），这些软件都是不一样的，它们是由不同业务功能组合成的不同目的的软件，例如，项目管理（PM）、资源管理（ERP）、自动办公（OA）、财务管理等。

2. 应用设计视角

从另一个角度看（系统视角），不从业务处理的内容分类而是从系统的构成要素来区分，则不论什么业务处理它的系统构成要素都采用了组件、按钮控件、接口、数据库、流程机制等内容。在信息系统中，业务功能被包装在了这些组件之内，由于组件和控件的机制都一样，且用户是通过操作这些组件和控件来处理业务的，所以，从应用架构的视角来看前面所提到的软件都是一样的。

能够理解图16-5的含义，就从概念上完成了设计具有复用和应变能力系统的第一步。

再进一步对这些构成应用架构的系统要素进行分类、分层，可以更加深入地理解应用架构的概念，见图16-6。以最下面为第一层，从下向上观察。

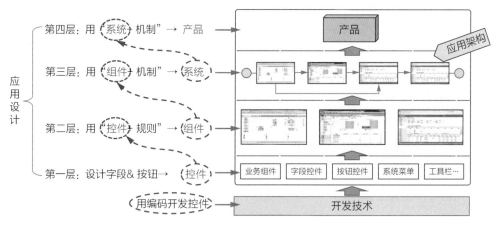

图16-6　应用架构的架构原理

第一层：首先设计应用架构的最小要素——控件（控件用编码的方式开发，不在此叙述）。

第二层：用"控件+规则"的方式形成组件（详见第17章）。

第三层：用"组件+机制"的方式形成系统（本章重点）。

第四层：用"系统+机制"的方式形成产品。

从图16-6的过程可以看出，不论图16-5（a）中的业务处理内容分类有多少种，应用架构使用的系统要素都是有限的，导出这个结论为后续构建可以复用和应变的应用架构打下了基础。

16.2.2 基线系统的概念

上节说明复用与应变的应用架构，本节说明如何利用支持应变的应用架构形成一个可以支持复用和应变的系统。

通常用于相同业务领域的信息系统，尽管客户不同，但由于业务领域相同，所以信息系统功能的共性应该不小于50%。也就是说，只要是相同领域的企业共性化需求应该有一半是相似的（否则就不能称之为相同的业务领域了）。我们在实际的设计开发实践中也印证了这一点。基于此，软件公司会不约而同地想到要做一个可以复用的系统：对共性部分进行固化，它是可复用的部分；对个性的部分不要固化，个性化部分的设计决定了产品的随需应变能力（随需应变的能力包括如下指标：标准化、模块化、可增加可减少等）。

下面将基线系统的概念作为一个解决方案，借助这个方案可以更好地理解应用架构以及复用、应变的设计方法。

1. 复用与应变能力

产品的开发，通常是利用一款已有的系统作为基本原型，然后通过不断地提供给不同的客户使用、验证，同时根据客户的新需求不断地增加新的功能而形成的。这种做法有个不足之处，就是久而久之会使得原有的信息系统的功能变得越来越多、性能越来越差。

1）复用

假定首先为A客户构建了一个信息系统，此后以这个信息系统为基础形成了一个标准产品，这个产品称为A，用图16-7（a）来示意，可以看出，后面的B、C客户与A客户的需求是有所不同的，软件开发者对于不同需求的应对方法只有做"加法"，即使第二个B客户不需要A客户原有系统的部分内容也不减掉，只是在A系统的基础上再增加B客户的个性化需求。同理，在提供给C客户使用时也是只增不减，再加上C客户新的个性化需求，这就是造成系统"变胖"的原因。"变胖"之后，系统的运行速度就会变得越来越慢，每次需求变更都会变得越来越复杂，同时也使得对系统的维护工作越来越难，这种为应对新需求一味在既有系统上做加法的现象，可以称为"穷尽法"。

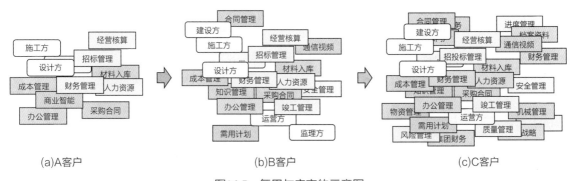

图16-7 复用与应变的示意图

(a)A客户　　　　(b)B客户　　　　(c)C客户

"穷尽法"实际上是不能穷尽的，那么理想的信息系统应该有什么样的效果呢？

应该是"按需组合"，B客户的需求大于A客户的需求，则B系统大于A系统；C系统的需求少，则不但会小于B系统甚至小于A系统。并不因为C系统是最后开发的，它的内容就要多于前面开发的A、B系统。如图16-8所示的示意图，理想的应用架构如下。

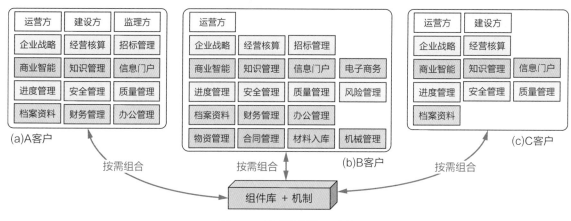

图16-8　按需配置的示意图

（1）建立处理业务功能的组件库和机制；

（2）将完成的A客户系统中的功能分别按照个性和共性区分开，存入组件库；

（3）以A为基础，为不同客户（B、C）设计时，如果有相同的功能时就可以直接使用A的功能，如不需要就去掉，如发现有缺少的功能可依照图16-5的方式补充新的组件。

从结果上看，第二次设计的B系统的功能数量多于A，但是其中有重复的功能，第三次设计的C系统的功能数量少于A系统，如果合适可以全部复用。这三个系统不是用"只增不减"的方式，而是采用复用的方式"按需增减"，这样就是理想的应用架构方式。

2）应变

由于上述系统是按照图16-8的方式设计和开发的，都是采用"组件/控件+机制"的方式实现的，因此，它们也就同时具有了应对需求变化的能力，当需求发生变化时，只需要用增加或是减少的方法，调整组件/控件就可以了。

详细的设计和实现方法参见第17章。

2. 基线系统的架构

可以满足系统复用和应变的需求系统就称之为"基线系统"。

所谓的"基线系统"，就是将系统中共性的部分功能抽提出来，形成一个"中核"，这个中核不会因为业务需求的变化而变化（微小的变化可以忽略），由于这个中核部分采用了基干原理（组件+机制）的架构方法，可以灵活地增减个性部分的功能，所以这个中核部分称为"基线"，以基线为基础构成的系统称为"基线系统"，参考下面的示意图16-9。

①具有共性的组件和机制构成的整体称为基线系统。

②与业务领域无关的共性部分。

③具有行业共性的业务组件。

④与业务无关的系统机制（按照"机制组件"的方式设计）。

⑤个性化的其他业务功能（组件库），按需导入。

从图16-9中可以看出，只要是同一领域的同类业务处理系统大约都会有50%以上的功能组件是可以复用的，这样由具有共性的"业务组件+机制组件"两个部分构成的系统就可以覆盖该领域的大部分业务处理了。

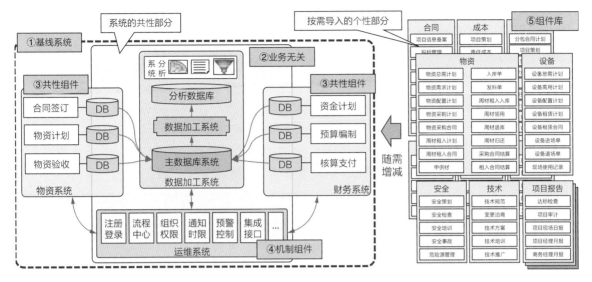

图16-9　基线系统的概念示意图

3. 产品型与项目型系统的区别

由于商业目的的不同，软件企业一般会将软件分为项目型系统和产品型系统。

（1）项目型：为客户定制的系统，特点是个性化的功能需求比较多，或是首次涉及的业务领域，因此大部分的功能是不能复用的。

（2）产品型：在某个业务领域内系统功能的大部分都是可以复用的。

如果能够实现基线系统的架构，则产品型系统和项目型系统就不存在本质上的区别了。产品型系统可以理解为是以项目型系统为基础，按照销售需要固化了项目系统中的部分功能而获得的系统，而且未来客户的个性化需求会越来越多，就不存在绝对的产品型系统了。

基线系统型的系统具有很多优点，但是根据能量守恒定律，开发这样的系统的成本和技术要求也是较高的，如何判断是否需要基线系统式的架构呢？

（1）需要的场合：某类系统根据客户的使用情况需要不断改变，且因为系统复杂维护成本高（时间、资源），或是系统内的某些功能具有复用的价值等。

（2）不需要的场合：项目涉及的业务领域是一次性的，需求基本上不会发生变化，系统简单，维护成本不高等。

16.3　应用架构设计1——框架图

框架图的主要作用是规划，给出每个阶段的总体设计、系统划分、系统边界，以及系统之间的关系等，它是每个设计阶段最为重要的顶层设计用图。因此，在应用设计阶段同样要先做框架图，做出对应用架构的整体规划。

16.3.1 业务框架的转换

在架构的概要设计阶段，业务框架图是基于需求工程的业务领域划分、再加上对未来业务的规划、业务的优化成果等设计而成的，此时尚不考虑未来系统的实现方法，只集中于对业务处理的设计内容，因此这个阶段获得的框架图是"业务框架图"。

在应用设计阶段的框架图中，最为重要的就是要规划出辅助业务处理的功能（这些功能不是直接用来处理本系统的业务对象，但却是构成一个信息系统不可或缺的功能），或者是增加附加价值的功能。架构的应用设计重点之一就是将业务设计的框架图（图16-10（a））与这部分的功能整合在一起（图16-10（b））。这部分的功能种类很多，而且会因系统的业务对象的不同而不同，这里仅举一些构成系统常见的功能作为启示和参考（不限于此）。

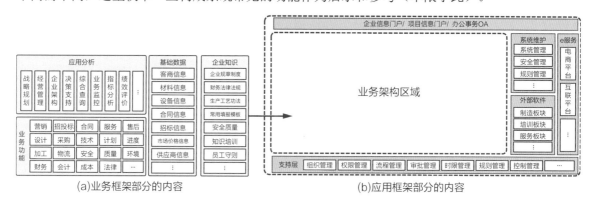

图16-10　业务框架与应用框架

16.3.2 应用框架的设计

应用框架是以业务功能为核心进行架构的，追加的系统功能都是为业务功能提供支持服务的，例如，图16-11给出了按照以下4类进行的划分。

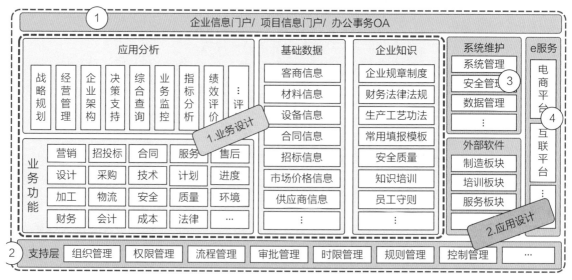

图16-11　应用框架图

①门户类：这类功能是进入系统的前端，是本系统与外部进行信息输入/输出的门户。

②支持类：它们是系统得以运行的重要功能，包括组织、权限、流程、规则等的设定。

③维护类：它们是对系统进行基本设置的功能，包括注册、安全、权限赋予等。

④应用类：其他软件系统、平台等。

当然，由于应用设计师的见解不同，功能的选择和设置的位置也会有所不同。例如，企业知识库，其内容与业务处理紧密相关，则可以作为业务架构框架图的一部分；反之，关联不紧密，而且也没有与业务功能的界面做智能化的链接，则可以将企业知识库归入到应用架构框架图中，作为辅助功能看待。

16.3.3 技术框架的介绍（参考）

技术设计虽然不属于本书的范围，但是为了更好地理解框架图在不同阶段功能的叠加过程，加入技术阶段的框架图进行对比，在技术设计阶段加入了技术部分的功能形成了最终的完整框架图，如图16-12所示。这个框架图也可以帮助读者从整体上理解软件工程三个设计过程（业务设计、应用设计和技术设计）的区别。虽然由于着眼点不同，表达的内容不同，但确实是经过了三个不同阶段的努力，三个不同阶段的设计成果共同构成了最终的系统。

从上述过程可以明显地看出来，每一个设计阶段都会为最终的信息系统增加一部分新的功能，业务→应用→技术，最后形成的系统是由"业务+应用+技术"三个部分构成的。这三个功能实际是价值的不断增加，通过这样的分知识、分层次、分粒度地进行设计最终完成全部系统所需的功能。

业务设计阶段的工作需要由业务设计师完成，技术设计阶段的工作需要由技术设计师完成，应用设计阶段的工作是两者共同参与的部分。

16.4　应用架构设计2——业务流程

在架构的概要设计中已经掌握了绘制业务流程图，这些流程图是用业务逻辑将功能串联在一起形成的，应用设计阶段要解决的是这些流程在系统中的运行方法，根据业务设计师的设计理念、目的不同，业务流程的实现方法也不同，在本节里说明流程运行机制的设计方法，以及如何利用应用设计知识让用户获得良好的体验价值。

16.4.1 业务流程的转换

在系统中实际运行的流程是由"组件"构成的，应用设计师在应用设计阶段会将业务流程上的活动（节点）转换为系统流程的组件，同时还会由于系统的运行性能、数据安全等原因再度对原有的活动进行拆分或是组合，所以完成后的系统可能存在着"业务流程节点数≠系统流程节点数"的现象，如图16-13所示，详细说明参见第17章。

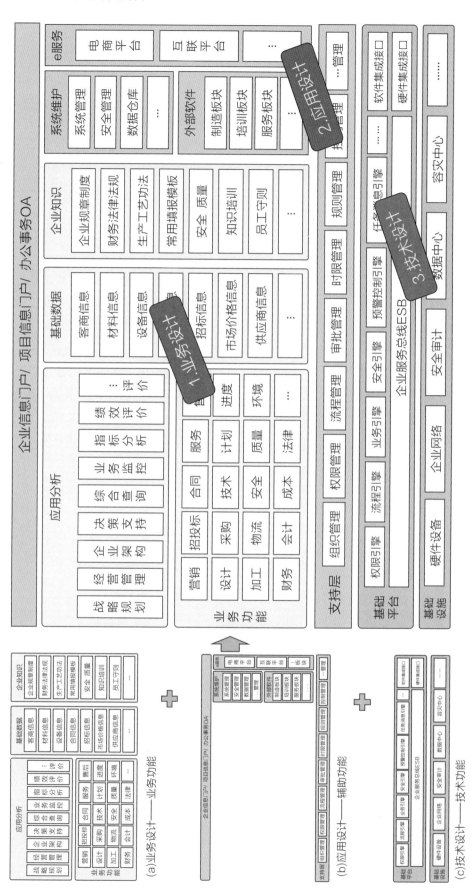

图16-12　三种框架图的合成效果

图16-13 业务流程的转换

业务流程上的业务功能个数，以及业务功能界面上的字段等内容，只有等到功能的应用设计完成后才能够最终确定下来，因此，系统流程最终的节点数也要等待功能的应用设计的结果。这里要注意，虽然一般来说架构层的设计在前、功能层的设计在后，但是因为功能内部字段、规则的调整反过来也会影响到已经完成设计的架构层的内容，架构层和功能层之间是存在着设计的迭代关系。

16.4.2 流程机制的概念

进入了流程的应用设计后，应用设计师的关注点就不在业务处理和业务逻辑上了（已在业务设计中完成），而是将关注点放到了流程上节点之间的推送关系，以及实现这个关系的运行机制上了。如图16-14所示，各个节点关注的内容如下。

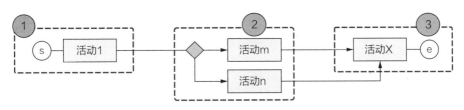

图16-14 流程节点之间的关系

①起点：流程所属部门、启动流程的岗位是谁、启动流程的条件是什么等。
②中间节点：上游输入的数据有哪些、向流程中心输出什么数据（判断分歧用）。
③终点：流程结束后向流程中心输出什么、如何关闭流程等。

1. 流程的机制

业务流程是一系列工作的协同"过程"，审批流程是对一条流程上某个节点管理的"控制点"，两者的机制关系如图16-15所示。每个组件内的业务处理完成后，都需要判断审批流程和业务流程的有无，以决定下一步的流转方向。

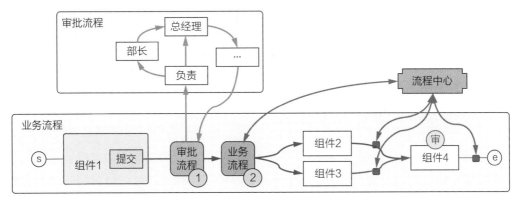

图16-15 业务流程与审批流程的机制关系

1）审批流程

当组件1完成处理后，由于审批流程是加载在业务流程节点上的管控点，所以要首先判断组件1的结果是否需要走审批流程，如果需要就进入图16-15中①审批流程判断，如果不需要就进入②业务流程判断，参见17.3节。

2）业务流程

将业务流程分歧条件的判断功能集中到流程中心（或称流程引擎），当组件1完成了审批流程后，就判断是否有业务流程分歧，如果存在流程分歧，就将组件1的处理结果送到流程中心，在这里根据预先设置的分歧条件与组件1的业务处理结果进行对比判断：下一步流转到哪个下游组件（组件2或组件3），判断完成后，将组件1关闭，启动组件2或是组件3。

从这个流程机制上看不出它是专用于自动办公系统，或是专用于财务管理系统的，业务流程中的分歧条件可以有无数种，但是把分歧条件的判断放到流程中心后，同时把每个组件的内容都看成是黑盒时，则不论什么业务流程都是周而复始地重复这个循环过程，这个循环过程也就是"流程机制"。

在业务设计中，对于两个活动之间关系的表达常用"逻辑关系"，而在应用设计中则采用"机制关系"，与业务设计用图中表达逻辑关系相比，应用设计用图中更多表达的是机制关系，机制关系是逻辑关系在应用设计中的表达。逻辑表达的关系不强调是否是可复用的常态关系，但是机制关系一定是一个可以复用的常态关系。具有复用价值的机制是在逻辑关系的基础上经过抽提、建模从而建立起来的。

参考本章的16.4.2节中的说明，可以加深对流程机制的理解。

2. 流程机制的使用判断

懂得了流程的应用设计方法后，是否采用流程机制的方法来实现流程的运行呢？这取决于系统的需求是什么。这里举两种场景做判断。

【场景1】流程需要灵活应变，具有复用功能。

采用"流程机制"的设计方法，这样完成的流程可以通过改变配置规则就能适应各类不同流转条件，因为不需要通过修改代码来实现流程变化，所以效率高、响应快速，并且可以复用，它给用户带来的体验价值较高。

但是这个方式的第一次开发成本较高，有一定的设计和开发难度。

【场景2】流程不需要具有应变性和复用功能。

这种场景可以考虑为是一次性的，即系统使用期间不变化，因此可以将流程按照业务流程图的逻辑用代码固化（通常所说的"用代码写死了"），它的设计和开发成本较低，技术要求相对也简单。但是一旦需要变化时，就需要重写流程代码。

16.4.3 流程机制的设计

通过业务流程设计获得了业务逻辑，业务逻辑不但为后续的功能和数据设计提供了支持，还为应用设计中进一步提升客户的体验价值奠定了基础。下面就通过一个案例来说明如何利用业务逻辑作依据，将业务逻辑转换为业务流程机制，以提升用户的信息化体验价值。

1. 流程机制一：事找人

所谓的"事找人"，就是以业务流程的逻辑关系为依据构建一个可以"自行驱动"的流程机制。采用信息"推送"的方式形成一个可以让业务流程的上游组件完成处理后，自动地通知下一个组件的用户，以此类推，从而形成"事找人"的流程形式。这个由"启动、处理、提交、通知、接受"等构成的运转过程就称为"事找人的业务流程机制"，以下"流程"均指"业务流程"。

这个"事找人"的机制是由流程上的组件、菜单控件、流程中心、通知功能、门户（待办事宜）等构成的，见图16-16，设计思路如下。

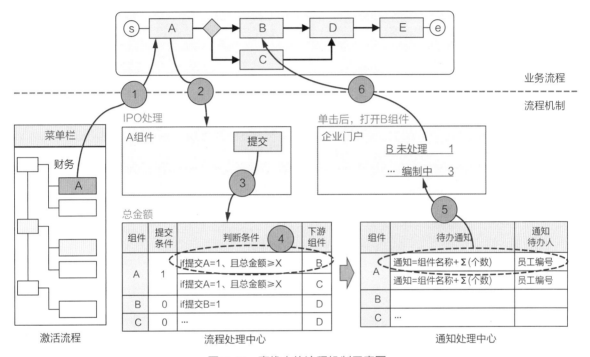

图16-16　事找人的流程机制示意图

①首先从系统的"菜单栏"上用手动方法激活流程上的第一个组件A，启动流程的运行（流程的第一步是需要由人来判断是否启动）。

②对打开的A组件进行业务处理（IPO：输入数据、处理数据、输出数据）。

③完成对A组件的IPO处理后，单击"提交"按钮，将组件A"总金额"送到流程中心做判断。

④在流程中心对组件A预设的最大许可金额进行判断，当总金额≥X值→B，否则→C，判断完成后将结果推送给通知系统（假定本案例判断结果为：下一步的组件是B）。

⑤通知系统按照预先的设定，将消息推送到B组件用户的门户上，在待办事项中标注"B未处理1"的信息。

⑥B组件的用户单击待办事项的通知信息，则B组件被打开，进行业务处理（IPO），处理完成后再提交给流程中心进行判断。

以后就周而复始地进行这个③～⑥的循环，直至整个流程中的全部组件运行完毕，如此就完成了一个"事找人"的过程。

最终，让系统的使用者感受到的不是"业务流程的逻辑"，而是"事找人的过程"，业务流程的逻辑都融入到了事找人的过程中。

2. 流程机制二：人找事

上述讲的"事找人"的效果是利用业务逻辑设计的"主动推送"方式，那么"人找事"这种被动的工作方式是否就没有价值了呢？不是的，利用应用设计的手法结合也可以设计出有实际意义和价值的"人找事"的方式。这个机制是由功能菜单、导航菜单、查询功能等构成的，见图16-17，设计思路如下。

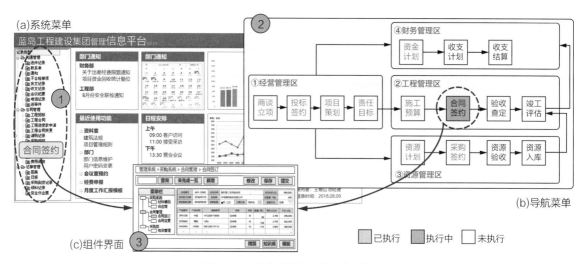

图16-17　人找事的流程机制示意图

1）系统菜单

首先设计系统菜单，如图16-17（a）所示，这个菜单将所有需要从外部打开的功能名称都显示出来，并与相关的功能设置了链接。这个菜单是最基本的"人找事"设计方法。

2）导航菜单

其次，画出全部（或部分）的业务流程图，如图16-17（b）所示，在流程上标出组件的名称，并为每个设置在菜单上也可以打开的组件设置链接，让用户可以从流程图的组件图标上直接单击打开需要的组件，如图16-17（c）所示，这个方法实现了按照业务流程（逻辑）进行人找事的机制。

从这个设计可以看出，"人找事"并非不如"事找人"，前者可以通过导航菜单的反复使用，加深对业务架构/流程的理解。当然，如果将"事找人"和"人找事"的功能组合起来，则效果更好（但是设计和开发成本会高一些）。

如果可以随时随地将流程的经过状态显示出来，如图16-17（b）中显示出"已执行、执行中、未执行"的信息，流程上共有几个步骤、现在到达了哪个步骤、还剩下几个步骤未执行一目了然，则效果更好。

📑　**注：导航菜单与系统菜单**

导航菜单与系统菜单上可以直接打开的功能要一致，如果不能从系统菜单上直接打开的功能，则在导航菜单上可以显示但不能加链接，这样保证两者的一致性（因为系统菜单上有权限等的设计，详见第17章）。

从业务架构设计与流程机制设计的结果对比来看，两者明显目的不同、作用不同、设计的方法也不同，主要表现如下。

（1）业务流程：表达的是为实现某个目的而进行的一系列业务处理的"过程"。

（2）流程机制：表达的是某一类业务工作规律的"重复"。

流程机制是在业务流程之上通过抽提、归集和建模获得的，因此，做流程机制类的设计所需要的知识和能力要比业务流程设计的要高一些，特别是需要设计师懂得一些技术设计和开发的知识。

16.5　应用架构设计3——审批流程

16.5.1　审批流程的概念

按照分离原理，审批流程的作用只是对某个流程上节点（活动）的处理结果给予判断，包括：评审意见、是否放行，原则上审批者是不能直接操作业务功能内部的数据的。

审批流程的形态根据企业用户的需求存在很多的形式，这里给出一些通用的形式以供参考（不限于此），见图16-18。

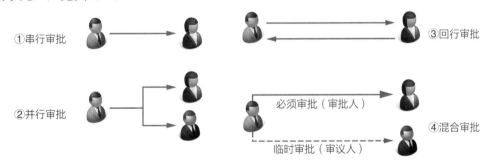

①串行审批　②并行审批　③回行审批　④混合审批　必须审批（审批人）　临时审批（审议人）

图16-18　审批流程形式举例

①串行审批：有前后顺序，不可逾越。

②并行审批：对上级的提交没有前后顺序，复数的上级可以同时审批。

③回行审批：上级可以对提交的审批内容向下级退回。

④混合审批：一条路线是既定审批流程，另外一条是临时指定，可视情况由下级按照规定确定送交哪些人参与审议。

16.5.2　审批流程的设计

审批流程的设计大都采用了辅助设计软件（工作流软件），根据客户的组织结构、岗位设置等要求，在软件上设计完成后直接就可以运行了。图16-19就是审批流程设计软件的截图，审批流程的设计大同小异，具体的设计方式请读者参见自己使用的审批流程设计软件。

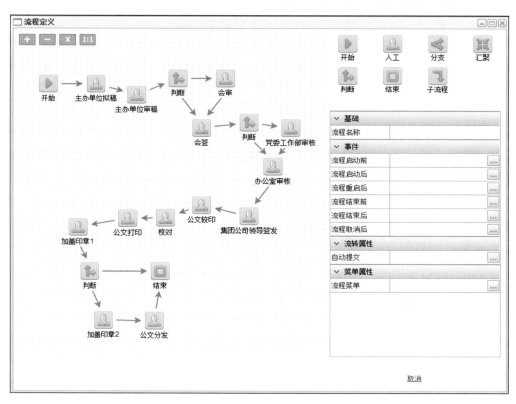

图16-19　审批流程辅助设计软件

小结与习题

小结

从架构的概要设计、详细设计到应用设计，这三步构成了架构的全部设计过程，本章作为架构三步设计的最后一步，是将业务设计阶段的架构设计成果转换为应用架构的设计形式，并且给出在"人-机-人"环境下业务流程是如何运行的、提供运行的驱动机制是如何设计的。

在概要设计阶段与详细设计阶段是以"架构"在"人-人"环境下为背景进行的优化设计，重点研究的是业务架构本身的合理性，并用"业务逻辑"的形式表达出来（业务架构图）；而应用设计阶段则是将"架构"置于"人-机-人"的环境下，此时设计的是未来在信息系统中运行的"系统架构"，并用架构运行"驱动机制"的形式表达出来（应用架构图）。

从图形的表达方式上可以看出因为"业务架构"与"应用架构"的目的不同，因此表达的内容、形式是不同的，例如，在"人-人"环境下，业务流程是由"人"来驱动的，在"人-机-人"环境下，业务流程可以由系统按照预先的规定自动地驱动流程运行。如何将业务逻辑与系统机制有效地结合起来，充分地发挥出信息化手段的作用，给客户的业务处理带来效率的提升是架构的应用设计的价值所在。

应用设计，为客户带来信息化惊喜

在上一个"分享"中谈到了关于"应用设计"可以决定客户对软件商的选择的话题，大家也同意了这个观点，但是如何才能找到这样的足以抓住客户眼球的亮点呢？这样的亮点是否会需要大的成本投入、有高的技术门槛呢？

为了启发大家，老师在架构的应用设计培训前，每次都会问开发工程师，是否使用了业务流程图。回答基本上都是没有，或者是为了解业务情况看了一下，但都认为业务流程图在贡献了业务逻辑和支持数据逻辑之后就没有什么"剩余价值"了。

老师在下面的讲课中，在没有说明业务流程和"事找人"相关性的前提下，先讲述了"事找人"的概念，然后问大家：如果在系统中增加了"事找人"的机制，你认为客户是否会感受到：

（1）用信息系统构建的"人-机-人"工作环境与"人-人"环境大为不同？

（2）"事找人"带来的工作效率提升，是否会提升客户体验的满意度（应用价值）呢？

大家一致认为这是可以给用户带来意想不到的效果的，肯定可以带来客户的满意度提升，而且这才是用信息化的手段带来的客户体验价值。

当老师解释了设计思路之后，学员们意识到：利用业务流程确定了业务逻辑、业务逻辑帮助确定了数据关系之后，大家就把业务流程的"剩余价值"给扔掉了，这是个很大的"价值浪费"。同时从事开发的学员们在分析了"事找人"的机理后，也认为这个开发没有太高的技术门槛，理解了提升系统的客户价值并不意味着一定要大的投入。

通过这个案例，大家也同时理解了，应用设计确实是既非纯业务设计，也非纯技术设计，而且它也不是通常所说的UI设计。UI设计应该是应用设计构成的一部分。

习题

1. 简述架构的应用设计的内容与作用。
2. 简述业务架构图与系统架构图表达的内容与形式的区别。
3. 为什么需要系统具有复用、对需求的应变能力？
4. 简述基线系统的概念。基线系统可以解决什么问题？
5. 事找人的流程驱动机制的目的、作用和价值是什么？

第17章
功能的应用设计

功能的应用设计，是功能设计三步骤的最后一步，它是对功能使用方式的设计。

功能的应用设计将详细设计成果——业务功能规格书转换成用系统要素的表达形式，并在业务设计成果之上增加了系统的操作功能。

功能的应用设计构建了"人-机-人"的工作环境，它是决定客户对信息系统价值大小、满意度高低的主要工作之一。

本章内容在软件工程中的位置见图17-1，本章的内容提要见图17-2。

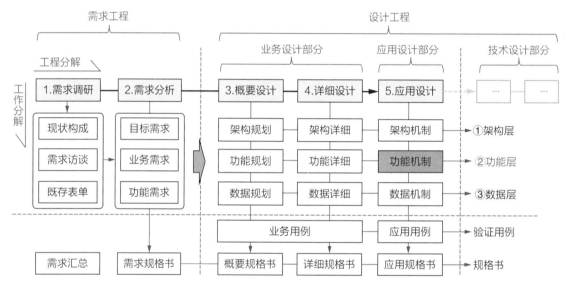

图17-1 功能的应用设计在软件工程结构中的位置

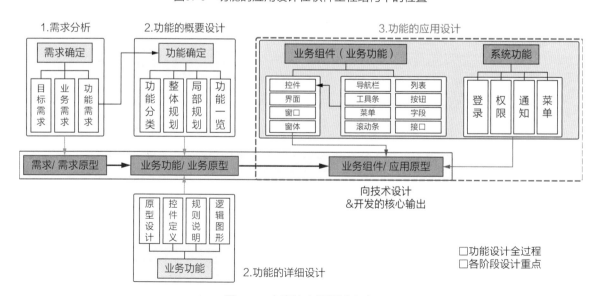

图17-2 本章的主要设计内容

17.1　基本概念

17.1.1　定义与作用

1. 定义

功能的应用设计，将功能详细设计成果——业务功能规格书（业务4件套）转换成用系统要素进行表达，最终形成业务组件规格书（简称：组件4件套）。

同时，功能的概要设计中形成的业务功能一览的内容还会由于业务功能向业务组件的变换时发生调整，调整完成后最终形成业务组件一览。

2. 作用

从软件工程上功能的全过程看，这是对功能进行的第三次设计，它是对业务功能一览所列出的业务功能，在功能详细设计的业务功能规格书基础之上进行应用方面的设计，功能的应用设计决定了全部功能、实现方式以及用户使用时的效果。由于用户对信息系统的体验主要是通过应用设计的结果感受到的，因此应用设计也决定了用户体验价值的大小，以及用户满意度的高低，应用设计的内容和表达形式也可以让用户和信息系统的相关人在系统完成前就掌握了完成后的效果（包括：内容、布局、操作、过程等）。

功能应用设计完成时，后续技术设计与开发的重点就是如何实现前面所有的设计结果，原则上就不能再改动之前的设计了，这就是软件工业化设计的基本要求。从需求分析阶段开始到应用设计阶段为止，功能的表达形态经过了两次转换，如图17-3所示。

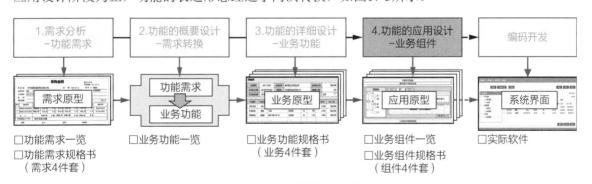

图17-3　功能的转换过程

1）需求分析——功能需求

收集用户对业务功能的需求，给出需求分析记录——需求4件套。

2）功能的概要设计（转换1）

通过对功能的规划和分类，将功能需求确定为业务功能（活动、字典、看板和表单）。

3）功能的详细设计——业务功能

对业务功能进行详细设计（包括业务与管理），给出设计记录——业务4件套。

4）应用设计——业务组件（转换2）

将业务功能转换为用系统要素表达的业务组件，给出设计记录——组件4件套。

在概要设计和详细设计中已经将业务与管理的相关内容确定了，与前两个设计用的业务要素表达相比，功能的应用设计重点在于用系统要素表达，例如增加了组件、窗体、接口、功能按钮、权限等内容的设计，这些内容都是因为使用了计算机才出现的，但本书讨论这些内容的目的并非是要进行技术方面的设计，而是这些内容与业务和管理设计成果的实现有着密切的关系，并会极大地影响到用户的体验价值。

应用设计与业务设计的关注点和设计内容是不一样的。

17.1.2　内容与能力

功能应用设计的核心工作是将业务功能转换为业务组件，组件设计的内容又可以再分为两个大的部分：第一部分是应用原型的设计，第二部分是控件的设计，见图17-4。

主要内容		内容简介	主要交付物名称
输入	上游设计资料	□功能的概要设计：业务功能一览 □业务功能规格书（业务4件套）	
本章主要工作内容	1.应用原型	□组件概念：窗体、窗口、界面、控件 □设计标准：布局、尺寸、颜色	
	2.控件	□控件：按钮（新增、查询、修改、保存、提交）、菜单、工具栏等 □目的&作用、基本功能、管控功能	
	3.业务组件规格书	□功能转变：业务功能一览→业务组件一览 □应用4件套：原型、定义、规则、逻辑	□业务组件一览 □业务组件规格书

图17-4　功能的应用设计内容一览

1. 作业内容

1）应用原型的设计

应用设计阶段的应用原型与功能详细设计阶段的业务原型之间的区别就在于：业务原型的重点是设计业务的字段控件，而应用原型的重点是设计按钮控件，以及整合详细设计与应用设计的结果。应用原型分为两大类型：窗体类型，表单类型。

（1）窗体类型：窗体是信息系统中最主要的表达形式，它可以将信息系统的特点与业务设计的内容完美地结合起来，采用窗体形式的业务功能分类有：活动、字典、看板。

（2）表单类型：表单最大的特点是可以用打印的形式输出数据，与用户传统的数据应用方式一样，采用表单形式的业务功能有：报表、单据。

2）控件的设计

在界面上专用于处理数据的控件主要有两大类：按钮控件和字段控件。

（1）按钮控件：也可以称为"按钮"，其主要是在界面上用来触发数据处理的功能，常用的按钮控件有新增、查询、修改、保存、提交等。

（2）字段控件：这个部分已在"功能的详细设计"中完成，如无变化，则不需要更改。

3）汇总组件功能一览

将全部设计完成的业务组件汇总为业务组件规格书，经过功能的需求设计、业务设计后，这个资料就是后续功能开发的最终依据了。

2. 能力要求

功能的应用设计是在具有业务功能的设计能力之上又增加了对系统方面的知识的要求，参考能力如下（不限于此）。

（1）理解业务设计的理念、主线，具有设计客户应用价值的意识。

（2）可以看懂业务架构图，掌握功能之间的逻辑关系。

（3）熟练掌握业务4件套的设计方法，它是应用设计的基础参考资料。

（4）熟练掌握功能的应用设计方法（本章的知识）。

（5）具有一定的技术设计知识。

17.1.3　思路与理解

从需求收集、需求分析、概要设计、详细设计直至应用设计的一系列处理过程中，每个阶段都对功能进行了不同视角的归集、设计，如图17-5所示。经过了业务领域、业务功能、业务组件三次不同视角的分类，将繁杂的原始需求最终转换到了系统中的一个最小控件，为技术设计和开发奠定了基础。这种将对象逐渐地进行拆分、转换，最后形成个体的"零件"，就是软件工程化设计的概念和做法，这种设计方式不但可以提升开发效率，同时用这个方法设计开发出来的系统还具有很强的随需应变能力。图17-5说明了转换过程。

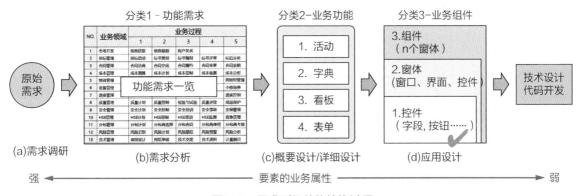

图17-5　需求到组件的转换过程

（1）图17-5（a）：需求调研——原始需求的收集。

对客户进行调研，获取原始需求，原始需求是片段的、无序的。

（2）图17-5（b）：需求分析——业务领域的分类。

对收集到的原始需求按照企业的业务领域进行归集，将不同业务属性的功能需求分为：财务管理、物资管理、人资管理、销售管理等领域，这使得原始需求变得非常有序、结构化、业务逻辑清晰。业务领域的数量视业务的复杂程度而定，一般来说，业务对象越复杂，则业务领域的数量就越多。

这是第一次抽提共性，抽提是按照业务领域进行的，这个共性可以帮助业务设计师从业务领域的视角对未来的需求有初步的认知，这个分类方法与功能的业务属性紧密相关。

（3）图17-5（c）：概要设计/详细设计——业务功能的分类。

将图17-5（b）内容按照业务功能的定义进行分类、归集，业务功能的分类只有4种：活动类、字典类、看板类和表单类。这个分类大幅度地简化了业务设计的复杂性。

这是第二次抽提共性，抽提是按照业务功能的定义进行的，这个共性可以帮助业务设计师从业务功能的视角掌握全部功能，这个共性说明了：不论业务领域有多少种，业务功能的设计方法只有4种，这就达到了用有限的设计方法来应对全部业务功能设计的目的。从抽提的结果（活动、字典、看板和表单）上看，已经找不到明显的业务属性和业务逻辑了，没有业务属性和逻辑的方法才具有普遍的应用价值。

（4）图17-5（d）：应用设计——业务组件的分类。

再对图17-5（c）中的4种业务功能进行抽提，最终采用控件的方式来表达。不论是哪一种业务功能它的构成都是由有限的控件组成的。这就再次简化了设计对象。

控件，是对功能进行的第三次抽提共性，用控件构成的组件已经与业务属性、业务逻辑等领域的业务知识完全没有关系了，从图17-5的处理过程中可以看出来，原始需求阶段要素带有的业务属性是最多的，经过了图17-5（b）～图17-5（d）处理后，在到达了应用设计阶段时都变成了控件的要素，其本身就完全没有了业务属性。

构成组件的控件没有业务属性后，用控件可以组合出任意的业务组件，用这种组合的方式就可以实现任何业务功能，这不但使得系统的开发效率高，且完成的系统本身还具有很强的应对需求变化的能力，这就是软件工程化设计带来的价值。

功能的应用设计，决定复用的关键

在主要由软件企业的研发负责人、开发平台的负责人、产品经理等进行交流的交流会上，讨论到关于如何实现功能复用和产品复用的问题，大家认为：这是为软件企业带来工作效率和经济效益的最佳方式，但是经过了一二十年努力后的成效并不显著，这个目标的达成并非易事。现在做复用的代表性方法可以分为以下两大类。

方法一：从编码入手

传统上解决这个问题大都由技术负责人牵头来做，所以开发者是从快速编码的角度去看如何解决复用的问题，他们以改善编码环境、提升编码效率为突破口来推进研究，用这个思路可以达到一定程度的改善，但是效率还是不太高，因为这个方法离"业务太远"。

方法二：从业务场景入手

另外一种就是从业务场景入手，采用"穷尽"业务场景的方法来实现复用，这种方法往往会出现越做系统越复杂、性能越差的问题，因为没有进行抽提，所以无法判断业务的变化规律、重复频率等。"穷尽法"的效果也很不理想，因为这个方法离"业务太近"。

这两种方法都因为与"业务的距离"把握得不好，所以效果不佳。实现复用的最佳"位置"是应用设计，它处在"业务设计"和"技术设计"的中间，采用了分离原理/组合原理与基干原理作为基础支持。这个思路就是：将功能/产品看成是一部"机器"，将一切要素构件化。

1）分离原理/组合原理：从业务层面对要素进行构件化

（1）将企业对象对象拆分成为业务、管理、组织和物品。

（2）将业务拆分为架构层、功能层、数据层。

（3）将架构层拆分为功能、逻辑；将功能层拆分为活动、字典、看板和表单等。

2）基干原理：从系统层面对要素进行构件化

（1）用编码开发出控件后，由控件构成组件、由组件构成模块、由模块构成系统。

（2）将所有的规则做成机制，然后由机制去关联控件、组件、模块和系统。

通过上述一系列的拆分、构件化的联合运用，就为实现产品和功能的复用打下了基础。

下面各节就要详细地描述构成系统的各类要素，包括：组件的构成（窗体、窗口、界面、接口等）、主要按钮控件的作用等。

17.2　组件设计1——界面

应用原型的设计重点就是对"界面"的设计，这个界面涉及很多的概念，有业务层面的，也有技术层面的，因此，在进行组件设计前，首先需要对一些常用词进行定义以方便后续的说明。

17.2.1　组件的概念

业务组件，是由控件构成的可以独立地执行一个业务功能的系统模块。

一个业务组件对应一个业务功能（活动、字典、看板、表单），一个组件由一组窗体构成，业务组件是系统中具有独立处理业务功能的最小个体。

在系统中还有对应非业务功能的组件称为"系统组件"，例如，权限的配置功能、时限的维护功能等。由于本书的重点是业务设计，因此在后面的描述中如果在"组件"的前面没有特别标注"系统"二字时，这个组件就默认为是业务组件。下面对构成组件中的各类要素做出定义和概念说明，见图17-6。

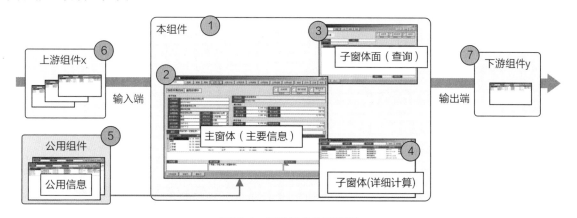

图17-6　组件概念的示意图

1. 组件的构成

组件是由一组"窗体"构成的，下面以本组件①为主体，说明组件和窗体之间的关系。

1）本组件内——主窗体②

原则上当一个组件内有几个窗体时，其中只有一个是主窗体。主窗体显示的是该组件的主要信息，是一个独立组件的"脸面"，原则上打开这个组件时第一个弹出来的窗体应该是主窗体，通常将组件的业务编号、各类操作按钮等都置于主窗体上。

2）本组件内——子窗体③④

一个主窗体可以附属多个子窗体，根据作用的不同子窗体还可以再分为以下两类。

（1）查询用子窗体③：用于查询通过这个主窗体输入的历史数据。

（2）辅助用子窗体④：用于显示主窗体的下级数据或是分担主窗体的数据处理工作等。

📋 注：关于子窗体

子窗体不能对外部的组件提供服务（如果提供了，就违反功能之间要低耦合的设计原则），子窗体离开了主窗体就没有存在的意义（因为它只是用来辅助该主窗体做工作的），原则上它只能从主窗体的界面上打开，而不能够从菜单栏等外部的界面上打开。

3）外部组件——公用组件⑤

本组件内部的处理常常会需要一些外部组件的信息作为参考，例如，编制合同书时需要参考预算组件的内容，则可以连接与该合同相关的预算组件；编制预算时需要参考企业的相关规章制度，则可以连接企业知识库组件等，这些外部组件只用来做参考所以称为公用组件。

公用组件是一个相对的概念，例如在图中，在以本组件①为主体进行工作时，可以将组件⑤作为公用组件进行参考；同样，在以⑤为主体进行工作时，也可以将组件①作为公用组件链接起来进行参考。

4）外部组件——上、下游组件

另外，与本组件有数据关联的外部组件之间在位置关系上做如下定义。

（1）上游组件⑥：向本组件输入数据的组件称为上游组件，上游组件所包含的数据、格式、规则等会影响到本组件。

（2）下游组件⑦：接受本组件输出数据的组件称为下游组件，本组件的数据、规格、规则等会影响到下游组件。

从图中可以看出，业务功能与业务组件的内部构成是不同的，虽说一个业务功能对应一个业务组件，业务功能的实体可能只是一张数据表，但是要支持处理这一张数据表的内容，组件可能需要由n个各式各样的子窗体和公用窗体共同协作才能完成输入工作。

📋 注：上下游组件

这里谈到的"上下游组件"并非一定是指处在同一条业务流程上具有前后逻辑关系的节点，只要是组件之间有数据的互动（参照、复制）关系就可以称之为上下游组件。

2. 窗体的构成

1）窗体

窗体主要由下述4类要素构成：窗口、界面、控件、接口。

如何理解窗体的概念呢？下面用一个仪器箱做个比喻，见图17-7（a）。窗体就如同安置在这个仪器箱前面的"仪表面板"，用户通过操作仪表面板上的控件发出指令，指令经过箱子中的逻辑层处理然后将要求传递到后面的数据层，数据层再按照逻辑层的要求将相应的数据提出来经过逻辑处理后呈现到前面的"仪表面板"上，这就是窗体的概念和作用。

2）窗口

窗口是屏幕上的一个矩形区域（窗体的外边框）。

关于窗体/窗口的划分方法，应用设计与技术设计是有所不同的，见图17-7（b），按照技术设计的定义在这个窗体上显示了4个窗口（每个窗口对应1个应用程序），但是这种划分对应用设计来说没有意义，因为应用设计是按照1个业务组件对应1个业务功能的单位进行设计的，分成若干个窗口后在理解业务和设计时其含义就不完整了。因此，为保持应用设计与业务设计的一致性，将图17-7（b）的整体称为"1个窗体，且只有1个窗口"，这样的约定对后续技术设计承接应用设计的成果时不会产生任何影响。

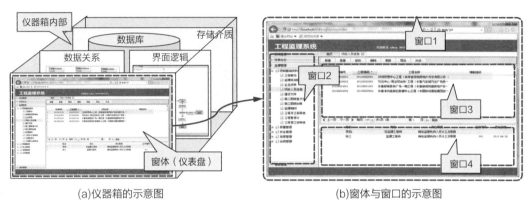

(a)仪器箱的示意图　　　　　　　　　　　(b)窗体与窗口的示意图

图17-7　窗体与窗口的示意图

3）界面

用窗口框围起来的部分称为界面，界面上布置有各类控件，包括：字段控件、按钮控件、滚动条、导航栏等。可以看出，所有的业务设计、技术设计的成果最终都要集中到界面的设计上，界面上布置内容的多少、布局的合理性等都直接地影响着用户的满意度，因为用户只有从界面上布置的要素来体验"人-机-人"环境设计的优劣。本章的核心内容就是以界面为中心进行的应用设计。

4）控件

控件，是指布置在界面上的各类系统要素，所有的系统要素都被称为控件，见图17-8。

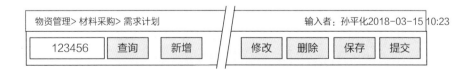

图17-8　控件示意图

（1）用于数据输入的字段控件，如输入框、列表框。

（2）用于数据操作的按钮控件，如新增、删除、保存、查询、提交等。

（3）用于其他作用的各类控件，如门户上的菜单树、导航栏、滚动条等。

前面已经定义了窗体、窗口和控件，为了更好地理解它们之间的关系，用"窗体"与实际的"窗户"做个比较。图17-9给出了窗体（软件）和窗户（建材）的对应关系，其中（）内的名称是窗户构成零件的名称。

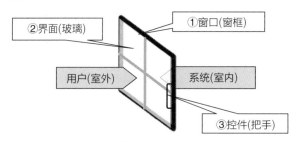

图17-9 窗体与窗户的对比示意图

窗体 = 窗口 + 界面 + 控件（按钮、字段、滚动条等）

窗户 = 窗框 + 玻璃 + 配件（把手、合页、螺钉等）

5）接口

接口是组件用来与外部进行数据、规则等信息交互的管道，交互的内容包括：

（1）向本组件内导入上游组件的数据，从本组件向下游的组件导出数据。

（2）组件与外部进行管控规则、完成信息等的交互（以及技术上的协议等信息）。

3. 控件、组件与系统的关系

以物资设备系统为例，给出控件、组件和系统三者之间的关系，见图17-10。

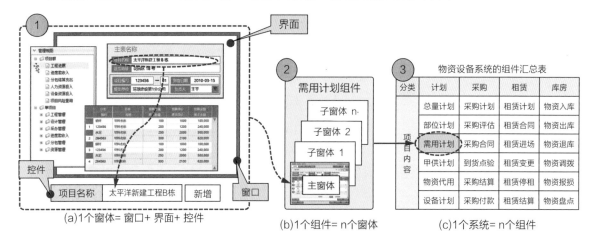

图17-10 控件、组件与系统之间的关系示意图

①字段控件构成了主表，同时主表、细表、菜单、按钮、界面以及窗口等控件共同构成了1个主窗体，如图17-10（a）所示。

②主窗体与n个子窗体共同构成了1个"需用计划"组件。

③包括"需用计划"组件在内的n个组件共同构成了物资设备系统。

4. 业务组件与业务功能的异同

业务组件，相当于是在业务功能上包装了一个具有操作功能和接口的"外套"。

1个业务功能对应1个组件，业务功能具有的能力最终是需要由业务组件来落实的。业务功能与业务组件对比有如下特点。

（1）业务功能：是业务设计中可以独立完成1个业务目标的最小单元。

（2）业务组件：是应用设计中可以独立完成1个业务功能的最小单元。

（3）1个业务功能是由1～n个数据表构成的，1个业务组件是由n个窗体构成的，1个窗体可以包含n个数据表。

17.2.2　窗体的模型

有了窗体的概念后，下面以窗体为对象建立一个窗体模型，通过这个模型理解窗体与外部的接口和信息的交流，如图17-11所示。

图17-11　组件的接口示意图

1. 窗体的接口

将窗体上具有的功能分成三个部分，称为IPO，各个字母分别代表的含义如下。

I：Input，数据的输入。

P：Process，数据的处理。

O：Output，数据的输出。

1）数据的输入（I）/输出（O）

（1）输入：从上游导入数据，包括从上游组件选取、接受上游推送的数据，及从数据库选取数据。

（2）输出：向下游推送数据，包括向下游组件或向公用数据库的推送。

2）数据的处理（P）

用接口的方式将各类操作界面数据的功能与窗体进行关联，关联后这些功能可以支持处理窗体内部的数据，从功能的作用上可以将它们分为三个类型。

（1）操作功能：这类功能包括所有对该窗体内数据进行操作的按钮，例如新增、保存、提交等，这些接口的后面可以连接各种不同的管控检查。

（2）链接组件：这类功能可以链接支持主窗体处理的公用组件、数据库等。可以通过主窗体上的业务编码或是其他属性，直接将相关的数据呈现在本组件的界面上。

（3）链接设备：这类功能可以连接移动设备、打印机等。

2. 接口类型与数据

将各类的接口与外部系统关联起来形成一个完整的窗体接口模型，见图17-12。

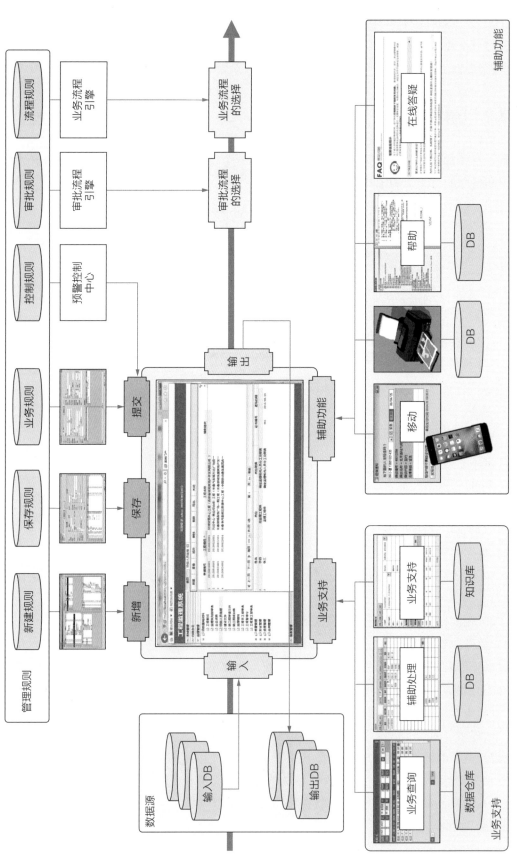

图17-12　组件接口模型示意图

通过这个示意模型，从应用设计的视角上对一个组件的窗体与外部都有哪些关联有了一个基本的认知。有了这个模型作参考，需要哪些功能就接入相关的控件和支持数据/规则，不需要时就可以从接口上分离。由此也可以理解了按照工程化的方法进行软件设计的方式：先设计小零件 → 由小零件组装成1个控件 → 连接到接口上，以此类推，逐步地完成整个信息系统的设计。

图17-13是一个"工程预算编制"组件窗体的实际设计规划图，可以看出一个用来编制预算的业务功能，在编制的过程中是需要连接很多的数据（包括基础数据）、操作功能（控件）做支持才能完成，这个部分的设计可以参考数据的详细设计成果。

这个示意图就显示了一个完整的业务处理功能，其在应用设计时不是被做成了一个固化的整体功能模块，而是用接口连接完成这个业务处理所需的控件和数据，这样的设计方式可以保证该组件在实际的运行过程中不论发生什么样的变化，都可以通过接口的连接与分离快速地响应需求，这就是通常所说的模块化设计和模块化运用的效果。

17.2.3　界面设计

前面介绍了组件、窗体的定义和概念，下面就要进入到窗体的内部进行设计。所谓的"界面设计"就是针对一个窗口框所围面积内布置的要素进行设计，为了说明方便，在下面的说明中统一使用"界面设计"一词来代表设计的对象（窗体设计与此同义）。

由于应用的场景不同、使用的设备端不同都会带来界面的表达形式不同，特别是现在已经进入信息化高速发展的时代，各种新的应用领域不断诞生，软件、硬件的更新日新月异，任何一个变化都会带来界面设计内容和形式的变化，这里举例来说明界面的基本构成要素、布局的设想，通过这个案例可以让应用设计师对界面设计有一个基本认知。

尽管移动式终端已经大量地被用来进行数据的输入和查看，但是因为企业管理的主要业务处理和基础数据的输入还是由PC端完成的，因此这里选择PC端界面作为设计样本。

业务处理的界面应该具有哪些功能是要根据具体的业务内容来确定的，但是系统整体设计需要具有统一的窗体风格（不仅是美工部分）、操作习惯以及遵守基本的通用规则，这样做不但可以使得系统开发成本减少，上线后对用户的培训时间也可以大为缩短。

1. 界面区域的划分

在计算机屏幕上做界面设计时，为了沟通和理解方便，同时也是为了使设计结果符合人体工程学的基本要求，对界面的定位坐标和区域划分做出如下约定（这个约定与技术设计和编码开发的约定是一致的），见图17-14。

1）坐标原点的设定

通常会将计算机屏幕的左上角定为坐标原点（X、Y轴的交叉点），因此，界面的内容扩展或是面积增大时都是由左向右、由上向下进行延伸。

2）区域的划分

根据配置的控件目的不同，将界面分成两个大的区域：功能区和作业区。

（1）功能区：通常放在界面的四周，主要布置导航栏、工具栏、主菜单等。

（2）作业区：通常放在界面的中间部分或是偏右下方的区域，这个区域是业务处理的核心区域，主要用来布置字段控件、各类数据表（卡式、细表等）。

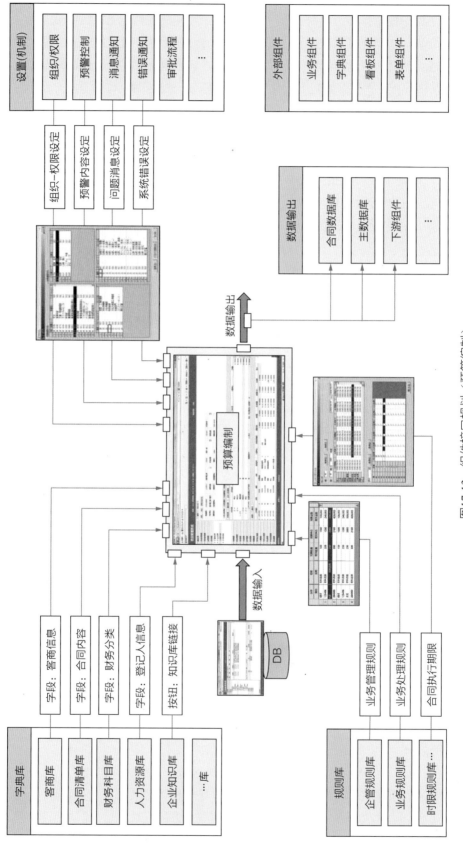

图17-13　组件接口规划（预算编制）

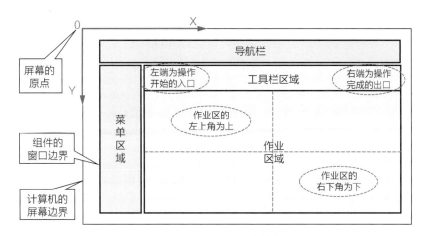

图17-14　界面区域划分的基本原则

2. 功能区的设计

除去业务字段控件布置的区域以外都是功能区，各个功能区的设计要点见图17-15。

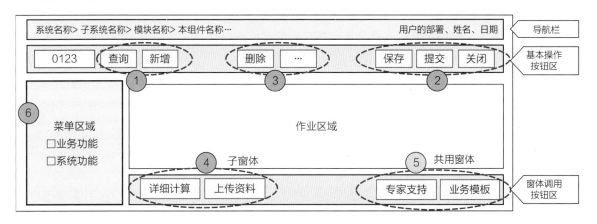

图17-15　功能区的设计原则

1）导航栏区域

导航栏区域，通常可以分别在栏的左右两侧显示两类信息（不限于此），例如：

（1）左端：显示本界面/本组件的打开路径，系统名称＞子系统名称＞模块名称＞本组件名称。

（2）右端：显示本组件的用户所属的部门、姓名、登录日期等信息。

2）工具栏区域（上）——基本操作按钮区

这个区域用来布置基本操作按钮，一般放在导航栏与作业区域之间。所谓的基本操作按钮，指的是用来对本界面上属于主表区内数据进行操作的功能，对于细表区内数据的操作按钮通常布置在距离细表区的最近处（上边或是下边）。

工具栏的左右两侧是最为容易查找的位置，所以要将使用最为频繁的、重要的操作按钮布置在两侧，其余的布置在中间，布置在两侧的按钮遵循如下原则：左端布置本界面处理开始的功能（入口），右端布置本界面处理完成的功能（出口），布置参考如下。

（1）左端①：布置打开窗口后首先要操作的按钮，如查询、新增等。通常基本功能区左边的第一个位置为"业务编号"，它是用于输入查询的数据"主键"。

（2）右端②：布置本界面关闭前需要操作的按钮，如保存、提交、关闭等。

（3）中间③：布置其他的通用按钮或是个性化的功能按钮。

3）工具栏区域（下）——窗体调用按钮区

当界面的上端工具的按钮过多不好安排时，可以将一部分按钮安排在界面的下端，如主要用来调用其他组件、功能的按钮，布置的原则如下（仅供参考）。

（1）子窗体按钮④：布置在作业区域的左下端，设置用来打开本组件附属子窗体的按钮，如详细计算用的窗体、上传资料用的窗体等。

（2）公用窗体按钮⑤：布置在作业区域的右下端，设置用来调用外部组件窗体的按钮，如与本组件业务有相关关系的组件、企业知识库、参考模板等。

4）菜单栏区域

通常设置在界面的最左侧，所谓的"菜单"就是一个树状结构体，结构的节点上是按照父子的关系布置了以下要素的名称：系统、子系统、模块和组件。通过菜单栏可以找到系统中所有的功能，菜单的结构关系是参考下面两个架构图设计而成的。

（1）概要设计—架构设计—业务框架图：业务功能部分（包括业务处理的功能）。

（2）应用设计—系统架构—系统框架图：系统功能部分（包括系统维护的功能）。

3. 作业区的设计

作业区是布置字段控件的位置，按照习惯一般将作业区划分为主次区域，参见图17-14。

（1）主要区域：界面的左上角为"主"，重要信息在此显示，如业务编号、客户名称、合同总金额、工程日期等。

（2）次要区域：界面的右下角为"次"，次要的或是辅助类信息在此显示，如备注信息、来自于其他组件的参考信息等。

其余的过程信息放置在介于两者之间的位置上，当然哪些信息重要哪些信息不重要还是要根据应用设计师的判断和设计理念来决定。另外，作业区域面积占全屏幕总面积的比例越大，一次显示的信息量就越多，用户的体验就越好，反之就会比较差。因此，为了扩大作业区域的有效面积可以采用收起菜单栏和工具栏的方法，但当一次要显示的内容非常多的时候，最好还是另外弹出一个专用的子窗口，将主窗体的部分处理内容分出去为好。

作业区域的设计样式会因为业务、使用的终端设备不同而不同，这里以企业的人资系统中的"员工簿"的界面设计为例介绍4种最为常见的布局形式：卡片式、主细表式、树表式和页签式，读者可以通过这4种样式的设计过程，理解到界面设计的理念和方法。

1）卡片式（卡式）

卡片式风格的设计比较简单，它们大多用于表达单条数据，这类数据没有层级，同时为了易于读取信息，还可以将这些数据按照不同内容划分成若干小区以利于读取，如图17-16所示。

例如，个人基本信息（不需要履历的部分信息），如姓名、年龄、性别、民族、出生地、住址、电话号码、爱好等。

2）列表式

利用表格，按照顺序列出多条数据，每一行只显示其中的一条数据。如图17-17所示，按照时间顺序显示个人履历。

（1）教育履历：小学、中学、大学等。

（2）转职履历：单位1、单位2等。

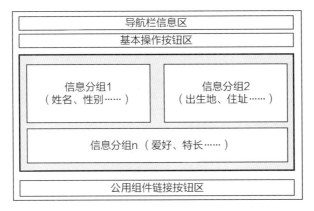

图17-16 卡片式界面

	时间	履历	备注
1	1980年9月	南华小学	
2	1986年9月	天坛中学	
3	1989年9月	北洋大学	
4	1993年9月	大地咨询公司	
5	2005年10月	蓝岛工程建设集团	
6		…	

导航栏信息区 / 基本操作按钮区 / 作业区域 / 公用组件链接按钮区

图17-17 列表式界面

3）主细表式

当需要表达的一条数据信息出现了分级（父子结构）时就需要采用主细表的形式，所谓的主细表就是以卡片式部分为主表（父）、在卡式区域的下面增加一个列表作为细表（子），主表显示的是主要信息（如个人基本信息），细表表现的是同属一个业务编号下的详细数据（如个人履历信息）。例如，显示员工的完整履历信息，将卡式部分和列表部分的数据整合在一起，见图17-18。

①主表区：个人基本信息，如姓名、年龄、性别、出生地、住址，电话号码等。

②细表区：按时间顺序列出个人履历信息，如小学、中学、大学，公司1、公司2等。

③功能区：这里的按钮是用于操作细表的（操作主表的按钮在上部的基本操作按钮区内）。

4）树表式

前面的三种形式都是在表达一条记录的数据，以及属于该条建立的详细数据，当要在一个界面上按照顺序显示多条记录的数据，且这些数据之间具有结构化的关系时可以采用树表的方式，即将主、细表区域的左侧加入一个菜单栏用于在不同记录数据之间进行显示切换。例如，显示一个企业的各部门、各部门员工以及员工信息，如图17-19所示。

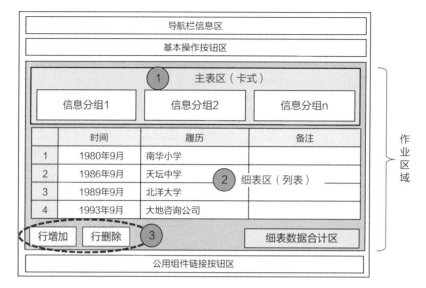

图17-18　主细表式界面

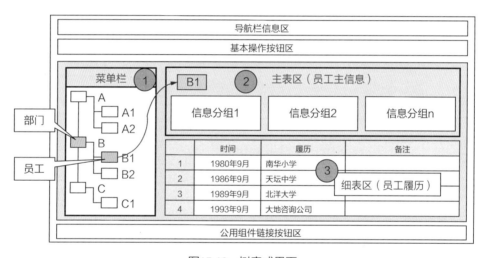

图17-19　树表式界面

（1）菜单栏①的部分显示企业各部门、各部门的员工名称。

（2）②③的主细表部分，通过菜单的切换可以显示每个员工的主要信息和详细的履历信息。

5）页签式

上述树表式界面也有不足，例如，当看完A员工的信息切换到B员工的信息后，A员工的信息就没有了，如果再想看A员工的信息还要将B员工的信息去掉重新加载A员工的信息，当要做A、B员工的对比分析时这个操作就很费时间。页签的表达方式解决了这个问题，它允许在一个窗口内可以同时显示和保留多条信息（多员工的信息），这里举例说明两个主要的显示用法。

【用法1】以1个人为单位，打开多窗口的表示，见图17-20，此时三个页签表达的是：

（1）在界面上同时保留了员工张兴初、李一凡和林晓青三人的信息。

（2）此时界面上正在显示的是李一凡的信息，其他两人的信息虽然没有显示，但都保留在页签中，随时都可以在三个人的信息之间进行切换。

图17-20 页签式界面（用法1）

【用法2】对同一份信息进行分页表示。

将原本为一份信息的内容按照不同内容再拆成n个部分，然后由不同的页签（n个子界面）分别来显示，见图17-21，这种拆分显示的好处如下。

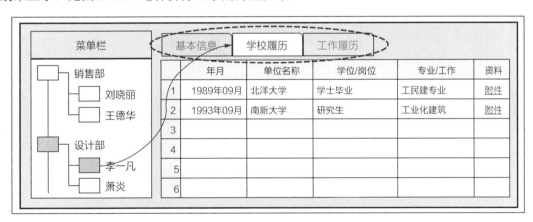

图17-21 页签式界面（用法2，局部）

（1）原来需要一次下载完全部的数据才能显示，改成分为n次下载，缩短了下载时间。

（2）单击到哪个页签时，下载哪个页签部分的数据，提升了显示速度。

（3）显示用的面积增大了n倍，可以从容地对界面进行布局，提升了用户的体验价值。

（4）在权限设置上比较容易，不同查看权限的人可以单击不同的页签。

此时界面显示的李一凡信息被分为三个页签，将原本在一个细表的信息分成三个细表分别在不同的页签内显示：基本信息、学校履历以及工作履历。

每个页签的内部采用什么样的风格设计都可以，如卡片式、列表式、主细表式等，这种方式极大地提升了设计的灵活度。

17.2.4 设计标准

界面设计的标准化非常重要，因为这是用户认知企业管理系统的窗口，这个标准实际上就是"人-机-人"管理的环境标准之一，这里给出一些设计上的基本原则供读者参考，设计前相关人员一定要统一全部的设计标准，全员必须遵守，见图17-22。

图17-22　界面设计标准的制定

1. 标准的制定

（1）统一所有界面形式的规格、表达方式，减少用户的认知负担和培训成本。

（2）统一各类控件形状和尺寸、颜色等。

（3）统一全部名称的定义、功能、作用。

（4）统一全部控件的位置、控件的间距等。

2. 布局的原则

布局是用户理解组件功能的重要手段，布局一定要以业务为导向，布局的规范化、规律化可以培养用户逐渐地走向"无师自通"的方向，例如：

● 同类界面的布局要统一，卡式、主细表、树状等同样格式要风格一致。

● 重要信息放在界面的核心位置，如左上方位置，次要信息放在其他位置。

● 界面上近似内容要放在相近处，如加框以示区别，或拉大与其他内容区域的距离。

● 重视用户界面友好性，易于操作，易于查看，例如，常用按钮在鼠标移动最短的地方配置，工具条的左端配置初始的按钮、右端配置结束按钮等。

● 界面横向一次的显示信息量（标题个数）多少，要以完成一次操作不用或是少用水平滚动条为标准（纵向滚动条不限），因为频繁使用横向滚动条会使得用户看到了左端的信息就看不到右端，造成看了右端又忘了左端信息的现象。

如图17-23所示，细表区的标题设置过多，致使大约有40%的信息处在窗口外，用户不使用横向滚动条就看不到，如果这是一个频繁操作的动作，那么工作效率就会低下，这就是所谓的应用体验设计得不好，这种设计会极大地造成用户满意度的下降。

3. 子窗体的原则

以业务组件的主界面为第一层界面，子窗体的层数最好控制在3层以内，例如，第一层为主界面（父），第二层为子界面（子），第三层为子界面的子界面（孙），如图17-24所示。如果内容比较多一定要超过3层界面时，可以另外再设置一个组件来分担处理的内容，不然界面弹出过多，就会造成混乱，工作效率反而会降低。

图17-23 布局原则——横向滚动条

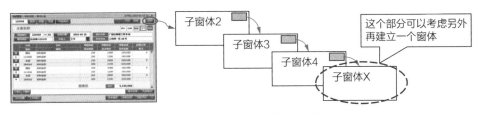

图17-24 子窗体的层数示意图

4. 字段控件的标准

字段控件的表达格式根据内容不同而不同，字段控件由两个部分构成：标题栏和输入框，见图17-25。

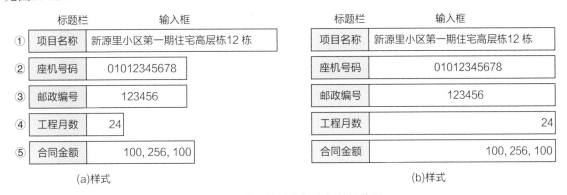

图17-25 字段控件的长度与数据位置

1）标题栏的长度

标题的字数不要太多，因为标题长到如同一句话时就不容易记忆了，最佳字数为2～6个字（易于记忆与称呼的长度）。另外，标题有背景框时居中，没有时居左或居右。

2）输入框的长度

输入框长度根据内容而定，但不必统一长度，如图17-25（a）所示的式样，因为如果要统一长度就一定会以字数最多的标题为准，那么字数少的标题也用长输入框就不容易读取，而且输入框的长度一样时标题之间的辨识度就会降低，寻找某个字段的时间会增加。例如，图17-25（b）式样的"工程月数"只有两个单位长度，如果采用和具有30个单位长度的"项目名称"一样长的输入框时，则"工程月数"就不容易读取，同样也可以看出，"座机号码""邮政编号"的输入框比较短，所以在图17-25（a）中比在图17-25（b）中容易寻找。

3）数据的位置

输入框内数据的位置，根据内容不同而不同，见图17-25（a）。

- ①文字类：左置，如名称、说明文。
- ②③编号类：居中。由于编号类数据长度是一定的，所以居中容易读取，如电话号码、邮政编号、材料编号，这样做也容易与"文字类"和"数值类"数据进行区分。
- ④⑤数值类：右置，如金额、数量、长度。

5. 颜色与装饰的原则

本书虽然不涉及美工的内容，但是也希望作为应用设计师的读者具有一些美学的意识，因为最终用户的满意度是一个综合的指标，这个指标至少包括下述内容。

- 业务正确：来自于业务设计（需求分析、架构、功能、数据等）的成果。
- 性能良好：来自技术开发、测试的成果。
- 易操作性：来自于功能应用设计的成果（界面、控件），推送机制等。
- 美观易读：来自于UI、美工设计。

因为企业管理系统不是宣传用的网站，界面风格应该是简洁、明快、可以快速识别信息的，且长时间注视也不易疲劳，要给读者以安静的感受，而不是炫酷和跳跃感。

总结：随着计算机技术的发展，计算机的使用领域和用途越来越广泛，界面风格也随之更加多样化，如互联网风格页面、物联网的界面，硬件技术的进步也影响界面风格的变化，如智能手机端、平板电脑端等。它们的设计内容、风格都有所不同，但是上述基本理念、原则等还是适用的。

17.3 组件设计2——控件（按钮）

窗体上的控件有很多，除在第13章中讲解的业务功能规格书——字段控件以外，本节重点介绍与业务和管理的操作密切相关的按钮类控件设计方法。

17.3.1 基本概念

1. 基本功能与管控功能

作为界面操作的重要功能主要是以"按钮控件"的形式表达的，作用在按钮控件上的功能可以分为两个部分：基本功能和管控功能。

1）基本功能

基本功能，指的是对界面上数据的读取、计算、复制、保存、删除等操作，这些功能不论什么系统、不论放在什么组件上，它的作用都是一样的，都是必不可少的。如何实现这些功能属于技术设计师的设计范畴，应用设计师只须理解这些功能的特点即可。

2）管控功能

管控功能，是在具有基本功能的按钮上链接了管理规则，在单击了按钮后，除去要执行基本功能的任务（读取、计算等）之外，还要将界面上业务处理的结果与预设的管理规则进行对比，如有违反现象则给出判断，如提示、警告、终止等，如何建立"业务数据"与"管理规则"之间的关系模型就是应用设计师的重要工作。

本节重点介绍5种常见的按钮控件：新增、查询、修改、保存、提交，并分别介绍它们各自具有的基本功能和管控功能。

按钮控件是系统控件中的一大类，按钮控件的设计会根据具体的业务处理场景有不同的做法，这里介绍的是一般做法，主要目的是给应用设计师一个基本概念和掌握基本的设计手法，实际设计时需要根据具体的场景具体设计。

2. 锁定的概念

在按钮控件的设计中有一个重要的概念就是状态的"锁定"，状态的锁定与按钮控件的设计有着密切的关系。所谓"锁定"表达的是一种界面的状态，处于"锁定"状态时界面上的全部控件或是部分控件就不能操作了。按钮控件被锁定的原因有很多种，例如，该界面的内容已经通过了审批后就不能再编辑，或是操作的用户没有获得编辑权限等。

1) 锁定的目的

引入锁定状态的目的是什么呢？锁定是一种对数据的保护方法，同时也是显示管理规则生效的信号，如果系统没有设计锁定的功能，可能会发生下列问题。

● 数据虽然已经通过了审批，但仍然可以修改，造成了审批无效的现象。

● 已经过了时限约束（如财务）的数据再被修改后，造成统计结果不可信。

● 下游组件不知道上游组件的数据处理是否完成、是否可以引用等。

有了锁定状态的概念后，就可以对系统内容的运行按照预想的设计理念、管理规则进行精确的、有效的控制，实现大多数在"人-人"环境下无法实现的管理效果。

2) 锁定的条件

这里介绍3种常见的锁定方法作为设计参考：规则锁定、时限锁定和引用锁定。界面内的处理结果一旦满足了预先设定的锁定条件时，系统就会自动地启动锁定机制让界面上相关的控件（包括字段、按钮）不能继续操作。锁定机制如图17-26所示。

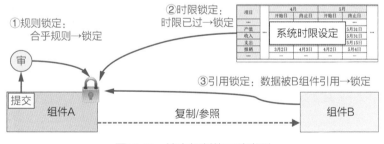

图17-26 锁定机制的三种类型

下面分别介绍三种锁定状态。

（1）规则锁定：利用"提交"的方式，在单击"提交"按钮后，启动链接在"提交"按钮上的各类管理规则的检查，一旦全部通过了管理规则的检查后，就让全界面或是界面上的部分控件进入锁定状态。关于规则锁定的详细设计参考本章的17.3.6节。

（2）时限锁定：按照系统中预先设定好的时间限制条件，一旦到了时间点就自动地启动锁定机制，就让全界面或是界面上的部分控件进入锁定状态。关于时限锁定的详细设计参考19.4.3节。

（3）引用锁定：组件内没有设置规则锁定和时限锁定的功能，但是进行了如下约定：一旦本组件内的数据被下游组件所引用，则本组件自动锁定，处理内容同规则锁定一样。其中，引用有两种情况：一是"本组件的数据被复制"，二是"本组件的数据被参照"。

3）锁定的方法

锁定的方法可以分为两种，即全部锁定和局部锁定。

（1）全部锁定。

即界面上的全部用于编辑的控件都不能使用（与编辑无关的功能可以继续使用，如查询）。也可以通过锁定"保存"按钮的方式达到对界面功能全锁的目的，因为对界面上数据的任何变更，如果最后不经过保存就不能生效。

（2）局部锁定。

仅对部分控件进行锁定，其余控件还可以继续使用，例如，仅对界面上含有关键数据的字段锁定，如金额等，而不对含有诸如地址、电话类辅助数据的字段进行锁定。

4）锁定与解锁的状态

锁定后的控件表达形态通常有以下两种。

（1）按钮控件：被锁定时，称为"不使能"，通常将处于被锁定状态的控件颜色用灰色表示。按钮控件处于可使用的状态时称为"使能"，处于不能使用的状态时称为"不使能"，在使能状态时将鼠标置于控件上会呈现出"手形"，可以单击。而处于不使能状态时则呈现为"箭头"，此时被单击控件也不反应。

（2）字段控件：被锁定时，称为"不可编辑"，鼠标不能插入到字段控件内。没有被锁定时称为"可编辑"，鼠标可以插入到字段控件内。字段控件在锁定状态时颜色也可以采用与按钮控件一样的处理方式。

下面就"新增""查询""修改""保存"和"提交"5个常见按钮控件的设计方法进行说明。

17.3.2　"新增"按钮

1. 功能作用

"新增"按钮，其作用是在界面上为记录新数据而做好准备工作，包括：清空界面数据、导入上游数据、获取业务编号等。单击"新增"按钮是记录一条新数据的第一步，要将操作开始前需要检查的管理规则都链接到这个按钮上，为记录新数据预先准备出一个全空白的、正确的初始状态。

2. 基本功能

单击"新增"按钮后，系统会进行如下准备（设计不同，处理顺序会有差异）。

（1）清空界面上所有字段内的数据，呈现一个完全空白的界面环境。

（2）判断是否有上游导入的数据，如果有，则自动导入或是弹出上游数据的选择窗口。

（3）获取本次新增数据的业务编号（只限于有自动发号功能的界面设计）。

📖　注：业务编号的发布方式

如果业务编号是自动发布的，为了避免由于多人同时单击"新增"按钮（并发）而造成业务编号的重复，业务编号是在第一次单击"保存"按钮后才会取得。因此在单击"新增"按钮后，到第一次单击"保存"按钮之前的期间内，界面不会显示出新增加的业务编号。

3. 管控功能

"新增"按钮的主要管控规则是判断此时的组件"状态"是否符合新增条件，当判断为符合时才会呈现空白的界面，新增条件与下述管理功能相关（不限于此）。

1）状态1：用户的权限

判断正在操作的用户是否具有使用"新增"按钮的权限，用户的权限也有以下两种分类。

（1）只读权限：即该用户只可以阅读数据，但没有单击"新增"按钮的权利。

（2）编辑权限：不但可以阅读，同时可以进行单击"新增"按钮并进行新增的操作。

2）状态2：管理规则

判断新增时是否有上游数据可供导入？如果有，再判断该数据是否处于可导入状态？上游数据是否满足管理规则，可用上游组件的"提交"状态来表达。

（1）如上游数据处于提交完成状态，则可以导入；否则不可（参见本章的17.3.6节）。

（2）如上游数据处于未提交状态，则可以不显示数据的选择框，或是弹出提示栏显示："xx正在编制中，不能引用"。

影响新增条件的因素有很多，需要根据具体的情况做具体的分析和设计。

17.3.3　"查询"按钮

1. 功能作用

"查询"按钮，用于当给出了关键词或是指定了查询的范围后，从相关的数据库中找出对应的数据。

"查询"按钮不同于新增、保存类的功能，它不仅是一个技术员写SQL语句的工作，它首先是一个重要的应用设计工作，因为查询是用户频繁使用的功能，所以应用设计师要站在用户的视角，思考如何设计才能支持用户快速查询的需求。

2. 基本功能

系统中几乎每个组件中都含有"查询"按钮，查询的方式也有很多，这里举三个最为常用的查询方式：精准查询、范围查询、模糊查询。

1）精准查询

利用给出的业务编号进行查询，如合同编号、材料编号、员工编号等，只要找到与待查询编号一致的一条数据显示出来就可以了。条形码、二维码等也都属于精准查询。

业务编号通常是数据表的ID。一般来说，已知特定的编号时就采用精准查询方式，界面设计中左上角的输入框就是用于输入业务编号进行精准查询用的。

【案例】如图17-27所示的编号框不为空（编号=123456），则单击"查询"按钮后进行精准查询，找到对应编号为123456的数据后在界面上显示它。

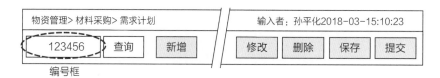

图17-27　查询按钮

2）范围查询

给出一定的数据范围，如时间段、部门名称、产品分类等，按照这个条件进行查询。这些条件通常是数据表的行或列的标题。一般来说，需要一组符合查询条件的数据时采用这个查询方式。

【案例】在图17-27编号框为空的状态，单击"查询"按钮，弹出"查询条件设定"对话框，如图17-28所示，设定查询范围，单击"查询"按钮进行查询，将数据表中符合条件的数据全部用列表的形式显示出来。

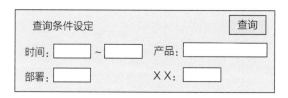

图17-28　查询按钮-查询条件的设定

3）模糊查询

模糊查询时，输入关键字或关键词，寻找包含相同字和词的数据记录，不论这些字和词是不是行或列的标题，只要有就都列出来。一般来说，用方法1和方法2都查不到的数据，可以采用这种方式。

【案例】在图17-27的编号栏中输入模糊字或词，单击"查询"按钮，进行模糊查询，找到包含这些字或词的数据条后，用列表的形式全部显示出来。

📄　注："相同字"与"同义词"

这里查询时不能返回仅包含同义字、同义词的数据，例如，关键词=建材，查询后返回的数据中必须包含"建材"二字，而不能返回只包含属于建材范畴的同义词，如"水泥、木材、钢材"等。

3. 管控功能

一般来说，链接在"查询"按钮上的管控手段基本上就是查询权限的设定。例如，当用户单击"查询"按钮时，判断：

（1）用户是否具有查询权限；

（2）如果有，再将具有查询权限的向下细分，例如：

● 如果是公司级领导，可以查看的范围为全公司数据。

● 如果是部门级员工，可以查看的范围为本部门数据。

17.3.4 "修改"按钮

1. 功能作用

修改按钮，是对于界面已进入锁定状态的数据进行修改。

对没有被锁定数据的修改可以直接通过编辑错误数据的方法进行，但是界面上的数据被锁定后就不能采用直接编辑错误数据的方法去修改了。对于没有锁定功能的系统而言，不存在本节所讲的修改问题。

2. 基本功能

修改数据的方式有很多，根据系统的整体设计理念，主要有以下3种修改方式：物理删除方式、解锁修改方式、红字更正方式，下面就这3种方式进行说明。

1）物理删除方式

这个方式是直接从数据表上将已保存过的数据删除，然后再追加一条正确的数据。一般来说，这种修改方式仅适用于数据尚未被锁定的情况，或在系统为维护人员特别设置的维护界面上执行删除。

2）解锁修改方式

界面已经被锁定，发生了需要修改的数据时，可以通过解锁的方法进行修改。但是这种方式听似简单实则不易，采用解锁的方式进行修改有以下两个注意点。

（1）审批流程：如果采用审批流程全部通过后对界面进行锁定的方式，则删除数据需要对整个审批参与者做出说明（需要通知每个参与审批的人）。

（2）数据引用：通常界面锁定后界面上的数据会被下游的其他组件引用，如果解锁修改就有可能造成一连串的矛盾（需要清除全部引用数据的影响）。

因此，如果不能解决上述问题，则不建议采用解锁的方式修改数据。

3）红字更正方式

红字更改方式，是在保留记录履历的前提下进行修改的主要方法。所有与业务相关的数据以及需要保存履历的数据都要采用这个方法进行修改。基本方法是输入与错误数据大小相同的"负值（称为红字）"对冲已记录的错误数据以达到修改的效果。这种方法多用在下述情况。

（1）保存的数据一旦被锁定就不能解锁。

（2）不能用物理删除的方式修改。

（3）系统设计规则要求保留所有变更的履历等。

【案例】设计思路如下，假定错误数值A=10，正确数值B=8，如图17-29所示。

修改方法一

原数据A	10
红字数据B	-2
修改后合计	8

修改方法二

原数据A	10
红字数据B	-10
蓝字数据C	8
修改后合计	8

图17-29 红字更改方式

修改方法一：部分更换

因已输入的原始数值大于正确数值，即A＞B，则只需要从A中减去差额B即可，修改的结果如下：

（1）第一条数据A=10。

（2）追加输入第二条记录，这个记录是差额，B=-2（红字）。

（3）已保存的两条记录的合计=A+B=10+(-2)=8，修改完成。

修改方法二：全部更换

将已输入的错误数值B先用红字数值进行覆盖，然后再输入正确的数值C修改如下：

（1）追加第二条与A大小相同的红字B=-10，则两条记录合计=A+B=10+(-10)=0。

（2）追加第三条记录，输入正确数值C=8，则三条记录合计=A+B+C=8，修改完成。

4）修改与删除的关系

如果错误数据和变更数据的大小相同、符号相反，则相当于进行了删除，即，在红字的修改方式中，删除只是修改的一个特例，因此可以不单独设置删除功能。

3. 管控功能

对锁定后的数据进行修改需要受到很多方面的约束，常见的一些场景如下。

1）权限的约束

是否可以修改，取决于系统管理员是否赋予了用户修改该功能的修改权限。

2）时限的约束

财务相关数据的输入期间都是有时限要求的，过了时限后原则上是不可以再修改的，例如，3月份的数据有错误，但发现错误时已经进入了4月份，此时如果直接修改则将要影响已申报的3月份数据，这种情况通常只能在4月以后的数据中加入调整值（在4月份修改是不会影响半年或全年的统计结果的）。

3）审批的约束

组件上设置有审批流程时，当组件通过了审批后数据将被锁定。如果要修改，必须要设计可以重新进行审批的机制，否则如果绕过了审批也可以修改则审批就失去了意义。

17.3.5 "保存"按钮

1. 功能作用

"保存"按钮，用于将输入的数据存储到计算机内部或外部存储介质上。

用键盘输入到字段控件内的数据只是暂时显示在屏幕上，如果没有单击"保存"按钮将其物理地记录到数据库中，则在关闭窗口后数据就会丢失，再次打开窗口时该条数据就不会显示出来了。"保存"按钮除了具有保存的功能外，通常还会将对规则的检查挂接在"保存"按钮上，以保证将正确的数据保存到数据库中。

2. 基本功能

"保存"按钮的功能就是将数据保存到数据库，并且要在保存前检查数据是否合乎数据库的要求，检查的内容举例如下。

● 数值类的数据格式是否合规，如货币、格式、位数等。

● 文本类的数据检查内容，如字数、大小写、是否存在空格等。

● 日期类的数据检查内容，如格式、时间。

📑 **注：数据库的保存规则**

输入框不能为"空"的规则，不是企业的管理规则（是数据库规则），所以它不属于管控功能。

3. 管控功能
在"保存"按钮上可以链接管控规则。在保存时，检查是否有违反管控规则的现象。

● 单价是否超过规定的平均价？
● 总金额是否超过预算总金额？

17.3.6 "提交"按钮

1. 功能作用
"提交"按钮，用于组件的业务处理全部完成后发出处理完成的信号（关闭组件）。

"提交"按钮实际上是一个检查规则的集合体，提交如果获得通过，则表明这个组件内的数据输入和处理全部符合"提交"按钮上链接的规则，可以提供给下游的组件使用。

2. 基本功能
可以将以下规则与提交按钮相链接，单击"提交"按钮后规则依次启动、执行。

【案例】当一个"经费报销"组件的输入工作全部完成后，单击"提交"按钮后，"提交"按钮上链接的规则将会被依次启动从规则1到规则5的检查，如图17-30所示。

图17-30 "提交"按钮的处理过程

（1）财务规则：检查报销金额是否合乎公司财务相关的规定、是否填写了费用的使用目的等，这些与企业管理规章制度相关的工作可以任意增加。

（2）时限规则：检查相关的时限规则是否有违反，此时界面上如有"日期"类的字段就可以设置时限检查，例如，每个月的差旅费报销截止日为第二个月的第三个工作日前，过时不候，检查此时本界面上的日期是否超过。

（3）其他规则…

（4）锁定规则：如果在前面所有的规则全部通过检查，则启动锁定界面的锁定机制，将预先规定的锁定对象（全界面或部分控件）进行锁定。

（5）审批规则（审批流程）：如果经费金额达到了要上级审批的额度就需要走审批流程，自动启动审批流程，审批通过后，此组件的处理全部完成。

（6）推送信息：如果所有预先设定的规则全部通过后，则向下游的组件、数据库以及预先设定好的其他存储介质推送信息、推送数据和保存数据。

3. 管控功能

严格地说，提交不是一个系统操作功能，它与新增、保存等不一样，它本身就是一个管控功能的集合体，它的基本功能与管控功能的内容是一样的。

4. 保存与提交区别

在检查违规时，保存与提交有很大的不同点。

1）功能的目的不同

（1）保存：将输入的新数据保存到数据库，也可以兼顾一下规则的检查。

（2）提交：发出数据输入完成的信号，并启动一系列规则的检查。

2）检查重点的不同

（1）保存：重点检查的是输入数据是否有违反数据库规则的。同时支持分步保存，所有属于"必填项"的内容在第一次单击"保存"按钮前要输入完，但是非必填项可以分几次进行输入、保存。

（2）提交：重点检查的是全部数据是否按照业务标准，单击"提交"按钮前，所有的数据都必须要按数量、按规则输入完毕，缺一不可。单击"提交"按钮后检查的是全部的规则。

17.4　组件设计3——业务组件规格书

业务功能向业务组件的转换是基于概要设计与详细设计的成果进行的，在进入业务组件的阶段，还需要对前面两个阶段的设计成果进行进一步的调整。

（1）将概要设计的成果——业务功能一览转换为业务组件一览。

（2）将详细设计的成果——业务功能规格书转换为业务组件规格书。

17.4.1　功能一览的调整

在概要设计中就已经知道，经过概要设计的架构、功能规划之后，需求分析的功能需求一览被转换为业务功能一览，后者根据业务优化的要求进行了调整，由此也增加了很多内容。

应用设计的业务组件一览是基于业务功能一览进行的，同样因为应用设计对业务功能的划分依据、标准不同，应用设计在保证业务设计内容不变的前提下，还需要加入系统设计方面的要求，例如，功能共用、性能优化、安全保障等，因此在应用设计中也要对业务功能的划分再进行一次调整，这个调整的结果也会影响到业务组件一览的组件数量。

📄　注：业务设计的理念、功能和价值

在应用设计阶段的调整，原则上是不能改变原业务设计阶段的理念、功能及价值的。

从不同阶段业务流程的节点上可以观察功能划分的变迁过程，见图17-31。在功能的详细设计中，已经说明了"①现状流程"和"②业务流程"两条流程的梳理、优化情况，在应用设计时，要以②业务流程图为基础设计出未来在信息系统中运行的流程形式③系统流程，并将

②业务流程图上的节点从"活动"替换成系统流程的"组件",这个替换还是会带来③系统流程上节点数量的变化,因为在概要设计/详细设计过程中是不考虑软件的实现方法的,只考虑如何实现最佳的业务优化。应用设计时必须要考虑系统特有的表达方式(与业务设计的表达不一样)、运行性能、安全等问题。

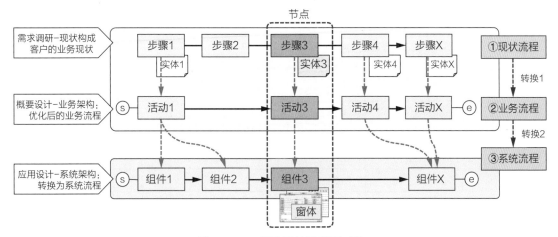

图17-31 不同阶段的流程图对比

从图17-31中的②业务流程图与③系统流程图的对比可以看出,虽然③系统流程是依据②业务流程确定的,但是③系统流程与②业务流程有所不同,不同的理由可能如下。

(1)因为②流程上的活动1内容太多,如数据量大、逻辑复杂等,考虑到未来系统运行的性能问题,所以将活动1的内容拆分为两个部分,在流程③上用组件1和组件2来对应(业务内容不变),这样每个组件上的数据量和处理的逻辑会大幅度地减少,运行时两个小组件分别进行的数据上传与下载速度都会比原来一个大组件的要快得多。

(2)因为②流程的活动4和活动X对数据的处理方式非常接近,且各自的内容都不多,这种情况可以通过在流程③组件的界面上加一个切换功能就可以用一个组件完成两个活动的内容,因此将活动4与活动X的内容合并用一个组件X来表达。

从上述内容可以看出,在业务设计内容不改变的前提下,应用设计还是会对业务功能一览的内容做出很多调整,这种从软件实现的性能、安全等角度进行的调整不但必要,而且还会带来用户体验价值的提升,这也是为什么应用设计的应用设计师需要懂得一些技术知识的原因。再通过下面的对比,理解从需求调研到应用设计的一连串变化。

1. 三种流程图的变迁

①现状流程:节点是步骤。这个流程记录的是客户工作现状。

②业务流程:节点是活动。是从"人-人"做法向"人-机-人"做法的第一次转换,所以在转换中去掉了"人-人"环节中的虚活动(步骤2),这个流程是优化后的最佳业务流程。

③系统流程:节点是组件。基于信息系统的特点,对业务流程图的实现方式进行了调整,这个调整对业务设计成果没有本质上的影响,它是充分地考虑了"人-机-人"环境工作时的特点而设计的业务流程图,对比前两个流程,它是真正要实现的流程。

2. 三种功能一览的变迁

待所有在业务流程上和不在业务流程上的组件全部确定完毕后汇总出业务组件一览,这个表就是功能应用设计的全部业务组件,同时这个表也是从软件工程中关于功能设计三表中的最后一表，这个表最终确定了需要开发的全部组件。下面对功能设计三种表的变化过程进行汇总、对比，见图17-32。

应用设计 - 功能的应用设计					终端			业务功能分类			
系统名称	编号	名称		说明	PC	手机	平板	活动	字典	看板	表单
1	合同管理	F-001	合同签订	输入正式的合同文本，归档			○	○			○
2		F-002	合同变更	记录合同变更的相关信息	○			○			
3		F-003	进度监控	用甘特图展示进度、预警等	○					○	
4		F-004	客商管理	客户的基本信息、交易信息					○		
5		F-005	合同一览	对签订的合同进行列表、打印	○			○			○
6	物资管理	F-006	采购计划编制	编制材料的采购需用计划	○			○			
7		F-007	出入库记录	材料出库的验收入库、领料	○		○	○			○
8		F-008	在库盘点	对在库的库存资料核查		○		○			○
⋮	⋮	⋮	⋮	⋮							

图17-32　业务组件一览

1）需求分析——功能需求一览

将需求调研阶段收集的，以及通过需求分析（目标需求→业务需求→功能需求）获得的功能需求进行汇总，这一步的需求可以看成是原始的功能需求。

2）业务设计——业务功能一览

以需求分析成果为基础，经过概要设计的架构设计、功能规划，对需求阶段获得的原始功能需求进行确定、补缺、完善，最终汇总。这些功能满足了业务处理的要求。

3）应用设计——业务组件一览

以业务设计成果为基础，将业务功能转换为业务组件，在转换过程中再进一步地进行拆分、组合，以满足系统运行的要求，最终形成了必须要实现的业务组件一览。

17.4.2　功能规格书的调整

以上完成了组件定义、控件定义以及确定了业务组件一览，下面对应用设计使用的模板进行说明。应用设计阶段采用的对组件设计记录方式，与需求分析和业务设计阶段是一样的，都是由4个模板组成，由于不同阶段的模板相同保证了设计资料的可继承性，但是由于业务设计和应用设计两者描述的主要内容、方法、表达形式都有变化，因此在进入编制业务组件规格书前，先理解一下记录功能的模板"4件套"的变迁过程，功能的设计经历了三次变化，分别发生在需求分析、详细设计，以及应用设计阶段。

（1）需求分析阶段：产生了功能需求规格书（简称：需求4件套）。

（2）详细设计阶段：产生了业务功能规格书（简称：业务4件套）。

（3）应用设计阶段：产生了业务组件规格书（简称：组件4件套）。

下面就规格书用模板中的4件套在三个不同阶段中的变化做个对比，如图17-33所示。

图17-33　4件套模板在三个不同阶段的变化

1. 模板1——原型

①需求分析——需求原型：它来源于用户的既存表单的电子版表格、扫描件或其他任何形式（图形、音像）。

②详细设计——业务原型：业务原型是纯业务内容的设计（只有字段控件），重点在于对业务处理的完善、优化。

③应用设计——应用原型：应用原型是由两个部分的内容构成的，一是前面业务设计的成果②（字段控件部分），二是在应用设计中加入的系统要素部分（导引栏、按钮控件、菜单、…）。

④=②+③的合成：最终将详细设计（字段控件）与应用设计（按钮控件）两个部分结合在一起，这就完成了对功能非技术部分设计的全部工作，即④=②+③，应用原型是系统原型的依据。

⑤技术开发——系统界面（开发完成后的实际软件）：软件工程非技术设计部分的最终交付物是应用原型④，这个应用原型与开发完成后的系统界面⑤在功能上必须一致（业务控件和功能控件）。但是因为绘制界面的工具不同可能会在界面呈现效果上有些差异，例如：

- 功能上：应用原型④决定了该组件的最终设计效果，不论是业务内容、界面布局、操作机制等各个方面，开发完成的实际界面⑤必须完全遵循应用原型④的设计资料，这是软件工程化设计的原则要求，即开发者必须要按照设计的图纸执行。

- 视觉上：如果原型设计工具与开发工具相同，则两者可以做到完全一致，否则会有一定的差异，如控件形状、界面颜色等。

2. 模板2——定义

（1）需求分析——控件定义：说明需求原型上每个字段的原始含义、计算公式、约束条件。

（2）详细设计——控件定义：定义每个字段、算式、业务/管理规则、数据来源等。

（3）应用设计——控件定义：在业务设计成果上，加入按钮控件定义、规则、机制。

3. 模板3——规则

（1）需求分析——需求规则：对用户需求的补充说明。

（2）详细设计——业务规则：对业务功能进行优化的说明。

（3）应用设计——组件规则：将业务功能转换为系统机制的说明。

4. 模板4——逻辑

（1）需求分析——逻辑图形：用逻辑图说明功能的构成现状、逻辑关系等。

（2）详细设计——逻辑图形：用逻辑图说明功能的处理逻辑、业务操作流程。

（3）应用设计——逻辑图形：用逻辑图说明功能的处理机制、应用操作流程。

对比这三个阶段的设计内容、表达方式的异同汇总，如图17-34所示。

No	阶段	模板1——原型	模板2——控件	模板3——规则	模板4——逻辑
1	需求分析	□既存表单(电子版) □既存表单(扫描版)	□原始记录 □非设计用语	对整个表单关系的规则说明	表单编制的逻辑说明
2	功能的 详细设计	□业务设计内容 □用Excel、专用软件 □不要操作按钮	□业务优化 □业务设计用语	对整个功能关系的规则说明	功能相关逻辑说明
3	功能的 应用设计	□高保真原型 □专用软件等 □显示所有操作功能	除上述外，加入所有系统操作功能的定义	对整个组件关系的规则说明	组件相关逻辑说明

图17-34 4件套模板在三个阶段中的变化对比

以上完成了对业务组件规格书设计前的一些基本调整说明，下面就应用设计——业务组件规格书的4个模板（原型、定义、规则和图形）使用方法逐一地进行详细说明。

17.4.3 模板1——应用原型

可以从如图17-35所示的4个模板图形中明显地看出来，与②业务原型只有数据格式和字段布局相比，③应用原型增加了工具条、菜单、按钮、页签、滚动条等控件，从③应用原型上已经可以看出接近未来④系统界面的雏形了。

在业务设计中定义了业务部分的字段控件，在应用设计的前部分补充了系统的按钮控件，下面就要考虑如何在整体上充分地发挥出信息系统特有的优势，构建一个适合于"人-机-人"环境的业务处理和管控环境，调用系统中所有的数据和信息，为完成好这个组件内业务功能提供服务。下面按4件套的模板顺序结合应用设计的特点，分别介绍业务功能（活动、字典、看板和表单）的原型在应用设计阶段的思考和设计内容。

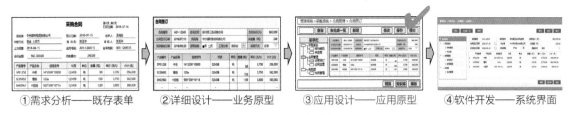

①需求分析——既存表单　②详细设计——业务原型　③应用设计——应用原型　④软件开发——系统界面

图17-35　原型对比

1. 活动类组件

前面界面设计时使用的案例完成了员工簿的业务处理部分,除去登录该员工的基本信息和履历以外,作为应用设计师,还能够做些什么附加价值的设计让用户感受到"人-机-人"环境带来的工作方式变化呢?

下面给出两个案例,分别说明在应用设计中是如何实现业务与管理应对的。

(1)业务支持,见图17-36。

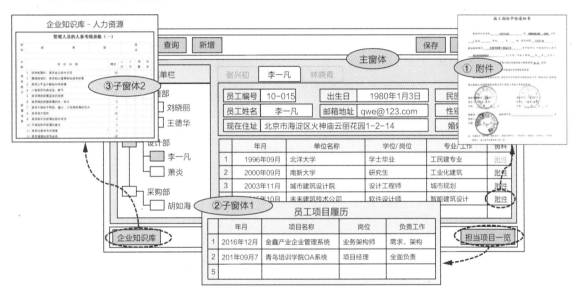

图17-36　应用设计对业务处理的支持

在"人-人"环境中要做好一件工作,有经验的用户会去找资料作参考,没有经验的人不知道哪里有资料,也不知道有什么资料可以参考。利用信息系统,应用设计师可以根据业务处理的内容将相关参考资料连接到用户的操作界面上,甚至可以在需要的时候自动弹出来,例如,在"员工簿"界面上查看员工信息时可以通过超链接辅助显示如下信息。

①关联扫描资料:单击"附件",弹出初始登录时该员工信息附带的扫描资料。

②关联主营系统:单击"担当项目一览",弹出"员工项目履历"显示该员工在本公司的实际工作履历。

③关联企业知识库:单击"企业知识库",弹出"企业知识库——人力资源"相关的资料,以帮助对该员工相关的等级、工资、奖惩等处理工作。

(2)管理规则。

业务处理的内容(主要是字段控件部分)管理完成后,下面就要研究如何将管理规则的内容融入进去,这里需要采用前述设计方法,将管理规则与按钮控件进行挂接,完成管理部分的设计工作。

　　针对员工簿这个业务组件需要什么样的管理规则？如何设置这些规则呢？此时就需要应用设计师转换设计理念，如图17-37所示，把这个组件处理的"业务"看成一个要完成的"任务"，将这些规则看成是帮助用户完成任务所采取的"保驾护航"手段，这样就会比较容易地确定管理规则以及规则的落实方法了。如何理解"业务"和"任务"在理念上的区别呢？

图17-37　业务与任务的区别

　　可以看出，在对图17-36增加了①、②、③的信息后，用户在处理业务时就会变得从容、有理有据、不易犯错，而且还会提高工作效率。

　　在业务载体上增加管理规则为业务的处理提供了"保驾护航"的措施，这些就是构建"人-机-人"工作环境给客户带来的应用价值，应用价值不同于业务优化带来的业务价值（通过架构带来的）。

2. 字典类组件

　　一般字典类的组件，在界面设计上的难度不会超过活动类的组件，难度比较大的是它的子窗体比较多，这些子窗体的数据与主窗体的数据共同构成了字典的数据结构，特别是材料管理类的字典组件，主、子窗体的个数可能多达数个或十几个。

　　1）业务支持

　　字典与活动在界面、控件的应用设计理念上基本是一样的，但由于处理的内容不同，字典的应用设计也有其自有的特点。

　　（1）数据维护：系统的主数据很多来自字典的数据，而字典内的数据必须及时维护，所以在设计字典的维护功能时要尽可能地考虑到维护带来的周边影响。

　　（2）变更履历：由于字典是需要变更的，例如价格字典，隔一段时间就会发布一次新价格数据，价格数据变更后要保证历史的合同、分析等各类凭证和分析报表再次打印时使用的价格数据要与当时的价格数据是一样的，这样显示出来的报表和凭证才能正确。

　　2）管理规则

　　由于字典组件中的数据多为企业的基础数据，承载着企业的数据标准，所以对使用这类组件在管理规则上要求也是比较严格的，管控字典的使用可以有以下两种方式。

　　（1）权限：利用权限的分配来严格限制字典用户，以及可以变更的基础数据。

　　（2）规则：利用时限、企业管理规则等对字典维护的基础数据进行管理。

3. 看板类组件

　　看板类组件的主要功能是信息的展示，因此与活动、字典类的组件设计重点有所不同。

1）业务支持

以企业管理信息系统的门户为例，说明看板对业务支持的作用，见图17-35。在这个门户看板的界面上可以读出如下信息。

（1）看板比较注重美工的设计（布局、风格、颜色等）。

（2）看板界面上各区域的内容之间可能完全不相关（活动或是字典的界面上数据通常都是有关联的），相当于在一个窗口内容纳了若干个独立的小窗口（模块）。

（3）展示信息的来源较多、算式复杂，需要复杂计算的信息最好预先处理好，避免打开窗口时预处理的时间过长，影响用户体验（如图17-38中的产值分析、产值/利润对比）。

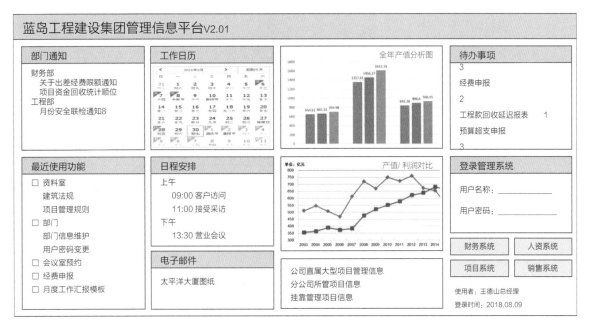

图17-38　企业门户

2）管理规则

一般来说，由于看板类的组件不用于输入数据，只是展现信息，所以基本上不需要管理规则，只要用权限就可以基本满足看板设计的管理需求了。

4. 表单类组件

表单的设计，不论是内容还是格式在业务设计时基本上就已经定型了，在这里基本上就不需要再设计了，由于没有数据的输入，因此除了权限以外，也基本上不需要管理规则。应用设计的主要工作是为分析类的表单配置一个用于设定数据抽出条件的界面。

抽出条件：表单显示数据是根据设定的数据查询条件抽出来的，因此表单设计环节的重点是对表单数据的抽出条件进行设计。

17.4.4　模板2——控件定义

首先复制业务功能规格书一份，如果有新追加的字段就插入到列表中相应的位置，如果没有就保持原样。与业务功能规格书相比较，新的业务组件规格书中重点是增加了按钮控件说明部分。新增控件虽然还包括导航栏、工具栏、滚动条等，但对应用设计师来说最重要的设计工作是字段控件和按钮控件，其他控件如无特殊的业务和管理设计方面的要求，可以交由技术设计师去完成。下面分为两个部分说明字段控件与按钮控件的设计方法，见图17-39。

控件名称	类型	格式	长度	必填	数据源	定义与说明	变更	日期	
按钮区									
1　查询	按钮	--	-	-	--	根据编号框的数据进行查询，查询方式包括：精准、范围、模糊。			新增按钮控件
2　新增	按钮	--	-	-	--	新增记录，检查新增条件、清空界面等。详见模板3 -规则说明-新增			
3　...	按钮	--	-	-	--				
4　上传资料	按钮	--	-	-	--	将附件上传，并且符合数据格式、大小。详见模板3 - 规则说明 - 上传资料			
主表区									
1　单据编号	文本框	0000-0000	14	Y	编码	规则="年月-4位流水号"，如：1107-0001			原有字段控件
2　金额	文本框	##,###.##	9			=Σ（单据明细_金额)			
x　...									
细表区									
1　...									

图17-39　模板2——控件定义

1. 字段控件

模板2的下半部分（主表区、细表区）是字段控件的定义部分，原则上这个部分的定义与业务功能规格书中模板的内容是一致的，在应用设计阶段如果没有变化则对于字段控件的定义不需要进行改动，如果有只需要加入新增部分即可。

2. 按钮控件

在模板2的上部插入新的表格区域"按钮区"作为按钮控件的定义用（按照界面的布置顺序按钮区的位置一段在顶部）。

按钮控件定义的描述有简有繁，如果它们被单击后，弹出一个窗口或是进行一个简单的动作时，在表格中进行定义就够了，但是如果单击后的功能运行非常复杂，则可以将更多的说明转到模板3——规则说明处，这里仅简单地定义基本功能就可以了，常用按钮控件的设计内容参考本章17.3节的详细说明。

另外，通常在此处只对按钮有个性化要求时才进行说明，例如，某个按钮上需要链接一条管理规则，如果按钮上只有常见的基本功能，则不需要重复描述。建议将常用的按钮控件（新增、修改、保存、提交等）做一个标准说明模板，附在业务组件规格书的后面就可以了，不必在每个业务组件规格书中都重复一遍。

17.4.5　模板3——规则说明

在业务功能规格书的4件套规则说明集中在业务逻辑、计算公式等的描述上，不涉及系统功能的内容。应用设计时需要融入很多系统功能相关的内容，下面举例说明规则的描述内容和方法（不同类型的界面有不同的内容和方法，仅作为参考）。

1. 初始环境设定

窗口打开时的初始状态是首先要设计的，可以考虑如下内容。

1）根据用户的权限

（1）是否有不可显示的数据？如果有，则界面上的数据按照用户权限进行隐藏。

（2）根据锁定状态，确定界面上的按钮控件"使能"或"不使能"的状态。

2）是否可编辑的状态

（1）数据是否处于被锁定状态，如果是，则编辑修改相关的控件"不使能"。

（2）如果没有被锁定，则相关控件处于"使能"状态。

3）不使能状态的表现

如果界面处于不使能的状态，则不使能的控件（包括字段控件）需要进行灰色处理（控件颜色为灰色），或使用统一的标准来表明现在处于不使能的状态。

2. 按钮控件详细说明

在模板2——控件定义中，由于表格内的空间有限，可以将详细说明放在这里展开，例如，已知了组件、控件、管控的方法等，综合说明这些控件之间的协同关系。例如，按钮"新增"与"提交"具有特殊的作用，一个管理着组件的处理工作开始，一个管理着组件的处理工作结束，它们的作用如图17-40所示，说明内容如下（仅供参考）。

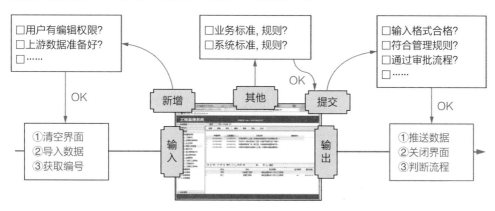

图17-40　新增与提交的作用

（1）新增：新增按钮管理的是IPO中的"I"，组件的工作开始前所需要的检查规则都与这个按钮控件相关联，以保证新增的数据内容合乎管理规则。

（2）提交：提交按钮管理的是IPO中的"O"，组件的输入完成后，是否正确地完成了输入工作的全部检查规则都与这个按钮控件相关联，不满足全部要求不得关闭该组件，更不能流转到下一个节点。

（3）其他：其他的按钮管理的是IPO中的"P"，"其他"包括新增和提交以外的所有按钮控件，其他按钮管理的是组件输入过程中的各类业务标准、管理规则。可以从这些规则中抽出一些具有通用性的内容作为标准附件，而在组件的规则说明中只写个性规则的内容，凡是标准的内容就不用写了。

3. 其他说明

除去对控件的说明外，还有对窗口整体设计的说明，例如：

（1）子窗口弹出后，是否需要采用"模态"方式，以保证输入顺序不出错误。

（2）细表的列宽度是否需要根据显示屏的宽度进行"自适应调整"。

这些内容既不属于纯粹的业务问题，也不是纯粹的技术问题，而是业务与系统相互关联的问题，这也就是应用设计的价值所在之处。

17.4.6　模板4——逻辑图形

这个模板主要用图形的方式来说明前三种方式说不清楚的内容，图形可以有逻辑图、界面截图等形式。一个组件中可能存在着复数的窗体，窗体间协同作业关系用语言表达不清时，用图形表达非常有效，而且也有利于后续的技术设计、开发者理解设计意图。

图17-41为上传或查询一个扫描资料的过程，通过编号的顺序，应用设计师可以轻松地向后续的技术开发人员说明自己的设计意图。此图表达了以下两条操作路径。

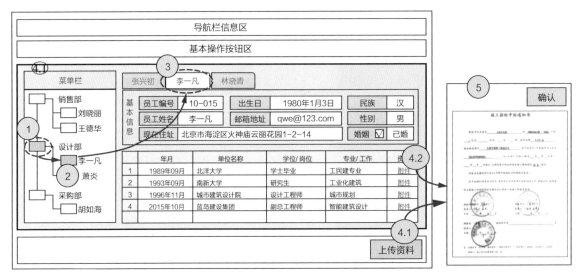

图17-41　上传资料的操作过程示意图

（1）路径1——上传资料的操作过程：沿着①→②→③→④.1→⑤。

（2）路径2——查看资料的操作过程：沿着①→②→③→④.2→⑤。

至此，功能走过了功能需求→业务功能→业务组件的全过程，完成了业务功能在设计工程（业务）阶段的全部设计内容，形成的业务组件规格书可以交与技术设计师进行技术方面的设计与开发了。

小结与习题

小结

本章的核心价值在于让业务应用设计师可以掌握一定的系统功能的设计知识，感受到存在于业务设计和技术设计之间的应用设计的作用和价值。应用设计是一个创新的工作，它可以将客户的传统业务和IT技术相结合产生出全新的生产力。

在实际的系统应用设计中，界面的布局和风格会因为业务内容、使用的终端设备，以及采用技术的不同而不同，但不论有多少不同之处，应用设计的核心目的是设计客户体验价值的理念是不变的，在设计过程中一定要不断地思考如何"站在用户的视角"，结合业务设计和技术设计的知识，用应用设计的手法创造出一个最佳的"人-机-人"的信息化工作环境，这个环境可以让用户感受到真正的信息化价值。

从本章的内容可以看出，懂得业务设计或技术设计不等于就懂得应用设计，对功能的应用设计需要进行与业务和技术不同的研究，应用设计的主要内容如下（不限于此）。

（1）设计界面的方法。

（2）界面模块化的设计理念、建模方法，以及如何快速响应需求变化的方法。

（3）组件全面的模块化、为后续技术设计和开发的工业化、碎片化应用打下了基础。

（4）客户体验价值的体现方法、运用信息化手段，为业务处理功能提供服务。

（5）软件工程的工程化设计方法（统一模板、规范流程、标准）。

分享

功能的应用设计，价值体现的窗口

参加培训的学员说，在软件公司这个部分的设计工作都有人在做，但是由于没有"应用设计"的概念，没有意识到它是"价值体现的窗口"，而仅当作是记录和展示数据的界面，因此对于界面的设计仅仅看成是由不同的岗位的人分别去做自己擅长的工作而已，例如：

（1）美工：从"好看"的视角去做。

（2）UI：按照自己想象的"最佳"体验去做。

但是这些"好看"和"最佳"的依据来源于哪里呢？最终由哪一位来把关和判断呢？

学员们缺乏一个关键的意识，那就是：这些设计，必须要站在"用户应用的视角"去做，而不能站在软件公司各个岗位的视角去做，所有的设计内容都要以"应用价值"为最终目标。

应用价值，是一个整体的概念，它要完成的工作内容至少要包括以下内容（不限于此）。

（1）从架构层面：从系统的整体上设计，给出诸如"事找人[*1]""待办提醒[*2]"的效果（设计师必须熟知信息化手段）。

（2）从功能层面：业务处理的步骤最简洁，少出错误，尽可能智能化输入（设计师必须理解业务的处理过程）。

（3）从表现层面：界面的布局、颜色、合理互动（UI：美工、体验等设计理念）。

最终，（1）~（3）的设计成果融入到应用用例中并与业务用例相结合，在软件进入开发前就可以给客户展示出未来系统完成后的综合效果。

从上述内容可以看出，UI设计的成果离不开架构层面、功能层面等的设计成果，单纯的UI设计师具有的知识和对项目的理解是不足以完成这个任务的。

结论：应用设计师，应该是"应用价值"的保证人，他可以不具体做UI或是美工的工作，但他必须要有能力去做（1）和（2）的设计，同时有能力对（3）的设计结果给出意见、判断。

*1：参见第16章。

*2：参见第20章。

习题

1. 简述功能的应用设计的目的与作用。

2. 简述为什么说功能的应用设计的优劣直接影响到客户对信息化效果的满意度。

3. 应用设计师掌握了功能的应用设计有什么意义呢？

4. 应用设计处于业务设计和技术设计之间，它对两者起了什么作用？

5. 简述4类业务功能通过业务设计和应用设计后发生了哪些变化。

6. 按钮控件在业务处理过程中起着哪些作用？试举几例说明。

7. 管理规则是如何作用在字段控件和按钮控件上？如何激活这些管理规则？

8. 业务与业务组件规格书有何异同？是否可以"合二为一"？如果可以，条件是什么？

9. 功能的应用设计对实现软件复用有什么作用？

10. 功能的应用设计的主要交付物是什么？

第18章
数据的应用设计

前面的各个阶段完成了对业务数据的概要设计（规划）、详细设计（键、表、式）、全部的数据定义和业务功能的设计等工作，数据的应用设计就是要针对已有的数据成果发掘出应用上的价值。从软件工程的框架图可以看出，数据的应用设计是非技术设计的最后一个环节，数据的应用设计完成后就进入了技术设计、开发环节。

数据的应用设计重点是发掘数据的价值，建立价值实现的机制。

本章内容在软件工程中的位置见图18-1，本章的内容提要见图18-2。

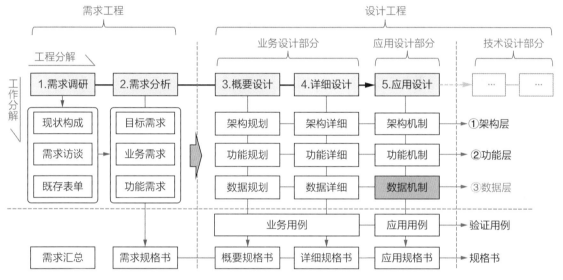

图18-1　数据的应用设计在软件工程结构中的位置

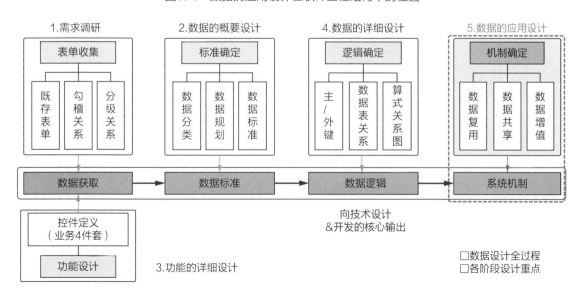

图18-2　本章的主要设计内容

18.1 基本概念

18.1.1 定义与作用

1. 定义

数据的应用设计，是对采集到的数据成果给出在信息化环境下的数据应用价值。

本环节是非技术设计的最后一个环节，重点要考虑的就是如何增加已获得数据的应用价值。进入到了数据的应用设计环节，已经与架构设计和功能设计没有关系，此时完全就是以数据为中心，充分地考虑如何从已积累的数据中为客户增添附加价值。

2. 作用

在前述设计过程中，不论是从工程分解的概要设计阶段到详细设计阶段，还是从工作分解的架构层到数据层，都是为了获得完整、及时和正确的数据，见图18-3。在这些设计过程中，从业务视角对数据进行了全面的规划、定义以及算式等设计，这些工作的重要成果之一就是获取数据。积累了大量的数据后，如何让数据的价值最大化就是数据的应用设计要思考的问题。数据价值最大化的实现要借助于信息化的手段，通过在信息化环境下搭建各种机制，可以通过让积累的数据实现"共享、复用"等方式带来附加价值。

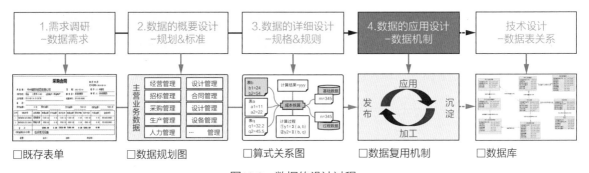

图18-3　数据的设计过程

18.1.2 内容与能力

1. 作业内容

在数据的应用设计中，重点介绍数据共享、数据复用以及数据转换的设计方法，内容参见图18-4。

（1）数据共享：产生的数据不但可以在某个部门或是某个系统中使用，而且可以提供给其他的部门或系统共同使用。

（2）数据复用：对于历史数据，如市场价格、生产指标、企业定额等，经过标准化的加工后，可以作为参考数据提供给下一次生产循环使用。

（3）数据转换：将文字型数据转换为数字型数据的设计方法，这个数据类型的转换可以增强客户的量化管理能力。

	主要内容	内容简介	主要交付物名称
输入	业务功能规格书	各类业务功能的4件套（原型、控件、规则、逻辑）	
本章工作主要内容	1.数据共享的机制	产生的数据不但可以在某个部门或是某个系统中使用，而且还可以提供给其他的部门或系统共同使用	设计资料
	2.数据复用的机制	对历史数据经过标准化的加工后，再作为参考数据提供给下一次生产的循环	设计资料
	3.数据转换的机制	将文字类型的数据转换为数字类型的数据，可以大幅度提升量化管理能力	设计资料

图18-4　数据的应用设计

2. 能力要求

不论是数据的复用还是数据的共享，它们都是利用信息化手段提升客户满意度的重要应用设计内容。能力参考如下（不限于此）。

（1）可以看懂全部的业务架构图，业务功能4件套。

（2）掌握全部的数据规划内容、相关的标准（包括主数据、业务编号等）。

（3）熟练掌握数据的应用设计方法（本章的知识）。

（4）具有一定的数据逻辑、数据库的知识（参考第11章和第14章）。

18.1.3　思路与理解

在构建企业信息系统的过程中，分析师和设计师往往会将主要的精力放在对功能的设计上，而功能又大多集中在对数据的采集功能上。当企业管理信息系统运行了一段时间后，随着功能模块的不断增加、数据的大量积累，系统就会出现两个较大的与数据有关的问题，它们的出现极大地影响到了企业信息化的投入与回报之间的平衡关系。

（1）问题一：由于不同时期、不同的软件开发商系统带来了信息孤岛问题，新系统投入的越多，积累的问题越多，解决起来的难度就越大，或根本就是积重难返。

（2）问题二：虽然积累了大量数据，可是需要的人看不到需要的数据和信息。

📖　注：问题一和问题二是两个不同的问题

为什么说它们是两个不同的问题呢？因为即使是没有信息孤岛的问题，由于企业内部缺乏足够的专业人才来发掘积累数据资产中存在的价值，如果应用设计师也没有为客户提案，那么这些数据中存在的价值就无法发掘出来了。

从对应用设计师的要求来看，经过了一定时间的训练和实践后，概要设计和详细设计的内容是可以快速掌握的，借鉴体操的术语做个比喻，概要设计和详细设计像是"规定动作"，有具体的方法可依（从软件工程的知识结构图中可以体会到）。与之相对照的是应用设计更像是"自选动作"，自选动作的提升空间就更大，也更难一些。特别是针对数据的应用设计，需要应用设计师不但具有前述其他设计知识，而且还要对企业的"业务"和"数据"都有深入的理解，并能够将它们二者整合在一起，只有如此才能发掘出数据的价值来。

18.2 数据的共享

18.2.1 共享的概念

随着企业管理信息化水平的提升，同一个企业内的不同系统、不同部门、不同地区之间的信息交流逐步增加，计算机网络技术的发展为信息传输提供了保障。由于前面所述的原因积累起来的数据有多种多样的数据格式，怎样才能有效地利用这些数据呢？这其实就是数据共享的问题。简单地说，数据共享就是让在不同地方使用不同计算机、不同软件的用户能够读取他人数据并进行各种操作、运算和分析。

实现数据共享，可以使更多的人更充分地使用已有数据资源，减少资料收集、数据采集等重复劳动和相应成本，提升对一次收集到的数据第二次利用、第三次利用的频率。

由于不同用户提供的数据可能来自不同的系统，其数据内容、数据格式和数据质量千差万别，因而给数据共享带来了很大困难，有时甚至会遇到数据格式不能转换或数据转换格式后丢失信息的棘手问题，这些问题严重地阻碍了数据在各部门和各软件系统中的流动与共享。数据共享的重点在于数据的标准化。

18.2.2 共享规划的案例

在一个企业集团的范围内，构建数据共享的平台（提供实现数据共享的机制），此时，就要用到在"数据的概要设计"中提到的主数据、业务数据的标准化、业务编号等知识，作为应用设计师，需要完成的工作的重点就在于根据数据的应用方式进行数据的规划、标准的制定等。如图18-5所示，还以"蓝岛工程建设集团"的信息化为例，说明数据共享的规划方法。

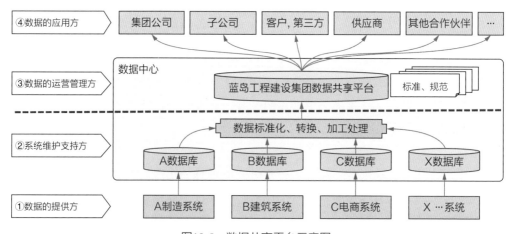

图18-5　数据共享平台示意图

①是数据的提供方，也就是产生过程数据、基础数据的各个业务管理系统。

②是对收集到的数据进行各类处理，例如，对数据进行标准化，按照约定将数据转换为另外的格式，将原始的数据加工成为各类信息等。

③是将处理完成后的数据等提供到数据共享平台上，供给各个应用方使用。

④是数据共享平台的用户，它们分别按照自己的权限、需求、义务等，从共享平台中获取数据或是提供给共享平台数据。

> 📖 **注：信息与数据**
>
> "信息"是由数据加工而成的，但是信息的表达形式还是"数据"，所以这里全部采用了"数据"一词，但这些数据里面包括原始数据、加工后的信息数据。

本书的重点不是解决已发生的信息孤岛问题，而是通过对已发生的信息孤岛问题的理解，在新构建的企业管理信息系统时，通过充分的规划、设计、建立标准等手段避免再次发生同样的问题。

18.3　数据的复用

18.3.1　复用的概念

数据的复用，是指一个数据产生后，在不被改变的前提下可以被多次引用。企业的信息系统中会产生大量的过程数据、基础数据，这其中很多的数据被当作凭证类、月统计报表的原始数据，只引用了一次就置之不用了。这是非常巨大的数据资源浪费，人们通常说"数据是企业的资产"，这个"资产"价值的体现方式之一就是它被引用的次数，引用的次数越多价值就越高。作为原始凭证被录入到系统中的数据，第一次的引用通常都是生产管理、财务报表等的需要，这些数据是否存在着二次、三次的引用，特别是在客户自身信息化经验不多时，应用设计师掌握着全部的数据和数据的结构，他能够从数据的应用价值出发为客户进行有价值的数据复用提案。因此，应用设计师在数据复用方面可以发挥很大的作用。

作为二次以上的数据利用场景，可以将收集到的生产过程数据，在不用增加新数据的前提下（或是少量补充）对企业的内控、治理、各种评估等做出贡献，如图18-6所示。

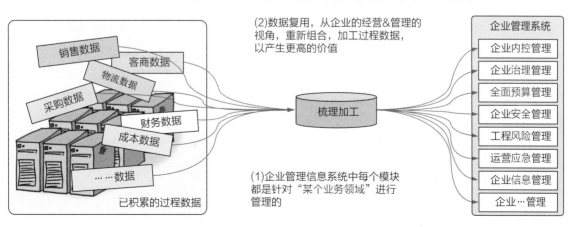

图18-6　数据的复用示意图

18.3.2 复用规划的案例

数据的复用最为常见的一种形式就是将历史数据作为下一轮生产开始的参考数据。下面以项目管理成本的发生过程为例，说明复用机制的原理与规划方法。

【案例】采集项目管理成本发生过程上的各个节点数据，经过梳理、调整后作为下一次成本发生过程的参考数据。对历史数据进行循环处理的机制如图18-7所示，设计方法如下。

①确定成本发生流程，流程上的多个节点涉及成本，如项目投标、合同签订、目标设定、预算编制、材料采购、成本核算等。

②收集前述各个节点的实际发生值（这是后续工作的参考数据）。

③对收集到的成本值进行过滤、分类、分析、调整等处理。

④将维护完成的历史数据归集，并提供给下一次过程的各环节作为参考数值。

⑤在第二次的成本发生过程中（估算、估算、预算等）使用历史数据作为参考。

可以看出，这个过程就是建立了一个 "数据应用→数据沉淀→数据加工→数据发布" 的循环机制。如果能够建立一套这样的支持成本管理的循环机制，为每一次的生产过程提供成本咨询服务，例如，减少价格不准确的失误、避免不当价格带来的风险等，这样的数据复用成果可以为客户带来的应用价值是可想而知的，这也应该是每一位应用设计师在数据应用方面追求的最高目标。

18.4　数据的转换

18.4.1　转换的概念

企业管理信息系统中，存在着大量的非数字型的数据，这些数据中很大一部分是文字型的数据，这些数据通常都是作为"说明文"记录下来的，由于文字型的数据不能定量定性地进行分析和解决问题，因此它的使用价值相对于数字型的数据来说要差很多。

在第11章中也提到过，在企业管理中对于企业的经营者、高层管理者，以及运营管理来说，恰恰有很多非常重要的指标都是用文字型数据表达的，不能够用数字来表达，如质量、安全、风险、环境等，如果能够利用信息化的手段，将这些文字型的数据转换为数字型的数据，则可以为企业的信息化管理带来量化的附加价值，这就是对文字型数据进行所谓的"转换设计"。如图18-8所示，将图18-8（a）中的文字型数据转为可以有效应用的图18-8（b）中的数字型数据。

当然，对已有数据的转换设计方法并不仅限于将质量、安全等文字型转换为数字型这几种，这里只是通过这样的一种思考和设计，启发读者发掘出更多的数据价值。

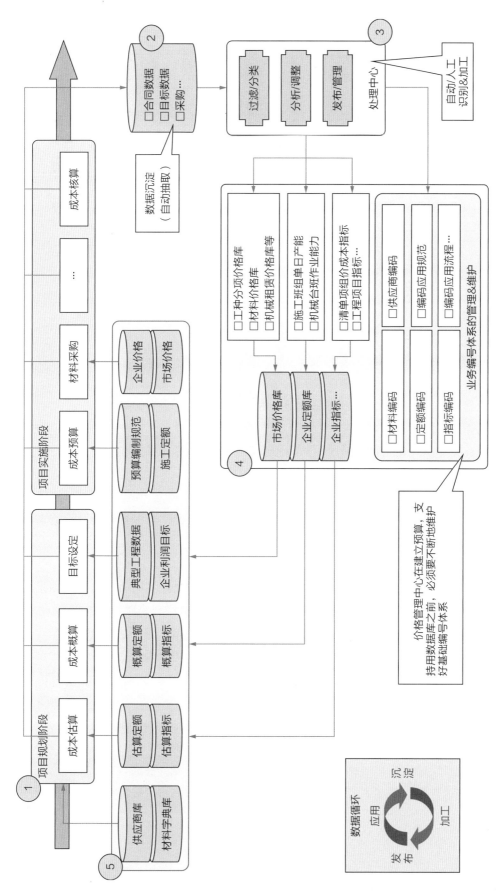

图18-7 数据复用步骤示意图（预算基础数据）

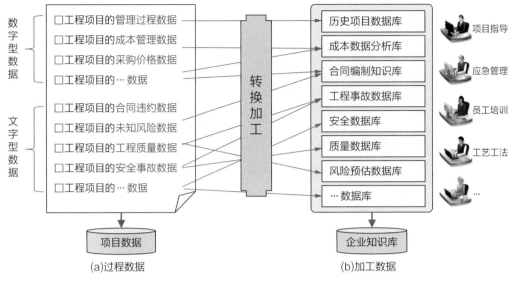

图18-8　数据转换概念示意图

18.4.2　转换设计案例

下面以建立工程企业的"风险评估机制"为例，说明将文字型的数据转换为数字型的数据的思路与机制（仅供参考）。

工程企业在评估一份合同价格是否可以接受时，除去从可计量的成本（人工费、材料费和设备费等）方面考虑外，还要考虑影响价格的重要因素就是不可预估的风险。由于风险要素五花八门，绝大多数是不可计量的（用文字描述的），因此可建立一套"风险项-数值"的关联表，通过输入不同的风险项并统计风险项与对应数值的合计值，来综合判断风险的大小，为企业判断合同风险的大小提供量化的数据。

1. 设计理念

由于风险种类的多少、每个风险所占的影响比例等会因企业不同而不同，因场景不同而不同，所以需要建立一个机制，这个机制可以做到完全让系统的用户来做以下的事情。

（1）用户自身在使用系统的过程中，可以不断地修改、增加遇到的风险项。

（2）根据不同的风险项和场景，给每个风险项评分，并可以根据应用效果进行调差。

采用这种方式，可以让系统随着用户的进步而成长、优化、完善。所以应用设计师要理解，软件商提供给客户的不是一个固化的软件"产品"，而应该是一个可以不断改进的软件"机制"。下面给出建立这个机制的参考过程。这个过程包含以下4个步骤。

（1）架构：首先建立风险管理的流程图，确定大的流程机制。

（2）功能：设计风险基础数据的维护功能、风险评估功能（界面设计）。

（3）数据：收集、建立风险的基础数据，包括：风险项名称、风险分数等，见图18-9。

（4）模型：建立风险数据的评估、预警的模型。

来源 风险层面	外部	内部
战略决策层面	经营环境风险、经济因素变化、行业经营形势、政治环境变化、社会人文因素、自然环境变化……	战略决策风、区域定位、产品定位、价值链定位……
公司运营层面	公共关系、政府部门管理、竞争对手、业主风险、分包商、监理、咨询机构……	经营风险、合同风险、技术风险、法律风险、投资风险、采购风险、财务风险、信息化风险……
项目管理层面	工程环境、地质、气候、公共关系、业主和相关方……	质量风险、安全风险、进度风险、成本风险……

图18-9　风险一览

📖　注：关于案例的目的

这个案例的重点在于理解设计"风险评估机制"的原理，案例中给出的各类业务数据、判断条件、标准等仅作为参考。

2. 设计过程

1）架构——建立风险管理流程

建立风险管理的流程，流程上共设4个风险管控的关键节点，即：风险识别、风险量化、风险警告和风险处理。各节点的内容如图18-10所示，说明如下。

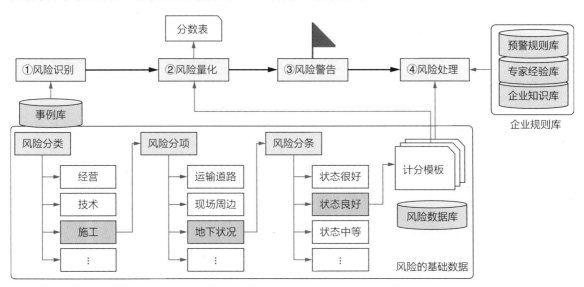

图18-10　风险管理的流程图（流程机制）

（1）风险识别：先要识别都有哪些风险项，将识别出来的风险项作为风险量化的对象。

（2）风险量化：将风险项进行从"文字型的信息"向"数字型的数值"的转换。

（3）风险警告：建立风险评估的模型，将量化的数据与监控通知功能等关联起来，可以预警。

（4）风险处理：根据预警的内容，进行线上与线下的处理。

2）功能——维护与评估的界面

（1）风险基础数据的维护功能，见图18-11。

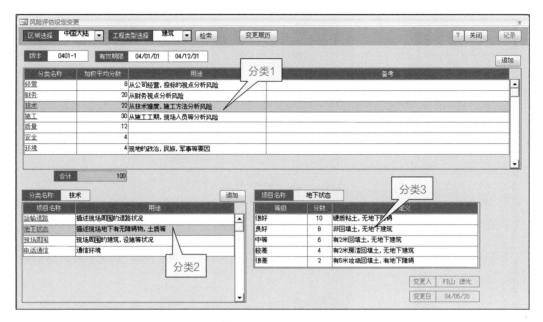

图18-11　风险基础数据的维护界面截图（字典）

（2）风险评估功能，见图18-12。

图18-12　实际工程项目的信息输入界面截图（活动）

3）数据——风险基础数据（风险字典）

编制风险基础数据是构建风险管理的主要工作，见图18-11和图18-12中的数据。

（1）分类1：建立风险总分类，给出全部风险评估的范围，如经营、财务、技术、施工等。各个分类的分数值，按照每个分类在施工过程中的重要性评估，进行加权平均数处理，例如，"施工"的影响最为重要，因此施工分数=30；"技术"的影响其次，所以技术分数=22……，按照企业的经验给各个分类分配分数，合计为100。

（2）分类2：建立每个大风险类的中分类，如运输道路、地下状态、现场周围等。

（3）分类3：建立风险中分类内的细科目，每个科目设5个评分点，最低点分数为2，每升高一个等级，加2分，即：2分=很差；4分=较差；6分=中等；8分=较好；10分=很好。分类1～3的内容，就是需要用户不断地进行维护、完善的内容。

4）模型——评估风险的结果

建立评估模型，对风险分数综合计算并给出评估，见图18-12评估界面的截图。

3. 系统的使用

系统的使用方法如下。

（1）选择分类1、分类2，并对分类3中的每一项打分。

（2）对分类1中的全部内容打分完毕后，在图18-12界面上的"计算结果"处会显示风险的分数，此时按照风险评估模型的处理方法进行相关的处理、通知。

18.5　关于企业信息孤岛问题

18.5.1　信息孤岛的产生

信息孤岛现象，是指在不同的系统之间存在着：功能上不能相互关联、互动，数据上不能共享互换等问题。在做信息化咨询时经常会听到下面列举的这样的客户抱怨。

- 企业的系统很多，但是高层领导看不到他们想要看的数据、信息。
- 业务系统输入了大量的原始数据，但是财务不能用。
- 同样的数据在不同的系统中输入，且有不同的名称，不知道用哪一个是正确的。
- 系统中存在着对相同数据进行多次输入的情况，输入次数越多，出错误的机率越大，等等。

造成这样的原因有很多，但是存在着一些共同的原因，例如：

- 企业信息系统的建立不是一次规划、设计、开发并全部建成的。
- 企业缺乏统一规划，系统由各个部门自行委托外部软件商设计开发。
- 系统委托给不同的软件商开发，缺乏统一的承包商把关。
- 虽然是企业主导开发，但在开发初期没有制定数据的统一标准和规范。
- 企业内部各个部门有本位思想，系统不开放或是不愿意进行数据共享等。

对于从事企业信息化分析、设计与开发的软件商来说，信息孤岛问题是绕不开的，经常会遇到客户的需求可能不是建立一个全新的系统，而是要将新建系统部分和既存系统部分整合起来。现在这样的需求是很多的，而且随着信息化发展的深入会越来越多。

18.5.2　数据设计与信息孤岛

出现了信息孤岛问题的企业，经过了一番寻找对策、解决问题的过程后，一定会痛感到，原来软件并不"软"，数据绝对不是想象中"不就是一个数字吗？打通它们还不容易吗？"

　　这一节的核心不是要解决信息孤岛的问题，而是从信息孤岛的解决对策来看数据设计的重要性，尤其是在数据的概要设计中进行的数据标准的建立、主数据的建立、业务编号的建立等工作，它们对信息系统生命周期的影响。作为设计师要深刻地理解：如果系统的构建初期为了节省时间不做数据设计或是做得不充分，那么当运行中出现了这样的问题后，客户将会花费数倍或是更大的代价来解决这个问题。

小结与习题

小结

　　数据的应用设计，是对数据的二次设计，已收集到的数据具有多少价值，应用设计师起着非常大的作用。

　　对于数据的应用设计，空间无限大，是让客户感受信息化价值的重要应用，对于应用设计师来说这是一个自身发挥价值的重要领域，它需要应用设计师具有专业的业务知识、业务设计/应用设计知识、一定的技术知识（重点在数据库知识）以及综合这几方面知识的能力。这也是为什么数据的应用设计工作只有到了软件工程-设计工程中的最后一步才能进行，它需要前面的所有知识作为铺垫。

　　做好了数据的应用设计工作，对信息系统应用的拓展、系统的生命周期延长等都具有非常重要的实际意义。

分享　　数据的应用设计，高手展现能力的地方

　　关于这一章的培训，学员们的感受完全不同，从事过企业信息中心工作的学员就有非常强烈的认同感，而一直在软件企业工作的学员感触就不太强烈。这也正好体现了软件企业为客户提供产品与提供服务的不同，如果软件企业为客户提供的是产品，即"交付软件"，那么它就不太关注软件上线后的事情，如果为客户提供的是"信息化服务"，那么软件设计师就不但关心上线前的工作和价值，同样会关心上线后的工作和价值，而且后者提供的价值是更为长久的。

　　老师问学员一个问题：在客户那里做咨询、调研时，有没有听到客户说："你们软件公司的人见多识广，请先给我们讲一下你们对××××问题的看法、提案？"多数的学员们回答说遇到过这种情况。老师接着又问："你们是如何回答的呢？"

　　将学员们的回答归纳起来看，大家主要就是围绕着"功能"做的介绍，较少从架构（业务优化）、数据（共享、复用）方面回答。这样的回答不容易引起客户的共鸣，因为客户对"功能"已经非常熟悉了。

　　除去完全没有信息系统使用经历的客户外，一般已有过信息系统使用经历的客户更期待数据应用方面的介绍。因为对功能的价值发掘是有限的，而对数据价值的发掘是无限的。所以，如果设计师能够从数据层面的应用向客户提出看法和提案，更加容易获得客户的认同，

但现在的现状是，在软件企业不论是从事业务工作的还是从事技术工作的，从数据价值层面上谈意见和提案普遍都是大家的弱项。

通过讨论，学员们认识到"应用设计"是应该大力投入精力进行研究和学习的一个领域，特别是数据的应用，它对设计师的知识和能力提出了更高的要求。

习题

1. 简述数据的应用设计采用何种方法来提升数据价值。
2. 简述如何实现企业数据的共享，数据共享可以带来什么益处。
3. 简述如何实现企业数据的复用，数据复用的价值有哪些？
4. 如何理解数据是企业信息化的重要资产？如何让这些数据资产带来价值？
5. 简述造成企业信息孤岛现象的原因，应该如何避免信息孤岛现象的发生。

第6篇　综合设计

□内容：从管理、价值、验证、思考等角度进行综合能力的提升

□对象：需求工程师、业务设计师、测试工程师、产品经理、项目经理、QA等

第19章
管理设计

设计工程的工作完成了从业务设计到应用设计的全过程，前述部分的工作就如同分离原理中比喻的"道路部分的设计"已经完成了，下一步就该考虑如何安排"信号灯"的问题了，本章作为综合设计的第一章，以业务设计/应用设计成果为载体，说明如何设计管理控制的功能。

本章内容在软件工程中的位置见图19-1。

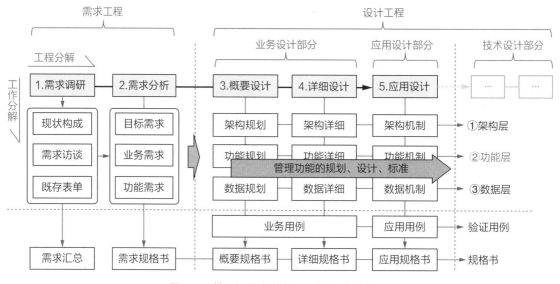

图19-1　管理设计在软件工程结构中的位置

综合设计-管理设计，作为设计工程的提高部分，这个部分的学习除了需要读者已经基本上掌握了业务设计和应用设计部分的知识以外，作为专业知识，还需要读者对企业管理有一定的了解和实践经验，能够从企业、领导、组织等视角来看待设计对象。

19.1　基本概念

19.1.1　定义与作用

1. 定义

管理设计，是为按照标准完成业务处理而提供的保障措施。本章中所涉及的"管理"均指在"信息化环境"下的管理方式。

"管理，是指在特定的环境条件下，以人为中心通过计划、组织、指挥、协调、控制及创新等手段，对组织所拥有的人力、物力、财力、信息等资源进行有效的决策、计划、组织、领导、控制，以期高效地达到既定组织目标的过程"——引自孙永正，《管理学》，清华大学出版社出版。

一般管理的定义是从"人-人"环境中的工作总结提升而来的，在企业的管理信息系统中因为不再是"人-人"的工作方式，而是"人-机-人"的工作方式，所以对上述5项（计划、组织、协调、控制、决策）的处理形式也会发生变化。

1）计划：目的是为管理确定的标准

计划的对象，包括资源、时间等。在信息系统中制定计划，实际上就是为后续的工作确定一个管理标准，等同于各类工作的"标准"，例如业务功能中的预算编制（制定对成本的管理标准）、采购合同签订（制定货物验收的标准）、物资计划（制定材料耗材的标准）、质量计划（制定质量检查的标准）等。

在管理信息系统中，"计划"的因素包含在各类预算、计划、合同等业务功能中。

2）组织：对需要的资源进行调配、管理

在管理信息系统中，有关组织的"名词"含义部分，被用来作框架结构、部门、岗位、信息的属性等，通常用于查询数据、编制分析统计报表等。组织的"动词"含义部分被分散到各个业务功能里，如对人力、材料、资金等资源的管理。

在管理信息系统中，"组织"被分别用到人力、材料、资金等子系统中。

3）协调：关联、协调运行的过程

在管理信息系统内的协调工作，通过业务标准化的设计已被预先固化到业务流程、业务处理功能中了（在管理信息系统外部通过"人-人"方式进行的协调除外）。

在管理信息系统中，"协调"被业务处理等标准化方式所替代。

4）控制：对违反标准的行为进行干预

在管理信息系统中，首先要确立需要控制对象的业务标准，相应地建立确保业务标准得以执行的管理规则，然后利用管理机制对违反管理规则的行为进行控制。

在管理信息系统中，"控制"的内容就是本章的"管理设计"对象。

5）决策：根据已知的数据、信息做出决定

在管理信息系统中，决策有两种实现方式，一种是将可能发生的场景预先植入到系统中，由系统根据已知的数据、信息进行自动判断、做出决定；另外一种是鉴于有不能预测的可能性，所以系统预留了由人进行干预的功能，如审批流程，但此时的决策与信息系统无关（人脑判断）。

在管理信息系统中，"决策"多采用"流程分歧判断""审批流程"等方式对应。

总结归纳一下，关于管理的5项内容的设计分类中可以归为以下三个部分。

（1）部分1：计划、协调、组织（动词）、决策（部分）→ 因为是通过业务标准化来实现的，因此它们都属于"业务"范畴的设计。

（2）部分2：控制、决策（部分）→ 属于"管理"的范畴，在本章中说明。

（3）部分3：组织（名词）→ 作为组织结构、属性，属于"业务"范畴的设计。

管理设计这一章的主要对象就是部分2的内容。

2. 作用

管理，在信息系统中的作用是什么呢？管理的作用就是通过管理规则的控制，为业务按照业务标准达成业务目标"保驾护航"。因为在"人-机-人"环境中，管理是将管理的规则赋予

"机"，然后由"机"通过规则的对比、判断来完成的管理行为，所以严格地说，在管理信息系统中管理的"作用"就是用管理规则检查业务行为是否"超标"。

19.1.2 内容与能力

1. 作业内容

管理设计，也需要有设计的理念、主线、规划等内容，由于管理的目的是要保证业务按照业务标准进行处理，管理的设计要根据业务设计的结果和需要才能确定，所以管理的设计要比业务设计的进度滞后一个阶段，为了容易理解管理设计的内容和步骤，将三个设计阶段（概要设计、详细设计和应用设计）中涉及的管理设计内容归集到图19-2中。

内容			说明	主要交付物名称
输入	上游设计成果		□功能的概要设计：功能规划图，作为布置管控点的载体 □功能的详细设计：业务功能（4件套），管理规则的载体 □功能的应用设计：管控机制的关键	
本章主要工作内容	概要设计阶段	管理规划	管理的目的、理念、价值等	□管理理念 □管理架构图
		管理架构	具体在业务活动上施加管控点	
	详细设计阶段	管控模型	□单项规则：对某个字段、实体进行监控 □复合规则：利用复数的规则，通过规则之间的活动，完成复杂的管控	管理建模
		规则来源	□业务标准：来源于生产技术、工艺等 □管理规则：来源于企业规章、制度等	
	应用设计阶段	管理分类	杠杆管理、规则管理、权限管理、审批管理	信息化环境下的管理模式
		管控机制	实现各类管理的系统机制	
	管理设计流程	规则制定	流程、标准、模板	

图19-2 管理设计的内容

1）概要设计阶段

重点是依据需求调研和分析阶段获得的信息，对管理的对象、内容进行规划。

（1）管理方案。

以需求规格说明书中客户的企业信息化目的、理念、价值、期望、痛点和难点等为依据，确定系统整体的管理理念、管理的范围、管理深度，系统采用的管理理论、方法。

（2）管理规划。

以概要设计阶段的业务架构设计、业务功能规划的成果为载体，按照管理方案进行管理的规划、管控点的布设。

2）详细设计阶段

以业务的管理规划成果、业务功能的详细设计（业务4件套）为依据，细化管理设计。

（1）建立管控模型。

建立通用的管控模型，管控模型是由业务标准、管理规则、结果判断等内容构成的。

（2）管理设计。

根据管控模型，进行单点/多点的管控设计，详细设计内容记录在"业务4件套"中。

3）应用设计阶段

进入管理的应用设计阶段，需要将业务设计部分的管理设计成果转换为管理机制，给出实现管理的方法

（1）管理的分类。

给出在应用上管理可以有哪些形式，这些形式是"信息化环境"下的特殊形式，没有信息化环境就无法实现这些管理。

（2）管理机制的设计。

利用系统提供的系统功能，构建对需要管理对象的控制机制。

2. 能力要求

管理设计，它与业务设计和应用设计都不是一个层面的内容，做好管理设计，需要业务设计师具有从管理者视角看待已经完成业务设计内容的能力，他应该对每个业务领域、业务模块、业务功能，以及每一条业务流程进行多方位的确认，确保业务处理会被正确地执行、流转，没有漏洞，同时也要对一旦出了问题系统应该如何应对有对策，参考能力要求如下。

（1）具有较为丰富的业务专业知识。

（2）具有一定企业管理的知识，理解在建系统的业务与其对应的管理方法。

（3）非常熟悉前述各个阶段的分析与设计资料，包括：需求工程和设计工程。

（4）掌握企业管理信息系统中有关管理设计的知识（本章的内容）。

19.1.3　思路与理解

企业管理信息系统的"管理"体现在哪里？如何在信息化环境中实现管理呢？

信息化的管理方式不是简单地用IT来模拟现实企业的管理现状，而是要用信息化的方法构建"人-机-人"的工作环境，在这个新的环境下，企业的管理模式会发生改变。在信息化环境下企业的管控行为是越多越好呢？还是相反呢？这个问题在前面已经讲得很清楚了，过多的管理干预会降低工作效率，管控行为的数量是恰到好处为宜。

"人-人"环境与"人-机-人"环境下的管理理念、方式是不同的，因为前者以"人管"为主，后者是以"机管"为主，所以管理的形式、效率、效果都不一样。

1. 信息化的管理理念

信息化管理的基本思路是：将传统上在"人-人"环境下获得的管理方式，通过实现业务运行的标准化、信息化，尽可能地转换为可以用标准化的业务流程、业务操作等替代，减少直接管理。剩下必须由人干预、判断的不可预测场景，则保留人工管控的方式，这样的管理体系合理、高效，可以大幅度地提升管理的效率和作用。

基于这样的管理理念，就需要重新定义管理在信息化环境下的作用、方式。在信息系统中（信息化环境下），管理的定义是：

（1）针对有标准的业务行为按照标准化方式进行；

（2）不能标准化的部分建立与标准相匹配的管理规则，用管理规则来保证业务按照标准执行。

管理不是目的，管理是为业务处理达标的保障措施。为了进一步理解管理，可以将"管理"一词拆分为"管"和"理"。

（1）管：指的是对业务的组织，"管"就是"按规则进行组织、控制"。

（2）理：指的是对业务的理顺，"理"就是"按标准的业务处理"。

管理的信息化，减少了直接的管理行为，并尽量通过制定业务标准，将业务处理的大部分融入到标准化的业务操作中，这样的规划提升了管理效率，减少了由于管理而发生的业务处理停顿、等待现象。

2. 管、理、控的概念与关系

据前述信息化管理的理念，可以得出三个管理设计的基本要点：管、理、控，在管理设计中就是对这3个要点的实现，特别要注意这三个要点的层次把握。

1）"管"是主导核心

"管"，是对企业全体资源的组织、规划，根据企业的管理理念、信息系统的目的、价值等进行整体的规划而确定下来的，它将业务分为以下两个部分。

（1）不用干预的业务 → 用标准化的业务流程和业务功能对应（隐性管理）→ "理"。

（2）必须干预的业务 → 在流程和功能之上，加载管控机制对应（显性管理）→ "控"。

2）"理"是基础

"理"，是理顺业务。针对"管"中不需要干预的部分，通过对业务流程、业务功能的优化设计，并建立相应的业务处理标准（基于业务的专业知识、经验等，与管理无关），给出清晰、完整的业务处理过程。

用理顺业务的方法进行管理，这部分内容已在业务的概要设计到应用设计的过程中完成了，如界面处理、建立企业的基础数据、优化业务流程等方法都属于"理"的范畴。

3）"控"是保障措施

"控"，是针对"管"中需要干预的部分，"控"就是强制措施，与其对应的业务处理必须要按照"管"的规则要求被执行，出现了不合规的现象就要受到处理，这是管理三个基本行为的最后防线。

在实际的系统设计中，业务设计师完成的80%的业务设计中没有采用什么明显的管控设计方式，但这并不意味着业务设计师还没有做"管理设计"，因为大部分的业务处理采用标准化的运行方式，不需要进行显性的管控。

从图19-3的示意图可以看出，①"人-人"环境下的管控需求所占的比例是比较大的，由于采用信息化的管理方式，通过规划和设计，在②"人-机-人"环境下将传统上的管控行为降低到了最少。用业务的标准化替代了大部分的管控方式，最终需要管控的比例越少，工作效率就越高，信息化环境改变了管理方式。

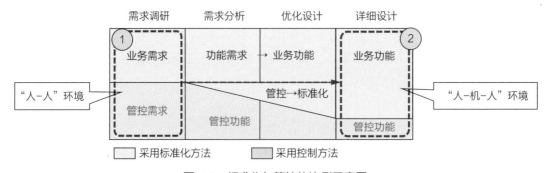

图19-3　标准化与管控的比例示意图

3. 管理与业务的相对性

在分离原理中也谈到了业务与管理的相对性，如图19-4所示。

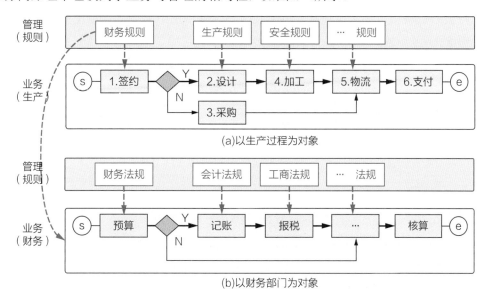

图19-4　业务与管理的相对性示意图

（1）图19-4（a）：在以企业的生产过程为管理对象时，则其他的部门，如财务、安全、质量等的工作相对于生产过程都是管理的角色。

（2）图19-4（b）：在以财务内部工作为管理对象时，此时财务工作本身也属于"业务"，对财务这个业务对象进行管理的是国家的法律法规、企业对财务的管理制度等。这就是"业务"与"管理"的相对性。

4. 传统方式与信息化方式的管理异同

1）两者的相同之处

都是通过管理的方式，最终要到达的目的是提升工作的效率与效益。

2）两者的不同之处

（1）传统方式的管理。

由于没有信息系统的支持，业务缺乏标准，或即使是有标准也没有监督业务是否按照标准执行的有效手段，基本上都是通过"人-人"的方式去管理的，这种方式在管理对象变得复杂化、大规模之后，效果一般都不太理想。

（2）信息化方式的管理。

将达成效率和效益必须要遵循的要求进行标准化，并将这些标准融入到业务设计对象中（通过流程优化、业务功能的操作定义等），针对这些标准建立相应的管理规则，通过监控是否有违反规则的现象来达到管理的目的。

信息化方式的管理，由于"业务标准-管理规则"是一一对应的，因此信息化的管理方式更加精确、有层次、可执行、可监控、可期待。

5. 分离原理的应用

按照分离原理的思路，如果说以前各章是讲述了"如何设计道路"，那么本章就是讲述"如何设计信号灯"。企业为了竞争需要经常地变换生产模式、管理模式等，特别是管理层面的变化就更加频繁，所以就对信息系统提出了要能够快速地响应需求变化的要求，为了减少需求变化时给系统变更带来的修改工作量，在设计时要将"业务"和"管理"分开，然后通过组合的方式将它们关联在一起，这样某一方变化时不会联动另一方的变化或是尽量将影响降到最低，如图19-5所示。在如图19-5（a）所示的"人-人"环境中，业务与管理是糅合在一起的，是处于"紧耦合"状态，但是在构建信息系统时为了快速地响应需求变化，就要将管理与业务的关联作成组合形式，如图19-5（b）所示，形成"松耦合"状态。

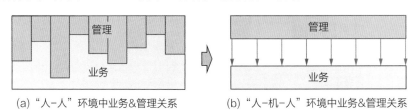

(a)"人-人"环境中业务&管理关系　　　(b)"人-机-人"环境中业务&管理关系

图19-5　业务与管理的分离示意图

分享　　　　　　　　　　**区分了业务与管理，设计的复杂度降低了**

从事业务工作（需求分析、业务设计）的学员们在听完管理设计课后，深有感触地说：在客户现场调研时，往往会遇到客户的部门领导与员工同时参加，由于我们没有业务与管理分离的概念，所以往往分不清客户不同层级人的主张和需求，回来做需求分析和设计时，经常是"眉毛胡子一把抓"，统统都按照业务功能一起处理。

这种无意识地将"业务需求"和"管理需求"混合在一起进行的设计和开发，为系统上线后的需求变动埋下了"定时炸弹"。由于我们没有意识到是分析和设计的方法问题，往往在出了问题时都将其归结于"是客户老在变动需求"的原因造成的。

经过了一段时间的实践后，学员们反映说：有了区分业务和管理的概念后，发现不但在现场容易理解客户领导和员工的需求了，同时由于业务和管理的解耦，也降低了后续设计的难度以及维护的复杂度，一举数得。

19.2　管理设计的基础

19.2.1　业务标准与管理规则

计算机是不能进行真正"管理学"意义上的管理的，在"人-机-人"的环境中，所谓的"管理"行为就是将业务处理结果与该业务相应的标准进行对比，然后将对比结果按照预先制定的管理规则进行处理。

没有业务标准就无法制定管理规则，因为管理规则是为了保证业务的正确处理，这就说明业务标准不健全的企业无法利用信息系统进行有效的管理，所以企业在导入信息化管理系统的同时，必须要对本企业现有的业务标准进行全面的梳理、完善，否则当系统投入后，业务标准与管理规则不匹配，则难以达到用信息化手段对业务进行管理的目的。

1. 标准与规则

（1）标准：是衡量事物的准则。

（2）规则：是运行、运作规律所遵循的法则。

2. 业务标准与管理规则

1）业务标准

所有业务进行正确处理的准则都是业务标准，包括：企业的运营方针、法律法规、工艺工法、计算方法等。业务标准是制定相关管理规则的依据。

2）管理规则

为了保证业务的运行和处理结果符合业务标准所制定的法则都是管理规则，管理规则是系统对业务处理过程进行干预的依据。

19.2.2 管理方式分类

信息化管理的概念可以从两个层面来理解，首先，不考虑软件的影响，单纯地从管理方法的层面来考虑，有哪些可以用来进行管理控制的方法；其次，可以从软件是否使用或使用了多少管理规则来考虑。

1. 管理方式的分类

在分离原理中已经谈过了，最理想的管理方式是让用户既可以按照标准做事又没有被管理的感觉，因此，按照这个理念首先应该尽可能采用标准化的方式进行业务处理，遇到用标准化也不能解决的场景时再考虑采用管控的方式进行管理。下面对这两类方式进一步地细化说明，管理的分类见图19-6。

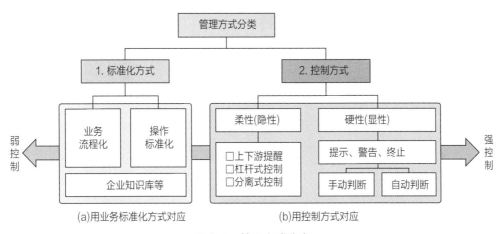

图19-6 管理方式分类

1）标准化方式

从信息系统设计的视角，标准化方式可以有两个对策：操作标准化、流程标准化。

（1）操作标准化，主要包含以下两个做法。

①界面标准化：用操作界面限制输入内容、类型、规则等，是使用最广泛的方法。

②数据标准化：重要数据的标准化采用字典管理的方式，用户只能从字典库中选择使用。

（2）流程标准化。

流程的标准化解决了协作层面的管理，可以解决功能之间的顺序、分歧、流转的标准化，相对于操作标准化，流程标准化是高阶的标准化。

关于"标准化方式"，从概要设计到详细设计讲的内容，包括：业务流程的架构、业务功能原型的设计、基础数据的建立等，都是属于标准化的管理方式的范畴，做好了上述设计，实际上就是完成一个系统中相当大部分的标准化管理设计。当然，这要求业务设计师在进行设计时必须要有"管理"的意识，否则，在前述设计过程中就有可能把注意力仅放到对"操作功能"的设计上，而忽视了对管理层面的思考了。

2）控制方式

如前所述，标准化对应不了的场景需要采用管控的方式，根据管控的强弱也可以分为两种方式：柔式（隐性），硬式（显性）。

（1）柔式管理（隐性）。

在需要管理的对象之间，采用相关方互相约束、提醒的方式，达到管理的目标，这种方式不会使用户感受到是来自系统的管理，而仅仅是用户之间在沟通，所以称为"柔式管控"。又由于从系统上看不到管控的标志，所以又称为"隐性管理"，如杠杆式管理（参见19.4.2节）。

这种方式比较人性化，但是需要用户之间有较长的磨合、适应时间。

（2）硬式管理（显性）。

"硬式管理"是常见的管控方式，即：在违反规则时，直接使用提示、警告、终止等方法显示出来，所以也称为"显性管控"，如权限管理、规则管理等（参见19.4.3节与19.4.4节）。

这种管理方法直接、有效，毫不含糊。但是这种方式不可多用，用多了会引起用户的反感，造成对信息化管理的抵触情绪，而且过多地使用也会造成工作效率的降低。

关于"控制方式"的设计是本章的重点内容，在业务设计中已经对采用传统的规则控制方法进行了一些说明，本章除对规则控制进行具体的应用说明外，还要加入在信息化环境下利用系统特有的机制进行管理控制的设计（如权限控制等）。

2. 信息系统的分类

有了管控的概念后，还可以根据实际的信息系统中是否采用了管控的方式、以及所占比例多少的视角再分为两类：填报类系统与控制类系统，参见15.2.3节。

1）数据填报类系统

按照柔式管理方式的设计，系统提供了标准化的业务流程、标准化的界面支持数据的录入、传递。由于可以在没有管理规则的情况下输入数据，所以称为"数据填报系统（简称：填报系统）"，这种方式采用"弱控制"（毕竟流程、界面也是一种管理方式）。如图19-7所示，从图中去掉"审"和"管理规则库"，就是填报系统的概念。

（1）适用：小型系统、少人数操作、不跨系统进行数据的交互等场景。

（2）优点：业务设计完成就可以交与技术开发了，开发成本少、技术不复杂、周期短。

（3）缺点：由于缺乏有效的监控手段，最终数据的真实性主要靠用户的自觉性来保证。

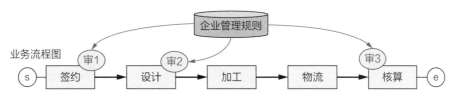

图19-7　数据填报系统与过程控制系统的差异

2）过程控制系统

按照硬式管理方式设计的系统具有管控功能，所以称为"过程控制系统（简称：控制系统）"。控制系统是以填报系统为载体并具有相同的标准化流程、界面。这种方式的系统采用"强控制"，见图19-7，业务流程与企业的管理规则相关联，就是控制系统。

（1）适用：大中型系统、有管控需求、多系统、多人数，且要求跨系统间数据交互等。

（2）优点：易于落实企业的战略目标、高层的需求，以及对数据三性有保证[*1]等。

（3）短处：成本较高、技术较复杂、周期较长。

📋　**注：数据三性与信息系统的分类（参见13.2.2节）**

数据三性是对完成的数据质量的基本要求，包括：完整性、及时性、正确性。

（1）完整性：各类统计、分析报表中的数据是否全面、完整。

（2）及时性：提供的数据是否满足时限的要求。

（3）正确性：提供数据是否正确，符合各类规章、规则、标准等。

可以看出，仅靠标准化手段，如果没有管控措施，特别是对于获得"及时性"和"正确性"是很困难的，而缺少了"正确性"的数据是不能作为依据的。

19.2.3　管理的建模

1. 管理的基本模型

在企业管理信息系统中，实际上没有专业管理知识中所说的"管理行为"，所谓的"管理"只是对"标准"的判断，即：设定一个标准值，系统将某个功能的处理结果值X与标准值相比较，分别给出结果值X"＞、＝、＜"标准值时的三种处理方法。根据这个原理可以建立一个由管理要素与管理逻辑构成的管控模型的构成原理图，如图19-8所示。

①业务标准：是预先参照活动X的内容制定相应的业务标准，为管理规则的制定提供依据；业务标准的内容取决于业务功能处理的业务，不同的业务有不同的标准。

②管理规则：是参照业务标准制定相应的管理规则，它是处理结果与业务标准不符时的判断依据。针对每个需要检查的业务标准设定相应的管理规则。

③处理结果：是活动X中的数据处理结果。

④判断决策：将③的处理结果值与①的标准值进行对比，对比的结果再与②预置的规则进行匹配，根据匹配结果指示活动X下一步的判断决策。

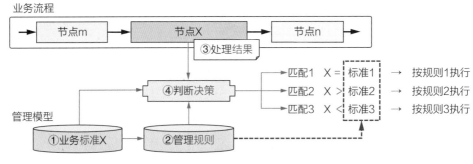

图19-8　管控模型的构成原理图

对上述4个设计环节的补充说明如下。

①业务标准：通常是由客户确定的（与活动对应的专业知识相关）。

②管理规则：管理设计的核心工作就是进行管理规则的设计。

③处理结果：与界面设计相关（业务4件套）。

④判断决策：本身也是系统的一个功能（应用设计）。

2. 管理规则

不论管理理论是什么、管理方法是什么、在管理规划时选择了哪种形式，最终的控制都是在业务功能上加载管理规则，通过规则的判断来实现管理的目的。也就是说，管理是通过规则实现的，根据管理的方法规则可以分为两类：单项规则，复合规则。

1）单项规则

针对企业管理的规章制度，以及生产、销售、财务、质量等各个业务领域的标准，制定相应的系统管理规则，一个管理规则执行对一个业务标准的控制，不同节点上的规则之间没有关联关系，这就是单项规则。

如图19-9所示，在业务流程的4个不同业务节点（签约、设计、采购、核算）上设置了4条相关的管理规则（收入、总价、总额、成本），这4个阶段的业务领域是不同的，这4条规则之间也是各自独立的。

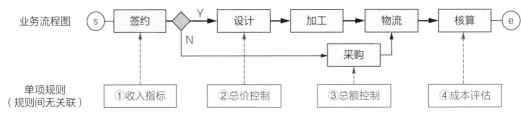

图19-9　单项规则的应用场景

2）复合规则

复合规则就是由多个单项管理规则按照某个理论或逻辑组合在一起使用，形成闭环的管理循环，其管理的架构如图19-10所示。

- ②以①为管控目标，要求 ② ≤ ①。
- ③以②为管控目标，要求 ③ ≤ ②，以此类推。
- ④的结果得出后，再回馈给①，进行下一轮的循环。

4个管理规则按照成本管理的逻辑要求关联在一起，实现了成本的全过程监控。

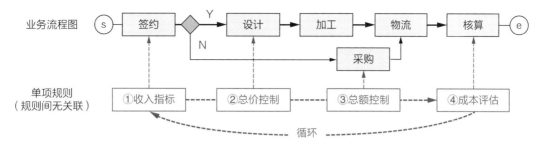

图19-10 复合规则的应用场景

复合规则的管理模型无论是什么形式，最终管理的效果也是要通过单项规则作用在业务流程的节点上才能得以实现。不论什么业务领域（制造、建筑、科研、教学、…），也不论什么管理理论（项目管理、阿米巴管理、绩效管理、PDCA循环管理等），在信息系统中实现管理的基本形式都是一样的。

3. 加载位置

有了管理模型，下面说明规则加载的位置。通常将管理规则加载在具有操作功能的界面（活动、字典和看板）上或是业务流程的分歧判断点上，加载点的位置如图19-11所示（不限于此）。

①窗体：当窗体被打开或被关闭时触发管理规则。

②按钮控件：单击按钮控件时触发管理规则。

③字段控件：鼠标插入或离开字段控件时触发管理规则。

④流程分歧：在流程的分歧处设置规则，当判断分歧条件时触发管理规则。

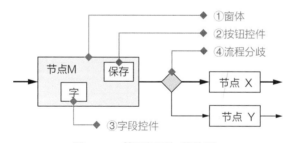

图19-11 管理规则加载位置

19.2.4 单项规则模型

管理的载体并不仅限于在业务流程上，下面以单项规则的应用为例说明单体活动的管理设计和设计方法。

【案例】在"合同签订"界面的"单价"字段上设置了一个约束，即单价不能超过公司标准单价，这个"标准单价"来自于公司的基础数据，见图19-12。

①中输入单价后，鼠标离开"单价"字段框。

②系统将"单价"与标准单价库中的标准值进行对比。

③如果超标，再与管理规则进行对比。

④给出对超标的决策判断，进行处理。

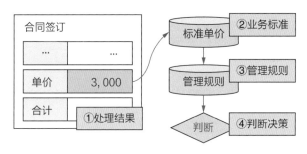

图19-12　单项规则的应用

从这里可以看出，构成管控模型的4个要素（处理结果、业务标准、管理规则、判断决策）可能分布在不同的地方，不一定都在同一条业务流程上，这样也给系统的设计提供了灵活配置的可能性（④判断的处理机制参见图19-13的管控模型部分）。

19.2.5　复合规则模型

下面以复合规则的应用为例，说明业务流程的管理设计，设计案例条件如下。

【案例】对一条生产流程进行复合规则的建模设计，如图19-13所示。采用对成本进行多阶段的管控，要求：②合同金额不超过①预算金额、④支付金额不超过②合同金额。

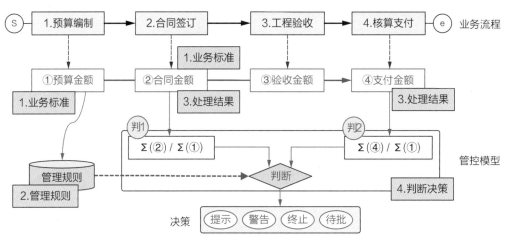

图19-13　复合规则的应用

可以仔细地观察模型，它实际上是由若干个单项规则的模型构成的，它们都以上游的结果数据作为本节点的判断标准值。

1. 业务标准的制定

在一条业务流程前部分活动中有诸如预算编制、计划编制、合同签订等类型的活动，这些活动的结果数据就是这条流程的业务标准。通常大型项目的预算都不会一次就用完，而是采取签订复数合同分批次完成，如此，业务标准又可以分为如图19-14所示的场景。

（1）主标准：以业务流程中的预算金额为主标准，通过这条业务流程的各个节点中的成本值（合同金额小计、验收金额小计以及支付金额小计）合计不能超过预算总额。

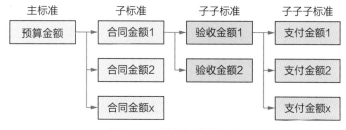

图19-14 判断标准的拆分

（2）子标准：如果将预算金额分为n次合同执行，则每一份合同的金额就是工程验收和核算支付的子目标，可以用子目标来控制验收和支付不超过每份合同的金额。

当然，还可以设定一份分合同的执行也要经过若干次工程验收，那么对每次核算支付不得超过每次工程验收的金额。以此类推，最终管控到什么粒度是根据管理意图来确定的，越靠后则管控粒度越细。

本设计案例要管控的对象有两个，即"预算金额"和"合同金额"。其中，合同金额既是预算金额的处理结果，同时也是支付金额的业务标准。

2. 管理规则的制定

确定了业务标准之后，管理设计的第二个工作就是制定相应的管理规则。

1）管理规则

业务标准＝预算金额，管理规则以业务标准为基准，例如，①是②的标准、②是④的标准等。通常要给出它与业务处理数据的匹配方法，如：

处理结果＝业务标准1 → 按规则1执行

处理结果＞业务标准2 → 按规则2执行

处理结果＜业务标准3 → 按规则3执行

还可以更加细化管理规则，例如，处理结果的超过部分在业务标准的±5%以内应该如何处理？超过部分在±5%以外该如何处理等。

2）管理规则与业务标准的区别

（1）业务标准：一般指的是基于业务处理的技术、工艺、法规等建立的专业标准，通常要对标准进行定性、定量（数字），特别是要进行"数字化"。业务标准解决的是"做成什么样"。

（2）管理规则：基于业务标准，建立对业务标准的管理规则，管理规则解决的是"结果与标准不符"该如何办？

管理规则只是用来保证业务标准的达成，在不能遵守业务标准的时候，按照预先的处理规定给出决策，其本身并没有特殊的含义。

另外要注意，并非是管理规则制定得越细越好，因为管理规则制定得越细，在提升安全性的同时也会降低工作效率，加大管理成本。

3. 处理结果的获取

本案例的处理结果指定的是"合同金额"与"支付金额"这两个数据，这两个数据的计算方法，会由于判断方法的不同而不同。参见"判断决策的处理"的说明。

（1）合同金额：当完成"合同签订"的提交时，获取"合同金额"。

（2）支付金额：当完成"核算支付"的提交时，获取"支付金额"。

4. 判断决策的处理

1）判断决策1——合同金额

判断采用百分比判断方式：

Σ（②）/Σ（①）≤ 1，即Σ（（合同金额）/Σ（预算金额））$\times 100\% \leq 1$

如计算结果>1，即为超标，按照规则进行相应的决策，如不能通过，则重新处理等。

📋 注1：累计超标的判断

由于②合同金额是用累计值判断超标情况，当合同金额分为n次签订的时候，通常在n-1次金额累计时都不会发生超标，只会在最后累计时才可能出现金额超标的情况。

2）判断决策2——支付金额

判断采用绝对值的判断方式：

④$\leq$①，即支付金额$\leq$合同金额

如支付金额$>$合同金额，则视为超标，按照规则进行相应的决策。

📋 注2：判断1和判断2的不同含义

（1）判断1，这是对总目标的判断，只要累计金额不超标，就不算超标。

（2）判断2，支付金额对合同金额的判断，每次都不能超标，因为这是对分目标的判断。

19.3 管理设计的规划

前述内容完成了对管理设计所用基本知识的铺垫，下面进行管理的设计。管理的规划是基于业务架构设计成果进行的，所以管理设计的规划要在架构的概要设计阶段之后进行。

19.3.1 管理规划的准备

管理规划的第一步是要确定管理的对象是谁，主要的管理设计规划内容包括三个方面，即：管理的对象与范围、管理的目标与理念、管理的主线与功能。

1. 管理的对象与范围

1）管理对象

在架构的概要设计完成后，就知道了整个系统的业务范围、包含的领域、业务功能等，如销售系统、合同系统、采购系统、加工系统、物流系统、财务系统等；根据这些信息，就可以确定要对其中哪些内容进行管理控制，需要管理控制的对象可以是一个独立的系统，如合同系统，或是某一类的数据，如成本数据、收支数据。

2）管理范围

有了管理对象后还要确定对象的范围，因为建立管控模型时需要确定数据的来源。例如

进行成本管理时，需要有"成本数据"，通常成本数据不是由某个系统独立提供的，而是由若干个系统中的数据共同构成的。根据成本管理的定义不同，参与成本计算的数据也有所不同，常见的至少有三种数据，即人工费、材料费和机械费。那么它们可能来自于：分包管理系统（人）、材料采购系统（材）和设备租赁系统（机）。如果确定数据来源于这三个系统，那么管理的范围就要覆盖这三个系统（为保证"数据三性"）。

2. 管理的目标与理念

有了管理对象和范围，下一步就是针对管理对象采用的管理目标和理念，也就是确定"要管理什么"和"为什么要管理"，管理的目标和理念都是后续管理规划、设计的指导方针。

1）管理目标

管理目标的设定主要是根据需求规格说明书中客户明确提出的建设企业管理信息系统的目的、价值等，这是都是管理目标确定的依据，同时还包括客户给出的痛点、难点、期望等也都是管理目标的参考项。

2）管理理念

管理目标给出了最终要获得的结果，但是如何确定采用什么管理方式、方法来实现这个目标呢？所谓管理理念实际上就是企业提出管理目标者的思想、想法、主张，明确了理念后可以帮助业务设计师找到达成目标的路线和方法。

【案例】要从北京去广州（目标），可以采用的交通方式有：飞机、高铁、汽车、自行车，那么选哪一个呢？如果出行的理念是快捷和成本，那么飞机（成本高）和自行车（不快捷）都不在考虑之内了，如果是绿色与环保，则不能用飞机和汽车（相对于高铁和自行车来说，飞机和汽车是对环境不友好的移动方法）。

客户可以给出目标，但通常不能具体地给出采用什么功能（因为客户也不懂信息化的实现手段有哪些、各有什么长短处），这就需要业务设计师根据客户的想法和思路（理念）去寻找合适的解决方案。

对于业务设计师来说，客户的目标与理念都是非常重要的设计依据，它们绝对不是虚无缥缈的概念，而是高层次的需求或要求，这一点越是有经验的业务设计师就越能体会到。

3. 管理的主线与功能

1）管理主线

在确定管理范围时谈到管理对象不一定是一个简单、独立的数据或功能，它可能是由来自于不同系统、功能的数据构成的管理对象。这个数据可能构成一条虚拟的"数据线"，确定管理主线就是要确定管理对象的如下信息。

（1）从哪里开始、到哪里结束。

（2）中间需要哪些功能、哪些数据。

2）管理功能

针对这条主线上的业务功能，数据要配以相应的管理功能，建立相应的管控模型等。下面以一个成本管理的题目为例说明。

【案例】假设条件（注：这些条件也是下一节说明使用案例的条件）：

（1）对象与范围：项目成本管理，包括与项目支出的相关内容。

（2）目标与理念：

①利用信息化手段→确保预定利润目标不变；

②成本精细化管理→以预算定合同，以合同定支出。

（3）主线与功能：以工程的成本支出为主线，包括与成本支出的所有相关功能。

以下各节中都以本案例为业务对象展开说明。

19.3.2　管理规划的方法

管理的对象、目标、主线等有了，下面根据前述案例条件进行具体的管理规划设计。

1. 管理的分层规划

管理的规划也是要分层的，根据管理目标的大小，管理的规划可以从系统整体到某个功能点。管理的分层可以划分为三个层级，不同的层级有不同的目标。

（1）整体规划：以管理范围整体为对象，设定大目标，规划可以跨业务领域。

（2）领域规划：以整体中的某个领域为对象，设定领域管理的目标，在领域内进行规划。

（3）控点规划：以某个业务功能点为对象，设定该功能的管理目标。

管理分层使用不同粒度的管理架构图来表达。

2. 管理架构图的设计

1）整体规划（跨业务领域）

大的管理对象可能要覆盖复数个业务领域，是属于粗粒度的规划，下面以工程项目的成本发生过程为例进行说明。由于工程项目的成本是跨多个业务领域的，所以工程项目的成本规划是属于整体规划的对象。根据规划条件，选择管理主线以及主线上的功能，但由于此时是粗粒度的规划，所以功能都是系统级粒度的功能，如图19-15所示。

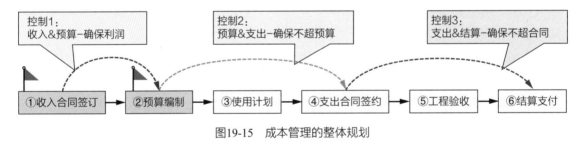

图19-15　成本管理的整体规划

（1）首先规划管理的主线，选取管理的6个关键点，这6个点的功能产生的数据构成了成本管理的全部数据。假定从①到⑥，成本过程涉及销售、计划、生产、财务等领域。

（2）规划管理功能，分别以收入合同、预算和支出合同为目标，进行对比管理控制。

控制1——确保利润留成：Σ（②）$/\Sigma$（①）=计算结果=15%（收入合同中的利润为15%）。

控制2——以预算定支出：Σ（④）$/\Sigma$（②）=计算结果$\leqslant$1（支出合同额不能超预算额）。

控制3——以支出定结算：Σ（⑥）$/\Sigma$（④）=计算结果$\leqslant$1（结算额不能超过支出合同额）。

📄　注：规划要扣主题

这里使用了案例中的目标和理念中的要求，以确保规划内容与主题的一致性。

当然，参照同样的方法，还可以给出其他的对比计算结果，这些结果可以从不同的视角对完成的数据进行管理控制。

2）领域规划（业务领域内）

领域规划，即在某个业务领域的内部进行管理的规划。规划用图的图形也可以自由确定，如图19-16所示。对前述的预算编制对象三个成本分类中的"材料费计划"部分进行单独的展开，对材料发生过程中的每一步都与预算进行对比，让每一步都不超标来进行精细管理，这是"三算对比"的管理方法。用三算对比进行领域规划的设计方法如下。

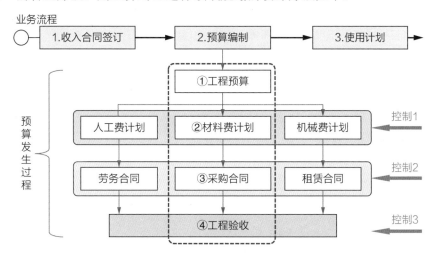

图19-16　成本管理的领域规划

（1）控制1——对计划的管控：Σ（②）/Σ（①）=计算结果≤1（对预算金额，计划金额不能超标）。

（2）控制2——对合同的管控：Σ（③）/Σ（①）=计算结果≤1（对预算金额，合同金额不能超标）。

（3）控制3——对验收的管控：Σ（④）/Σ（①）=计算结果≤1（对预算金额，验收金额不能超标）。

可以看出，业务领域规划已经比系统整体规划要细化了很多，如果对系统设计了这样的3层管控，那么成本管理就可以接近精细化管理了。

3）管控点规划（功能点）

高层次、粗粒度的管理规划是概念层面的规划，由于管控功能最终必须要以管理规则的方式施加在具体业务载体（功能）上，因此在下面就要将规划成果落实到具体的业务功能点上。此时与前面的粗粒度规划不同，因为要标示出具体的功能，因此控点规划需要利用业务架构图或是功能规划图来作为管控点的载体。

图19-17表示的是业务流程图，可以显示出具体的功能的名称，因此可以将具体的管控对象和内容标注在功能的位置上，例如：

（1）需要加载"审批流程"的节点，标注"审"字。

（2）需要加载"金额管控"的节点，标注"额控"。

（3）需要加载"数量管控"的节点，标注"量控"，以此类推。

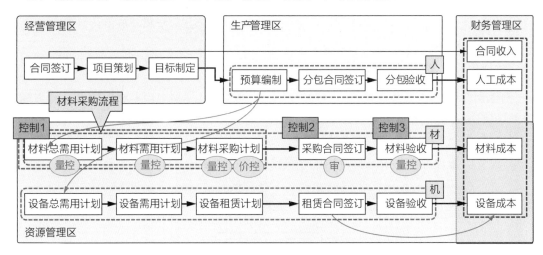

图19-17　成本管理的管控点规划

📖 注："审"与"控"是不一样的处理

（1）审：指的是要走"审批流程"，审批的结果是"通过"或是"不通过"。

（2）控：指的是在组件内部有管理规则在自动地控制，违规时会有提示等。

对比图19-16和图19-17，可以在图19-17的流程图上找到图19-16中的三个控制点的位置。图19-16是概念层面的管理规划，而图19-17是具体的管控点位置规划。

4）管理规则的定义

最终管理规则要落实到功能内部的某个具体的控件上。这个部分的定义已经在前面相关的设计中完成了，加载到不同控件上的管理规则及设计与记录的场所如下。

（1）字段控件：写入了"功能的详细设计-业务4件套-控件定义"的模板上。

（2）按钮字段：写入了"功能的应用设计-组件4件套-控件定义"的模板上。

19.4　管理设计的应用

19.4.1　控制方式的分类

前述业务设计中谈到的管理设计方法主要是以管理规则为依据，采用的是规则控制的方式。在管理的应用设计阶段，考虑的是在"人-机-人"环境下的管理方式，因此可以实现很多在"人-人"环境下无法实现的方式，如权限管理、杠杆管理等方式。由于最终管理是在信息系统中实现的，所以要最大限度地发挥出信息系统的优势，通常的管理设计都会采用包括规则控制在内的综合管理设计方法。

1. 控制方式的分类

在信息系统中实现同样的管理效果，可以根据业务的要求利用计算机的特点设计出不同的控制方式，这里介绍5种比较典型的控制方式来实现管理的效果。

（1）杠杆式：根据组件的上下游关系，利用是否推送数据作为杠杆进行管理。

（2）规则式：对活动过程行为进行监控，给出通过、提示、警告、终止等判断结果。

（3）权限式：利用赋予角色权限的方式，对进入系统的用户的活动范围等进行制约。

（4）审批式：利用流程的方式，通过多人数、多规则审批的方式进行管理。

（5）分离式：在线上只进行监控和预警，管理控制的落实在系统外进行。

2. 控制方式的特点

这5种管理方式由于它们的目的、作用不同，所以管理的力度是不同的，相互之间的关系如图19-18所示。

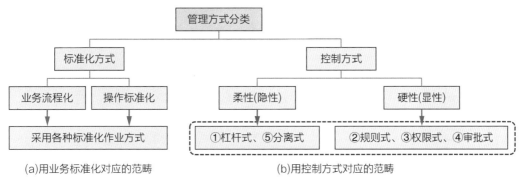

图19-18　5种典型的管控方式

①杠杆式：这种管理方式最为柔和、隐蔽。

②规则式：管控力度有一定的弹性，通过设置容许范围，可以调整力度的大小。

③权限式：管控最为直接、最具强制性的管控方式。

④审批式：是一种综合的管理方式（多人、多规则）。

⑤分离式：也属于是比较柔和和隐蔽的，可以给管理者以更大的灵活性。

其中，①杠杆式和③权限式，两者都属于信息系统特有的控制方式，所以这两种设计方法在业务设计阶段没有涉及（业务设计阶段不涉及采用系统的方式）。②规则式和④审批式是典型的业务设计方法，在概要设计和详细设计中都已经用到。

下面就对这5种类型的控制方式的设计和使用方法分别进行详细的解说。

19.4.2　方式1——杠杆式控制

1. 目的与作用

在分离原理中关于管理的作用已经讲过了，业务处理过程中使用太多显性的强制约束不是最好的管理方式，它在提高管理力度的同时可能降低工作效率，最好的方式是将管理融入到日常的业务行为中，让管理与业务有机地融为一体。这里以数据推送作为例子来说明。

杠杆管理，就是在上下游角色之间设置连环监督的机制，让相关用户之间相互制约，从而达到管理的效果。例如，上游组件为A，下游组件为B，且下游组件B的工作依赖于上游组件A的结果数据，如果上游组件A不能按时间按标准完成工作，就会影响下游组件B获得数据，造成B的工作进展延迟，从而给B的工作带来影响。

2. 基本功能

机制设置：如果A不完成工作（未提交）就不让B看到A的数据，或者只能看到但不能引用（复制、导入），那么B就不能开始工作，因此就需要用户B在线下去催促用户A快点儿提交。这样在表面上看不到系统中的管理规则在起作用，而仅仅是两个用户之间的数据输入传递问题，如果再利用时限规则的功能去不断地提示用户A"输入期限要到了请赶快输入"则效果会更好（时限管理参见19.4.3节）。

严格地说，这种方式下的管理实际上是发生在系统外，由人和人之间去沟通，系统只是提供了提示机制来促成用户之间的沟通，这个方式在不是那么需要强制性规则的地方使用，会减少用户对系统强制管理的抵触情绪。

3. 实现方法

在两个以上的组件之间有数据引用时使用，让下游组件用户可以看到上游组件的内容，但是显示"输入工作未完成，暂时不可引用"。

19.4.3 方式2——规则式控制

1. 目的与作用

规则式控制，就是利用企业的管理规则作为依据，在系统中设置控制机制，一旦有违规行为就会激活机制，给出提示、警告、终止等判断结果，从而让违规的用户受到相应的约束。

在业务设计中已经介绍过，这个控制方式是先设定业务标准，然后根据这个标准制定相应的管理规则，管理起到了保证业务标准的作用，如图19-19所示。

图19-19 规则式判断

下面举一个用时间规则作为控制的案例，也称为"时限管理"。时限指的是以系统设定的日期、时间为期限，这个期限一过就会限制某个功能操作。这个控制方式可以用于必须要按顺序进行输入的应用场景。

2. 基本功能

不同部门、不同业务会对处理的最后期限有不同的时间要求，为了对这类有时间限制的控制实现自动管理，需要建立一个"时限规则表"来设定这些规则，例如，在每年年末的时候将第二年全部需要的规则期限日设定好，然后按照系统时钟的运行依次自行启动、通知、监控等，如差旅费报销的期限、成本核算的期限、库存的盘点期限等。图19-20为时限规则表的参考案例。

图19-20　业务处理时限规则表

时限的设计内容包括以下重点（不限于此）。

（1）制定各类需要有时限限制科目的期限表。

（2）在某个期限到来前n日，向相关用户自动地发出提醒信息。

（3）如果某个期限与休息日相重合，在系统上可以设定最终处理日"前移"或是"后移"。

（4）由于系统故障、停电等突发情况造成未能在期限内完成操作时，系统管理员可以按照相关部门的指示，在一段时间内，对某个业务领域的系统时间进行调整，输入完成后，再将时间调整回来。

这个方法的使用，可以让客户感受到用信息化手段进行管理带来的优势，例如：

● 导入时限规则可以帮助企业实现信息的及时汇总，满足数据三性之中的"及时性"要求。

● 使操作人养成按时工作的良好习惯。

● 有效地避免大量数据在某个时间段集中处理而带来的系统处理压力等。

【案例】出差费报销的时限设定

按照财务部门的规定，每个月的差旅费报销申请截止日为第二个月的第三个工作日为止。例如，3月份的差旅费申请，必须在4月份的第三个工作日PM12:00前处理完毕，如果没有按时申报，则3月份差旅费的申请就要合并到4月份了。

3. 实现方法

时限控制，是依靠一个时限基础数据库来实现的，需要建立如下的内容。

● 整体设计时限的运行机制（启动、发布、通知……）。

● 建立时限基础数据库，包括：时间数据、时限规则、提前预制时间表等。

● 建立维护时限用的字典功能、对应的系统组件等。

19.4.4　方式3——权限式控制

利用权限进行控制，主要是从组织角度，利用赋权给角色的方式来限制该角色在系统中的工作范围。

1. 目的与作用

原则上，权限作为一个功能来说并不需要业务设计师去设计，但是业务设计师必须要理解权限在管理方面的机制和作用，理解"权限式控制"与基于企业规则的"规则式控制"之间的区别，以及两者如何协同工作的方法。

在实际的组织中企业员工都有一个明确的岗位，每个岗位都有相应的职责，但这个职责是写在纸上的，职责的执行是否到位主要依靠个人的自觉性。

在系统中对应用户岗位的职称是"角色"。角色在系统中具有的职责是通过赋予用户在系统中的使用权限来定义的，权限定义了角色可以在"人-机-人"环境中的活动范围，可以操作的功能，甚至是可以查看的数据。

在现实的企业组织中岗位是固定的，工作内容也是确定的；但在系统中角色都是临时的，工作内容可以灵活指定（扩大范围或是缩小范围）。设立角色的目的是为了在系统中进行更加灵活、高效的管理。岗位和角色不一定是一对一的。

【案例1】某员工A，在现实组织中的岗位是财务部门经理，在系统权限设定时，不但赋予了A具有经理权限，还赋予A具有编辑财务预算的权限，这样在A的身上就出现了如下这样的情况。

在现实组织中：具有一个岗位=部门经理（是否可以编辑预算由他自己决定）。

在系统组织中：具有两个角色=部门经理+预算员（在系统中，如果没有编辑权，就算是经理也不可能编辑预算）。

【案例2】某员工B，在现实组织中的岗位是会计，在系统组织中不但赋予了他会计权限，而且同时也赋予了他代理经理的权限，并约定：在有经理授权时可以代替经理在系统上进行审批。此时，这个员工B在现实中只有一个岗位，但在系统中可以扮演两个角色。

2. 基本功能

利用权限控制可以分为几个层级，由登录控制（粗）到字段控制（细），依次如下。

（1）登录：是否批准该员工成为系统用户，如没有用户权就无法登录系统。

（2）菜单：从菜单上限制该用户的功能使用范围，如没有某个权限就打不开某个界面。

（3）界面：从操作界面上限制，如赋予领导角色查看权但没有编辑权（尽管是领导也无权编辑内容），这样可以避免多人同时编辑而造成数据的混乱。

（4）字段：对某个界面上的数据进行控制，如让员工可以看到整个界面，但是不能看某个或某列敏感数据。

3. 实现方法

通常权限的实现由技术设计师完成，这是一个通用的系统功能，权限功能开发完成后，由系统管理员列出角色一览，首先成批次地对企业全员按照组织岗位进行整体赋权，然后再针对个别用户给予多角色的权限或是撤销某个用户的某种权限。

4. 权限控制与规则控制的区别

两种方式都是信息化的管理方式，权限控制是从组织层面进行的，规则控制是在业务操作层面进行的。

1）权限管理

从组织层面上规定了：活动的范围，可以操作的功能。权限控制的是角色（人）。例如，范围=预算编制功能，角色=财务经理、预算编制员。

（1）经理：对结果负责，权限为查看权、无修改权、有审批权。

（2）编制员：对过程负责，权限为编制权、修改权、无审批权。

2）规则管理

在权限规定范围内，主要是对操作的标准进行管理，规则控制的是业务标准，例如：

- 预算总金额是否超过成本目标值？
- 各类项目的单价是否超过许可的市场价格？
- 审批时是否满足公司对预算的各类规则、相关的法律法规？

19.4.5　方式4——审批式控制

1. 目的与作用

审批式控制就是利用审批流程在某个组件的业务处理完成后，检查内容处理得是否符合要求且需要交由上级进行审批。这个审批流程可以在多人之间进行流转，每个人可以设置不同的标准和规则。

2. 基本功能

审批流程的基本功能在第16章已经讲过，这里不做重述。

3. 实现方法

审批流程的实现方法在第16章已经讲过，这里不做重述。

19.4.6　方式5——分离式控制

1. 目的与作用

分离式控制就是在线上只进行"看"，在线下进行"管"，这样分离的目的具有以下特点。

- 系统可以不因管理模式变化而变化，管理变化时只需调整监督和评估的部分。
- 根据不同的情况，管理人员对发生问题的处理方式可以灵活掌握，裁量权在"人"。
- 系统处理的效率高，反过来，发生问题的机率也会增大。

将"看"与"管"进行分离，可以解决"人-机-人"环境中的管理人性化问题。

- 出现了问题必须要让领导知道，否则"出了问题领导不知道，这是领导的失职"。
- 由于"看"与"管"是分离的，"管"是在线下进行的，就保证"知道了问题后，管与不管是领导艺术"，这种方式让领导可以实时地掌握发生的任何问题，但是对问题的裁量系统不做强制性的要求，可以由领导根据情况在线下酌情处理。

2. 基本功能

它在设计方法上基本同规则式控制是一样的，只是当管控模型发现了违规的现象时，系统将问题送到监控看板去显示，或是送信给相关人，管控模型中不设置控制机制（提示、终止、退回等），具体的处理方式由看到监控看板或是收到违规通知的负责人来判断。

3. 实现方法

具体的功能设计参考规则式管控。

19.5　管理设计的流程

19.5.1　管理设计的流程

总结前述内容，将管理设计的步骤归集为如下的4步。

1. 第一步：管理分类方式

先确定需要管理的对象中可以通过业务标准化应对的部分，利用信息化手法处理。

（1）利用"流程、界面"提供的约束，形成"业务标准化"的管理方式。

（2）利用"字典"和"基础数据"的约束，也是标准化管理的重要手段。

利用"业务标准化"的方式可以解决大部分的管理需求。

这个部分的内容已经在设计工程的概要设计到应用设计中完成。

2. 第二步：管理对象、目标与理念、管理规划的确定

采用"业务标准化"的方式不能应对的对象就需要采用控制的方式了，根据企业的管理理念、信息系统的目的、价值等，确定管理对象、目标与理念、管理规划。

1）管理对象

（1）首先要确定管理哪个部分、范围、内容（因为对象不同，目标和理念也不同）。

（2）收集相关的业务架构图等作为管理的载体。

2）目标与理念

（1）确定为什么要管，明确管理目标，例如，对成本超支进行管控、对收入/支出的不平衡进行管控、对物资/计划的消耗进行管控等。

（2）有了这些目标后，根据不同的目标，确定采用不同的管理设计理念，例如，成本管理的全过程管理方法、收支管理的平衡管理方法等。

3）管理规划

在业务架构图等载体上绘制管控范围、控制点的位置等。

（1）整体规划：以管理范围整体为对象，设定大目标，此规划可以跨业务领域。

（2）领域规划：以整体中的某个领域为对象，设定领域管理的目标，在领域内进行规划。

（3）控点规划：以某个业务功能点/数据为对象，设定该功能的管理目标。

3. 第三步：管理方法（方式、模型、规则）的确定

根据第二步的规划结果，进行具体的管理设计，如选择方式（杠杆式、规则式等）、建立管控模型、设计管理规则等。

4. 第四步：管控机制（控制方式）

将前三步的设计成果转换为系统机制，确定管控的应用方法和实现效果，这个设计涉及最终客户对管理信息化价值的感受。

19.5.2　管理设计的建模流程

下面以图19-17的"材料采购流程"的管理建模为例，对管理设计流程中的第三步"管理方法"的内容进行详细说明。

1. 概要设计——管理规划、管理架构图

从分离原理中理解了业务与管理分离的必要性,从组合原理中知道了业务与管理各有各的模型、要素和逻辑的表达方式,任何复合规则的管理模型实际上都必须要与业务架构图结合在一起。图19-21给出了"材料采购流程"与管理模型的组合过程,这个过程揭示了适用于通过建立机制的方式设计具有灵活应变能力系统的概念和原理。

图19-21(a):收集三元素中的要素,包括业务要素与管理要素。

图19-21(b):设计三元素中的逻辑,给出如何用管理保证业务按照标准运行的逻辑。

图19-21(c):选择三元素中的模型,作为业务载体。

图19-21(d):建立业务架构图(材料采购流程)。

图19-21(e):建立三元素中的管理模型(根据相关的管理理论和方法)。

图19-21(f):将架构模型与管理模型组合在一起,形成完整的管理架构图。

2. 详细设计——管控点设计、规则判断

针对图19-21(f)上规划出来的每个管控点进行对点的管理建模,作为案例,以图19-21(f)流程中的"材料总需用计划"和"采购合同签订"为业务载体,对"材料采购合同"的控制模型进行详细设计,见图19-22(a)。

(1)图19-22(a)是要素的来源,图19-22(b)是管理规则的载体,管理的内容就加载在图19-22(b)的业务处理上。

(2)"采购合同签订"的金额不得超过"材料总需用计划"的目标值。

(3)对"审"进行展开,从"判1"到"判x"设置了不同的触发送交上级审批的规则。

至此,完成了一个完整的管理设计。这个案例采用的是一个精细的过程管控模型,它可以针对每个细节进行深入的管控。之所以将其称为"模型",是因为类似对点控制的设计都可以采用这个图形,这个模型与具体的业务内容实际上是没有关系的。

这样的管控模型,既具有严谨性,又未使用特殊的表达符号和规则,相信所有看到这个图形的干系人(客户、业务设计师、技术设计师等)都是可以理解的。

📖 **注1:管控模型与管理架构图的区别**

(1)管控模型:用于表达在系统中进行管理控制的概念、原理、机制等内容,由业务标准、管理规则、判断决策等要素构成。因为管控模型与业务无关,所以形式有限。

(2)管理架构图:是业务架构图、管理模型、管控点位置、管控内容、以及管控关系等构成的,用于检视系统中管理的规划和布局。由于管理架构与业务架构的形式有关,所以存在多种形式。

📖 **注2:管控模型与管理模型的区别**

(1)管控模型:是在管理信息系统中建立的控制模型,说明在系统中运行时的管理机制。

(2)管理模型:指"人-人"环境中建立的管理理论图形,如:PDCA循环、成本管理、项目管理、绩效管理等。

两种模型的构成要素不同,在管理设计中的表达方式也不同,不同的管理理论有着不同的管理

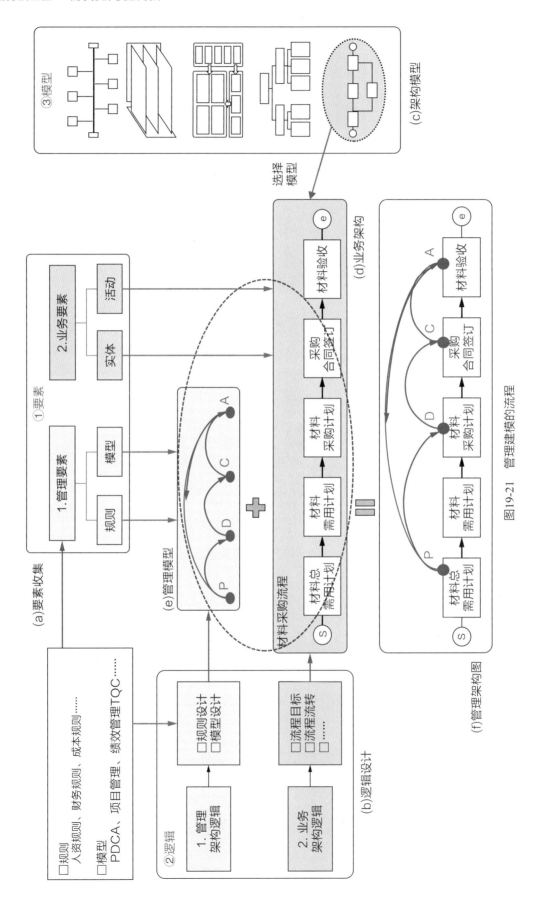

图19-21　管理建模的流程

模型，但管控模型与管理理论无直接关系，管控模型不是简单地模拟管理模型。

注1和注2的内容示意参见图19-23。

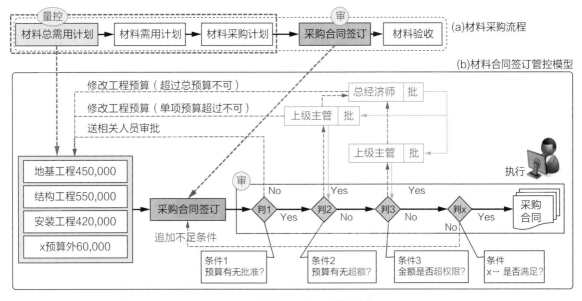

图19-22 材料采购合同的控制模型

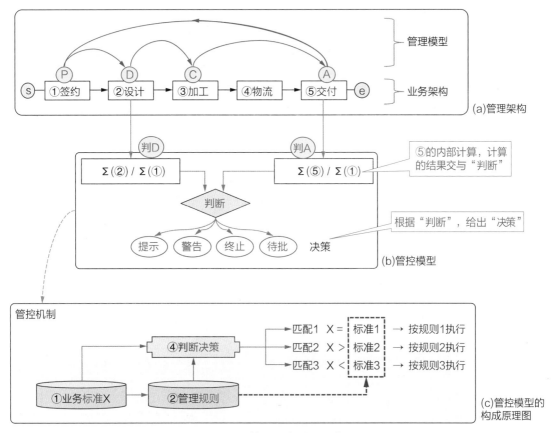

图19-23 管理要素关系示意图

小结与习题

小结

利用管理信息系统对企业进行管理的手段体现在4个方面，如图19-24所示。

a：第1个是通过业务流程进行活动的规范化（在架构层面进行）。

b：第2个是通过功能操作（界面）的标准化（在功能层面进行）。

c：第3个是通过基础数据的标准化对操作的规范化（在数据层面进行）。

d：第4个是通过规则等管理手段为第1到第3的达标提供保障措施以及其他尚未被覆盖到的可能情况。

第1到第3都是属于业务设计范畴的（分别在概要设计和详细设计说明），第4是属于管理范畴的，有了这4个信息化的处理手段，基本上就可以保证对信息系统所覆盖的业务进行从柔性管理到硬性管理的全面应对。

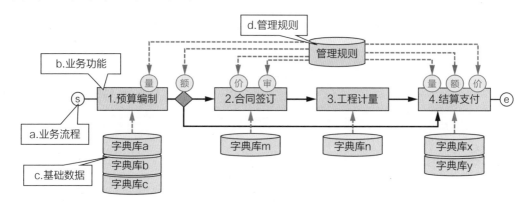

图19-24　信息管理的4个手段

通常对于管理信息系统中的业务处理部分和管理处理部分的内容来说：

（1）业务部分：不同的业务设计师之间的差异不会很大，因为做哪些业务处理、哪些不做，业务处理的基本形式（流程）等内容都是由客户决定的。

（2）管理部分："人-人"与"人-机-人"的管理方式差异非常大，将前者的管理需求用后者的方式体现出来是由业务设计师实现的。

将业务设计成果和信息化手段整合在一起，可以为客户带来多少管理信息化的价值，极大地受到了业务设计师能力的影响。所以具有管理设计能力的业务设计师，不但要熟知企业执行层的业务工作和相关知识，而且还要具有高于业务处理的"领导视角"和管理知识。

分享

管理设计你做过，但你没有留意

在讲述管理设计前，老师在课堂上问学员：你们公司做的是什么类型的系统？大家的回答基本上都是做企业管理类信息系统的（项目管理、ERP、自动办公系统、人资系统等）。老师接着问：那你们知道在系统中如何体现"管理"呢？有学员回答说：加入控制就是管理系统。也有学员说：没有做过带有管理的系统。虽然大家将"管理"二字时常挂在嘴边，但大多数学员说不清楚什么是管理、管理系统？它的构成是什么、有什么特征？等。

在培训完本章之后，老师再次带领学员们进行了一次关于信息化管理设计的讨论，并且让学员们把各自做过的设计中出现的问题与大家分享一下。

A学员：以前，因为觉得管理是个很高级的东西所以在设计中从来也不讨论它，在理解了系统中管理的本质和做法后，觉得还是可以在以后的设计中尝试着体验一下。

B学员：回想起为什么做过的系统数据老是出现问题、无法保证"数据三性"，原来是因为没有为业务数据进行"保驾护航"的管理措施存在，所以才造成这样的后果。

C学员：以前做界面设计，全部的注意力都在字段上，即使是加了一些规则，但也没有从"管理"的高度来认识，如果将规则之间做些简单的关联就可以取得更好的效果。

D学员：以前认为加了控制的内容才叫管理，现在知道了利用信息化手段，可以提供丰富的管理方式，而不只限于用控制方式，用业务的标准化替代管理带来的启发最大等。

通过学习本章，学员们不再避开"管理"的议论，而是积极地从正面去探讨用管理的方式可以为客户带来什么样的信息化价值。

习题

1. 简述在"人-机-人"环境下的管理设计特征。
2. 什么是"人-人"环境下的管理方法？什么是"人-机-人"环境下的管理方法？
3. 简述在"人-机-人"环境下的管理设计方法有哪些，各自的特点是什么。
4. 分离原理在管理设计中是如何运用的？带来了哪些设计上的便利？
5. 简述管理的分类。管理的分类对管理设计带来了什么影响？
6. 管控模型与业务架构有哪些区别？为什么会产生这样的区别？
7. 在信息系统中，管理的最终形式是什么？如何利用这个形式构建管理的机制？
8. 管理的规则与业务的标准是什么关系？各自的目的是什么？
9. 在信息系统中管控的数量是否越多越好呢？为什么？
10. 是否理解了管理具有共性的概念？有了这个概念如何设计管理的机制？

第20章
价值设计

前面各章完成了业务设计（概要/详细）、应用设计和管理设计，到此为止，非技术层面的设计工作就已经全部结束了，软件设计师（业务、应用、技术），除去前述的主要以逻辑和功能视角进行的设计以外，还应该有一个非常重要的设计视角，即客户价值视角。

价值设计，不是软件工程中的一个独立设计体系，但它是软件设计的重要目的，在前面各阶段的设计中已经反复地强调了价值，这里将有关客户价值设计的内容进行汇总，从客户价值的视角出发再重新审视一遍前面做过的设计，让读者感受到：软件工程上每个阶段或是每层的设计实际上都是围绕着客户价值进行的。

本章内容在软件工程中的位置见图20-1。

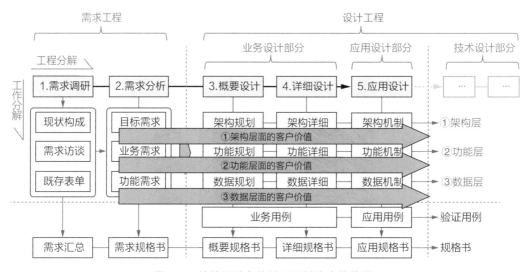

图20-1　价值设计在软件工程结构中的位置

综合设计-价值设计，作为软件工程-设计工程中的提高部分，这个部分的学习除了需要读者已经基本上掌握了业务设计和应用设计部分的知识以外，还需要读者站在客户的视角，时刻思考：怎样用信息化的手段来为客户提供价值？

20.1　基本概念

20.1.1　定义与作用

1. 定义

价值设计，是软件设计师利用信息化的手法，为客户带来高质量、高效率的业务处理能力，是从"赋能"的视角为客户设计企业管理信息系统。

前面各个阶段讲述的内容主要以完成"客户功能"为主，本章的重点在满足客户的基本需求之上，探讨如何从"客户价值"的视角进行分析、设计。在为企业进行管理信息系统设计过程中，非技术阶段主要带来的客户价值是由两个部分构成的：业务价值（业务设计）和应用价值（应用设计）。

1）业务价值

业务价值，是基于业务知识、管理理论、实际经验等，并通过需求分析、业务设计对客户业务本身进行分析、梳理、优化、完善（此时不考虑功能需求的实现方法）后获得的。业务设计的成果是"让客户重新认识企业自身的过去与现在"。

2）应用价值

应用价值，是将业务设计的成果与信息化手段相结合，描绘出未来在"人-机-人"环境下如何提升企业业务的效率与效益。应用设计的成果是"为客户描绘了未来信息化管理的工作环境和效果"。

软件工程的各阶段对客户价值的作用如图20-2所示。可见，两种价值不在同一个阶段上，并且需要不同的知识作为支持：实现业务价值需要有客户的行业专业知识及业务设计知识做支持，实现应用价值必须要有应用设计知识做支持才能做到。

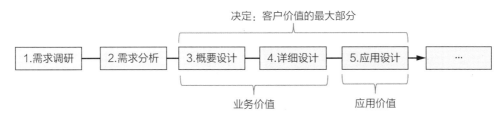

图20-2 客户价值的最大部分（业务价值+应用价值）

业务价值和应用价值，构成了客户管理信息化价值的最大部分，也就是说，业务设计和应用设计决定了客户信息化价值的大小，该价值的大小又直接影响到了客户的满意度。

2. 作用

在企业管理信息化推广的初期，主要是以软件商为本位进行管理信息化推广的，多数的软件商都是从自身开发效率、成本控制的视角出发设计系统，向客户进行系统的说明也主要是从业务处理功能的角度进行的，因为企业虽然有所不同，但是同类的业务处理功能实际上是相近的，时间一长就造成了市场上的管理产品、解决方案趋于同质化。不能支持个性化就违背了企业的经营管理的理念和方式。因此采用传统思维设计出来的信息系统越来越不能够满足客户的需求。

价值设计，本质上就是回归到以客户为主的设计理念上，让分析和设计围绕着为客户可以带来什么价值进行，软件设计师必须要确定这样的概念：功能，是为实现客户价值而提供的系统服务。

20.1.2 内容与能力

1. 作业内容

这里总结从需求分析到应用设计的各个阶段中，是如何从不同的视角分析和设计客户价值的。从软件工程上看，要从三个阶段上找出相应的价值，见图20-3。

	内容	说明	主要交付物名称
输入	上游设计成果	价值设计没有特定的上游设计成果，主要是通过分析需求、价值设计而来的	
本章主要工作内容	需求分析阶段	从目标需求、业务需求和功能需求中获取到价值	
	业务设计阶段	□架构层：为企业进行体检、建立企业作战地图 □功能层：将日常业务标准化、减少管理环节、提升工作效率 □数据层：数据资产生命周期取决于数据的标准	
	应用设计阶段	□架构层：通过"事找人"等方式，充分发挥信息化的价值 □功能层：调动信息化手段，高效、完整、保驾护航 □数据层：数据的共享、共用，文字类数据→数字类数据	

图20-3 价值设计的内容

（1）需求获取阶段：重点在收集、分析、理解客户传递出来的价值需求。

（2）业务设计阶段：设计的重点是根据客户的需求，针对既存业务自身存在的问题进行优化、完善，也就是对"业务价值"的实现。

（3）应用设计阶段：重点是将业务价值用信息化的手段展示出来，打造一个信息化的工作环境，让客户感受到与传统工作方式完全不同的变化，也就是对"应用价值"的实现。

来自于需求调研和分析的价值，最终通过设计，反映在架构、功能或是数据层面上。

2. 能力要求

价值设计与管理设计相似，都不是业务设计和应用设计的"规定动作"，它是将管理设计的内容也包括在内的更高一层的分析和设计方法，做好价值设计，需要软件设计师具有全面理解信息化管理方式、信息化管理的价值，理解信息化环境会给客户带来什么样的变化的知识和能力。参考能力（不限于此）如下。

（1）具有丰富的客户业务知识、管理知识。

（2）熟悉企业的战略、目标、期望，熟知企业的组织构成、各个角色的作用、需求。

（3）熟知企业管理信息化的理论、方法。

（4）熟知需求分析方法、业务设计和应用设计的方法。

（5）具有一定的技术设计知识（根据内容的复杂程度，可以不需要）。

（6）具有价值设计的知识（本章的内容）。

20.1.3 思路与理解

1. 理解客户的需求：功能或价值

通常软件的设计基本上是从"功能"的视角推行的，追求功能的意识贯穿软件实现的全过程：寻找功能、设计功能和开发功能。在企业信息化的初期这种方式是正确且有效的，因为需求很直接、简单，直接用功能应对就可以满足客户的需求了。

但是在企业信息化大范围普及后，很多企业的信息系统已经推进到了第2次或是第3次的扩建，信息系统的投资者和系统的用户已经从关心有哪些功能转变为：你提供的信息化解决方案与其他提供商有什么不一样？你的方案可以让企业的经营、管理和业务处理发生什么样的变化？导入了你的系统可以为企业带来什么样的回报（价值）？

这就要求软件设计师认真思考：客户投资信息化的目的是买功能？还是买价值？

回答毫无疑问是买价值！当然价值是需要用功能来实现的。系统中的所有功能都是为了实现某个价值而存在的。如图20-4所示，业务/应用设计起着桥梁的作用，通过业务设计、应用设计、管理设计以及用例设计等方式，向客户说明信息系统完成后带来的"客户价值"；同时向后续的技术设计和开发传递可以实现这些价值的"功能"设计。

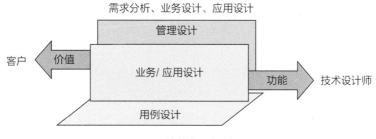

图20-4　价值与逻辑的关系

2. 理解客户的需求：发掘价值

企业管理类的信息系统与图书管理、售票管理等系统在价值发掘方面有很大的不同，后者主要是对"物"进行的管理，它的需求和价值比较明显，容易达成。前者是对"人、事"进行的管理，由于企业存在着诸多的管理制度、多样性的业务、复杂的社会关系、人际关系等，造成了对需求和价值的理解、发掘工作要复杂得多、困难得多。如何针对客户的情况发现价值需求、识别价值作用、设计价值功能并能够完美地使客户价值得以实现，是软件设计师应该追求的目标，也是本章价值设计的重点内容。

分享

价值设计，站在客户的视角看问题

学员们对找到价值设计的对象感到有些难，怎么才能找到价值设计的切入点呢？在讨论中，年轻学员A的提问，经验丰富分析师B的回答具有一定的代表性。

学员A：在听取客户需求时，我注意力都在做具体做事员工的发言上，从员工的发言中容易识别出功能来，但看不到价值。

分析师B：如果你从软件公司的视角出发去找，就不容易看到价值，但是如果从客户的视角出发，就容易找到，例如，客户的员工提出了一个功能点：

（1）如果你从软件公司视角去看，这就只是一个功能点。

（2）如果你站在这个员工的领导立场或是站在更高的企业管理的高度看这个功能点，把这个功能处理的业务放到大的环境中看，你就会发现有很多价值可以发掘。

20.2　需求分析阶段

需求分析阶段的重点是分析和识别价值，需求分析阶段识别出来并得到客户认可的客户价值需求是后续设计阶段客户价值设计的基础依据。

20.2.1　需求的获取

1. 通过调研获得需求

在需求调研和需求分析阶段，通过对收集到的需求进行分析获得功能需求是最为基本和普遍的需求获取方法，也可以说是"正向需求的获得方法"。需求获取过程如下。

（1）收集客户需求。

（2）对需求进行梳理，整理出目标需求、业务需求和功能需求。

（3）对需求进行分析（目标需求→业务需求→功能需求），最终获得功能需求。

2. 通过价值设计获得需求

从最终的客户价值入手，反过来推演需要什么功能需求，也是一种重要的需求获取手段。它是由软件设计师站在客户的立场从为客户增加价值出发而获得的。这个需求获得的难度大，如果软件设计师没有这个意识或是没有设计的能力，可能这个需求就不存在了。例如软件设计师将系统的设计理念确定为"让系统变得智能化，不需要用户去寻找工作，系统会自动地将工作推送给用户（事找人、待办提醒等）"，为了实现这个设计理念而需要的功能就是价值设计带来的需求。

启发软件设计师树立这个设计理念的诱因可能是客户的目标需求、业务需求或是待定需求（抱怨、难度、痛点等）。

功能需求的完整性保证了系统的最低满意度（可用）；客户价值的多少（业务与应用）保证了系统的最高满意度（好用）。

20.2.2　价值的获取

在需求分析阶段，各个需求分类中都有可以启发软件设计师去思考客户价值的内容，最终完成的系统是否具有很高的客户价值就取决于软件设计师的意识。

1. 目标需求中的价值

由决策者、管理者提出的目标需求，要从企业整体的规模上、未来的发展趋势上去理解和分析，这个目标需求可以给企业带来什么样的变化、决策者及管理者期待着从这些变化中获得什么样的回报（价值）。

决策者对企业未来的发展提出了如下目标：在未来的n年内，生产产值要达××亿元、利润提升×%，成本降低×%，工作效率达到×%等。

软件工程师该如何从上述目标中发掘出具有价值的需求呢？

2. 业务需求中的价值

业务需求是从某个部门、某个业务领域的规模上去理解和分析，实现了业务需求会带来什么回报（价值）。例如，管理者对企业管理最为薄弱的成本管理提出了如下需求：要对业务成本进行精细管理、定项追踪、实时监控通报等。

软件工程师该如何从上述的业务中发掘出有价值的需求呢？

3. 功能需求中的价值

功能是对价值的具体实现，从价值的视角看，容易得出功能的价值来。例如，合同签订，工程师是否可以理解合同签订功能可以为客户带来什么价值？反之，如果没有合同签订，会给企业造成什么损失？

结合不同的功能处理内容，链接企业知识库，提供相关知识为正确处理把关等。

4. 待定需求中的价值

待定需求中存在的客户价值是不言而喻的，给出如何用信息化手段处理的方法。

20.3　业务设计阶段

20.3.1　业务价值的概念

业务价值，是通过业务设计的方法对客户业务进行优化、完善可以带来的价值。

业务设计采用什么样的设计理念，就会带来什么样的设计路线和成果，例如，利用信息化的手段，让管理融入到业务中，用业务的标准化操作，代替传统的由人对所有的业务进行"管理"，这样的业务处理方式可以提升工作效率、减少管理成本，同时又不降低管理质量。

20.3.2　业务设计的价值

1. 架构层的价值

通过业务架构的设计带来的客户价值，就是为客户用信息化的方法梳理、优化和完善了企业的业务，这个工作不但是后续所有各个阶段和各层的设计指导，还相当于为企业制作了"体检图"和"作战地图"，为企业今后采用更加科学化的管理方法打下了基础。

这些业务架构的"图"具有独立存在的价值，它们不仅是为了后续的设计和软件开发，它们自身具有的实用价值不但不会小于软件系统，而且是软件系统无法替代的，因为从软件系统界面上是看不到企业内部的业务逻辑的，即使是系统上线后，当需要对业务进行进一步的改造时，也应该首先从业务架构图着手分析研究，而不是直接去修改系统，特别是对复杂的大型系统来说更是如此。

1）对企业的体检与体检图

在需求阶段，企业的业务和管理形态是"无形"的，因此，要做好企业管理信息化，首先要用现状构成图为企业"画一张像"，让无形的企业业务和管理有了具体的形象，使得客户与软件设计师双方看到了同一个对象，并对这个对象有统一的认知，为后续的优化与完善奠定了基础。现状构成图如图20-5所示。

利用架构设计的方法对企业进行如下增值工作。

（1）需求调研与分析阶段——现状梳理。

先用构成图将"无形的业务"画出来，通过图形让企业看到自己的"状态"，使相关人理解企业具有的可优化性，这个阶段的成果为下一步的业务优化奠定了基础。

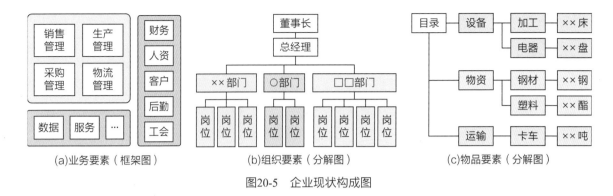

图20-5　企业现状构成图

（2）概要/详细设计阶段——业务优化。

结合信息化的新知识、新手法，对梳理后的业务进行"流程优化、完善"，让既有的企业业务运行较之以前更加具有科学性、严谨性、可量化的管理等，因此提升了业务价值。

2）经营管理的作战地图

需求阶段完成了现状构成图，业务设计阶段完成了业务架构图的设计，这个图就相当于为企业绘制了"作战地图"，从此企业不再是"摸黑作战"了，因为企业的全部运行状态都被图形化了之后，对于作战目标和路线所有相关人员都知道：需要在什么位置上、对什么对象、进行怎样的管控、以达到怎样的目的等。如图20-6所示的内容，此图可以说是一份"企业成本管理作战地图"，这个图中给出了如下的信息。

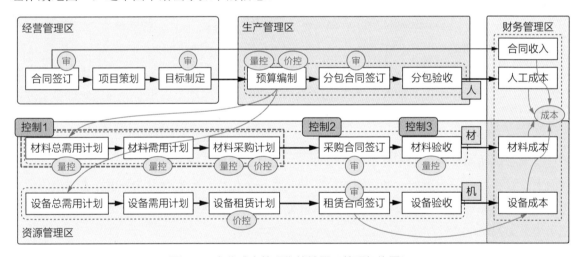

图20-6　企业成本管理作战地图（管理架构图）

（1）业务分区：分区包括经营管理区、生产管理区、资源管理区以及财务管理区，每个区标出了对成本管理的重点。

（2）业务流程：流程给出了三条成本管理主线，即人工成本、材料成本和设备成本。

（3）管控重点：在各个成本管理线上标出了重要的控制点位置，以及控制内容。

（4）成本间的关联关系、成果的汇总方向等。

可以看出这个"企业成本管理作战地图"中所包含的内容和使用价值不是软件系统可以替代的。它表达了在未来的信息系统中成本管理的管理逻辑，当然，将来需要改造系统时首先也要在这个作战地图上进行分析、模拟，确定之后再去修改现实的信息系统。如果不能预先设计出来这种程度的业务/管理架构，就难以开发出相应的管理信息系统（就算可以做到，客户也无法从系统界面上看出内在的逻辑）。从业务架构的成果上可以得出这样的结论：在企业管理信息化实现过程中，客户价值不是在完成编码工作后才能实现的，而是在业务架构设计完成时就已获得具有独立存在意义的客户价值了（业务价值部分）。

2. 功能层的价值

在功能层设计时获得的客户价值主要体现在用界面的形式，对业务处理进行标准化、规范化，这个部分的设计有两个重要的价值点，即：管理向标准化转换、对业务进行管控。

1）数据处理的标准化，减少管控

首先借助界面的输入，实现业务的标准化操作，由于用户受到了界面带来的管理规则的约束，只要按照界面的输入就可以基本上正确地输入数据和完成数据的操作，这样就减少了直接的管理行为，提升了工作效率，这就是通过标准化带来的业务价值。如图20-7所示，对界面上的每个数据进行了标准化的评估和设计。

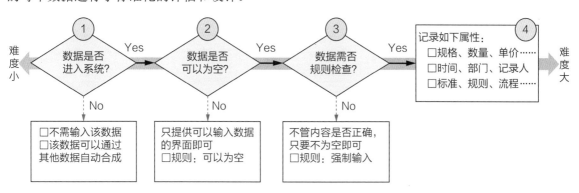

图20-7 对业务数据的标准化

2）让管理措施与业务精准对接

其次，借助界面可以设置精细的管理措施，这些措施与企业的管理规则相关联，可以应对1）中无法通过标准化解决的问题进行逐一地、精准地设计，使得整体系统没有漏洞。可以看出，通过上述设计，就可以确保记录的数据可信、可用，如图20-8所示。

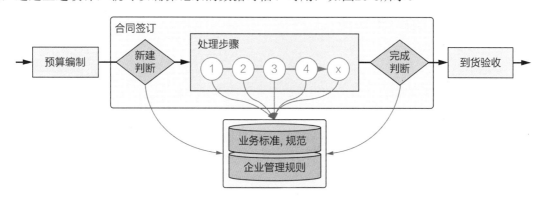

图20-8 在业务功能上加入管理规则

在企业管理信息化的实现过程中，客户价值的核心内容是"效率、效益"，实现这两点主要取决于业务功能的设计。

3. 数据层的价值

数据层建立的数据标准、业务编号标准，以及主数据等的重要性在于：它们直接地关系到未来企业积累的数据共享、数据复用是否可以实现，如图20-9所示。这些标准同时也决定了企业数据资产价值的大小，以及数据资产生命周期的长短。

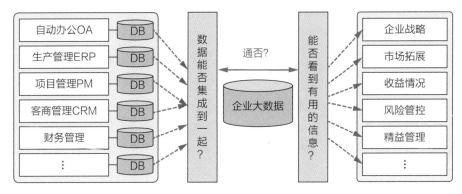

图20-9 数据的共享

在企业管理信息化的实现过程中，最终的客户价值还是要落在数据上，确保企业数据具有长久生命周期、最大化价值的前提，就是数据标准和标准化的数据。

20.4 应用设计阶段

20.4.1 应用价值的概念

应用价值，是对业务设计成果加上信息化处理方式的"包装"，从而使得传统业务和管理的处理方式获得前所未有的变化。最终用户是通过应用设计的成果，感受到由信息化带来的价值。

对比业务设计成果和应用设计成果就可以感受到业务价值与应用价值的不同之处，例如，以业务流程的变化来看两种价值的继承与不同。

1. 业务价值

业务架构设计中优化了业务流程，使得业务的生产过程比原来更加合理，减少了冗余，提升了工作效率，这就是业务设计带来的价值：业务价值。

2. 应用价值

在应用设计中，将业务设计优化过的业务流程再按照"事找人"的方式进行设计，从而使得业务流程自动驱动业务处理的推进，避免了"人找事"的低效工作，这就是应用设计带来的价值：应用价值。

是否可以感受到两种价值的不同以及承接关系呢？

20.4.2 应用设计的价值

在第16～18章已经介绍了很多具有应用价值的设计案例，例如：

（1）架构层：以"事找人"为主线设计，以"人找事"为主线的设计方法等。

（2）功能层：按照"任务"的理念去设计业务组件（加入管理、知识支持等）。

（3）数据层：如何将"文字型数据"转换为"数字型数据"，提升数据的价值。

下面举3个案例来进一步说明应用设计阶段的客户价值设计思路，这些案例实际上都在前面的设计中讲述过，但软件设计师是否从客户价值的视角进行了思考呢？

【案例1】"待办提醒"：让每位系统用户可以快速地掌握自己工作状态的功能。

计算机最强的能力之一就是记忆能力好，如何利用这个能力为用户提供"待办提醒"的服务呢？例如每个系统用户可以做到：

- 早晨打开系统的个人门户后，就知道今天要做哪些工作。
- 晚上关闭系统的个人门户前，就知道今天还剩下哪些工作未完成。

这个应用设计的思路见图20-10。

1. 企业门户的设计

在企业门户上为每个用户建立一个待办事项的信息显示区域，在这个区域内可以显示两类待办通知，如图20-10（a）所示。

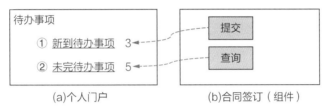

图20-10　未完成的工作收集

①新到待办事项：相关的待办事项尚未进行处理（有3个）。

②未完待办事项：相关的待办事项已经开始处理，但是还未完成（有5个）。

2. 合同签订界面处理

在"合同签订"界面上的设计内容有两个：提交功能和查询功能，如图20-10（b）所示。

（1）设置"提交"按钮，单击"提交"按钮后系统可以按照业务流程的预先安排，将通知推送给下一个岗位，推送的信息显示在下一个岗位用户门户上的"①新到待办事项"中，从这里可以理解，待办事项是由"提交"功能产生的。

（2）设置"查询"按钮，在这个查询功能中设置专门查询未完成一览数据的功能，可以将已经开始处理但是尚未完成（未单击"提交"按钮）的信息送到门户的"②未完待办事项"中。

未完成的内容可以由界面上的查询功能完成，也可以由系统在后台处理。

如果系统中所有的业务处理界面上都具有这样的功能，那么某个用户的全部工作进度的信息就可以显示到门户上，这个用户每天下班时就不用再去检查今天完成了什么工作、还有没有遗漏的工作等。

【案例2】"企业知识库联动"：让企业知识库为业务处理提供服务。

设计理念：让用户在业务处理时，可以时刻得到企业知识库的支持，避免出现操作错误或是违反相关企业规则、国家的法律法规的问题。这个设计的参考方法如下。

1. 企业知识库设计

建立企业知识库，如图20-11（a）所示。知识库中的基础数据全部按照分类、使用用途等配以知识编号，这些知识编号要与系统的业务组件编号相对应，例如，系统中有"材料合同签订"的业务组件，如图20-11（b）所示，将"材料合同签订"的业务组件编号与在企业知识库中有与材料合同相关的知识（公司规则、行业规则，以及国家规则等）编号进行关联。

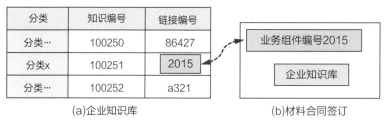

分类	知识编号	链接编号
分类…	100250	86427
分类x	100251	2015
分类…	100252	a321

(a)企业知识库　　　　　　(b)材料合同签订

图20-11　企业知识库的链接

2. 业务处理界面设计

在"材料合同签订"界面上设置"企业知识库"按钮，单击该按钮时，与该按钮相关联的企业知识库界面就被启动、打开，合同相关的说明信息就出现了。

【案例3】将每个"功能"当作"任务"设计，让信息化为业务"保驾护航"。

把每一个业务功能的设计都看成是在完成一个"任务"，每个业务处理从发起到完成，都有一整套的支持体系，保证处理结果符合企业的全部管理要求，任务处理完成的结果要满足数据三性，即：完整性、及时性和正确性。按照这个理念去设计功能，就更加容易理解应用原型界面上的按钮控件的含义了。图20-12给出了按照"任务"设计功能时都要思考哪些内容的示意（不限于此）。

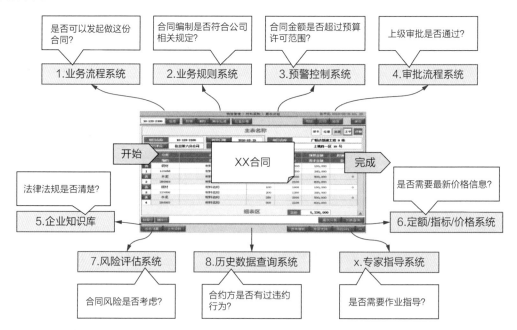

图20-12　按照"任务"设计功能

从这个示意图上可以看出，如果仅按照需求收集到的字段来设计，1～x中的大部分功能都不存在，但是为了让这个合同签订不出错误，软件设计师用信息化手段调用了系统中的各种资源集中到合同签订原型上来为业务处理"保驾护航"，这样设计出来的功能将会给客户带来意想不到的价值，这也就是在5.1.3节中谈到的"设计业务"可以带来高价值需求的案例。

以上这些案例的设计本身并不难，没有增加什么新的设计方法，实现他们也不需要复杂的编码技术。价值设计的关键就在于：软件设计师是否有"应用价值"的意识、理念，如果有这样的意识，那么可以让客户感受到信息化带来的价值的方法很多。

20.5　客户价值的检验方法

在前面已经介绍了在软件工程中的各个阶段、环节中都可以进行客户价值的设计，前面的设计案例总体来说还是属于"功能"层面的价值设计，是从软件设计师的视角进行设计的，相对而言还是比较单纯的价值设计。下面介绍一个实际的案例，这个案例是从客户视角提出的，然后由软件设计师来响应，这个案例可用来检验：完成信息系统可以为客户带来什么程度的实用价值。

1. 客户需求的提起

客户对成本管理提出目标、各个层级的应对，以及系统的调整内容如图20-13所示。

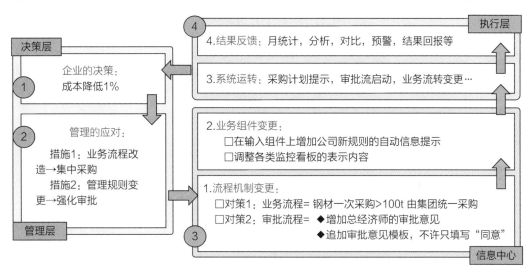

图20-13　对企业降低成本的应对方式

①决策层：提出了要在下一个年度，借助信息化管理的手段，协助企业将成本降低1%，并且要在月报、季报及年度的统计资料中反映出来。

②管理层：针对公司提出的任务目标，作为管理对策，提出了以下两点措施。

措施1：集中采购。

措施2：强化审批。

③信息中心：针对管理层的措施给出系统的调整对策。

对策1：调整业务流程，为了降低采购单价，将实行大宗材料（钢材、水泥等）的统一采购，例如，各个工程采购钢材采购数量超过100吨，就必须纳入集团的统一采购流程。

对策2：强化审批规则，规定统一采购加入总经济师的审批，而且所有的审批人并且必须表明意见，不得只填写"同意"。

按照对策1、2，调整业务组件。

④执行层：按照调整后的系统运行，并将系统的执行情况按照月度、季度和年度分析报表上报给相关部门，由决策层及时监督、指导。

2. 系统的对策规划

根据上述企业管理需求的变动，系统该如何应对呢？此时就可以看出来系统是否有从客户价值方面进行规划、设计，系统是否具有一定的应变能力。系统的应对内容如图20-14中的内容所示。下面就详细说明设计的方法。

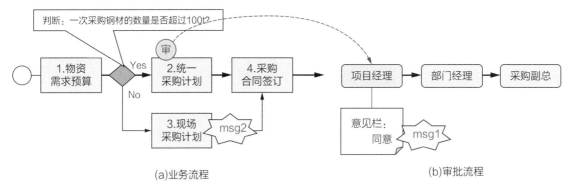

图20-14　流程的调整

1）流程机制变更

（1）业务流程：调整业务流程的分歧条件，当物资预算中的大宗材料钢材的采购数量超过100吨时，走统一采购流程"2.统一采购计划"，如图20-14（a）所示。

（2）审批流程：调整审批流程的通过规则，如果审批流程的"意见栏"中的数据="同意"时，则弹出msg1="意见填写不能为仅为'同意'，请填写具体的意见"，如图20-14（b）所示。

2）业务组件的变更

（1）活动功能：对相关界面的提示功能进行调整，如在流程的"3.现场采购计划"界面上，加入新的管理规则，如填入超过100吨钢材的数据时，弹出msg2="钢材采购数量超过100吨，请走统一采购流程"，如图20-14（a）所示。

（2）管理规则：对各个与成本相关流程节点上的管理规则进行调整，超过成本管理的目标值就进行提示、警告和终止处理等待审批。

3）系统运转

对调整后的业务处理工作进行不断地监控，收集数据。

4）结果反馈

及时地对收集到的数据进行统计、分析，向有关部门提供运行结果，发现问题及时改正。

在一年中不断地进行如图20-13所示的循环过程，直至年底完成全年工作，进行年终评估。

从这个案例可以看出，对于企业管理信息化类型的系统来说，如果设计到位，信息系统不但可以帮助提升企业的工作效率，还可以为企业提升效益做出相应的贡献。

小结与习题

小结

客户对完成信息系统的满意度取决于系统中包含客户价值的多少，而价值的多少又与软件设计师在设计时对客户价值的意识有着紧密的关联。不论什么样的信息系统，都是通过软件设计师设计出来的，针对同样的业务领域、具有类似功能的系统，为什么客户会有不同的评价呢？理由就是客户感受到的价值不同，价值不同是造成客户对系统评价不同的重要因素。因此，在软件设计师完成了对业务功能的理解、分析、规划、设计之后，一定要再从客户价值的视角再进行一遍审视，从企业的决策层、管理层到执行层，再从目标需求、业务需求到功能需求，检验设计是否有清晰的"客户价值"。

前面讲过的架构层、功能层、数据层以及管理设计，这些设计都是有流程、方法、模板/模型等可以参考的，但是价值设计是没有相应的流程、模板作参考依据的，它的存在与否、价值的高低等都取决于软件设计师自身的知识、经验以及他对项目内容的判断等，最为重要的是作为软件设计师是否时刻有为客户提升信息化价值的意识。

经过了近二十年的发展，企业管理信息化的活动从最初购买千篇一律的软件功能，进入到了个性化管理的时代，管理信息系统的设计理念与软件设计师的思想也逐步地发生了变化，要求软件设计师：

（1）从"软件功能本位"转为"客户价值本位"。

（2）从"我这里有××产品/功能，你需要吗？"转为"你有什么需求，我来帮你解决"。

（3）从"卖一款软件产品"转为"通过咨询、优化设计，提供综合服务"。

（4）从"开发固化功能的产品"转为"提供通过组合可以实现按需应变"的系统。

对于企业来说，管理信息化的行为越来越不是简单地购买一款软件商产品的问题，管理信息系统是企业运营管理的有机组成部分，所以软件企业，特别是软件设计师一定要跟随时代的变化，从一名功能的设计师转变为企业管理信息化的参谋、顾问、引导者。

分享 价值设计并不"虚"，价值设计可以打开你的思路

培训初期，学员们对"价值"二字没有什么反应，感觉比较"虚"，只是一个概念而已，甚至有的学员们说，我们是搞需求的，最重要的是要找到功能，跟客户谈价值是找不到需求的。在进入价值设计章节的讲解初期总是最困难的。这种现象一般在工作经历不多、与客户高层接触机会少的学员们身上存在得比较普遍。

通过学习，学员们感受到，从客户价值的视角出发进行调研、分析和设计，不但更容易找到功能需求，而且是"成批地、成串地"找到功能需求，因为实现一个价值往往都需要若干功能的协同作业才能达成，例如，实现"待办提醒"，就是由查询、通知、显示、反馈等一系列的功能协同完成的。

举个例子，客户提了两个需求：①要做"合同签订"，②要做"合同管理"，二者的差

异分析如下。

（1）如果从功能的角度看，①做一个功能点，②做若干功能点（签订、变更、支付等）。

（2）如果从价值的角度看，②"管理"就不仅仅是若干功能点问题，可以从"对收入合同的合法性管理""对支出合同的预算控制管理""对收入/支出合同的平衡管理"等很多维度进行设计，为了实现这些价值，就会找到很多的功能点。

在给学员们灌输了"价值"的概念后，老师让学员们回忆一下以往做过的系统中，如果从价值的角度再深挖一下，是否还有高价值的功能需求呢？大家分享说：如果从价值的视角出发再做一次的话，会有很多的功能需求被提出来，而且一定会得到客户的赞同，从价值出发找到的功能需求能给客户带来意想不到的惊喜，比普通的功能需求带来的客户满意度更高。

同时，客户价值的提升，反过来也为软件企业本身带来了价值的提升，形成了良性循环。

习题

1. 客户购买信息系统的本质是功能还是价值？功能与价值的关系是什么？
2. 简述什么是客户价值。为什么对企业管理信息系统来说客户价值设计非常重要？
3. 为什么企业管理类信息系统的客户价值发掘比较困难？
4. 为什么企业管理信息系统的客户价值实现主要体现在业务设计和应用设计过程中？
5. 软件设计师要想做好价值设计必须要具备哪些知识和能力？
6. 软件工程上的各个设计环节是如何设计价值的？
7. 简述业务价值设计的对象、采用的方法，可以带来的实现效果。
8. 简述应用价值设计的对象、采用的方法，可以带来的实现效果。

第21章
用例设计

经过需求工程到设计工程的5个阶段，以及综合设计（管理、价值）后，正式的设计工作已经完成，本章重点讲述如何对各阶段的工作成果进行推演和验证以保证设计成果可以达到预期效果，并在软件开发完成前就掌握完成后的效果，避免或减少开发完成后的返工作业。

本章内容在软件工程中的位置见图21-1。

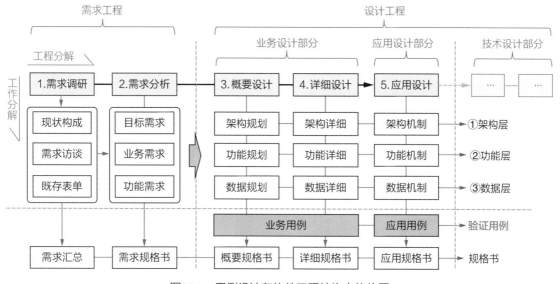

图21-1　用例设计在软件工程结构中的位置

综合设计-用例设计，作为设计工程的提高部分，这个部分的学习除了需要读者已经基本上掌握了业务设计和应用设计部分的知识以外，还需要读者对企业中的某类业务有一定的实践经验，这样才能够从自己的实践经验中提取出用例场景。

21.1　基本概念

21.1.1　用例的概念

在进行前述各个阶段的设计时，设计师需要判断设计完成的效果如何：分别进行的架构、功能到数据三个层面设计内容是否可以形成一个整体运行？业务数据是否会顺畅地流通？管控点是否会有效地发挥管理的效果？客户价值是否体现出来了？设计中是否还存在着缺陷、错误等？此时就需要有一套方法，来帮助设计师进行推演、确认。

如果是建筑设计和机械设计的成果，它们可以通过图纸、建筑模型或是计算机制作的3D模型等直观地"看到"功能的效果。但是软件的设计是无法直接"看到"功能的效果的，它需要用流程、数据、规则、机制等将所有的设计成果串联起来进行检查。怎么做呢？

打个比喻，导演为什么在电影拍摄完成前就预知拍完的效果呢？因为有脚本和剧本。拍电影时要先写个电影脚本，这个脚本给出了故事梗概、分镜头等粗粒度的设计。然后根据脚本，再编写出详细的电影剧本，剧本中要将全部的剧情串联起来，并描写到对话、动作、道具等细节，电影导演和演员就是根据这个剧本来拍电影的，就是因为有了剧本，电影导演才有可能在电影拍摄完成前就能把控和预知每个细节以及整体的效果。

这里对比一下，如果"业务架构、业务功能"相当于"电影脚本"，是粗线条的，那么设计师也需要一套将"剧情"全部串联起来的"剧本"作为设计成果的验证工具，这个"电影剧本"就是"业务用例与应用用例"。

业务与应用写的是"剧本、故事"，但是为了与技术的称呼习惯统一，所以将业务剧本和应用剧本统一写成"业务用例"和"应用用例"，这样与测试阶段使用的"测试用例"就统一起来了。

1. 用例的分类

业务设计、应用设计和技术设计三个阶段的内容不同，所以对它们的验证目的和方法也有所不同，因此将验证的用例分为三类，即业务用例、应用用例以及测试用例。它们三者的位置关系如图21-2所示。

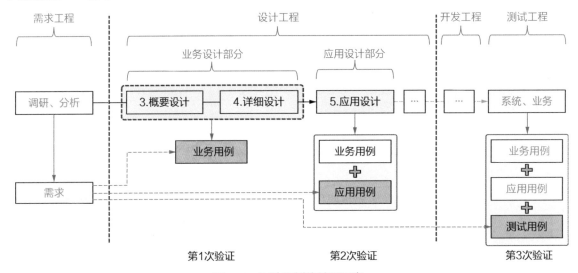

图21-2 三种用例的关系示意

1）业务用例——验证业务设计成果

编写业务处理的场景，将概要设计与详细设计的成果串联起来，用于推演业务设计的成果是否满足客户对业务方面的需求。

2）应用用例——验证应用设计成果

基于业务用例的场景，将业务设计与应用设计的成果串联起来，用以推演应用设计的成果是否满足客户对应用方面的需求。

3）测试用例——测试开发成果

参考业务与应用的用例，全面测试软件的开发成果是否满足业务设计、应用设计以及技术设计的要求。

三个阶段使用了三种用例形式，从前到后继承叠加，最后验证出综合效果，这三者是包含关系：测试用例＞应用用例＞业务用例。三者各自包含的内容、三者之间的继承关系如图21-3所示。

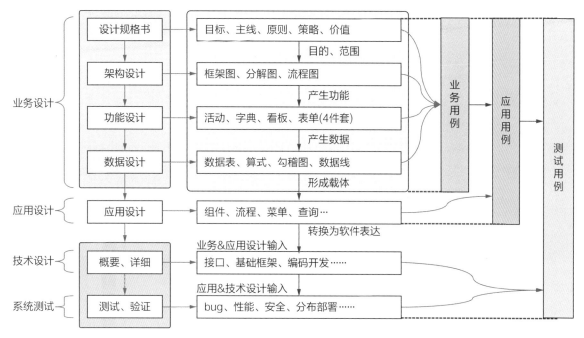

图21-3 三种用例的关联关系

📄 **注：对管理和价值的设计验证**

这里未标出管理设计和价值设计的位置，因为它们的内容分别融入到各个阶段的设计中了。

2. 测试与测试用例

软件开发完成后在交给客户前，到底要测试到什么程度呢？关于这个"度"的问题有不同的说法，其中强调"软件不同于其他行业…"的说法也不在少数，但是有一个原则不论什么行业都是要遵守的，那就是交到客户手中的产品原则上是不能有质量问题的，不论这个质量问题是设计带来的（业务、应用和技术）还是开发带来的。

"没有bug了，所以测试完成了"的说法是不正确的，测试完成的标准应该是：测试结果证明产品的开发完全符合设计要求。按照这个标准做测试，不但要有测试用例，还必须有业务用例和应用用例，一般来说，测试工程师是不可能写出来业务用例和应用用例的，因此这两个用例必须由业务/应用设计师或是业务专家来编写，编写这两个用例也是业务/应用设计师利用用例向他人说明自己的设计意图和效果的好方法。一定要记住：客户的满意度是针对整个软件的设计、开发和服务而言的，没有bug不是客户满意度的参考指标。

另外，"测试结果"是不能直接用于验证"客户需求"的，而只能用于验证"设计结果"，因为客户需求都要经过多重的设计（业务、应用、技术）之后才能确定下来交付开发。因此，测试开发成果是对设计负责，而不是对需求负责，这就是工程化设计的原则。

3. 关于需求用例

UML中使用"用例"的方法来获取需求（也称之为"需求用例"），它与上述三个用例定义、目的是不同的。由于本书采用的需求获取、分析方法与UML的方法不同，所以这里省略UML的用例说明。

21.1.2 用例的作用

编写用例可以在进入正式编程前帮助消除"隐性的设计缺陷"，由于设计时每个功能都是独立设计彼此不关联，这些隐性缺陷不用业务场景进行验证暴露不出来，因此有问题也难以发现。如果把这些隐性缺陷带入到编码中，就相当于埋下了隐形"炸弹"，上线后就会爆炸。开发完成后再修改缺陷将会带来很大的开发成本，因此在设计/原型阶段修改的成本是最小的。

1. 用例的作用与区别

1）业务用例（对业务设计成果的推演）

以需求为依据，对业务的梳理、优化内容进行推演，重点在于对"业务逻辑、数据逻辑"的确认，是"内涵"。

2）应用用例（对应用设计成果的推演）

以业务用例的数据作为主线，加入系统功能（流程机制、高保真界面、按钮等），进行用户操作过程的合理性、友好性推演，重点在于"信息化环境"的确认，是"外表"。

3）测试用例（对完成系统的测试）

测试用例除去其自有的测试内容（如bug、性能、安全、集成等）以外，再加入前述两个推演用例的内容，以测试完成的系统是否可以准确地演出这个"剧本"。

2. 用例编写者的区别

企业管理类信息系统，其编写用例的内容不论是从业务逻辑、数据逻辑、管理规则，还是从应用操作等方面都比一个网上销售、图书借阅、快递送货类型的系统要复杂很多，需要验证内容的复杂度不在一个数量级上，所以它们对编写者的能力要求也不同。

1）业务用例与应用用例

通常是由对业务非常熟悉的业务人员编写的，包括：需求工程师、实施工程师以及业务/应用设计师等，他们或是独立编写，或是与业务专家、用户等一起编写。

2）测试用例

测试用例的编写通常是在业务人员的帮助下由测试工程师编写的，由于有了前两个用例作基础，会大大地减少测试工程师的用例编写工作量，还会提升用例编写的质量、测试成果的满意度。

一次完整且完美的用例编写给业务/应用设计师带来的能力提升，可以抵得上对同类系统重复数次设计所获得的收获，这是因为带有业务、应用场景的用例，整合了架构、功能、数据、管理等层面内容，同时由于用例是用数据、规则的粒度写成的，如果验证的结果是通顺的，则可以对系统完成后一次上线的成功率提供保证。一个有效的用例的验证结果，可以大大地减少系统问题，提升客户的满意度。

对于业务/应用设计师来说，编写用例的重要性再怎么强调都不为过，如果业务设计师写不出对自己设计系统的验证用例，也说明他对该系统还不十分了解，那么这个系统是否能够成功运行是没有把握的。其他行业，如制造业、建筑业等是不可能存在"设计时不知道完成时的效果，要等产品做出来再看，不合格再调整"的现象的，因为这不是科研、技术探索的工作，所以他们的工作是不允许失败的，而且也不可能推倒重新再来一次。

有了业务用例和应用用例的帮助，业务/应用设计师不但可以在设计过程中找出问题，更重要的是在开发完成前，就可以掌握开发完成后的细节和效果，用例可以帮助大大地减少设计和开发错误，极大地提升上线后客户的满意度（不论具有多么好的功能，上线后一旦出现逻辑不顺、数据不通的现象，客户的满意度就会大幅度地下降）。同时，详细完整的用例设计资料，也可以作为系统上线后对用户的培训资料，而且它的效果十分好。

21.2 业务用例

21.2.1 定义与作用

1. 定义

业务用例，是针对业务设计阶段（概要设计、详细设计）成果的验证依据，业务用例的位置如图21-4所示。

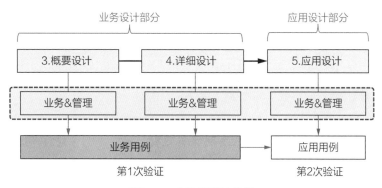

图21-4 业务用例的位置

业务用例将专业知识、业务设计部分（业务与管理）的成果，通过业务场景（数据、规则）串联在一起，用以验证逻辑是否正确，功能是否可以满足设计的要求。

（1）用例构成：业务用例是由三个部分构成的，即用例场景、用例导图、用例数据。

（2）编写期间：业务用例是在业务设计期间编写的，在业务设计完成时进行验证。

业务用例是用来验证业务设计阶段（概要、详细）的成果的，所以在业务场景不要涉及应用设计阶段或是技术设计阶段的内容。也就是说，业务用例只包含纯粹的"业务设计与相应的管理设计"内容。

2. 作用

业务用例的粒度包含从架构层到数据层，因此可以精确地验证如下的内容（不限于此）。

1）支持验证业务设计结果

（1）确认业务架构的合理性、业务优化的效果。

（2）检查业务逻辑、数据逻辑的正确性，找出隐性的逻辑错误。

（3）通过数据推演，找到业务流程设计上的"断点"或是"多余点"等。

2）支持应用用例的编制

作为应用设计阶段用例的"业务数据来源"，与应用设计成果（界面、控件）等共同组合，形成应用用例。

3）支持测试用例编制

由于业务用例含有精确的"业务数据"，可以为测试工程师编写测试用例提供数据、规则等来源，同时也可以帮助测试工程师更好地理解系统的业务背景、业务逻辑。

4）支持上线培训

业务用例的数据、规则等由于模拟的是实际业务场景，上线培训时用户可以直接按照业务用例中的数据进行练习，加快学习和理解系统的速度。

5）使用对象、使用场合

（1）业务设计师进行内部讨论、验证。

（2）与客户的相关部门、岗位进行沟通、确认。

（3）向后续设计、验证提供逻辑、数据的支持等。

分享　　　**利用业务用例，可以精准自查设计是否正确**

学员们向老师提问：每次做完了设计后，心里老是觉得没有底，从来也不敢说"全都通顺了，基本上没有大问题了"，总是不太自信，该如何判断自己的设计结果呢？

老师回答说，判断一个信息系统设计的正确与否，需要检查的内容非常多，但是至少在两个地方确保正确，就不会出现原则性的大问题。

（1）第一个是在需求工程阶段：对需求是否有判断错误？

（2）第二个是在业务设计阶段：业务逻辑和数据逻辑是否有错误？

前一个容易理解，通过对需求收集方法（图、文、表）的使用，因为它们之间可以相互确认、印证，基本上就可以保证不出现失真、遗漏的问题。

当确定了需求是正确的之后，那么下一个问题就是要确保功能之间逻辑的正确性，功能间的逻辑体现在了业务逻辑和数据逻辑上，业务逻辑是架构层面的，数据逻辑是数据层面的，同时检查这两个逻辑的正确与否，采用编写业务用例是最快捷、最准确和最有效的方法。因为在业务用例的编写中同时利用了"业务逻辑"和"数据逻辑"，在编写用例中这两个逻辑如果都是通顺的，则你的设计基本上是可以的，如果有一个不通顺，那么就一定存在问题。

在业务设计完成后，能够写出业务用例并能够用业务用例来检查设计成果的人（需求工程师、业务设计师或是业务专家等），一定是这个项目中最为体系化地理解需求和业务的人。

21.2.2 内容与能力

1. 作业内容

一个完整的业务用例设计内容由三个部分构成：用例场景、用例导图和用例数据，如图21-5所示。

（1）用例场景：用以确定需要验证的对象、目的。

（2）用例导图：利用架构图来表达用例场景的数据流转过程。

（3）用例数据：利用用例导图、详细数据、规则来推演验证用例场景描述的过程。

主要内容		内容简介	主要交付物名称
输入	上游设计资料	□概要设计成果（架构、功能、数据）、管理设计、价值设计 □详细设计成果（架构、功能、数据）、管理设计、价值设计	——
本章主要工作内容	1.用例场景	□题目：确定验证的对象 □目的：确定验证的目的	业务用例
	2.用例导图	□在数据架构上标注关键节点的结果数据 □表达数据的流转过程	
	3.用例数据	□给出数据结构图中的各个数据来源 □详细数据、规则来推演验证用例场景描述的过程	

图21-5　业务用例的设计内容

2. 能力要求

对业务用例设计能力的要求主要体现在对业务知识的熟知方面，并非是对系统的规划、架构方面。为了完整地体现出业务设计成果（业务、管理、价值等方面），并验证是否存在问题，需要编写者具有如下能力（仅供参考）。

（1）可以看懂全部的业务设计资料（业务架构、功能设计、数据设计的成果等）。

（2）熟悉业务设计的背景以及相关的业务知识（否则无法设计业务场景）。

（3）熟练掌握业务用例的设计方法（本章的知识）。

21.2.3 用例设计1——用例场景

一个系统的业务设计完成后，需要对哪些部分进行验证是根据业务设计师的判断来决定的，通常判断是否需要验证的条件如下（仅作参考）。

（1）业务场景、业务逻辑非常复杂的部分。

（2）业务计算的逻辑复杂、数据来源复杂，且需要多重计算。

（3）新产品、新业务。

（4）多人协同、多系统协同等的场景。

（5）客户非常关心、设计方把握不大的业务运行场景，等等。

大型的复杂系统可能要编写几个甚至十几个业务用例。每个业务用例的对象、目的都不同，它们的验证结果合起来就可以判断该系统的业务设计成果是否满足要求。

首先要确定验证什么场景，目的是什么。

1. 用例的提纲

用例是参照业务场景编写的，场景可以是某个业务功能（如活动、字典）要处理的业务数据，也可以在这个处理场景上加入管理措施等。确定是否需要进行验证后，第一步就是要确定用例的提纲，提纲的内容如图21-6所示。

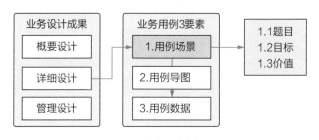

图21-6　业务用例步骤1

（1）题目：给出编写用例的方向。

（2）目标：根据题目说明验证的目标，如客户关心、流程逻辑复杂、数据规则复杂等。

（3）价值：达成目标后，可以为客户带来什么价值（效果）。

2. 用例的场景

下面给出具体的用例提纲（作为后续设计用例场景）。用例导图的数据结构见图21-7。

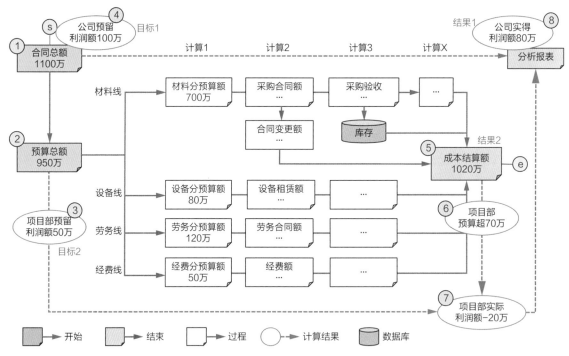

图21-7　用例导图（数据结构、节点数据）

（1）题目：成本的过程管理。

（2）目标：一是验证成本发生过程的逻辑的正确性；二是成本过程的可控性。

（3）价值：充分展示"信息化环境"下的成本管理方式、带来的价值（传统方式做不到）。

根据上述提纲，用例场景具体数据设定如下，其中，企业为两级组织（公司，项目部）。

（1）场景的起始数据=合同总额①=1100万元。

（2）目标1：公司预留利润额④=100万元，目标2：项目部预留利润额③=50万元。

（3）预算总额分为4条支出线，即材料线、设备线、劳务线和经费线。

（4）结果1：公司实得利润额⑧=80万元（减），结果2：项目组实得利润额⑦=-20万元（亏）。

这个用例场景给出了"成本管理"的关键环节（节点数据），有了这个关键节点的指引，第二步做出"用例导图"（验证用的框架），第三步写出"数据推演表（验证用的内容）"。

21.2.4 用例设计2——用例导图

用例场景不但要用文字描述，还需要用一个可以表达场景的用例导图，这个图可以给出：场景开始的目标数据、场景结束的结果数据，以及表达从目标数据到结果数据的变化过程的结构图，参见图21-7。

用例导图，是以功能的结果数据为节点、以数据间的关系为连接形成的图形，给出了从目标数据到结果数据的变化过程，内容如图21-8所示。

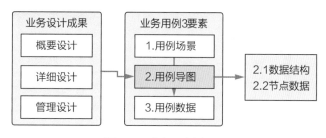

图21-8　业务用例步骤2

1. 数据结构

数据结构中同时包含"业务逻辑"和"数据逻辑"。

（1）形式：采用流程与分解两种模型的混合体，来源于流程图的流向和数据的分解结构。

（2）来源：结构的内容来源为用例场景。

（3）节点：节点标注的是"功能名称+数据"，这个"数据"是该功能的处理结果，节点不一定都来自于流程，也可以是"数据库名称+数据"。

（4）关系：节点之间的关系是数据关系，前后之间是计算关系。

2. 节点数据

根据用例的题目、场景来确定涉及哪些业务设计的成果。节点要素可能是一个功能（活动、字典）或是一个数据库，设计数据结构需要将所有参与场景的要素找出来，然后用数据关系把它们关联起来。由于本课题是"成本管理"，所以节点一定都是来自于与成本管理有关的功能（或数据库）。图21-7为本用例的节点数据，解读如下。

（1）合同总额①=1100万元，①=②+③+④=950+50+100。

（2）目标1：公司预留利润额④=100万元；结果1：公司实得利润额⑧=80万元（减少）。

　　　目标2：预算总额②=950万元；结果2：成本结算额⑤=1020万元（超预算）。

（3）项目部预算超额⑥：⑥=②-⑤=950-1020=-70万元，预算超额70万元。

（4）项目部实际利润额⑦：⑦=③-⑥=50-70=-20万元。

（5）公司为项目部承担了20万元的亏损额，因此，公司实际利润额⑧=④+（-20）=100-20=80万元（公司实际利润额为80万元，减少了20万元）。

另外，要注意数据结构的节点设置原则如下。

（1）节点上的数据一定是该功能内部处理完成且与成本管理相关的数据。

（2）节点上的数据必须是"数字型"（需要进行计算），而不能是"文字型"。

（3）节点上只标注计算的结果，而不要计算的过程数据（留在后面的数据推演表中表达）。

（4）节点的粒度都要一致，包括数据类型、数据的单位。

3. 业务流程与数据结构的区别

1）从形态上看

（1）业务流程：采用的是业务架构模型。

（2）数据结构：采用的是流程模型与分解模型的混合型。

2）从逻辑上看

（1）业务流程：节点是功能，所以节点之间符合业务逻辑关系。

（2）数据结构：节点是数据，节点间只要有数据引用关系即可，业务逻辑有无都可以。

3）从数据上看

（1）业务流程：节点是"功能"，因此内部数据是多样的，同时存在成本、组织、名称等数据。

（2）数据结构：节点上只标一个可计算的数据，如成本、支出、经费等。

21.2.5 用例设计3——用例数据

有了数据结构、目标和结果数据后，下面用一个数据推演表，将数据结构中的从"目标数据"到"结果数据"的数据变化过程完整、详细地列出来，内容如图21-9所示。用例数据涉及的主要内容可以分为以下三个部分。

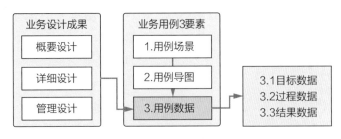

图21-9 业务用例步骤3

（1）用例场景的要求，例如，项目部的预算要亏损，最终项目部利润为负值。

（2）场景中每个节点内部的数据计算方法、公式。

（3）用例目的中规定的管理规则要求，如②成本过程的可控性。

用例数据是对数据结构上每个节点的内部数据进行详细的表达，每个数据推演的最终合计值填写到数据结构的相应节点上，以数据结构上"预算总额 = 950万元"为例，预算总额见图21-10。用例数据计算用表称为"用例数据推演表"。

编码	名称	规格	单位	数量	单价	金额	预控节点	备注
1	分部分项工程							
1.1	1#楼							
1.1.1	建筑工程						√	
1.1.1.1	土（石）方工程							
0101001	土方回填		M3	1297.42	19.50	25299.69		人工指标
0405001	生石灰		t	239.04	203.00	48524.53		材料指标
…	…	…	…	…		…	…	
01.1.1.2	砌筑工程							
0102001	蒸压加气混凝土砌块		m3	2010.98	105.00	211152.90		人工指标
0102003	水泥砖		m3	245.33	105.00	25759.34		人工指标
0102005	墙面勾缝		m2	23400.98	4.90	114664.78		人工指标
0102007	墙面一般抹灰		m2	5083.56	6.50	33043.14		人工指标
…	…	…	…	…		…	…	
				预算总额　合计		9,500,000		

图21-10　预算总额表（用例数据推演表）

注：表中的红字为"父"节点

每个节点对应一张类似上述的用例数据推演表，这个用例数据推演表里记录的就是功能中数据和数据的计算过程，虽然用例数据推演表编制时的工作量很大，但正是有了翔实的用例数据才对后面的测试以及系统上线培训都起了很大的帮助，因为不返工或是减少了返工总的周期可以大幅度缩短，提升了一次上线的成功率。反过来也可以说明，如果复杂系统的数据不进行预先的纸上推演，怎么保证软件开发完成后可以准确运行呢？凭什么说设计是正确无误的呢？

21.3　应用用例

21.3.1　定义与作用

1. 定义

应用用例，是针对应用设计阶段成果的验证依据。

应用用例将业务用例、应用设计成果（组件、机制），通过应用场景（操作）串联在一起，用以验证操作过程是否满足用户的需求，应用图例的位置如图21-11所示。

（1）用例构成：用例场景、用例导图和用例数据。

（2）编写期间：是在应用设计期间编写的，在应用设计完成时进行验证。

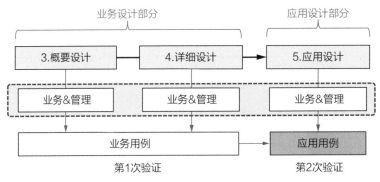

图21-11 应用用例的位置

2. 作用

应用用例，是在业务用例之上，加入了应用设计的组件（界面）、按钮控件、菜单等构成了一个虚拟的操作环境，它可以模拟系统完成后的实际使用场景，它可以让用户、业务/应用设计师、技术人员（设计、开发、测试）等所有方在系统开发完成前，就基本上知道了系统完成后的效果。

应用用例可以提供"人-机-人"操作环境，通过与用户的共同确认帮助进行以下的验证（不限于此）。

（1）模拟系统完成后的操作环境，感受应用操作的效率、人机友好满意度。

（2）可以有效地提前解决隐性设计缺陷，减少开发完成后的软件商与用户之间的认知误差。

（3）让系统干系人的认知全部统一，认知包括对以下内容的理解：架构、功能、操作等。

除去对功能方面设计成果的验证外，应用用例还有一个重要作用就是对应用价值的验证，用例可以让用户直接感受到应用价值的存在。

（1）业务价值：主要来自于业务设计的内容。

● 经过业务设计后，企业的各类过程清晰（业务流程），如合同流程、采购流程等。

● 企业的各类规则标准化（字典），如客商、材料、采购、支付等。

● 各类需求调研时的客户痛点的解决方案等。

（2）应用价值：主要来自于应用设计的内容。

● 流程的"事找人""人找事"的设计形式。

● 门户的"待办提醒"的设计形式。

● 窗体的人性化设计、布局等。

● 系统的随需应变能力（各类功能属性的灵活设置）等。

● 业务的痛点对策的实现方式等。

（3）使用对象、使用场合。

● 应用设计师进行内部讨论、验证。

● 与用户的相关部门、岗位进行沟通、确认。

● 向后续设计、验证提供功能、逻辑、数据、机制的支持。

● 上线培训的重要参考资料等。

可见，应用用例不是一个简单的由原型界面构成的链接过程，而是要包括应用设计的成果（价值）等，仅仅是界面的链接过程是不能展示出系统完成后的应用效果、价值的。

应用用例，可以避免客户说"这不是我想要的"

很多学员都抱怨说：调研了需求、写出来需求调研报告，客户进行了确认也签了字，但是软件开发出来一上线，经常会碰到客户说：这不是我想要的。这样一来客户的确认和签字有什么用呢？

老师问学员：在软件开发出来前，你们确定自己知道软件完成后的形式和效果吗？不论是业务还是技术学员都摇头说：做不到。老师说：连你自己都不确定的东西，那你们凭什么要让客户在看到实际系统之前确认和签字呢？签字就意味着"不能反悔"哟。

老师解释说，由于软件产品不同于电器产品，后者说明了功能之后，顾客就知道有什么功能和效果了。但是软件比较抽象，客户签了字，说明客户知道"有什么功能"了，但是客户依旧不知道做出来的"功能效果"是什么样的（包括：外形、操作、价值等），实际上，导入信息系统给客户带来的最大变化就来自于应用设计，应用设计描绘了未来的"人-机-人"环境以及在"人-机-人"环境下的工作模式，应用设计的成果可以用"应用用例"来表达，应用用例可以模拟未来客户使用系统的场景，客户可以在近似实际的场景中体验"人-机-人"的工作环境和模式。

因此，最为保险的是与客户进行三次确认。

第一次：在需求调研完成时，以需求规格说明书为基础进行功能内容的确认。

第二次：在业务设计完成时，以业务用例为基础进行业务处理形式的确认。

第三次：在应用设计完成时，以应用用例为基础进行系统应用形式的确认。

采用应用用例的方式向客户做展示、说明、确认，可以大幅度地降低了完成后客户出现不满意的风险。虽然在开发前花费了一定的时间和资源，但是它将开发完成后的返工风险大幅度地降低了，从总的成本、工期和质量的保证上，这是最佳的方式。

有学员向老师提出疑问：开发前做这个工作是不是太浪费时间了？老师反问到：如果是大型和复杂的产品交付时出现了客户不认可的情况，要求返工，那你会不会后悔没有做应用用例进行事前确认呢？最终哪个做法花费的时间和成本会更多一些呢？

21.3.2 内容与能力

1. 作业内容

一个完整的应用用例设计内容有三个部分：用例场景、用例导图和用例数据，如图21-12所示。

（1）用例场景：首先设定验证对应的应用场景，然后根据场景选取验证的流程、功能等。

（2）用例导图：应用用例主要是通过推演的方式进行验证，所以需要运行图作引导。

（3）用例数据：运行前所有要做的数据准备工作，也是重要的推演和验证对象。

	主要内容	内容简介	主要交付物名称
输入	上游设计资料	□概要设计成果（架构、功能、数据）、管理设计、价值设计 □详细设计成果（架构、功能、数据）、管理设计、价值设计、业务用例 □应用设计成果（架构、功能、数据）、管理设计、价值设计	--
本章主要工作内容	1.用例场景	□角色：不同角色，应用用例的内容不同 □题目：确定验证的对象 □目的：确定验证的目的	应用用例
	2.用例导图	用图形将场景的内容表达出来，包括以下的导图（不限于此）： 操作导图、操作界面、数据导图、管控导图等	
	3.用例数据	它包括了所有系统运行前需要准备的数据： 基础数据、管理规则、业务流程、系统权限等	

图21-12　应用用例的设计内容

2. 能力要求

对应用用例的设计能力要求主要体现在对应用设计方面的知识，应用用例中的业务数据部分可以直接采用业务用例，它要求编写者具有如下能力（仅供参考）。

（1）可以看懂全部的业务设计资料（业务架构、功能设计、数据设计、业务用例等）。

（2）熟悉软件实施的知识，具有一定实施经验（理解用户的使用习惯等）。

（3）熟练掌握应用用例的设计方法（本章的知识）。

21.3.3　用例设计1——用例场景

应用用例的验证对象可以有两类，一类是继承业务用例的内容，加入系统功能后继续进行验证该业务在系统中的运行效果（如下面的案例二）；另外一类是验证应用设计特有的内容，并不直接需要业务用例的结果（如下面的案例一）。

1. 题目与目的

应用用例与业务用例在场景设计选择上有所不同，业务用例更多的是验证业务本身（例如以某个业务线为主轴设计），而不在意该业务由哪个角色来处理，但是应用用例的"应用"不但要有主线而且还要针对角色设置用例，重点是站在某个角色的立场上将"该角色关心的内容整合成流程"加以推演，内容如图21-13所示。因此，在确定题目、目标和价值之前需要首先确定操作角色。

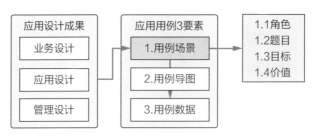

图21-13　应用用例步骤1

（1）角色：按照部门、角色规划（董事长、成本会计、仓库管理员、…），或是一组角色

（成本线会关联到很多的角色）。

（2）题目：从该角色的视角出发，选定题目。

（3）目标：根据上述题目，确定该角色关心什么、要什么结果。

（4）价值：达到了目标后，可以给该角色带来什么价值。

从角色出发设置用例场景，这就是为什么说应用用例可以验证客户的信息化价值的原因。

2. 用例场景

下面以两个常见的案例来说明。

【**案例1**】以项目管理部门为对象，见图21-14。

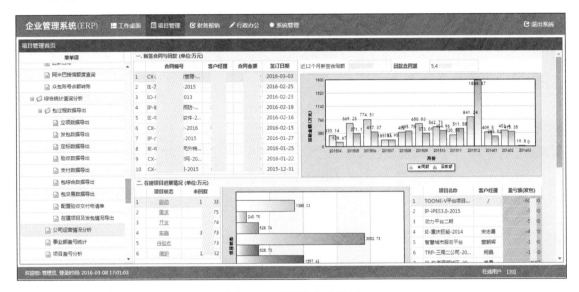

图21-14　项目总监的看板

角色：项目总监。

题目：项目总监的项目管理看板。

目标：项目总监打开界面就可找到他所需要的信息、完成想做的事。

价值：项目总监可以及时地掌握公司全部项目的走向，快速地做出判断。

为了可以达到目的，场景设计时在一个界面上将项目总监关心的信息、材料，以及总监需要操作的功能、待办事宜、发布的通知等全部功能集中，甚至将企业知识库（公司规章制度、法律法规等）全部链接起来，让项目总监不用频繁地单击菜单四处寻找就可以知道自己在信息系统中能够得到什么信息、处理什么工作等。

同理，也可以设计出董事长、总经理、总会计师、仓库管理员等各类企业运营中关键角色的应用用例，在系统上线前让他们充分地理解和意识到系统上线后的变化，可以提前做好准备，包括组织、岗位的调整，相关管理规则的调整。

【**案例2**】以财务部门为对象。

角色：财务部门。

题目：**成本的精细管理**（包括：相应的流程、功能、数据、规则等）。

目标：让财务部门知道，上线后成本精细管理的过程、管控点、需要的管理规则等。

价值：通过一系列系统功能支持，可以让财务部门安心地使用系统的过程数据，因此可以大幅度地缩短统计、分析周期，及时汇报。

为了可以达成目标，场景设计时可以考虑加入以下功能的推演。

流程：采用"事找人"的流程设计方式，包括提交、审批、流程推送、通知等。

管理：成本的关键节点的管控措施，如预算超额的处理（提示、警告、暂停）。

修改：发生财务数据修改时的处理方法，如红字更正等。

案例2作为下面用例导图设计时的参考场景。

21.3.4 用例设计2——用例导图

用例导图，是用图形的方式，将场景的内容按照操作流程的顺序详细地呈现出来，它包含在系统中操作的主要步骤、主要操作功能（节点），以及想要呈现给读者的信息化环境下最具应用价值的内容，如图21-15所示。

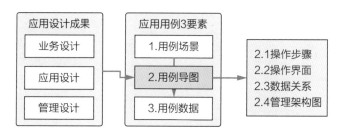

图21-15　应用用例步骤-2

1. 用例导图的构成

用例导图的内容、方式可以根据应用设计师向用户、技术设计师展示的内容而定，但是有以下几个必须要有的核心内容。

（1）操作步骤：给出应用用例的主线。

（2）操作界面：给出操作步骤上每个节点的应用原型界面截图。

（3）数据关系：给出每个节点上需要的外部数据源，如基础数据（字典）等。

（4）管理架构图：给出具有管控功能的系统机制，说明如何进行管控。

系统运行时的操作步骤不是业务设计中的业务流程，可以看作是在系统上运行的"业务流程"，例如，在业务用例中，业务流程是将业务功能用逻辑串联起来，但是在应用用例中，实现同样的流程可能是采用了"事找人"的流转方式，不但有业务功能，还有系统功能（这就是应用用例体现信息化价值的原因）。

2. 用例导图的设计

1）操作步骤

图21-16是用来描绘"成本管理"操作过程的示意图，①到⑦是操作的步骤。

（1）目的：应用用例的主要导图，可以让用户完整地、准确地知道系统上线后的工作环境，是系统完成前用户就了解系统带来信息化价值的主要途径。

（2）特点：虽然不是真实系统，但是用户的感受与完成后的真实系统是一样的，否则用户不能提前指出系统是否存在问题或是双方之间是否有理解上的误差。

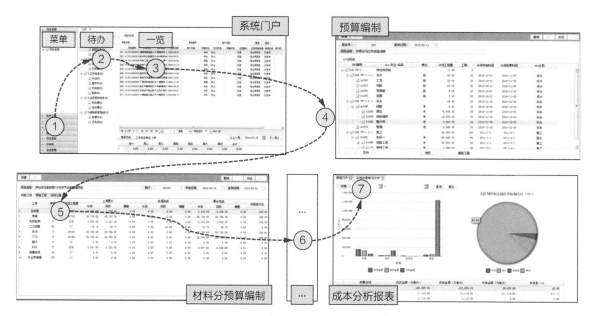

图21-16　用例导图

（3）内容：需要详细到具体单击的是哪一个按钮、哪一条有链接的数据等，虽然界面是原型但是由于有控件（字段、按钮）、链接、提示框等系统的要素，用户完全可以体会到系统完成后的环境。

2）操作界面

当单击操作导图中的每个节点时，见图21-17，可以弹出已设计完成的应用原型截图，可以显示出细节的内容，原型的内容如下。

图21-17　操作界面（预算编制截图）

（1）应用原型：来自于应用设计——组件4件套。

（2）界面字段：来自于详细设计——业务4件套。

（3）界面数据：来自于用例设计——业务用例。

3）数据关系

当推演的场景非常复杂，仅依靠操作导图、界面截图等内容不足以说明业务逻辑、数据来源等隐性的设计成果时，可以采用数据关系作为辅助，揭示用例导图（节点）背后支持的数据等内容，如图21-18所示。

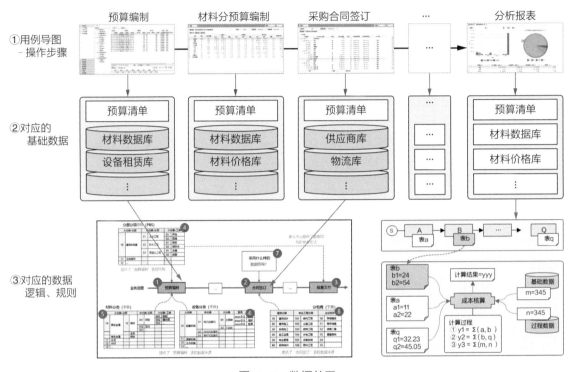

图21-18　数据关系

（1）绘制简单的用例导图节点（只要有节点名称，不需要看清楚界面的内容）。

（2）在节点下方标示出该节点必需的基础数据、管理规则库的名称等（这些数据或规则必须是在该节点首次输入）。

（3）在节点数据源下面给出数据之间的逻辑关系，以及内部的复杂处理算式规则等。

4）管理架构图

管理架构图可以直接采用在管理设计中已有的各类管理架构图，大体上可以分为三个层次展示，包括：整体层面的规划、组件层面的设计、审批流程的设置，如图21-19所示。

（1）整体层面的规划：管控点的布局、规划（参见管理的概要设计-管控规划）。

（2）组件层面的设计：对组件个体进行管控（参见管理的详细设计-按钮控件等）。

例如在"预算编制"节点上设置"控1"，"控1"与组件内的"提交"按钮相链接实现管理控制，图21-20展示了控1背后的管理规则，单击"提交"按钮后，按照图示的管控顺序，系统依次启动管理规则的检查。

（3）审批流程的设置：在需要审批的组件上设置审批流程（参见管理设计-审批流程）。

例如在"采购合同签订"节点上设置审批流程"审1"，在提交链接的规则检查到"5.审批规则"时，激活审批流程"审1"，审批流程的处理过程如图21-21所示。

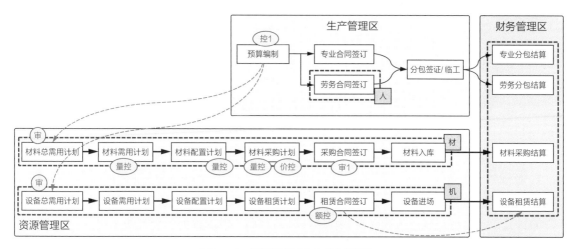

图21-19　管理架构图（成本管理）

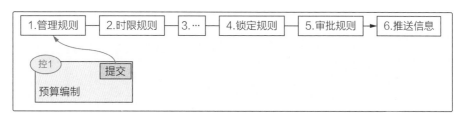

图21-20　组件内的管控规则（管理规则、系统规则）

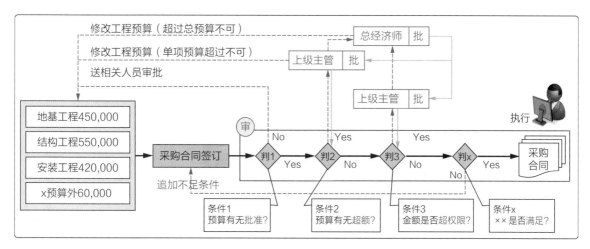

图21-21　审批流程的设置

21.3.5　用例设计3——用例数据

这里讲的用例数据是个广义的概念，它包括所有系统运行前需要准备的数据，在这里要把这些数据的输入理解成是企业用户必须要做的系统运行"管理工作"，内容如图21-22所示。这些管理工作原本是由企业中的相关部门用手工方式进行的，最终用纸记录成册，或是编制成电子版的数据，当然有的企业也可能根本就没有进行规范化的整理工作。以下试举几例说明。

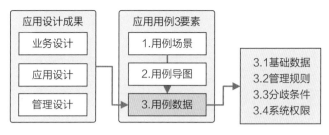

图21-22　应用用例步骤-3

1. 基础数据设置

这是重要的企业信息化管理内容，它包括如何编制所有的系统运行所需的用字典形式进行管理的数据，对象有：材料数据、设备数据、产品数据、组织数据、管理规则等。

这些要重点与企业相关人员进行沟通，让他们提前进行，特别是材料、产品等基础数据的标准化是需要很多资源和时间的，而且还必须是能力很强的专业人员才能做。软件商可以为用户开发一些易用的辅助数据编制工具。用例数据的大部分来自于企业基础数据。

📖　注：企业基础数据的编制

在"人-人"环境中，企业的各类"基础数据"由谁来编制、管理，客户是清楚的，但是进入到"人-机-人"环境中，客户是不熟悉的，这些数据不是随便可以调整的，因此，关于基础数据的说明和培训，是保证信息系统正确运行的重要一环。

【案例】材料字典，在系统进行材料管理时就会涉及：

（1）材料编码的排列方法、材料的分类层级、材料名称的提议等。

（2）材料与价格体系的关系、如何发布新的市场价格等。

（3）材料数据库、价格数据库等的权限、保密等措施的建立。

2. 管理规则设置

管理规则也是一套"数据"，这些规则需要由客户的相关部门根据自己部门所管的业务功能，预先制定出可以支持信息系统用的标准和对应的规则，然后在系统运行前设定到系统中，例如时限用的规则数据表，见图21-23。

项目		4月		5月		6月	
		开始日	终止日	开始日	终止日	开始日	终止日
产值	...	4月1日	4月30日	5月1日	5月31日	6月1日	6月30日
收入		4月1日	4月30日	5月1日	5月31日	6月1日	6月30日
支出		3月16日	4月15日	4月16日	5月15日	5月16日	6月15日	...
报销		3月2日	4月3日	4月2日	5月4日	5月2日	6月3日
⋮		⋮	⋮	⋮	⋮	⋮	⋮

图21-23　时限规则表

需要向客户解释清楚，系统中的规则不是可以随意改变的，企业需要建立一套规定，改变规则需要提前申请、相关部门批准，制定标准、确定发布日期、生效日期等。

3. 分歧条件设置

通过用例导图的推演，与用户具体确认有关联流程的基本设定条件。

（1）业务流程：流程的分歧、流转所依据的业务标准、对应的管理规则等。

（2）审批流程：审批条件，通过、拒绝等的标准，对应的管理规则等。

4. 系统权限设置

为每个系统用户设定权限，体现了"信息化环境"管理的方式，这个方式可以协助组织管理部门进行精确的管理，它也是信息化环境下组织管理的重要内容和手段。

在应用用例中推演这个部分的内容，可以提前让企业用户理解和感受到"信息化环境"，理解"人-机-人"工作与传统"人-人"工作方式不同的地方，有助于企业相关部门提前对管理规章制度的制定、改进、调整等工作，以帮助从"人-人"转向"人-机-人"的方式，这些都是很费时间的，需要提前进行，等到系统开发完成后再做就晚了。而这些工作恰恰又是初次进行全面信息化建设企业所不了解的地方。

这些基础数据在"人-机-人"的管理中的作用等于或强于"人-人"的作用，因为在后者可能未必被严格地执行，但是在前者的管理中则是必须要被执行的条件。

应用设计师要意识到：你交付给企业的不是一款软件，而是帮助企业构筑了一个信息化的工作环境，这个环境中除了有业务功能、流程之外，还有基础数据的内容，这些基础数据是企业管理信息化、标准化、规范化的重要构成部分。客观地说，没有健全的基础数据，无法实现真正的企业管理信息化。

小结与习题

小结

用例设计，是在完成软件开发前对设计成果进行验证的最有效方法。它不但可以让所有的系统相关人在系统完成前对未来的系统有一个具象的感受，而且还可以避免由于设计缺陷给系统开发带来的损失。每一步的用例验证（业务用例、应用用例、测试用例）都是对系统开发成功增加的一份保险。

可以肯定地说，在开发前能够编制出用例（业务和应用）并对产品的设计目的、内容、逻辑、质量、使用效果，以及期望的业务价值和应用价值等进行全面验证，则完成的系统一次上线成功率一定会非常高。反之，对于具有一定规模和复杂度的系统设计如果没有编制验证用例和验证，那么这个系统开发完成后存在重大问题的风险就会很大。

编写用例对业务/应用设计师来说是一个综合挑战，它不但可以检验自己的产品设计成果，还是对个人能力提升程度进行的一次全面检验。在软件的开发过程中，业务/应用设计师应该是核心，如果要想做好这个核心人物，业务/应用设计师不但要精通概要设计（架构、功能和数据三层）、管理设计、价值设计，而且要精通业务用例设计和应用用例设计，只有如此，业务/应用设计师才能做到对以自己为核心完成的设计结果有把握，并确保软件开发过程在掌控之中。

分享

关于软件开发过程中设计与验证的时间是否合理的问题

在与学员们交流的过程中，大家时常谈到一个无奈（无解？）的问题：没有充分的时间做设计和验证，怎么办？这个问题是软件行业现在普遍存在的问题，而且有的极端情况是：不是设计和验证时间不够，而是根本就没有预留设计和验证时间。

老师问学员们：没有设计和验证的时间，是否就按时交付系统了呢？结果基本上都不是，因为没有设计和验证时间，上线后用于修改的时间往往都会多于设计和验证的时间，而且这个事后的修改更带来了客户信任度的下降、满意度下降，软件公司花费的成本甚至超过收入金额。

造成这种现象的主要原因来源于软件行业自身，例如（不限于此）

问题1：软件的设计可有可无，开发的内容都在开发工程师的脑袋里。

问题2：先开发了再说，开发错了可以改。

这些问题也反映了软件行业作为一个年轻的产业还不成熟，在其他行业，如建筑行业、制造行业等，对产品要进行设计和验证是常识，这个时间是必须要考虑的（多少是另一回事）。软件行业中这样的现象发生在小型系统上可能没有问题（在农村盖三间大瓦房也是不需要设计和验证的），但是在大型和复杂的系统上一定会出问题的。

那么当时间预留不足或是没有预留时间时该怎么解决呢？

（1）设定一次上线的成功率：确定最低的一次上线成功率，低于这个成功率，就意味着需要返工，将预计的返工时间部分投入到设计和验证工作上。

$$一次上线成功率=返工量/开发量×100\%$$

（2）提升工程化设计的水平：全面推广工程化的设计方法，确保资料的传递与继承、各阶段的交付标准，实现可以定性定量的软件管理过程，有效地提升开发的效率和质量。

（3）提升设计资料的复用率：大量使用标准和规范化的设计形式，提升资料的复用率，等等。

习题

1. 简述验证用例的内容、目的、价值和作用。

2. 业务用例可以验证哪些内容？举例说明业务用例的最终验证效果是什么。

3. 应用用例可以验证哪些内容？举例说明应用用例的最终验证效果是什么。

4. 业务用例与应用用例对技术设计、开发和测试有什么直接帮助？

5. 业务用例与应用用例对系统测试、上线培训有什么直接帮助？

第22章
规格书与模板

本章的目的是将前述所有章节的交付物成果进行汇总,形成一套包括各个阶段的分析与设计资料的规格书,帮助读者建立起软件工程的各个阶段与交付物的关联关系。

本章中每节的交付物内容由以下两个部分构成。

(1) 在前面章节中已讲过的,在此仅用缩小的截图表示,详细内容参见原章节中的附图。

(2) 在前面章节中没有讲过的或虽有讲述但是没有模板的,在此处给出大尺寸的模板。

本章内容在软件工程中的位置见图22-1。

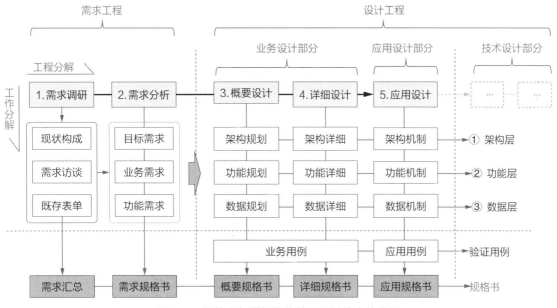

图22-1 规格书与模板在软件工程结构中的位置

22.1 需求调研

22.1.1 交付资料说明

需求调研阶段的成果汇总为需求调研资料汇总,也就是将所有的调研成果汇总成册,主要内容如下(不限于此)。

(1) 背景资料:通过从客户的网站、印刷资料、人员交流等方式获得的客户相关资料。

(2) 问卷资料:调研前向客户发出的问卷。

(3) 现状构成图:客户提供的或是根据客户现状绘制的业务框架图、流程图等。

（4）访谈记录：用文字记录的客户需求（目标/业务/功能需求、难度、痛点等）。

（5）既存表单：收集客户日常用各类报表、单据以及分析资料等（电子、纸质）。

（6）需求4件套：针对部分已知的功能需求做的详细记录。

其中，（3）～（6）项为需求分析阶段的正式输入资料。

22.1.2 图——现状构成图

现状构成图包括业务和管理两个方面的内容，见图22-1。

1. 现状构成图

记录客户现状的模型主要有两类，即业务类（业务架构模型）：框架图、分解图和流程图；管理类（管理架构图），如图22-2所示。

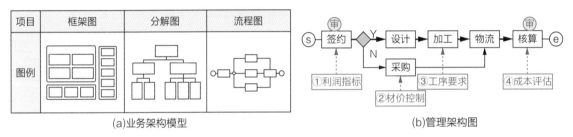

(a)业务架构模型　　　　　　　　　　　　(b)管理架构图

图22-2　现状构成图

2. 现状构成图一览

对于收集和绘制的现状构成进行整理，形成现状构成图一览，见图22-3。

	需求调研 - 现状构成图一览				主要步骤名称（按序列）	步骤数量	图种	流程所属部门(客户)	客户担当	记录人
	业务领域	编号	名称	说明						
1	物资管理	A-001	需用编制流程	物资采购	物资计划编制、设备用划	5	流程图	物资采购部		
2		A-002	物资采购流程	合同采购物资	合同订单、物资验收	4	流程图	物资采购部		
3	成本管理	A-003	成本构成图	成本的构成内容	直接成本、间接成本	5	框架图	财务部		
4	⋮	A-004	⋮	⋮	⋮	⋮	⋮	⋮		

图22-3　现状构成图一览

22.1.3 文——访谈记录

文字记录的资料重点有调研前的问卷和访谈记录两类。

1. 需求调研问卷（模板）

问卷模板可以采用两种形式，一种是以填写为主，另外一种是以选择为主。根据内容判断采用哪一种，见图22-4（填写用模板）。

需求调研 - 访谈问卷		负责人	职务	代表部门		组织部门	参与度
管理分类	管理工作重点说明（填写）						
1 物资管理	包括物资供应商、计划管理、消耗材、周转材的管理	赵琦丽	物资经理	集团公司	物资部		完全
2 成本管理	包括预算编制、实际成本归集、成本分析	张德海	工程师	集团公司	成本中心	物资设备部	部分
3 合同管理	工程劳务合同、物资采购合同、设备采购合同、物资租赁合同、设备租赁合同	江一飞	工程师	集团公司	法律中心	法律中心	完全
4 安全管理	包括安全策划、安全检查、安全整改、人员到位、安全事故、安全考核、危险源管理	王晓蕾	工程师	集团公司	安质部		完全

图22-4 访谈问卷模板（填写用）

2. 访谈记录一览（模板）

访谈记录用的模板与记录一览可合为一体，形成访谈记录一览，见图22-5。

需求调研 - 访谈记录一览			紧急度	对策	担当
提出部门/人	原始需求（目标,业务,功能）	说明（背景、期望、痛点…）			
1 采购部/李部长	对材料采购、使用过程的准确把握	□背景：材料状态不清楚，成本核算不准确… □痛点：支出费与收效不成比，成本高居不下 □期望：支出全程监控、支出与收益成比例…	很急	□做出实际物资消耗与成本相关的动态分析表 □每月第三个工作日上报上个月的消耗与库存	
2 财务部/张会计	以收定支	□背景：回款状况不好，每月都超支 □痛点：收入与支出的平衡难以控制 □期望：申请支付时提示该项目需要支付用款	中等	□看得见 □算得清 □控得住	
3 信息中心/王主任	有主数据设计	让支出受制于收入、没有收入就不支出…	不急	需要技术工程师参与交流	
4	⋮	⋮	⋮		

图22-5 访谈记录一览

22.1.4 表——既存表单

1. 资料收集

将收集到的原始资料在现场进行分析，并给出关系分析图，见图22-6。

2. 既存表单一览

将收集到的既存表单汇总成一览，见图22-7。

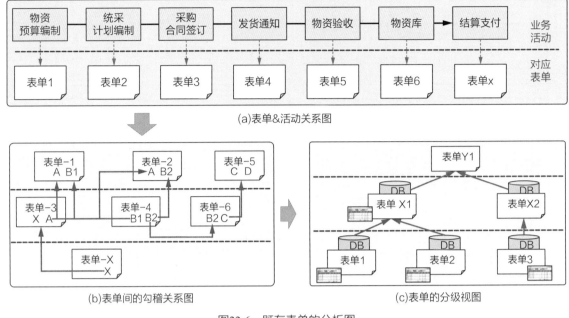

(a)表单&活动关系图

(b)表单间的勾稽关系图　　　　　　　(c)表单的分级视图

图22-6　既存表单的分析图

	需求调研 - 既存表单一览				即存表单			表关系分析	所属部门	客户担当	记录人
	业务领域	编号	名称	说明	一级	二级	三级				
1	物资管理	R-001	需用计划编制流程	物资采购			○	○	物资采购部		
2		R-002	物资采购流程	通过合同采购物资	○				物资采购部		
3	财务管理	R-003	资金管理流程	资金的收支过程监管		○		○	财务部		
⋮	⋮	⋮	⋮	⋮					⋮		

图22-7　既存表单一览

22.1.5　需求4件套

在现场对既存表单等进行详细记录（采用需求4件套的形式），见图22-8。

模板1——需求原型　　　模板2——控件定义　　　模板3——规则说明　　　模板4——逻辑图形

图22-8　功能需求规格书（需求4件套）

22.2　需求分析

22.2.1　交付资料说明

需求调研阶段的交付物是需求规格说明书，也就是将所有的调研成果汇总成册，主要的内容如下（不限于此）。

（1）需求规格说明书/解决方案。

（2）功能需求一览。

（3）需求调研资料汇总：需求调研的阶段成果。

（4）需求分析过程资料：目标需求→业务需求→功能需求的转换过程记录。

其中，（1）～（3）项为概要设计阶段的正式输入资料；（4）为参考资料，它的转换结果已经归入到功能需求一览中。

22.2.2　需求规格说明书

需求工程的结束是以完成需求规格说明书为标志的。需求规格说明书是基于需求调研和分析的成果汇总而成的，它是客户和软件开发者双方之间关于待开发系统的共同认知，它是后续系统的设计、开发以及验收的依据。一般来说，需求规格说明书中要包含对软件和硬件两方面的要求，由于本书的主题是分析与设计，因此只涉及在需求工程中讲到的内容和成果。另外，需求规格说明书对于不同的软件企业有不同形式的模板，但不论是什么样的模板，处于模板核心位置的都是需求工程中介绍到的内容。这部分内容是客户投资信息化系统的核心需求，也是后续设计工程中主要的设计对象，是带来最大客户价值的部分。

以下需求规格说明书的框架中主要包括与软件的业务设计、应用设计相关的需求。这个框架仅作为参考，实际使用时需要另行加入其他部分（包括：技术、硬件）的内容。

需求规格说明书至少要包含4个核心部分，各部分的重点如下。

第一部分 引言：所有需要在事前声明的内容，如前言、原则、定义、范围等信息。

第二部分 背景：直接来源于客户的主观信息，如背景、现状、目标、期望等信息。

第三部分 需求：对需求的综合描述，这些内容是设计工程的辅助参考信息。

第四部分 功能：对需求分析成果的罗列，它们是设计工程的主要依据信息。

第一部分 引言

由于需求规格说明书是所有相关人都要使用并且是合同签约和系统验收的依据，所以所有的内容一定要预先确定范围、内容，以及定义，避免引起歧义。主要有以下两个方面。

（1）文档用途：编制这份资料的目的、作用、使用对象，文档的种类、编号以及目录。

（2）用语定义：对报告书中重要的、容易出现歧义的表达逐一进行定义，用语包括词汇和图形符号等内容（图形符号是图形的表达要素）。

第二部分 背景

1. 背景与现状

（1）背景：企业基本情况的介绍要适当、简洁，其中与未来信息建设相关的背景介绍得要尽可能充实，要为后续为什么采用这些功能做好铺垫。另外，除去对企业的业务介绍外，还要重点介绍企业对信息化的态度，以及企业整体的信息化程度。

（2）现状：重点介绍与本项目相关的部门的信息化现状、存在的问题，介绍的内容同样要让相关人从现状中感受到信息化建设的必要性。

2. 目的与期望

（1）目的：给出客户投资信息化的目的，以及分几个目标推进。

（2）期望：客户对项目达成目标后，期望得到什么样的效果（价值）。

> 📖 **注：需求规格说明书与设计规格书的区别**
>
> 需求规格说明书是需求工程完成时的交付物，这个阶段只是对需求进行了梳理、汇集、分析，但是并未对需求按照软件设计的标准进行设计。它是设计规格书的输入。
>
> 设计工程的设计规格书是对需求规格说明书的内容按照软件设计标准进行的设计成果。它是对后续技术设计、开发的输入。

第三部分 需求

以"背景"的内容（现状、目的和期望等）为依据，结合收集到的具体需求，从整体上对项目的需求进行描述，内容可以分为如下的维度（不限于此）。

（1）项目范围：对核心功能进行描述，如销售管理、生产管理、财务管理、物流管理等。

（2）使用环境：本产品与既存产品之间的关系，如相互协同、数据共享、业财一体化等。

（3）条件与限制：未来的系统使用条件、有哪些限制。

第四部分 功能

将需求调研和分析的成果汇集成册，主要包括以下内容（不限于此）。

（1）现状构成图：可以比较完整地理解客户的业务和管理现状。

（2）功能需求一览：全部经过确认后的功能需求、需求说明等。

（3）功能需求规格书：对每个功能需求的详细描述资料"需求4件套"。

补充：作为一份完整的需求规格说明书，还需要以下一些内容（不在本书范围内，仅做参考）。

（1）非功能性需求：性能、质量、安全等。

（2）接口：描述与其他软件、硬件、网络、接口、通信等的交互条件、规则等。

22.2.3　解决方案

解决方案，重点是针对有"定制"的需求做出的特殊说明，项目整体是定制的对象，也可以是项目中某个部分内容的是定制的。解决方案的重点在于说明：

（1）客户最为关心的内容，如创新、难点、痛点、高价值的功能等。

（2）开发者比其他同行的优越之处。

（3）对客户需求的解决思路、对客户价值的认知、设计思路/理念等。

解决方案与需求规格说明书两者的区别如下。

（1）需求规格说明书是对需求的"规格"级说明，而且是全面详细的。而解决方案是针对咨询结果做出的"概要"级说明，只对客户关心的重点进行说明。

（2）两者形成的时间顺序，通常是先有解决方案（作为原则性的粗稿），在获得客户认可后，再进行深入调研之后，再继续做出需求规格说明书。

特殊情况下，也可以是在有了需求规格说明书后，从中抽取部分内容形成解决方案，向客户介绍他们特别关心的内容。

22.2.4　功能需求一览

需求分析完成后，最重要的输出之一就是功能需求一览，这个表给出了需要开发的功能需求参考，也是后期在设计、开发时判断工作量、难度、资源以及进度计划的主要参考依据，见图22-9。

需求分析 - 功能需求一览				4. 实体信息		5. 显示终端		
1. 业务领域		名称	说明	数量	名称	PC	手机	平板
1	合同管理	合同签订	输入正式的合同文本，归档	2	合同书主表、细表	○		
2		合同变更	记录合同变更的相关信息	1	合同变更	○		
3		进度监控	用甘特图展示进度、预警等	1	进度数据表	○		
4		客商管理	客户的基本信息、交易信息		客商主信息、交易信息	○	○	
5		合同一览	对签订的合同进行列表、打印	1	合同交易	○		
6	采购管理	采购计划编制	编制材料的采购需用计划	1	采购计划	○		
7		出入库记录	材料出库的验收入库、领料	2	出库台账、入库台账	○		○
8		在库盘点	对在库的库存资料核查	1	在库主表、细表	○		○
⋮	⋮	⋮	⋮		⋮			

图22-9　功能需求一览

22.3　概要设计

22.3.1　交付资料说明

进入设计工程后，第一阶段的设计就是概要设计，概要设计阶段的交付物概要设计规格书中包括三层的内容：架构、功能和数据，主要内容包括以下三种。

（1）架构概要规格书：业务架构图（拓扑图、分层图、框架图、分解图、流程图）。

（2）功能概要规格书：功能的分类与分类图、功能的规划与关联图、业务功能一览等。

（3）数据概要规格书：数据规划、编号标准、数据标准、主数据。

22.3.2 架构概要规格书

1. 理念、主线与标准

架构的概要设计包括整体设计的理念、主线，以及各类交付物的标准和规范。

理念：设计师对系统的顶层设计的构想、方向。

主线：以价值为目标，串联起达成目标的功能。

标准：架构模型在架构设计中需要遵循的要求。

2. 业务架构图

架构图主要采用如图22-10所示的5种模型。

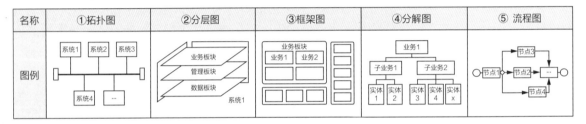

图22-10　架构模型一览

3. 业务架构图一览

将完成的业务架构图汇总成业务架构图一览，见图22-11。

架构的概要设计 - 业务架构图一览				活动名称 （流程图用）	图类	节点 数量	其他		流程所 属部门	担当	工日
业务领域	编号	名称	说明				分歧	泳道			
1	物资 管理	L-001	物资系统规划	整体规划设计		框架图				物资采购部		
2		L-001	物资采购流程	物资采购	物资计划编制、 物资需用计划…	流程图	8	1	○	物资采购部		
3	质量 管理	L-002	质量管理流程	对施工过程的 质量监管	质量计划编制、 质量检查、…	流程图	4			质量管理部		
4	财务 管理	L-003	资金管理流程	资金的收支过 程监管	资金计划编制、 合同收入、…	流程图	5	2		财务部		
⋮	⋮	⋮	⋮	⋮	⋮	⋮	⋮	⋮	⋮	⋮	⋮

图22-11　业务架构图一览

22.3.3 功能概要规格书

功能概要规格书主要包括两个资料：一是功能关联图，二是业务功能一览。

1. 功能关联图

按区、线、点等进行功能规则，绘制功能关联图，如图22-12所示。

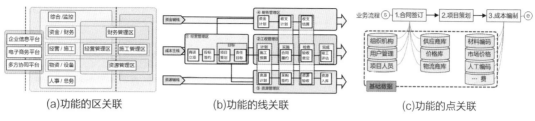

| (a)功能的区关联 | (b)功能的线关联 | (c)功能的点关联 |

图22-12 功能关联图

2. 业务功能一览

业务功能一览可以根据内容的多少和复杂度，将业务功能全部归为一个表（包括：活动、字典、看板和表单），也可以按照不同的业务功能各成一表。

1）业务功能一览（合成）

合成的业务功能一览见图22-13。

	功能的概要设计 - 业务功能一览					实体信息		表现方式分类					终端		
	系统名称	编号	模块	功能	说明	数量	名称	活动	看板	字典	报表	样本	PC	手机	平板
1	销售系统	XS001	合同管理	项目登记	建立项目基本信息台账	1	项目登记表	○				○			○
2		XS003		客商登记	记录新增客户和供应商	2	客商记录表						○		
3		XS004	签约管理	商谈记录	记录商谈的过程、备注	2	商谈记录			○	○				
4		XS005		...									○		
5	物资系统	WZ001	采购管理	需用计划	编制材料的需要计划书	1	需用计划书						○		
⋮		⋮		⋮				2							

（在此区别功能）

图22-13 业务功能一览（全功能用）

2）业务功能一览（业务功能类别）

按不同业务功能划分的业务功能一览见图22-14～图22-17。

	功能的详细设计 - 活动功能一览					实体信息		终端			实体类型			担当	工日
	业务领域	编号	名称	说明		编号	名称	PC	手机	平板	卡式	细表	树表		
1	合同管理	H.001	合同签订	输入正式的合同文本，归档		1	合同书			○					
2						2	合同审批			○					
3		H.005	合同变更	记录合同变更的内容、处理		1	合同变更记录	○				○			
4	物资管理	H.020	采购计划编制	编制材料的采购计划书		5	采购计划	○			○				
5		H.021	出入库台账	材料出库记录单		2	出库台账	○				○	○		
⋮		⋮		⋮											

图22-14 活动功能一览

功能的详细设计 - 字典功能一览					实体		终端			设计内容			担当	工日
业务领域		编号	名称	说明	数量	名称	PC	手机	平板	编码	数据	版本		
1	成本管理	Z001	成本项目库	编制成本估算所有的分类、基础数据	4		3		1	○				
2		Z004	物资价格库	大宗物资、设备采购的历史价格和价格基准	11		8		3	○	○	○		
3	企业知识库	Z010	工艺工法库	施工技术、事故对应、质量评估、安全重点	5		3		2					
4		Z012	合同规则库	1.国内施工合同规则 1.国际施工合同条件（FIDIC条款）	6									
⋮	⋮	⋮	⋮											

图22-15　字典功能一览

功能的详细设计 - 看板功能一览					实体信息		终端			实体类型			显示		担当	工日
业务领域		编号	名称	说明	数量	名称	PC	手机	平板	卡式	细表	树表	静态	动态		
1	公用	K001	企业门户	门户，通知、待办	2	合同书、变更		○	○	○						
2	公用	K003	董事长驾驶舱	产值、利润、成本…	1		○					○				
3	安检部	K004	安全监控盘	加工、安装、环境…												
4	物流部	K020	车辆运行监控	车辆、运行、停放…	1	采购计划	○		○							
5	材管部	K021	仓库库存监控	各类材料在库底线…	2	出库台账	○		○	○	○					
⋮	⋮	⋮	⋮													

图22-16　看板功能一览

功能的详细设计 - 表单功能一览					表维度			报表位置		输出		担当	工日
业务领域		编号	名称	说明	1维	2维简单	2维复杂	活动	BI	数据	打印		
1	合同管理	B001	合同单	正式合同文本，归档	○			合同签订			○		
2		B002	合同一览	合同一览	○			合同签订		○			
3	财务管理	B010	经费分析表	经费使用情况		○			财务报表	○	○		
4		B011	成本分析表	公司发生成本的分析			○		财务报表	○	○		
5		B012	经费凭证	各类报销的记录	○			经费台账			○		
⋮	⋮	⋮	⋮										

图22-17　表单功能一览

22.3.4　数据概要规格书

1. 数据规划图

数据规划主要分为三个粒度：整体、领域和模块，见图22-18。

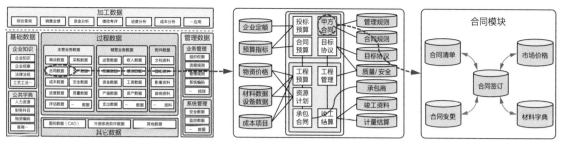

图22-18　数据规划示意图

层次1：全系统范围的规划　　　　层次2.1：业务领域规划(子系统)　　　层次2.2：业务领域规划(模块)

2. 数据标准

（1）业务编号的标准：用文字说明编制标准。

（2）业务数据的标准：用文字说明编制标准。

（3）主数据的选择：用文字或表说明选择标准和结果。

22.4　详细设计

22.4.1　交付资料说明

详细设计阶段的交付物详细设计规格书的内容包括三层的内容：架构、功能和数据，以及业务用例。

（1）业务流程规格书：业务流程的详细设计（流程5件套）。

（2）业务功能规格书：业务功能的详细设计（业务4件套）。

（3）业务数据规格书：包括数据关系表、数据模型（关联图、勾稽图、数据线）等。

（4）业务用例：对概要、详细和管理设计成果的验证用例。

22.4.2　流程详细规格书

业务流程的详细设计成果是业务流程规格书（流程5件套），见图22-19。

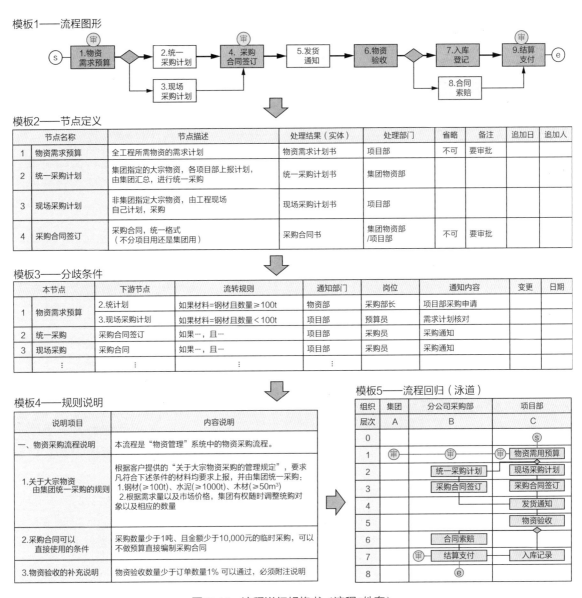

图22-19 流程详细规格书（流程5件套）

22.4.3 功能详细规格书

对于业务功能（活动、字典、看板和表单）的描述是基于需求工程的"需求4件套"进行的详细设计，形成"业务4件套"，见图22-20。

22.4.4 数据详细规格书

数据的详细设计成果主要有两个：一是数据表关系图，二是数据模型。

1. 数据表关系图

数据表关系图如图22-21所示。

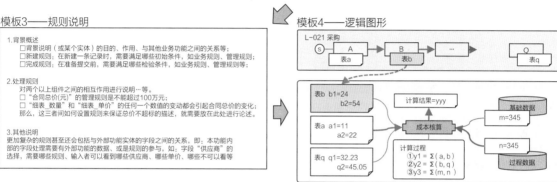

图22-20　功能详细规格书（业务4件套）

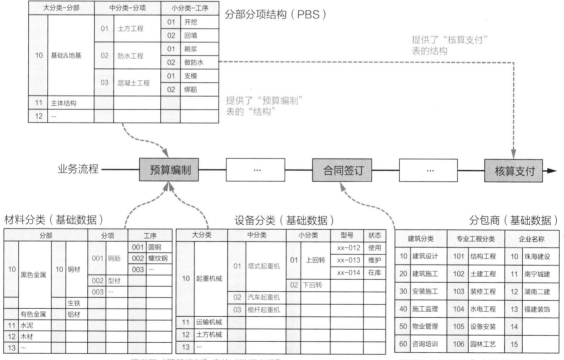

图22-21　数据表关系图

2. 数据模型

数据模型如图22-22所示。

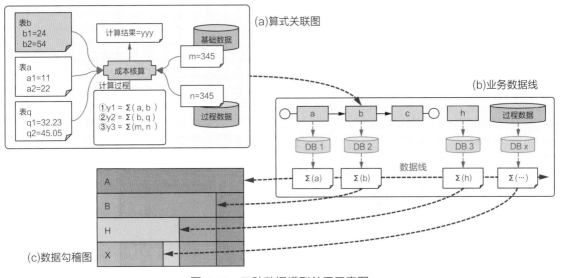

图22-22 三种数据模型关系示意图

22.4.5 业务用例

对概要设计、详细设计以及管理设计的成果，用业务用例的方式进行验证。主要模板有两个，一是用例导图，二是用例数据推演表，如图22-23所示。

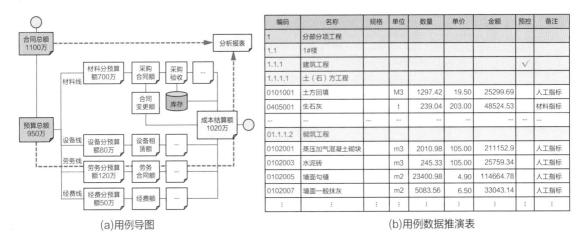

(a)用例导图

(b)用例数据推演表

图22-23 业务用例示意图

22.5 应用设计

22.5.1 交付资料说明

应用设计阶段的交付物应用设计规格书的内容包括三层的内容：架构、功能和数据，以及应用用例。

（1）架构应用规格书：业务流程机制、业务架构的转换等。

（2）功能应用规格书：对业务组件的设计（组件4件套），业务组件一览。

（3）数据应用规格书：数据复用、数据共享、数据格式转换（文字→数字）。

（4）应用用例：对应用设计成果的验证用例。

22.5.2　架构应用规格书

架构的应用设计的成果主要分为两类：一是对业务架构图的转换，二是架构层面的各类"机制"图设计。

1. 业务架构图的转换

业务架构转换示意图如图22-24所示。

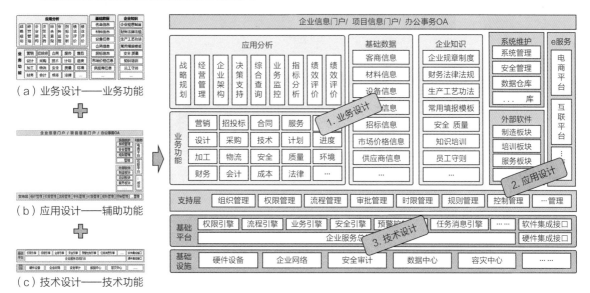

图22-24　业务架构转换示意图

2. 架构的机制设计图

架构的机制设计图根据项目的复杂度而定，不是必做的内容，如图22-25所示。

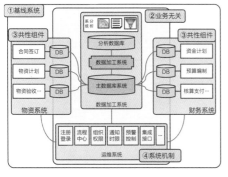

(a)基线系统的概念示意图

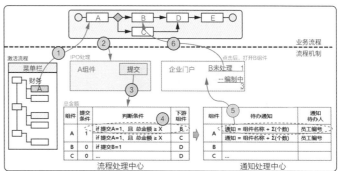

(b)"事找人"的流程机制

图22-25　架构的机制设计示意图

22.5.3　功能应用规格书

对于业务组件的描述是基于功能的详细设计"业务4件套"进行的应用设计，形成"组件业务4件套"，如图22-26所示。

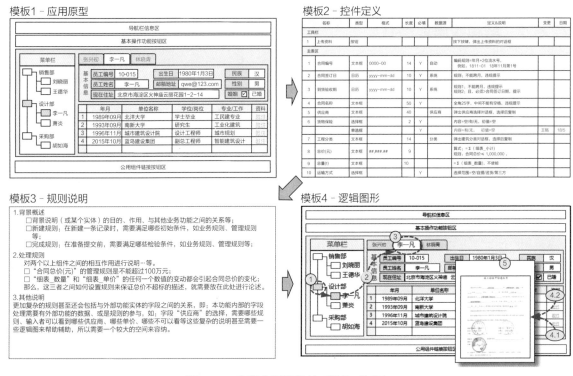

图22-26　功能应用规格书（组件4件套）

业务组件一览参见17.4.1节。

22.5.4　数据应用规格书

数据的应用设计的成果主要根据系统的内容而定，不是必需的，例如可以设计数据的复用机制、数据的共享机制，以及数据的转换机制等内容，如图22-27所示。

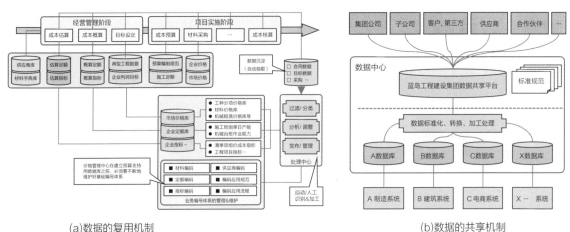

(a)数据的复用机制　　　　　　　　　　　(b)数据的共享机制

图22-27　数据的机制设计示意图

22.5.5　应用用例

对应用设计以及管理设计的成果，用应用用例的方式进行验证。主要模板有两个，一是应用用例导图，二是数据关系图，如图22-28所示。

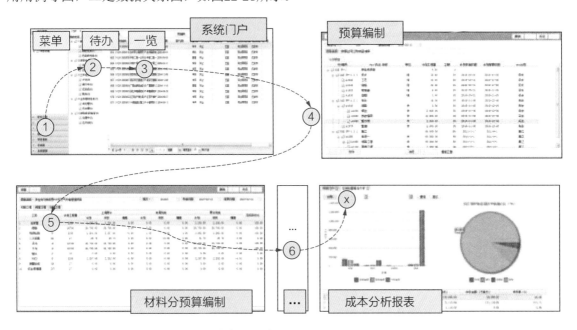

(a)应用用例导图

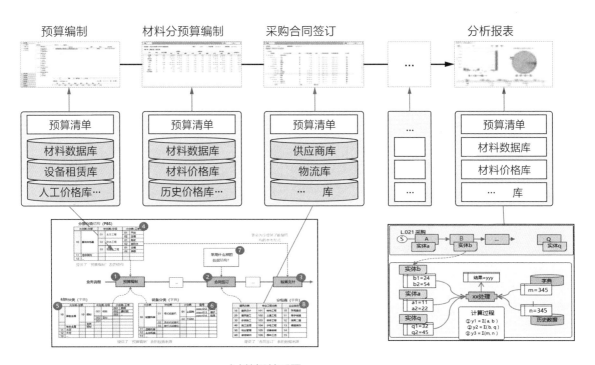

(b)数据关系图

图22-28　应用用例设计示意图

附　　录

附录A
能力提升训练

　　软件工程知识体系（非技术部分的分析与设计）已经全部介绍完了，因为所有阶段的成果都要以工程化的方式交付，所以前面介绍的内容主要是软件工程中的框架、方法、步骤、模板、标准等以"动手"为主的内容。

　　严格地说，软件的分析与设计是一种"创新"的工作，因为碰到的所有问题都没有一样的，即使是属于同类客户（同一行业、同一领域），但是也没有一模一样的企业决策者、管理者以及执行群体，因此，在掌握前述知识和方法体系中条条框框的同时，还需要训练观察、思考的能力，这是解决复杂问题的基础。相对于软件工程的知识体系来说，提升观察与思考能力需要的时间会更长一些，优秀的软件工程师（需求、设计、开发），必须要做到眼（观察）、脑（思考）和手（写绘）三者协同工作，才能做出一个完美的成果。

　　本章的重点是以前面讲过的知识体系为基础，介绍一些提升观察、思考以及动手能力的思路和方法以供读者参考，内容见图A-1。

分类		能力	能力说明
观察能力	1	绘画式看问题	退一步，掌握画的全貌和脉络
	2	多角度看问题	视角改变，结论也会不同
	3	系统地看问题	找关联，腰痛的原因可能在膝盖
三字经	1	拆	拆分研究对象的能力
	2	组	组合要素形成成果的能力
	3	挂	挂接不同构件，形成可以随需应变的能力
三维思考	1	三维空间的概念	三维空间，让思维从一条线扩展到360°的空间
	2	三维空间的建立	
	3	三维思考的意义	

图A-1　本章主要内容一览

A.1　观察能力的训练

　　做好初级的分析与设计工作，只需要掌握软件工程内的知识基本上就可以做到了。但是要做好大型、复杂、创新项目的调研、分析和设计工作，只靠软件工程中介绍的知识还不够用，因为：

　　（1）软件工程是指导"按照知识框架的内容，工程化、标准化地去做出资料"。

　　（2）而"大型、复杂、创新"的项目就意味着它们不是能"一眼看穿、看透"的研究对象，因而不能上来就直接动手用模板做设计，而是要先"用眼观察、用脑思考"，通过观察、思考得出信息后，再动手按照软件工程中的方法、模板等去做具体的分析与设计。

有了正确的观察、思考能力，不但可以避免走错方向，而且可以大幅度地缩短分析与设计的时间。但与用"手"做的工作相比较，观察和思考是使用"眼和脑"，所以后者做的工作就会相对抽象一些、难一些，因为对眼和脑的工作无法给出相应的模板、标准和工具。如何观察、思考是个大课题，这里介绍基于作者长期实践经验总结的三个观察与思考问题的方法，即：绘画式、多角度、系统化。

A.1.1 绘画式看问题

第一种方法称为：绘画式看问题。

观察和思考研究对象，借鉴画家在作画时的观察与思考方法很有帮助，因为绘画的过程是画家反复地进行思考→观察→绘制→调整的过程，与软件的需求调研、需求分析、设计开发的过程十分相似，如图A-2所示。

图A-2 绘画式看问题

画家在绘制一幅大型的作品时（如同面对一个复杂的大型系统），他的思考与观察方法是一个非常重要的技术，这个方法可以粗分为三种，即：远看、虚看和近看。绘制不同的部位时，需要反复运用这三种方式交替进行。下面以画家的思考与观察方法为主，结合软件工程师的工作方式做一个对比。

【方式1】远看，拉开距离看全貌（整体构图）。

1. 画家

在对画进行构图时，站在与画布保持一定距离的地方，这个距离可以让画布上的全部内容收入到画家的眼中，有利于进行整体的构图。没有这个距离，就看不到画布的全貌，关键要素的摆放位置就找不准，各种关键要素之间的关系就难以确定。

2. 软件工程师

在面对一个复杂的分析系统时，不要在研究的初期就快速地进入到对细节的讨论，而是要先确认分析对象的范围、各个重要要素之间的位置、粗略的关联关系，例如，项目包括哪些业务板块、各个业务板块中有哪些核心系统（主营业务、辅助业务、支持业务）等。

最终系统的方向、规划，以及生命周期（近、中、远）取决于此。

【方式2】虚看，确认画的布局与脉络（关键主线）。

1. 画家

在远距离观察时，画家会有意识地眯起眼睛观察画，由于眯眼后进入到眼睛里的光线就会减少，画的细节部分和灰暗色部分的内容就被过滤掉了，过滤掉细节和灰色部分后就容易地观察到画的布局重点、主要脉络（用行话说，就是由画中高光的部分形成的点、线、面）。

2. 软件工程师

在处理复杂问题时，如果全程都是"睁大眼睛看"，就有可能将非重点或至少在分析的初期不是重点的问题放大，把所有大小的问题都同等看待，这样做的结果反而是看不到要突出的重点，甚至因为经验不足、客户强势的原因造成了过度解释次要问题，从而造成讨论的跑题，甚至出现方向性的错误。

最终系统的主线、逻辑、重点、协同等取决于此。

【方式3】近看，走进对象看细节（局部表现）。

1. 画家

研究细节的时候才走到离画布足够近的地方，观察画的各个细节部分的表现是否到位。

2. 软件工程师

在分析对象的细节（界面、字段、规则、算式、数据等）时，要做深入的了解、咨询、分析、验证等工作。

最终系统的成败决定于细节，但此话只有在方向、主线等全正确的前提下才能成立。

为了可以直观地感受画家的视角，这里介绍一幅荷兰17世纪画家伦勃朗的名画《夜巡》，重点观察图中的高光部分，如图A-3所示。画家在观察画时所用的三种方式中，眯起眼睛看问题是最为重要的，其重要之处就在于不断地通过眯眼睛的方式，检查是否与主题、主线有脱节，同时用眯眼睛的方式还可以对画像进行"逐层扫描"，从而获得对象的分层图，而"分层"正是分析工作的第一重要手法。有兴趣的读者可找到大幅的画作或到美术馆体验一下。

图A-3　《夜巡》（油画，伦勃朗）

"绘画式地看问题"的观察方式在解决问题时起什么作用呢？运用上述三个观察方式，检查一下你在做分析时的观察方式是否正确。

假定有一个软件项目需要进行分析。

1. 首先，掌握全局

项目分析的初始，首先要把握全局，找到目标、主线、重点等。检查：

- 你是否与客户之间保持了一定的"距离"？这个距离可以让你冷静、全面地进行观察。
- 你是否尚未了解全局就已进入了对细节的争论？这是造成讨论无果、偏题的重要原因。

2. 其次，把握脉络

在项目进入讨论前期，一定要明确项目里面重点之间的位置、关系（脉络），检查：

- 你是否时刻都清楚你讨论的题目以及要达到的目标是什么？
- 你是否把握住达成目标有多少个重点？是否找到了这些重点构成的脉络、主线？

3. 最后，熟悉细节

在对核心部分进行分析的阶段，要精确地给出业务逻辑、算法、规则，检查：

- 在理解业务的核心部分时，你是否有能力进行收集业务需求的细节？
- 对细节的描绘是否专业？是否能做到严谨、精细、标准、没有遗漏？

如同画家一样，软件工程师在观察问题的过程中，不要始终睁大眼睛看，要学会在某个阶段有意识地漏掉一些暂时不重要的内容，只有这样才能抓问题的重点。这一点非常重要，有一些经验的人往往由于对已经看到的内容"割舍不下"，将重要与暂时不重要的问题同时提起，这样容易造成沟通效率低、跑题，甚至结果不收敛的问题。

软件工程师要学会和理解一个非常重要的概念：不重要≠不必要！很多在详细设计阶段非常重要的细节，在分析初期并不重要。在需求分析、架构规化阶段，能够做到"适当忽略细节、突出重点"的是高手行为，初期就做得面面俱到的反而是新手行为。

A.1.2 多角度看问题

第二种方法称为：多角度看问题。

两个人因为某个对象的特征进行激烈争论，各自都说从自己的角度看到的对象是正确的，但是如果能够换个角度看，可能双方就可以理解对方坚持的理由，所以在争论某个事情时，如果双方都认为"这么简单的问题你还不明白吗"时，一定要快速地意识到可能就是发生了站在不同视角观看同一个对象的情况。

如图A-4所示，A从正向看到了1根电线柱，而B从不同角度看到了4根。这个比喻的实际意义是什么呢？

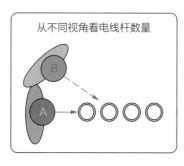

图A-4 多角度看问题

在做某个项目需求分析时，可能客户会召集数个部门的负责人进行说明，由于不同部门有着不同的视角，对同一问题的描述不尽相同，为了获得客户的真实需求，就应该站在不同的角度提出问题、分析问题，确认每一个说法的背后可能存在着什么。

例如：

（1）不同层级：针对同一个目标，用企业不同层级（决策层、管理层、执行层）的关注视角，对目标进行交叉对比，以检验是否一致。

（2）不同部门：针对同一目标，用企业同一层（如管理层）的不同部门负责人的关注视角，对目标进行交叉对比，以检验是否一致。

（3）不同岗位：针对同一目标，用同一部门的不同岗位的关注视角，对目标进行交叉对比，以检验是否一致。

【案例1】视角不同，发现问题的原因。

在很多的咨询场合，问题的原因（why）是藏在表象（what）的后面，如图A-5所示，如果调研人员只是从正面提出问题，"你在干什么？你怎么干的？（what）"，忽视了从反面提出问题"你为什么这样干？（why）"，这样的结果就可能遗漏重大的需求。例如：

图A-5 看问题的视角

（1）调研人员从正面提问题"你在干什么？怎么干的？"

回答者一般都会将自己所做的事情按照自己的视角讲一遍，往往不容易暴露出问题（因为他做这个事情已经习以为常了）。

（2）调研人员从侧面提问题"为什么这样干？"

从这个视角看问题，可能的结果是：回答不出来，或是回答中牵出来很多不确定的问题，而这些恰恰是可能隐藏了问题的真相和解决问题的钥匙，这些不确定如果不解决有可能成为软件验收时的定时炸弹！

【案例2】视角不同，找到的要素不同。

软件工程师与客户站在"软件窗口"的两侧（软件窗口=界面），看到的内容不同。

（1）从客户业务的视角看"软件窗口（正面）"。

不同行业、企业、部门、岗位会使用不同的软件功能，因此从客户业务的视角看软件，会有无数的功能，如图A-6（a）所示。

（2）从软件实现的视角看"软件窗口（背面）"。

软件系统的构成是与业务无关的，它是通过用有限控件来组合出可以覆盖无限多的业务，因为不论是什么业务，在系统构成的视角看都是一样的，如图A-6（b）所示。

因此，观察对象时的视角变化会极大地影响你的分析结论和呈现的结果。换角度看问题说起来容易做起来难，因为要掌握"换角度"的能力，要知道换到哪个角度去看问题。

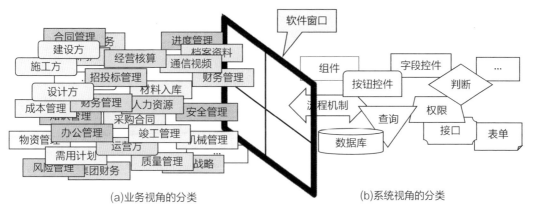

图A-6　软件窗口两侧的内容不同

A.1.3　系统地看问题

第三种方法称为：系统地看问题。

系统地看问题的基本思路可以用骨科检查的一个例子说明：病人因为腰痛走不了路到医院来看医生，但是医生诊断的结果是：问题不是出在腰上，而是膝盖出了问题造成的腰部疼痛。这个例子说明，我们在需求调研、需求分析或是设计时，对难解的问题一定要能够系统地去看待，从而找出造成问题的真正原因，如图A-7所示。

图A-7　系统地看问题

【案例】如图A-8所示，分析企业制造零件成本高的原因是什么。

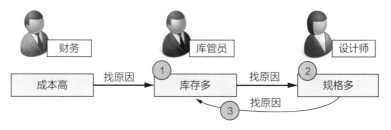

图A-8　成本居高不下的原因在何处

财务部门抱怨说，零件的制造成本太高，造成产品整体的成本居高不下。

（1）找到的第一个原因是：问题来自于仓库。

不同规格的零件库存太多 → 确定是仓库出的问题，但造成库存多的原因是什么呢？

（2）接着找到第二个原因：问题来自于设计师。

库存多的原因是构件规格太多，设计构件规格的是设计师 → 确定是设计师出了问题，但为什么设计师设计出这么多不同标准的零件呢？

（3）最终找到第三个原因：问题还是来自于仓库。

最终找到的原因是：仓库管理员未及时向设计师提供库存零件的数量和规格，设计师总是设计新的零件，且每次新设计的零件都与旧零件相差一点儿，结果问题还是回到了仓库。

这是一个实际发生的案例，通过这个案例可以看出，如果对问题的分析到位、结论正确，那么后续给出业务处理方法（功能、规则）就是一件非常容易的事了。

分享

先做观察和思考，然后再与经验匹配

在做培训时经常会遇到有很长工作经历的学员（10年以上），他们的困惑是，已经有了很多的经验，但是遇到新项目、大项目或是复杂的项目时，依旧不能做到得心应手，很难做到可以自信地把控项目、驾驭项目，问题出在了哪里呢？

理论和方法掌握的不多，但是经验比较丰富的人，在看问题时的思维比较固化，在碰到新的或是复杂的课题时，首先不是用眼、脑去观察和思考，而是习惯性地先从自己的经验中找对标物，去匹配哪些内容与自己做过的项目相符。

遇到新问题时，建议不要马上就与经验进行匹配，而是要利用你的眼睛和大脑进行观察和思考。此时，

（1）你的眼睛要具有"调整光圈"的能力，可以全看清楚（光的射入量最大），也可以虚掉一下不重要的细节，找到核心。

（2）通过变换不同的角度，看到客户所说事物的不同面。

（3）思考what（表面）和why（原因、动力）的关系。

对收集到的这些信息进行整理，并找出对象的核心、脉络、主线，这些都清楚了，再与自己的经验库进行匹配。

要注意：经验与知识不同，经验的复制首先要确认两者的背景环境是否一致，只有背景环境一致才有可能复制成功。

A.2　软件设计师的三字经

在前面软件工程的不同阶段中讲到了各类不同的方法，这里将讲过的内容总结概括为三个字：拆、组、挂。这三个字就是对需求工程与设计工程中讲到的核心理念的抽提，也是本书对软件工程师技能的概括。三字的含义与关系的示意如图A-9所示。

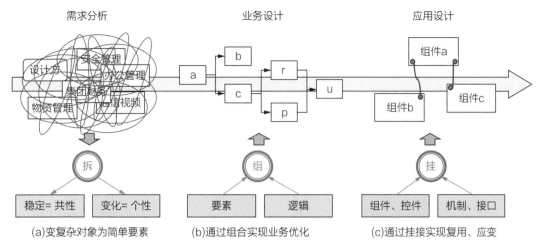

需求分析　　　　　　　　　业务设计　　　　　　　　应用设计

(a)变复杂对象为简单要素　　(b)通过组合实现业务优化　　(c)通过挂接实现复用、应变

图A-9　软件工程师的三字经与作用示意

A.2.1　拆：理解对象的钥匙

需求工程中的核心工作是对需求进行分析，得出系统需要的功能。从收集原始需求到确定要实现的功能需求，这之间对原始需求进行了多次的拆分，通过不断地拆分、转换最终找到了符合进行信息化建设的要素。"拆"的能力不仅限于需求工程，它在软件工程的各阶段都适用。

（1）基础原理：分离原理（业务、管理、…）、组合原理（要素、逻辑、模型），基干原理（组件、机制）、知识体系（业务、设计、技术）等。

（2）软件工程：工程构成（需求、设计、开发、测试、运维）、工程分解（概要、详细、应用）、工作分解（架构、功能、数据）等。

（3）需求工程：企业构成（业务、管理、组织、物品）、需求分类（目标、业务、功能）、记录方式（现状构成、访谈记录、既存表单）等。

（4）设计工程：功能分类（活动、字典、看板、表单）、业务组件（窗体、窗口、界面、控件）、业务逻辑（关联、位置、包含）、数据逻辑（键、表、式）、数据分类（过程、基础、管理、加工）等。

上述软件工程中所有的"分类"就是对拆分后要素的归集，同一分类中的内容具有共性，处理的方法有规律。可以说，"拆"分水平的高低是判断一个软件工程师能力的最基本参考，因为解决任何复杂问题的开始都是做分析，分析的第一道工序就是理解问题，而理解问题的最佳方法就是先将复杂问题拆开，只有将问题拆开才能看到问题的构成。拆分的目的就是将大型的、复杂的对象拆分为小的要素，例如按照个性与共性的不同进行分离，如图A-9（a）所示。这种做法就如同是将处在黑盒状态的问题转换成为白盒状态，让内部的关联暴露出来一样，逐一地对小的、单一的要素进行研究则问题的复杂性就大为降低了，这就是常说的"化繁为简"。遇到简单的问题用简单的方法解决，遇到复杂的问题先化解为简单的问题，然后再用简单的方法去解决（这样就没有复杂问题了）。

这里需要注意的是，有一些经验丰富的软件工程师，他们没有掌握这个思想，由于他遇到的场景多，所以常常会犯"越分析结果越复杂"的错误，因为遇到复杂问题时他的反应是找出已有的全部经验去对接、解释，这样做出的结果往往会非常复杂。也有一些经验丰富的人会将"复杂"的结果表现形式理解为是经验多的象征，这样的解决方法会给后续的设计工作带来麻烦。

分离原理，给出了如何"拆"、拆成什么内容的理论、方法和标准。

A.2.2 组：表达业务的手法

业务设计部分的核心工作是对业务进行设计，给出优化、完善的业务处理形式，从功能需求到完美的业务处理形式，这中间进行了多次的"组合"，通过不同形式的组合最终将散乱的需求形成了业务架构、功能和数据层面的标准设计，如图A-9（b）所示。在业务设计中使用到了大量的组合方式。

（1）架构：业务架构（框架、分解、流程）等。

（2）功能：关联图（区、线、点）、记录4件套（原型、定义、规则、逻辑）等。

（3）数据：数据规划（整体、领域、功能）等。

这里为什么使用这个"组"字呢？因为这里倡导的是工程化的设计方式、工业化的生产方式，最终完成的系统是否能够实现这个目标首先在业务阶段就要进行解耦的设计，完成解耦后的要素通过逻辑关系"组"合起来，形成了业务处理的体系。既然是"组"合起来的，那么就可以在需求发生变化时将它们分开，再进行另外形式的组合。例如，对架构层的内容进行分层、分区、分段的架构，对功能层的界面内的要素进行组合、对数据层的数据表进行关联等，都是"组"的行为，业务设计的"组"，为后续实现系统的复用、共享、灵活应变奠定了基础。

组合原理，给出了用什么"组"，怎么组的理论、方法和标准。

A.2.3 挂：随需应变的机关

业务设计得完美，同时对系统的实现也必须同样完美，只有如此才能最大限度地体现出信息化管理的价值。信息化管理的最大价值之一就是系统具有"可以复用、随需应变"的能力。这里的"挂"是指将构成系统的要素用"挂接"的方式进行关联，例如，既然是可以"挂接"当然就没有"锁死"在一起，这样就具有了应变的基础，如图A-9（c）所示。

信息系统在设计时要充分地考虑未来在运行中的应变性、复用性，这些指标关系着系统使用的生命周期，应变性强的系统就"活得长"，要想系统支持应变就要进行松耦合的设计，但是如果对满足松耦合设计的成果在开发时用编码做成了固化的系统，那么前面松耦合设计的努力就白费了。因此在应用设计时就要尽量地将构成系统的要素设计成可以独立存在的"零件"，将零件之间的连接设计成一个可以支持挂接的"机制"，利用这个"机制"将"零件"挂接起来，形成一个可以拆、挂的系统连接方式，即"组件+机制"的方式。

📑 注：关于应用设计的必要知识

这个设计需要业务设技术两方面的设计知识，它不是一个单纯的技术设计问题。

基干原理，给出了用什么"挂"，怎么挂的理论、方法和标准。

前述说明阐述了为什么要在软件工程体系中建立那么多的"分类"，这些分类的建立为实现软件设计的工程化、软件开发的工业化打下了基础。

分享

好产品的标准：应变能力强

老师问参加培训的学员们：你们能用最简洁的几句话说明好产品的标准是什么吗？大家七嘴八舌地讲了很多的标准，包括架构方面的、功能方面的、数据方面的、价值和管理方面等。老师的评论是，你们说的都是标准，但不是"终极标准"，因为对企业管理信息系统来说，你们举的标准都只能在某时某刻是正确的，例如在开发完成交付产品时是正确的（因为不正确客户就不验收了），但是随着时间和空间的变化，这个内容可能都变成错的了（因为需求变化了），因此这样的标准是有局限性的。

那么标准是什么呢？简单地说，完成的系统要具有两个应变能力：随需应变，随时应变。

（1）随需应变：当需求发生变化时，系统可以在不大拆大改的前提下进行改动。

（2）随时应变：需求发生变化时，可以快速地在短时间内完成需求改动。

具有"随需应变、随时应变"这两个能力的产品就是好产品。

因为对客户的业务来说，"变是常态，不变是暂时的"，因此每个软件设计师都要确立这样的信念，具有长生命周期的系统，应变能力是第一重要的，因此，"三字经：拆、组、挂"要从需求分析开始，直至完成开发，始终要牢记在脑中。

A.3　空间能力的训练

未来信息化系统的发展都是朝着可视化、可触摸操作的方向发展的，但是现在从事企业信息化的分析与设计者大多数还是停留在二维表达、二维思考的水平上，有的甚至还是一维表达和一维的思考水平上，这与现在企业管理信息化所面对的业务处理的复杂性、软件硬件技术的发展速度、客户的需求等都是不匹配的，简单的一维、二维方式都不足以完成从思考、分析、设计和表达出结果的要求。

A.3.1　在大脑中建立图形

通过本书的学习，希望读者可以做到在交流讨论时，参与的双方可以做到一边听着对手的说明一边同时在自己的脑中将"语言"转换成"图形"。反之，在自己向对方进行说明时先在脑中形成一个"图形"，然后带有"画面感"地向对方进行说明。如果双方都可以在接收到对方的信息后在脑中形成图形，那么就说明通过本书中的图形训练取得了明显的效果。从作者多年培训的经验中看到，多数学员经过大量的训练是可以完全做到的，但是对三维的表达相对比较困难，这里重点说明三维表达的作用。

A.3.2　三维空间的概念

企业管理信息化发展到了今天，软件工程师遇到的问题越来越多、越来越复杂，系统构成的要素越来越广泛，这就需要软件工程师观察、思考、表达的维度要增加到三维（最低），否则就难以表达出分析和设计的含义。

三维表达可以提升软件工程师"大视角、大思考、大架构"的能力，下述这些知识都是用三维表达的，这些内容可以帮助软件工程师提升哪些能力呢？

（1）美术知识：如绘画、雕塑等 → 提升观察、表达的能力。

（2）建筑知识：如平立剖、结构图等 → 提升空间、整体、架构的能力。

（3）机械知识：如机械原理、三视图等 → 提升机制、复用等的理解能力。

【案例】利用三根火柴的不同摆放形式，来理解三维表达的意义和作用。三根火柴生成三种场景和信息量，如图A-10所示。

场景a. 一维线性　　　　场景b. 二维平面　　　　场景c. 三维锥形

图A-10　火柴的图形

（1）场景a：三根火柴形成三条平行线，获得的信息量是3。

信息：3条平行的线。

（2）场景b：三根火柴形成一个平面三角形，获得的信息量是7。

信息：一个三角形的面，三条线，三个交叉点。

（3）场景c：三根火柴搭成一个立体的三脚架，获得的信息量是15。

三维信息：1个锥形的三维空间。

二维信息：4个三角型平面，其中一个为锥形的投影面。

一维信息：6条线，其中3条是火柴棍，3条是连接线。

点信息：4个交叉点①～④。

可以看出，上述3个图的要素数量没有变化，但是由于构图的不同，表达的信息量场景c是场景a的5倍。这就意味图形使用的维数越多，表达出来的信息量就越大。在分析与设计的过程中，是否使用三维模式要看对象的复杂程度，对象越是复杂，使用三维的效果就越明显。同样数量的要素是否使用三维图形表达，会给观者带来不同的启发效果。

A.3.3　三维绘画：建立空间感

虽然三维图形有很多的好处，但是毕竟随着维数的增加，绘图的难度也随着增加。

设计师在二维的平面（纸张、计算机屏幕）上绘制一维、二维的图形是没有问题的，但是三维空间的利用有三种场合：语言、思考、图形。

（1）语言：用语言进行描绘，让听者感受到三维的空间。

（2）思考：思考时在大脑中形成三维空间，可以看到"虚拟事物"的不同层面。

（3）图形：利用三维图形，表达三维的信息。

可以看出，在这三种表达场合中图形是相对简单的，最难的表达是第一种的语言表达。可以这样说，判断一名高级软件设计师的表达能力，图形的三维表达是基础要求。

1. 图形的三维空间

先从最简单的三维图形开始训练，绘制三维图形需要分三步完成，下面以绘制架构用模型中的"分层图"为例进行绘制的说明，如图A-11所示。

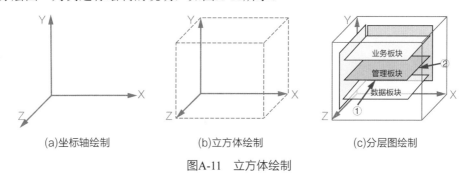

| (a)坐标轴绘制 | (b)立方体绘制 | (c)分层图绘制 |

图A-11 立方体绘制

1）第一步，建立三维坐标

X轴：为一条水平线；Y轴：为一条垂直线；Z轴：为一条45°斜线。

2）第二步：画出立方体

连接这三条坐标线的端点，使之形成一个虚拟的立方体空间。

3）第三步：绘制三维图形

在这个空间中绘制分层图中的各个"层"，分层图上所有的线条都必须与某个坐标轴线是平行的，如"管理板块"这个层。

边①要与X轴平行；边②要与Z轴平行。

如果是绘制简单的立方体图形，基本就是画与三维坐标平行的线条即可完成，当然熟练之后是不需要每次都画坐标轴的。

2. 思考的三维空间

思考与图形的表达有关联性，在大脑中先打下草稿再画出来、还是先画出来再思考因人而异。有了绘制图形三维图的方法后，思考的三维空间实际上就是在大脑中绘制虚拟的立方体和思考对象。

思考的三维空间训练可以先闭上眼睛，在大脑中想象出一个"正方体"的空间，方法如同绘制图形一样。

第一步：在大脑中开拓一个"空间"。

第二步：在这个空间里，建立三维坐标、立方体。

第三步：想象出思考对象的三维模型，置于立方体的中间。

第四步：在立方体中的空间里让模型旋转，进行观察、思考、分析。

A.3.4　三维思考的意义

构建复杂的企业管理信息系统，要对业务进行调研、分析、架构、设计等一系列的工作，拆分的要素越多、业务的逻辑越复杂、需要考虑的维度越多，梳理和表达的形式就变得非常重要了。很多复杂的问题不是两个要素之间的简单关联，可能是n个要素的交叉关联，多个系统的交叉关联，因此二维的形式也不足以表达，这时候三维表达的形式就显得非常有效了。

软件工程中建立了"点、线、面、体"等的基本概念，为读者进行三维的"空间"思考和设计打下了基础。

【案例】有一条业务流程，流程上有4个组件，每个组件内有n个业务处理步骤，每个组件的业务处理完成后，就将处理结果送到流程中心，流程中心按照预先设置的规则进行判断后通知下一个组件启动，如此重复进行这个循环，完成流程处理的这个机制就如同是一个"螺旋推进的过程"。

你能想象出这一段话对应的场景吗？

图A-12给出了这段话的三维表达图形，可以看出，如果用二维图来表达就不如三维图表达得更加形象。

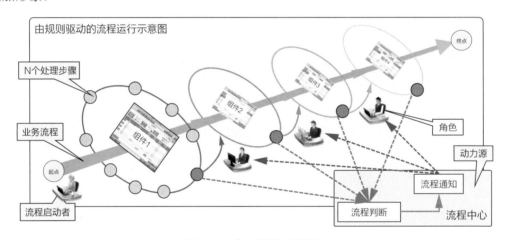

图A-12　流程图的三维表达

三维思考与表达，软件设计师的能力表现

在练习三维表达的图形时，有的学员就提问说：为什么要强调三维的思考和表达能力呢？对企业管理类的项目来说，三维的思考和表达有什么现实的意义吗？

老师回答说：这是为大家日后进行大型、复杂系统的分析与设计时做的"能力储备"，在某种意义上也是一种"赋能"。因为具有三维空间的思考和表达能力的人，要比只具有一维、二维能力的人在理解和解决复杂问题时的水平高出很多。大家是不是经常听别人说过这句话："太复杂了，我的脑子都不够使了"，可以理解为他只能理解一维或是二维的复杂问题，因为过于复杂的问题在他脑子中就无法进行建模了。

关于三维，再看看其他的行业，如建筑业、制造业等都是三维表达。有人说：因为他们是具象的、复杂的，同时在现实中就是处在三维空间里。老师反问到：企业管理类对象难道不够复杂吗？企业管理类的研究对象难道不是处在三维空间里吗（或许维度会更多呢）？

未来企业向着数值化、信息化的方向发展，大量的软件、硬件都会融合到一张图上来，研究对象的构成会变得越来越复杂，因此需要软件工程师的思维和表达也越来越复杂，如果没有三维的概念，就很难理解和表达这些要素的关系了。

A.4　思考与未来

企业管理类系统经常会提到要做到复用、共享等要求，从发展的趋势看，未来传统上的各种企业管理系统分类的边界会消失，同时信息系统本身也会向着智能化的方向发展。

A.4.1　管理系统边界的消失

企业正在逐渐走向信息化、数字化，由于采用了软件平台、数据平台等概念，使得各类软件系统可以互联互通，又由于硬件技术的进步，客户端从PC发展到各类移动终端，各类的公有云和企业的私有云使得所有的软件、硬件、数据都可以无限制地自由连接、流动。软件应用SaaS化，以及应用功能的碎片化的概念，都让传统的大而全的解决方案的理念、软件产品按照业务处理内容划分的概念改变了。也就是说，未来考虑需要什么数据、采用什么样功能时不必考虑它们是属于什么产品或是系统，软件与软件、软件与硬件、硬件与硬件之间都可以通过数据的交互实现联通，在企业构建的信息平台之上，只要符合标准就可以自由地增加功能、共享数据。

在这样的变化过程中，从事业务分析和设计的软件工程师们需要有怎样的变化呢？上述变化对分析和设计方面带来的影响，从本质上看就是一个字"活"，就是要灵活，这个"活"就体现在软件最终要做的像制造业和建筑业一样：实现构件化。只要软件从业务分析、设计、实现的过程中都可以做到真正意义上的构件化，做出来的软件就可以满足上述变化的需要。

反过来再回顾一下本书的内容，从始至终强调以下几个关键词。

1. 设计的工程化

所谓的设计工程化，就是采用工程化的设计方式，所有的设计都要结构化、图形化、标准化，要做到可以精确地传递和继承，例如，对设计分阶段（概要、详细、应用）和分层（架构、功能、数据）形成结构，对功能划分与定义，以及功能规格书的标准化记录格式等。

工程化的设计方式，也为设计资料提供了可以复用的基础。

2. 开发的工业化

所谓的开发工业化就如同工业制造一样，将产品分为不同粒度的零件，然后通过零件的组合形成不同规格的产品，例如，业务功能是由字段和规则构成，组件是由控件构成，"组件+机制"可以构成系统等。本书虽然不涉及软件的开发，但是这些理念和方法都是为了实现后续开发的工业化而做的准备，反之，如果不在非技术设计阶段推进这些做法，到了技术实现阶段再考虑就晚了。

工程化的设计方式与工业化的开发方式，为产品和功能提供了可以复用的基础。

从图A-6的示意图可以看出来，到了软件实现的环节，不论什么业务对象，甚至可以说企业管理软件和物联网软件从软件构件的视角来看是没有什么根本的区别的。

A.4.2　企业管理智能化

"智能化"的实现需要信息技术，由于信息技术的进步，智能化一词在很多领域被广泛地使用，并且都在不同程度上进行了推进。但是目前在企业管理方面的进展尚不明显，已经导入了信息系统的企业中还有很大一部分仅仅是"手工替代"的水平，即：将手工作业换成了"电子化作业"，实现的数据的汇总，即使是比较先进的企业也还远未达到智能化管理。

从软件工程的构成上看，实现企业管理智能化的重点是在应用设计阶段所做的工作，应用设计是将优化后的业务设计成果与计算机技术相结合的部位，因此，强化对应用设计的研究是实现管理智能化的基础。

小结与习题

小结

本章内容是从方法论的视角对软件工程的内容进行了归集和提升，从企业管理信息化的发展未来看，需要从事业务分析和设计的软件工程师，特别是担当顶层设计、总规划和架构的负责人，更需要掌握观察、思考的方法，有了"观察、思考和表达"三个手段后，就可能实现"将复杂问题拆分为简单的问题，并从简单的问题中抽提出规律，从而找出可以解决复杂问题的普遍方法"（参见分离原理、组合原理和基干原理，它们的构成很简单，对应的方法也不难）。

对业务部分的分析与设计，难点在于总是在与未知的人交流未知的问题，找出以前没有使用过的解决方案，它的乐趣也在于总是要用"创新"的方法解决难点，为客户带来价值。

对业务部分的分析与设计，在软件工程中是将繁杂的客户需求梳理归集到可以进行软件开发的重要工作，而且是对这个过程由不特定到特定的收敛作用最大的部分，现实中的业务种类、形态非常多，不可能全用一种模式完美地解决掉，因此就需要软件设计师掌握更多的跨界知识、方法，它既是业务部分分析与设计的难处，同时也是乐趣之所在。

习题

1. 举例说明观察能力的作用和效果。
2. 为什么说"拆分"的能力是做好分析的最为重要和基础的能力？
3. 简述"组合"与"挂接"的区别、作用和价值。
4. 三维空间表达能力的训练有什么实际意义？试举例说明。
5. 简述未来企业管理系统的变化特征，本书中讲述了哪些可以应对这些变化的知识？

附录 B
索引

为了方便批量查找，排序采用如下方式：大分类按汉语拼音排序。大分类以下关键词以词义优先的顺序按组排序。

B.1 关键词

B.2 图形/模型

图名的检索是以图的"类型"划分的，因此索引中的图名与正文中的图名有可能不完全一致。

B.3 规格书/模板

为方便查询和使用，规格书/模板是按照软件工程的工作与交付顺序排列的。

参考文献

[1] Pressman，R.S. 软件工程——实践者的研究方法[M]. 郑人杰，马素霞，白晓莹等，译. 北京：机械工业出版社，2010.

[2] 项目管理协会. 项目管理知识体系指南（PMBOK指南）[M]. 4版. 王勇，张斌，译. 北京：电子工业出版社，2009.